Hugo Reinhardt

Quantenmechanik 1

De Gruyter Studium

Weitere empfehlenswerte Titel

Quantenmechanik
Hugo Reinhardt, 2026
Band 2: Zeitabhängige Prozesse, Symmetrien, Relativistische Teilchen
ISBN 978-3-11-126937-5, e-ISBN 978-3-11-127150-7
Band 3: Vielteilchensysteme und Relativistische Felder
ISBN 978-3-11-162508-9, e-ISBN 978-3-11-162512-6

Quantenphysik
Gerhard Franz, 2023
Quantenmechanik
ISBN 978-3-11-123798-5, e-ISBN (PDF) 978-3-11-123867-8
Festkörperphysik
ISBN 978-3-11-124075-6, e-ISBN (PDF) 978-3-11-124157-9

Moderne Physik
Von Kosmologie über Quantenmechanik zur Festkörperphysik
Jan Peter Gehrke, Patrick Köberle, 2024
ISBN 978-3-11-125881-2, e-ISBN (PDF) 978-3-11-126057-0

Klassische Mechanik Kapieren
Experimentalphysik
Matthias Zschornak, Dirk C. Meyer, 2023
ISBN 978-3-11-102989-4, e-ISBN (PDF) 978-3-11-103027-2

Quantum Mechanics
An Introduction to the Physical Background and Mathematical Structure
Gregory L. Naber, 2021
ISBN 978-3-11-075161-1, e-ISBN (PDF) 978-3-11-075194-9

Hugo Reinhardt

Quantenmechanik 1

Funktionalintegralformulierung und Operatorformalismus

3., überarbeitete Auflage

DE GRUYTER
OLDENBOURG

Autor
Prof. Dr. Hugo Reinhardt
Eberhard-Karls-Universität
Institut für theoretische Physik
Auf der Morgenstelle 14
72076 Tübingen
hugo.reinhardt@uni-tuebingen.de

ISBN 978-3-11-126677-0
e-ISBN (PDF) 978-3-11-126825-5
e-ISBN (EPUB) 978-3-11-126901-6

Library of Congress Control Number: 2023951288

Bibliografische Information der Deutschen Nationalbibliothek
Die Deutsche Nationalbibliothek verzeichnet diese Publikation in der Deutschen Nationalbibliografie; detaillierte bibliografische Daten sind im Internet über
http://dnb.dnb.de abrufbar.

Coverabbildung: Studio-Pro / DigitalVision Vectors / Getty Images
Satz: VTeX UAB, Lithuania

www.degruyterbrill.com
Fragen zur allgemeinen Produktsicherheit:
productsafety@degruyterbrill.com

Meinen Eltern

Vorwort zur 1. Auflage

Das Buch gibt eine moderne Einführung in die Quantentheorie. Ausgehend vom Experiment werden die Grundlagen der Quantentheorie mittels des Feynman'schen Funktionalintegral-Zuganges entwickelt. Aus dem fundamentalen Prinzip der Quantenmechanik, dem Prinzip der interferierenden Alternativen, wird die Schrödinger-Gleichung „abgeleitet". Daran anschließend wird die mehr traditionelle Operatorformulierung der Quantenmechanik entwickelt, wobei von Zeit zu Zeit immer wieder auf den Funktionalintegral-Zugang zurückgegriffen wird, um dessen Eleganz und Vorzüge zu demonstrieren. Der konzeptionelle Vorteil dieses Zuganges besteht darin, dass die Grundgleichung der Quantentheorie, die Schrödinger-Gleichung, nicht „vom Himmel fällt", sondern sich zwangsläufig aus dem Prinzip der interferierenden Alternativen ergibt. Der Funktionalintegral-Zugang hat jedoch nicht nur konzeptionelle Vorteile, er erleichtert auch gleichzeitig den späteren Einstieg in die Quantenfeldtheorie, wo er unumgänglich ist.

Neben dem traditionellen Stoff, der üblicherweise in einen Quantenmechanik-Kurs eingeht, gibt das Buch, insbesondere der Band 2, bereits eine Einführung in Basiskonzepte der Quantenfeldtheorie, wie z. B. die Methode der Zweiten Quantisierung. Darüber hinaus sind einige modernere Entwicklungen in dieses Buch eingeschlossen, die üblicherweise noch nicht Gegenstand von Lehrbüchern sind, wie z. B. der Zusammenhang zwischen Spin und Geometrie oder die sogenannte Berry-Phase, die den Bohm-Aharanov-Effekt in einen allgemeineren Kontext stellt und gleichzeitig das quantenmechanische Analogon der Wess-Zumino-Witten-Wirkung aus der Quantenfeldtheorie repräsentiert. Die entsprechenden Kapitel sind mit einem Stern (*) versehen und können bei einer ersten Berührung mit der Quantenmechanik übergangen werden. Sie sind für das Verständnis der übrigen Kapitel nicht erforderlich, gewähren jedoch einen tieferen Einblick in die Wesenszüge der Quantentheorie.

Das vorliegende Buch ist aus Vorlesungen entstanden, die der Autor an der TU Dresden und vor allem an der Universität Tübingen gehalten hat. Das Buch wurde zunächst als Vorlesungsskript an die Zuhörer der Vorlesung ausgegeben. Die vielfältigen Rückfragen, Anregungen und Kommentare seitens der Studenten haben kontinuierlich zur Vervollständigung und Verbesserung des Skriptes beigetragen. Schließlich hat ihre positive Resonanz mich ermutigt, das Skript als Buch zu veröffentlichen. Allen Studenten, die mit ihren Anregungen und konstruktiver Kritik zur Verbesserung dieses Buches beigetragen haben, sei an dieser Stelle gedankt, auch wenn es unmöglich ist, sie alle namentlich zu erwähnen. Unerwähnt bleiben soll allerdings nicht Herr Stefan Haag, der große Teile des Skriptes aus der Sicht eines Studenten auf Verständlichkeit gelesen hat und zur Vereinheitlichung der Notation beigetragen hat, Herr Dr. Davide Campagnari, der einen großen Teil der Abbildungen angefertigt hat, sowie meine Sekretärin, Frau Ingrid Estiry, die in mühevoller Kleinarbeit das LaTeX-Manuskript inklusive Abbildungen erstellt hat. Ihnen sei allen herzlich für ihre Mühen und ihr Engagement gedankt. Mein

https://doi.org/10.1515/9783111268255-201

ganz besonderer Dank gilt Herrn Priv. Doz. Dr. Markus Quandt, der das gesamte Manuskript im Endstadium gelesen hat und zahlreiche wertvolle Hinweise bzw. Verbesserungsvorschläge gegeben hat. Schließlich danke ich dem Verlag für die angenehme Zusammenarbeit.

Tübingen, im März 2012 Hugo Reinhardt

Vorwort zur 2. Auflage

Die zweite Auflage wurde an vielen Stellen überarbeitet. Das ursprünglich einleitende Kapitel mit den historischen Experimenten zum Nachweis der Quantennatur der Materie wurde aus dem Band 1 entfernt. Diese Experimente zeigen zwar das Versagen der klassischen Mechanik im atomaren Bereich, sind aber für ein erstes Verständnis der Quantenmechanik nicht notwendig. Sie sind jetzt im Band 2 eingearbeitet, da sie sich dort thematisch besser einfügen und sich der Leser bereits die theoretischen Grundlagen zum Verständnis dieser Experimente erworben hat. Im letzten Kapitel (Geladenes Teilchen im elektromagnetischen Feld) wurde ein neuer Abschnitt zur Rolle des Eichpotentials in der Quantenmechanik aufgenommen. Druckfehler, die sich in die erste Auflage eingeschlichen hatten, wurden ebenfalls korrigiert.

Das Layout wurde komplett überarbeitet und an die neuen Vorgaben des Verlages angepasst. Wichtige Gleichungen sind eingerahmt, wichtige Aussagen farbig hinterlegt und bei besonderer Bedeutung zusätzlich mit dem Icon versehen. Beweise sind durch ein , Kommentare durch ein gekennzeichnet.

Tübingen, im Mai 2018

Hugo Reinhardt

https://doi.org/10.1515/9783111268255-202

Vorwort zur 3. Auflage

Die vorliegende dritte Auflage des ersten Bandes unterscheidet sich nur unwesentlich von der zweiten Auflage. Wesentliche Änderungen gibt es hingegen im zweiten Band. Die letzten Kapitel wurden komplett überarbeitet. Neu aufgenommen wurde die Ableitung der Klein-Gordon-Gleichung aus dem Pfadintegral über die Trajektorien im Minkowski-Raum, die Beschreibung der Vielteilchensysteme bei endlichen Temperaturen mittels der Green'schen Funktionen sowie die relativistischen Quantenfelder.

Tübingen, im Februar 2024 Hugo Reinhardt

https://doi.org/10.1515/9783111268255-203

Inhaltsübersicht

https://doi.org/10.1515/9783111268255-204

Band 3

Inhalt

* Dieses Kapitel ist für das Verständnis der übrigen Kapitel nicht erforderlich und kann deshalb beim ersten Lesen übersprungen werden.

Thirty-one years ago Dick Feynman told me about his ‘sum over histories’ version of quantum mechanics. ‘The electron does anything it likes’, he said. ‘It goes in any direction at any speed, forward and backward in time, however it likes, and then you add up the amplitudes and it gives you the wave-function.’ I said to him ‘You’re crazy’. But he wasn’t.

F. J. Dyson

1 Teilchen-Welle-Dualismus

Ende des 19. und Anfang des 20. Jahrhunderts wurde eine Reihe von qualitativ neuen Experimenten durchgeführt, deren Ergebnisse sich nicht mehr im Rahmen der bis dahin bekannten klassischen Physik erklären ließen. Die Analyse dieser Experimente zeigte, dass Licht und Elektronen sich in gewissen Experimenten wie Wellen, in anderen wie Teilchen verhalten. Dieser im Rahmen der klassischen Physik bestehende Widerspruch wurde 1926/1927 durch die Quantenmechanik aufgelöst. Diese neue Theorie zeigte, dass in Experimenten im atomaren Bereich prinzipiell nicht alle aus der klassischen Physik bekannten Größen gleichzeitig exakt bestimmbar bzw. vorhersagbar sind, sondern dass nur Wahrscheinlichkeitsaussagen möglich sind. Darüber hinaus zeigte es sich, dass Wahrscheinlichkeiten in der Quantenmechanik anders summiert werden müssen als in der klassischen Mechanik. Die Gesetze der Quantenmechanik gehen jedoch in die der klassischen Physik über, wenn die betrachteten Objekte makroskopische Größe erlangen. Als Geburtsstunde der Quantenmechanik wird i. A. die Entdeckung der Planck'schen Strahlungsformel im Jahre 1900 angesehen.

Im Folgenden wollen wir einige Experimente analysieren, die den wesentlichen Unterschied zwischen Teilchen und Wellen verdeutlichen.

1.1 Klassische Teilchen

Mit einer Schrotflinte schießen wir auf eine Wand mit zwei Spalten, die wir mit 1 und 2 bezeichnen. Hinter der Wand befindet sich ein Absorber, der die durch die Spalte geflogenen Schrotkugeln auffängt. Auf dem Absorber tragen wir die x-Achse auf und teilen diese in Intervalle der Länge δx ein, welche wir mit dem Index i durchnummerieren (Abb. 1.1). Wiederholen wir den Versuch genügend oft, so finden wir, dass die Kugeln mit einer gewissen *Wahrscheinlichkeit* $w(x_i)$ im Intervall $[x_i, x_i + \delta x]$ auftreffen. Schließen wir einen der beiden Spalte, z. B. Spalt 2, so finden wir die Wahrscheinlichkeit $w_1(x_i)$. Da die Spalte nicht infinitesimal klein ist, kommt es zur Streuung der Schrotkugeln an den Spalträndern, und die Wahrscheinlichkeitsverteilungen $w_k(x)$ haben nicht die Form einer scharfen Spitze. Experimentell finden wir vor, was mit unserer Alltagserfahrung übereinstimmt: Die Gesamtwahrscheinlichkeit $w_{12}(x)$ setzt sich aus der Summe der Wahrscheinlichkeiten $w_1(x)$ und $w_2(x)$ zusammen und die Kugeln sind entweder durch Spalt 1 oder Spalt 2 zum Ort x gelangt. Wir erhalten damit die Beziehung

$$w_{12}(x) = w_1(x) + w_2(x)\,, \tag{1.1}$$

welche ausdrückt, dass es keinerlei Interferenz zwischen den durch Spalt 1 bzw. Spalt 2 gelaufenen Kugeln gibt. Wir betrachten nun einen analogen Versuch mit Wasserwellen.

https://doi.org/10.1515/9783111268255-001

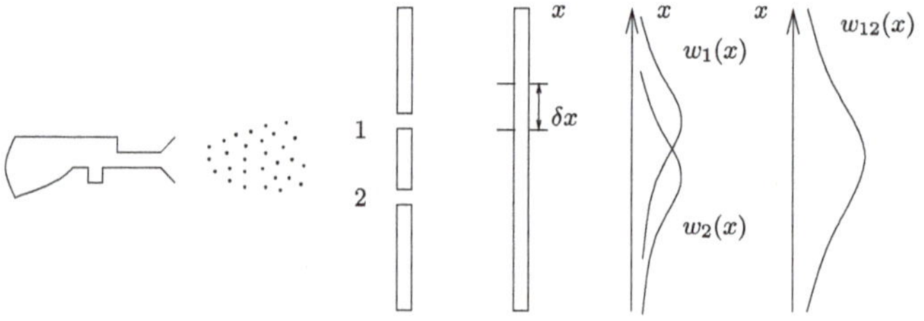

Abb. 1.1: Doppelspalt-Experiment mit Schrotkugeln.

1.2 Wasserwellen

Ein periodisch in eine Wasseroberfläche eintauchender Stift erzeugt kreisförmige Wasserwellen, welche auf eine Wand mit zwei Spalten treffen (Abb. 1.2). An einem dahinter befindlichen reflexionsfreien Absorber messen wir die *Intensität der Wellenbewegung* am Punkt x, indem wir dort die Intensität, das zeitgemittelte Quadrat der Auslenkung $A(x,t)$, bestimmen:

$$I(x) = \frac{1}{T}\int_0^T dt\, A^2(x,t)\,. \tag{1.2}$$

Nach dem Huygens'schen Prinzip sind die Punkte einer Wellenfront Ausgangspunkt von Elementarwellen, die sich zu einer Gesamtwelle überlagern. Sind die Spalte klein genug, können wir sie in der Bildebene idealisiert als punktförmig ansehen und jeder Spalt ist dann Ausgangspunkt einer neuen Kreiswelle. Schließen wir einen der beiden Spalte, so erhalten wir eine Intensitätsverteilung, welche dieselbe Form besitzt wie die Wahrscheinlichkeitsverteilung im Falle der Schrotkugeln, wenn einer der beiden Spalte geschlossen ist. Sind beide Spalte jedoch geöffnet, erhalten wir bei den Wasserwellen eine Intensitätsverteilung, die völlig verschieden ist von der Wahrscheinlichkeitsverteilung der Schrotkugeln. Es treten jetzt die für Wellen typischen *Interferenzerscheinungen* in der Intensitätsverteilung auf, und insbesondere gilt:

$$I(x) \neq I_1(x) + I_2(x)\,.$$

Das ist auch anschaulich klar. Denn es addieren sich ja die Auslenkungen,

$$A(x,t) = A_1(x,t) + A_2(x,t)\,,$$

und nicht die Intensitäten. Für die Gesamtintensität benötigen wir nach (1.2) das Quadrat der Auslenkung:

$$A^2(x,t) = A_1^2(x,t) + A_2^2(x,t) + 2A_1(x,t)A_2(x,t) \neq A_1^2(x,t) + A_2^2(x,t)\,.$$

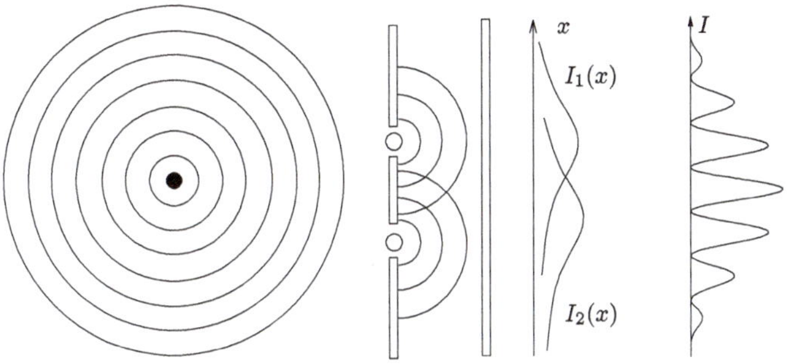

Abb. 1.2: Doppelspalt-Experiment mit Wasserwellen.

1.3 Lichtwellen

Dasselbe Experiment lässt sich mit Lichtwellen wiederholen. Die Lichtquelle sei genügend weit von der Wand mit den beiden Spalten entfernt, sodass die Wellenfront des Lichtes beim Erreichen der Wand als eben angenommen werden kann. Hinter der Wand stellen wir einen Bildschirm auf, welcher den Absorber des vorherigen Experimentes ersetzt. Eine genauere Auswertung der Experimente lässt sich erreichen, wenn der Bildschirm durch einen Detektor mit Fotozellen ersetzt wird. Decken wir einen der beiden Spalte ab, so erhalten wir eine Intensitätsverteilung, welche von der, die man für klassische korpuskulare Teilchen erwartet, nur durch Beugungseffekte abweicht. Lässt man das Licht durch beide Spalte laufen, findet man dieselben Interferenzeffekte wie bei den Wasserwellen. Dies ist auch nicht verwunderlich, da wir aus der Elektrodynamik wissen, dass Licht elektromagnetische Wellen eines bestimmten Wellenlängenbereiches verkörpert. In diesen Wellen stehen das elektrische und das magnetische Feld senkrecht aufeinander und beide wiederum senkrecht auf der Ausbreitungsrichtung, welche durch den Wellenvektor $\boldsymbol{k}$ repräsentiert wird (Abb. 1.3):

$$\boldsymbol{k} \sim \boldsymbol{E} \times \boldsymbol{B} .$$

Elektromagnetische Wellen sind spezielle Lösungen der Maxwell-Gleichungen im ladungsfreien Raum. Wegen der Linearität der Maxwell-Gleichungen werden die elektromagnetischen Felder zweier Wellen nach dem *Superpositionsprinzip* addiert.

Es seien $\boldsymbol{E}^{(1)}$ und $\boldsymbol{E}^{(2)}$ die elektrischen Anteile der elektromagnetischen Wellen, deren Quelle im Spalt 1 bzw. 2 liegt. Das Gesamtfeld ergibt sich dann zu:

$$\boldsymbol{E}(\boldsymbol{x}, t) = \boldsymbol{E}^{(1)}(\boldsymbol{x}, t) + \boldsymbol{E}^{(2)}(\boldsymbol{x}, t) . \tag{1.3}$$

Der Einfachheit halber setzen wir voraus, dass das Licht monochromatisch ist, d. h. eine feste Frequenz ω besitzt. Für eine solche Welle hat das elektrische Feld die Gestalt

$$\boldsymbol{E}(\boldsymbol{x}, t) = \mathrm{Re}\{\boldsymbol{E}_0(\boldsymbol{x})e^{-i\omega t}\} = \mathrm{Re}\{\boldsymbol{E}_0(x)\}\cos(\omega t) + \mathrm{Im}\{\boldsymbol{E}_0(x)\}\sin(\omega t) , \tag{1.4}$$

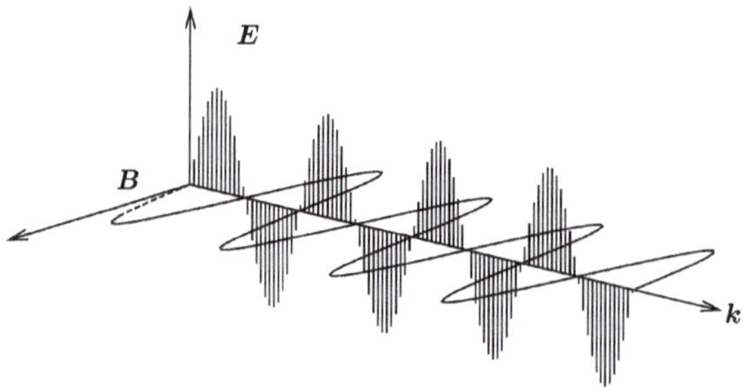

Abb. 1.3: Illustration einer elektromagnetischen Welle.

wobei $\boldsymbol{E}_0(x)$ eine komplexe, periodische Ortsfunktion ist. Analog sind die beiden aus Spalt 1 bzw. Spalt 2 herauslaufenden Wellen durch

$$\boldsymbol{E}^{(1)}(\boldsymbol{x},t) = \mathrm{Re}\{\boldsymbol{E}_0^{(1)}(\boldsymbol{x})e^{-i\omega t}\}, \quad \boldsymbol{E}^{(2)}(\boldsymbol{x},t) = \mathrm{Re}\{\boldsymbol{E}_0^{(2)}(\boldsymbol{x})e^{-i\omega t}\}$$

gegeben und das Gesamtfeld (1.3) ergibt sich zu:

$$\boldsymbol{E}(\boldsymbol{x},t) = \mathrm{Re}\{(\boldsymbol{E}_0^{(1)}(\boldsymbol{x}) + \boldsymbol{E}_0^{(2)}(\boldsymbol{x}))e^{-i\omega t}\}.$$

Die Energiestromdichte des elektromagnetischen Feldes ist (im Heavyside-Lorentz-Maßsystem mit $c = 1$) durch

$$s = |\boldsymbol{E} \times \boldsymbol{B}| \tag{1.5}$$

gegeben. Für elektromagnetische Wellen im Vakuum gilt außerdem, dass das elektrische und magnetische Feld den gleichen Betrag besitzen:

$$|\boldsymbol{E}| = |\boldsymbol{B}|.$$

Daher reduziert sich die Energiestromdichte (1.5) auf:

$$s(\boldsymbol{x},t) = \boldsymbol{E}^2(\boldsymbol{x},t).$$

Benutzt man für die elektromagnetischen Wellen die Darstellung (1.4) mit komplexer Amplitude $\boldsymbol{E}_0$, so ist die Energiestromdichte durch

$$\begin{aligned} s(\boldsymbol{x},t) = {} & [\mathrm{Re}\{\boldsymbol{E}_0(\boldsymbol{x})\}]^2\cos^2(\omega t) + [\mathrm{Im}\{\boldsymbol{E}_0(\boldsymbol{x})\}]^2\sin^2(\omega t) \\ & + 2\,\mathrm{Re}\{\boldsymbol{E}_0(\boldsymbol{x})\}\,\mathrm{Im}\{\boldsymbol{E}_0(\boldsymbol{x})\}\sin(\omega t)\cos(\omega t) \end{aligned}$$

gegeben. Die Intensität einer Welle ist definiert als die über eine Periode T gemittelte Energiestromdichte:

$$I(\boldsymbol{x}) = \frac{1}{T}\int_0^T dt\, s(\boldsymbol{x},t)\,, \qquad T = \frac{2\pi}{\omega}\,.$$

Diese Definition ist konsistent mit der oben benutzten Definition der Intensität einer Wasserwelle, wenn man berücksichtigt, dass $|\boldsymbol{E}| = |\boldsymbol{B}|$ die Amplitude der elektromagnetischen Welle ist. Benutzt man

$$\frac{1}{2\pi}\int_0^{2\pi} d\varphi\, \sin^2\varphi = \frac{1}{2\pi}\int_0^{2\pi} d\varphi\, \cos^2\varphi = \frac{1}{2}\,, \qquad \int_0^{2\pi} d\varphi\, \sin\varphi\cos\varphi = 0\,,$$

so erhält man durch Ausführung der Mittelung über die Zeit für die Intensität einer elektromagnetischen Welle:

$$\begin{aligned} I(\boldsymbol{x}) &= \frac{1}{2}\left[(\mathrm{Re}\{\boldsymbol{E}_0(\boldsymbol{x})\})^2 + (\mathrm{Im}\{\boldsymbol{E}_0(\boldsymbol{x})\})^2\right] \\ &= \frac{1}{2}\boldsymbol{E}_0^*(\boldsymbol{x})\cdot\boldsymbol{E}_0(\boldsymbol{x}) = \frac{1}{2}|\boldsymbol{E}_0(x)|^2\,. \end{aligned}$$

Berechnen wir hieraus nun die Intensität zweier überlagerter monochromatischer Wellen mit derselben Frequenz ω, so erhalten wir:

$$\begin{aligned} I_{12}(\boldsymbol{x}) &= \frac{1}{2}\left|\boldsymbol{E}_0^{(1)}(\boldsymbol{x}) + \boldsymbol{E}_0^{(2)}(\boldsymbol{x})\right|^2 \\ &= \frac{1}{2}\left(\boldsymbol{E}_0^{(1)}(\boldsymbol{x}) + \boldsymbol{E}_0^{(2)}(\boldsymbol{x})\right)^* \cdot \left(\boldsymbol{E}_0^{(1)}(\boldsymbol{x}) + \boldsymbol{E}_0^{(2)}(\boldsymbol{x})\right) \\ &= \frac{1}{2}\left[\left|\boldsymbol{E}_0^{(1)}(\boldsymbol{x})\right|^2 + \left|\boldsymbol{E}_0^{(2)}(\boldsymbol{x})\right|^2 + \boldsymbol{E}_0^{(1)*}(\boldsymbol{x})\,\boldsymbol{E}_0^{(2)}(\boldsymbol{x}) + \boldsymbol{E}_0^{(1)}(\boldsymbol{x})\cdot\boldsymbol{E}_0^{(2)*}(\boldsymbol{x})\right] \\ &= I_1(\boldsymbol{x}) + I_2(\boldsymbol{x}) + \Delta I(\boldsymbol{x})\,. \end{aligned}$$

Wir sehen, dass die Intensität der beiden überlagerten Wellen nicht gleich der Summe der Intensitäten der beiden einzelnen Wellen ist, sondern sich um einen Interferenzterm $\Delta I(\boldsymbol{x})$ von der Summe unterscheidet. Das Doppelspalt-Experiment mit Lichtwellen zeigt das, was wir auch schon bei den Wasserwellen festgestellt haben: Bei Wellen dürfen nicht die Intensitäten, sondern müssen die Wellenamplituden überlagert werden. Die Wellenintensität entspricht der Wahrscheinlichkeit, dass wir ein von null verschiedenes elektromagnetisches Feld in der Welle antreffen. Analog entspricht die Wellenamplitude der Wahrscheinlichkeitsamplitude. Dies bedeutet:

Die Interferenzen entstehen durch Überlagerungen der phasenbehafteten Wahrscheinlichkeitsamplituden, nicht durch Addition von positiv-definiten Wahrscheinlichkeiten.

1.4 Elektronen

Im vorangegangenen Experiment ersetzen wir die Lichtstrahlen durch Elektronenstrahlen. Ein Elektronenstrahl bestimmter Energie trifft auf eine Wand mit zwei Spalten. Auf einem dahinter befindlichen Absorber stellen wir mit einem Zählrohr fest, ob im Intervall $[x_i, x_i+\delta x]$ ein Elektron auftrifft oder nicht. Da die Elektronen korpuskulare Teilchen sind, würde man erwarten, dass man ähnliche Messergebnisse wie bei den Schrotkugeln findet, d. h. eine Wahrscheinlichkeitsverteilung, die keine Interferenz zeigt. Experimentell findet man jedoch folgenden Sachverhalt:

1. Die Elektronen kommen als einheitliche, identische „Partikel" (Korpuskel) an, was durch Ansprechen des Detektors angezeigt wird. Diese Ereignisse können wir während einer Zeiteinheit abzählen und daraus die Wahrscheinlichkeit $w(x_i)$ für das Auftreffen eines Elektrons im Intervall $[x_i, x_i + \delta x]$ bestimmen.
2. Schließen wir einen der beiden Spalte, so finden wir eine Wahrscheinlichkeitsverteilung wie bei den klassischen Schrotkugeln. Die Elektronen verhalten sich also wie Teilchen.
3. Sind jedoch beide Spalte geöffnet, finden wir ein Interferenzbild wie bei Wellen vor. Die Gesamtwahrscheinlichkeit setzt sich also *nicht* additiv aus den Teilwahrscheinlichkeiten zusammen:

$$w(x_i) \neq w_1(x_i) + w_2(x_i)\,.$$

Zusammenfassend können wir feststellen: Die Elektronen verhalten sich – je nach experimenteller Situation – zum einen wie Teilchen, zum anderen wie Wellen. Diese Tatsache wird als *Teilchen-Welle-Dualismus* bezeichnet.

Das Doppelspalt-Experiment wurde mit Elektronen zuerst im Jahre 1961 von Claus Jönssen unter Anleitung seines Doktorvaters Gottfried Möllenstedt in Tübingen durchgeführt. Es ist eines der wichtigsten (und schönsten[1]) Experimente zum Nachweis der Wellennatur von Materieteilchen und damit eines der fundamentalen Experimente zur Bestätigung der physikalischen Grundlagen der Quantentheorie.

In dem Experiment gelang es Jönssen, die Elektronenquelle schwach genug zu wählen, sodass die Elektronen einzeln (zeitlich nacheinander) registriert wurden. Damit wurde gezeigt, dass die *Inferenzerscheinung nicht durch das gleichzeitige Zusammenspiel mehrerer Elektronen, sondern durch einzelne Elektronen hervorgerufen wird.*

Aufgrund des Interferenzverhaltens der Elektronen können wir schließen, dass sich die Elektronen ähnlich wie elektromagnetische Wellen durch eine *Wahrscheinlichkeitsamplitude K* beschreiben lassen müssen. Die Wahrscheinlichkeit ergibt sich dann auch hier aus der Wahrscheinlichkeitsamplitude durch Bildung des Absolutbetrages:

$$w = |K|^2\,.$$

1 In einer Umfrage der „Physics World" im Jahre 2002 wurde dieses Experiment als eines der zehn „schönsten physikalischen Experimente aller Zeiten" ausgewählt.

Bezeichnen wir mit K_1 die Wahrscheinlichkeitsamplitude dafür, dass das Elektron durch Spalt 1 läuft, und entsprechend die Amplitude, dass das Elektron durch Spalt 2 läuft, mit K_2, so ist die Gesamtwahrscheinlichkeitsamplitude durch

$$K = K_1 + K_2$$

gegeben. Hierbei haben wir vorausgesetzt, dass – wie bei den elektromagnetischen Wellen – das Superpositionsprinzip für Wahrscheinlichkeitsamplituden gilt. Dieses Prinzip wird wie gezeigt durch das Experiment bestätigt. Aus der Gültigkeit des Superpositionsprinzips folgt bereits, dass die Gleichung, welche K beschreibt, *linear* in K sein muss. Für die Gesamtwahrscheinlichkeit $|K|^2$ erhalten wir wieder ein ähnliches Ergebnis wie bei den elektromagnetischen Wellen.

2 Der Einfluss der Messung

Das Doppelspalt-Experiment mit Elektronen lässt sich offenbar nicht im Rahmen der klassischen Physik erklären. Die beobachteten Interferenzerscheinungen sind nicht kompatibel mit der Annahme, dass ein bestimmtes Elektron entweder nur durch Spalt 1 oder nur durch Spalt 2 läuft. Denn ginge ein Elektron z. B. nur durch Spalt 1 – woher wüsste es, dass Spalt 2 auch geöffnet ist und dass es Interferenzfiguren erzeugen muss? Das Doppelspalt-Experiment bestimmt zudem gar nicht, durch welchen Spalt das Elektron geht. Wir können jedoch ein Experiment durchführen, das feststellt, durch welchen Spalt das Elektron fliegt.

2.1 Experiment zur Bestimmung des vom Elektron passierten Spaltes

Das Licht einer starken Lichtquelle, z. B. Röntgen-Strahlen, wird von Elektronen gestreut (Compton-Effekt). Diesen Effekt können wir benutzen, um festzustellen, durch welchen Spalt das Elektron geht, indem wir eine solche Lichtquelle hinter die Wand zwischen die beiden Spalte setzen (Abb. 2.1). Die Lichtquelle sei so aufgebaut, dass das Licht in vertikaler Richtung (nach oben bzw. unten) parallel zum Schirm ausgesandt wird. Fliegt ein Elektron durch einen Spalt, so wird das Licht am vorbeifliegenden Elektron gestreut.

Ist die Elektronenquelle schwach genug, so können wir für jedes einzelne Elektron, das vom Zähler registriert wird, experimentell durch den beobachteten Lichtblitz nachweisen, durch welchen Spalt es gekommen ist. Registrieren wir alle Elektronen, welche auf den Schirm gefallen sind und bei denen der Lichtblitz hinter Spalt 1 erfolgte, so erhalten wir die Verteilung w_1 (Abb. 2.1). Diese Verteilung erhält man unabhängig davon, ob Spalt 2 geschlossen oder geöffnet ist. Das oben beschriebene Experiment wurde erstmals 1995 von Chapman durchgeführt.

Wir können in diesem Experiment eindeutig feststellen, durch welchen Spalt das Elektron geflogen ist. Für jedes Elektron, das auf dem Schirm auftrifft, beobachten wir einen Lichtblitz entweder hinter Spalt 1 oder hinter Spalt 2.

Da wir für jedes Elektron eindeutig feststellen, durch welchen Spalt es gekommen ist, finden wir zwei disjunkte Verteilungen w_1 und w_2 vor. Ein Elektron gehört entweder zu w_1, wenn es durch Spalt 1 gekommen ist, oder zu w_2, wenn es durch Spalt 2 gekommen ist, niemals aber zu beiden Verteilungen zugleich. Damit muss die Gesamtelektronenverteilung die Summe von w_1 und w_2 sein:

$$w_{12} = w_1 + w_2 = |K_1|^2 + |K_2|^2 .$$

Diese Verteilung zeigt natürlich keine Interferenz.

https://doi.org/10.1515/9783111268255-002

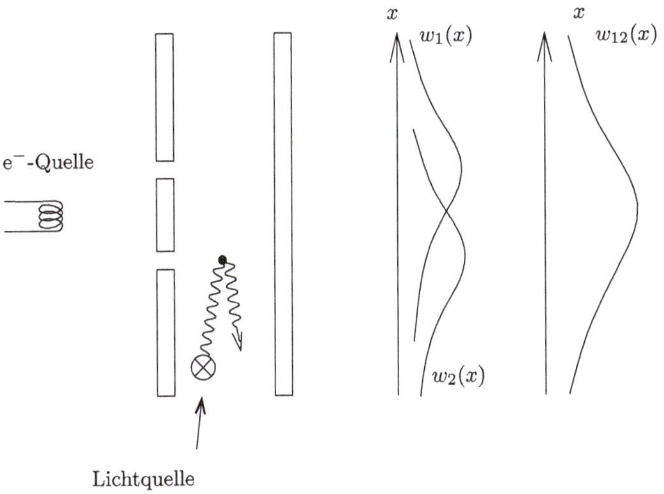

Abb. 2.1: Doppelspalt-Experiment mit Elektronen: Bestimmung des Spaltes, durch den das Elektron läuft.

Schalten wir nun das Licht aus, beobachten wir wieder die ursprüngliche Interferenzkurve

$$w = |K_1 + K_2|^2 .$$

Das Ergebnis hängt also davon ab, ob wir beobachten, durch welchen Spalt das Elektron geht. Durch die Lichtquelle (den Messapparat) wird das Messergebnis offenbar verändert. Das Licht muss folglich die Elektronen in ihrer Bahn stören, d. h. mit ihnen wechselwirken. In der Tat wissen wir bereits aus der klassischen Elektrodynamik, dass das elektromagnetische Feld der Lichtwellen auf die Elektronen eine Kraft $\boldsymbol{F}$ ausübt (Lorentz-Kraft):

$$\boldsymbol{F} = q(\boldsymbol{E} + \boldsymbol{v} \times \boldsymbol{B}) .$$

Durch den Stoß mit dem Lichtquant wird das Elektron in seiner Bahn verändert und kann auch an Stellen der Interferenzminima auf den Schirm treffen. Das obige Experiment zeigt: Wenn wir durch Beobachtung des Zustandes bzw. des Ortes des Teilchens dessen Bewegung von der Quelle zum Schirm beeinflussen, bevor sie abgeschlossen ist, dann stören wir die Interferenz.

Können wir die Störung der Elektronen durch die Lichtquelle (das Messgerät) nicht ausschalten? Man könnte eine *schwächere* Lichtquelle, d. h. eine Lichtquelle mit *niedrigerer Intensität*, benutzen, um die Interferenz nicht zu sehr zu stören. Da aber das Licht aus kleinsten Teilchen, den Photonen, besteht und sich die Streuung des Lichtes durch die Streuung der einzelnen Photonen vollzieht, sieht man die gestreuten Lichtblitze von gleicher Stärke, nur nicht mehr so oft. Bei geringer Intensität der Lichtquelle treffen dann auch Elektronen auf den Detektor, ohne dass Licht vorher an ihnen gestreut wurde, d. h. ohne dass festgestellt wurde, ob sie durch Spalt 1 oder Spalt 2 gekommen sind. Diese Ereignisse liefern wieder eine Verteilung von der Form w mit Interferenzstrukturen. Die absolute Größe dieser Verteilung ist aber etwas geringer als die von w, da die Elektronen, welche durch das Licht gestreut wurden, von dieser Verteilung ausgeschlossen sind. Letztere liefern hingegen wieder eine Verteilung ohne Interferenzerscheinungen. Die Gesamtverteilung aller Elektronen weist natürlich einen Interferenzcharakter auf. Die Interferenzstrukturen sind jedoch weniger ausgeprägt, da nicht alle Elektronen an der Interferenz teilnehmen. Die Interferenzstrukturen werden durch die über Compton-Streuung beobachteten Elektronen *ausgewaschen*.

Das Ergebnis ist also nachvollziehbar: Haben wir das Elektron gesehen, haben wir es bei der Interferenz gestört. Je stärker die Lichtquelle ist, desto mehr Elektronen werden am Licht gestreut und es wird somit festgestellt, durch welchen Spalt sie laufen. Entsprechend wird die Wahrscheinlichkeitsverteilung immer mehr der von w_{12} ähneln. Umgekehrt trifft bei einer schwachen Lichtquelle die Mehrheit der Elektronen auf den Schirm, ohne gestreut zu werden, und führt deshalb zur Interferenz, d. h. liefert eine Verteilung der Form w.

Ein alternativer Versuch, die Störung der Elektronen durch das Licht zu verringern, wäre, nicht die Intensität des Lichtes, sondern den *Impuls* bzw. die *Frequenz* der Photonen zu verringern. Dies entspricht einer Vergrößerung der Wellenlänge. Auch dies ist nicht beliebig möglich, da eine Lichtquelle, welche Licht der Wellenlänge λ emittiert, sich im Raum nicht mit einer Ungenauigkeit kleiner als λ lokalisieren lässt. Dies wird ersichtlich, wenn man sich vorstellt, dass die Lichtwelle durch einen Wellenresonator erzeugt wird. Dieser muss mindestens $\lambda/2$ „beherbergen" können. Wird also die Wellenlänge des Lichtes zu groß, so können wir nicht mehr feststellen, ob das gestreute Licht von einem Elektron hinter Spalt 1 oder hinter Spalt 2 resultiert.

Zusammenfassend können wir feststellen:

Jeder Messprozess, dessen Ziel es ist, zu bestimmen, durch welchen Spalt das Elektron geht, wird zwangsläufig das Elektron genügend stark stören, sodass die Interferenz zerstört wird und die Verteilung w in $w_{12} = w_1 + w_2$ übergeht.

Das Doppelspalt-Experiment zeigt in sehr anschaulicher Weise die Problematik des Messprozesses in der Quantenmechanik.

2.2 Die Problematik des Messprozesses in der Quantenmechanik

Der Messprozess beinhaltet eine Wechselwirkung des zu messenden Systems mit der Messapparatur. In der klassischen Physik sind die Messobjekte makroskopische Systeme und die Messapparatur kann so konstruiert werden, dass das zu messende System durch den Messprozess, d. h. durch die Wechselwirkung mit dem Messgerät, nicht wesentlich beeinflusst oder verändert wird. Beispielsweise verändert eine Längenmessung eines makroskopischen Gegenstandes nicht dessen physikalischen Zustand. In klassischen Systemen besitzen die Observablen eine gewisse absolute Bedeutung: Die physikalischen Größen nehmen einen bestimmten Wert an, unabhängig davon, ob wir ihn messen oder nicht.

Die Messung atomarer Systeme erfolgt ebenfalls mit makroskopischen Apparaturen. Wir können nur über makroskopische Geräte mit dem Mikrokosmos kommunizieren, da wir selbst makroskopische Dimensionen besitzen. Im Messprozess findet deshalb eine Wechselwirkung des zu messenden atomaren Systems mit dem makroskopischen Messapparat statt. Im Ergebnis der Messung entsteht eine für uns wahrnehmbare (makroskopische) Anzeige, also eine Änderung eines makroskopischen Parameters. Spricht man also von dem Wert einer physikalischen Größe, so schließt dies immer einen Messprozess ein, der uns diesen Wert in Form einer makroskopischen Anzeige vermitteln kann. Dieser makroskopische Prozess kann (wegen der notwendigen Wechselwirkung im Messprozess) nicht ohne Rückwirkung auf das zu messende mikroskopische System sein und muss Letzteres beeinflussen bzw. verändern. Dadurch besitzen nur diejenigen physikalischen Größen einen bestimmten Wert, welche wir gerade messen, während wir den übrigen physikalischen Größen i. A. keinen bestimmten Wert zuordnen können, da diese durch den Messprozess teilweise auf unkontrollierbare Weise gestört werden. Dieser Zusammenhang zwischen Messprozess und Messergebnis bzw. die hier zutage tretenden Grenzen der Messbarkeit im atomaren Bereich wurden zuerst von W. Heisenberg erkannt und als *Unschärfeprinzip*[1] bezeichnet. Dieses Prinzip beinhaltet:

> In einem Prozess, in dem es mehrere Alternativen gibt, führt die Bestimmung der Alternative, die realisiert ist, zur Auslöschung der Interferenz zwischen den Alternativen.

Wir unterscheiden zwei Arten von Alternativen:

1. *Exklusive bzw. sich ausschließende Alternativen:*
   Spalt 1 oder Spalt 2 bilden Exklusiv-Alternativen, wenn entweder einer der beiden Spalte geschlossen ist oder ein Messapparat eindeutig bestimmt, durch welchen Spalt das Elektron geht.
2. *Interferierende Alternativen:*
   Spalt 1 und Spalt 2 bilden interferierende Alternativen, wenn erstens beide Spalte geöffnet sind und zweitens kein Versuch unternommen wird, zu bestimmen, durch welchen Spalt das Elektron geht.

---

1 In der klassischen Physik ist die Trajektorie (Bahn) eines Teilchens experimentell bestimmbar. Damit lassen sich Ort und Impuls des Teilchens gleichzeitig messen. In der Quantenmechanik hingegen können Ort und Impuls eines Teilchens nicht gleichzeitig beliebig genau gemessen werden, wie wir im Folgenden noch explizit sehen werden.

Jede Alternative i ist mit einer gewissen Wahrscheinlichkeit $w_i = |K_i|^2$ realisiert und wird durch eine Wahrscheinlichkeitsamplitude K_i beschrieben. Für interferierende Alternativen ist die Gesamtwahrscheinlichkeitsamplitude K durch die Summe der Amplituden der einzelnen Alternativen K_i gegeben:

$$\boxed{K = \sum_i K_i\,.} \tag{2.1}$$

Dies kann als das *Grundpostulat der Quantentheorie* bezeichnet werden. Aus ihm lassen sich die Gesetze der Quantentheorie ableiten, was in den nachfolgenden Kapiteln durchgeführt wird.

2.3 Alternativen und Unschärferelation

Wenn das Elektron durch einen der beiden Spalte geht, wird es i. A. an dem Spalt gestreut und die vertikale Komponente seines Impulses wird dabei verändert. Diese Impulsänderung $\Delta \boldsymbol{p}$ ist für ein Elektron, das durch Spalt 1 geht, verschieden von der Impulsänderung, die ein Teilchen am Spalt 2 erfährt. Zur Messung dieser Impulsänderung bringen wir die Wand mit den beiden Spalten so an, dass sie in vertikaler Richtung (reibungslos) beweglich ist (Abb. 2.2).

Wegen der Impulserhaltung kann die Änderung der vertikalen Komponente des Elektronenimpulses beim Durchgang durch einen der Spalte nur durch eine betragsmäßig gleich große, entgegengesetzt gerichtete Impulsänderung der Wand kompensiert werden. Ein Elektron, das durch Spalt 2 läuft, wird nach oben abgelenkt, und folglich muss die Wand sich geringfügig nach unten bewegen. Umgekehrt wird ein Elektron, das durch Spalt 1 geht, nach unten reflektiert und die Wand muss sich folglich nach oben bewegen. Eine eindeutige Bestimmung des Spaltes, durch welchen das Elektron geht, verlangt hier eine Messung des Impulses der Wand mit einer Genauigkeit von mindestens $\Delta p = |\Delta \boldsymbol{p}|$.

Nehmen wir nun an, die Messapparatur sei so eingerichtet, dass sie diese Genauigkeit erlaubt. Wir hätten dann eine eindeutige Bestimmung des Spaltes, durch wel-

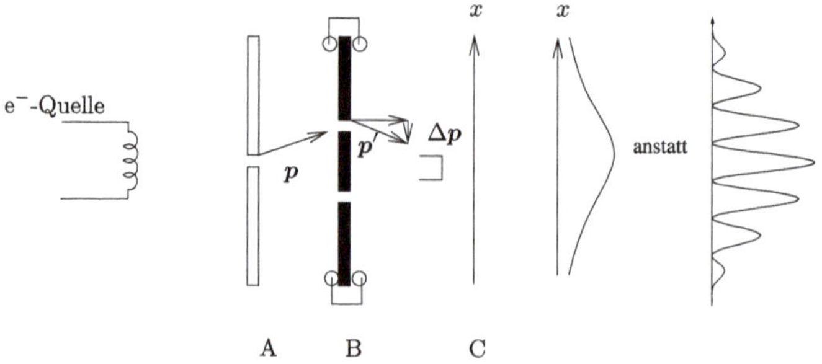

Abb. 2.2: Doppelspalt-Experiment mit Elektronen und beweglichem Doppelspalt.

chen das Elektron läuft, und sollten, wenn das obige Resultat universell gültig ist, die für klassische Teilchen charakteristische Wahrscheinlichkeitsverteilung w_{12} aus Gl. (1.1) ohne Interferenzstrukturen bekommen (Abb. 2.2). Wie kommt hier diese Wahrscheinlichkeitsverteilung zustande?

Um die Wahrscheinlichkeitsverteilung auf dem Schirm C (Detektor) präzise angeben zu können, müssen wir die vertikale Position der Spalte in B genau kennen. Wir müssen daher nicht nur den Impuls, sondern auch die Position der Wand B genau bestimmen. Wenn die Interferenzfigur w gemessen werden soll, muss die Position der Wand B genauer als $d/2$ bestimmt werden, wobei d der Abstand zweier Interferenzmaxima ist. Falls die vertikale Position von B nicht mit dieser Genauigkeit bekannt ist, sondern nur mit einer Genauigkeit $\Delta x > \frac{d}{2}$, so kann auch ein Punkt auf der Elektronenverteilung auf C nicht mit größerer Genauigkeit als $\Delta x > d/2$ angegeben werden, da der Schirm C an der Wand B kalibriert werden muss. Deshalb muss der Wert der Verteilung $w(x)$ an einem bestimmten Punkt x über alle Werte von Punkten innerhalb einer Entfernung $\Delta x > d/2$ von x gemittelt werden. Die Interferenzstrukturen werden dabei offensichtlich ausgelöscht und es entsteht die klassische Verteilung w_{12}.

Man könnte versuchen, Kenntnis über die genaue Position des Detektors (Bildschirm) C relativ zur Wand B mit den beiden Spalten zu bekommen, indem man den Detektor starr mit der Wand verbindet. Da der Detektor aber ein makroskopisches Messgerät ist, besitzt er eine makroskopische Masse, die sehr groß im Vergleich zur Elektronenmasse ist. Als Folge würde das Gesamtsystem Wand – Detektor durch die Ablenkung des Elektrons einen vernachlässigbar kleinen, experimentell nichtregistrierbaren Rückstoß erhalten, und wir könnten nicht mehr feststellen, durch welchen Spalt das Elektron geflogen ist.

Gleichgültig, welche raffinierten experimentellen Anordnungen man sich ausdenkt, um den Spalt, durch den das Elektron geht, zu bestimmen, ohne die Interferenzen zu zerstören – man wird immer an der makroskopischen Größe der Messapparatur scheitern.

Versuchen wir nun eine quantitative Beschreibung dieses Resultates zu finden. Interferenzphänomene sind bekanntlich an Wellen gebunden. Deshalb können wir statt Elektronen auch Lichtquellen in dem Experiment einsetzen, wie wir es früher bereits getan haben. Wir können deshalb unsere Kenntnisse aus der Optik zur quantitativen Beschreibung des Experimentes anwenden. Aus der Optik wissen wir, dass Interferenzmaxima dann auftreten, wenn die beiden interferierenden Lichtstrahlen Wegstrecken zurücklegen, welche sich um ein ganzzahliges Vielfaches der Wellenlänge λ voneinander unterscheiden (siehe Abb. 2.3). Da die Wegstrecken $\overline{Q_1A}$ und $\overline{Q_2A}$ gleich lang sind, tritt in A stets ein Interferenzmaximum auf. Das benachbarte Interferenzmaximum soll in B auftreten. Dazu *muss* die Strecke $\overline{Q_2B}$ um λ größer sein als die Strecke $\overline{Q_1B}$

$$\overline{Q_2B} - \overline{Q_1B} \stackrel{!}{=} \lambda\,. \tag{2.2}$$

Aus dem Pythagoras-Satz folgt für diese Strecken

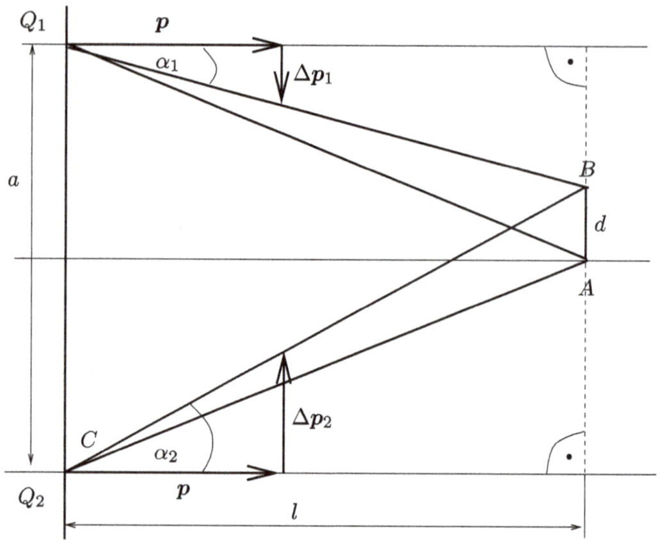

Abb. 2.3: Geometrie zur Auswertung des Doppelspalt-Experimentes mit beweglichem Doppelspalt. Die Positionen der beiden Spalten, Q_1 und Q_2, liegen spiegelsymmetrisch zur Achse durch A, siehe Text.

$$\overline{Q_1B} = \sqrt{l^2 + \left(\frac{a}{2} - d\right)^2} = l\sqrt{1 + \left(\frac{a}{2l} - \frac{d}{l}\right)^2},$$
$$\overline{Q_2B} = \sqrt{l^2 + \left(\frac{a}{2} + d\right)^2} = l\sqrt{1 + \left(\frac{a}{2l} + \frac{d}{l}\right)^2}.$$

Für $d \ll l$ und $a \ll l$ können wir die Wurzeln entwickeln. In führender Ordnung liefert dies

$$\overline{Q_1B} \simeq l\left[1 + \frac{1}{2}\left(\frac{a}{2l} - \frac{d}{l}\right)^2 + \cdots\right],$$
$$\overline{Q_2B} \simeq l\left[1 + \frac{1}{2}\left(\frac{a}{2l} + \frac{d}{l}\right)^2 + \cdots\right]$$

und somit

$$\overline{Q_2B} - \overline{Q_1B} \simeq \frac{ad}{l}.$$

Vergleich mit (2.2) liefert die Beziehung

$$\frac{d}{l} \simeq \frac{\lambda}{a}. \tag{2.3}$$

Aus der Abbildung 2.3 ist außerdem ersichtlich, dass folgende Beziehungen gelten

$$\frac{|\Delta \boldsymbol{p}_1|}{|\boldsymbol{p}|} = \tan \alpha_1 = \frac{\frac{a}{2} - d}{l} ,$$
$$\frac{|\Delta \boldsymbol{p}_2|}{|\boldsymbol{p}|} = \tan \alpha_2 = \frac{\frac{a}{2} + d}{l} .$$

Für die Gesamtimpulsunschärfe

$$\Delta p = |\Delta \boldsymbol{p}_1| + |\Delta \boldsymbol{p}_2|$$

erhalten wir folglich ($p = |\boldsymbol{p}|$)

$$\frac{\Delta p}{p} = \frac{a}{l} . \tag{2.4}$$

Da in dem (in Abb. 2.2 gezeigten) Experiment keine Interferenzformen auftreten, muss die Ungewissheit Δx in der Messung der vertikalen Position der Wand B größer als $d/2$ sein, d. h. mit (2.3) bzw. (2.4)

$$\Delta x \geq \frac{d}{2} = l\frac{\lambda}{2a} = \lambda\frac{p}{2\Delta p} . \tag{2.5}$$

Beachten wir, dass für Photonen der Impuls p mit der Wellenzahl $k = 2\pi/\lambda$ über

$$p = \hbar k = \hbar\frac{2\pi}{\lambda}$$

verknüpft ist, so finden wir aus (2.5) die Beziehung

$$\Delta x \cdot \Delta p > h/2 , \tag{2.6}$$

die zuerst von W. Heisenberg gefunden wurde und als *Heisenberg'sche Unschärferelation* bezeichnet wird.[2] Diese Beziehung werden wir später noch in allgemeinerer Form streng beweisen. Bisher gibt es keine experimentellen Hinweise auf eine Verletzung dieser Beziehung. Wie wir später sehen werden, wird diese Unschärferelation auch von der formalen Quantentheorie gefordert.

2 Streng genommen steht in der Heisenberg'schen Unschärferelation $\hbar = h/2\pi$ statt h. Der Unterschied ist durch unsere Näherungen entstanden.

3 Die Wahrscheinlichkeitsamplitude

Vom physikalischen Standpunkt aus sind die zwei Wege, welche das Elektron entweder durch Spalt 1 oder Spalt 2 beschreiten kann, unabhängige Alternativen. Dennoch ist die Gesamtwahrscheinlichkeit über beide Alternativen nicht die Summe der Einzelwahrscheinlichkeiten. Ähnlich wie bei dem elektrischen Feld von interferierenden Lichtwellen müssen wir die Wahrscheinlichkeit als Quadrat einer Wahrscheinlichkeitsamplitude berechnen und daher die Wahrscheinlichkeitsamplituden von interferierenden Prozessen zur Gesamtwahrscheinlichkeitsamplitude addieren.

Wenn wir ein Ereignis oder einen Prozess vor seinem Abschluss durch eine Messung eines Zustandes des Teilchens, z. B. des Ortes des Elektrons, unterbrechen, so stören wir die Konstruktion der Gesamtamplitude. Wenn wir z. B. ein Teilchen in einem bestimmten Zustand beobachten, dann schließen wir die Möglichkeit aus, dass es sich in irgendeinem anderen Zustand befindet. Die Amplituden der ausgeschlossenen Zustände können dann nicht länger zur Gesamtamplitude beitragen und müssen deshalb bei der Berechnung der Gesamtamplitude weggelassen werden. Wenn wir z. B. mit Hilfe eines Messgerätes bestimmen, dass das Elektron durch Spalt 1 geht, dann ist die Wahrscheinlichkeitsamplitude dafür, dass das Elektron am Punkt x auf dem Schirm auftritt, gerade K_1 und die Amplitude K_2 für den Durchgang durch den Spalt 2 kann nicht zur Gesamtamplitude beitragen. Dabei ist es unwichtig, ob wir tatsächlich das Ergebnis der Messung aufzeichnen oder zur Kenntnis nehmen. Solange nur die Messapparatur in Betrieb ist, könnten wir, falls wir wollten, das Ergebnis der Messung erfahren. Allein das Betreiben der Messapparatur ist ausreichend, um das System zu stören und die Wahrscheinlichkeitsamplitude zu verändern.

3.1 Die Struktur der Wahrscheinlichkeitsamplitude

Die Wahrscheinlichkeitsamplitude (bzw. kurz Amplitude) für ein Ereignis ist die Summe aller Amplituden für die möglichen alternativen Wege, durch welche das Ereignis realisiert werden kann (2.1). Bei einem physikalischen Prozess gibt es i. A. sehr viele Alternativen. Dies erkennen wir sofort, wenn wir mehrere Wände mit mehreren Löchern zwischen Quelle und Detektor aufstellen. Verschiedene Wege sind für das Elektron möglich und zu jeder dieser Alternativen gehört eine andere Amplitude. Das Ergebnis eines Experimentes, in dem all diese Löcher offen sind, entsteht durch Addition der Amplituden sämtlicher möglicher alternativer Wege (Abb. 3.1).

Wir können mehr und mehr Löcher in die vorhandenen Wände bohren, bis sie schließlich nur noch aus „Löchern“ bestehen (Abb. 3.2). Die Summe über alle Alternativen wird dann ein mehrfaches Integral, für jede Wand eine Integration über die vertikale Koordinate, welche die alternativen Höhen beschreibt, in denen das Elektron die

https://doi.org/10.1515/9783111268255-003

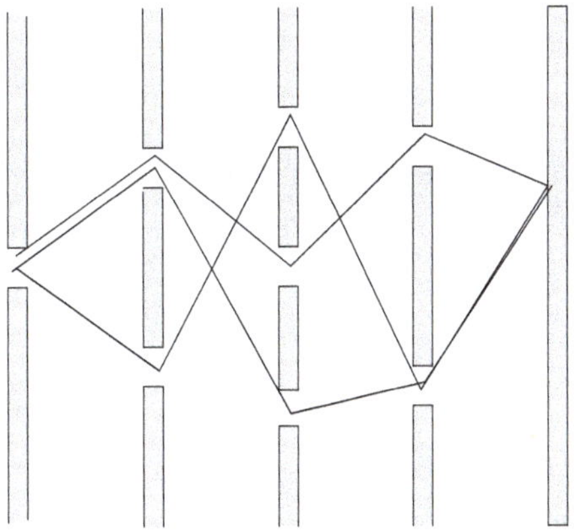

Abb. 3.1: Interferierende Alternativen bei mehreren Wänden mit mehreren Löchern.

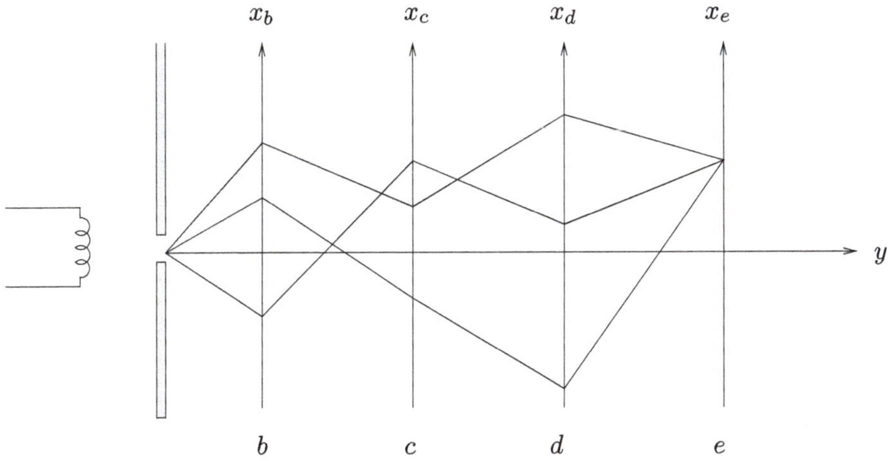

Abb. 3.2: Interferierende Alternativen bei völliger Entfernung der Wände an den Positionen y_b, y_c, y_d.

„Wand" passiert:

$$K(x_e) = \int dx_b \int dx_c \int dx_d \, K(x_e, x_d, x_c, x_b)\,.$$

Wir können diese Prozedur fortsetzen und mehr und mehr Wände zwischen Quelle und Detektor setzen und immer mehr Löcher in die Wände bohren, bis nichts mehr von den Wänden übrig bleibt. Während dieses Prozesses verfeinern wir ständig den Weg der Elektronen, bis wir schließlich zu unendlich vielen Trajektorien $x(y)$ der Elektronen kommen, wobei x die Höhe des Elektrons über der Entfernung y von der Quelle angibt (Abb. 3.3). Während dieser Verfeinerung behalten wir das Konzept der Summation über unabhängige Alternativen (Superpositionsprinzip) bei, sodass wir schließlich

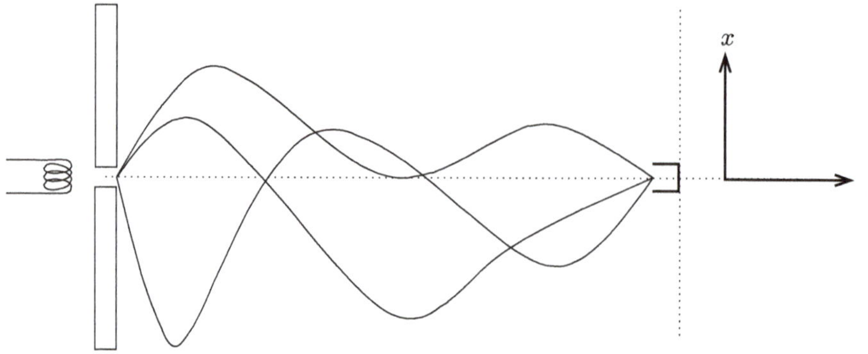

Abb. 3.3: Mögliche Wege, auf denen das Elektron von der Quelle zum Detektor gelangen kann.

zur Summe über alle möglichen Trajektorien der Elektronen kommen:

$$K = \sum K[\text{Wege } x(y)] = \sum_{\{x(y)\}} K[x(y)] \,. \tag{3.1}$$

Anstatt die Bahnen des Teilchens durch die vertikale Koordinate x als Funktion der horizontalen Koordinate y anzugeben, können wir die Teilchentrajektorie auch durch einen Parameter, z. B. durch die Zeit t, parametrisieren: $x(t), y(t)$. Analog kennzeichnen wir eine Trajektorie im dreidimensionalen Raum durch einen Vektor

$$\boldsymbol{r}(t) = \left(x(t), y(t), z(t)\right)$$

oder

$$\boldsymbol{x}(t) = \left(x_1(t), x_2(t), x_3(t)\right) .$$

In der obigen Ableitung der Wahrscheinlichkeitsamplitude haben wir die verschiedenen Alternativen der Teilchen durch Trajektorien beschrieben. Eine Trajektorie beinhaltet aber eine eindeutige Festlegung des Ortes als Funktion der Zeit $\boldsymbol{x}(t)$, und damit des Impulses $\boldsymbol{p}(t) = m\dot{\boldsymbol{x}}(t)$, sofern $\dot{\boldsymbol{x}}(t)$ existiert. Ort und Impuls des Teilchens sind deshalb auf einer einzelnen Trajektorie scharf. Dies widerspricht jedoch *nicht* der Unschärferelation (2.6), da diese sich auf die *Gesamtheit* der interferierenden Alternativen bezieht. Die als interferierende Alternativen erhaltenen Trajektorien $\boldsymbol{x}(t)$ müssen nicht der klassischen Bewegungsgleichung genügen und können deshalb beliebig „gezackt“ sein.

Bisher haben wir immer die Wahrscheinlichkeitsamplitude für das Ereignis betrachtet, dass ein Teilchen von einer Quelle im Koordinatenursprung ausgeht und nach einer Zeit t mit einem Detektor an einem bestimmten Ort gemessen wird. Ganz allgemein können wir nach der Wahrscheinlichkeitsamplitude für den Übergang eines Teilchens von einem Punkt $\boldsymbol{x}_a$ zum Zeitpunkt t_a zu einem anderen Punkt $\boldsymbol{x}_b$ zum

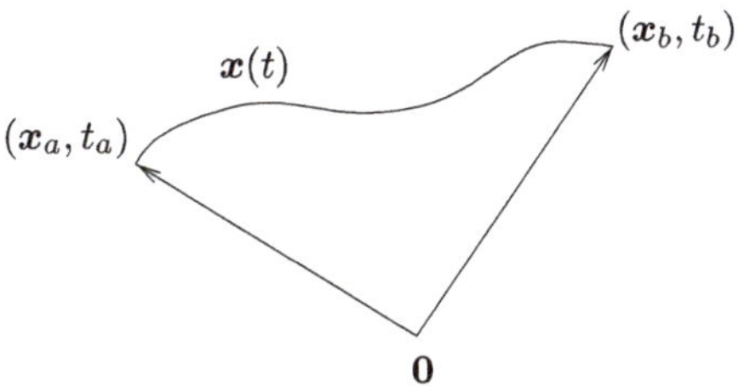

Abb. 3.4: Teilchentrajektorie $\boldsymbol{x}(t)$ von Ereignis $(\boldsymbol{x}_a, t_a)$ zu Ereignis $(\boldsymbol{x}_b, t_b)$.

Zeitpunkt t_b fragen (Abb. 3.4). Die möglichen Teilchentrajektorien $\boldsymbol{x}(t)$ müssen dann offenbar den Randbedingungen

$$\boldsymbol{x}(t_a) = \boldsymbol{x}_a\,, \qquad \boldsymbol{x}(t_b) = \boldsymbol{x}_b \tag{3.2}$$

genügen. Da diese Amplitude die Wahrscheinlichkeit für den Übergang des Teilchens von einem Punkt im Raum zu einem anderen beschreibt, wird sie auch als *Übergangsamplitude* bezeichnet. Die Wahrscheinlichkeitsamplitude für eine einzelne Trajektorie $\boldsymbol{x}(t)$ schreiben wir als:

$$K[\boldsymbol{x}(t)](\boldsymbol{x}_b, t_b; \boldsymbol{x}_a, t_a)\,.$$

Die Gesamtübergangsamplitude für den Übergang von $(\boldsymbol{x}_a, t_a)$ nach $(\boldsymbol{x}_b, t_b)$ erhält man dann nach (3.1), indem man über die Amplituden aller Trajektorien $\boldsymbol{x}(t)$ summiert, die den entsprechenden Randbedingungen (3.2) genügen:

$$K(\boldsymbol{x}_b, t_b; \boldsymbol{x}_a, t_a) = \sum_{\substack{\text{Trajektorien } \boldsymbol{x}(t) \\ \boldsymbol{x}(t_a)=\boldsymbol{x}_a\,,\,\boldsymbol{x}(t_b)=\boldsymbol{x}_b}} K[\boldsymbol{x}(t)](\boldsymbol{x}_b, t_b; \boldsymbol{x}_a, t_a). \tag{3.3}$$

Zur Vereinfachung der Notation führen wir folgende Bezeichnungen ein:

$$a := (\boldsymbol{x}_a, t_a)\,, \qquad b := (\boldsymbol{x}_b, t_b)\,,$$

sowie

$$\sum_{\{\boldsymbol{x}(t)\}} := \sum_{\substack{\text{Trajektorien } \boldsymbol{x}(t) \\ \boldsymbol{x}(t_a)=\boldsymbol{x}_a\,,\,\boldsymbol{x}(t_b)=\boldsymbol{x}_b}} .$$

Gl. (3.3) für die Übergangsamplitude schreibt sich dann in der kompakten Form

$$K(b, a) = \sum_{\{\boldsymbol{x}(t)\}} K[\boldsymbol{x}(t)](b, a)\,.$$

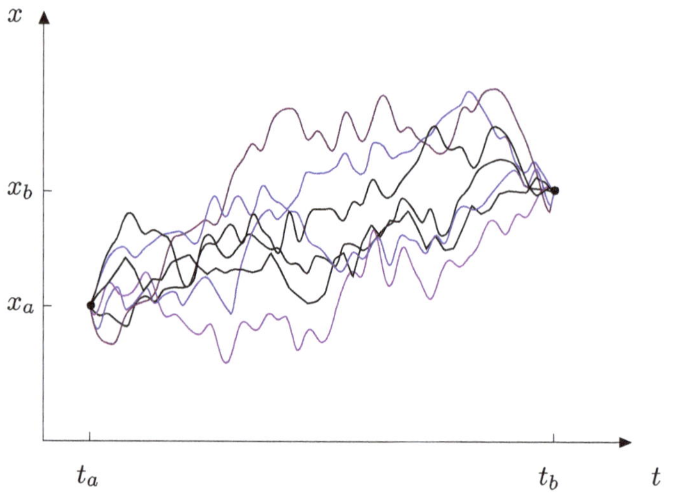

Abb. 3.5: Trajektorien der eindimensionalen Bewegung bei fest vorgegebenen Anfangs- und Endpunkten.

Für eine eindimensionale Bewegung sind die Trajektorien, welche zur gesamten Übergangsamplitude beitragen und die entsprechenden Randbedingungen erfüllen, in Abb. 3.5 illustriert.

3.2 Der Zerlegungssatz

Im Folgenden wollen wir die Übergangsamplitude $K(b, a)$ explizit berechnen. Der Einfachheit halber betrachten wir zunächst nur eindimensionale Bewegungen. Wir interessieren uns für die Übergangsamplitude des Prozesses, in dem das Teilchen sich zum Zeitpunkt t_a am Ort x_a befindet und nach der Zeit $t_b - t_a$ den Ort x_b erreicht. Wir betrachten nun einen Zwischenzeitpunkt t_c (Abb. 3.6). An einem solchen intermediären Zeitpunkt kann das Teilchen alle möglichen Koordinatenwerte $x(t_c)$ annehmen. Zu jedem Koordinatenwert $x(t_c) = x_c$ gehören alternative Wege, auf denen das Teilchen von (x_a, t_a) nach (x_b, t_b) gelangen kann. Nach dem Superpositionsprinzip, welches bekanntlich das Grundprinzip der gesamten Quantenmechanik ist, müssen die Amplituden über alle alternativen Wege bzw. Ereignisse summiert werden. Im vorliegenden Fall bedeutet dies, dass über den intermediären Ort x_c des Teilchens zum Zeitpunkt $t = t_c$ zu integrieren ist. Die Gesamtübergangsamplitude erhalten wir demzufolge, indem wir zunächst die Amplitude vom Ausgangspunkt a zum intermediären Punkt $c \equiv (x_c, t_c)$ betrachten und diese mit der Wahrscheinlichkeitsamplitude für den Übergang des Teilchens aus dem intermediären Punkt c in den Endpunkt b multiplizieren und nach dem Superpositionsprinzip über alle intermediären Koordinaten x_c integrieren, d. h.:

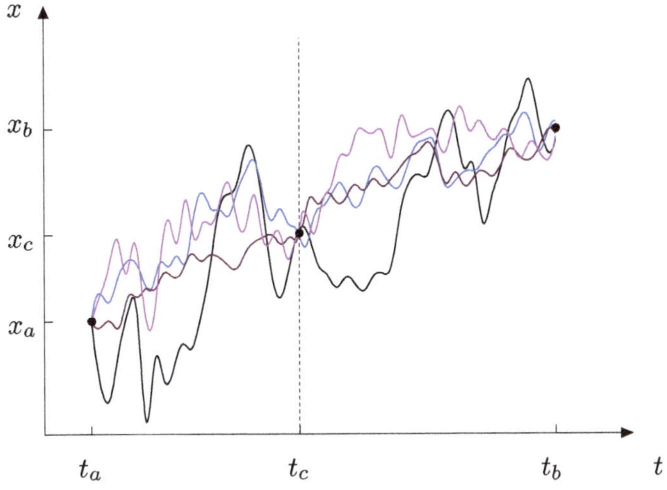

Abb. 3.6: Trajektorien, die zu einem Zwischenzeitpunkt t_c durch einen festen Punkt x_c laufen.

$$\boxed{K(b,a) = \int dx_c\, K(b,c)K(c,a)\,.} \tag{3.4}$$

Diese Beziehung wird als *Zerlegungssatz* bezeichnet und stellt eine Integralgleichung für die Übergangsamplitude dar.

Der Zerlegungssatz ist sozusagen das Huygens'sche Prinzip der Quantenmechanik. In der klassischen Optik kann jeder Punkt einer Wellenfront als Ausgangspunkt einer neuen Kugelwelle betrachtet werden. Damit ist die Wellenfront in einzelne Teilwellen aufspaltbar, deren Summe bzw. Integral wieder die ursprüngliche Welle ergibt. Genauso wird hier die Übergangsamplitude an einem intermediären Zeitpunkt in Teilübergangsamplituden aufgespalten.

Der Zerlegungssatz (3.4) ist eine nicht-lineare Beziehung für die Übergangsamplitude K: Auf der rechten Seite steht ein Produkt von zwei Amplituden, während auf der linken Seite nur eine steht. Diese Gleichung legt deshalb die Normierung der Amplitude K fest. In der Tat ersetzen wir im Zerlegungssatz K durch αK (α = const), so erhalten wir:

$$\alpha K(b,a) = \alpha^2 \int_{-\infty}^{\infty} dx_c\, K(b,c)K(c,a)\,.$$

Dieser Ausdruck stimmt nur für $\alpha = 1$ mit dem Zerlegungssatz überein. Der Zerlegungssatz legt jedoch nicht nur die Normierung fest: Führen wir in der Gleichung des Zerlegungssatzes den Grenzübergang $t_c \to t_b$ durch, so finden wir:

$$\int_{-\infty}^{\infty} dx_c \left(\lim_{t_c \to t_b} K(x_b, t_b; x_c, t_c)\right) K(x_c, t_b; x_a, t_a) = K(x_b, t_b; x_a, t_a)\,.$$

Der Limes $t_c \to t_b$ lässt sich im zweiten Faktor problemlos nehmen, führt jedoch auf eine „gleichzeitige" Amplitude im ersten Faktor, die möglicherweise singulär ist, weshalb wir den Limes hier noch nicht vollzogen haben. Diese Beziehung muss für beliebige äußere Koordinaten x_a und x_b gelten. Sie kann deshalb nur erfüllt sein, wenn für eine beliebige Funktion $f(x)$ gilt:

$$\int_{-\infty}^{\infty} dx_c \lim_{t_c \to t_b} K(x_b, t_b; x_c, t_c) f(x_c) = f(x_b)\,.$$

Dies ist aber gerade die Definition der δ-Funktion (siehe Anhang A)

$$\int_{-\infty}^{\infty} dx_c\, \delta(x_b - x_c) f(x_c) = f(x_b)\,.$$

Folglich ist die Übergangsamplitude für gleiche Zeitargumente identisch mit der δ-Funktion im Ortsraum:

$$\lim_{t_c \to t_b} K(x_b, t_b; x_c, t_c) \equiv \delta(x_b - x_c)\,. \tag{3.5}$$

Integrieren wir diese Gleichung über die Endkoordinate $x = x_b$ des Teilchens, so erhalten wir mit $t_b = t$, $t_c = t - \varepsilon$, $x_c = x'$ und $\int_{-\infty}^{\infty} dx\, \delta(x - x') = 1$:

$$\lim_{\varepsilon \to 0} \int_{-\infty}^{\infty} dx\, K(x, t; x', t - \varepsilon) = 1\,.$$

Diese Beziehung, welche die Normierung der Amplitude festlegt, hat eine anschauliche physikalische Bedeutung und impliziert die Erhaltung der Materie bzw. der Wahrscheinlichkeit: Ein Teilchen, das sich zur Zeit $t - \varepsilon$ am Ort x' befand, muss sich zur Zeit t irgendwo im Raum befinden. Wenn wir die Wahrscheinlichkeitsamplitude für diesen Übergang über alle Endkoordinaten summieren bzw. integrieren, müssen wir wieder den Wert 1 finden, da sich das Teilchen irgendwo befinden muss.

Wir können nun fortfahren, den Zerlegungssatz (3.4) auf die Teilamplituden für die Bewegung von a nach c und von c nach b anzuwenden, indem wir das Zeitintervall $[t_a, t_c]$ und $[t_c, t_b]$ weiter in kleinere Zeitintervalle $[t_a, t_d] \cup [t_d, t_c]$ bzw. $[t_c, t_e] \cup [t_e, t_b]$ unterteilen (Abb. 3.7). Nach dem Superpositionsprinzip muss sich die Gesamtamplitude wieder durch Summation der Amplituden der alternativen Ereignisse gewinnen lassen, d. h. es muss die Beziehung gelten:

$$K(b, a) = \int dx_d \int dx_c \int dx_e\, K(b, e) K(e, c) K(c, d) K(d, a)\,.$$

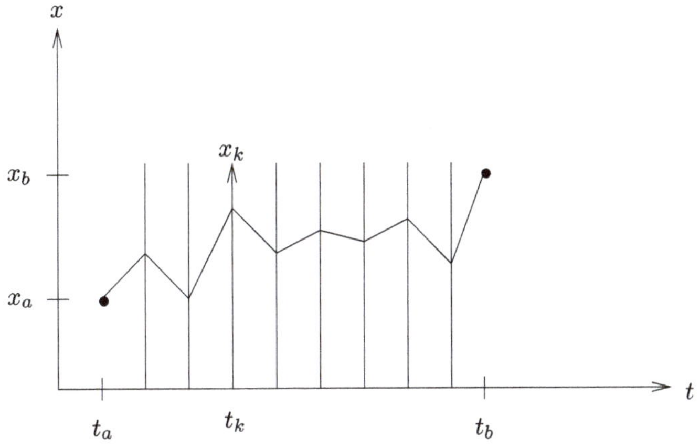

Abb. 3.7: Zerlegung einer Trajektorie in (infinitesimal) kleine Zeitintervalle.

Diese sukzessive Zerlegung der Zeitintervalle können wir fortsetzen, bis wir das gesamte Zeitintervall $[t_a, t_b]$ in N $(\to \infty)$ infinitesimal kleine Intervalle der Länge ε $(\to 0)$ zerlegt haben:

$$\begin{gathered} t_b - t_a = N\varepsilon\,, \\ \begin{array}{lll} t_0 = t_a & t_k = t_0 + k\varepsilon & t_N = t_b\,, \\ x_0 = x_a & x_k & x_N = x_b\,, \end{array} \\ k = (x_k, t_k)\,. \end{gathered} \tag{3.6}$$

Nach dem Superpositionsprinzip ergibt sich die Gesamtamplitude wieder durch Multiplikation aller Teilamplituden für die infinitesimalen Intervalle und anschließender Integration über die Koordinaten des Teilchens zu den intermediären Zeiten. Die Gesamtamplitude lässt sich also schreiben als:

$$K(b,a) = \int K(N,N-1) \prod_{k=1}^{N-1} dx_k\, K(k,k-1)\,. \tag{3.7}$$

Interpretieren wir nun die intermediären Koordinaten x_k als Teilchenkoordinaten auf einer Trajektorie $x(t)$, d. h.

$$x_k \equiv x(t_k) \tag{3.8}$$

und nehmen den Limes $N \to \infty$, so erzeugt die Integration über die intermediären Koordinaten x_k gerade die Summation über alle Trajektorien $x(t)$, und wir erhalten für die Gesamtamplitude das bereits früher intuitiv aus dem Experiment gefundene Resultat

$$K(b,a) = \sum_{\{x(t)\}} K[x(t)](b,a)\,.$$

Die Gesamtamplitude lässt sich wiederum als Summe über die Amplituden aller möglichen Teilchentrajektorien schreiben, welche den vorgegebenen Anfangs- und Endbedingungen $x(t_a) = x_a$ bzw. $x(t_b) = x_b$ genügen (Abb. 3.5). Ferner finden wir aus (3.7), dass die Wahrscheinlichkeitsamplitude für eine einzelne Trajektorie $x(t)$ durch das Produkt der Amplituden für die infinitesimalen Zeitintervalle $\varepsilon = t_k - t_{k-1}$ gegeben ist:

$$K[x](b,a) = \prod_{k=1}^{N} K(k, k-1) \,. \tag{3.9}$$

Dieses intuitiv klare Ergebnis ist in Einklang mit der Wahrscheinlichkeitstheorie, wenn man beachtet, dass eine einzelne Trajektorie $x(t)$ aus einer Folge von sich einander bedingenden Ereignissen der Evolution auf den infinitesimalen Zeitabschnitten $t_k - t_{k-1}$ von x_{k-1} nach x_k besteht. Die Wahrscheinlichkeit einer Folge von sich einander bedingenden Ereignissen ist bekanntlich durch das Produkt der Wahrscheinlichkeiten der einzelnen Teilereignisse gegeben. Dasselbe Multiplikationsgesetz gilt hier für die Wahrscheinlichkeitsamplituden.

3.3 Vergleich mit der klassischen Mechanik

Die quantenmechanische Übergangsamplitude $K(x_b, t_b; x_a, t_a)$ erhalten wir, indem wir die Wahrscheinlichkeitsamplitude aller möglichen Trajektorien $x(t)$ summieren, welche den Randbedingungen $x(t_a) = x_a$ und $x(t_b) = x_b$ genügen (Abb. 3.5). Die Betonung liegt hier auf *alle möglichen* Trajektorien. Diese Trajektorien können ein beliebiges Zeitverhalten besitzen. Sie können beliebig zackig sein, müssen jedoch stetig sein und dürfen wegen der Kausalität nur eine Bewegung in positiver Zeitrichtung beschreiben.

Vergleichen wir diese Situation mit der klassischen Mechanik. Hier bewegt sich ein Teilchen nur entlang der Trajektorie minimaler Wirkung. Die *Wirkung* ist durch

$$\boxed{S[x] = \int_{t_a}^{t_b} dt \; \mathcal{L}(x(t), \dot{x}(t), t)} \tag{3.10}$$

gegeben, wobei die *Lagrange-Funktion* für die Bewegung eines (Punkt-)Teilchens der Masse m in einem Potential $V(x)$ die Form

$$\boxed{\mathcal{L}(x, \dot{x}) = \frac{m}{2}\dot{x}^2 - V(x)} \tag{3.11}$$

besitzt. An dieser Form der Lagrange-Funktion kann man schon erkennen, dass die klassische Trajektorie nicht „zackig“, sondern relativ glatt sein wird. Ein Knick in der Trajektorie würde bedeuten, dass $\dot{x}$ (unendlich) groß und damit S ebenfalls sehr groß wäre. Die klassische Trajektorie ist jedoch die mit minimalem S.

Extremieren wir die Wirkung (siehe Gl. (D.13)),

$$\frac{\delta S[x]}{\delta x(t)} \stackrel{!}{=} 0\,,$$

unter den vorgegebenen Randbedingungen

$$x(t_a) = x_a\,, \quad x(t_b) = x_b\,,$$

so erhalten wir die bekannte *Euler-Lagrange-Gleichung*

$$\boxed{\frac{\partial \mathcal{L}}{\partial x} - \frac{d}{dt}\frac{\partial \mathcal{L}}{\partial \dot{x}} = 0\,.} \tag{3.12}$$

Für eine Lagrange-Funktion der Form (3.11) erhalten wir aus der Euler-Lagrange-Gleichung die *Newton'sche Bewegungsgleichung*

$$m\ddot{x} = -\frac{\partial V(x)}{\partial x}\,.$$

Multiplizieren wir die Newton-Gleichung mit der Geschwindigkeit $\dot{x}$,

$$m\ddot{x}\dot{x} = -\dot{x}\frac{\partial V(x)}{\partial x}\,,$$

so finden wir die Energieerhaltung

$$\frac{d}{dt}\left(\frac{m}{2}\dot{x}^2 + V(x)\right) = \frac{d}{dt}E = 0\,.$$

Die Energieerhaltung ist also eine Konsequenz der Stationarität der Wirkung.

In der Quantenmechanik tragen beliebige Trajektorien zur Übergangsamplitude bei. Diese Trajektorien extremieren i. A. die Wirkung nicht, und folglich bleibt die (klassische) Energie entlang dieser Trajektorien nicht erhalten. Wir werden später jedoch sehen, dass die Energie zumindest *im Mittel* erhalten bleibt. Zusammenfassend können wir als Unterschied zwischen klassischer und Quantenmechanik festhalten:

In der klassischen Mechanik erfolgt die Bewegung (bei vorgegebenen Randbedingungen) auf einer Trajektorie extremaler (gewöhnlich minimaler) Wirkung, entlang der die (klassische) Energie erhalten bleibt. Dem gegenüber erfolgt die Bewegung in der Quantenmechanik auf allen möglichen Trajektorien, die den vorgegebenen Randbedingungen genügen. Entlang dieser Trajektorien ist die Energie i. A. nicht erhalten.

3.4 Die explizite Form der Übergangsamplitude

Damit die Überlagerung der Amplituden der einzelnen Trajektorien zu Interferenzphänomenen führen kann, müssen diese vorzeichenbehaftet bzw. komplex sein. Wir müssen deshalb erwarten, dass die Übergangsamplitude der quantenmechanischen Teilchen i. A. eine komplexe Zahl sein wird. Dies gilt sowohl für die Amplitude einer Trajektorie $x(t)$ des gesamten Zeitintervalls,

$$K[x](b,a) = A[x](b,a)e^{i\phi[x](b,a)} ,$$

als auch für die Teilamplitude eines infinitesimalen Zeitintervalls:

$$K(k,k-1) = A(k,k-1)e^{i\phi(k,k-1)} .$$

In den obigen Gleichungen bezeichnet jeweils $A = |K|$ den Betrag und ϕ die (reelle) Phase der Amplitude. Aus Gl. (3.9) folgt, dass die nachstehenden Beziehungen gelten müssen:

$$A[x](b,a) = \prod_{k=1}^{N} A(k,k-1) , \quad \phi[x](b,a) = \sum_{k=1}^{N} \phi(k,k-1) .$$

Die letzte Gleichung bedeutet insbesondere, dass die Phase der Amplitude eine additive Größe ist und sich aus der Summe der Phasen der einzelnen Teilabschnitte der Trajektorien zusammensetzt. Die bisher unbekannte Phase der Amplitude einer Trajektorie muss also eine *additive Größe* sein, welche die Trajektorie des Teilchens charakterisiert. Die einzige additive Größe[1] dieser Art, die wir aus der klassischen Physik kennen, ist die Wirkungsfunktion

$$S[x](b,a) \equiv S[x](x_b, t_b; x_a, t_a) = \int_{t_a}^{t_b} dt\, \mathcal{L}(x, \dot{x}, t) ,$$

die sich unter Benutzung der Definition des Riemann-Integrals ($\mathcal{L}(x(t), \dot{x}(t), t) \equiv \mathcal{L}(t)$),

$$\int_{t_a}^{t_b} dt\, \mathcal{L}(t) = \lim_{\varepsilon \to 0} \varepsilon \sum_{k=1}^{N} \mathcal{L}(t_k) \tag{3.13}$$

und der Ableitung

$$\dot{x}(t_k) = \lim_{\varepsilon \to 0} \frac{x(t_k) - x(t_{k-1})}{\varepsilon} = \lim_{\varepsilon \to 0} \frac{x_k - x_{k-1}}{\varepsilon} \tag{3.14}$$

schreiben lässt als:

1 Die Länge des Weges wäre natürlich auch eine additive Größe. Diese spielt jedoch keine besondere Rolle in der klassischen Mechanik. In der relativistischen Physik jedoch ist die Wirkung einer Punktmasse bis auf einen Proportionalitätsfaktor gerade durch die Länge des Weges im vierdimensionalen Minkowski-Raum gegeben.

$$S[x](a,b) = \lim_{\varepsilon\to 0} \sum_{k=1}^{N} S(k,k-1)\,, \tag{3.15}$$

wobei

$$S(k,k-1) := \epsilon\mathcal{L}(x(t_k),\dot{x}(t_k),t_k) = \epsilon\mathcal{L}\left(x_k, \frac{x_k - x_{k-1}}{\epsilon}, t_k\right) \tag{3.16}$$

die Wirkung des infinitesimalen Teilabschnittes $(k, k-1)$ der Trajektorie $x(t)$ ist. Die Wirkung einer Trajektorie ist demnach gleich der Summe der Wirkungen der Teilabschnitte der Trajektorie und wir erwarten deshalb, dass die Phase ϕ der Amplitude mit der Wirkung verknüpft ist.[2] Wegen der Additivität beider Größen muss ein Zusammenhang zwischen ihnen linear sein. Da außerdem die Phase dimensionslos sein muss, schreiben wir sie in der Form

$$\phi(k,k-1) = \frac{1}{\eta}S(k,k-1) + \phi_0\,,$$

wobei ϕ_0 eine dimensionslose Konstante und η eine Konstante von der Dimension der Wirkung sein muss. Der numerische Wert dieser Konstanten lässt sich nur aus dem Experiment bestimmen. Es zeigt sich, dass diese gerade durch das Planck'sche Wirkungsquantum $\hbar$ gegeben ist: $\eta \equiv \hbar$. Den Wert der Konstante ϕ_0 bestimmen wir weiter unten. Damit nimmt die Amplitude für einen infinitesimalen Zeitabschnitt der Trajektorie folgende Gestalt an:

$$K(k,k-1) = A(k,k-1)e^{i\phi_0} \exp\left[\frac{i}{\hbar}S(k,k-1)\right]. \tag{3.17}$$

Für die Amplitude (3.9) der gesamten Trajektorie $x(t)$ erhalten wir mit (3.15):

$$K[x](b,a) = \tilde{A}(b,a)e^{\frac{i}{\hbar}S[x](b,a)}\,,$$

wobei

$$\tilde{A}(b,a) = A(b,a)e^{iN\phi_0}$$

komplex ist.

---

2 Diese Wahl erscheint hier vielleicht etwas willkürlich. Man könnte ja auch beliebige neue additive Größen definieren. Aber wir werden später sehen, dass allein mit der Annahme, dass die Wirkung die gesuchte additive Größe ist, sich die Schrödinger-Gleichung „ableiten" lässt. Auch wird die Phase eindeutig als die Wirkung identifiziert, wenn wir fordern, dass für makroskopische Objekte, d. h. für Objekte mit einer großen Wirkung, die Quantenmechanik in die bekannte klassische Mechanik übergeht, wie wir in Kapitel 5 explizit zeigen werden.

Im Folgenden zeigen wir, dass mit Kenntnis der Phase der Amplitude ihr Betrag durch den in Abschnitt 3.2 erhaltenen Zerlegungssatz eindeutig bestimmt ist. Dazu nehmen wir in der Übergangsamplitude für ein infinitesimales Zeitintervall (3.17)

$$K(k, k-1) \equiv K(x_k, t_k; x_{k-1}, t_k - \epsilon)$$

den gleichzeitigen Limes $\epsilon \to 0$. Mit (3.5) liefert das

$$\lim_{\epsilon \to 0} K(k, k-1) = \lim_{\epsilon \to 0} \left[A(k, k-1) e^{i\phi_0} e^{\frac{i}{\hbar} S(k,k-1)}\right] = \delta(x_k - x_{k-1}), \tag{3.18}$$

wobei die Wirkung für ein infinitesimales Zeitintervall, $S(k, k-1)$, in Gl. (3.16) gegeben ist. Nehmen wir an, dass die Lagrange-Funktion die übliche Form

$$\mathcal{L}(x(t), \dot{x}(t)) = \frac{m}{2} \dot{x}^2(t) - V(x(t))$$

besitzt, so finden wir für diese Größe

$$S(k, k-1) \equiv S(x_k, t_k; x_{k-1}, t_k - \epsilon) = \epsilon \left[\frac{m}{2} \left(\frac{x_k - x_{k-1}}{\epsilon} \right)^2 - V(x_k) \right].$$

Setzen wir diesen Ausdruck in (3.18) ein, so erhalten wir

$$\begin{aligned}
&\lim_{\varepsilon \to 0} K(x_k, t_k; x_{k-1}, t_k - \varepsilon) \\
&\quad = \lim_{\varepsilon \to 0} A(x_k, t_k; x_{k-1}, t_k - \varepsilon) e^{i\phi_0} \exp\left[\frac{i}{\hbar} \varepsilon \left(\frac{m}{2} \left(\frac{x_k - x_{k-1}}{\varepsilon} \right)^2 - V(x_k) \right) \right] \\
&\quad = \delta(x_k - x_{k-1}).
\end{aligned}$$

Für $\varepsilon \to 0$ divergiert der kinetische Term im Exponenten wie $1/\varepsilon$, während der Potential-Term gegen null geht. Damit reduziert sich obige Beziehung auf:

$$\lim_{\varepsilon \to 0} A(x_k, t_k; x_{k-1}, t_k - \varepsilon) e^{i\phi_0} \exp\left[\frac{i}{\hbar} \frac{m}{2\varepsilon} (x_k - x_{k-1})^2 \right] = \delta(x_k - x_{k-1}). \tag{3.19}$$

Benutzen wir die Darstellung der δ-Funktion,

$$\delta(x) = \lim_{\lambda \to \infty} \sqrt{\frac{\lambda}{i2\pi}} \exp\left(i \frac{\lambda}{2} x^2 \right), \tag{3.20}$$

welche in Abschnitt 5.2 bewiesen wird, mit $\lambda = m/\varepsilon\hbar$ und $x = x_k - x_{k-1}$, so erhalten wir

$$\delta(x_k - x_{k-1}) = \lim_{\varepsilon \to 0} \sqrt{\frac{m}{i2\pi\hbar\varepsilon}} \exp\left(\frac{i}{\hbar} \frac{m}{2\varepsilon} (x_k - x_{k-1})^2 \right).$$

Der Vergleich mit Gl. (3.19) zeigt, dass der Vorfaktor der Übergangsamplitude für infinitesimale Zeiten $\varepsilon \to 0$ durch

$$A(x_k, t; x_{k-1}, t-\varepsilon)e^{i\phi_0} = \sqrt{\frac{m}{i2\pi\hbar\varepsilon}}$$

gegeben ist. Somit ergibt sich die Übergangsamplitude für ein infinitesimal kleines Zeitintervall (3.17) zu:[3]

$$K(k, k-1) = \sqrt{\frac{m}{i2\pi\hbar\varepsilon}} \exp\left[\frac{i}{\hbar}\varepsilon\left(\frac{m}{2}\left(\frac{x_k - x_{k-1}}{\varepsilon}\right)^2 - V(x_k)\right)\right]. \tag{3.21}$$

Für kleine, aber endliche ε liefert Gl. (3.21) eine „ausgeschmierte" δ-Funktion der Breite ε. Dementsprechend ist die Übergangsamplitude $K(x, t; x', t-\varepsilon)$ für kleine (endliche) Zeitintervalle ε nur für Trajektorien zwischen nahe beieinanderliegenden Orten x und x' wesentlich von null verschieden.

Gl. (3.21) setzen wir jetzt in den Ausdruck (3.7) für die Gesamtübergangsamplitude $K(b, a)$ des endlichen Zeitintervalls $[t_a, t_b]$ ein. Bei der Zerlegung des endlichen Zeitintervalls in kleine Zeitintervalle hatten wir vorausgesetzt, dass die Intervalllänge ε infinitesimal klein ist. Wir müssen daher noch den Limes $\varepsilon \to 0$ bzw. $N \to \infty$ nehmen und erhalten schließlich für die Gesamtamplitude:

$$K(b, a) = \lim_{\substack{\varepsilon \to 0 \\ (N\to\infty)}} \underbrace{\int dx_{N-1} \ldots dx_1}_{\substack{\text{Summation} \\ \text{(Integration)} \\ \text{über alle Wege}}}$$

$$\underbrace{\left(\sqrt{\frac{m}{i2\pi\hbar\varepsilon}}\right)^N \exp\left[\frac{i}{\hbar}\varepsilon \sum_{k=1}^{N}\left(\frac{m}{2}\left(\frac{x_k - x_{k-1}}{\varepsilon}\right)^2 - V(x_k)\right)\right]}_{\text{Gewicht eines Weges}}. \tag{3.22}$$

Für $\varepsilon \to 0$ geht die Anzahl der Zeitintervalle N gegen unendlich. Im Exponenten können wir diesen Grenzübergang explizit ausführen und erhalten nach Gln. (3.13) und (3.14) die klassische Wirkung (3.10)

---

3 Der aufmerksame Leser mag sich hier fragen, weshalb wir den Potentialterm $\epsilon V(k)$ im Exponenten von $K(k, k-1)$ beibehalten, da er im später zu verwendenden Limes $\epsilon \to 0$ verschwindet. Der Grund ist, dass es im Ausdruck (3.9) für die Gesamtamplitude für ein endliches Zeitintervall, $K(b, a)$, unendlich viele solcher Terme gibt, die sich im Limes $\epsilon \to 0$ zum Riemann-Integral

$$\lim_{\epsilon \to 0} \epsilon \sum_{k=1}^{N} V(x_k) = \int_{t_a}^{t_b} dt V\big(x(t)\big)$$

aufsummieren und den Potentialanteil der Wirkung ergeben.

$$S[x](b,a) = \int_{t_a}^{t_b} dt \left(\frac{m}{2}\dot{x}^2 - V(x) \right)$$

zurück. Ferner ist es bequem, den Ausdruck

$$\boxed{\lim_{\substack{\varepsilon \to 0 \\ (N\to\infty)}} dx_{N-1} \ldots dx_1 \left(\sqrt{\frac{m}{i2\pi\hbar\varepsilon}} \right)^N =: \mathcal{D}x(t)} \tag{3.23}$$

als *funktionales Integrationsmaß* (im Unterschied zum Riemann'schen Integrationsmaß) zu definieren. Der Ausdruck für die Übergangsamplitude (3.22) nimmt dann folgende Form an:

$$\boxed{K(b,a) = \int_{x(t_a)=x_a}^{x(t_b)=x_b} \mathcal{D}x(t)\, e^{\frac{i}{\hbar} S[x](b,a)}\,,} \tag{3.24}$$

die als *Funktionalintegral* bezeichnet wird. Das Funktionalintegral ist hier eine kompakte Schreibweise für die Summation über alle Trajektorien und wird deshalb häufig als *Pfadintegral* bezeichnet.[4] Im Gegensatz zum gewöhnlichen Riemann-Integral wird hier nicht über eine Variable summiert, sondern über alle Funktionen $x(t)$, die den vorgegebenen Randbedingungen $x(t_a) = x_a$ und $x(t_b) = x_b$ genügen. Das Funktionalintegral ist damit ein unendlich-dimensionales Riemann-Integral. Wir können es jedoch stets auf ein viel-dimensionales Riemann-Integral zurückführen, indem wir das Zeitintervall diskretisieren, d. h. in infinitesimale Zeitintervalle unterteilen, was uns auf den Ausdruck (3.22) für die Übergangsamplitude zurückführt. Diese Darstellung des Funktionalintegrals erlaubt uns insbesondere eine explizite Berechnung der Übergangsamplitude. In einigen Fällen lassen sich diese Integrale explizit ausführen, so z. B. für ein freies Teilchen, bei dem das Potential verschwindet. Für andere, kompliziertere Fälle werden wir effizientere Methoden kennenlernen, die Übergangsamplitude zu bestimmen, ohne das Funktionalintegral explizit berechnen zu müssen. Da die Übergangsamplitude die Ausbreitung des quantenmechanischen Teilchens von einem Ort x_a zum Zeitpunkt t_a zu einem anderen Ort x_b zur Zeit t_b beschreibt, wird diese Übergangsamplitude auch als *Ausbreitungsfunktion* oder *Propagator* bezeichnet.

3.5 Phasenraumdarstellung des Propagators

Die klassische Mechanik kann entweder im Lagrange-Formalismus oder im kanonischen bzw. Hamilton-Formalismus formuliert werden. Die Wirkung ist im Hamilton-

4 Die Pfadintegral-Formulierung der Quantenmechanik geht auf P. Dirac zurück. Sie wurde von R. Feynman vervollständigt und auf die Quantenfeldtheorie angewandt.

Formalismus durch die Gleichung

$$\boxed{S[p,x] = \int dt\,(p\dot{x} - \mathcal{H}(p,x))} \tag{3.25}$$

definiert. Hierbei ist

$$\boxed{\mathcal{H}(p,x) = \frac{p^2}{2m} + V(x)}$$

die klassische Hamilton-Funktion. Im Hamilton-Formalismus haben wir anstatt Koordinate und Geschwindigkeit nun Koordinate und Impuls als unabhängige Variablen,[5] welche gemeinsam den Phasenraum aufspannen. Extremieren wir die kanonische Form der Wirkung (3.25) bezüglich der unabhängigen Variablen p und x, so erhalten wir die Hamilton'schen Bewegungsgleichungen

$$\dot{p} = -\frac{\partial V}{\partial x}, \quad \dot{x} = \frac{p}{m}.$$

Diese beiden Gleichungen sind offenbar der Euler-Lagrange-Gleichung bzw. der Newton'schen Bewegungsgleichung äquivalent.

Auch der quantenmechanische Propagator lässt sich entweder im Lagrange- oder Hamilton-Formalismus darstellen. Im Folgenden transformieren wir die oben abgeleitete Lagrange-Form des quantenmechanischen Propagators in die kanonische Form. Dazu benutzen wir die Identität

$$\begin{aligned}&\sqrt{\frac{m}{i2\pi\hbar\varepsilon}}\exp\left(\frac{i}{\hbar}\frac{m}{2\varepsilon}(x_k - x_{k-1})^2\right)\\ &\quad = \int_{-\infty}^{\infty}\frac{dp_k}{2\pi\hbar}\exp\left(-\frac{i}{\hbar}\varepsilon\frac{p_k^2}{2m} + \frac{i}{\hbar}p_k(x_k - x_{k-1})\right).\end{aligned} \tag{3.26}$$

Diese Identität ergibt sich sofort, wenn man auf der rechten Seite das Quadrat vervollständigt und das entstehende Gauß-Integral[6] ausführt.

Setzen wir diese Beziehung in Gl. (3.22) ein, so erhalten wir für den Propagator:

$$K(b,a) = \lim_{\varepsilon\to 0}\int\frac{dp_N}{2\pi\hbar}\frac{dp_{N-1}\,dx_{N-1}}{2\pi\hbar}\cdots\frac{dp_1\,dx_1}{2\pi\hbar}$$

---

5 Der Übergang von dem Lagrange-Formalismus zum Hamilton-Formalismus erfolgt durch eine Legendre-Transformation von den Geschwindigkeiten $\dot{x}$ zu den Impulsen p als unabhängige Variable.

6 Streng genommen handelt es sich hier um ein Gauß-Integral mit imaginären Exponenten, welches auch als Fresnel-Integral bezeichnet wird. Durch analytische Fortsetzung lässt es sich offenbar in ein gewöhnliches Gauß-Integral (mit reellen Exponenten) überführen, siehe Anhang B. Wir werden das Fresnel-Integral explizit in Abschnitt 5.1 berechnen und damit die Identität (3.26) reproduzieren, siehe Gl. (5.4).

$$\times \exp\left[\frac{i}{\hbar}\varepsilon\sum_{k=1}^{N}\left(p_k\frac{x_k - x_{k-1}}{\varepsilon} - \left(\frac{p_k^2}{2m} + V(x_k)\right)\right)\right]. \qquad (3.27)$$

Im Limes $\varepsilon \to 0$ geht der Ausdruck im Exponenten in die kanonische Form der klassischen Wirkung $S[p, x]$ (3.25) über. Definieren wir das Integrationsmaß des unendlichdimensionalen Riemann-Integrals über Koordinaten und Impulse wieder als Funktionalintegrationsmaß,

$$\boxed{\lim_{\varepsilon\to 0}\int \frac{dp_N}{2\pi\hbar}\int\prod_{k=1}^{N-1}\frac{dp_k\,dx_k}{2\pi\hbar} =: \int \mathcal{D}p(t)\int_{x(t_a)=x_a}^{x(t_b)=x_b}\mathcal{D}x(t)\,,} \qquad (3.28)$$

so erhalten wir für die *Phasenraumdarstellung* des quantenmechanischen Propagators:

$$\boxed{K(b,a) = \int \mathcal{D}p(t)\int_{x(t_a)=x_a}^{x(t_b)=x_b}\mathcal{D}x(t)\,e^{\frac{i}{\hbar}S[p,x](b,a)}\,.} \qquad (3.29)$$

Diese Darstellung besagt, dass wir den quantenmechanischen Propagator erhalten, indem wir über alle Trajektorien des Phasenraumes mit dem Gewicht $e^{\frac{i}{\hbar}S[p,x]}$ der klassischen Wirkung summieren, wobei $S[p, x]$ die kanonische Form (3.25) der klassischen Wirkung ist. In Analogie zur Darstellung des quantenmechanischen Propagators im Ortsraum (3.3) können wir deshalb $e^{\frac{i}{\hbar}S[p,x]}$ als die Wahrscheinlichkeitsamplitude zur Phasenraumtrajektorie $x(t)$, $p(t)$ bezeichnen: Die Gesamtübergangsamplitude $K(b, a)$ ergibt sich wieder durch Summation der Wahrscheinlichkeitsamplituden sämtlicher interferierender Alternativen, d. h. sämtlicher Phasenraumtrajektorien, die den Randbedingungen (3.2) genügen

$$K(b,a) = \int \mathcal{D}p(t)\int_{x(t_a)=x_a}^{x(t_b)=x_b}\mathcal{D}x(t)\,K[p(t),x(t)]\,, \quad K[p(t),x(t)] = e^{\frac{i}{\hbar}S[p,x]}\,.$$

---

i

1. In der Phasenraumdarstellung des Propagators (3.27) trägt jeder Freiheitsgrad, welcher durch jeweils eine Koordinate und einen Impuls charakterisiert ist, zum Integrationsmaß einen Faktor $1/2\pi\hbar$ bei. Die physikalische Interpretation dieses Faktors wird später gegeben.
2. In der Funktionalintegral-Darstellung des Propagators wird über den Endimpuls $p_N \equiv p(t_N)$ der Phasenraumtrajektorie, nicht aber über die Endkoordinate x_N integriert. Diese Koordinate wird durch die äußere Randbedingung $x_N = x_b$ vorgegeben. Der äußere Impuls, d. h. der Endimpuls lässt sich jedoch nicht gleichzeitig mit der Endposition des Teilchens vorgeben, sondern es wird bei vorgegebenen Ort über den Impuls integriert, d. h. der Impuls des Teilchens am Ende der Trajektorie, wo der Ort fest vorgegeben ist, ist völlig unbestimmt. Dies ist in Übereinstimmung mit der Unschärferelation (2.6):

$$\Delta x \to 0 \quad \Rightarrow \quad \Delta p \to \infty\,.$$

3.6 Der Propagator eines freien Teilchens

Im Folgenden wollen wir den quantenmechanischen Propagator für ein freies Teilchen ($V(x) = 0$) in der Phasenraumdarstellung explizit berechnen. Die Hamilton-Funktion besitzt hier die einfache Gestalt

$$\mathcal{H}(p,x) = \frac{p^2}{2m} .$$

Setzen wir diese Form in die Phasenraumdarstellung des Propagators ein, so erhalten wir:

$$K(b,a) = \int \frac{dp_N}{2\pi\hbar} \int \prod_{k=1}^{N-1} \frac{dp_k\, dx_k}{2\pi\hbar} \exp\left[\frac{i}{\hbar}\varepsilon \sum_{k=1}^{N} \left(p_k \frac{x_k - x_{k-1}}{\varepsilon} - \frac{p_k^2}{2m}\right)\right].$$

Die Impulsintegrale sind Gauß-Integrale und könnten im Prinzip unmittelbar ausgeführt werden. Dies würde uns auf die Lagrange-Darstellung des Propagators führen. Es ist jedoch einfacher, zuerst die Integrale über die Ortsvariablen auszuführen. Dazu sortieren wir zunächst die Exponenten nach den Ortskoordinaten x_k. Integrieren wir nun z. B. über x_1, so erhalten wir die Fourier-Darstellung der δ-Funktion:[7]

$$\int_{-\infty}^{\infty} dx_1\, e^{\frac{i}{\hbar}x_1(p_1-p_2)} = \hbar \int_{-\infty}^{\infty} dz\, e^{iz(p_1-p_2)} = 2\pi\hbar\delta(p_1 - p_2) .$$

Anschließende Integration über p_1 liefert:

$$\int_{-\infty}^{\infty} \frac{dp_1}{2\pi\hbar} 2\pi\hbar\delta(p_1 - p_2) \exp\left(-\frac{i}{\hbar}\varepsilon\frac{p_1^2}{2m} - \frac{i}{\hbar}x_0 p_1\right) = \exp\left[-\frac{i}{\hbar}\left(\varepsilon\frac{p_2^2}{2m} + p_2 x_0\right)\right].$$

Führen wir jetzt die Integration über x_2 aus, erhalten wir:

$$\int_{-\infty}^{\infty} dx_2\, e^{\frac{i}{\hbar}x_2(p_2-p_3)} = 2\pi\hbar\delta(p_2 - p_3) .$$

Aufgrund der entstehenden δ-Funktion lässt sich nun das Integral über den Impuls p_2 in trivialer Weise ausführen. Wir erhalten:

7 Bei Anwesenheit eines Potentials lässt sich die Integration über den Ort i. A. nicht in geschlossener Form durchführen. Ausnahmen sind Potentiale der Gestalt $V(x) = a_2x^2 + a_1x + a_0$ mit beliebigen reellen Koeffizienten a_2, a_1, a_0. Jedoch führt in diesem Fall die Integration über den Ort nicht zur Impulserhaltung (im ortsabhängigen Potential sind die Impulse natürlich nicht erhalten.)

$$\int_{-\infty}^{\infty} \frac{dp_2}{2\pi\hbar} 2\pi\hbar\delta(p_2 - p_3) \exp\left(-\frac{i}{\hbar} 2\varepsilon \frac{p_2^2}{2m} - \frac{i}{\hbar} x_0 p_2\right)$$
$$= \exp\left[-\frac{i}{\hbar}\left(2\varepsilon \frac{p_3^2}{2m} + x_0 p_3\right)\right].$$

Dieses Spiel der sukzessiven Ausintegration von Ort- und Impulsvariable lässt sich fortführen, bis zum Schluss nur noch das Integral über den Endimpuls des Teilchens übrig bleibt:

$$K(b, a) = \int_{-\infty}^{\infty} \frac{dp_N}{2\pi\hbar} \exp\left(-\frac{i}{\hbar} N\varepsilon \frac{p_N^2}{2m} + \frac{i}{\hbar} p_N (x_N - x_0)\right).$$

Beachten wir, dass $x_0 = x_a$ und $x_N = x_b$ und bezeichnen die verbleibende Impulsvariable mit p, so erhalten wir für den Propagator schließlich die Darstellung

$$\boxed{K(x_b, t_b; x_a, t_a) = \int_{-\infty}^{\infty} \frac{dp}{2\pi\hbar} \exp\left(-\frac{i}{\hbar}(t_b - t_a)\frac{p^2}{2m} + \frac{i}{\hbar} p (x_b - x_a)\right).} \quad (3.30)$$

Die obige Ableitung des quantenmechanischen Propagators des freien Teilchens zeigt: Durch Integration über die intermediären Koordinaten $x_i = x(t_i)$ des Teilchens (d. h. durch die Summation über alle Trajektorien im Ortsraum) hat das freie Teilchen einen wohldefinierten, intermediären Impuls p_i erlangt, der in der Zeitentwicklung erhalten bleibt. Die Gesamtübergangsamplitude setzt sich aus den Beiträgen aller beliebigen (zeitlich erhaltenen) Impulse zusammen. In der Tat zeigt (3.30), dass der Propagator durch eine Überlagerung von ebenen Wellen mit der Wellenzahl

$$k = \frac{p}{\hbar}, \quad -\infty < k < \infty \quad (3.31)$$

und der Frequenz

$$\omega = \frac{E}{\hbar}, \quad E = \frac{p^2}{2m} \quad (3.32)$$

gegeben ist. Während Anfangs- und Endkoordinate der Trajektorien, die zur Übergangsamplitude beitragen, fixiert sind, ist der erhaltene Impuls völlig unbestimmt. Dies ist in Übereinstimmung mit der Heisenberg'schen Unschärfebeziehung: Geben wir Anfangs- und Endkoordinaten des Ortes vor, so ist der Ort exakt bekannt, d. h. die Unschärfe verschwindet: $\Delta x = 0$. Demzufolge muss der Impuls absolut unscharf sein. Dies drückt sich durch die Integration über die Impulse, d. h. durch die Summation über die Trajektorien mit allen möglichen Impulsen aus.

Formal ist (3.30) ein gewöhnliches Fourier-Integral

$$K(x_b, t_b; x_a t_a) = \int_{-\infty}^{\infty} \frac{dp}{2\pi\hbar} e^{\frac{i}{\hbar} p(x_b - x_a)} K(t_b, t_a; p) . \tag{3.33}$$

Hierbei ist

$$K(t_b, t_a; p) = \exp\left(-\frac{i}{\hbar} \frac{p^2}{2m} (t_b - t_a) \right)$$

offenbar die Wahrscheinlichkeitsamplitude für die Ausbreitung des Teilchens während der Zeit $t_b - t_a$ mit konstantem Impuls p.

Das in (3.30) verbleibende Impulsintegral lässt sich natürlich ausführen. Wir erhalten dann die Lagrange-Darstellung des Propagators:

$$\boxed{\begin{aligned} K(x_b, t_b; x_a, t_a) &= \sqrt{\frac{m}{i2\pi\hbar(t_b - t_a)}} \exp\left(\frac{i}{\hbar} \frac{m}{2} \frac{(x_b - x_a)^2}{t_b - t_a} \right) \\ &\equiv A(t_b - t_a) e^{\frac{i}{\hbar} S(b,a)} . \end{aligned}} \tag{3.34}$$

Der Exponent ist wieder durch die klassische Wirkung

$$S(b, a) = \frac{m}{2} \frac{(x_b - x_a)^2}{t_b - t_a} = \frac{m}{2} v^2 (t_b - t_a) , \qquad v = \frac{x_b - x_a}{t_b - t_a}$$

gegeben, welche die Propagation des freien Teilchens mit konstanter Geschwindigkeit v beschreibt. Drücken wir diese Wirkung in der kanonischen Form (3.25) aus

$$S(b, a) = \bar{p}(x_b - x_a) - \bar{E}(t_b - t_a) , \quad \bar{p} = mv , \quad \bar{E} = \frac{\bar{p}^2}{2m} ,$$

so erhalten wir für den Propagator des freien Teilchens:

$$\boxed{K(x_b, t_b; x_a, t_a) = \sqrt{\frac{m}{i2\pi\hbar(t_b - t_a)}} \exp\left(\frac{i}{\hbar} \bar{p}(x_b - x_a) - \frac{i}{\hbar} \bar{E}(t_b - t_a) \right).} \tag{3.35}$$

Vergleichen wir diese Darstellung mit (3.30), so stellen wir folgenden Unterschied fest: Während in (3.30) die quantenmechanische Amplitude durch Superposition der Amplituden $e^{\frac{i}{\hbar} S}$ aller möglichen Trajektorien zu den vorgegebenen Randpunkten gegeben ist, die sich in den Impulsen p unterscheiden, wird in (3.35) dieselbe Amplitude allein durch den Beitrag der stationären Trajektorie $\bar{p} = mv$, welche die Wirkung minimiert, gegeben. Anstatt des Integrals über p, d. h. der Summation über alle Trajektorien mit $p = \text{const}$ (ebenen Wellen), haben wir hier jedoch einen Vorfaktor $\sqrt{m/(2i\pi\hbar(t_b - t_a))}$, der offenbar den Effekt der Summation über die verschiedenen p-Trajektorien und damit die Quanteneffekte enthalten muss.[8] Dies wird besonders deutlich, wenn man beachtet, dass für das Gauß-Integral über p die *stationäre Phasenapproximation* (siehe Abschnitt 5.1) exakt ist. Die stationäre Trajektorie, die den Exponenten von (3.30) bezüglich p extremiert, ist in der Tat die klassische Trajektorie $\bar{p} = mv$, $v = (x_b - x_a)/(t_b - t_a)$, und das Integral über die Impulsfluktuationen $p' = p - \bar{p}$ liefert gerade den Vorfaktor in (3.35). Die Darstellung (3.35) zeigt, dass der quantenmechanische Propagator des freien Teilchens durch eine ebene Welle mit zeitabhängiger Amplitude gegeben ist. Letztere beschreibt den Effekt der Quantenfluktuationen des Teilchens um die klassische Trajektorie.

Lassen wir im Propagator (3.34) die Endzeit gegen die Anfangszeit streben und beachten, dass K nur von der Zeitdifferenz abhängt, so finden wir mit (5.13):

$$\lim_{t_b \to t_a} K(x_b, t_b; x_a, t_a) = \lim_{\varepsilon \to 0} K(x_b, \varepsilon; x_a, 0) = \delta(x_b - x_a)\,.$$

Dieses Ergebnis hatten wir bereits früher für den Propagator eines Teilchens in einem beliebigen Potential gefunden (siehe Gl. (3.5)).

Abschließend bemerken wir noch, dass der Propagator des freien Teilchens (3.34) korrekt normiert ist:

$$\int_{-\infty}^{\infty} dx_b\, K(x_b t_b; x_a t_a) = 1\,.$$

3.7 Energiedarstellung des Propagators

Die oben in den Abschnitten 3.1, 3.2, 3.3, 3.4 angestellten Überlegungen zur Übergangsamplitude gelten für beliebige zeitabhängige Potentiale. Im vorliegenden Abschnitt wollen wir uns auf Potentiale beschränken, die nicht von der Zeit abhängen. Für zeitunabhängige Potentiale ist die Energie eines klassischen Teilchens erhalten. Wegen der Homogenität der Zeit darf für solche Potentiale der Propagator $K(x, t; x', t')$ nur von der Zeitdifferenz $t - t'$ abhängen.

Der quantenmechanische Propagator $K(x, t; x', t')$ beschreibt die Ausbreitung des Teilchens von (x', t') nach (x, t). Wie wir früher gesehen hatten, erfolgt diese Ausbreitung auf allen möglichen Trajektorien zwischen den vorgegebenen Randpunkten. Diese Trajektorien haben eine beliebig komplizierte Gestalt und bei der Bewegung des Teilchens auf einer solchen Trajektorie bleibt deshalb die Energie i. A. nicht erhalten, sodass das quantenmechanische Teilchen (selbst im zeitunabhängigen Potential) während seiner Zeitevolution keine scharfe Energie besitzt. Wir können jedoch den vollen Propagator mittels Fourier-Transformation nach Komponenten mit scharfer Energie entwickeln

8 Es ist eine Besonderheit des freien Teilchens, dass alle Quanteneffekte in einem Vorfaktor enthalten sind. Dies ist i. A. nicht der Fall!

(analog zur Fourier-Zerlegung des Propagators des freien Teilchens (3.33) in Komponenten mit scharfem Impuls):

$$K(x,t;x',t') = \int_{-\infty}^{\infty} \frac{dE}{2\pi\hbar}\, e^{-\frac{i}{\hbar}E(t-t')} K(x,x';E)\,.$$

Der Propagator zur festen Energie E ist dann durch die inverse Fourier-Transformation

$$K(x,x';E) = \int_{-\infty}^{\infty} dT\, e^{\frac{i}{\hbar}ET} K(x,t;x',t') \tag{3.36}$$

mit $T = t - t'$ gegeben. Setzen wir hier auf der rechten Seite den Propagator des freien Teilchens (3.30) ein und benutzen die Fourier-Darstellung der δ-Funktion (A.17), so erhalten wir für den freien Propagator mit fester Energie

$$K(x,x';E) = \int_{-\infty}^{\infty} dp\, e^{\frac{i}{\hbar}p(x-x')} \delta\left(E - \frac{p^2}{2m}\right). \tag{3.37}$$

Dieser Propagator gibt die Wahrscheinlichkeitsamplitude für die Ausbreitung des freien Teilchens mit Energie E von x' nach x an. Zum Integral tragen nur solche Impulse

$$p = \pm\sqrt{2mE} \tag{3.38}$$

bei, für welche das klassische Teilchen die vorgegebene Energie E besitzt. Unter Benutzung von (A.11) und (A.14) finden wir nach Ausführen des Integrals

$$K(x,x';E) = \sqrt{\frac{m}{2E}}\left(e^{\frac{i}{\hbar}\sqrt{2mE}(x-x')} + e^{-\frac{i}{\hbar}\sqrt{2mE}(x-x')}\right).$$

Dies ist eine Überlagerung von ebenen Wellen mit den bei vorgegebener Energie E klassisch erlaubten Impulsen (3.38).

3.8 Der Propagator einer Punktmasse in drei Dimensionen

Die obigen Betrachtungen lassen sich unmittelbar auf die Bewegung eines Teilchens in mehreren Dimensionen verallgemeinern. Hierzu sind lediglich die Koordinaten und Impulse durch die entsprechenden Vektoren zu ersetzen

$$x \to \boldsymbol{x}\,, \quad p \to \boldsymbol{p}\,.$$

Mit der angepassten Notation

$$a = (\boldsymbol{x}_a, t_a)\,, \quad b = (\boldsymbol{x}_b, t_b)$$

findet man für den quantenmechanischen Propagator einer Punktmasse m im $\mathbb{R}^3$

$$\boxed{K(b,a) = \int\limits_{\boldsymbol{x}(t_a)=\boldsymbol{x}_a}^{\boldsymbol{x}(t_b)=\boldsymbol{x}_b} \mathcal{D}\boldsymbol{x}(t) e^{\frac{i}{\hbar}S[\boldsymbol{x}](b,a)} ,} \tag{3.39}$$

wobei das Pfadintegral über sämtliche Trajektorien $\boldsymbol{x}(t)$ summiert, die den Randbedingungen

$$\boldsymbol{x}(t_a) = \boldsymbol{x}_a , \quad \boldsymbol{x}(t_b) = \boldsymbol{x}_b$$

genügen und $S[x](b,x)$ die klassische Wirkung dieser Trajektorien ist. Zerlegen wir das Zeitintervall $t_b - t_a$ wieder in infinitesimale Abschnitte ε und definieren

$$t_k = t_a + k\varepsilon , \quad \boldsymbol{x}_k = \boldsymbol{x}(t_k) ,$$

so ist mit[9] $d^3x_k = d(\boldsymbol{x}_k)_1 d(\boldsymbol{x}_k)_2 d(\boldsymbol{x}_k)_3$ das funktionale Integrationsmaß durch (vgl. (3.23))

$$\boxed{\mathcal{D}\boldsymbol{x}(t) := \lim_{\substack{\varepsilon\to 0\\(N\to\infty)}} d^3x_{N-1}\cdots d^3x_1 \left(\frac{m}{i2\pi\hbar\varepsilon}\right)^{3N/2}}$$

gegeben.

Für ein freies Teilchen lässt sich das Funktionalintegral (3.39) analog zum eindimensionalen Fall in geschlossener Form ausführen und man erhält (vgl. Gln. (3.30) und (3.34))

$$\boxed{\begin{aligned} K(b,a) &= \int\limits_{-\infty}^{\infty} \frac{d^3p}{(2\pi\hbar)^3} \exp\left[-\frac{i}{\hbar}(t_b - t_a)\frac{\boldsymbol{p}^2}{2m} + \frac{i}{\hbar}\boldsymbol{p}(\boldsymbol{x}_b - \boldsymbol{x}_a)\right] \\ &= \left(\sqrt{\frac{m}{i2\pi\hbar(t_a - t_a)}}\right)^3 \exp\left[\frac{i}{\hbar}\frac{m}{2}\frac{(\boldsymbol{x}_b - \boldsymbol{x}_a)^2}{t_b - t_a}\right] , \end{aligned}}$$

wobei wir im letzten Ausdruck die Integrationen über die kartesischen Impulskomponenten $\int_{-\infty}^{\infty} d^3p = \int_{-\infty}^{\infty} dp_1 \int_{-\infty}^{\infty} dp_2 \int_{-\infty}^{\infty} dp_3$ ausgeführt haben.

9 Die $(\boldsymbol{x}_k)_1$, $(\boldsymbol{x}_k)_2$, $(\boldsymbol{x}_k)_3$ bezeichnen die kartesischen Koordinaten des Vektors $\boldsymbol{x}_k$.

4 Die Wellenfunktion

4.1 Wellenfunktion und Übergangsamplitude

Der bisher betrachtete quantenmechanische Propagator (d. h. die Übergangsamplitude)

$$K(b,a) = K(x_b, t_b; x_a, t_a)$$

gibt die Wahrscheinlichkeitsamplitude für das Ereignis an, dass sich ein Teilchen, welches sich zum Zeitpunkt $t = t_a$ am Ort $x = x_a$ befand, nach dem Zeitintervall $t_b - t_a$ am Ort $x = x_b$ befindet. Dementsprechend ist

$$\left|K(x_b, t_b; x_a, t_a)\right|^2$$

die Wahrscheinlichkeit, ein Teilchen zur Zeit $t = t_b$ am Ort $x = x_b$ anzutreffen, falls es zur Zeit $t = t_a$ am Ort $x = x_a$ registriert wurde. Im Sinne der Wahrscheinlichkeitstheorie ist dies eine sogenannte *bedingte Wahrscheinlichkeit*: $|K(b,a)|^2$ ist die Wahrscheinlichkeit dafür, dass das Ereignis $b = (x_b, t_b)$ eintritt, falls das Ereignis $a = (x_a, t_a)$ eingetreten ist.

Im atomaren Bereich lassen sich jedoch in einem Experiment i. A. nicht die bedingten Wahrscheinlichkeiten $|K(b,a)|^2$ bestimmen, sondern nur die *unbedingten* (echten) Wahrscheinlichkeiten, ein Teilchen zu einem bestimmten Zeitpunkt $t = t_b$ am Ort $x = x_b$ zu finden. Diese unbedingte Wahrscheinlichkeit wollen wir mit $w(x_b, t_b)$ bezeichnen und die zugehörige Wahrscheinlichkeitsamplitude mit $\psi(x_b, t_b)$, sodass gilt:

$$w(x_b, t_b) = \left|\psi(x_b, t_b)\right|^2 . \tag{4.1}$$

Die unbedingte Wahrscheinlichkeit $w(x_b, t_b)$ wird auch als *Aufenthaltswahrscheinlichkeit* bezeichnet, da sie die Wahrscheinlichkeit angibt, ein Teilchen zum Zeitpunkt $t = t_b$ am Ort $x = x_b$ zu registrieren. Da sich das betrachtete Teilchen irgendwo im Raum aufhält, muss die Aufenthaltswahrscheinlichkeit zu einem beliebigen Zeitpunkt t offensichtlich der Normierungsbedingung

$$\int_{-\infty}^{\infty} dx\, w(x,t) = 1 \tag{4.2}$$

genügen. Drücken wir hier die Aufenthaltswahrscheinlichkeit $w(x,t)$ nach (4.1) durch ihre Wahrscheinlichkeitsamplitude $\psi(x,t)$ aus, so lautet die Normierungsbedingung (4.2)

$$\int_{-\infty}^{\infty} dx \left|\psi(x,t)\right|^2 = \int_{-\infty}^{\infty} dx\, \psi^*(x,t)\psi(x,t) = 1 .$$

https://doi.org/10.1515/9783111268255-004

Wir wollen jetzt untersuchen, wie sich die Aufenthaltswahrscheinlichkeit $w(x,t)$ bzw. ihre Amplitude $\psi(x,t)$ im Verlaufe der Zeit verändert. Dazu nehmen wir an, wir hätten zum Zeitpunkt $t = t_0$ eine Ortsmessung des Teilchens durchgeführt und das Teilchen am Ort $x = x_0$ registriert. Zu einem späteren Zeitpunkt $t_a > t_0$ besitzt das Teilchen keinen scharf bestimmten Ort mehr, denn eine Ortsmessung zum Zeitpunkt $t = t_a$ würde uns die Verteilung der Aufenthaltswahrscheinlichkeit

$$w(x_a, t_a) = |K(x_a, t_a; x_0, t_0)|^2 \tag{4.3}$$

liefern. In diesem Fall stimmt die Wahrscheinlichkeitsamplitude $\psi(x_a, t_a)$ mit der Übergangsamplitude $K(x_a, t_a; x_0, t_0)$ überein, wie ein Vergleich von (4.1) und (4.3) zeigt:

$$\psi(x_a, t_a) \equiv K(x_a, t_a; x_0, t_0) \,. \tag{4.4}$$

Messen wir den Ort des Teilchens nicht zur Zeit $t = t_a$, sondern erst zu einer späteren Zeit $t = t_b > t_a$, so gilt analog zu (4.4):

$$\psi(x_b, t_b) = K(x_b, t_b; x_0, t_0) \,. \tag{4.5}$$

Die in Gl. (4.3) und (4.5) auftretenden Übergangsamplituden $K(x_a, t_a; x_0, t_0)$ und $K(x_b, t_b; x_0, t_0)$ sind über den Zerlegungssatz (3.4) miteinander verbunden:

$$K(x_b, t_b; x_0, t_0) = \int dx_a \, K(x_b, t_b; x_a, t_a) K(x_a, t_a; x_0, t_0) \,.$$

Hieraus erhalten wir mit Gln. (4.4) und (4.5) eine analoge Beziehung für die Wahrscheinlichkeitsamplitude $\psi(x,t)$:

$$\boxed{\psi(x_b, t_b) = \int dx_a \, K(x_b, t_b; x_a, t_a) \psi(x_a, t_a) \,.} \tag{4.6}$$

Dies ist das gesuchte Evolutionsgesetz für die Wahrscheinlichkeitsamplitude $\psi(x,t)$. Es besitzt eine sehr anschauliche Interpretation: Die Wahrscheinlichkeitsamplitude $\psi(x_b, t_b)$ zu einem Zeitpunkt t_b ergibt sich aus der Amplitude $\psi(x_a, t_a)$ eines früheren Zeitpunktes $t_a < t_b$, indem wir entsprechend dem Superpositionsprinzip die Übergangsamplitude $K(b,a)$ mit dem Gewicht $\psi(x_a, t_a)$ über alle Anfangskoordinaten x_a summieren bzw. integrieren, siehe Abb. 4.1.

Die Größe $\psi(x_b, t_b)$ enthält keinerlei Referenz mehr zum Anfangszeitpunkt t_a oder zur Anfangskoordinate x_a, wohl aber noch Information darüber. Sie wird natürlich durch die Anfangsverteilung $\psi(x_a, t_a)$ und damit durch die Vorgeschichte mitbestimmt. Die Wahrscheinlichkeitsamplitude $\psi(x_b, t_b)$ wird als *Wellenfunktion* bezeichnet, da sich ihre Evolutionsgleichung (4.6) in eine Wellengleichung umwandeln lässt, wie wir später noch sehen werden.

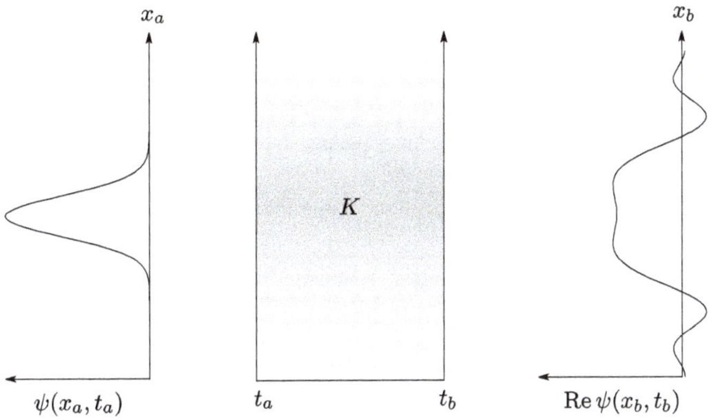

Abb. 4.1: Illustration des Evolutionsgesetzes (4.6) für die Wellenfunktion (4.15) für ein freies Teilchen und ein Zeitintervall $(t_b - t_a)\,\hbar\,/\,m\,a^2 = 3$.

4.2 Die Wellenfunktion des freien Teilchens

Ist die Wellenfunktion für einen beliebigen Zeitpunkt t_0 bekannt, also

$$\psi(x, t = t_0) = \psi_0(x)\,, \tag{4.7}$$

so lässt sich aus Gl. (4.6) und der Kenntnis der expliziten Form des Propagators (3.30) die Wellenfunktion des freien Teilchens für einen beliebigen späteren Zeitpunkt gewinnen. Einsetzen von (3.30) und (4.7) in (4.6) liefert:

$$\psi(x, t) = \int_{-\infty}^{\infty} \frac{dp}{2\pi\hbar}\, \exp\left(\frac{i}{\hbar}px - \frac{i}{\hbar}\frac{p^2}{2m}t\right) \int_{-\infty}^{\infty} dx'\, e^{-\frac{i}{\hbar}px'}\, \psi_0(x')\,.$$

Hierbei haben wir der Einfachheit halber die Anfangszeit $t_0 = 0$ gesetzt. Das Ortsintegral liefert gerade die Fourier-Transformierte der Anfangswellenfunktion

$$\psi_0(p) \equiv \int_{-\infty}^{\infty} dx'\, e^{-\frac{i}{\hbar}px'}\, \psi_0(x')\,, \tag{4.8}$$

sodass

$$\psi(x, t) = \int_{-\infty}^{\infty} \frac{dp}{2\pi\hbar}\, \exp\left[\frac{i}{\hbar}\left(px - \frac{p^2}{2m}t\right)\right]\psi_0(p)\,. \tag{4.9}$$

Wir betrachten nun einige Beispiele für die Anfangsverteilung der Teilchen.

1. Zum Zeitpunkt $t = 0$ habe die Wellenfunktion die Form einer ebenen Welle mit Impuls p_0:

$$\psi_{p_0}(x) = e^{\frac{i}{\hbar}p_0 x}\,. \tag{4.10}$$

Setzen wir diesen Ausdruck in (4.8) ein, so finden wir für die Fourier-Transformierte eine δ-Funktion im Impulsraum:

$$\psi_{p_0}(p) = 2\pi\hbar\delta(p - p_0)\,.$$

Für die zeitabhängige Wellenfunktion (4.9) erhalten wir dann offenbar wieder eine ebene Welle mit Impuls p_0:

$$\psi_{p_0}(x,t) = \exp\left(\frac{i}{\hbar}p_0 x - \frac{i}{\hbar}\frac{p_0^2}{2m}t\right). \tag{4.11}$$

Dies zeigt, dass eine ebene Welle auch in der Zeitentwicklung eine ebene Welle bleibt, was auch anschaulich völlig klar ist: Eine Teilchenverteilung, die bereits über den gesamten Raum gleichmäßig ist, kann sich nicht noch weiter ausbreiten. Ohne Einfluss eines lokalisierten Potentials, d. h. einer äußeren Kraft, kann sie sich auch nicht im Raum lokalisieren.
Für das sogenannte *Überlappungsintegral* zweier Wellenfunktionen (4.11) mit Impulsen p_1 und p_2 finden wir:

$$\int_{-\infty}^{\infty} dx\, \psi_{p_1}^*(x,t)\psi_{p_2}(x,t) = 2\pi\hbar\delta(p_1 - p_2)\,. \tag{4.12}$$

Lassen wir hier p_1 gegen p_2 gehen, so stellen wir fest, dass das Normierungsintegral (4.12) für die Wellenfunktion (4.11) divergiert ($\to 2\pi\hbar\delta(0)$). Die Wellenfunktion (4.10) kann also kein einzelnes Teilchen beschreiben. Eine ebene Welle mit einer von null verschiedenen Amplitude kann deshalb nur ein Ensemble von (unendlich vielen) freien Teilchen mit demselben Impuls beschreiben.

2. Die Wellenfunktion sei zum Zeitpunkt $t_0 = 0$ im Ortsraum am Punkt $x = x_0$ lokalisiert und durch

$$\psi_{x_0}(x) = \delta(x - x_0) \tag{4.13}$$

gegeben. Die Fourier-Transformation der δ-Funktion liefert:

$$\psi_{x_0}(p) = e^{-\frac{i}{\hbar}px_0}\,.$$

Setzen wir dieses Ergebnis in Gl. (4.9) ein, so erhalten wir:

$$\psi_{x_0}(x,t) = \int_{-\infty}^{\infty} \frac{dp}{2\pi\hbar} \exp\left(\frac{i}{\hbar}px - \frac{i}{\hbar}\frac{p^2}{2m}t\right)e^{-\frac{i}{\hbar}px_0}\,.$$

Die Ausführung des Impulsintegrals liefert den bereits früher gewonnenen Ausdruck für die Übergangsamplitude eines freien Teilchens (3.34), das sich zum Zeitpunkt $t = 0$ am Ort x_0 befand:

$$\psi_{x_0}(x,t) = \sqrt{\frac{m}{i2\pi\hbar t}}\exp\left(\frac{i}{\hbar}\frac{m}{2}\frac{(x - x_0)^2}{t}\right). \tag{4.14}$$

Mit der Beziehung (5.13) zeigt man leicht, dass diese Wellenfunktion für $t \to 0$ die Anfangsbedingung (4.13) erfüllt:

$$\lim_{t\to 0}\psi_{x_0}(x,t) = \delta(x - x_0)\,.$$

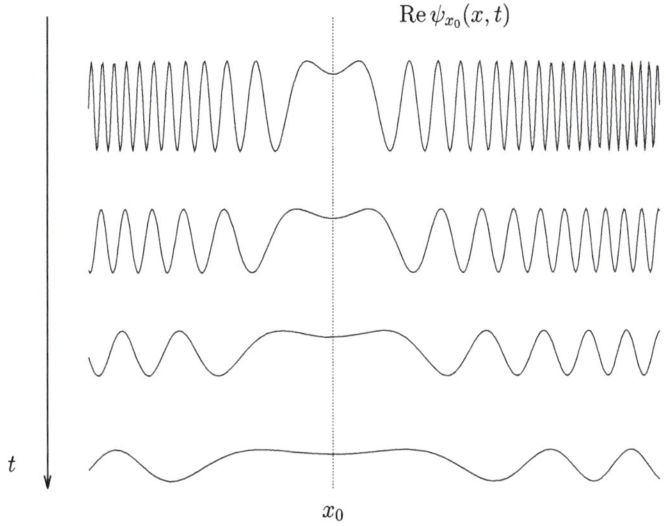

Abb. 4.2: Realteil der Wellenfunktion (4.14) für verschiedene Zeiten.

Für $t > 0$ beschreibt diese Wellenfunktion offenbar eine in der Zeit zerfließende δ-förmige Verteilung, siehe Abb. 4.2.

Wir beobachten hier, dass sich ein im Ort lokalisiertes Teilchen in der Quantenmechanik mit wachsender Zeit mehr und mehr im Raum ausbreitet, was durch das Zerfließen der Wellenfunktion zum Ausdruck kommt. Berechnen wir das Überlappungsintegral zweier Wellenfunktionen (4.14), welche zum Zeitpunkt $t = 0$ an den Orten x_1 und x_2 lokalisiert sind, so finden wir:

$$\begin{aligned}\int_{-\infty}^{\infty} dx\, \psi^*_{x_1}(x)\psi_{x_2}(x) &= \frac{m}{2\pi\hbar t}\int_{-\infty}^{\infty} dx\, \exp\left(\frac{i}{\hbar}\frac{m}{t}x(x_1 - x_2)\right)\exp\left(\frac{i}{\hbar}\frac{m}{2}\frac{x_2^2 - x_1^2}{t}\right)\\ &= \delta(x_1 - x_2)\exp\left(\frac{i}{\hbar}\frac{m}{2}\frac{x_2^2 - x_1^2}{t}\right) = \delta(x_1 - x_2)\,.\end{aligned}$$

Für $x_1 \to x_2$ finden wir für das Normierungsintegral $\delta(0) \to \infty$. Die Wellenfunktionen (4.14) sind also nicht normierbar. Auch die δ-Funktion kann also kein einzelnes Teilchen beschreiben.

4.3 Wellenpakete

Die beiden oben betrachteten Wellenfunktionen stellen mathematische Idealisierungen dar, die in der Natur nicht realisierbar sind. Die ebene Welle (4.10) besitzt einen scharfen Impuls p_0 und muss deshalb nach dem Unschärfeprinzip eine unendlich große Ortsunschärfe besitzen (die ebene Welle ist im ganzen Raum ausgebreitet). Umgekehrt besitzt die im Ortsraum lokalisierte δ-Funktion einen scharfen Ort ($\Delta x = 0$) und demzufolge eine unendlich große Impulsunschärfe ($\Delta p \to \infty$). In der Tat tragen sämtliche Fourier-Komponenten (Impulse)zur δ-Funktion bei. Ein in der Natur realisiertes Teilchen wird hingegen sowohl eine endliche Orts- als auch Impulsunschärfe in Einklang mit der Unschärferelation ($\Delta p\, \Delta x \gtrsim \hbar/2$) besitzen, die wir in Abschnitt 11.4 noch streng ableiten werden.

Betrachten wir deshalb nun eine im Ort lokalisierte Wellenfunktion mit einer endlichen Ortsunschärfe. Dazu „verschmieren" wir die δ-Funktion etwas, was uns auf eine Gauß-Verteilung

$$\frac{1}{\sqrt{a\sqrt{\pi}}} \exp\left(-\frac{1}{2}\frac{(x-x_0)^2}{a^2}\right) \tag{4.15}$$

führt, wobei der Vorfaktor so gewählt wurde, dass diese Funktion auf 1 normiert ist. Diese Funktion ist ebenfalls bei $x = x_0$ lokalisiert, besitzt jedoch eine endliche Breite a, die wir als Ortsunschärfe interpretieren können. Im Limes $a \to 0$ geht sie in $\sqrt{\delta(x - x_0)}$ über. Die Wellenfunktion (4.15) beschreibt ein am Ort x_0 mit einer Unschärfe $\Delta x \sim a$ lokalisiertes Teilchen. Um ein sich bewegendes Teilchen zu erhalten, multiplizieren wir die Funktion (4.15) noch mit einer ebenen Welle:

$$\psi_0(x) = \frac{1}{\sqrt{a\sqrt{\pi}}} \exp\left(-\frac{1}{2}\frac{(x-x_0)^2}{a^2}\right) e^{\frac{i}{\hbar}p_0 x}\,. \tag{4.16}$$

Bestimmen wir auch für diese Anfangswellenfunktion ihre zeitliche Entwicklung. Dazu berechnen wir zunächst wieder ihre Fourier-Transformierte (4.8):

$$\psi_0(p) = \frac{1}{\sqrt{a\sqrt{\pi}}} \int_{-\infty}^{\infty} dx\, e^{-\frac{i}{\hbar}x(p-p_0)} \exp\left(-\frac{1}{2}\frac{(x-x_0)^2}{a^2}\right).$$

Das hier auftretende Ortsintegral ist ein gewöhnliches Gauß-Integral, welches wir durch Vervollständigung des Quadrates berechnen:

$$\begin{aligned}\psi_0(p) &= \frac{1}{\sqrt{a\sqrt{\pi}}} e^{-\frac{i}{\hbar}(p-p_0)x_0} \int_{-\infty}^{\infty} dx\, e^{-\frac{i}{\hbar}(x-x_0)(p-p_0)} \exp\left(-\frac{(x-x_0)^2}{2a^2}\right)\\ &= \sqrt{2a\sqrt{\pi}} e^{-\frac{i}{\hbar}(p-p_0)x_0} \exp\left(-\frac{1}{2}\frac{(p-p_0)^2}{(\hbar/a)^2}\right).\end{aligned} \tag{4.17}$$

Die Fourier-Transformierte $\psi_0(p)$ enthält zwar wieder eine ebene Welle im Impulsraum; diese ist jedoch mit einer Gauß-Verteilung der Breite $\hbar/a$ gewichtet, die große Abweichungen $|p - p_0| \gg \hbar/a$ des Impulses p vom mittleren Impuls p_0 stark unterdrückt. Die Breite der Impulsverteilung repräsentiert offenbar die Impulsunschärfe. Man beachte hierbei jedoch, dass die Breiten der Wellenfunktionen ψ sich von den Breiten der Wahrscheinlichkeitsverteilungen $|\psi|^2$ um einen Faktor $\sqrt{2}$ unterscheiden. In der Tat besitzt die Wahrscheinlichkeitsverteilung im Ortsraum

$$|\psi_0(x)|^2 = \frac{1}{a\sqrt{\pi}} \exp\left(-\frac{(x-x_0)^2}{a^2}\right)$$

die Breite $\Delta x = a/\sqrt{2}$, während die Wellenfunktion $\psi_0(x)$ aus (4.16) selbst die Breite a hat. In analoger Weise weist die Wahrscheinlichkeitsverteilung im Impulsraum

$$|\psi_0(p)|^2 = 2a\sqrt{\pi} \exp\left(-\frac{(p-p_0)^2}{(\hbar/a)^2}\right)$$

die Breite $\Delta p = \hbar/a\sqrt{2}$ auf. Die Unschärfe bezieht sich auf die Wahrscheinlichkeitsverteilungen, sodass

$$\Delta p\, \Delta x = \frac{\hbar}{a\sqrt{2}} \frac{a}{\sqrt{2}} = \frac{\hbar}{2}$$

gilt.

Setzen wir die Fourier-Transformierte $\psi_0(p)$ aus (4.17) in Gl. (4.9) ein, so erhalten wir:

$$\psi(x,t) = \sqrt{2a\sqrt{\pi}} \int_{-\infty}^{\infty} \frac{dp}{2\pi\hbar}\, e^{\frac{i}{\hbar}px} \exp\left(-\frac{i}{\hbar}\frac{p^2}{2m}t\right) e^{-\frac{i}{\hbar}(p-p_0)x_0} \exp\left(-\frac{1}{2}\frac{(p-p_0)^2}{(\hbar/a)^2}\right). \tag{4.18}$$

Solche Überlagerungen von ebenen Wellen mit Gauß'scher Gewichtsfunktion werden als *Gauß'sche Wellenpakete* bezeichnet. Das verbleibende Gauß-Integral über dem Impuls lässt sich am einfachsten durch Verschiebung der Integrationsvariablen $p \to p - p_0 = p'$ berechnen. Dies liefert eine „ebene Welle“

$$\psi(x,t) = A_{x_0,p_0}(x,t) e^{\frac{i}{\hbar}p_0 x} \exp\left(-\frac{i}{\hbar}\frac{p_0^2}{2m}t\right) \tag{4.19}$$

mit einer orts- und zeitabhängigen „Amplitude“, siehe Abb. 4.3

$$\begin{aligned} A_{x_0,p_0}(x,t) &= \sqrt{2a\sqrt{\pi}} \int_{-\infty}^{\infty} \frac{dp'}{2\pi\hbar} \exp\left[-\frac{1}{2}\left(\frac{p'}{\hbar}\right)^2 \left(a^2 + i\frac{\hbar t}{m}\right)\right] \exp\left[i\frac{p'}{\hbar}\left((x-x_0) - \frac{p_0}{m}t\right)\right] \\ &= \sqrt{2a\sqrt{\pi}} \left[2\pi\left(a^2 + i\frac{t\hbar}{m}\right)\right]^{-1/2} \exp\left(-\frac{1}{2}\frac{[(x-x_0) - p_0 t/m]^2}{a^2 + i(t\hbar/m)}\right). \end{aligned}$$

Für die Aufenthaltswahrscheinlichkeitsdichte des Teilchens mit dieser Wellenfunktion erhalten wir mit (a, u, v-reell)

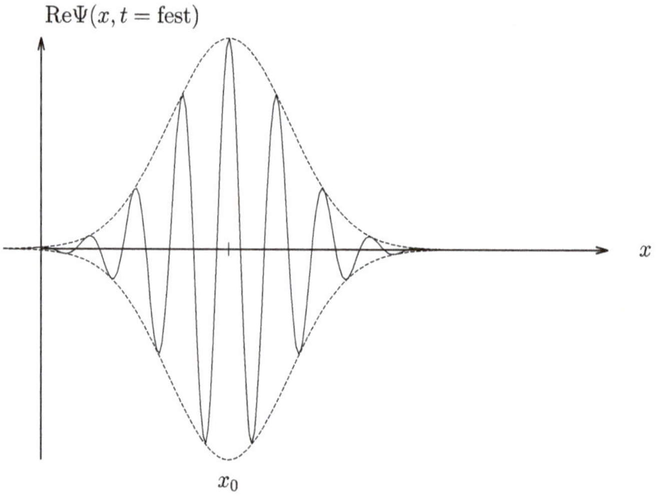

Abb. 4.3: Realteil des Gauß'schen Wellenpaketes (4.19). Die einhüllende gestrichelte Kurve gibt den Realteil von $\pm A_{x_0,p_0}(x,t)$ an.

$$\exp\left(\frac{a}{u+iv}\right) = \exp\left(\frac{a}{u^2+v^2}(u-iv)\right)$$
$$\Rightarrow \quad \left|\exp\left(\frac{a}{u+iv}\right)\right|^2 = \exp\left(\frac{a}{u^2+v^2}2u\right)$$

eine Gauß-Verteilung:

$$w(x,t) = |\psi(x,t)|^2 = \frac{2a\sqrt{\pi}}{2\pi(a^4+(t\hbar/m)^2)^{1/2}}\exp\left(-\frac{1}{2}\frac{[(x-x_0)-(p_0/m)t]^2}{b^2(t)}\right), \tag{4.20}$$

deren Breite $b(t)$

$$b^2(t) = \frac{1}{2}\left[a^2+\left(\frac{t\hbar}{ma}\right)^2\right] \tag{4.21}$$

mit der Zeit anwächst. Die Wellenfunktion beschreibt deshalb eine zerfließende Gauß-Verteilung, deren Schwerpunkt sich auf der Trajektorie eines freien klassischen Teilchens gemäß

$$x_0 + \frac{p_0}{m}t$$

mit der Geschwindigkeit p_0/m ausbreitet.

Die Breite $b(t)$ (4.21) der Gauß-Verteilung (4.20) schreiben wir in der Form

$$b(t) = b_0\sqrt{1+\left(\frac{t\hbar}{2mb_0^2}\right)^2}, \tag{4.22}$$

wobei $b_0 = a/\sqrt{2}$ die Breite zum Zeitpunkt $t = 0$ bezeichnet. Die Zeit t_d, nach der sich die Breite verdoppelt hat (d. h. $b(t_d) = 2b_0$), ist nach (4.22) durch

$$1 + \left(\frac{t_d \hbar}{2mb_0^2}\right)^2 \stackrel{!}{=} 4 \quad \Rightarrow \quad t_d = \sqrt{3}\frac{2mb_0^2}{\hbar}$$

gegeben.

Für ein Elektron mit einer Anfangsbreite $b_0 = 0{,}5\,\text{Å} = 0{,}5 \cdot 10^{-10}$ m beträgt diese Zeit etwa $t_d \simeq 10^{-18}$ s, während für ein klassisches Teilchen der Masse $m = 1$ g mit $b_0 = 1$ mm diese etwa $t_d \simeq 10^{18}$ Jahre beträgt.

4.4 Materiewellen

Allgemein versteht man unter *Wellenpaketen* Überlagerungen von ebenen (stationären) Wellen e^{ikx}, $k = p/\hbar$, mit beliebiger Amplitude $A(k)$ und Frequenz $\omega(k)$:

$$\boxed{\psi(x,t) = \int_{-\infty}^{\infty} \frac{dk'}{2\pi} A(k') e^{ik'x - i\omega(k')t}\,.} \tag{4.23}$$

In vielen Fällen, wie z. B. beim Gauß'schen Wellenpaket, ist die Amplitude $A(k')$ nur in einer kleinen Umgebung einer mittleren Wellenzahl k wesentlich von null verschieden, während die Frequenz $\omega(k')$ eine i. A. monoton steigende Funktion der Wellenzahl k' ist, siehe Abb. 4.4. Zum Integral (4.23) trägt dann nur ein kleines Intervall um k wesentlich bei und die Frequenzverteilung kann durch die (Taylor-)Entwicklung

$$\omega(k') = \omega(k) + \left.\frac{d\omega(k')}{dk'}\right|_{k'=k} (k' - k)$$

ersetzt werden. Das Wellenpaket (4.23) lässt sich dann in Form einer ebenen Welle

$$\psi(x,t) = A_k(x,t) e^{ikx - i\omega(k)t} \tag{4.24}$$

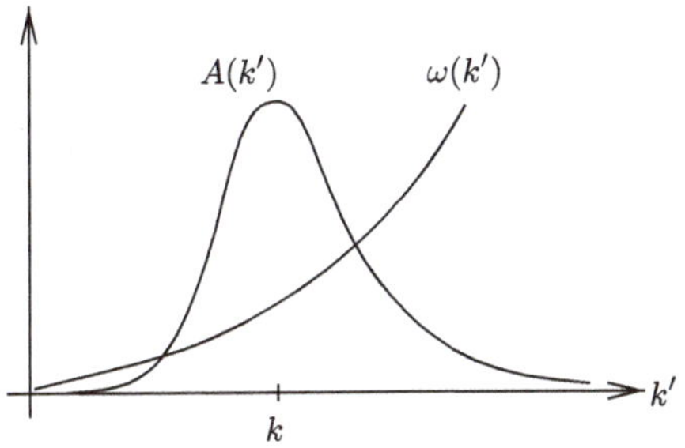

Abb. 4.4: Typische Amplitudenfunktion $A(k')$ und Frequenzfunktion $\omega(k')$ eines Wellenpaketes (4.23).

mit orts- und zeitabhängiger Amplitude ($\bar{k} := k' - k$)

$$A_k(x,t) = \int_{-\infty}^{\infty} d\bar{k}\, A(k+\bar{k}) \exp\left[i\bar{k}\left(x - \frac{d\omega(k)}{dk}t\right)\right] \tag{4.25}$$

schreiben.[1] Die Wellenfronten der *Trägerwelle*

$$e^{i(kx-\omega(k)t)} = e^{ik(x-\frac{\omega(k)}{k}t)},$$

definiert durch

$$e^{ik(x-\frac{\omega(k)}{k}t)} = \text{const.} \qquad \Longrightarrow \qquad x - \frac{\omega(k)}{k}t = \text{const.}$$

breiten sich mit der *Phasengeschwindigkeit*

$$\boxed{v_{ph} = \frac{\omega(k)}{k}}$$

aus. Für die Fronten konstanter Amplituden, definiert durch

$$A(x,t) = \text{const.},$$

gilt nach (4.25)

$$x - \frac{d\omega(k)}{dk}t = \text{const.}$$

Sie breiten sich deshalb mit der *Gruppengeschwindigkeit*

$$\boxed{v_g = \frac{d\omega}{dk}} \tag{4.26}$$

aus. Für die modulierte Welle (4.24) ist die Aufenthaltswahrscheinlichkeit

$$\omega(x,t) = |\psi(x,t)|^2 = |A_k(x,t)|^2$$

allein durch die Amplitude gegeben, die sich mit der Gruppengeschwindigkeit ausbreitet. Materieteilchen breiten sich deshalb stets mit der Gruppengeschwindigkeit aus, während mit der Phasengeschwindigkeit keine Ausbreitung von physikalischer Information verknüpft ist.

---

1 Für das durch Gln. (4.9) und (4.16) definierte Gauß'sche Wellenpaket (4.18) ist nach Gl. (4.19) die Darstellung (4.24) exakt. Für dieses Wellenpaket ist $\omega(k) = \hbar k^2/2m$ und die Amplitude $A(k)$ ist durch $\psi_0(p = \hbar k)$ (4.17) gegeben.

Für ein Teilchen ist die Frequenz $\omega(k)$ durch seine Energie und die Wellenzahl k durch seinen Impuls gegeben (siehe Gln. (3.31) und (3.32)):

$$E = \hbar\omega(k)\,, \quad p = \hbar k\,,$$

sodass

$$v_{ph} = \frac{E}{p}\,, \quad v_g = \frac{\partial E}{\partial p} \tag{4.27}$$

gilt.

Ein nicht-relativistisches freies Teilchen besitzt die (kinetische) Energie

$$E = \frac{p^2}{2m}$$

und somit die Phasengeschwindigkeit

$$v_{ph} = \frac{p}{2m}\,,$$

während seine Gruppengeschwindigkeit

$$v_g = \frac{p}{m}$$

beträgt. Das durch das Wellenpaket beschriebene, im Ort und Impuls lokalisierte Teilchen breitet sich demnach mit der Gruppengeschwindigkeit $v_g = p/m$ aus. Für das nicht-relativistische Teilchen ist die Gruppengeschwindigkeit doppelt so groß wie die Phasengeschwindigkeit.[2]

Ein relativistisches Teilchen besitzt die Energie

$$E = c\sqrt{(mc)^2 + p^2}$$

und eine Phasengeschwindigkeit (4.27)

$$v_{ph} = c\sqrt{1 + \left(\frac{mc}{p}\right)^2} \geq c\,.$$

Dies ist kein Widerspruch zur Relativitätstheorie, da sich das Teilchen mit der Gruppengeschwindigkeit (4.27)

2 Dies gilt natürlich insbesondere für das in Abb. 4.3 dargestellte Gauß'sche Wellenpaket. Demnach breitet sich die einhüllende gestrichelte Kurve mit der Gruppengeschwindigkeit $v_g = p_0/m$ aus, während sich die rasch oszillierende Trägerwelle mit der Phasengeschwindigkeit $v_{ph} = p_0/2m$ fortbewegt.

$$v_g = c\frac{p}{\sqrt{(mc)^2 + p^2}} \le c \qquad (4.28)$$

ausbreitet, die für ein masseloses Teilchen $m = 0$ mit der Lichtgeschwindigkeit c zusammenfällt, für massive Teilchen jedoch stets kleiner als c ist.

Sowohl für die nicht-relativistische als auch für die relativistische Punktmasse fällt die Gruppengeschwindigkeit v_g mit der klassischen Geschwindigkeit v zusammen. Für das nicht-relativistische Teilchen ist dies offensichtlich, da $p/m = v$. Ein relativistisches Teilchen, welches sich mit der Geschwindigkeit v bewegt, besitzt den Impuls bzw. die Energie

$$p = \frac{mv}{\sqrt{1 - \frac{v^2}{c^2}}}, \qquad E = \frac{mc^2}{\sqrt{1 - \frac{v^2}{c^2}}}.$$

Hieraus ergibt sich für die Gruppengeschwindigkeit (4.28) $v_g = c^2\frac{p}{E}$ unmittelbar $v_g = v$.

4.5 Erwartungswerte und Unschärfe

Die Wellenfunktion $\psi(x, t)$ ist die Wahrscheinlichkeitsamplitude dafür, dass das Teilchen sich zur Zeit t am Ort x aufhält. (Sie wurde als spezielle Übergangsamplitude $K(x, t; x_0, t_0)$ definiert, bei welcher der Anfangszustand (x_0, t_0) des Teilchens als irrelevante Information unberücksichtigt bleibt.) Demzufolge ist die Größe

$$\boxed{w(x, t) = |\psi(x, t)|^2 = \psi^*(x, t)\psi(x, t)} \qquad (4.29)$$

die *Wahrscheinlichkeitsdichte* bzw. *Aufenthaltswahrscheinlichkeitsdichte* im Ortsraum. Die Wahrscheinlichkeit, ein Teilchen im Intervall dx um x zu finden, ist dann durch

$$dW_x = w(x, t)\, dx$$

gegeben (Abb. 4.5).

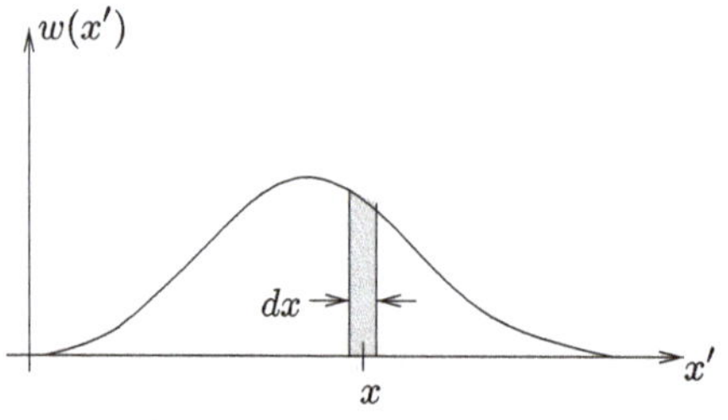

Abb. 4.5: Wahrscheinlichkeitsdichte im Ortsraum.

Die Gesamtaufenthaltswahrscheinlichkeit (d. h. die Wahrscheinlichkeit, das Teilchen irgendwo im Ortsraum anzutreffen) erhalten wir, indem wir über alle infinitesimalen Wahrscheinlichkeiten dW summieren, also über den gesamten Ortsraum integrieren:

$$\int dW_x = \int_{-\infty}^{\infty} dx\, |\psi(x,t)|^2 = 1 .$$

Diese Wahrscheinlichkeit muss 1 sein, da das Teilchen sich irgendwo im Ortsraum aufhalten muss. Obige Bedingung legt die Normierung der Wellenfunktion $\psi(x,t)$ fest.

Für die Dimension der Wellenfunktion können wir in einer Raumdimension folgern:

$$\boxed{D = 1 : \quad [\psi] = \frac{1}{\sqrt{[\text{Länge}]}} .}$$

In drei Raumdimensionen ist die Wellenfunktion eine Funktion des Ortsvektors $\boldsymbol{x}$: $\psi = \psi(\boldsymbol{x},t)$. Dementsprechend ist die Wahrscheinlichkeit dafür, dass das Teilchen sich in einem Raumelement d^3x um den Vektor $\boldsymbol{x}$ aufhält, durch

$$dW_{\boldsymbol{x}} = w(\boldsymbol{x},t)\, d^3x = |\psi(\boldsymbol{x},t)|^2\, d^3x$$

gegeben. Die Normierungsbedingung der Wellenfunktion lautet dann:

$$\boxed{\int d^3x\, |\psi(\boldsymbol{x},t)|^2 = 1}$$

und wir finden für die Dimension der Wellenfunktion:

$$\boxed{D = 3 : \quad [\psi] = \frac{1}{[\text{Länge}]^{3/2}} .}$$

Die Wellenfunktion als Aufenthaltswahrscheinlichkeitsamplitude drückt aus, dass in der Quantenmechanik i. A. der Ort eines Teilchens nicht exakt bekannt ist, sondern wir nur die Wahrscheinlichkeit dafür angeben können, dass das Teilchen sich an einem bestimmten Ort $\boldsymbol{x}$ aufhält. Wir können jedoch den Mittelwert angeben, den wir nach einer (unendlichen) Serie von Ortsmessungen erhalten würden, wenn das Teilchen jeweils vor der Ortsmessung so präpariert war, dass es die Aufenthaltswahrscheinlichkeit $w(\boldsymbol{x}_a,t) = |\psi(\boldsymbol{x}_a,t)|^2$ besaß. Dieser Wert ist durch

$$\langle \boldsymbol{x} \rangle = \int d^3x\, w(\boldsymbol{x},t)\boldsymbol{x} = \int d^3x\, \psi^*(\boldsymbol{x},t)\boldsymbol{x}\psi(\boldsymbol{x},t) \tag{4.30}$$

gegeben und wird als *Erwartungswert* bezeichnet. Der Erwartungswert lässt sich jedoch nicht nur für den Ort des Teilchens berechnen, sondern in analoger Weise für jede beliebige Observable $A(\boldsymbol{x})$, die eine Funktion des Ortes ist:

$$\langle A(\boldsymbol{x})\rangle = \int d^3x\, w(\boldsymbol{x},t)A(\boldsymbol{x}) = \int d^3x\, \psi^*(\boldsymbol{x},t)A(\boldsymbol{x})\psi(\boldsymbol{x},t)\,. \tag{4.31}$$

Gelegentlich werden wir $\langle A\rangle_\psi$ statt $\langle A\rangle$ schreiben, um anzugeben, mit welchem Zustand ψ der Erwartungswert gebildet wird.

Betrachten wir als Spezialfall

$$A(\boldsymbol{x}) = 1\,,$$

so erhalten wir die Normierung der Wellenfunktion:

$$\langle 1\rangle = \int d^3x\, w(\boldsymbol{x},t)1 = \int d^3x\, \psi^*(\boldsymbol{x},t)1\psi(\boldsymbol{x},t)\,.$$

Von Interesse ist nicht nur der Erwartungswert (Mittelwert), sondern auch, wie wahrscheinlich Abweichungen von diesem Erwartungswert sind, d. h. wie gut die Wahrscheinlichkeitsverteilung $w(\boldsymbol{x},t)$ um den Erwartungswert lokalisiert ist. Eine charakteristische Größe hierfür ist die *mittlere quadratische Abweichung* bzw. das *mittlere Schwankungsquadrat*

$$(\Delta A)^2 := \langle [A(\boldsymbol{x}) - \langle A(\boldsymbol{x})\rangle]^2\rangle = \int d^3x\, w(\boldsymbol{x},t)[A(\boldsymbol{x}) - \langle A(\boldsymbol{x})\rangle]^2 \geq 0\,,$$

das in der Statistik als *Varianz* bezeichnet wird. Diese Größe ist offenbar positiv definit. Elementare Rechnung liefert:

$$\begin{aligned}\langle [A(\boldsymbol{x}) - \langle A(\boldsymbol{x})\rangle]^2\rangle &= \langle A^2(\boldsymbol{x}) - 2A(\boldsymbol{x})\langle A(\boldsymbol{x})\rangle + (\langle A(\boldsymbol{x})\rangle)^2\rangle \\ &= \langle A^2(\boldsymbol{x})\rangle - 2\langle A(\boldsymbol{x})\rangle\langle A(\boldsymbol{x})\rangle + (\langle A(\boldsymbol{x})\rangle)^2 \\ &= \langle A^2(\boldsymbol{x})\rangle - (\langle A(\boldsymbol{x})\rangle)^2 \geq 0\,.\end{aligned}$$

Die Wurzel aus dieser Größe

$$(\Delta A) = \sqrt{\langle [A(\boldsymbol{x}) - \langle A(\boldsymbol{x})\rangle]^2\rangle} = \sqrt{\langle A^2(\boldsymbol{x})\rangle - (\langle A(\boldsymbol{x})\rangle)^2}$$

bezeichnet man als *Unschärfe* oder in der Statistik als *Standardabweichung* der Variable $A(\boldsymbol{x})$ von ihrem Erwartungswert $\langle A\rangle$. Sie charakterisiert die Breite der Wahrscheinlichkeitsverteilung.

Zur Illustration betrachten wir eine auf 1 normierte (zeitunabhängige) Wellenfunktion in einer Raumdimension:

$$\psi(x) = \left(\frac{1}{2\pi a^2}\right)^{1/4} \exp\left(-\frac{(x-x_0)^2}{4a^2}\right).$$

Eine einfache Rechnung zeigt:

$$\langle x\rangle = x_0\,, \qquad (\Delta x) = a\,.$$

4.6 Der Impulsraum

Wie bereits in Abschnitt 4.3 bemerkt, besitzt eine beliebige Wellenfunktion i. A. keinen wohldefinierten Impuls. Wir können jedoch jede Wellenfunktion mittels Fourier-Zerlegung nach ebenen Wellen entwickeln, die bekanntlich einen wohldefinierten Impuls besitzen:

$$\psi(\boldsymbol{x}, t) = \int \frac{d^3p}{(2\pi\hbar)^3}\, e^{\frac{i}{\hbar}\boldsymbol{p}\cdot\boldsymbol{x}}\psi(\boldsymbol{p}, t)\,. \tag{4.32}$$

Die Fourier-Koeffizienten $\psi(\boldsymbol{p}, t)$ sind durch die inverse Fourier-Transformation definiert:

$$\psi(\boldsymbol{p}, t) = \int d^3x\, e^{-\frac{i}{\hbar}\boldsymbol{p}\cdot\boldsymbol{x}}\psi(\boldsymbol{x}, t)\,. \tag{4.33}$$

Sie geben das Gewicht an, mit dem eine bestimmte ebene Welle mit Impuls $\boldsymbol{p}$ in der Wellenfunktion $\psi(\boldsymbol{x}, t)$ enthalten ist. Unter Benutzung von

$$\int d^3x\, e^{\frac{i}{\hbar}\boldsymbol{x}\cdot(\boldsymbol{p}-\boldsymbol{p}')} = 2\pi\hbar\delta(\boldsymbol{p}-\boldsymbol{p}')$$

erhalten wir das *Parseval-Theorem* der Fourier-Transformation

$$\int d^3x\, |\psi(\boldsymbol{x}, t)|^2 = \int \frac{d^3p}{(2\pi\hbar)^3}\, |\psi(\boldsymbol{p}, t)|^2\,.$$

Die Fourier-Transformierte $\psi(\boldsymbol{p}, t)$ hat deshalb im Impulsraum dieselbe Normierung wie die Wellenfunktion im Ortsraum. Wir können daher

$$w(\boldsymbol{p}, t) \equiv |\psi(\boldsymbol{p}, t)|^2 \frac{1}{(2\pi\hbar)^3}$$

in Analogie zu (4.29) als die Aufenthaltswahrscheinlichkeitsdichte des Teilchens im Impulsraum interpretieren und $\psi(\boldsymbol{p}, t)$ als die *Wellenfunktion im Impulsraum* bezeichnen. Dementsprechend gibt

$$dW_{\boldsymbol{p}} = w(\boldsymbol{p}, t)\, d^3p = |\psi(\boldsymbol{p}, t)|^2\, \frac{d^3p}{(2\pi\hbar)^3}$$

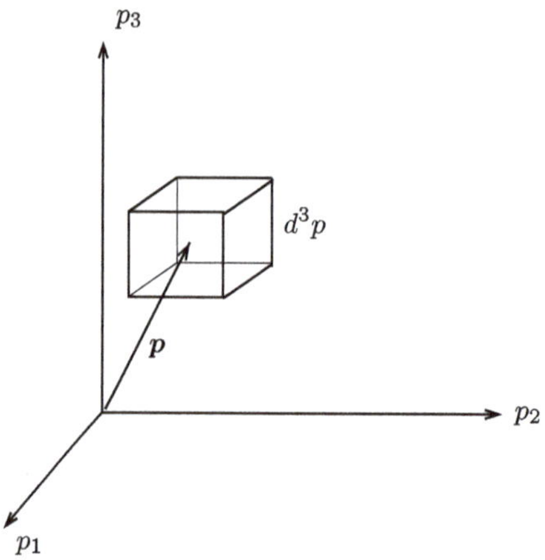

Abb. 4.6: Illustration des Volumenelementes d^3p im Impulsraum.

die Wahrscheinlichkeit an, dass das Teilchen einen Impuls aus dem Volumenelement d^3p besitzt, welches bei $\boldsymbol{p}$ lokalisiert ist (siehe Abb. 4.6).

Analog zur Definition des Erwartungswertes des Ortes im Ortsraum (4.30) können wir den Erwartungswert des Impulses definieren:

$$\langle \boldsymbol{p} \rangle = \int d^3p \; w(\boldsymbol{p}, t)\boldsymbol{p} = \int \frac{d^3p}{(2\pi\hbar)^3} \, \psi^*(\boldsymbol{p}, t)\boldsymbol{p}\psi(\boldsymbol{p}, t) \,. \tag{4.34}$$

Setzen wir hier die Definition der Fourier-Transformierten der Wellenfunktion $\psi(\boldsymbol{p}, t)$ (4.33) ein, so erhalten wir:

$$\langle \boldsymbol{p} \rangle = \int \frac{d^3p}{(2\pi\hbar)^3} \int d^3x \; e^{\frac{i}{\hbar}\boldsymbol{p}\cdot\boldsymbol{x}} \psi^*(\boldsymbol{x}, t)\boldsymbol{p} \int d^3y \; e^{-\frac{i}{\hbar}\boldsymbol{p}\cdot\boldsymbol{y}} \psi(\boldsymbol{y}, t) \,.$$

Um das Impulsintegral ausführen zu können, benutzen wir:

$$\boldsymbol{p} e^{\frac{i}{\hbar}\boldsymbol{p}\cdot\boldsymbol{x}} = \frac{\hbar}{i} \nabla_x e^{\frac{i}{\hbar}\boldsymbol{p}\cdot\boldsymbol{x}} \,.$$

Dies liefert

$$\begin{aligned} \langle \boldsymbol{p} \rangle &= \int d^3x \; \psi^*(\boldsymbol{x}, t) \int d^3y \; \psi(\boldsymbol{y}, t) \frac{\hbar}{i} \nabla_x \int \frac{d^3p}{(2\pi\hbar)^3} e^{\frac{i}{\hbar}\boldsymbol{p}\cdot(\boldsymbol{x}-\boldsymbol{y})} \\ &= \int d^3x \; \psi^*(\boldsymbol{x}, t) \frac{\hbar}{i} \nabla_x \int d^3y \; \psi(\boldsymbol{y}, t) \delta(\boldsymbol{x} - \boldsymbol{y}) \,. \end{aligned}$$

Wegen der δ-Funktion lässt sich das Integral $\int d^3y$ in trivialer Weise ausführen und wir erhalten für den Erwartungswert des Impulses im Ortsraum:

$$\langle \boldsymbol{p} \rangle = \int d^3x \, \psi^*(\boldsymbol{x}, t) \left(\frac{\hbar}{i} \nabla_x \right) \psi(\boldsymbol{x}, t) \, .$$

Wir haben damit den Erwartungswert des Impulses in die oben durch (4.31) angegebene allgemeine Form des Erwartungswertes einer Observablen in der Ortsdarstellung gebracht. Aus diesem Grunde müssen wir den Differentialoperator

$$\boxed{\hat{\boldsymbol{p}} = \frac{\hbar}{i} \nabla_x} \tag{4.35}$$

als den *Impulsoperator* in der Ortsdarstellung interpretieren.

Beim Übergang in den Impulsraum durch Fourier-Transformation geht dieser Operator in die Impulsvariable $\boldsymbol{p}$ über. Dementsprechend müssen wir $\boldsymbol{p}$ als die Impulsdarstellung des Impulsoperators bezeichnen:

$$\hat{\boldsymbol{p}} \equiv \boldsymbol{p} \, .$$

In analoger Weise ist

$$\hat{\boldsymbol{x}} \equiv \boldsymbol{x}$$

die Ortsdarstellung des *Ortsoperators*.

Wir haben oben durch Einsetzen der inversen Fourier-Transformierten (4.33) in (4.34) die Darstellung des Impulsoperators im Ortsraum (4.35) gefunden. In ähnlicher Weise können wir (4.32) in (4.30) einsetzen und finden für die Impulsraumdarstellung des Ortes:

$$\boxed{\hat{\boldsymbol{x}} = i\hbar \nabla_p \, .}$$

Der Ort ist im Impulsraum durch einen analogen Differentialoperator gegeben wie der Impuls im Ortsraum.

4.7 Messgrößen als Operatoren

Wir haben im vorherigen Abschnitt am Beispiel von Ort und Impuls gesehen, dass die aus der klassischen Mechanik bekannten physikalisch messbaren Größen (Observablen) in der Quantenmechanik durch Operatoren repräsentiert werden, die auf die Wellenfunktion wirken:

$$\boldsymbol{x} \to \hat{\boldsymbol{x}} \, , \quad \boldsymbol{p} \to \hat{\boldsymbol{p}} \, .$$

Dasselbe gilt für andere Observablen $A(\boldsymbol{x})$ (wie z. B. die potentielle Energie) oder $A(\boldsymbol{p})$ (wie z. B. die kinetische Energie):

$$A(\boldsymbol{x}) \to A(\hat{\boldsymbol{x}}), \quad A(\boldsymbol{p}) \to A(\hat{\boldsymbol{p}}).$$

So erhalten wir beispielsweise für den Operator $\hat{T}$ der kinetischen Energie im Ortsraum:

$$\hat{T} = \frac{\hat{\boldsymbol{p}}^2}{2m} = -\frac{\hbar^2}{2m}\nabla^2 = -\frac{\hbar^2}{2m}\Delta,$$

während das Potential im Ortsraum die aus der klassischen Mechanik bekannte Funktion des Ortes ist:

$$\hat{V} = V(\hat{\boldsymbol{x}}) = V(\boldsymbol{x}).$$

Probleme bekommen wir bei Observablen, die vom Produkt $\boldsymbol{p} \cdot \boldsymbol{x}$ abhängen. Während in der klassischen Mechanik die Reihenfolge von $\boldsymbol{p}$ und $\boldsymbol{x}$ keine Rolle spielt, muss man diese in der Quantenmechanik beachten. Als Beispiel betrachten wir die Observable $A(p, x) = px$. Schauen wir uns im Ortsraum die Wirkung zweier möglicher zugehöriger Operatoren auf eine „Testfunktion“ $f(x)$ an:

$$\hat{p}\hat{x}f(x) = \frac{\hbar}{i}\frac{d}{dx}(xf(x)) = \frac{\hbar}{i}f(x) + x\frac{\hbar}{i}\frac{d}{dx}f(x),$$
$$\hat{x}\hat{p}f(x) = x\frac{\hbar}{i}\frac{d}{dx}f(x).$$

Es ist also für $f(x) \neq 0$:

$$(\hat{p}\hat{x} - \hat{x}\hat{p})f(x) = \frac{\hbar}{i}f(x) \neq 0.$$

Man sagt, die zwei Größen *vertauschen* nicht miteinander bzw. *kommutieren* nicht. Allgemein nennt man

$$\boxed{[\hat{A}, \hat{B}] := \hat{A}\hat{B} - \hat{B}\hat{A}} \tag{4.36}$$

den *Kommutator* von $\hat{A}$ und $\hat{B}$. Für $\hat{p}$ und $\hat{x}$ haben wir oben gefunden:

$$[\hat{p}, \hat{x}]f(x) = \frac{\hbar}{i}f(x).$$

Diese Gleichung lässt sich unabhängig von der Testfunktion $f(x)$ als Operatoridentität schreiben:

$$[\hat{p}, \hat{x}] = \frac{\hbar}{i}\hat{1}, \tag{4.37}$$

wobei $\hat{1}$ der *Einheitsoperator* ist, dessen Wirkung durch

$$\hat{1}f(x) = f(x)$$

definiert ist. Im Folgenden werden wir jedoch den Einheitsoperator, wenn er multiplikativ auftritt, weglassen.

Es ist leicht einzusehen, dass die Verallgemeinerung von (4.37) auf drei Dimensionen

$$\boxed{[\hat{p}_k, \hat{x}_l] = \frac{\hbar}{i}\delta_{kl}} \tag{4.38}$$

lautet, da die verschiedenen Raumrichtungen natürlich unabhängig voneinander sind.

Als Ergebnis der Wirkung eines Operators auf eine Wellenfunktion wird diese i. A. verändert. Die Wirkung des Operators einer physikalischen Observablen auf einen Zustand ist der mathematische Ausdruck für die Messung der entsprechenden Observablen an dem durch die Wellenfunktion beschriebenen System. Wie wir bereits bei der Diskussion des Doppelspalt-Experimentes in Abschnitt 2.2 feststellten, wird bei der Messung eines quantenmechanischen Systems dessen Zustand i. A. durch den Messprozess verändert.

Zustände, welche sich bei Messung einer Observablen A nicht ändern, werden als *Eigenzustände* von A bezeichnet und sind durch die *Eigenfunktionen* $f_a(x)$ des Operators gegeben:

$$\hat{A}f_a(x) = af_a(x)\,, \tag{4.39}$$

wobei a der *Eigenwert* von $\hat{A}$ ist. Ähnlich wie eine Matrix durch ihre Eigenwerte und Eigenvektoren bestimmt ist, kann ein Operator durch seine Eigenwerte und Eigenfunktionen charakterisiert werden. Wir werden später sehen, dass sich Operatoren durch (i. A. unendlich-dimensionale) Matrizen darstellen lassen.

Als Beispiel wollen wir wieder den Orts- bzw. Impulsoperator im Ortsraum betrachten:

1. *Impulsoperator:*
   Die Eigenwertgleichung lautet:
   $$\hat{p}\varphi_p(x) = p\varphi_p(x)\,. \tag{4.40}$$
   Lösung ist offenbar die ebene Welle $\varphi_p(x) = e^{\frac{i}{\hbar}px}$.
2. *Ortsoperator:*
   Die Eigenwertgleichung lautet:
   $$\hat{x}\xi_{x'}(x) = x'\xi_{x'}(x)\,. \tag{4.41}$$
   Hier ist wegen $\hat{x} = x$ die Lösung die δ-Funktion $\xi_{x'}(x) = \delta(x - x')$.

Die Eigenfunktionen von Ort- und Impulsoperator sind offensichtlich nicht normierbar. Wir werden später sehen, wie solche „uneigentlichen“ Eigenfunktionen zu interpretieren sind. Der quantenmechanische Messprozess in der Operatorsprache wird ausführlicher in Kapitel 11 diskutiert.

Die Eigenwertgleichung (4.39) legt die Eigenfunktion nur bis auf eine komplexe konstante Amplitude fest, deren Betrag gewöhnlich durch Normierung fixiert wird. Außerdem ist zu bemerken, dass eine konstante Phase $e^{i\alpha}$, $\alpha = \text{const}$, der Wellenfunktion ψ bei der Bildung des Erwartungswertes (4.31) (und damit auch aus der Aufenthaltswahrscheinlichkeit $w(x,t) = |\psi(x,t)|^2$) herausfällt.

Die Wellenfunktionen sind also nur bis auf eine willkürliche konstante Phase bestimmt, die keinerlei Einfluss auf physikalische, d. h. messbare Größen besitzt.

Abschließend sollen noch einige Eigenschaften des Kommutators (4.36) angegeben werden, welche unmittelbar aus seiner Definition folgen. Offenbar ist diese Größe antisymmetrisch:

$$[\hat{A}, \hat{B}] = -[\hat{B}, \hat{A}] \,.$$

Der Kommutator hat ähnliche Eigenschaften wie ein Differentialoperator. So ist er linear, d. h. es gilt für beliebige, komplexwertige Zahlen β, γ:

$$[\hat{A}, \beta\hat{B} + \gamma\hat{C}] = \beta[\hat{A}, \hat{B}] + \gamma[\hat{A}, \hat{C}] \,.$$

Ferner gilt die „Produktregel“

$$[\hat{A}, \hat{B}\hat{C}] = [\hat{A}, \hat{B}]\hat{C} + \hat{B}[\hat{A}, \hat{C}] \,, \quad [\hat{A}\hat{B}, \hat{C}] = \hat{A}[\hat{B}, \hat{C}] + [\hat{A}, \hat{C}]\hat{B} \tag{4.42}$$

und die *Jacobi-Identität*

$$\left[\hat{A}, [\hat{B}, \hat{C}]\right] + \left[\hat{B}, [\hat{C}, \hat{A}]\right] + \left[\hat{C}, [\hat{A}, \hat{B}]\right] = \hat{0} \,.$$

5 Der klassische Grenzfall

Durch die Entdeckung der Quantenmechanik wurde die klassische Mechanik nicht falsifiziert, sondern nur in ihrem Gültigkeitsbereich eingeschränkt. Im Folgenden zeigen wir, dass für Systeme mit einer sehr großen Wirkung S im Limes $\hbar/S \to 0$ die Quantenmechanik in die klassische Mechanik übergeht. Bewegungen, die mit einer sehr großen, aber endlichen Wirkung $S \gg \hbar$ verlaufen, werden als *semiklassisch* oder *quasiklassisch* bezeichnet.

Um den Limes $\hbar \to 0$ im Funktionalintegral durchführen zu können, wird im nächsten Abschnitt erst eine genäherte Methode zur Berechnung von Integralen rasch oszillierender Funktionen vorgestellt.

5.1 Die stationäre Phasenapproximation

Im Folgenden wollen wir eine Methode zur genäherten Berechnung einer Klasse von Integralen kennenlernen, die häufig in der Quantenmechanik auftreten, aber auch für andere Gebiete der Physik relevant sind. Wir entwickeln diese Methode hier für eindimensionale Integrale; sie lässt sich jedoch unmittelbar auf mehrdimensionale Integrale verallgemeinern.

Wir betrachten das Integral

$$F(\lambda) = \int_{y_1}^{y_2} dy\, g(y) e^{i\lambda f(y)}\,, \tag{5.1}$$

wobei y eine reelle Variable und λ ein reeller Parameter sind. Ferner sei g eine glatte, langsam veränderliche Funktion. Wir wollen dieses Integral für den Grenzfall $\lambda \to \infty$ berechnen. Wegen

$$e^{i\lambda f(y)} = \cos(\lambda f(y)) + i \sin(\lambda f(y))$$

stellt der Integrand für $\lambda \to \infty$ eine rasch oszillierende Funktion dar. Deshalb liefern benachbarte y-Werte Beiträge zum Integral mit zufällig verteilten Vorzeichen und löschen sich somit i. A. aus. Eine Ausnahme bilden die y-Werte in der Nähe eines stationären Punktes des Exponenten (stationäre Punkte sind Extrema der Funktion $f(y)$, siehe Abb. 5.1). Der Grund dafür ist, dass sich in der Nähe eines Extremums die Funktion in erster Ordnung nicht ändert und somit benachbarte Punkte kohärente Beiträge (d. h. Beiträge mit derselben Phase) zum Integral liefern.

Nehmen wir an, die Funktion $f(y)$ habe innerhalb des Integrationsintervalles (y_1, y_2) eine Extremstelle bei $y = a$, d. h.:

$$\left.\frac{df}{dy}\right|_{y=a} = 0\,. \tag{5.2}$$

https://doi.org/10.1515/9783111268255-005

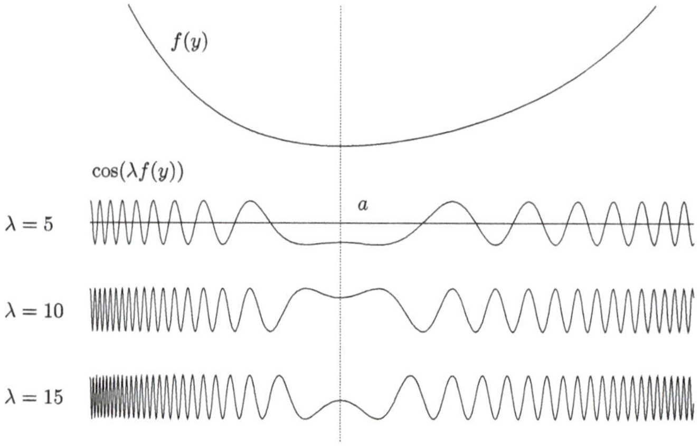

Abb. 5.1: Illustration der Phasenauslöschungen fern und der kohärenten Beiträge nahe des stationären Punktes $y = a$.

Wir können dann die Funktion in der Umgebung der Extremstelle in eine Taylor-Reihe entwickeln,

$$f(y) = f(a) + \frac{1}{2} f''(a)(y-a)^2 + \cdots ,$$

wobei der lineare Term wegen (5.2) fehlt. Ähnlich können wir auch die Funktion $g(y)$ entwickeln:

$$g(y) = g(a) + g'(a)(y-a) + \cdots . \tag{5.3}$$

Da nur y-Werte in der Nähe des stationären Punktes a zum Integral beitragen, können wir die Taylor-Entwicklungen jeweils nach dem ersten nicht-trivialen Term abbrechen. Aus demselben Grund können wir die Integrationsgrenzen $y_{1,2}$ nach $\pm\infty$ verlegen:

$$\int_{y_1}^{y_2} dy \quad \longrightarrow \quad \int_{-\infty}^{\infty} dy .$$

Setzen wir die obigen Taylor-Entwicklungen in (5.1) ein und verschieben die Integrationsvariable um den stationären Punkt ($z = y - a$), so finden wir:

$$F(\lambda) = \int_{-\infty}^{\infty} dz \, (g(a) + g'(a)z + \cdots) \exp\left[i\lambda \left(f(a) + \frac{1}{2} f''(a) z^2 + \cdots \right) \right].$$

Der erste Summand führt auf ein sogenanntes *Fresnel-Integral*, welches wir nach Regularisierung durch ein Dämpfungsglied $\lambda \to \lambda + i\varepsilon$, $\varepsilon \to 0$,

$$\int_{-\infty}^{\infty} dz \, \exp\left(i\lambda \frac{f''(a)}{2} z^2 \right) = \lim_{\varepsilon \to 0} \int_{-\infty}^{\infty} dz \, \exp\left(i(\lambda + i\varepsilon) \frac{f''(a)}{2} z^2 \right) =: I \,,$$

auf ein Gauß-Integral (mit komplexem Koeffizienten im Exponenten) zurückführen können:[1]

$$\begin{aligned} I &= \lim_{\varepsilon \to 0} \int_{-\infty}^{\infty} dz \, \exp\left(-\frac{1}{2}(\varepsilon - i\lambda) f''(a) z^2 \right) \\ &= \lim_{\varepsilon \to 0} \sqrt{\frac{2\pi}{(\varepsilon - i\lambda) f''(a)}} = \sqrt{\frac{i2\pi}{\lambda f''(a)}} \,. \end{aligned} \tag{5.4}$$

Der zweite Summand führt auf ein Integral der Form

$$\int_{-\infty}^{\infty} dz \, z e^{i\lambda f''(a) z^2} = 0 \,,$$

das aus Symmetriegründen verschwindet. Damit erhalten wir im Grenzfall $\lambda \to \infty$ den folgenden Ausdruck für das ursprüngliche Integral (5.1):

$$\boxed{\int_{y_1}^{y_2} dy g(y) e^{i\lambda f(y)} \simeq g(a) e^{i\lambda f(a)} \sqrt{\frac{i2\pi}{\lambda f''(a)}} \,, \quad \lambda \to \infty \,.} \tag{5.5}$$

Je größer $\lambda f''(a)$, desto kleiner ist der Betrag des Integrals $F(\lambda)$. Dieses Ergebnis ist anschaulich klar: Je größer die „Krümmung" $f''(a)$, desto enger ist die Extremstelle (Abb. 5.1) und desto kleiner ist also auch der y-Bereich um $y = a$, in dem es nicht zur Phasenauslöschung kommt und der somit einen von null verschiedenen Beitrag zum Integral liefert. Eine Vergrößerung von λ schränkt diesen Bereich ebenfalls ein, da mit größerem λ die Phasenauslöschung zunimmt.

Der Ausdruck vor der Wurzel ist gerade der Integrand genommen am stationären Punkt (Extremum). Die Wurzel entsteht durch die Integration über die unmittelbare Umgebung des Extremums. Sie kann oftmals für qualitative Überlegungen vernachlässigt werden, sodass

$$\int_{y_1}^{y_2} dy \, g(y) e^{i\lambda f(y)} \sim g(a) e^{i\lambda f(a)} \,, \quad \lambda \to \infty \,. \tag{5.6}$$

---

1 Wir setzen hier $f''(a) > 0$ voraus. Im umgekehrten Fall wird $\lambda \to \lambda - i\epsilon$ ersetzt. Das Ergebnis (5.4) gilt sowohl für $f''(a) > 0$ als auch $f''(a) < 0$.

Dieser Näherungsausdruck ist allein durch das Extremum bestimmt. Falls die Funktion $g(y)$ am stationären Phasenpunkt $y = a$ eine Nullstelle besitzt, muss die Taylor-Entwicklung (5.3) bis zur zweiten Ordnung durchgeführt werden.

Besitzt die Funktion $f(y)$ im Exponenten innerhalb der Integrationsgrenzen mehrere Extremalstellen, d. h. $f'(a_n) = 0$ für $a_n \in (y_1, y_2)$, $n = 1, 2, 3, \dots$, dann erhalten wir kohärente Beiträge von den Umgebungen der einzelnen Extremstellen a_n und die Verallgemeinerung der Beziehung (5.5) lautet:

$$\boxed{\int_{y_1}^{y_2} dy\, g(y) e^{i\lambda f(y)} \simeq \sum_n e^{i\lambda f(a_n)} \sqrt{\frac{i2\pi}{\lambda f''(a_n)}}\, g(a_n), \quad \lambda \to \infty .} \tag{5.7}$$

Diese Näherungsmethode der stationären Phase lässt sich unmittelbar auf mehrdimensionale Integrale bzw. Funktionalintegrale verallgemeinern.

Wir betrachten das mehrdimensionale Integral

$$F(\lambda) = \int_{\mathcal{M}} \prod_{k=1}^{n} dx_k g(x_1, x_2, \dots, x_n) \exp\left[i\lambda f(x_1, x_2, \dots, x_n)\right], \tag{5.8}$$

wobei $\mathcal{M}$ ein Gebiet im n-dimensionalen Euklidischen Raum $\mathbb{R}^n$ ist, der durch die Koordinaten $x_i, i = 1, 2, \dots, n$ aufgespannt wird, $\mathcal{M} \subset \mathbb{R}^n$. Der Einfachheit halber setzen wir voraus, dass die Funktion $f(x_1, x_2, \dots, x_n)$ in $\mathcal{M}$ nur eine einzige isolierte Extremstelle bei $x_i = a_i$ besitzt, d. h. es gelte

$$\left.\frac{\partial f}{\partial x_i}\right|_{x_k = a_k} = 0 , \quad \det\left[\left.\frac{\partial^2 f}{\partial x_i \partial x_j}\right|_{x_k = a_k}\right] \neq 0$$

und

$$\partial f / \partial x_i \neq 0 \quad \text{für alle} \quad (x_1, x_2, \dots, x_n) \neq (a_1, a_2, \dots, a_n) .$$

Für $\lambda \to \infty$ trägt zum Integral (5.8) nur die unmittelbare Umgebung der Extremstelle $x_k = a_k$ bei, sodass wir die Integration über den ganzen n-dimensionalen Raum ausdehnen können, $\mathcal{M} \to \mathbb{R}^n$. Ferner können wir wie im eindimensionalen Fall die Funktion vor dem Exponenten $g(x_1, x_2, \dots, x_n)$ durch ihren Wert an der Extremstelle $g(a_i, a_2, \dots, a_n)$ ersetzten und die Funktion $f(x_1, x_2, \dots, x_n)$ bis zur zweiten Ordnung in eine Taylor-Reihe entwickeln

$$f(x_1, x_2, \dots, x_n) = f(a_1, a_2, \dots, a_n) + \frac{1}{2} \sum_{i,j=1}^{n} \left.\frac{\partial^2 f}{\partial x_i \partial x_j}\right|_{x_k = a_k} (x_i - a_i)(x_j - a_j) + \cdots .$$

Die reguläre symmetrische Matrix $(\partial^2 f / \partial x_i \partial x_j)|_{x_k = a_k}$ lässt sich mittels einer orthogonalen Transformation O diagonalisieren

$$\left.\frac{\partial^2 f}{\partial x_i \partial x_j}\right|_{x_k = a_k} = (O^T)_{ik} \mu_k O_{kj} ,$$

wobei μ_k ihren Eigenwert bezeichnet. Nach der Variablentransformation

$$z_k = O_{ki}(x_i - a_i) \tag{5.9}$$

finden wir

$$F(\lambda) \underset{\lambda\to\infty}{\simeq} g(a_1, a_2, \ldots, a_n) e^{if(a_1,a_2,\ldots,a_n)} \prod_{k=1}^{n} \left(\int_{-\infty}^{\infty} dz_k e^{i\frac{\lambda}{2}\mu_k z_k^2} \right),$$

wobei wir

$$\prod_{i=1}^{n} dx_i = \prod_{k=1}^{n} dz_k$$

benutzt haben, was aus Gl. (5.9) mit det $O = 1$ folgt.

Nach Ausführen der verbleibenden Fresnel-Integrale finden wir mit

$$\prod_{k=1}^{n} \mu_k = \det\left(\left. \frac{\partial^2 f}{\partial x_i \partial x_j} \right|_{x_k = a_k} \right) \tag{5.10}$$

schließlich

$$\begin{aligned} &\int_{\mathcal{M}} \prod_{i=1}^{n} dx_i g(x_1, x_2, \ldots, x_n) e^{i\lambda f(x_1,x_2,\ldots,x_n)} \\ &\underset{\lambda\to\infty}{\simeq} g(a_1, a_2, \ldots, a_n) e^{i\lambda f(a_1,a_2,\ldots,a_n)} \left(\sqrt{\frac{2\pi i}{\lambda}} \right)^n \left[\det\left(\left. \frac{\partial^2 f}{\partial x_i \partial x_j} \right|_{x_k = a_k} \right) \right]^{-1/2} . \end{aligned} \tag{5.11}$$

Dies ist die direkte Verallgemeinerung von Gl. (5.5) auf n Dimensionen.

Die stationäre Phasenapproximation für mehrdimensionale Integrale (5.11) lässt sie auch unmittelbar auf Funktionalintegrale verallgemeinern: $G[x]$ und $F[x]$ seien Funktionale der Funktionen $x(t)$, die den Randbedingungen $x(t_a) = x_a$ und $x(t_b) = x_b$ genügen und

$$\int_{x(t_a)=x_a}^{x(t_b)=x_b} \mathcal{D}x(t)$$

bezeichnen die zugehörige funktionale Integration über die Klasse dieser Funktionen. Dann gilt

$$\int_{x(t_a)=x_a}^{x(t_b)=x_b} \mathcal{D}x(t) G[x] e^{i\lambda F[x]} \underset{\lambda\to\infty}{\simeq} G[\bar{x}] e^{i\lambda F[\bar{x}]} \left[\mathcal{D}et \left(\frac{\delta^2 F[x]}{\delta x(t) \delta x(t')} \right)_{x=\bar{x}} \right]^{-1/2},$$

wobei $\bar{x}(t)$ den stationären „Punkt“ des Funktionals $F[x]$ bezeichnet, d. h. die Funktion $\bar{x}(t)$ ist ein Extremum des Funktionals $F[x]$:

$$\left. \frac{\delta F[x]}{\delta x(t)} \right|_{x=\bar{x}} = 0 .$$

Die Funktionaldeterminante $\mathcal{D}et K$ des Kerns $K = \delta^2 F[x]/\delta x(t) \delta x(t')$ lässt sich analog zu Gl. (5.10) über seine Eigenwerte berechnen, siehe Gl. (A.37). In vielen praktischen Fällen reicht es jedoch aus, die Beziehung

$$(\mathcal{Det}K)^{-1/2} = \exp\left(-\frac{1}{2}\mathcal{Sp}\log K\right) \tag{5.12}$$

zu benutzen und den Exponenten störungstheoretisch zu berechnen. Der Beweis von Gl. (5.12) erfolgt wie bei Matrizen durch Diagonalisierung des symmetrischen Kerns K.

Besitzt das Funktional $F[x]$ mehrere stationäre „Punkte" $\bar{x}(t)$, ist über diese (wie in Gl. (5.7)) zu summieren.

5.2 Asymptotische Darstellung der δ-Funktion

Mittels der stationären Phasenapproximation lässt sich sehr einfach die folgende Darstellung der δ-Funktion

$$\delta(x) = \lim_{\lambda \to \pm\infty} \sqrt{\frac{\lambda}{i2\pi}} e^{i(\lambda/2)x^2} \tag{5.13}$$

beweisen, die bereits in Gl. (3.20) benutzt wurde. Der Limes ist hier im Sinne der Distributionen als „schwacher Grenzwert" zu verstehen.

Bekanntlich ist die δ-Funktion durch folgende Beziehung definiert:

$$\int_{-\infty}^{\infty} dx\, \delta(x - x_0) f(x) = f(x_0)\,. \tag{5.14}$$

Für $f(x) = 1$ folgt hieraus die Normierungsbedingung

$$\int_{-\infty}^{\infty} dx\, \delta(x - x_0) = 1\,. \tag{5.15}$$

Die Funktion

$$F(\lambda, x) = \sqrt{\frac{\lambda}{i2\pi}} e^{i(\lambda/2)x^2}$$

erfüllt offenbar die Normierungsbedingung (5.15) für jedes $\lambda \neq 0$, denn es gilt:

$$\int_{-\infty}^{\infty} dx\, F(\lambda, x) = \sqrt{\frac{\lambda}{i2\pi}} \int_{-\infty}^{\infty} dx\, e^{i(\lambda/2)x^2} = \sqrt{\frac{\lambda}{i2\pi}} \sqrt{\frac{i2\pi}{\lambda}} = 1\,, \tag{5.16}$$

wobei wir das Fresnel-Integral (5.4) benutzt haben.

Die Beziehung (5.14) lässt sich ebenso schnell beweisen, wenn man beachtet, dass $F(\lambda, x)$ für $\lambda \to \pm\infty$ eine rasch oszillierende Funktion von x darstellt, siehe Abb. 5.2, sodass sich das Integral

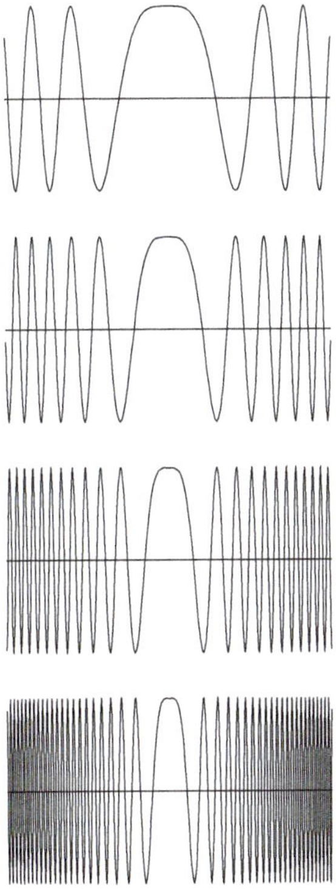

Abb. 5.2: Grafische Darstellung von $\mathrm{Re}\{\exp(i\lambda x^2/2)\} = \cos(\lambda x^2/2)$ für verschiedene Werte des Parameters $\lambda = 4, 8, 16, 32$. In der Abbildung wächst λ von oben nach unten.

$$\lim_{\lambda\to\pm\infty} \int_{-\infty}^{\infty} dx\, F(\lambda, x - x_0) f(x)$$

mittels der Methode der stationären Phase berechnen lässt. Die Phase von $F(\lambda, x - x_0)$ ist stationär bei $x = x_0$, sodass wir

$$\lim_{\lambda\to\pm\infty} \sqrt{\frac{\lambda}{i2\pi}} \int_{-\infty}^{\infty} dx\, f(x) e^{i(\lambda/2)(x-x_0)^2}$$
$$= f(x_0) \lim_{\lambda\to\pm\infty} \sqrt{\frac{\lambda}{i2\pi}} \int_{-\infty}^{\infty} dx\, e^{i(\lambda/2)(x-x_0)^2} = f(x_0)$$

erhalten, wobei (5.16) benutzt wurde. Man beachte, dass im vorliegenden Fall keine Taylor-Entwicklung der Phase (d. h. des Exponenten) vorgenommen werden musste, da diese bereits eine quadratische Funktion der Integrationsvariable ist. Ferner sei betont, dass die stationäre Phasenapproximation im Limes $\lambda \to \pm\infty$ exakt wird, sodass Gl. (5.13) eine exakte Darstellung der δ-Funktion ist.

5.3 Der klassische Grenzwert des Propagators

Aus der Funktionalintegral-Darstellung (3.24) ist zu erkennen, dass zum quantenmechanischen Propagator zunächst alle Trajektorien beitragen. Die Größe des Beitrages einer Trajektorie $x(t)$ wird durch ihre klassische Wirkung $S[x]$ festgelegt. Für makroskopische Systeme ist die klassische Wirkung (auf makroskopischen Zeitskalen) aber sehr groß im Vergleich zur atomaren Wirkungseinheit $\hbar$:

$$S[x] \gg \hbar .$$

Die Phase der Übergangsamplitude (Propagator) ist dann sehr groß im Verhältnis zu 1:

$$\frac{S[x]}{\hbar} \gg 1 .$$

Somit ist der Integrand des Funktionalintegrals eine rasch oszillierende Funktion der Trajektorie:

$$K = \int \mathcal{D}x(t)\, e^{\frac{i}{\hbar}S[x]} = \int \mathcal{D}x(t) \left[\cos\left(\frac{S[x]}{\hbar}\right) + i\sin\left(\frac{S[x]}{\hbar}\right)\right]. \tag{5.17}$$

Ändern wir nun die Trajektorie $x(t)$ um einen Beitrag $\delta x(t)$ (siehe Abb. 5.3), der auf der makroskopischen Skala klein ist, aber dennoch makroskopische Dimensionen besitzen muss (damit wir diese Änderung der Trajektorie wahrnehmen können), so ändert sich auch die Wirkung um einen kleinen, aber dennoch makroskopischen Beitrag:

$$S[x] \to S[x + \delta x] = S[x] + \delta S , \qquad \delta S \sim \delta x . \tag{5.18}$$

Diese makroskopische Änderung der Wirkung ist jedoch groß gegenüber $\hbar$:

$$\delta S \gg \hbar \quad \Rightarrow \quad \frac{\delta S}{\hbar} \gg 1 .$$

Eine kleine makroskopische Änderung in der Trajektorie wird deshalb zu enorm großen Änderungen in der Phase $S[x]/\hbar$ führen. Der Integrand des Funktionalintegrals wird deswegen bei der Änderung von x, siehe Gl. (5.18), sehr viele Oszillationen durchlaufen. Die benachbarten Trajektorien werden daher i. A. Beiträge mit zufällig verteilten Vorzeichen zur Übergangsamplitude liefern, sodass diese sich gegenseitig auslöschen und kein Gesamtbeitrag übrigbleibt (siehe die in Abschnitt 5.1 gegebene Ableitung der stationären Phasenapproximation). Wir brauchen somit solche Trajektorien, die sich von ihren benachbarten Trajektorien in einer makroskopischen Änderung der Wirkung unterscheiden, nicht zu berücksichtigen. Eine Ausnahme bilden die klassischen Trajektorien $\bar{x}(t)$, welche die Wirkung extremieren:

$$\left.\frac{\delta S[x]}{\delta x(t)}\right|_{x=\bar{x}(t)} = 0 . \tag{5.19}$$

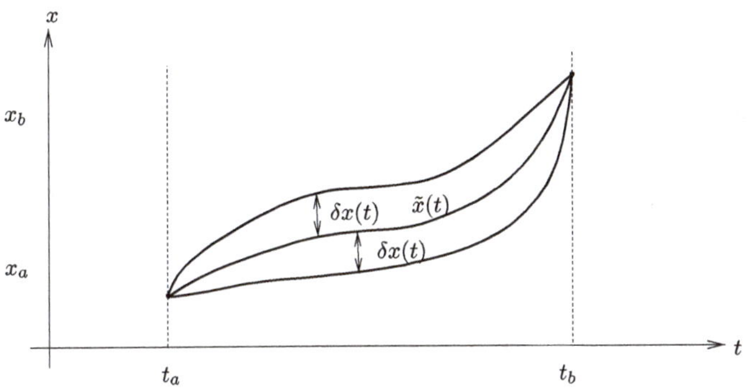

Abb. 5.3: Änderung $\delta x(t)$ der Trajektorie $x(t)$ bei festgehaltenen Randpunkten, ausgehend von der klassischen Trajektorie $\tilde{x}(t)$.

In der Nähe eines Extremums ändert sich die Wirkung in 1. Ordnung nicht, wie aus ihrer (funktionalen) Taylor-Entwicklung (D.24) ersichtlich ist:

$$S[\tilde{x} + \delta x] = S[\tilde{x}] + \frac{1}{2} \int dt\, dt'\, \delta x(t) \frac{\delta^2 S[x]}{\delta x(t)\, \delta x(t')}\bigg|_{x=\tilde{x}} \delta x(t') + \cdots .$$

Trajektorien, benachbart zur klassischen Trajektorie $\tilde{x}(t)$, geben deshalb Beiträge mit annähernd gleicher Phase, die sich kohärent überlagern. Somit liefern nur Trajektorien in der Nähe der klassischen Trajektorie einen wesentlichen Beitrag zum Funktionalintegral und im Limes $\hbar/S[x] \to 0$ brauchen wir nur die klassischen Trajektorien $\tilde{x}(t)$ zu berücksichtigen. Auf diese Art gehen die klassischen Gesetze im Grenzfall $\hbar \to 0$ aus den quantenmechanischen Gesetzen hervor.[2]

Für Systeme mit makroskopischen Wirkungen $S[x] \gg \hbar$ können wir offenbar das Funktionalintegral der Übergangsamplitude in der stationären Phasenapproximation berechnen, die im Grenzfall $\hbar \to 0$ exakt wird. In der Näherung unterster Ordnung, siehe Gl. (5.6), finden wir dann aus (5.17)

$$\boxed{K(b,a) \sim e^{\frac{i}{\hbar} S[\tilde{x}](b,a)}}\,, \tag{5.20}$$

wobei $\tilde{x}(t)$ die klassische Trajektorie ist, die durch (5.19) definiert ist. Die Variation der Wirkung $\delta S/\delta x(t) = 0$ bei festgehaltenen Randpunkten der Trajektorie (d. h. $\delta x(t_a) = \delta x(t_b) = 0$) liefert bekanntlich die Euler-Lagrange-Gleichung

$$\frac{\partial \mathcal{L}}{\partial x} - \frac{d}{dt}\frac{\partial \mathcal{L}}{\partial \dot{x}} = 0\,,$$

2 Den Grenzfall $\hbar/S[x] \to 0$ werden wir, wie in der Literatur üblich, der Einfachheit halber als $\hbar \to 0$ bezeichnen. Gemeint ist aber stets, dass die Wirkung $S[x]$ sehr groß gegenüber $\hbar$ wird, was aus mathematischer Sicht dem Limes $\hbar \to 0$ entspricht. Da die klassische Trajektorie $\tilde{x}(t)$ die Wirkung $S[x]$ minimiert, genügt es, $S[\tilde{x}] \gg \hbar$ für die Anwendbarkeit der semiklassischen Näherung zu fordern.

die sich für die Bewegung einer Punktmasse m im Potential $V(x)$ auf die Newton'sche Bewegungsgleichung $m\ddot{x} = -V'(x)$ reduziert. Im klassischen Grenzfall $S[x] \gg \hbar$ ist der Propagator $K(b, a)$ deshalb allein durch die klassische Trajektorie $\tilde{x}(t)$ bestimmt, welche der klassischen (Newton'schen) Bewegungsgleichung zusammen mit den vorgegebenen Randbedingungen $x(t_a) = x_a$, $x(t_b) = x_b$ genügt. Dasselbe Ergebnis erhält man auch, wenn man die explizite Definition des Funktionalintegrals (3.23), (3.24) benutzt:

Das Funktionalintegral des Propagators $K(b, a)$ ist als N-dimensionales Vielfachintegral über die intermediären Koordinaten der Teilchentrajektorien definiert ($N \to \infty, \varepsilon \to 0$):

$$K(b,a) = \int \prod_{k=1}^{N-1} dx_k \left(\sqrt{\frac{m}{i2\pi\hbar\varepsilon}}\right)^N \exp\left[\frac{i}{\hbar}\varepsilon \sum_{k=1}^{N}\left(\frac{m}{2}\left(\frac{x_k - x_{k-1}}{\varepsilon}\right)^2 - V(x_k)\right)\right].$$

Für $\hbar \to 0$ sind die Integranden sämtlich rapide oszillierende Funktionen dieser Koordinaten, und wir können diese Integrale deshalb in der stationären Phasenapproximation auswerten. Ein einzelnes Integral hat die Gestalt

$$\sqrt{\frac{m}{2\pi\hbar i\varepsilon}} \int dx_k \exp\left\{\frac{i}{\hbar}\varepsilon\left[\frac{m}{2}\left(\left(\frac{x_k - x_{k-1}}{\varepsilon}\right)^2 + \left(\frac{x_{k+1} - x_k}{\varepsilon}\right)^2\right) - V(x_k)\right]\right\}.$$

Die relevanten x_k-abhängigen Terme im Exponenten lauten:

$$\varepsilon\left[\frac{m}{\varepsilon^2}\left(x_k^2 - x_k(x_{k+1} + x_{k-1})\right) - V(x_k)\right] =: f(x_k),$$

sodass die relevanten Integrale im Funktionalintegral die Form

$$F\left(\frac{1}{\hbar}\right) = \sqrt{\frac{m}{i2\pi\hbar\varepsilon}} \int dx_k\, e^{\frac{i}{\hbar}f(x_k)}$$

haben. Für $1/\hbar \to \infty$ können wir diese Integrale mittels der stationären Phasenapproximation berechnen. Die stationären Phasenpunkte $df(x_k)/dx_k = 0$ liefern:

$$m\frac{x_{k+1} - 2x_k + x_{k-1}}{\varepsilon^2} + \frac{dV(x_k)}{dx_k} = 0\,. \tag{5.21}$$

Beachten wir, dass

$$\lim_{\varepsilon\to 0} \frac{x_{k+1} - 2x_k + x_{k-1}}{\varepsilon^2} = \lim_{\varepsilon\to 0} \frac{1}{\varepsilon}\left(\frac{x_{k+1} - x_k}{\varepsilon} - \frac{x_k - x_{k-1}}{\varepsilon}\right) \equiv \ddot{x}(t_k)$$

die diskretisierte Form der 2. Ableitung darstellt, so erkennen wir, dass die stationäre Phasenbedingung (5.21) gerade die Newton'sche Bewegungsgleichung liefert ($t_k \to t$):

$$m\ddot{x}(t) = -\frac{\partial V(x)}{\partial x}\,.$$

Für $\hbar \to 0$ (d. h. im Geltungsbereich der stationären Phasenapproximation) kommen also die dominierenden Beiträge zum Funktionalintegral in der Tat von den klassischen Trajektorien, welche die Newton'sche Bewegungsgleichung erfüllen und den Randbedingungen $x(t_a) = x_a$, $x(t_b) = x_b$ genügen.

Wegen (4.5) erhalten wir aus (5.20) auch für die Wellenfunktion im Limes $\hbar \to 0$

$$\psi(x_b, t_b) \sim e^{\frac{i}{\hbar} S[\tilde{x}](b,a)}, \quad \hbar \to 0 .$$

Für die Wellenfunktion $\psi(x_b, t_b)$ ist dabei $a \equiv (x_a, t_a)$ ein irrelevanter, bis auf die Kausalität ($t_a < t_b$) beliebig wählbarer Anfangspunkt. Um Aufschluss über die Form der Wellenfunktionen zu erhalten, genügt es deshalb, die Wirkung als Funktion der Endkoordinate $b \equiv (x_b, t_b) = (x, t)$ zu untersuchen:

$$\psi(x, t) \sim e^{\frac{i}{\hbar} S[\tilde{x}](x,t;x_a,t_a)} . \tag{5.22}$$

Für kleine Änderungen der Endkoordinate und Endzeit,

$$(x, t) \to (x + \delta x, t + \delta t) ,$$

können wir die Wirkung nach den Änderungen der Raum- und Zeitkoordinate entwickeln und erhalten:

$$\begin{aligned} S[\tilde{x}](x + \delta x,\ t + \delta t; x_a, t_a) &= S[\tilde{x}](x, t; x_a, t_a) \\ &\quad + \frac{\partial S[\tilde{x}](x, t; x_a, t_a)}{\partial x} \delta x + \frac{\partial S[\tilde{x}](x, t; x_a, t_a)}{\partial t} \delta t + \cdots . \end{aligned}$$

Beachten wir, dass die Ableitung der Wirkung nach der Endkoordinate den Impuls am Ende der klassischen Trajektorie, d. h. zur Zeit t liefert (siehe Abb. 5.4(a)),

$$\frac{\partial S[\tilde{x}](x, t; x_a, t_a)}{\partial x} = p(x, t) ,$$

und weiterhin nach der *Hamilton-Jacobi'schen Differentialgleichung*

$$\frac{\partial S[\tilde{x}](x, t; x_a, t_a)}{\partial t} = -\mathcal{H}(p, x) \tag{5.23}$$

die Ableitung der Wirkung nach der Zeit (siehe Abb. 5.4(b)) die auf der klassischen Trajektorie erhaltene Energie $\mathcal{H}(p, x) = E$ des Teilchens liefert, so finden wir schließlich für die Wellenfunktion (5.22):

$$\psi(x + \delta x, t + \delta t) = \psi(x, t) \exp\left(\frac{i}{\hbar} p(x) \delta x - \frac{i}{\hbar} E\, \delta t \right). \tag{5.24}$$

Die Wellenfunktion eines quasiklassischen Teilchens (für das $S[x] \gg \hbar$ gilt) verhält sich also für kleine Änderungen der Argumente von Ort und Zeit wie eine fortschreitende ebene Welle, deren Wellenzahl $\boldsymbol{k}$ durch den klassischen Impuls und deren Frequenz ω durch die klassische Energie gegeben sind:

$$\boldsymbol{k} = \frac{\boldsymbol{p}}{\hbar}, \quad \omega = \frac{E}{\hbar} .$$

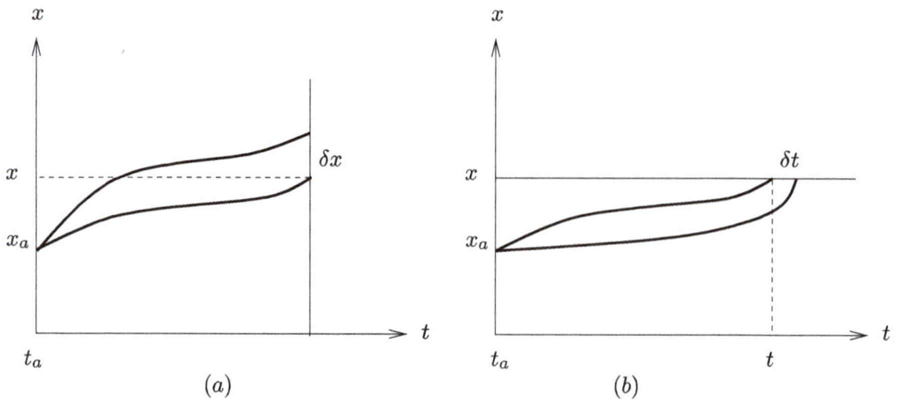

Abb. 5.4: Änderung der klassischen Trajektorie eines Teilchens (a) bei Variation der Endkoordinate $x \to x + \delta x$ und festgehaltener Endzeit t und (b) bei Variation der Endzeit $t \to t + \delta t$ und festgehaltener Endkoordinate x.

Dasselbe Verhalten hatten wir bereits für die Wellenfunktion des freien Teilchens gefunden.

Die Wellennatur der Teilchenpropagation im semiklassischen Bereich ($S[x] \gg \hbar$) tritt besonders klar hervor, wenn man die kanonische (Hamilton-)Form der Wirkung

$$S[p,x] = \int_{t_a}^{t_b} dt\,(p\dot{x} - \mathcal{H}(p,x)) \tag{5.25}$$

benutzt, wobei

$$\mathcal{H}(p,x) = \frac{p^2}{2m} + V(x)$$

die klassische Hamilton-Funktion ist. Für konservative Systeme ist die Hamilton-Funktion der klassischen Trajektorie, d. h. der Trajektorie, die den kanonischen Bewegungsgleichungen

$$\dot{p} = -\frac{\partial V}{\partial x}, \quad \dot{x} = \frac{p}{m}$$

genügt, gleich der klassischen Energie ($\mathcal{H}(p,x) = E$), die längs der klassischen Trajektorie erhalten bleibt. Damit können wir die Wirkung der klassischen Trajektorie mit $\int dt\,\dot{x}(t)p(x(t)) = \int dx\,p(x)$ schreiben als:

$$S[\bar{x}](b,a) = \int_{x_a}^{x_b} dx\,p(x) - E(t_b - t_a)$$

und die Wellenfunktion (5.22) nimmt im klassischen Grenzfall die Gestalt

$$\psi(x,t) = C(x_0,t_0)\exp\left[\frac{i}{\hbar}\left(\int_{x_0}^{x} dx'\, p(x') - Et\right)\right] \tag{5.26}$$

an, wobei wir die irrelevante Abhängigkeit von der Anfangszeit $t_0 = t_a$ bzw. der Anfangskoordinate $x_0 = x_a$ durch die Konstante C ausgedrückt haben.

Betrachten wir nun die Wellenfunktion für eine kleine Änderung der Koordinate $x \to x + \delta x$ bzw. der Zeit $t \to t + \delta t$, so erhalten wir unmittelbar das bereits in (5.24) gefundene Ergebnis.

Für eine klassische konservative Bewegung ($E = \text{const}$) ist der Impuls auf der klassischen Trajektorie durch den Energiesatz gegeben:

$$p(x) = \sqrt{2m(E - V(x))}\,. \tag{5.27}$$

Für ein konstantes Potential verschwindet die Kraft und der Impuls bleibt erhalten. Die Wellenfunktion nimmt dann für $V < E$ die Gestalt einer ebenen Welle an. Für eine klassische Bewegung im nicht-trivialen, d. h. ortsabhängigen Potential $V(x)$ ist dagegen der lineare Impuls nicht erhalten, sondern ebenfalls ortsabhängig, wie aus Gl. (5.27) ersichtlich ist. Die Wellenfunktion (5.26) repräsentiert dann nur lokal eine ebene Welle,

$$\psi(x + \Delta x, t) = \psi(x,t)e^{\frac{i}{\hbar}p(x)\,\Delta x}\,,$$

kann jedoch für größere Änderungen des Ortes infolge der Ortsabhängigkeit $p(x)$ wesentlich von der ebenen Welle abweichen.

Die Wellenfunktion im klassischen Grenzfall (5.26) faktorisiert in einen zeit- und ortsabhängigen Teil:

$$\boxed{\psi(x,t) = e^{-\frac{i}{\hbar}Et}\varphi(x)\,,} \tag{5.28}$$

wobei letzterer durch

$$\varphi(x) = C(x_0,t_0)\exp\left(\frac{i}{\hbar}\int_{x_0}^{x} dx'\, p(x')\right)$$

gegeben ist. Da für $x = x_0$ das Integral im Exponenten verschwindet, gilt offenbar

$$\varphi(x) = \varphi(x_0)\exp\left(\frac{i}{\hbar}\int_{x_0}^{x} dx' p(x')\right). \tag{5.29}$$

Die Faktorisierung (5.28) ist, wie wir später sehen werden, nicht auf den klassischen Grenzfall beschränkt, sondern gilt allgemein für sogenannte stationäre Prozesse, bei denen die Lagrange- bzw. Hamilton-Funktion nicht explizit von der Zeit abhängt. Die Größe $\varphi(x)$ wird als *stationäre Wellenfunktion* bezeichnet. Für stationäre Prozesse ist die Aufenthaltswahrscheinlichkeit zeitunabhängig:

$$w(x,t) = |\psi(x,t)|^2 = |\varphi(x)|^2 .$$

Die oben durchgeführte Auswertung des Funktionalintegrals (5.17) für die Wellenfunktion mittels der stationären Phasenapproximation wird als *quasiklassische* oder *semiklassische* Näherung bezeichnet.[3]

5.4 Die Bohr-Sommerfeld'sche Quantisierungsbedingung

Wir betrachten ein Teilchen mit Masse m in einem anziehenden (zeitunabhängigen) Potential $V(x)$. Die klassische Wirkung des Teilchens sei hinreichend groß ($S[x] \gg \hbar$), sodass die semiklassische Näherung anwendbar ist. Die klassische Bewegung verläuft zwischen den Umkehrpunkten, die durch die Beziehung $V(x) = E$ definiert sind, und ist deshalb periodisch.

Wir interessieren uns hier für den Propagator zur festen Energie $K(x_b, x_a; E)$ (3.36). Benutzen wir für $K(x_b, t_b; x_a, t_a)$ die semiklassische Näherung (5.20), so erhalten wir

$$\begin{aligned} K(x_b, x_a; E) &= \int_{-\infty}^{\infty} dT e^{\frac{i}{\hbar}ET} K(x_b, T; x_a, 0) \\ &\simeq \int_{-\infty}^{\infty} dT \exp\left[\frac{i}{\hbar}ET + \frac{i}{\hbar}\tilde{S}(x_b, x_a; T)\right], \end{aligned} \tag{5.30}$$

wobei wir zur Abkürzung der Notation

$$\tilde{S}(x_b, x_a; T) = S[\tilde{x}](x_b, T; x_a, 0)$$

gesetzt haben. Für eine semiklassisch verlaufende Bewegung ($\tilde{S} \gg \hbar$) können wir auch das Integral über die Zeit T in der stationären Phasenapproximation berechnen. Der Exponent in Gl. (5.30) wird stationär bezüglich der Zeit T für

---

3 Streng genommen sollte man unterscheiden zwischen *quasiklassisch* und *semiklassisch*: Wird die stationäre Phasenapproximation nur in nullter Ordnung durchgeführt, d. h. das Funktionalintegral durch seinen Integranden am stationären Punkt (klassische Trajektorie $\tilde{x}(t)$) ersetzt, wie wir das oben getan haben, so sollte man dies als *quasiklassische* Näherung bezeichnen, während der Begriff *semiklassische* Näherung für die volle stationäre Phasenapproximation vorbehalten sein sollte, in der auch das Gauß'sche Funktionalintegral über die Fluktuationen um die Klasse Trajektorie $\tilde{x}(t)$ mit eingeschlossen wird. Wir werden jedoch dem allgemeinen Sprachgebrauch folgend beide Termini als Synonyme betrachten.

$$E + \frac{\partial \tilde{S}(x_b, x_a; T)}{\partial T} = 0\,. \tag{5.31}$$

Nach der Hamilton-Jacobi'schen Differentialgleichung (5.23) ist aber

$$-\frac{\partial \tilde{S}(x_b, x_a; T)}{\partial T} = \mathcal{H}[T]$$

gerade die Energie, die das Teilchen auf der klassischen Trajektorie $\tilde{x}(t)$ besitzt, die in der Zeit T von x_a nach x_b läuft. Damit lautet die stationäre Phasenbedingung (5.31)

$$E = \mathcal{H}[T]\,. \tag{5.32}$$

Für vorgegebene Energie E wählt diese Bedingung die Zeitdauer T, die das Teilchen auf der Trajektorie $\tilde{x}(t)$ von x_a nach x_b benötigt, so aus, dass die zugehörige erhaltene Energie $\mathcal{H}[T]$ mit der von außen vorgegebenen Energie E übereinstimmt. Benutzen wir die kanonische Form der Wirkung (5.25), so erhalten wir für die Phase des Integranden (5.30) am stationären Punkt den Ausdruck

$$W(T) := TE + \tilde{S}(x_b, x_a; T) = T\mathcal{H} + \int_0^T dt\,(p\dot{x} - \mathcal{H}) = \int_0^T dt\, p\dot{x}\,. \tag{5.33}$$

Hierbei ist $p = p(x(t))$ (5.27) der Impuls des Teilchens auf der klassischen Trajektorie $x(t)$.

Die (zeitlich erhaltene) klassische Energie $\mathcal{H}[T]$ ist eindeutig durch die Zeitdauer T festgelegt, die das Teilchen zum Durchlaufen der Trajektorie $\tilde{x}(t)$ von x_a nach x_b benötigt. Die Umkehrung gilt jedoch nicht:

Unter den klassischen Trajektorien, die für eine vorgegebene Energie E von x_a nach x_b laufen, gibt es eine, die auf direktem (kürzestem) Weg von x_a nach x_b läuft, sowie weitere Trajektorien, die erst über einen oder beide Umkehrpunkte den Punkt x_b erreichen. Darüber hinaus gibt es noch Trajektorien, die von x_a beginnend erst nach n zusätzlichen (geschlossenen) Umläufen den Ort x_b erreichen. Um die Situation zu vereinfachen, betrachten wir den Fall[4] $x_b = x_a$. Es tragen dann nur solche Trajektorien bei, die wieder zum Ausgangspunkt zurückkehren. Neben der trivialen „Trajektorie", bei der das Teilchen einfach am Ort x_a verharrt, gibt es dann noch die Trajektorien, auf denen das Teilchen n geschlossene Umläufe vollzieht, um von x_a nach x_a zu kommen. In einem anziehenden Potential kann sich ein klassisches Teilchen mit einer Energie E, die größer als das Potentialminimum ist, nur während der Zeitdauer $T = 0$ an einem Ort x_a aufhalten. Ist τ die Zeit, die das Teilchen mit der Energie E für einen geschlossenen Umlauf benötigt, so benötigt das Teilchen für n geschlossenen Umläufe die Zeitperiode

4 Den allgemeinen Fall $x_b \neq x_a$ werden wir explizit in Abschnitt 6.2 für den unendlich hohen Potentialtopf behandeln.

$$T_n = n\tau \,.$$

Hierbei gehört $n = 0$ zu der trivialen „Trajektorie". Man beachte, dass n beliebige ganzzahlige Werte annehmen kann. (Negative n entsprechen Umläufen des Teilchens auf der durch die Energie E fixierten Trajektorie in negativer Zeitrichtung.) Da all diese Trajektorien zu verschiedenen n dieselbe Energie besitzen, erfüllen sie alle die stationäre Phasenbedingung (5.32) und liefern somit stationäre Punkte, die in der stationären Phasenapproximation berücksichtigt werden müssen. (Wir erinnern daran, dass in der stationären Phasenapproximation über die Beiträge von allen stationären Punkten zu summieren ist.) Deshalb erhalten wir für den Propagator (5.30) in der untersten Ordnung stationärer Phasenapproximation

$$K(x_a, x_a; E) \simeq \sum_{n=-\infty}^{\infty} e^{\frac{i}{\hbar} W(T_n)} \,. \tag{5.34}$$

Für die zugehörigen stationären Phasen $W(T_n)$ (5.33) finden wir mit den Randbedingungen $x(0) = x_a$ und $x(T_n) = x_a$

$$W(T_n) = \int_0^{T_n} dt\, p(t)\dot{x}(t) = \int_0^{n\tau} dt\, p(t)\dot{x}(t) = n \oint dx\, p(x) \,, \tag{5.35}$$

wobei

$$\oint dx\, p(x) = \int_0^{\tau} dt\, \dot{x}(t) p(x(t)) \tag{5.36}$$

der Beitrag von einem vollen Umlauf im Potential (z. B. von x_a nach x_a) bei vorgegebener Energie E ist. Einsetzen von (5.35) in (5.34) liefert

$$K(x_a, x_a; E) = \sum_{n=-\infty}^{\infty} \exp\left[n \frac{i}{\hbar} \oint dx\, p \right] .$$

Die verbleibende Summe können wir mit Hilfe der *Poisson-Formel*,

$$\sum_{n=-\infty}^{\infty} e^{inx} = 2\pi \sum_{n=-\infty}^{\infty} \delta(2\pi n - x) \,,$$

die in Abschnitt 5.6 bewiesen wird, umformen zu

$$K(x_a, x_a; E) = \sum_{n=-\infty}^{\infty} 2\pi\hbar\, \delta\left(2\pi\hbar n - \oint dx\, p \right) .$$

Dieser Propagator ist nur für solche Energien von null verschieden, für welche die folgende Beziehung gilt:

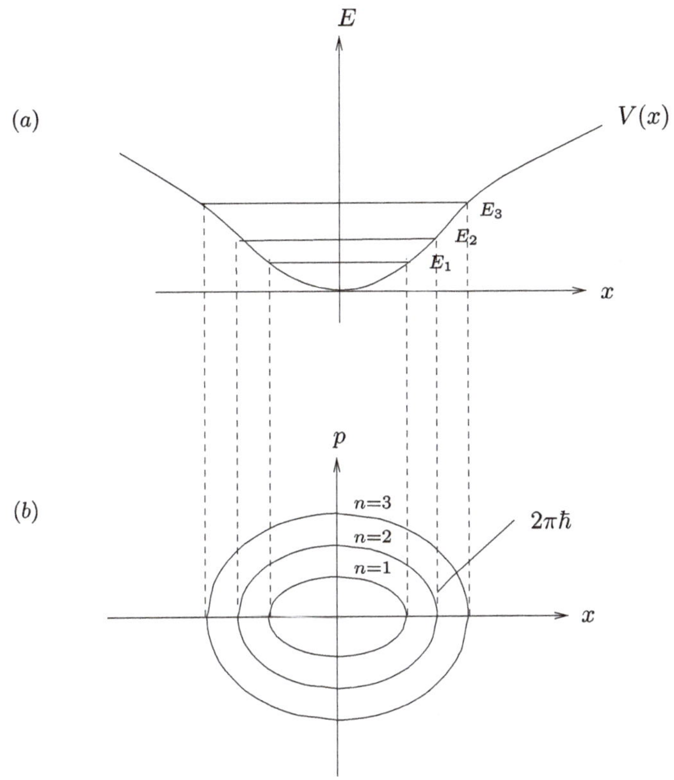

Abb. 5.5: (a) Die quantisierten Energien eines Teilchens im anziehenden Potential $V(x)$ in semiklassischer Näherung. (b) Die zu den quantisierten Energien gehörigen Phasenraumtrajektorien: Die von den Phasenraumtrajektorien benachbarter Quantenzustände eingeschlossenen Flächen unterscheiden sich um eine Fläche $2\pi\hbar$.

$$\boxed{\oint dx\, p(x) \stackrel{!}{=} 2\pi\hbar n\,, \quad n \in \mathbb{Z}\,.} \tag{5.37}$$

Dies ist die *Bohr-Sommerfeld'sche Quantisierungsbedingung.* Das Wirkungsintegral auf der linken Seite stellt die Fläche dar, welche die klassische Trajektorie im Phasenraum einschließt. Physikalisch beinhaltet deshalb die obige Bedingung für eine quasiklassisch verlaufende Bewegung ($S[x] \gg \hbar$):

Aus dem Kontinuum von periodischen klassischen Trajektorien bleiben nur solche übrig, bei denen die eingeschlossene Phasenraumfläche ein Vielfaches von $2\pi\hbar$ ist (siehe Abb. 5.5(b)).

Setzen wir nun für $p(x)$ den Energiesatz (5.27) ein, so lautet die Quantisierungsbedingung:

$$\oint dx\, \sqrt{2m(E - V(x))} = 2\pi\hbar n\,.$$

Für ein gegebenes n ist diese Bedingung nur für eine diskrete Energie

$$E \equiv E_n$$

erfüllt. Die Energie eines quantenmechanischen Teilchens, welches in einem Potential $V(x)$ eingeschlossen ist, kann also nicht kontinuierlich variieren (wie in der klassischen Mechanik), sondern nur diskrete, d. h. quantisierte Werte annehmen (siehe Abb. 5.5(a)). Die Energien, für welche die Quantisierungsbedingung erfüllt ist, werden als *Quanten(energie)zustände* bzw. *stationäre Quantenzustände* des Teilchens bezeichnet. Benachbarte Quantenzustände unterscheiden sich durch eine Fläche von $2\pi\hbar$ im Phasenraum. N Zustände besetzen damit ein Phasenraumvolumen von $2\pi\hbar N$.

Die Bohr-Sommerfeld'sche Quantisierungsbedingung (5.37) garantiert auch, dass nach einem Umlauf des Teilchens auf der geschlossenen (periodischen) Trajektorie die stationäre Wellenfunktion $\varphi(x)$ aus (5.28) ihren ursprünglichen Wert wiedererlangt.

Bei der Ableitung der Bohr-Sommerfeld'schen Quantisierungsbedingung hatten wir vorausgesetzt, dass die Wirkung groß gegenüber $\hbar$ ist. Deshalb kann diese Beziehung nur für große n eine *quantitativ* gute Beschreibung liefern. Bei der praktischen Anwendung dieser Beziehung zeigt sich jedoch, dass sie auch in vielen Fällen für kleine n eine sehr brauchbare *qualitative* Beschreibung liefert.

Im klassischen Grenzfall $S[x]/\hbar \to \infty$ (d. h. $n \to \infty$) wird der Abstand zwischen zwei benachbarten Phasenraumtrajektorien beliebig klein, und wir erhalten die kontinuierliche Mannigfaltigkeit von periodischen klassischen Trajektorien.

Als einfaches illustratives Beispiel betrachten wir einen rechteckigen Potentialtopf (siehe Abb. 5.6). Für $E < V_0$ findet die entsprechende klassische Bewegung nur innerhalb des Potentialtopfs mit konstantem Impuls statt und die Potentialwände bei $x = \pm a$ sind die Umkehrpunkte der Bewegung, in denen der Impuls sein Vorzeichen wechselt:

$$p = \pm\sqrt{2mE}\,.$$

Im vorliegenden Fall ist der Impuls also stückweise konstant und wir erhalten für das Wirkungsintegral (5.36)

$$\oint dx\, p = |p| 2L\,,$$

wobei $L = 2a$ die Breite des Potentialtopfs und somit $2L$ die Länge der klassischen Trajektorie ist, siehe Abb. 5.6. Die Quantisierungsbedingung (5.37) liefert dann:

$$|p| = \frac{2\pi\hbar}{2L} n = \frac{n\pi\hbar}{L} =: p_n\,. \tag{5.38}$$

Die Impulse eines quantenmechanischen Teilchens im Potentialtopf sind also quantisiert, genau wie die Energien

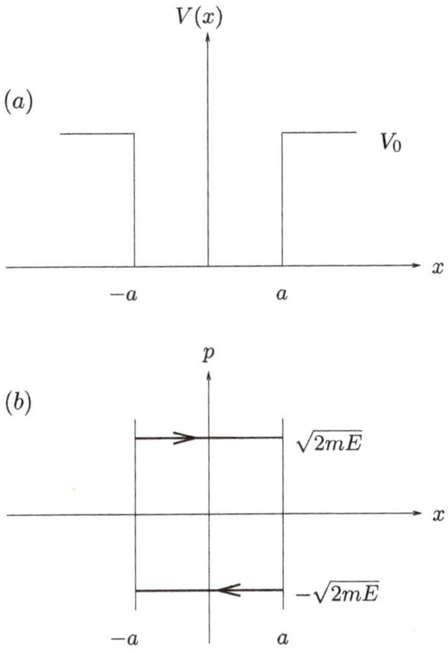

Abb. 5.6: (a) Rechteckiger Potentialtopf. (b) Phasenraumtrajektorie eines Teilchens im Potentialtopf.

$$E_n = \frac{p_n^2}{2m} = \frac{1}{2m}\left(\frac{n\pi\hbar}{L}\right)^2 . \tag{5.39}$$

Für einen konstanten Impuls $|p|$ stellt die stationäre Wellenfunktion $\varphi(x)$ (5.28) eine ebene Welle der Form

$$\varphi(x) \sim e^{\pm i|p|x/\hbar}$$

dar. Die Wellenlängen

$$\lambda_n = \frac{2\pi}{k_n} = \frac{2\pi\hbar}{p_n} = \frac{2L}{n}$$

sind nach der Quantisierungsbedingung (5.38) so beschaffen, dass gerade ein Vielfaches der Wellenlänge auf die periodische (geschlossene) Trajektorie passt (Abb. 5.7), d. h.:

$$2L = n\lambda_n .$$

Dies ist die *De-Broglie-Quantisierungsbedingung*, die offenbar eine Folge der Bohr-Sommerfeld'schen Quantisierungsbedingung ist. Für den rechteckigen Potentialtopf bedeutet sie folglich, dass für einen stationären Quantenzustand ein Vielfaches der halben Wellenlänge in den Potentialtopf passen muss (siehe Abb. 5.8).

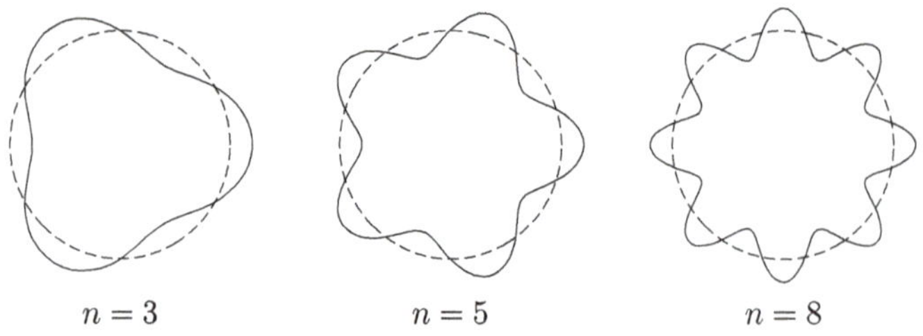

Abb. 5.7: Illustration der de Broglie'schen Quantisierungsbedingung.

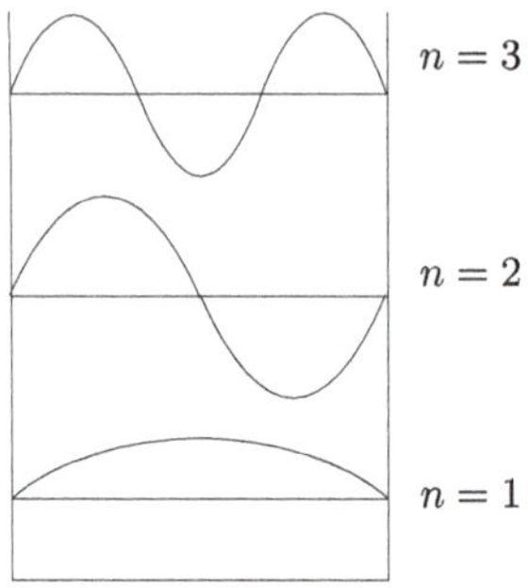

Abb. 5.8: Wellenfunktionen der stationären Zustände im eindimensionalen Potentialtopf in semiklassischer Näherung.

Nach der De-Broglie'schen Quantisierungsbedingung sind die stationären Bahnen durch *stehende Wellen* gegeben. Dies ist physikalisch sofort einsichtig. Nicht-stehende Teilchenwellen würden sich durch *destruktive Interferenz* nach einigen Umläufen auslöschen. Die De-Broglie'sche Bedingung scheint damit auch das konzeptionelle Problem der Energieabstrahlung der Elektronen im *Bohr'schen Atommodell* zu klären: Ein auf einer geschlossenen Bahn umlaufendes Elektron ist eine beschleunigte Ladung und muss nach den Gesetzen der klassischen Elektrodynamik Energie abstrahlen, kann also keinen stationären Zustand bilden. Demgegenüber kann eine stehende Welle auch in der klassischen Elektrodynamik strahlungsfrei existieren.

Im Falle eines unendlich hohen Potentialtopfs besitzen die stehenden Wellen Knoten an den Potentialwänden, wie später eine strenge quantenmechanische Behandlung zeigen wird. Bemerkenswert ist, dass die semiklassische Quantisierungsbedingung für den rechteckigen Potentialtopf, solange die Energie $E < V_0$ ist, keine Information über die Höhe V_0 des Potentialtopfs enthält. Dies ist eine (inkorrekte) Besonderheit der hier benutzten semiklassischen Näherung. Wie wir später sehen werden, hängt die exakte Energie des quantisierten Zustandes von V_0 ab und der semiklassische Ausdruck (5.39) wird nur im Grenzfall $V_0 \to \infty$ exakt. Hieraus können wir schließen, dass die semiklassische Näherung gut für Energien E, die sehr viel kleiner als V_0 sind, ist, aber ungenau wird, wenn E in die Nähe der Potentialkante V_0 kommt.

Für $E > V_0$ ist die klassische Bewegung nicht mehr gebunden. Das Phasenraumintegral

$$\oint dx\, p(x)$$

divergiert dann: Schon mit einer infinitesimalen Änderung von E bzw. von

$$|p| = \begin{cases} \sqrt{2m(E - V_0)}, & |x| > a\,, \\ \sqrt{2mE}, & |x| \leq a \end{cases}$$

lässt sich das Phasenraumvolumen $\oint dx\, p(x)$ um $2\pi\hbar$ vergrößern und somit die Bohr-Sommerfeld'schen Quantisierungsbedingung erfüllen. Für $E > V_0$ können daher E und p beliebige kontinuierliche Werte annehmen und die Zustände sind nicht quantisiert.

5.5 Die Wellenfunktion im klassisch verbotenen Bereich

Der quasiklassische Ausdruck für die Wellenfunktion (5.26) wurde unter der alleinigen Voraussetzung abgeleitet, dass $S[\tilde{x}] \gg \hbar$. In diesem Limes tragen nur Trajektorien zur Wellenfunktion (bzw. Übergangsamplitude) bei, welche die Wirkung extremieren. Aus mathematischer Sicht müssen diese Extrema nicht notwendigerweise zu klassisch realisierten Trajektorien gehören, sondern können auch im klassisch verbotenen Energiebereich

$$E < V(x)$$

liegen. Bei der Ableitung von (5.26) wurden insbesondere keine Voraussetzungen über den Wertebereich von x gemacht. Dieser Ausdruck sollte deshalb auch im klassisch verbotenen Bereich gelten (Abb. 5.9). In diesem Bereich wird der Impuls rein imaginär:

$$p(x) = \pm i\big|p(x)\big| = \pm i\sqrt{2m\big(V(x) - E\big)}\,.$$

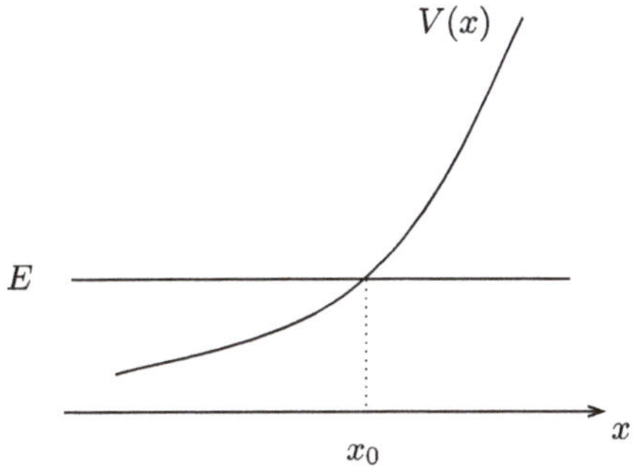

Abb. 5.9: Potential mit klassisch verbotenem Bereich $x > x_0$.

Prinzipiell können aus mathematischer Sicht beide Wurzeln auftreten: $p(x) = \pm i|p(x)|$. Eine der beiden Wurzeln würde jedoch zu einer exponentiell anwachsenden Aufenthaltswahrscheinlichkeit des Teilchens unterhalb des Potentials, d. h. im klassisch verbotenen Bereich führen, was aus physikalischer Sicht auszuschließen ist, da im klassischen Limes $S/\hbar \to \infty$ das Teilchen sich nicht im klassisch verbotenen Gebiet aufhalten darf. Deshalb ist das Vorzeichen stets so zu wählen, dass die Wellenfunktion im klassisch verbotenen Gebiet exponentiell abklingt. Bezeichnen wir mit x_0 den klassischen Umkehrpunkt, bei dem $V(x_0) = E$ bzw. $p(x_0) = 0$, so finden wir aus Gl. (5.29) für die stationäre Wellenfunktion im klassischen verbotenen Bereich $x > x_0$ mit $V(x) > E$ (siehe Abb. 5.9):

$$\boxed{\varphi(x) = \varphi(x_0) \exp\left(- \int_{x_0}^{x} dx' \, |p(x')| \right), \quad |p(x)| = \sqrt{2m(V(x) - E)}\,.} \tag{5.40}$$

Dasselbe Verhalten finden wir damit für die Aufenthaltswahrscheinlichkeit:

$$|\varphi(x)|^2 = |\varphi(x_0)|^2 \exp\left(-2 \int_{x_0}^{x} dx' \, |p(x')| \right), \quad x > x_0 \,.$$

Während für ein klassisches Teilchen mit der Energie E der Potentialbereich $E < V(x)$ streng verboten ist, kann ein quantenmechanisches Teilchen mit einer gewissen Wahrscheinlichkeit in dieses klassisch verbotene Gebiet eindringen. Diese Wahrscheinlichkeit bzw. die Wellenfunktion fällt jedoch exponentiell mit der Eindringtiefe ab. Für die Wellenfunktion eines quasiklassischen Teilchens (d. h. mit einer Wirkung $S[x] \gg \hbar$) in einem Potentialtopf erhalten wir damit das in Abb. 5.10 skizzierte Verhalten: Im klassisch erlaubten Gebiet $E > V(x)$ oszilliert die Wellenfunktion mit der „lokalen Wellenzahl“ $k(x) = p(x)/\hbar$ und fällt im klassisch verbotenen Gebiet $E < V(x)$ exponentiell mit der Eindringtiefe ab.

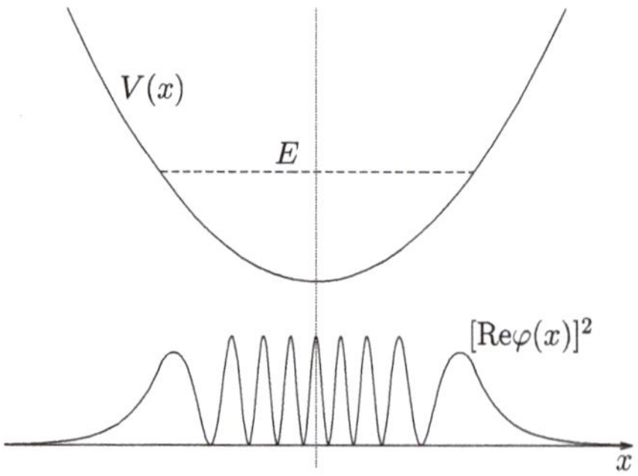

Abb. 5.10: Illustration der stationären Wellenfunktion $\varphi(x)$ eines Teilchens im Potential $V(x)$ in semiklassischer Näherung (5.28). Im klassisch erlaubten Bereich $E > V(x)$ verhält sich die Wellenfunktion lokal wie eine ebene Welle, während sie im klassisch verbotenen Gebiet exponentiell abklingt.

5.6 Beweis der Poisson-Formel

Zur Ableitung der Bohr-Sommerfeld'schen Quantisierungsbedingung (5.37) benutzten wir die *Poisson-Formel*

$$\boxed{\sum_{n=-\infty}^{\infty} e^{inx} = 2\pi \sum_{k=-\infty}^{\infty} \delta(x - 2\pi k)\,,} \tag{5.41}$$

waren deren Beweis jedoch schuldig geblieben. Wir wollen ihn nun nachholen: Wir nehmen zunächst $x > 0$ an. Zur Berechnung der auf der linken Seite stehenden Summe über die ganzen Zahlen drücken wir diese durch ein Konturintegral (geschlossenes Kurvenintegral) in der komplexen Ebene aus ($\varepsilon > 0$):

$$\sum_{n=-\infty}^{\infty} e^{inx} = \lim_{\varepsilon\to 0} \oint_C dz\, e^{izx} g_\varepsilon(z)\,, \tag{5.42}$$

wobei

$$g_\varepsilon(z) = \frac{1}{1 - e^{-i2\pi(z-i\varepsilon)}}$$

und die Integrationskontur C in Abb. 5.11 dargestellt ist. Zum Beweis von (5.42) verwenden wir, dass die Funktion $g_\varepsilon(z)$ Pole bei $z = z_n \equiv n + i\varepsilon$ besitzt, wobei n eine ganze Zahl ist. Die zugehörigen Residuen sind:

$$\operatorname{Res} g_\varepsilon(z)|_{z=z_n} = \frac{1}{2\pi i}\,.$$

Benutzt man den *Residuensatz*

$$\boxed{\oint dz\, f(z) = 2\pi i \sum_k \operatorname{Res} f(z)|_{z=z_k}} \tag{5.43}$$

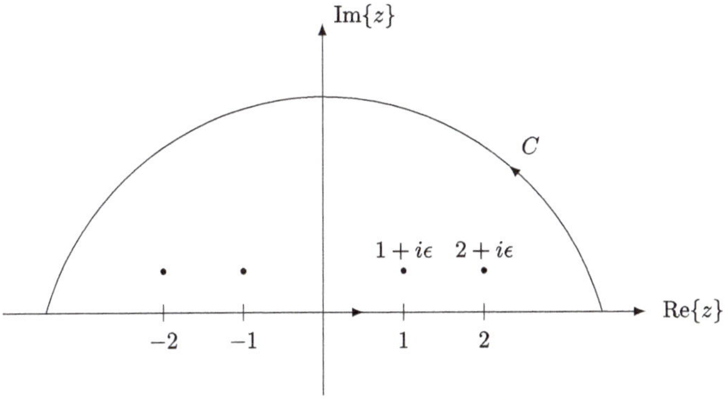

Abb. 5.11: Illustration des geschlossenen Integrationsweges C für $x > 0$.

und beachtet

$$\mathrm{Res}(e^{izx} g(z)|_{z=z_k}) = e^{iz_k x}\, \mathrm{Res}\, g(z)|_{z=z_k}\,,$$

so produziert das Integral auf der rechten Seite von (5.42) gerade die Summe auf der linken Seite, wenn wir $\varepsilon \to 0$ gehen lassen. (Die Einführung von ε war nötig, damit keine Singularitäten auf der Integrationskontur liegen, was Voraussetzung für Anwendung des Residuensatzes ist.)

Jetzt erinnern wir uns, dass wir uns auf $x > 0$ beschränkt hatten. Dann ist die Funktion e^{izx} für $\mathrm{Im}(z) > 0$ eine in der oberen komplexen Halbebene reguläre Funktion, die für $|z| \to \infty$ exponentiell abklingt. In diesem Gebiet ist auch die Funktion $g_{\varepsilon=0}(z)$ regulär und klingt für $|z| \to \infty$ exponentiell ab. Wir können deshalb den oberen Teil der Integrationskontur in der komplexe Ebene verschieben zu einem im Unendlichen verlaufenden Halbkreis. Das Integral über diesen Halbkreis verschwindet, da die Funktion dort überall verschwindet. Zum Integral trägt deshalb nur der Integrationsweg entlang der reellen Achse von $-\infty$ bis $+\infty$ bei, und wir erhalten:

$$\sum_{n=-\infty}^{\infty} e^{inx} = \lim_{\varepsilon\to 0} \int_{-\infty}^{\infty} dz e^{izx} g_\varepsilon(z)\,.$$

Die Funktion $g_\varepsilon(z)$ lässt sich als unendliche geometrische Reihe darstellen:

$$g_\varepsilon(z) = \frac{1}{1 - e^{-i2\pi(z-i\varepsilon)}} = \sum_{k=0}^{\infty} e^{-i(z-i\varepsilon)2\pi k}\,.$$

Setzen wir diese Darstellung in das obige Integral ein und benutzen die Fourier-Darstellung der δ-Funktion (A.17), so finden wir im Limes $\varepsilon \to 0$:

$$\sum_{n=-\infty}^{\infty} e^{inx} = \int_{-\infty}^{\infty} dz \sum_{k=0}^{\infty} e^{iz(x-2\pi k)} = 2\pi \sum_{k=0}^{\infty} \delta(x - 2\pi k)\,. \tag{5.44}$$

Da für $x > 0$ und $k < 0$:

$$\delta(x - 2\pi k) = \delta\big(x + 2\pi|k|\big) = 0\,,$$

können wir auf der rechten Seite von (5.44) die Summation über k bis nach $-\infty$ erstrecken, ohne dabei den Wert der Summe zu verändern. Damit erhalten wir das gesuchte Ergebnis (5.41) für den Fall $x > 0$. In analoger Weise beweist man die Poisson-Formel für den Fall $x < 0$. Für $x = 0$ divergieren beide Seiten von Gl. (5.41).

---

i Die Poisson-Formel (5.41) lässt sich anschaulich wie folgt erklären: Wird auf der linken Seite die Summation über n durch eine Integration über reelle n ersetzt, entsteht bekanntlich die δ-Funktion (siehe (A.17))

$$\int_{-\infty}^{\infty} dn e^{inx} = 2\pi\delta(x) .$$

Durch die Beschränkung von n auf ganze Zahlen wird $\exp(inx)$ zu einer periodischen Funktion

$$e^{in(x+2\pi k)} = e^{inx} .$$

Die auf der rechten Seite von Gl. (5.41) stehende Summe

$$\sum_{k=-\infty}^{\infty} \delta(x - 2\pi k)$$

liefert aber gerade die periodische Verallgemeinerung der δ-Funktion $\delta(x)$.

6 Unendlich große Potentialsprünge*

6.1 Die unendlich hohe Potentialkante

Bisher haben wir eine strenge quantenmechanische Behandlung nur für das freie Teilchen durchgeführt. Im Folgenden soll als erstes nicht-triviales Beispiel die Bewegung eines quantenmechanischen Teilchens bei Anwesenheit einer unendlich hohen Potentialkante betrachtet werden, die sich bei $x = 0$ befindet und in das Gebiet negativer x-Werte erstreckt. Die Behandlung der unendlich hohen Potentialkante ist Voraussetzung für den später zu behandelnden unendlich tiefen Potentialtopf.

Die Potentialkante ist durch

$$V(x) = \begin{cases} \infty, & x \leq 0\,, \\ 0, & x > 0 \end{cases}$$

definiert.

Die unendlich hohe Potentialkante ist eine mathematische Idealisierung, die in der Natur nicht existiert. Wir können dieses Potential nur als Grenzfall eines sich sehr rapide ändernden Potentials betrachten, das schnell gegen eine Konstante V_0 strebt (Abb. 6.1).

6.1.1 Der Propagator bei Anwesenheit einer unendlich hohen Potentialwand

Wir betrachten zunächst die Wellenfunktion bei einem endlichen Potentialsprung. Wir setzen voraus, dass der asymptotische Wert V_0 des Potentials für $x \to -\infty$ sehr groß gegenüber der Energie E des Teilchens ist. Trotzdem soll diese Energie groß genug sein, dass eine semiklassische Behandlung möglich wird.

In Abschnitt 5.3 (vgl. Gl. (5.26)) fanden wir in der semiklassischen Näherung für die Ortsabhängigkeit des Propagators:

$$K(x,t;x',t') \sim \exp\left(\frac{i}{\hbar}\int_{x'}^{x} dy\, p(y)\right) \tag{6.1}$$

mit $p(x) = \sqrt{2m(E - V(x))}$. Wir betrachten jetzt einen Weg, der von einem Ort x' im klassisch erlaubten Bereich über den klassischen Umkehrpunkt $\bar{x}$ (bei welchem $p(\bar{x}) = 0$) hinaus in das klassisch verbotene Gebiet $x < \bar{x}$ führt, siehe Abb. 6.1. Nach Gl. (6.1) können wir wegen

* Dieses Kapitel ist für das Verständnis der übrigen Kapitel nicht erforderlich und kann deshalb beim ersten Lesen übersprungen werden.

https://doi.org/10.1515/9783111268255-006

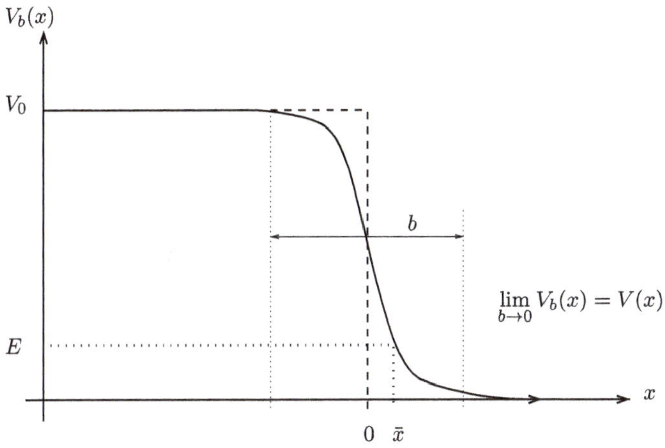

Abb. 6.1: Die unendlich scharfe Potentialkante als Grenzwert eines sich rasch ändernden Potentials.

$$\int_{x'}^{x} dy\, p(y) = \int_{\bar{x}}^{x} dy\, p(y) + \int_{x'}^{\bar{x}} dy\, p(y)$$

den Propagator in der Form

$$K(x,t;x',t') \sim \exp\left(\frac{i}{\hbar}\int_{\bar{x}}^{x} dy\, p(y)\right) K(\bar{x},t;x',t')$$

schreiben. Im klassisch verbotenen Gebiet $x < \bar{x}$ (mit $V(x) > E$) ist

$$p(x) = \pm i\left|p(x)\right|$$

und wir finden:

$$K(x,t;x',t') \sim \exp\left(-\frac{1}{\hbar}\left|\int_{\bar{x}}^{x} dy\, \sqrt{2m(V(y)-E)}\right|\right) K(\bar{x},t;x',t')\,.$$

Unter der Voraussetzung einer sehr hohen und steilen Potentialkante,

$$V_0 \gg E\,, \quad b \to 0\,, \quad \bar{x} \to 0\,,$$

können wir die Energie gegenüber dem Potential im Ausdruck für den Impuls vernachlässigen,

$$V(y) - E \simeq V_0\,,$$

und finden für die Wellenfunktion im klassisch verbotenen Gebiet:

$$\psi(x,t) \sim K(x,t;x',t') \sim \exp\left(-\frac{1}{\hbar}\sqrt{2mV_0}|x|\right)K(0,t;x',t')\,.$$

Für eine unendlich hohe Potentialstufe $V_0 \to \infty$ verschwindet damit der Propagator bzw. die Wellenfunktion im klassisch verbotenen Gebiet.

$$\left.\begin{aligned} K(x,t;x',t') &= 0 \\ \psi(x,t) &= 0 \end{aligned}\right\}, \quad x \le 0\,, \quad V_0 \to \infty\,. \tag{6.2}$$

Durch die unendlich hohe Potentialwand wird die Bewegung des Teilchens auf das Gebiet $x > 0$ eingeschränkt. Deshalb nimmt der Zerlegungssatz (3.4) hier die Gestalt

$$K(b,a) = \int_0^\infty dx_c\, K(b,c)K(c,a) \tag{6.3}$$

an, wobei betont sei, dass sich die Integration über die intermediäre Koordinate x_c hier nur über das (klassisch) erlaubte Gebiet $x_c > 0$ erstreckt.

Bezeichnen wir den gleichzeitigen Limes des Propagators mit[1]

$$\lim_{t_c \to t_b} K(x_b,t_b;x_c,t_c) =: f(x_b,x_c)$$

und nehmen im Zerlegungssatz (6.3) den Limes $t_a \to t_c \to t_b$, so erhalten wir:

$$f(x_b,x_a) = \int_0^\infty dx_c\, f(x_b,x_c)f(x_c,x_a)\,.$$

Diese Gleichung besitzt die Lösung

$$f(x_b,x_a) = \delta(x_b - x_a) \mp \delta(x_b + x_a)\,, \tag{6.4}$$

wovon man sich leicht überzeugt, wenn man die Beziehung

$$\begin{aligned} f(x_b,x_a) &= \int_0^\infty dx_c\, [\delta(x_b - x_c) \mp \delta(x_b + x_c)]f(x_c,x_a) \\ &= \begin{cases} \mp f(-x_b,x_a), & x_b < 0\,, \\ f(x_b,x_a), & x_b > 0 \end{cases} \end{aligned}$$

1 Wegen der Homogenität der Zeit kann der Propagator $K(b,a)$ bei Abwesenheit (explizit) zeitabhängiger Kräfte bzw. Potentiale nur von der Zeitdifferenz $t_b - t_a$ abhängen und sein gleichzeitiger Limes muss zeitunabhängig sein.

benutzt und beachtet, dass für die in (6.4) definierte Funktion $\mp f(-x_b, x_a) = f(x_b, x_a)$ gilt. Da der Propagator bei Anwesenheit der unendlich hohen Potentialkante bei $x = 0$ verschwinden muss, kommt nur das obere Vorzeichen infrage, und wir erhalten damit die asymptotische Form

$$\lim_{t_c \to t_b} K(x_b, t_b; x_c, t_c) = \delta(x_b - x_c) - \delta(x_b + x_c)\,. \tag{6.5}$$

Wie für eine nicht-eingeschränkte Bewegung könnten wir aus dem Zerlegungssatz und der Annahme, dass die Phase des Propagators durch die klassische Wirkung gegeben ist, die explizite Form des Propagators bei Anwesenheit der Potentialwand bestimmen. Im vorliegenden Falle empfiehlt es sich jedoch, einen einfacheren heuristischen Weg zu beschreiten.

Das Teilchen kann sich rechts der Wand (d. h. für $x > 0$) frei bewegen. Es liegt also nahe, von der Lösung für das freie Teilchen auszugehen und dort die Randbedingung (6.2) einzuarbeiten.

Der Propagator des freien Teilchens ohne Wand ist in der kanonischen Formulierung durch den Ausdruck (3.30)

$$K_0(x, t; x', t') = \int_{-\infty}^{\infty} \frac{dp}{2\pi\hbar}\, e^{\frac{i}{\hbar}p(x-x')} \exp\left(-\frac{i}{\hbar}\frac{p^2}{2m}(t-t')\right) \tag{6.6}$$

gegeben. Zerlegen wir hier die ortsabhängige Exponentialfunktion in Real- und Imaginärteil,

$$e^{\frac{i}{\hbar}px} = \cos\left(\frac{px}{\hbar}\right) + i\sin\left(\frac{px}{\hbar}\right),$$

so nimmt der Propagator folgende Gestalt an:

$$K_0(x, t; x', t') = \int_{-\infty}^{\infty} \frac{dp}{2\pi\hbar} \left[\cos\left(\frac{px}{\hbar}\right)\cos\left(\frac{px'}{\hbar}\right) + \sin\left(\frac{px}{\hbar}\right)\sin\left(\frac{px'}{\hbar}\right)\right] \times \exp\left(-\frac{i}{\hbar}\frac{p^2}{2m}(t-t')\right).$$

Hierbei wurde benutzt, dass die gemischten Terme der Form $\sin(px/\hbar)\cos(px'/\hbar)$ aus Symmetriegründen nichts zum Integral beitragen. Wie wir oben gesehen haben, muss bei Anwesenheit der unendlich hohen Potentialwand die Übergangsamplitude K bei $x = 0$ verschwinden. Deshalb können nur die Sinuswellen zum Propagator beitragen, der dann offenbar die Gestalt

$$K(x, t; x', t') = C \int_{-\infty}^{\infty} \frac{dp}{2\pi\hbar} \sin\left(\frac{px}{\hbar}\right)\sin\left(\frac{px'}{\hbar}\right)\exp\left(-\frac{i}{\hbar}\frac{p^2}{2m}(t-t')\right) \tag{6.7}$$

besitzen muss. Hierbei ist C eine Normierungskonstante, die eingeführt wurde, da sich durch Weglassen der geraden Kosinuswellen die Normierung des Propagators ändert. Die Normierungskonstante lässt sich aus dem bereits bekannten gleichzeitigen Limes

$$\lim_{t'\to t} K(x,t;x',t')$$

bestimmen (siehe Gl. (6.5)). Bevor wir diesen Limes betrachten, empfiehlt es sich, die Darstellung (6.7) noch etwas umzuformen.

Die Sinusfunktionen stellen wir wieder durch Exponentialfunktionen dar,

$$\sin\left(\frac{px}{\hbar}\right) = \frac{1}{2i}\left(e^{\frac{i}{\hbar}px} - e^{-\frac{i}{\hbar}px}\right),$$

und erhalten:

$$\begin{aligned}
K(x,t;x',t') &= -\frac{C}{4}\int_{-\infty}^{\infty}\frac{dp}{2\pi\hbar}\left(e^{\frac{i}{\hbar}px} - e^{-\frac{i}{\hbar}px}\right)\left(e^{\frac{i}{\hbar}px'} - e^{-\frac{i}{\hbar}px'}\right)\\
&\quad\cdot\exp\left(-\frac{i}{\hbar}\frac{p^2}{2m}(t-t')\right)\\
&= \frac{C}{4}\int_{-\infty}^{\infty}\frac{dp}{2\pi\hbar}\left(e^{\frac{i}{\hbar}p(x-x')} + e^{-\frac{i}{\hbar}p(x-x')} - e^{\frac{i}{\hbar}p(x+x')} - e^{-\frac{i}{\hbar}p(x+x')}\right)\\
&\quad\cdot\exp\left(-\frac{i}{\hbar}\frac{p^2}{2m}(t-t')\right)\\
&= \frac{C}{2}\int_{-\infty}^{\infty}\frac{dp}{2\pi\hbar}\left(e^{\frac{i}{\hbar}p(x-x')} - e^{\frac{i}{\hbar}p(x+x')}\right)\exp\left(-\frac{i}{\hbar}\frac{p^2}{2m}(t-t')\right),
\end{aligned} \tag{6.8}$$

wobei wir im letzten Schritt im zweiten und vierten Term die Integrationsvariable p zu $-p$ umbenannt haben. Nehmen wir hier den gleichzeitigen Limes $t' \to t$, so erhalten wir:

$$\lim_{t'\to t} K(x,t;x',t') = \frac{C}{2}\left[\delta(x-x') - \delta(x+x')\right],$$

wobei die Fourier-Darstellung der δ-Funktion (A.17) benutzt wurde. Für $C = 2$ reproduziert dieser Ausdruck das korrekte Ergebnis (6.5).

Damit finden wir für den Propagator bei Anwesenheit der Potentialwand:

$$\boxed{K(x,t;x',t') = 2\int_{-\infty}^{\infty}\frac{dp}{2\pi\hbar}\exp\left(-\frac{i}{\hbar}\frac{p^2}{2m}(t-t')\right)\sin\left(\frac{px}{\hbar}\right)\sin\left(\frac{px'}{\hbar}\right)} \tag{6.9}$$

oder aus (6.8) mit $C = 2$:

$$K(x,t;x',t') = \int_{-\infty}^{\infty} \frac{dp}{2\pi\hbar} \exp\left(-\frac{i}{\hbar}\frac{p^2}{2m}(t-t')\right)\left(e^{\frac{i}{\hbar}p(x-x')} - e^{\frac{i}{\hbar}p(x+x')}\right)$$
$$= K_0(x,t;x',t') - K_0(x,t;-x',t')\,. \tag{6.10}$$

Wir können also den Propagator K bei Anwesenheit der Wand durch den des freien Teilchens, K_0 (6.6), ausdrücken. In dieser Form ist es offensichtlich, dass $K(x,t;x',t')$ der Randbedingung (6.5) genügt, da

$$\lim_{t'\to t} K_0(x,t;x',t') = \delta(x-x')$$

gilt, siehe Gl. (3.5).

6.1.2 Interpretation des Propagators: Die Spiegelladungsmethode

Die Darstellung (6.10) besitzt eine sehr anschauliche Interpretation: Der Propagator bei Anwesenheit der Wand lässt sich so deuten, als sei zum Zeitpunkt t' neben dem tatsächlich am Ort x' vorhandenen Teilchen noch ein weiteres Teilchen, spiegelbildlich zum ersten Teilchen, am Ort $-x'$, mit der entgegengesetzten Phase $e^{i\pi} = -1$ installiert worden, siehe Abb. 6.2(a). Durch die Interferenz der freien Übergangsamplituden vom ursprünglichen Teilchen bei x' und von dem bei $-x'$ induzierten Spiegelteilchen entsteht die exakte Übergangsamplitude bei Anwesenheit der unendlich hohen Potentialwand.

Das hier erhaltene Ergebnis besitzt ein klassisches Analogon in der Elektrostatik (siehe Abb. 6.3): Befindet sich eine Punktladung Q vor einer unendlich ausgedehnten, ideal leitenden Metallplatte, so entsteht ein elektrisches Feld, das genau die Gestalt besitzt, als ob sich hinter der ideal leitenden Metallplatte, spiegelbildlich zur ursprünglichen Ladung, eine entgegengesetzte Ladung $-Q$, die sogenannte *Spiegelladung*, befände. Die tatsächliche Ladung induziert auf der Metallplatte Oberflächenladungen, die dasselbe Feld erzeugen wie die fiktive Spiegelladung.[2] Diese Methode der Spiegelladung, bei der die Oberflächenladung der Metallplatte durch induzierte Spiegelladungen imitiert werden, hat sich in der Elektrostatik als äußerst bequem erwiesen. Derselben Methode

2 Dieses Phänomen besitzt folgende mikroskopische Erklärung: In der ideal leitenden Metallplatte sind die elektrischen Ladungsträger (Elektronen) frei beweglich. Wird die Metallplatte in ein äußeres elektrisches Feld gebracht, z. B. indem Ladungen in die Nähe der Platte gebracht werden, so verschiebt das äußere Feld die Elektronen der Metallplatte relativ zu den positiv geladenen Atomrümpfen. Durch diese Ladungstrennung entstehen Influenzladungen, die ein Gegenfeld aufbauen, welches das äußere Feld kompensiert. Dadurch kann kein elektrisches Feld in einen idealen Leiter eindringen und die elektrischen Feldlinien müssen stets senkrecht auf der Leiteroberfläche stehen. Im vorliegenden Beispiel induziert die Ladung vor der Metallplatte Ladungen auf der Metalloberfläche, die dasselbe Feld erzeugen, wie die fiktive Spiegelladung hinter der Metallplatte, siehe Abb. 6.3.

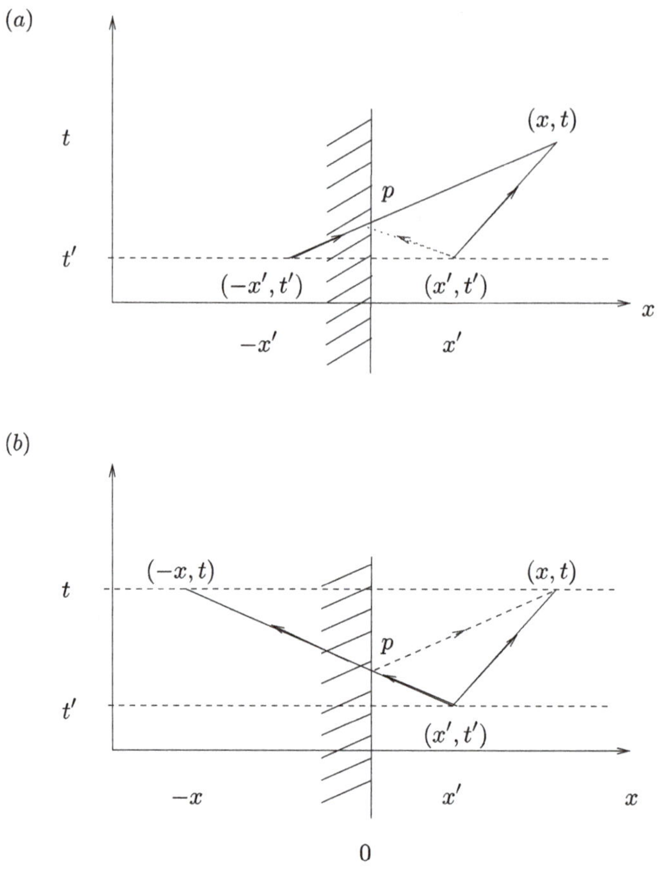

Abb. 6.2: Geometrische Interpretation des quantenmechanischen Propagators bei Anwesenheit einer unendlich hohen Potentialbarriere bei $x = 0$ mittels eines Spiegelteilchens. Die eingezeichneten Strecken repräsentieren jeweils die freie Propagation vom Anfangs- zum Endpunkt der Strecke. In Abb. (a) wurde die Anfangs-, in Abb. (b) die Endkoordinate des Teilchens gespiegelt. Die gestrichelten Linien entstehen durch Zurückklappen der Spiegelteilchentrajektorien in den klassisch erlaubten Bereich.

können wir uns offenbar auch hier bedienen, um Randwertprobleme in der Quantenmechanik zu lösen.

Da der freie Propagator

$$K_0(x,t;x't') = \sqrt{\frac{m}{i2\pi\hbar(t-t')}} \exp\left(\frac{i}{\hbar}\frac{m}{2}\frac{(x-x')^2}{2(t-t')}\right) \tag{6.11}$$

nur von $|x - x'|$ abhängt, gilt

$$K_0(x,t;-x',t') = K_0(-x,t;x',t')$$

und wir können (6.10) in äquivalenter Form schreiben:

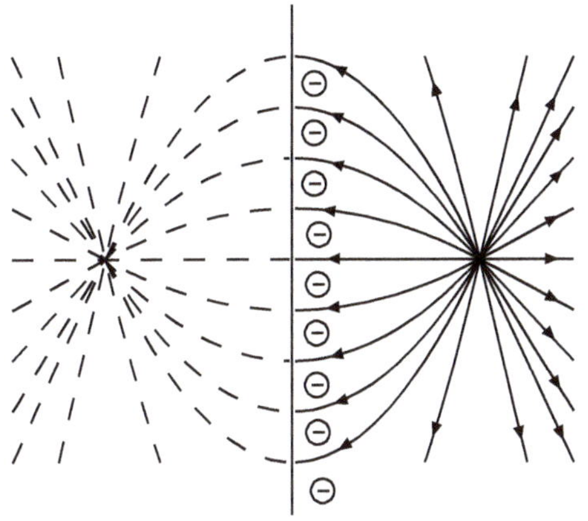

Abb. 6.3: Das zur unendlich hohen Potentialwand analoge Randwertproblem aus der Elektrostatik: Punktladung vor unendlich ausgedehnter ebener Metallplatte, siehe Text.

$$\boxed{K(x,t;x',t') = K_0(x,t;x',t') - K_0(-x,t;x',t')\,.} \tag{6.12}$$

Durch diese Umformung haben wir das Spiegelteilchen vom Anfang der Bewegung $(-x', t')$ (siehe Abb. 6.2(a)) zum Ende der Bewegung $(-x, t)$ (siehe Abb. 6.2(b)) verlagert.

Der *volle* quantenmechanische Propagator eines freien Teilchens (6.11) lässt sich eindeutig durch die (geradlinige) klassische Trajektorie charakterisieren, die von (x', t') nach (x, t) läuft. (Genauer gesagt hängt $K(x, t; x't')$ nur von der Länge $L = |x - x'|$ dieser Trajektorie und der Zeitdauer $T = t - t'$ ab, die das Teilchen zum Durchlaufen dieser Trajektorie benötigt.)

Der Propagator bei Anwesenheit der unendlich hohen Potentialwand lässt sich dann wie folgt interpretieren: Der direkte Term $K_0(x, t; x', t')$ beschreibt die freie Evolution des Teilchens von $x' \to x$, so als ob überhaupt keine Potentialwand vorhanden wäre. Der Spiegelterm $K_0(-x, t; x', t')$ entspricht der Propagation von x' zum Ort des Spiegelteilchens $-x$. Spiegeln wir den hinter der Wand gelegenen Teil dieser Trajektorie an der Potentialwand, so erhalten wir die in Abb. 6.2(b) gestrichelt dargestellte Trajektorie, die am Ort x des tatsächlichen Teilchens endet. Diese Spiegelung ändert weder die Länge der Trajektorie $L = |x - x'|$ noch die Zeitdauer $T = |t - t'|$ und somit auch nicht den zugehörigen freien Propagator K_0. Mit der gespiegelten Trajektorie (x', p, x) ist somit der gleiche Propagator wie mit der ursprünglichen Trajektorie des Spiegelteilchens, $(x', p, -x)$, verbunden. Deshalb können wir den Spiegelterm $K_0(-x, t; x', t')$ auch interpretieren als die freie Ausbreitung des Teilchens von x' bis zur Potentialwand, wo es elastisch reflektiert wird und sich anschließend wieder frei bis zum Endpunkt x ausbreitet. Das negative Vorzeichen von $K_0(-x, t; x', t')$ in (6.12) lässt sich dann als Kon-

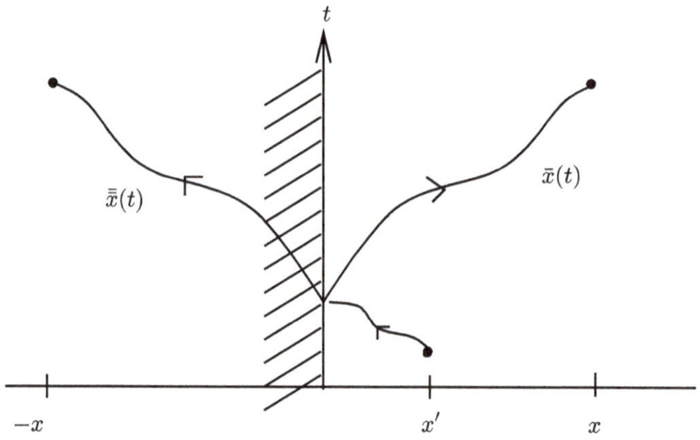

Abb. 6.4: Auslöschung von Trajektorien, die auf die Wand treffen.

sequenz des Phasensprunges π ($e^{i\pi} = -1$) erklären, der bei einer Reflexion am festen Ende auftritt.

Andererseits wissen wir, dass sich der volle quantenmechanische Propagator $K_0(x, t; x', t')$ durch Summation über sämtliche (i. A. klassisch nicht erlaubte) Trajektorien ergibt, die in der vorgegebenen Zeit $t - t'$ zwischen den Randpunkten x' und x verlaufen. Durch die Anwesenheit des freien Propagators zum gespiegelten Teilchen, $K_0(-x, t; x', t')$, gibt es zu jeder zum freien Propagator $K_0(x, t; x', t')$ beitragenden Trajektorie $\bar{x}(t)$, die von x' ausgeht, auf die Potentialwand trifft und am Punkt x endet, eine zugehörige Trajektorie $\bar{\bar{x}}(t)$, die bis zur Potentialwand denselben Verlauf nimmt, dann aber spiegelsymmetrisch zu $\bar{x}(t)$ weiterläuft und somit am gespiegelten Punkt $-x$ endet (siehe Abb. 6.4). Es ist aber für jede Trajektorie $\bar{x}(t)$, die „unterwegs" die Potentialwand trifft:

$$K_0[\bar{\bar{x}}](-x, t; x', t') = K_0[\bar{x}](x, t; x', t'),$$

da die Amplitude $K_0[\bar{x}](x, t; x', t')$ einer einzelnen (nicht notwendig klassisch erlaubten) Trajektorie $\bar{x}(t)$ allein durch die klassische Wirkung $S[\bar{x}]$ bestimmt ist und diese für tatsächliche und gespiegelte Trajektorien dieselbe ist. Da die Übergangsamplitude der gespiegelten Trajektorie $\bar{\bar{x}}(t)$ nach (6.12) von der der ursprünglichen Trajektorie abgezogen wird, löschen sich die Beiträge beider Trajektorien zur Gesamtübergangsamplitude K aus. Der gespiegelte Propagator bewirkt also, dass *jede Trajektorie, die auf die Wand trifft, keinen Beitrag zur Übergangsamplitude liefert.* Die Potentialwand wirkt damit auf die Trajektorien wie ein „Quantenfilter", der alle auffallenden Trajektorien verschluckt, ähnlich wie ein schwarzer Körper alle auffallenden Strahlen verschluckt. Diese Feststellung ist äquivalent zu unserer Beobachtung, dass zu dem Propagator bei Anwesenheit der Wand nur die Sinuswellen beitragen (siehe Gl. (6.9)), während die Kosinuswellen, welche eine endliche Aufenthaltswahrscheinlichkeit des Teilchens an der Potentialwand liefern würden, nicht in den Propagator eingehen.

6.2 Der unendlich hohe Potentialtopf

In Abschnitt 5.4 haben wir den eindimensionalen Potentialtopf für eine semiklassisch verlaufende Bewegung untersucht. Die Bohr-Sommerfeld'sche Quantisierungsbedingung führte dabei auf quantisierte Energien, bei denen sich das Teilchen im Potentialtopf aufhält. Im Folgenden wollen wir eine strenge quantenmechanische Behandlung des Potentialtopfes durchführen, ohne auf die semiklassische Näherung zurückzugreifen. Dabei werden wir uns der Einfachheit halber auf einen unendlich hohen Potentialtopf beschränken. Das Potential ist deshalb durch

$$V(x) = \begin{cases} 0, & 0 < x < L\,, \\ \infty, & \text{sonst} \end{cases}$$

definiert und besteht damit aus zwei unendlich hohen Potentialkanten.

6.2.1 Bestimmung des Propagators mittels der Spiegelladungsmethode

Von unserer vorangegangenen Behandlung einer einzelnen Potentialkante wissen wir, dass sich das Teilchen im Inneren des Potentialtopfes, wo $V(x) = 0$ gilt, im Wesentlichen wie ein freies Teilchen verhält, welches sich jedoch nicht an der Potentialkante aufhalten darf, wo der quantenmechanische Propagator folglich verschwinden muss:[3]

$$K(x,t;x',t') = 0\,, \quad x = 0, L \text{ oder } x' = 0, L\,. \tag{6.13}$$

Zur Lösung dieses Randwertproblems können wir wieder die Analogie zu dem äquivalenten Randwertproblem in der Elektrostatik ausnutzen, das durch eine Punktladung zwischen zwei ideal leitenden, unendlich ausgedehnten, parallelen Metallplatten gegeben ist (Abb. 6.5).

Die Punktladung Q am Ort x kann jetzt an beiden Metallplatten bei $x = 0$ und $x = L$ gespiegelt werden und erzeugt Spiegelladungen $-Q$ am Ort $-x$ bzw. am Ort $2L - x$. Die Spiegelladung $-Q$, die durch Spiegelung der ursprünglichen Ladung an der Platte 1 entstand, kann ihrerseits wiederum an der Platte 2 gespiegelt werden und erzeugt eine Spiegelladung Q am Ort $x + 2L$. Diese wird wieder an der ersten Platte gespiegelt und erzeugt eine Spiegelladung $-Q$ am Ort $-x - 4L$ usw. Insgesamt entstehen

3 Daraus folgt auch, dass der Propagator nur von null verschieden sein kann, wenn sowohl Anfangs- als auch Endkoordinate x' und x im Innern des Potentialtopfes liegen.

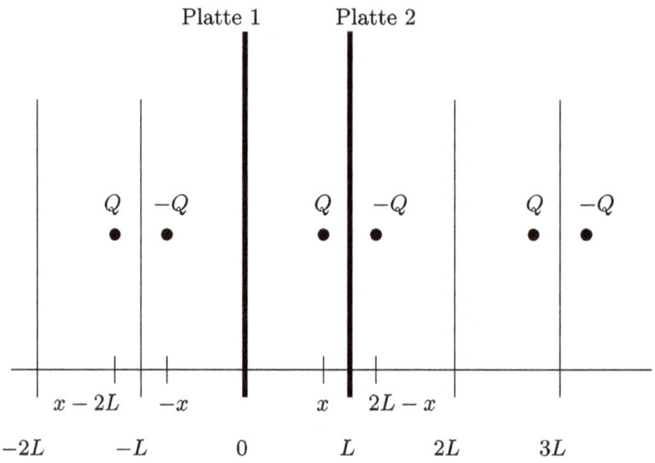

Abb. 6.5: Zum Teilchen im unendlich hohen Potentialkasten äquivalentes elektrostatisches Randwertproblem: Punktladung zwischen zwei parallelen, ideal leitenden Metallplatten bei $x = 0$ bzw. $x = L$.

- Spiegelladungen $-Q$ an den Orten $x_n^{(-)} = -x + 2nL$,
- Spiegelladungen Q an den Orten $x_n^{(+)} = x + 2nL$,

wobei $n = 0, \pm 1, \pm 2, \ldots$. Die Gesamtheit dieser induzierten Spiegelladungen (einschließlich der ursprünglichen Ladung Q bei $x_{n=0}^{(+)} = x$) erzeugt dasselbe elektrostatische Feld im Vakuum wie die ursprüngliche Ladung zwischen den zwei ideal leitenden Metallplatten.

In Analogie zum elektrostatischen Randwertproblem und in Verallgemeinerung der Ergebnisse für eine einzelne Potentialkante erwarten wir, dass der exakte quantenmechanischen Propagator für ein Teilchen in dem unendlich hohen Potentialkasten sich durch Überlagerung der Propagatoren der freien Bewegung vom Anfangspunkt (x', t') zu den Positionen sämtlicher Spiegelteilchen ergibt. Dabei müssen wir beachten, dass jede Spiegelung das Vorzeichen des Propagators ändert. Die Spiegelteilchen an den Orten $x_n^{(+)}$ ($x_n^{(-)}$) gehen durch eine gerade (ungerade) Anzahl von Spiegelungen aus dem ursprünglichen Teilchen am Orte x hervor. (Im analogen elektrostatischen Randwertproblem befinden sich an diesen Orten positive (negative) Spiegelladungen (siehe Abb. 6.5).) Dementsprechend gehen die Propagatoren der Spiegelteilchen an den Orten $x_n^{(+)}$ ($x_n^{(-)}$) mit positiven (negativen) Vorzeichen in den Gesamtpropagator ein und wir erhalten

$$\boxed{\begin{aligned} K(x,t;x',t') &= \sum_{n=-\infty}^{\infty} \left[K_0(x_n^{(+)},t;x',t') - K_0(x_n^{(-)},t;x',t')\right] \\ &= \sum_{n=-\infty}^{\infty} \left[K_0(x+2nL,t;x',t') - K_0(-x+2nL,t;x',t')\right]. \end{aligned}} \tag{6.14}$$

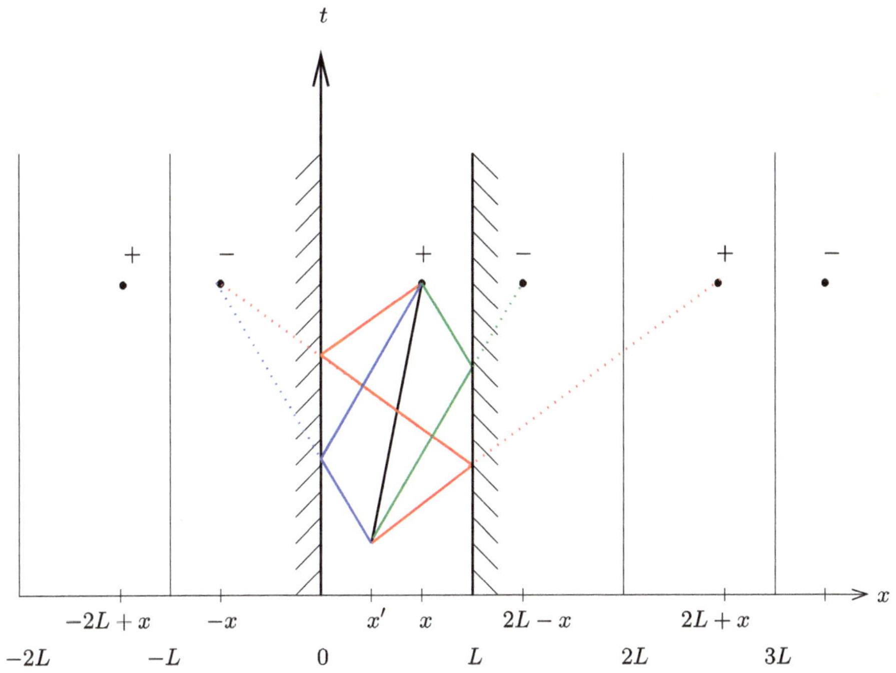

Abb. 6.6: Alternative klassische Wege, auf denen das Teilchen im unendlich hohen Potentialtopf von x' nach x gelangen kann. Diese Wege entstehen durch (Mehrfach-)Spiegelung der Trajektorien zu den Spiegelteilchen an den Potentialwänden und beschreiben die elastische Reflexion des tatsächlichen Teilchens an den Potentialwänden. Durch Berücksichtigung sämtlicher Spiegelteilchen entstehen Teilchentrajektorien mit einer beliebigen Anzahl von elastischen Reflexionen an den Potentialwänden.

Weiter unten werden wir explizit zeigen, dass der so erhaltene Propagator $K(x, t; x', t')$ in der Tat den Randbedingungen (6.13) genügt.

Wir haben im vorigen Abschnitt gesehen, dass der volle quantenmechanische Propagator eines freien Teilchens $K_0(x, t; x', t')$ durch die geradlinige klassische Trajektorie charakterisiert werden kann, die vom Anfangspunkt (x', t') zum Endpunkt (x, t) läuft. Die in der Summe (6.14) enthaltenen freien Propagatoren $K_0(x_n^{(\pm)}, t; x', t')$ können wir folglich durch gerade Linien darstellen, die den Anfangspunkt (x', t') mit den Koordinaten der Spiegelteilchen $(x_n^{(\pm)}, t)$ verbinden, siehe Abb. 6.6. Spiegeln wir die Spiegelladungen zurück zur Position des realen Teilchens x, so werden diese klassischen Trajektorien bei jeder Spiegelung an den Potentialkanten umgeklappt und wir erhalten stückweise geradlinige Trajektorien, die vollständig zwischen den beiden Potentialkanten verlaufen und an diesen (i. A. mehrfach) reflektiert werden (siehe Abb. 6.6). Die Spiegelladungen an den Positionen $x_n^{(+)}$ bzw. $x_n^{(-)}$ erfordern $2n$ bzw. $(2n+1)$ Spiegelungen und führen somit zu Trajektorien mit $2n$ bzw. $(2n + 1)$ Reflexionen. Bei diesen Spiegelungen bzw. Reflexionen bleiben Länge und Zeitdauer der Trajektorien erhalten und somit repräsentieren die reflektierten Trajektorien dieselben freien Propagatoren wie die geradlinigen

Trajektorien zu den Spiegelladungen. Damit erhalten wir die folgende alternative Interpretation von Gl. (6.14):

Die volle quantenmechanische Übergangsamplitude für die Ausbreitung des Teilchens von x' nach x finden wir, indem wir die Übergangsamplituden K_0 für alle möglichen klassisch realisierbaren Wege, auf denen das Teilchen von x' nach x gelangen kann, summieren. Dabei müssen wir beachten, dass jede Reflexion an einer unendlich hohen Potentialwand eine zusätzliche Phase $e^{i\pi} = -1$ liefert. Die Amplituden der Wege mit einer geraden Anzahl von Reflexionen des Teilchens an den Potentialwänden gehen deshalb mit einem positiven, die mit einer ungeraden Anzahl von Reflexionen mit einem negativen Vorzeichen in die Gesamtamplitude ein.

Setzen wir hier die explizite Form des freien Propagators (6.6) in Gl. (6.14) ein, so erhalten wir:

$$
\begin{aligned}
K(x,t;x',t')
&= \sum_{n=-\infty}^{\infty} \int_{-\infty}^{\infty} \frac{dp}{2\pi\hbar} \exp\left(-\frac{i}{\hbar}\frac{p^2}{2m}(t-t')\right)\left(e^{\frac{i}{\hbar}p(x+2nL-x')} - e^{\frac{i}{\hbar}p(-x+2nL-x')}\right) \\
&= \int_{-\infty}^{\infty} \frac{dp}{2\pi\hbar} \exp\left(-\frac{i}{\hbar}\frac{p^2}{2m}(t-t')\right) e^{-\frac{i}{\hbar}px'} 2i\sin\left(\frac{px}{\hbar}\right) \sum_{n=-\infty}^{\infty} e^{\frac{i}{\hbar}2npL} .
\end{aligned}
$$

Der letzte Term ist wegen der Summation über positive und negative n eine gerade Funktion des Impulses p. Da das Impulsintegral sich über ein symmetrisches Integrationsgebiet $(-\infty,\infty)$ erstreckt, trägt nur der gerade Anteil des Integranden zum Integral bei. Wir können deshalb die Exponentialfunktion $e^{-\frac{i}{\hbar}px'}$ durch ihren antisymmetrischen Anteil ersetzen,

$$
e^{-\frac{i}{\hbar}px'} \quad \longrightarrow \quad -i\sin\left(\frac{px'}{\hbar}\right),
$$

und erhalten:

$$
\begin{aligned}
K(x,t;x',t')
&= 2\int_{-\infty}^{\infty} \frac{dp}{2\pi\hbar} \exp\left(-\frac{i}{\hbar}\frac{p^2}{2m}(t-t')\right) \sin\left(\frac{px}{\hbar}\right) \sin\left(\frac{px'}{\hbar}\right) \sum_{n=-\infty}^{\infty} e^{\frac{i}{\hbar}2npL} .
\end{aligned}
$$

Der Ausdruck vor der Summe ist gerade der Propagator bei Anwesenheit einer einzelnen Potentialkante (6.9).

Zur Auswertung der Summation über die Anzahl der Reflexionen n benutzen wir die *Poisson-Formel* (5.41) ($z = 2pL/\hbar$)

$$
\sum_{n=-\infty}^{\infty} e^{inz} = 2\pi \sum_{k=-\infty}^{\infty} \delta(z - 2\pi k) .
$$

Verwenden wir für die δ-Funktion die Beziehung (A.10)

$$\delta(ax) = \frac{1}{|a|}\delta(x),$$

so nimmt der Propagator folgende Gestalt an:

$$K(x,t;x',t') = 2\sum_{k=-\infty}^{\infty}\int\frac{dp}{2\pi\hbar}\exp\left(-\frac{i}{\hbar}\frac{p^2}{2m}(t-t')\right)$$
$$\times\sin\left(\frac{px}{\hbar}\right)\sin\left(\frac{px'}{\hbar}\right)\frac{\pi\hbar}{L}\delta\left(p-\frac{k\pi\hbar}{L}\right).$$

Das Impulsintegral lässt sich nun elementar ausführen und wir finden:

$$K(x,t;x',t') = \frac{1}{L}\sum_{k=-\infty}^{\infty} e^{-\frac{i}{\hbar}E_k(t-t')}\sin\left(\frac{p_k x}{\hbar}\right)\sin\left(\frac{p_k x'}{\hbar}\right). \tag{6.15}$$

Der hier erhaltene Propagator hat eine ähnliche Gestalt wie der eines freien quantenmechanischen Teilchens. Jedoch haben wir hier anstatt der uneingeschränkten Integration über alle Impulse eine Summation über diskrete, d. h. quantisierte Impulse

$$\boxed{p_k = \frac{k\pi\hbar}{L}}$$

und zugehörige quantisierte Energien

$$\boxed{E_k = \frac{p_k^2}{2m} = \left(\frac{k\pi\hbar}{L}\right)^2\frac{1}{2m}.} \tag{6.16}$$

Ferner sind die ebenen Wellen $e^{\frac{i}{\hbar}px}$ durch Sinuswellen $\sin(p_k x/\hbar)$ mit Knoten an den (unendlich hohen) Potentialwänden ersetzt.

Da die Energie quadratisch im Impuls und $\sin(x)$ eine ungerade Funktion ist, können wir die Summation in (6.15) auf positive k einschränken:

$$\boxed{K(x,t;x',t') = \frac{2}{L}\sum_{k=1}^{\infty} e^{-\frac{i}{\hbar}E_k(t-t')}\sin\left(\frac{p_k x}{\hbar}\right)\sin\left(\frac{p_k x'}{\hbar}\right).} \tag{6.17}$$

6.2.2 Physikalische Interpretation des Propagators: Energieeigenzustände

Um die Interpretation des Propagators (6.17) für das Teilchen im unendlich hohen Potentialtopf zu erleichtern, Fourier-transformieren wir ihn bezüglich der Zeit, was auf den Propagator zur festen Energie (3.36)

$$K(x,x';E) = \int_{-\infty}^{\infty} dTe^{\frac{i}{\hbar}ET} K(x,T;x',0)$$

führt. Einsetzen von (6.17) liefert unter Benutzung der Fourier-Darstellung der δ-Funktion:

$$K(x,x';E) = 2\frac{2\pi\hbar}{L}\sum_{k=1}^{\infty}\delta(E-E_k)\sin\left(\frac{p_k x}{\hbar}\right)\sin\left(\frac{p_k x'}{\hbar}\right). \tag{6.18}$$

Der Propagator $K(x,x',E)$ gibt die Wahrscheinlichkeit (genauer die Wahrscheinlichkeitsamplitude) dafür an, dass ein Teilchen sich vom Ort x' zum Ort x mit konstanter Energie E bewegt. Für den unendlich hohen Potentialtopf finden wir hier, dass diese Wahrscheinlichkeitsamplitude bei der quantisierten Energie E_k (6.16) lokalisiert ist (d. h. eine δ-förmige Singularität besitzt), während sie bei allen anderen Energien verschwindet. Ein quantenmechanisches Teilchen hält sich deshalb im Potentialtopf nur bei ganz bestimmten diskreten (quantisierten) Energien E_k auf. Diese diskreten Energien werden deshalb auch als *Eigenenergien* des Teilchens im Potentialtopf bezeichnet. Besitzt ein Teilchen die Energie E_k, so sagen wir, dass es sich im k-ten Energieeigenzustand befindet.

Im Gegensatz zum Teilchen im Potentialtopf kann das freie Teilchen jede beliebige Energie annehmen. Statt der Summe (6.18) über die diskreten Energien E_n enthält der entsprechende Propagator des freien Teilchens (3.37) eine Integration über eine kontinuierliche Impulsvariable. Er ist für sämtliche Energien $E > 0$ von null verschieden. Deshalb kann die Energie des freien Teilchens kontinuierlich variiert werden und ist somit *nicht* quantisiert.

Der exakte Propagator (6.17) hat die Gestalt

$$\boxed{K(x,t;x',t') = \sum_{k=1}^{\infty}\psi_k(x,t)\psi_k^*(x',t'),} \tag{6.19}$$

wobei wir die Abkürzung

$$\boxed{\psi_k(x,t) = e^{-\frac{i}{\hbar}E_k t}\varphi_k(x), \quad \varphi_k(x) = \sqrt{\frac{2}{L}}\sin\left(\frac{p_k x}{\hbar}\right)} \tag{6.20}$$

eingeführt haben. Die hier eingeführte Größe $\psi_k(x,t)$ enthält die gesamte (x,t)-Abhängigkeit der Übergangsamplitude, jedoch keine Referenz auf die Anfangskoordinaten (x',t') des Teilchens. Sie muss deshalb als die Wellenfunktion des Teilchens interpretiert werden, welche die Aufenthaltswahrscheinlichkeitsamplitude repräsentiert. Für die Aufenthaltswahrscheinlichkeit im k-ten Quantenzustand erhalten wir deshalb die Verteilung

$$w_k(x,t) = |\psi_k(x,t)|^2 = |\varphi_k(x)|^2 = \frac{2}{L}\sin^2\left(\frac{k\pi x}{L}\right).$$

Man überzeugt sich leicht, dass diese Wellenfunktionen korrekt normiert sind:

$$\int_0^L dx\, w_k(x,t) = \int_0^L dx\, |\psi_k(x,t)|^2 = \int_0^L dx\, |\varphi_k(x)|^2 = 1\,.$$

7 Die Schrödinger-Gleichung

7.1 Die zeitabhängige Schrödinger-Gleichung

Wie in Abschnitt 4.1 gezeigt, wird die zeitliche Entwicklung der Wellenfunktionen durch die Gleichung

$$\psi(x'',t'') = \int_{-\infty}^{\infty} dx'\, K(x'',t'';x',t')\psi(x',t') \tag{7.1}$$

beschrieben. Diese Gleichung gilt für beliebige Zeiten t'' und t' und damit auch für beliebig dicht benachbarte Zeiten t'' und t'. Deshalb muss sich diese Gleichung in eine Differentialgleichung umwandeln lassen. Zur Ableitung dieser Differentialgleichung wählen wir $t' = t, t'' = t+\varepsilon$, wobei ε eine infinitesimal kleine Zeit ist, und setzen $x'' = x$. Gleichung (7.1) nimmt dann die Gestalt

$$\psi(x,t+\varepsilon) = \int_{-\infty}^{\infty} dx'\, K(x,t+\varepsilon;x',t)\psi(x',t) \tag{7.2}$$

an. Für ein infinitesimales Zeitintervall ε hatten wir die Übergangsamplitude bereits in Abschnitt 3.4, Gl. (3.21) bestimmt:

$$K(x,t+\varepsilon;x',t) = A(\varepsilon)\exp\left[\frac{i}{\hbar}\left(\frac{m}{2}\frac{(x-x')^2}{\varepsilon} - \varepsilon V\left(\frac{x+x'}{2},t\right)\right)\right]. \tag{7.3}$$

Dabei hängt

$$A(\varepsilon) = \sqrt{\frac{m}{i2\pi\hbar\varepsilon}} \tag{7.4}$$

nicht von den Koordinaten ab. Wir haben hier eine explizite Abhängigkeit des Potentials von der Zeit zugelassen. Ferner haben wir aus Symmetriegründen $V(x,t)$ durch $V((x+x')/2,t)$ ersetzt. Wir werden aber gleich sehen, dass es für infinitesimale Zeitintervalle völlig irrelevant ist, ob wir $V(x,t)$, $V(x',t)$ oder $V((x+x')/2,t)$ benutzen. Falls x' sich deutlich von x unterscheidet, wird der kinetische Term im Exponenten sehr groß und der Exponent variiert sehr rasch mit variierendem x'. Beiträge von benachbarten x' zur Wellenfunktion $\psi(x,t+\varepsilon)$ (7.2) löschen sich dann aus, da die übrigen Größen im Propagator (7.3) glatte Funktionen der Koordinaten sind.[1] Substituieren wir im Integral

$$x' = x + \eta\,,$$

1 Dies folgt genau der gleichen Argumentation wie bei der Ableitung der stationären Phasenapproximation in Abschnitt 5.1.

https://doi.org/10.1515/9783111268255-007

so kommen die dominanten Beiträge zum Integral in (7.2) von kleinen η:

$$\psi(x, t + \varepsilon) = A(\varepsilon) \int_{-\infty}^{\infty} d\eta \, \exp\left(i \frac{m}{2\hbar\varepsilon} \eta^2\right) \exp\left[-i \frac{\varepsilon}{\hbar} V\left(x + \frac{\eta}{2}, t\right)\right] \psi(x + \eta, t) \,. \tag{7.5}$$

Wir interessieren uns hier für eine Berechnung dieses Integrals mit einer Genauigkeit der Ordnung ε. Der erste Exponent im Integranden ist für $\varepsilon \to 0$ eine rasch oszillierende Funktion und darf nicht nach Potenzen von ε entwickelt werden. Die Phase dieses Exponenten ändert sich um einen Betrag der Ordnung 1, wenn η sich um Werte der Ordnung $\sqrt{\hbar\varepsilon/m}$ ändert. In einer Entwicklung des restlichen Integranden nach Potenzen von η müssen wir deshalb η als eine Größe der Ordnung $\sqrt{\varepsilon}$ betrachten und folglich die Entwicklung bis zur zweiten Ordnung in η durchführen:

$$\psi(x + \eta, t) = \psi(x, t) + \eta \partial_x \psi(x, t) + \frac{1}{2} \eta^2 \partial_x^2 \psi(x, t) + \cdots \,.$$

Im Potentialterm können wir die η-Abhängigkeit vernachlässigen, da dieser bereits von der Ordnung ε ist:

$$\varepsilon V\left(x + \frac{\eta}{2}, t\right) \simeq \varepsilon V(x, t) \,.$$

Dies zeigt, dass in der Tat für infinitesimal benachbarte Zeiten im Propagator das Potential $V(x, t)$ entweder an der Anfangs- oder Endkoordinate oder an irgendeinem Zwischenpunkt genommen werden kann. Bis zur Ordnung ε gilt also:

$$\exp\left[-\frac{i}{\hbar} \varepsilon V\left(x + \frac{\eta}{2}, t\right)\right] = \exp\left(-\frac{i}{\hbar} \varepsilon V(x, t)\right) = 1 - \frac{i}{\hbar} \varepsilon V(x, t) + \cdots \,.$$

Entwickeln wir auch die linke Seite von Gl. (7.5) nach Potenzen von ε gemäß:

$$\psi(x, t + \varepsilon) = \psi(x, t) + \varepsilon \partial_t \psi(x, t) + \cdots \,,$$

so finden wir für die Wellenfunktion:

$$\begin{aligned} \psi(x, t) + \varepsilon \partial_t \psi(x, t) = A(\varepsilon) \int_{-\infty}^{\infty} d\eta \, \exp\left(i \frac{m}{2\hbar\varepsilon} \eta^2\right) \left(1 - i \frac{\varepsilon}{\hbar} V(x, t)\right) \\ \cdot \left(\psi(x, t) + \eta \partial_x \psi(x, t) + \frac{1}{2} \eta^2 \partial_x^2 \psi(x, t)\right). \end{aligned} \tag{7.6}$$

Die linke Seite dieser Gleichung enthält in Ordnung ε^0 den Term $\psi(x, t)$. Damit die Gleichung erfüllbar ist, muss auch auf der rechten Seite der führende Term von der Ordnung ε^0 sein. Vergleichen wir also die führenden Terme der Ordnung ε^0, so muss gelten:

$$1 = A(\varepsilon) \int_{-\infty}^{\infty} d\eta \, \exp\left(i \frac{m}{2\hbar\varepsilon} \eta^2\right) = A(\varepsilon) \sqrt{\frac{i2\pi\hbar\varepsilon}{m}} \,.$$

Diese Beziehung ist in der Tat erfüllt, wenn wir für $A(\varepsilon)$ den früher gefundenen Wert (7.4)

$$A(\varepsilon) = \sqrt{\frac{m}{i2\pi\hbar\varepsilon}}$$

einsetzen. Dies ist nicht verwunderlich. In Abschnitt 3.4 hatten wir den Vorfaktor $A(\varepsilon)$ bestimmt, indem wir Gl. (7.2) im Limes $\varepsilon \to 0$ betrachteten. Dieser Limes entspricht offenbar der Beschränkung auf Terme der Ordnung ε^0. Ganz allgemein muss der Betrag der Amplitude $A(\varepsilon)$ so gewählt werden, dass die Evolutionsgleichung für den Propagator in der Ordnung $\varepsilon^0 = 1$ korrekt ist. Andernfalls würde der Limes $\varepsilon \to 0$ im ursprünglichen Funktionalintegral nicht existieren.

Zur Berechnung der rechten Seite von Gl. (7.6) benutzen wir die folgenden verallgemeinerten Fresnel-Integrale (siehe Anhang B)

$$\int_{-\infty}^{\infty} d\eta \, \eta \exp\left(i \frac{m}{2\hbar} \varepsilon \eta^2\right) = 0 \,,$$

$$A(\varepsilon) \int_{-\infty}^{\infty} d\eta \, \eta^2 \exp\left(i \frac{m}{2\hbar\varepsilon} \eta^2\right) = \frac{i\hbar\varepsilon}{m} \,.$$

Die letzte Beziehung zeigt nochmal explizit, dass die Terme der Ordnung η^2 von der Ordnung ε^1 sind. Ein Vergleich der Terme der Ordnung ε in (7.6) liefert dann die Beziehung

$$\frac{\partial \psi(x,t)}{\partial t} = -\frac{i}{\hbar} V(x,t)\psi(x,t) + i \frac{\hbar}{2m} \frac{\partial^2 \psi(x,t)}{\partial x^2}$$

oder nach Multiplikation mit $i\hbar$

$$i\hbar \frac{\partial}{\partial t} \psi(x,t) = \left[-\frac{\hbar^2}{2m} \frac{\partial^2}{\partial x^2} + V(x,t)\right] \psi(x,t) \,.$$

Dies ist die *Schrödinger-Gleichung*.[2] Der Ausdruck in den eckigen Klammern auf der rechten Seite dieser Gleichung wird als *Hamilton-Operator* bezeichnet. In drei Dimensionen hat dieser die Gestalt:

$$\hat{H}(\mathbf{x},t) = -\frac{\hbar^2}{2m} \nabla^2 + V(\mathbf{x},t) \,, \tag{7.7}$$

2 Die Potenzen höherer Ordnung in ε liefern nichts Neues, sondern führen auf Beziehungen, die alle durch wiederholte zeitliche Ableitung der Schrödinger-Gleichung erhalten werden können.

wobei ∇ der Nabla-Operator ist. Die Schrödinger-Gleichung lässt sich dann kompakt schreiben als:

$$\boxed{i\hbar\frac{\partial}{\partial t}\psi(\boldsymbol{x},t) = \hat{H}(\boldsymbol{x},t)\psi(\boldsymbol{x},t)\,.} \tag{7.8}$$

Diese Gleichung ist die fundamentale Gleichung der nicht-relativistischen Quantenmechanik. Sie beschreibt Teilchen im atomaren Bereich, die sich mit Geschwindigkeiten bewegen, die klein sind gegenüber der Lichtgeschwindigkeit und die keinen inneren Drehimpuls (Spin) tragen.

Mit $\hat{\boldsymbol{p}} = \hbar\nabla/i$ (4.35) identifizieren wir den Hamilton-Operator (7.7) als den Operator der Energie

$$\boxed{\hat{H}(\boldsymbol{x},t) = \frac{\hat{\boldsymbol{p}}^2}{2m} + V(\hat{\boldsymbol{x}},t)\,.}$$

Dieser geht in die klassische Hamilton-Funktion über, wenn die Operatoren $\hat{\boldsymbol{p}}$ und $\hat{\boldsymbol{x}}$ durch den klassischen Impuls und die Koordinate ersetzt werden. Im Folgenden werden wir das Dach „ ˆ “ an den Operatoren weglassen, wenn klar ist, dass es sich um Operatoren handelt.

Eigenschaften der Schrödinger-Gleichung:

1. Die Schrödinger-Gleichung ist eine lineare partielle Differentialgleichung erster Ordnung in der Zeit. Dies impliziert, dass die Wellenfunktion $\psi(x,t)$ für Zeiten $t > t_0$ eindeutig durch eine Anfangsverteilung $\psi(x,t_0)$ bestimmt ist.
2. Da die Gleichung linear in der Wellenfunktion ist, gilt das *Superpositionsprinzip*: Jede Linearkombination von Lösungen ist wieder eine Lösung der Schrödinger-Gleichung. Dies bedeutet insbesondere, dass Interferenzeffekte analog zur Optik auftreten[3].
   Die Linearität bzw. Gültigkeit des Superpositionsprinzips ist nicht verwunderlich, da wir den Zerlegungssatz aus dem Superpositionsprinzip gewonnen hatten und die Schrödinger-Gleichung unter Benutzung des Zerlegungssatzes abgeleitet wurde.
3. Die Gleichung ist homogen, d. h. sie enthält keinen Term, der unabhängig von der Wellenfunktion ist. Aufgrund dieser Eigenschaft bleibt die Wahrscheinlichkeit (Normierung)
   $$\int d^3x\,|\psi(\boldsymbol{x},t)|^2 = \int d^3x\,w(\boldsymbol{x},t) = \text{const}$$
   während der Zeitentwicklung erhalten, wie wir später noch explizit zeigen werden.

Aus der Ableitung der Schrödinger-Gleichung wird klar, dass nicht nur die Wellenfunktion, sondern auch die Übergangsamplitude $K(x,t;x',t')$ für $t \geq t'$ der Schrödinger-Gleichung genügt:

$$[i\hbar\partial_t - H(x,t)]K(x,t;x',t') = 0\,, \quad t \geq t'\,. \tag{7.9}$$

3 Auch in der Optik folgen die Interferenzeffekte aus der Linearität der Maxwell-Gleichungen.

Ferner erfüllt der Propagator die Anfangsbedingung (3.5)

$$\lim_{t\to t'} K(x,t;x',t') = \delta(x-x'). \tag{7.10}$$

Gleichungen (7.9) und (7.10) definieren ein Anfangswertproblem, welches eine eindeutige Lösung besitzt. Diese Lösung ist durch die Funktionalintegral-Darstellung (3.24) des Propagators gegeben.[4]

Die Berechnung des Propagators ist damit äquivalent zur Lösung der Schrödinger-Gleichung. Kennen wir in der Tat den Propagator und eine Wahrscheinlichkeitsverteilung zu einem Anfangszeitpunkt $t = t_0$, $\psi(x,t_0) = \psi_0(x)$, so können wir unmittelbar die Wellenfunktion $\psi(x,t)$ zu einem beliebigen späteren Zeitpunkt angeben (siehe Abschnitt 4.1):

$$\psi(x,t) = \int dx_0\, K(x,t;x_0,t_0)\psi(x_0,t_0).$$

Im Allgemeinen ist jedoch der exakte quantenmechanische Propagator nicht bekannt und man wird die Schrödinger-Gleichung direkt für die Wellenfunktion ψ statt für den Propagator K lösen, da die Lösung einer Differentialgleichung i. A. einfacher als die Berechnung eines Funktionalintegrals ist.[5] Wir werden später jedoch sehen, dass auch aus Kenntnis der Wellenfunktion der Propagator gewonnen werden kann. Für den unendlich hohen Potentialtopf haben wir diesen Zusammenhang bereits in Gl. (6.19) kennengelernt.

Es sei darauf hingewiesen, dass die Schrödinger-Gleichung eine Differentialgleichung ist, zu deren Lösung Anfangs- bzw. Randbedingungen benötigt werden, die im Propagator bereits enthalten sind.

Für das freie Teilchen haben wir K bereits explizit berechnet und kennen somit die Lösung der Schrödinger-Gleichung. Benutzt man die explizite Form von K (3.30)

$$K(x,t;x',t') = \int_{-\infty}^{\infty} \frac{dp}{2\pi\hbar} \exp\left(\frac{i}{\hbar}p(x-x') - \frac{i}{\hbar}\frac{p^2}{2m}(t-t')\right)$$

4 Aus mathematischer Sicht repräsentiert die Größe

$$G(x,t;x',t') = K(x,t;x,t')\Theta(t-t')$$

die Green'sche Funktion der Schrödinger-Gleichung (7.9), welche der Beziehung

$$\left[i\hbar\partial_t - H(x,t)\right]G(x,t;x',t') = \delta(t-t')$$

genügt.

5 In der Quantenfeldtheorie, wo die Schrödinger-Gleichung zur Funktionalgleichung wird, erweist sich jedoch die numerische Berechnung des Funktionalintegrals gewöhnlich als einfacher als die Lösung der entsprechenden Schrödinger-Gleichung.

$$\equiv \int_{-\infty}^{\infty} \frac{dp}{2\pi\hbar}\, \psi_p(x - x', t - t'),$$

so lässt sich leicht nachprüfen, dass K in der Tat die Schrödinger-Gleichung erfüllt. Da Letztere linear ist, genügt es, dies für eine einzelne Fourier-Komponente

$$\psi_p(x,t) = \exp\left(\frac{i}{\hbar} px - \frac{i}{\hbar} \frac{p^2}{2m} t \right)$$

zu zeigen. Dass $\psi_p(x,t)$ der Schrödinger-Gleichung für ein freies Teilchen der Masse m genügt, ist leicht zu verifizieren.

7.2 Stationäre Lösungen der Schrödinger-Gleichung

Unsere bisherigen Betrachtungen über die Zeitevolution quantenmechanischer Systeme gelten allgemein für beliebige zeitabhängige Hamilton-Operatoren, also insbesondere für beliebige zeitabhängige Potentiale. Im Folgenden wollen wir uns nun auf *zeitunabhängige* Hamilton-Operatoren beschränken. Falls der Hamilton-Operator H nicht explizit von der Zeit abhängt, lässt sich die Schrödinger-Gleichung durch Separation der Zeit- und Ortsvariablen lösen. Dazu schreiben wir die Wellenfunktion als:

$$\psi(x,t) = f(t)\varphi(x).$$

Einsetzen dieses Ansatzes in die Schrödinger-Gleichung (7.8) liefert nach Division durch $f(t)\varphi(x)$:

$$\frac{1}{f(t)} i\hbar \frac{\partial f(t)}{\partial t} = \frac{1}{\varphi(x)} H(x)\varphi(x).$$

Da die linke Seite dieser Gleichung nur von t, die rechte hingegen nur von x abhängt, die Gleichung aber für alle Orte und Zeiten gültig ist, müssen beide Seiten gleich einer Konstanten sein, die wir mit E bezeichnen. Für die zeitabhängige Funktion $f(t)$ erhalten wir dann die Differentialgleichung

$$i\hbar \frac{\partial f(t)}{\partial t} = Ef(t),$$

deren Lösung durch Separation der Variablen mit

$$f(t) = f(0)e^{-\frac{i}{\hbar}Et}$$

gegeben ist. Für den ortsabhängigen Teil erhalten wir entsprechend die Beziehung

$$\boxed{H(x)\varphi(x) = E\varphi(x).} \tag{7.11}$$

Diese Gleichung stellt ein Eigenwertproblem für den Hamilton-Operator H dar: $\varphi(x)$ muss eine Eigenfunktion des Hamilton-Operators zum Eigenwert E sein. Da H der Operator der Energie ist, müssen wir E als die Energie des Teilchens im Zustand $\varphi(x)$ interpretieren. Gleichung (7.11) wird als *stationäre (zeitunabhängige) Schrödinger-Gleichung* bezeichnet. Wählen wir die Integrationskonstante[6] $f(0) = 1$, so lautet die Lösung der Schrödinger-Gleichung für zeitunabhängiges H:

$$\boxed{\psi(x,t) = e^{-\frac{i}{\hbar}Et}\varphi(x)\,.}$$

Solche Lösungen werden als *stationäre Zustände* bezeichnet, da die zugehörigen Wahrscheinlichkeitsdichten

$$|\psi(x,t)|^2 = |\varphi(x)|^2$$

unabhängig von der Zeit sind.

7.3 Das Ehrenfest-Theorem

In der klassischen Mechanik sind die physikalisch beobachtbaren Größen Funktionen von Ort und Impuls, d. h. Phasenraumfunktionen $A(\boldsymbol{p},\boldsymbol{x})$. Im Prinzip stellt jede Phasenraumfunktion eine physikalisch messbare Größe dar. Wie wir jedoch bei der expliziten Behandlung des Impulses kennengelernt haben, werden in der Quantenmechanik physikalische beobachtbare Größen nicht durch einfache Phasenraumfunktionen gegeben, sondern i. A. durch Operatoren repräsentiert. Für den Impuls haben wir z. B. den Differentialoperator $\boldsymbol{p} = \frac{\hbar}{i}\nabla$ gefunden. Ferner haben wir gesehen, dass für die Messung einer physikalischen Observablen A eines Systems im Zustand $\psi(\boldsymbol{x})$ i. A. keine absoluten Vorhersagen des Messergebnisses A_i getroffen werden können. Wir können lediglich den Erwartungswert

$$\langle A\rangle = \int d^3x\;\psi^*(\boldsymbol{x})A(\boldsymbol{x})\psi(\boldsymbol{x})$$

angeben, der den mittleren Wert repräsentiert, der sich nach einer großen Anzahl N von Messungen (nach dem „Gesetz der großen Zahlen“ für $N \to \infty$) einstellt, wenn das System jeweils vor der Messung im Zustand $\psi(\boldsymbol{x})$ präpariert wurde:

$$\langle A\rangle = \frac{1}{N}\sum_{i=1}^{N} A_i\,, \quad N \to \infty\,.$$

6 Alle konstanten Faktoren können in $\varphi(x)$ berücksichtigt werden.

Im Folgenden wollen wir die zeitliche Veränderung eines solchen Erwartungswertes untersuchen.

7.3.1 Die Zeitentwicklung von Erwartungswerten

Wir betrachten den Erwartungswert einer beliebigen physikalischen Observablen $A(\mathbf{x}, t)$, welche explizit von der Zeit abhängen kann, im Zustand $\psi(\mathbf{x}, t)$:

$$\langle A\rangle = \int d^3x\, \psi^*(\mathbf{x},t)\, A(\mathbf{x},t)\, \psi(\mathbf{x},t)\,. \tag{7.12}$$

Dieser wird sich im Laufe der Zeit verändern, da i. A. sowohl der Operator A als auch die Wellenfunktion ψ zeitabhängig sind. Für die zeitliche Änderung finden wir durch Differentiation nach der Zeit mit Anwendung der Produktregel:

$$\begin{aligned}\frac{\partial\langle A\rangle}{\partial t} = \int d^3x \Bigg(&\psi^*(\mathbf{x},t)\frac{\partial A(\mathbf{x},t)}{\partial t}\psi(\mathbf{x},t) + \frac{\partial\psi^*(\mathbf{x},t)}{\partial t}A(\mathbf{x},t)\psi(\mathbf{x},t) \\ &+ \psi^*(\mathbf{x},t)A(\mathbf{x},t)\frac{\partial\psi(\mathbf{x},t)}{\partial t}\Bigg).\end{aligned} \tag{7.13}$$

Die letzten beiden Terme können wir in eine kompaktere Form bringen: Die Zeitableitung der Wellenfunktion formen wir mithilfe der Schrödinger-Gleichung und ihrem komplex Konjugierten

$$i\hbar\frac{\partial\psi}{\partial t} = H\psi = -\frac{\hbar^2}{2m}\Delta\psi + V\psi\,, \tag{7.14}$$

$$-i\hbar\frac{\partial\psi^*}{\partial t} = \left(i\hbar\frac{\partial\psi}{\partial t}\right)^* = (H\psi)^* = -\frac{\hbar^2}{2m}\Delta\psi^* + V\psi^* \tag{7.15}$$

um, wobei wir voraussetzen, dass das Potential V reell ist. Zweimalige partielle Integration des dabei entstehenden Terms mit $\Delta\psi^*$ liefert:

$$\begin{aligned}\int d^3x\,(\Delta\psi^*)A\psi &= \int d^3x\,\nabla\cdot[(\nabla\psi^*)A\psi] - \int d^3x\,(\nabla\psi^*)\cdot\nabla(A\psi) \\ &= \int d^3x\,\nabla\cdot[(\nabla\psi^*)A\psi] - \int d^3x\,\nabla\cdot[\psi^*\nabla(A\psi)] \\ &\quad + \int d^3x\,\psi^*\Delta(A\psi) \\ &= \int d^3x\,\nabla\cdot\mathbf{C}_1 - \int d^3x\,\nabla\cdot\mathbf{C}_2 + \int d^3x\,\psi^*\Delta(A\psi)\,,\end{aligned} \tag{7.16}$$

wobei wir

$$\mathbf{C}_1(\mathbf{x},t) = (\nabla\psi^*(\mathbf{x},t))A(\mathbf{x},t)\psi(\mathbf{x},t)\,, \tag{7.17}$$

$$\mathbf{C}_2(\mathbf{x},t) = \psi^*(\mathbf{x},t)\nabla(A(\mathbf{x},t)\psi(\mathbf{x},t)) \tag{7.18}$$

gesetzt haben. Die in (7.16) auftretenden totalen Ableitungen können mithilfe des *Gauß'schen Satzes* in Oberflächenintegrale umgewandelt werden:

$$\int_V d^3x\, \nabla \cdot \boldsymbol{C}_k(\boldsymbol{x},t) = \int_{\partial V} d\boldsymbol{f}_x \cdot \boldsymbol{C}_k(\boldsymbol{x},t)\,, \qquad k = 1,2\,. \tag{7.19}$$

Damit der Erwartungswert (7.12) existiert, muss der Integrand für $|\boldsymbol{x}| \to \infty$ schneller als $\sim|\boldsymbol{x}|^{-3}$ abfallen. Die Vektorfelder $C_1(\boldsymbol{x},t)$, $C_2(\boldsymbol{x},t)$ enthalten gegenüber dem Integranden von (7.12) eine zusätzliche Ableitung, was für $|\boldsymbol{x}| \to \infty$ auf eine zusätzliche $1/|\boldsymbol{x}|$-Abhängigkeit führt. Damit fallen die in Gln. (7.17) und (7.18) definierten Vektorfelder $\boldsymbol{C}_k(\boldsymbol{x},t)$ $(k = 1,2)$ für $|\boldsymbol{x}| \to \infty$ schneller als $|\boldsymbol{x}|^{-2}$ ab und die Oberflächenintegrale (7.19) in (7.16) verschwinden, da sich die Integration über den gesamten dreidimensionalen Raum erstreckt und folglich die Oberflächenintegrale bei $|\boldsymbol{x}| \to \infty$ zu nehmen sind. Wir finden deshalb:

$$\int d^3x\, (\Delta\psi^*(\boldsymbol{x},t))A(\boldsymbol{x},t)\psi(\boldsymbol{x},t) = \int d^3x\, \psi^*(\boldsymbol{x},t)\Delta(A(\boldsymbol{x},t)\psi(\boldsymbol{x},t))\,. \tag{7.20}$$

Setzen wir (7.20) unter Berücksichtigung von (7.14) und (7.15) in (7.13) ein, so erhalten wir:

$$\begin{aligned}\frac{\partial\langle A\rangle}{\partial t} &= \int d^3x\, \psi^* \frac{\partial A}{\partial t}\psi \\ &\quad + \frac{i}{\hbar}\int d^3x\, \psi^*\left[\left(-\frac{\hbar^2}{2m}\Delta + V\right)A - A\left(-\frac{\hbar^2}{2m}\Delta + V\right)\right]\psi\,.\end{aligned}$$

Diese Beziehung können wir auf folgende kompakte Form bringen:

$$\boxed{\frac{\partial\langle A\rangle}{\partial t} = \left\langle\frac{\partial A}{\partial t}\right\rangle + \frac{i}{\hbar}\langle[H,A]\rangle\,.} \tag{7.21}$$

Neben einer expliziten Zeitabhängigkeit des Operators A verursacht auch sein Kommutator mit dem Hamilton-Operator eine zeitliche Änderung seines Erwartungswertes. Für Observablen A, die nicht explizit von der Zeit abhängen ($\partial A/\partial t = 0$), ist damit der Kommutator $[H,A]$ die einzige Quelle der zeitlichen Änderung des Erwartungswertes. Der Hamilton-Operator wird deshalb auch als *Generator der Zeitevolution* bezeichnet. Für zeitunabhängige Observablen A, die mit dem Hamilton-Operator kommutieren

$$\frac{\partial A}{\partial t} = 0\,, \qquad [H,A] = 0\,,$$

bleibt offenbar der Erwartungswert $\langle A\rangle$ während der zeitlichen Entwicklung des Systems konstant. Eine physikalische Observable A, für die

$$\frac{\partial \langle A \rangle}{\partial t} = 0$$

gilt, wird *Erhaltungsgröße* genannt.

7.3.2 Beispiele

Im Folgenden betrachten wir die zeitliche Entwicklung der Erwartungswerte einiger relevanter Observablen.

1. *Erhaltung der Norm:*
   Der einfachste Operator ist durch den Einheitsoperator gegeben:

   $$A \equiv \hat{1}\,.$$

   Die zugehörige Observable ist die Gesamtwahrscheinlichkeit oder Normierung. Ihr Erwartungswert ist die Norm der Wellenfunktion:

   $$\langle \hat{1} \rangle = \int d^3x\, \psi^*(\boldsymbol{x}, t) 1 \psi(\boldsymbol{x}, t)\,.$$

   Da der Einheitsoperator $\hat{1}$ zeitunabhängig ist und außerdem mit allen Operatoren kommutiert, muss die Norm offenbar erhalten bleiben:

   $$\frac{\partial \langle \hat{1} \rangle}{\partial t} = 0\,. \tag{7.22}$$

2. *Erhaltung der Energie:*
   Wir setzen

   $$A \equiv H$$

   und betrachten die Zeitentwicklung des Erwartungswertes des Hamilton-Operators, welcher die Energie des Systems darstellt. Da der Hamilton-Operator mit sich selbst kommutiert, bleibt die Energie dann erhalten, wenn der Hamilton-Operator nicht explizit von der Zeit abhängt:

   $$\frac{\partial H}{\partial t} = 0 \quad \Rightarrow \quad \frac{\partial \langle H \rangle}{\partial t} = 0\,.$$

3. *Der Erwartungswert des Impulses:*
   Wir identifizieren jetzt den Operator A mit dem Impulsoperator:

   $$A \equiv \boldsymbol{p} = \frac{\hbar}{i}\nabla\,.$$

   Für den Kommutator des Impulses mit dem Hamilton-Operator finden wir:

   $$[H, \boldsymbol{p}] = \left[\frac{\boldsymbol{p}^2}{2m} + V(\boldsymbol{x}), \boldsymbol{p}\right] = \left[V(\boldsymbol{x}), \boldsymbol{p}\right] = -\frac{\hbar}{i}\nabla V(\boldsymbol{x})\,.$$

   Dies liefert für den Erwartungswert des Impulses:

   $$\frac{\partial \langle \boldsymbol{p} \rangle}{\partial t} = -\left\langle \nabla V(\boldsymbol{x}) \right\rangle \equiv \left\langle \boldsymbol{F}(\boldsymbol{x}) \right\rangle\,. \tag{7.23}$$

Der Erwartungswert des Impulses bleibt erhalten, falls der Erwartungswert der Kraft $\boldsymbol{F}(\boldsymbol{x}) = -\nabla V(\boldsymbol{x})$ verschwindet.

4. *Der Erwartungswert des Ortes:*
Wir identifizieren jetzt den Operator A mit dem Ort $\boldsymbol{x}$:

$$A \equiv \boldsymbol{x}\,.$$

Der relevante Kommutator lautet:

$$[H,\boldsymbol{x}] = \left[\frac{\boldsymbol{p}^2}{2m},\boldsymbol{x}\right] = \frac{1}{2m}[p_k p_k,\boldsymbol{x}] = \frac{1}{2m}\big(p_k[p_k,\boldsymbol{x}] + [p_k,\boldsymbol{x}]p_k\big)\,,$$

wobei Summation über gleiche Indizes (Einstein'sche Summenkonvention) vorausgesetzt und die Beziehung (4.42) benutzt wurde. Verwenden wir den Kommutator (4.38)

$$[p_k,x_l] = -i\hbar\delta_{kl}\,,$$

so finden wir:

$$[H,\boldsymbol{x}] = \frac{1}{m}\frac{\hbar}{i}\boldsymbol{p}\,.$$

Einsetzen dieser Beziehung in die Gleichung für den Erwartungswert liefert:

$$\frac{\partial\langle\boldsymbol{x}\rangle}{\partial t} = \frac{1}{m}\langle\boldsymbol{p}\rangle\,. \tag{7.24}$$

Die Gln. (7.23) und (7.24) sind den kanonischen Bewegungsgleichungen sehr ähnlich. Sie unterscheiden sich von Letzteren nur durch die Bildung des Erwartungswertes. In der Quantenmechanik werden also die klassischen kanonischen Bewegungsgleichungen im Mittel erfüllt. Dies ist die Aussage des sogenannten *Ehrenfest-Theorems*. Dies bedeutet jedoch nicht, dass diese Bewegungsgleichungen für die Erwartungswerte erfüllt sind. Damit dies der Fall wäre, müsste es möglich sein, den Erwartungswert der Kraft $\langle\boldsymbol{F}(\boldsymbol{x})\rangle$ durch die Kraft am Erwartungswert des Ortes, $\boldsymbol{F}(\langle\boldsymbol{x}\rangle)$, zu ersetzen. Dass dies i. A. nicht erlaubt ist, zeigt eine Entwicklung der Kraft $\boldsymbol{F}(\boldsymbol{x})$ um den Erwartungswert von $\boldsymbol{x}$:

$$\boldsymbol{F}(\boldsymbol{x}) = \boldsymbol{F}(\langle\boldsymbol{x}\rangle) + \nabla_i\boldsymbol{F}(\langle\boldsymbol{x}\rangle)(x_i - \langle x_i\rangle) + \frac{1}{2}(\nabla_i\nabla_j\boldsymbol{F}(\langle\boldsymbol{x}\rangle)(x_i - \langle x_i\rangle)(x_j - \langle x_j\rangle) + \cdots\,.$$

Für den Erwartungswert der Kraft erhalten wir mit

$$\big\langle x_i - \langle x_i\rangle\big\rangle = \langle x_i\rangle - \langle x_i\rangle = 0$$

die Beziehung

$$\big\langle\boldsymbol{F}(\boldsymbol{x})\big\rangle = \boldsymbol{F}(\langle\boldsymbol{x}\rangle) + \frac{1}{2}[\nabla_i\nabla_j\boldsymbol{F}(\langle\boldsymbol{x}\rangle)]\big\langle(x_i - \langle x_i\rangle)(x_j - \langle x_j\rangle)\big\rangle + \cdots\,.$$

Wir können offenbar nur dann den Erwartungswert der Kraft durch die Kraft am Erwartungswert des Ortes ersetzen, wenn die zweiten und höheren Ableitungen der Kraft oder die zweiten und höheren Momente des Ortes wegfallen. Dies ist nur der Fall für die

Bewegung des freien Teilchens ($V(\boldsymbol{x}) = 0$), für eine konstante Kraft ($V(\boldsymbol{x}) \sim \boldsymbol{x}$) und für den harmonischen Oszillator ($V(\boldsymbol{x}) \sim \boldsymbol{x}^2$). Für ein freies Teilchen entfällt die Kraft und aus (7.23) folgt, dass der Erwartungswert des Impulses erhalten bleibt.

7.3.3 Analogie zur klassischen Mechanik

Die Evolutionsgleichung des Erwartungswertes einer Observablen (7.21) hat eine sehr ähnliche Form wie die entsprechende Gleichung in der klassischen Mechanik. Dort werden Observablen durch Phasenraumfunktionen $A(p, x, t)$ der verallgemeinerten Koordinaten x und Impulse p beschrieben. Für ihre zeitliche Evolution gilt:[7]

$$\frac{d}{dt}A(p,x,t) = \frac{\partial A(p,x,t)}{\partial t} + \{A(p,x,t)\ ,\ \mathcal{H}(p,x,t)\}\,, \tag{7.25}$$

wobei die geschweifte Klammer die *Poisson-Klammer*

$$\boxed{\{A,B\} := \frac{\partial A}{\partial x}\frac{\partial B}{\partial p} - \frac{\partial B}{\partial x}\frac{\partial A}{\partial p}} \tag{7.26}$$

bezeichnet und $\mathcal{H}$ die klassische Hamilton-Funktion ist.

Der Vergleich von (7.21) und (7.25) zeigt, dass in der klassischen Mechanik der Kommutator durch die Poisson-Klammer ersetzt ist:

$$\frac{1}{i\hbar}[H,A] \to \{\mathcal{H},A\}\,.$$

Diese Korrespondenz kann nur dann gelten, wenn im klassischen Grenzfall $\hbar \to 0$ der Kommutator $[H,A]$ von der Ordnung $\hbar$ und außerdem rein imaginär ist.

Die Poisson-Klammer $\{\ ,\ \}$ definiert eine mathematische Abbildung, die zwei Phasenraumfunktionen A und B die Funktion $\{A,B\}$ (7.26) zuordet

$$\{\ ,\ \} : A,B \to \{A,B\}\,.$$

Sie besitzt sehr ähnliche Eigenschaften wie die Abbildung, die durch den Kommutator von zwei Operatoren vermittelt wird:

$$[\ ,\ ] : A,B \to [A,B]\,.$$

Dies wird durch die Tabelle 7.1 verdeutlicht.

---

7 Wir benutzen hier das Symbol d/dt für die totale Zeitableitung, die neben der expliziten Zeitabhängigkeit (die durch den Operator $\partial/\partial t$ erfasst wird) noch die implizite Zeitabhängigkeit aufgrund der zeitlichen Änderung der klassischen Koordinaten $x(t)$ und Impulse $p(t)$ berücksichtigt. Wir weisen in diesem Zusammenhang darauf hin, dass in der Quantenmechanik die oben eingeführten Operatoren der Koordinaten $\hat{x}$ und Impulse $\hat{p}$ nicht zeitabhängig sind.

Tab. 7.1: Vergleich von Poisson-Klammer- und Kommutator-Algebra.

	Poisson-Klammer-Algebra	Kommutator-Algebra
Antisymmetrie	$\{A,B\} = -\{B,A\}$	$[A,B] = -[B,A]$
Trivialität	$\{A,\text{const}\} = 0$	$[A,\text{const}] = 0$
	$\{f(A),A\} = 0$	$[f(A),A] = 0$
Linearität	$\{A,B+C\} = \{A,B\} + \{A,C\}$	$[A,B+C] = [A,B] + [A,C]$
Distributivität	$\{A,BC\} = B\{A,C\} + \{A,B\}C$	$[A,BC] = B[A,C] + [A,B]C$
Jacobi-Identität	$\{A,\{B,C\}\} + \{B,\{C,A\}\} + \{C\{A,B\}\} = 0$	$[A,[B,C]] + [B,[C,A]] + [C,[A,B]] = 0$
Beispiele	$\{x_i,p_j\} = \delta_{ij}$	$[x_i,p_j] = i\hbar\delta_{ij}$
	$\{x_i,x_j\} = \{p_i,p_j\} = 0$	$[x_i,x_j] = [p_i,p_j] = 0$

7.3.4 Der quantenmechanische Virialsatz

In der klassischen Mechanik lässt sich eine einfache Beziehung zwischen dem Wert des Potentials entlang einer klassischen Trajektorie und der kinetischen Energie angeben, wenn das Potential eine *homogene Funktion*[8] der Koordinaten ist. Sie wird als *Virialsatz* bezeichnet. Dieser Satz besitzt ein quantenmechanisches Analogon, das wir im Folgenden kurz behandeln wollen. Wir setzen voraus, dass der Hamilton-Operator die übliche Form

$$H = \frac{\boldsymbol{p}^2}{2m} + V(\boldsymbol{x}) = T + V(\boldsymbol{x})$$

besitzt, und bilden den Kommutator mit dem Operator $\boldsymbol{x} \cdot \boldsymbol{p}$. Unter Ausnutzung des Distributiv-Gesetzes

$$[A,BC] = [A,B]C + B[A,C]$$

liefert dies

$$[H,\boldsymbol{x}\cdot\boldsymbol{p}] = [H,\boldsymbol{x}]\cdot\boldsymbol{p} + \boldsymbol{x}\cdot[H,\boldsymbol{p}] = -i\hbar\left(\frac{\boldsymbol{p}^2}{m} - \boldsymbol{x}\cdot\nabla V(\boldsymbol{x})\right). \tag{7.27}$$

Wir bilden den Erwartungswert dieser Gleichung in einem Eigenzustand $\varphi(\boldsymbol{x})$ des Hamilton-Operators:

8 Eine Funktion heißt homogen vom Grad a, wenn bei proportionaler Änderung aller Variablen um den Faktor c sich der Funktionswert um den Faktor c^a ändert:

$$f(cx_1,\dots,cx_n) = c^a f(x_1,\dots,x_n)\,.$$

$$H\varphi(\boldsymbol{x}) = E\varphi(\boldsymbol{x}) . \tag{7.28}$$

Für den Erwartungswert der linken Seite der obigen Gleichung

$$\big\langle [H, \boldsymbol{x} \cdot \boldsymbol{p}] \big\rangle_\varphi = \langle H(\boldsymbol{x} \cdot \boldsymbol{p}) \rangle_\varphi - \big\langle (\boldsymbol{x} \cdot \boldsymbol{p}) H \big\rangle_\varphi$$

finden wir im zweiten Term unter Ausnutzung der Eigenwertgleichung (7.28):

$$\big\langle (\boldsymbol{x} \cdot \boldsymbol{p}) H \big\rangle_\varphi = E \langle \boldsymbol{x} \cdot \boldsymbol{p} \rangle_\varphi . \tag{7.29}$$

Im ersten Term finden wir nach zweimaliger partieller Integration und unter Beachtung, dass die dabei auftretenden Randterme wegfallen,

$$\begin{aligned}
\langle H(\boldsymbol{x} \cdot \boldsymbol{p}) \rangle_\varphi &= \int d^3x \varphi^*(\boldsymbol{x}) \Big(-\frac{\hbar^2}{2m} \vec{\nabla} \cdot \vec{\nabla} + V(\boldsymbol{x}) \Big) \boldsymbol{x} \cdot \boldsymbol{p}\, \varphi(\boldsymbol{x}) \\
&= \int d^3x \Big[\Big(-\frac{\hbar^2}{2m} \vec{\nabla} \cdot \vec{\nabla} + V(\boldsymbol{x}) \Big) \varphi^*(\boldsymbol{x}) \Big] \boldsymbol{x} \cdot \boldsymbol{p}\, \varphi(\boldsymbol{x}) \\
&= \int d^3x \Big[-\frac{\hbar^2}{2m} (\vec{\nabla} \cdot \vec{\nabla} \varphi(x)) + V(x) \varphi(x) \Big]^* \boldsymbol{x} \cdot \boldsymbol{p}\, \varphi(\boldsymbol{x}) \\
&= \int d^3x [H(x) \varphi(x)]^* \boldsymbol{x} \cdot \boldsymbol{p}\, \varphi(x) .
\end{aligned}$$

Benutzen wir auch hier die Schrödinger-Gleichung (7.28) und beachten, dass die Energie E reell ist, so erhalten wir schließlich

$$\langle H(\boldsymbol{x} \cdot \boldsymbol{p}) \rangle_\varphi = E \langle \boldsymbol{x} \cdot \boldsymbol{p} \rangle_\varphi$$

und mit (7.29)

$$\big\langle [H, \boldsymbol{x} \cdot \boldsymbol{p}] \big\rangle_\varphi = 0 .$$

Der Erwartungswert der rechten Seite der Gleichung (7.27) liefert damit:

$$\boxed{\frac{1}{m} \langle \boldsymbol{p}^2 \rangle_\varphi = \langle \boldsymbol{x} \cdot \nabla V(\boldsymbol{x}) \rangle_\varphi .} \tag{7.30}$$

Diese Gleichung ist das *quantenmechanische Analogon des Virialsatzes*. Für Potentiale, die homogene Funktionen vom Grade α sind, gilt

$$\boldsymbol{x} \cdot \vec{\nabla} V(\boldsymbol{x}) = \alpha V(\boldsymbol{x}) ,$$

sodass der quantenmechanische Virialsatz (7.30) die Gestalt

$$\frac{1}{m}\langle \boldsymbol{p}^2\rangle_\varphi = \alpha\langle V(\boldsymbol{x})\rangle_\varphi \tag{7.31}$$

annimmt. Zur Illustration wenden wir diesen Satz auf den harmonischen Oszillator und das Coulomb-Potential an: Das harmonische Oszillatorpotential

$$V(\boldsymbol{x}) = \frac{1}{2}m\omega^2\boldsymbol{x}^2$$

ist eine homogene Funktion vom Grade $\alpha = 2$, da $\boldsymbol{x}\cdot\nabla(\boldsymbol{x}^2) = 2\boldsymbol{x}^2$ und somit $\boldsymbol{x}\cdot\nabla V(\boldsymbol{x}) = 2V(\boldsymbol{x})$. Für $\alpha = 2$ liefert (7.31)

$$\langle T\rangle_\varphi = \langle V\rangle_\varphi\,. \tag{7.32}$$

Das Coulomb-Potential

$$V(\boldsymbol{x}) = \frac{a}{|\boldsymbol{x}|}$$

ist eine homogene Funktion vom Grade $\alpha = -1$, da $\boldsymbol{x}\cdot\nabla(1/|\boldsymbol{x}|) = -1/|\boldsymbol{x}|$ und somit $\boldsymbol{x}\cdot\nabla V(\boldsymbol{x}) = -V(\boldsymbol{x})$. Der Virialsatz (7.31) liefert deshalb

$$\langle T\rangle_\varphi = -\frac{1}{2}\langle V\rangle_\varphi\,. \tag{7.33}$$

Zwischen den Erwartungswerten von kinetischer Energie und Potential besteht damit derselbe Zusammenhang wie zwischen der kinetischen und potentiellen Energie entlang einer klassischen Trajektorie.

Man beachte, dass das Virialtheorem (7.30) und damit die Beziehungen (7.32), (7.33) nur für exakte Energieeigenzustände des Hamilton-Operators gelten, da zur Ableitung von (7.30) die Eigenwertgleichung (7.28) benutzt wurde.

7.4 Die Schrödinger-Gleichung als Euler-Lagrange-Gleichung*

Die Wellenfunktion $\psi(\boldsymbol{x}, t)$ definiert ein klassisches, zeitabhängiges Feld ähnlich der elektromagnetischen Felder in der klassischen Elektrodynamik. Die den Maxwell-Gleichungen entsprechende Feldgleichung für $\psi(\boldsymbol{x}, t)$ ist die Schrödinger-Gleichung. Im Gegensatz zu den elektromagnetischen Feldern ist das Schrödinger-Feld $\psi(\boldsymbol{x}, t)$ jedoch komplex. Wir werden jetzt zeigen, dass sich auch die Schrödinger-Gleichung, wie die Maxwell-Gleichungen, mittels des Prinzips der minimalen Wirkung aus einem Wirkungsfunktional als Euler-Lagrange-Gleichung gewinnen lässt.

---

* Dieses Kapitel ist für das Verständnis der übrigen Kapitel nicht erforderlich und kann deshalb beim ersten Lesen übersprungen werden.

Differentialgleichungen lassen sich oftmals numerisch einfacher über ein äquivalentes Variationsproblem lösen. Auch die Schrödinger-Gleichung lässt sich als Lösung eines Variationsproblems gewinnen, und zwar durch Variation (siehe Anhang D) der Wirkung

$$\boxed{\begin{aligned} S[\psi,\psi^*] &= \int dt \int d^3x\, \psi^*(\boldsymbol{x},t)[i\hbar\partial_t - H(\boldsymbol{x},t)]\psi(\boldsymbol{x},t) \\ &=: \int dt \int d^3x\, \mathcal{L}(\boldsymbol{x},t)\,. \end{aligned}} \tag{7.34}$$

Diese Wirkung definiert ein Funktional des komplexen Feldes (Wellenfunktion) $\psi(\boldsymbol{x},t)$. Statt Real- und Imaginärteil des Feldes können wir auch $\psi(\boldsymbol{x},t)$ und $\psi^*(\boldsymbol{x},t)$ als unabhängige Felder betrachten.

Wir betrachten die Wirkung (7.34) unter einer beliebigen Änderung der Wellenfunktion $\psi \to \psi + \delta\psi$. Für infinitesimale $\delta\psi$ ist die Änderung der Wirkung durch

$$\begin{aligned} \delta S[\psi,\psi^*] &= S[\psi+\delta\psi,\psi^*+\delta\psi^*] - S[\psi,\psi^*] \\ &= \int dt \int d^3x \left(\frac{\delta S}{\delta\psi(\boldsymbol{x},t)}\delta\psi(\boldsymbol{x},t) + \frac{\delta S}{\delta\psi^*(\boldsymbol{x},t)}\delta\psi^*(\boldsymbol{x},t) \right) \end{aligned}$$

gegeben. Aus der expliziten Form der Wirkung (7.34) finden wir unmittelbar:

$$\frac{\delta S}{\delta\psi^*} = (i\partial_t - H)\psi\,, \quad \frac{\delta S}{\delta\psi} = (-i\partial_t - H)\psi^*\,. \tag{7.35}$$

Am stationären Punkt (Extremum) müssen die ersten Ableitungen (7.35) verschwinden und wir erhalten die Schrödinger-Gleichung (und ihr Adjungiertes).

Wir können uns leicht davon überzeugen, dass die Schrödinger-Gleichung tatsächlich die gewöhnlich Euler-Lagrange-Gleichung (siehe Abschnitt 3.3) des komplexen Feldes $\psi(x,t)$ zur Wirkung (7.34) ist:

Für ein Teilchen im Potential $V(\boldsymbol{x},t)$ lautet die in Gl. (7.34) definierte Lagrange-Funktion

$$\int d^3x\,\mathcal{L} = \int d^3x \left(\psi^* i\hbar\partial_t\psi - \frac{\hbar^2}{2m}(\nabla\psi^*)\nabla\psi - V\psi^*\psi \right),$$

wobei wir im zweiten Term eine partielle Integration durchgeführt haben und wie üblich vorausgesetzt haben, dass der dabei entstehende Oberflächenterm verschwindet. Betrachten wir, wie in der nicht-relativistischen Physik üblich, $\mathcal{L}$ als Funktion von ψ und $\partial_t\psi$ (und entsprechend von ψ^* und $\partial_t\psi^*$), so lauten die Euler-Lagrange-Gleichungen des nicht-relativistischen komplexen Feldes $\psi(x)$:

$$\frac{\partial\mathcal{L}}{\partial\psi} - \partial_t\frac{\partial\mathcal{L}}{\partial(\partial_t\psi)} = 0\,, \quad \frac{\partial\mathcal{L}}{\partial\psi^*} - \partial_t\frac{\partial\mathcal{L}}{\partial(\partial_t\psi^*)} = 0\,. \tag{7.36}$$

In diesem Fall müssen wir bei der Variation nach den Feldern auch die räumlichen Gradienten $\nabla\psi$ bzw. $\nabla\psi^*$ berücksichtigen. Mit

$$\frac{\partial\mathcal{L}}{\partial\psi^*} = i\hbar\partial_t\psi - \frac{\hbar^2}{2m}(-\Delta)\psi - V\psi = (i\hbar\partial_t - H)\psi\,, \quad \frac{\partial\mathcal{L}}{\partial\partial_t\psi^*} = 0$$

erhalten wir aus der zweiten Gl. in (7.36) unmittelbar die Schrödinger-Gleichung

$$i\hbar\partial_t\psi(\boldsymbol{x},t) = \left(\frac{-\hbar^2}{2m}\Delta + V(\boldsymbol{x},t)\right)\psi(\boldsymbol{x},t)\,.$$

Die erste Gl. in (7.36) liefert das komplex Konjugierte der Schrödinger-Gleichung

$$-i\hbar\partial_t\psi^*(\boldsymbol{x},t) = \left(\frac{-\hbar^2}{2m}\Delta + V(\boldsymbol{x},t)\right)\psi^*(\boldsymbol{x},t)\,.$$

Betrachten wir alternativ – wie in der relativistischen Feldtheorie üblich – $\mathcal{L}$ als Funktion von ψ, $\partial_t\psi$ und $\nabla\psi$, so lauten die Euler-Lagrange-Gleichungen:

$$\begin{aligned} \frac{\partial\mathcal{L}}{\partial\psi} - \partial_t\frac{\partial\mathcal{L}}{\partial(\partial_t\psi)} - \nabla^i\frac{\partial\mathcal{L}}{\partial(\nabla^i\psi)} &= 0\,, \\ \frac{\partial\mathcal{L}}{\partial\psi^*} - \partial_t\frac{\partial\mathcal{L}}{\partial(\partial_t\psi^*)} - \nabla^i\frac{\partial\mathcal{L}}{\partial(\nabla^i\psi^*)} &= 0\,. \end{aligned} \tag{7.37}$$

In diesem Fall dürfen die Gradiententerme nur in den Ableitungen $\partial\mathcal{L}/\partial(\nabla^i\psi)$ und $\partial\mathcal{L}/\partial(\nabla^i\psi^*)$, nicht jedoch in $\partial\mathcal{L}/\partial\psi$ und $\partial\mathcal{L}/\partial\psi^*$ berücksichtigt werden. Die Euler-Lagrange-Gleichungen (7.37) liefern natürlich auch in diesem Fall die bekannte Schrödinger-Gleichung.

In der Elektrodynamik gelingt es, aus den Bewegungsgleichungen des Feldes, den Maxwell-Gleichungen, eine Bilanzgleichung für die (lokale Erhaltung der) elektrische(n) Ladung abzuleiten. Eine ähnliche Bilanzgleichung werden wir im nächsten Abschnitt aus der Schrödinger-Gleichung für die Teilchendichte des Schrödinger-Feldes gewinnen.

7.5 Die Kontinuitätsgleichung: Teilchendichte und Stromdichte

In der klassischen Mechanik besitzt ein punktförmiges Teilchen am Orte $\boldsymbol{x}'$ die Dichteverteilung

$$\rho_{\boldsymbol{x}'}(\boldsymbol{x}) = \delta(\boldsymbol{x}-\boldsymbol{x}') = \delta(x_1-x_1')\delta(x_2-x_2')\delta(x_3-x_3')\,. \tag{7.38}$$

In der Quantenmechanik entspricht diese Größe einem Operator, welchen wir aus der klassischen Observablen erhalten, indem wir die $\boldsymbol{x}$-Koordinate durch den Operator des Ortes $\hat{\boldsymbol{x}}$ ersetzen. Dies liefert den *Dichteoperator*:

$$\hat{\rho}_{\boldsymbol{x}'}(\hat{\boldsymbol{x}}) = \delta(\hat{\boldsymbol{x}}-\boldsymbol{x}')\,. \tag{7.39}$$

In der Ortsdarstellung ist jedoch der Operator $\hat{\boldsymbol{x}}$ identisch mit der klassischen Koordinate $\boldsymbol{x}$, sodass der quantenmechanische Operator (7.39) sich auf die klassische Größe (7.38) reduziert. Für den Erwartungswert dieses Operators in einem Zustand $\psi(\boldsymbol{x},t)$ finden wir:

$$\begin{aligned} \rho(\boldsymbol{x}',t) &\equiv \langle\hat{\rho}_{\boldsymbol{x}'}(\hat{\boldsymbol{x}})\rangle_t \\ &= \int d^3x\,\psi^*(\boldsymbol{x},t)\hat{\rho}_{\boldsymbol{x}'}(\boldsymbol{x})\psi(\boldsymbol{x},t) = \int d^3x\,\psi^*(\boldsymbol{x},t)\delta(\boldsymbol{x}-\boldsymbol{x}')\psi(\boldsymbol{x},t) \end{aligned}$$

$$= \psi^*(\boldsymbol{x}',t)\psi(\boldsymbol{x}',t) = w(\boldsymbol{x}',t)\,. \tag{7.40}$$

In der Quantenmechanik fällt also die *Teilchendichte* $\rho(\boldsymbol{x},t)$ mit der *Wahrscheinlichkeitsdichte* $w(\boldsymbol{x},t)$ zusammen.

Für die zeitliche Änderung des Erwartungswertes des Dichteoperators (7.39) erhalten wir aus der allgemeinen Beziehung (7.21):

$$\frac{\partial\rho(\boldsymbol{x}',t)}{\partial t} = \frac{\partial\langle\hat{\rho}_{\boldsymbol{x}'}\rangle_t}{\partial t} = \frac{i}{\hbar}\langle[H,\hat{\rho}_{\boldsymbol{x}'}]\rangle_t\,. \tag{7.41}$$

Hierbei haben wir benutzt, dass der Dichteoperator (7.39) nicht explizit von der Zeit abhängt, falls $\boldsymbol{x}'$ zeitunabhängig ist, was wir voraussetzen.

Der Dichteoperator (7.39) als Funktion der Ortsvariablen kommutiert mit dem Potential, sodass sich der Kommutator auf der rechten Seite von (7.41) auf den Kommutator mit der kinetischen Energie reduziert:

$$[H,\hat{\rho}_{\boldsymbol{x}'}] = \left[\frac{\hat{\boldsymbol{p}}^2}{2m},\hat{\rho}_{\boldsymbol{x}'}\right] = \frac{1}{2m}(\boldsymbol{p}[\boldsymbol{p},\hat{\rho}_{\boldsymbol{x}'}(\boldsymbol{x})] + [\boldsymbol{p},\hat{\rho}_{\boldsymbol{x}'}(\boldsymbol{x})]\boldsymbol{p})\,,$$

wobei (mit $\nabla' \equiv \nabla_{\boldsymbol{x}'}$)

$$[\boldsymbol{p},\hat{\rho}_{\boldsymbol{x}'}(\boldsymbol{x})] = \frac{\hbar}{i}\nabla\delta(\boldsymbol{x}-\boldsymbol{x}') = -\frac{\hbar}{i}\nabla'\delta(\boldsymbol{x}-\boldsymbol{x}')\,.$$

Setzen wir dieses Ergebnis in Gl. (7.41) ein, so erhalten wir:

$$\frac{\partial\rho(\boldsymbol{x}',t)}{\partial t} = -\frac{1}{2m}\nabla'\cdot\int d^3x\,\psi^*(\boldsymbol{x},t)[\boldsymbol{p}\delta(\boldsymbol{x}-\boldsymbol{x}') + \delta(\boldsymbol{x}-\boldsymbol{x}')\boldsymbol{p}]\psi(\boldsymbol{x},t)\,. \tag{7.42}$$

Zu beachten ist hier, dass der Impulsoperator $\boldsymbol{p} = \frac{\hbar}{i}\nabla$ auf alle rechts von ihm stehenden Funktionen wirkt. Im ersten Term auf der rechten Seite von (7.42) führen wir deshalb zunächst eine partielle Integration durch und benutzen den Gauß'schen Integralsatz:

$$\begin{aligned}
&\int d^3x\,\psi^*(\boldsymbol{x},t)\boldsymbol{p}\delta(\boldsymbol{x}-\boldsymbol{x}')\psi(\boldsymbol{x},t)\\
&= \frac{\hbar}{i}\int d^3x\,\nabla[\psi^*(\boldsymbol{x},t)\delta(\boldsymbol{x}-\boldsymbol{x}')\psi(\boldsymbol{x},t)] - \int d^3x\,(\boldsymbol{p}\psi^*(\boldsymbol{x},t))\delta(\boldsymbol{x}-\boldsymbol{x}')\psi(\boldsymbol{x},t)\\
&= \frac{\hbar}{i}\oint d\boldsymbol{f}_x\,\psi^*(\boldsymbol{x},t)\delta(\boldsymbol{x}-\boldsymbol{x}')\psi(\boldsymbol{x},t) - \int d^3x\,(\boldsymbol{p}\psi^*(\boldsymbol{x},t))\delta(\boldsymbol{x}-\boldsymbol{x}')\psi(\boldsymbol{x},t)\,.
\end{aligned}$$

Das Oberflächenintegral erstreckt sich über den Rand des dreidimensionalen Raumes, auf welchem der Integrand entfällt. Für endliche $\boldsymbol{x}'$ und $|\boldsymbol{x}| \to \infty$ verschwindet der Integrand aufgrund der δ-Funktion, während für $|\boldsymbol{x}'| \to \infty$ nur die Punkte $|\boldsymbol{x}| \to \infty$ beitragen, für welche die Wellenfunktion wegfällt. Damit erhalten wir:

$$\frac{\partial\rho(\boldsymbol{x}',t)}{\partial t} = -\frac{1}{2m}\nabla'\cdot\int d^3x\,[-(\boldsymbol{p}\psi^*(\boldsymbol{x},t))\delta(\boldsymbol{x}-\boldsymbol{x}')\psi(\boldsymbol{x},t) + \psi^*(\boldsymbol{x},t)\delta(\boldsymbol{x}-\boldsymbol{x}')\boldsymbol{p}\psi(\boldsymbol{x},t)]\,.$$

Das verbleibende Integral lässt sich wegen der δ-Funktion elementar ausführen:

$$\frac{\partial\rho(\mathbf{x}',t)}{\partial t} = -\frac{1}{2m}\nabla' \cdot \left[-(\mathbf{p}\psi^*(\mathbf{x}',t))\psi(\mathbf{x}',t) + \psi^*(\mathbf{x}',t)\mathbf{p}\psi(\mathbf{x}',t)\right].$$

Diese Beziehung lässt sich in Form einer *Kontinuitätsgleichung* schreiben,

$$\boxed{\frac{\partial\rho(\mathbf{x},t)}{\partial t} + \nabla \cdot \mathbf{j}(\mathbf{x},t) = 0\,,} \tag{7.43}$$

wenn wir

$$\boxed{\mathbf{j}(\mathbf{x},t) := \frac{1}{2}\left[\psi^*(\mathbf{x},t)\frac{\mathbf{p}}{m}\psi(\mathbf{x},t) - \psi(\mathbf{x},t)\frac{\mathbf{p}}{m}\psi^*(\mathbf{x},t)\right]} \tag{7.44}$$

als die *Stromdichte* der Materie bzw. des Schrödinger'schen Materiefeldes interpretieren. Da die Dichte $\rho(\mathbf{x},t)$ die Aufenthaltswahrscheinlichkeit repräsentiert, müssen wir $\mathbf{j}(\mathbf{x},t)$ als die *Stromdichte der Wahrscheinlichkeit* interpretieren. Zur Unterstützung dieser Interpretation formen wir den Ausdruck (7.44) unter Benutzung der Produktregel der Differentiation um zu:

$$\mathbf{j}(\mathbf{x},t) = \psi^*(\mathbf{x},t)\frac{\mathbf{p}}{m}\psi(\mathbf{x},t) - \frac{\hbar}{2mi}\nabla\rho(\mathbf{x},t)\,. \tag{7.45}$$

Der erste Term hat die typische Form einer Stromdichte.[9] Der zweite Term garantiert, dass Gradienten in der Wahrscheinlichkeitsdichte nicht notwendigerweise zu einem Teilchenstrom führen.

Besitzt das Teilchen eine elektrische Ladung, so erhält man seine elektrische Ladungs- bzw. Stromdichte, indem man seine Aufenthaltswahrscheinlichkeit (7.40) bzw. die zugehörige Stromdichte (7.44) mit seiner Ladung multipliziert.

---

i

1. Die Stromdichte (7.44) verschwindet für reelle Wellenfunktionen. Die Strömung der Aufenthaltswahrscheinlichkeit eines Teilchens erfordert offenbar ein komplexes Schrödinger-Feld. Selbst für Wellenfunktionen der Form

$$\psi(\mathbf{x},t) = f(t)\varphi(\mathbf{x})$$

mit komplexem $f(t)$ aber reellem $\varphi(\mathbf{x})$ verschwindet die Stromdichte.

2. Integrieren wir die Kontinuitätsgleichung (7.43) über ein Volumen V mit Oberfläche $S(V)$ und benutzen den Gauß'schen Satz, so erhalten wir:

$$\frac{\partial}{\partial t}\int_V d^3x\,\rho(\mathbf{x},t) + \oint_{S(V)} d\mathbf{f}_{\mathbf{x}} \cdot \mathbf{j}(\mathbf{x},t) = 0\,. \tag{7.46}$$

---

9 Dieser Term hat die gleiche Struktur wie die Stromdichte in der klassischen Mechanik $\mathbf{j}(\mathbf{x},t) = \rho(\mathbf{x},t)\mathbf{v} = \rho(\mathbf{x},t)\mathbf{p}/m$, wobei ρ die klassische Teilchendichte ist.

Beachten wir, dass die Stromstärke durch eine Fläche F durch

$$I_F(t) = \int_F d\boldsymbol{f}_{\boldsymbol{x}} \cdot \boldsymbol{j}(\boldsymbol{x}, t)$$

gegeben ist, so erkennen wir, dass das Oberflächenintegral in (7.46) den Wahrscheinlichkeitsstrom durch die Oberfläche $S(V)$ aus dem Volumen V darstellt. Lassen wir das Volumen $V \to \infty$ gehen, so muss dieser Strom für normierbare Wellenfunktionen offenbar verschwinden:

$$\oint_{S(V)} d\boldsymbol{f}_{\boldsymbol{x}} \cdot \boldsymbol{j}(\boldsymbol{x}, t) \to 0\,, \quad V \to \infty\,.$$

Wir erhalten dann aus Gl. (7.46):

$$\frac{\partial}{\partial t} \int d^3x\, \rho(\boldsymbol{x}, t) = \frac{\partial}{\partial t} \int d^3x\, \psi^*(\boldsymbol{x}, t)\psi(\boldsymbol{x}, t) = 0\,.$$

Diese Gleichung beschreibt die Erhaltung der Norm während der zeitlichen Entwicklung des quantenmechanischen Systems und stimmt mit dem bereits früher gewonnenen Ergebnis (7.22) überein.
Die Erhaltung der Norm, die durch Mittelung der Kontinuitätsgleichung über den gesamten Raum erfolgt, entspricht der *globalen* Teilchenzahlerhaltung in der nicht-relativistischen Quantenmechanik, d. h. ein Teilchen, das irgendwo im Raum ist, muss für alle Zeiten irgendwo existieren. Demgegenüber beschreibt die Kontinuitätsgleichung die *lokale* Erhaltung der Teilchenzahl bzw. der Materie: Wenn sich in einem infinitesimal kleinen Gebiet die Materiedichte zeitlich ändert, so kann dies nur durch Zufluss aus bzw. Wegfluss in die Umgebung erfolgen.

3. Die Kontinuitätsgleichung ist zwar eine unmittelbare Folge der Schrödinger-Gleichung. Sie ist jedoch nicht mehr äquivalent zu dieser. Durch die Mittelung (d. h. Bildung des Erwartungswertes) entsteht ein Informationsverlust. Sie enthält nur noch die zeitliche Entwicklung der Teilchendichte. Insbesondere haben wir beobachtet, dass das Potential aus der Kontinuitätsgleichung herausfällt. Die Kontinuitätsgleichung beschreibt also nur generelle Eigenschaften des Schrödinger'schen Materiefeldes, die nicht von den Details der Bewegung abhängen, welche durch das Potential bestimmt wird. Die durch diese Gleichung beschriebene Materieerhaltung ist damit unabhängig von der Anwesenheit eines Potentials gültig.

Integrieren wir die Stromdichte (7.45) über den gesamten Raum und benutzen den Gauß'schen Satz für das Integral über den zweiten Term, so finden wir:

$$\int d^3x\, \boldsymbol{j}(\boldsymbol{x}, t) = \frac{1}{m} \int_V d^3x\, \psi^*(\boldsymbol{x}, t)\boldsymbol{p}\psi(\boldsymbol{x}, t) - \frac{\hbar}{2mi} \oint_{S(V)} d\boldsymbol{f}_{\boldsymbol{x}}\, \rho(\boldsymbol{x}, t) \tag{7.47}$$

Das hier entstehende Oberflächenintegral über $S(V)$ muss jedoch für $V \to \infty$ wegfallen, wenn die Wellenfunktion ψ normierbar sein soll. In der Tat verlangt die Normierbarkeit der Wellenfunktion:

$$\int d^3x\, \psi^*(\boldsymbol{x}, t)\psi(\boldsymbol{x}, t) < \infty\,.$$

Dies impliziert für das asymptotische Verhalten der Wellenfunktion für $|\boldsymbol{x}| \to \infty$:

$$|\psi(\boldsymbol{x},t)|^2 \sim \frac{1}{|\boldsymbol{x}|^{3+\varepsilon}}\,, \qquad |\boldsymbol{x}| \to \infty\,, \qquad \varepsilon > 0\,.$$

Hieraus folgt für das Oberflächenintegral für $V \to \infty$ mit $|d\boldsymbol{f}_{\boldsymbol{x}}| = |\boldsymbol{x}|^2\, d\Omega$ ($d\Omega$ ist das Raumwinkelelement):

$$\left|\oint d\boldsymbol{f}_{\boldsymbol{x}}\, |\psi(\boldsymbol{x},t)|^2\right| < \oint |d\boldsymbol{f}_{\boldsymbol{x}}|\, |\psi(\boldsymbol{x},t)|^2 \sim \oint d\Omega\, \frac{|\boldsymbol{x}|^2}{|\boldsymbol{x}|^3} \to 0\,, \qquad |\boldsymbol{x}| \to \infty\,.$$

Damit ist für normierbare Wellenfunktionen der Gesamtstrom (7.47) durch den Erwartungswert der Geschwindigkeit

$$\int d^3x\, \boldsymbol{j}(\boldsymbol{x},t) = \frac{1}{m}\langle \boldsymbol{p}\rangle_t$$

gegeben.

7.6 Grenzflächenverhalten der Wellenfunktion

Ähnlich wie die elektromagnetischen Felder an den Grenzflächen zwischen verschiedenen Medien gewissen Grenzflächenbedingungen genügen, erfüllt auch die Wellenfunktion an den Grenzflächen zwischen verschiedenen Potentialgebieten gewisse Stetigkeitsbedingungen, die wir im Abschnitt 7.6.2 ableiten.

7.6.1 Motivation von Potentialsprüngen

Wir betrachten die Bewegung eines Elektrons in einem Festkörper. Die potentielle Energie $V(\boldsymbol{x})$ ist durch das skalare Potential $\Phi(\boldsymbol{x})$ des elektrischen Feldes gegeben:

$$V(\boldsymbol{x}) = q\Phi(\boldsymbol{x})\,,$$

wobei q die Ladung des Elektrons bezeichnet. Der Festkörper soll aus zwei verschiedenen, aneinander grenzenden Dielektrika bestehen. Für ein verschwindendes elektrisches Feld $\boldsymbol{E} = -\nabla\Phi(\boldsymbol{x})$ muss das skalare Potential $\Phi(\boldsymbol{x})$ und damit die potentielle Energie im Inneren der Dielektrika konstant sein. Der konstante Potentialwert wird jedoch in den verschiedenen Dielektrika i. A. verschieden sein.

Beim Übergang von einem Medium zum anderen nimmt die Konzentration des einen Stoffes kontinuierlich ab und die des anderen entsprechend kontinuierlich zu, sodass sich das Potential stetig über eine Grenzschicht der Breite b vom Potentialwert des einen Mediums auf den des anderen Mediums ändert (siehe Abb. 7.1(a)). Den detaillierten Potentialverlauf in der Grenzschicht kennen wir jedoch i. A. nicht und es wäre äußerst schwierig, bei der Beschreibung eines Elektrons in einem solchen Festkörper den genauen Potentialverlauf explizit zu berücksichtigen.

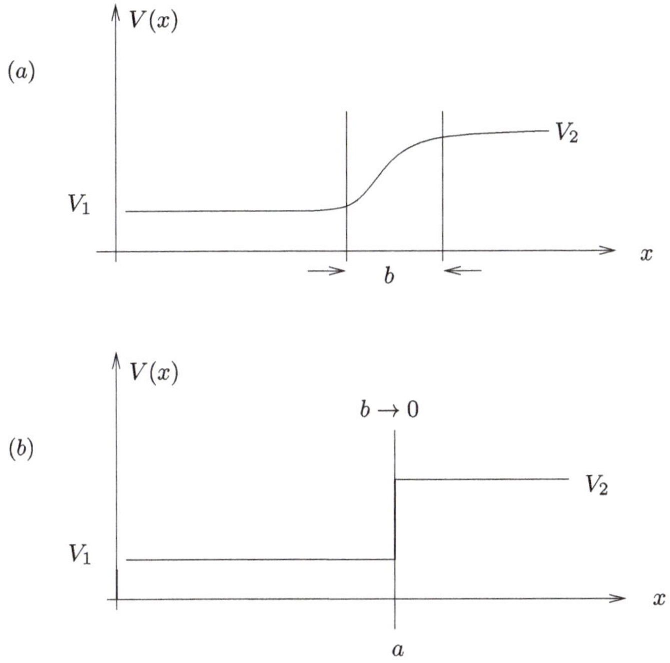

Abb. 7.1: (a) Potentialverlauf im Übergangsgebiet zwischen zwei verschiedenen Dielektrika. Das Potential ändert sich stetig in einer Grenzschicht der Breite b von seinem Wert im Medium 1 auf seinen Wert in Medium 2. (b) Zugehörige mathematische Idealisierung, bei der die Breite der Grenzschicht $b \to 0$ und somit die Grenzschicht zur Grenzfläche (bei $x = a$) schrumpft.

Die theoretische Beschreibung lässt sich wesentlich vereinfachen, wenn die Wellenlänge des Elektrons groß gegenüber der Ausdehnung b der Grenzschicht ist. In diesem Fall können wir die Breite der Grenzschicht b gegen null gehen lassen, $b \to 0$. Bei dieser mathematischen Idealisierung wird aus der *Grenzschicht* eine *Grenzfläche* (siehe Abb. 7.1(b)). Falls die Potentialwerte der beiden Dielektrika verschieden sind, besitzt das idealisierte Potential dann an der Grenzfläche einen Sprung. Wir betonen jedoch, dass die Unstetigkeiten allein durch die mathematische Idealisierung entstehen, die tatsächlichen physikalischen Felder hingegen stetig sind.

Wir interessieren uns hier für das Verhalten der Wellenfunktion an einem solchen Potentialsprung. In dem realistischen, stetigen Potential ist die Wellenfunktion sicherlich stetig. Durch die mathematische Idealisierung, der Ersetzung der Grenzschicht durch eine Grenzfläche, könnte die Wellenfunktion jedoch, ähnlich wie das Potential, einen Sprung erfahren.

Die Wellenfunktion ist prinzipiell als Lösung der Schrödinger-Gleichung definiert. Da diese eine partielle Differentialgleichung ist, können wir sie jedoch nicht unmittelbar für unstetige Potentiale $V(\boldsymbol{x})$ lösen. Wir können jedoch die Schrödinger-Gleichung für das realistische, stetige Potential lösen und erhalten dann eine Wellenfunktion $\psi_b(\boldsymbol{x}, t)$, welche von der Breite b der Grenzschicht abhängt. In der nun bekannten Wellenfunktion $\psi_b(\boldsymbol{x}, t)$ können wir dann die Breite der Grenzschicht gegen null gehen lassen, $b \to 0$. Die dabei entstehende Wellenfunktion $\psi_{b=0}(\boldsymbol{x}, t)$ wird dann (ähnlich wie das Potential $V_{b=0}(x)$) möglicherweise einen Sprung oder Knick besitzen (d. h. an der Grenzfläche nicht stetig oder nicht differenzierbar sein), sie wird aber auf jeden Fall beschränkt bleiben:

$$|\psi(\boldsymbol{x}, t)| < \infty .$$

Eine unbeschränkte Wellenfunktion ließe sich auch nicht als Wahrscheinlichkeitsamplitude interpretieren.

Der Einfachheit halber betrachten wir im Folgenden eine zeitunabhängige Grenzschicht (was der realistischen Situation entspricht). Die Zeitabhängigkeit der Wellenfunktion ist dann für die nachfolgenden Überlegungen irrelevant, sodass wir uns auf die stationäre Schrödinger-Gleichung beschränken können. Die stationäre Wellenfunktion $\varphi(\boldsymbol{x})$ muss natürlich ebenfalls beschränkt sein

$$|\varphi(\boldsymbol{x})| < \infty .$$

7.6.2 Verhalten der Wellenfunktion an Potentialsprüngen

Wir wollen jetzt untersuchen, wie sich die Wellenfunktion an Potentialsprüngen verhält. Dabei beschränken wir uns zunächst auf eine eindimensionale Potentialbewegung, da hier bereits alle wesentlichen Eigenschaften der Wellenfunktionen zutage treten, diese aber einfacher zu behandeln ist als der dreidimensionale Fall, der in Abschnitt 7.6.3 erörtert wird.

Wir beginnen mit der Betrachtung einer *endlichen Potentialstufe*, die wir ohne Einschränkung der Allgemeinheit in der Form

$$V(x) = V_0 \Theta(x - a) \tag{7.48}$$

wählen können. Beim Auftreten von Potentialsprüngen würde man zunächst erwarten, dass auch die Wellenfunktion möglicherweise Sprungstellen besitzt. Hierzu bemerken wir jedoch Folgendes: Eine stetige Funktion $\varphi(x)$ besitzt nicht notwendigerweise eine stetige Ableitung $\varphi'(x)$. Umgekehrt gilt jedoch: Besitzt eine Funktion $\varphi(x)$ eine stetige Ableitung, dann ist sie selbst stetig, wie man sofort aus der Integraldarstellung

$$\varphi(x) = \int_{x_0}^{x} dy \varphi'(y) + \varphi(x_0) \tag{7.49}$$

erkennt. Bei der Anwesenheit von Potentialstufen in $V(x)$ können wir deshalb davon ausgehen, dass diese in der Schrödinger-Gleichung

$$\varphi''(x) = \frac{2m}{\hbar^2}(V(x) - E)\varphi(x) \tag{7.50}$$

zu Stufen in $\varphi''(x)$ führen. $\varphi''(x)$ wird deshalb eine stückweise stetige Funktion mit endlichen Sprüngen sein, die natürlich integrierbar ist und auf eine stetige erste Ableitung

$$\varphi'(x) = \int_{x_0}^{x} dy\varphi''(y) + \varphi'(x_0) \tag{7.51}$$

führt. Dies tritt unmittelbar zutage, wenn wir die Schrödinger-Gleichung (7.50) über ein infinitesimales Intervall der Länge 2ε integrieren, welches die Sprungstelle $x = a$ des Potentials (7.48) enthält

$$\varphi'(a+\varepsilon) - \varphi'(a-\varepsilon) = \frac{2m}{\hbar^2}\int_{a-\varepsilon}^{a+\varepsilon} dx\,(V(x) - E)\varphi(x)\,.$$

Für beschränkte Wellenfunktionen $|\varphi(x)| < \infty$ verschwindet im Limes $\varepsilon \to 0$ das Integral proportional zur Energie E und wir erhalten

$$\boxed{\lim_{\varepsilon\to 0}[\varphi'(a+\varepsilon) - \varphi'(a-\varepsilon)] = \frac{2m}{\hbar^2}\lim_{\varepsilon\to 0}\int_{a-\varepsilon}^{a+\varepsilon} dx\,V(x)\varphi(x)\,.} \tag{7.52}$$

Ist außerdem $V(x)$ beschränkt, $|V(x)| < \infty$, (was auch für endliche Potentialsprünge gilt), so fällt auch das verbleibende Integral weg und wir erhalten die Stetigkeit der Ableitung

$$\lim_{\varepsilon\to 0}\varphi'(a+\varepsilon) = \lim_{\varepsilon\to 0}\varphi'(a-\varepsilon)\,.$$

Für stetiges $\varphi'(x)$ finden wir dann aber aus Gl. (7.49) auch eine stetige Wellenfunktion $\varphi(x)$. Damit gelangen wir zu dem wichtigen Ergebnis:

Für beschränkte Potentiale und damit insbesondere an endlichen Potentialstufen sind die Wellenfunktion $\varphi(x)$ und ihre erste Ableitung $\varphi'(x)$ stetig.

An einer endlichen Sprungstelle $x = a$ des Potentials gelten deshalb die Anschlussbedingungen

$$\boxed{\varphi_1 = \varphi_2\,,} \tag{7.53}$$

$$\boxed{\varphi_1' = \varphi_2'\,,} \tag{7.54}$$

wobei

$$\varphi_1 = \lim_{\varepsilon\to 0} \varphi(a-\varepsilon)\,, \qquad \varphi_2 = \lim_{\varepsilon\to 0} \varphi(a+\varepsilon)$$

die Wellenfunktion links bzw. rechts von der Sprungstelle $x = a$ bezeichnet.

Falls $\varphi(x)$ an der Sprungstelle $x = a$ des Potentials nicht verschwindet, lassen sich die beiden Bedingungen (7.53), (7.54) zur Stetigkeit der logarithmischen Ableitung

$$(\ln \varphi_1)' = (\ln \varphi_2)'\,.$$

zusammenfassen. Aus dieser Beziehung fallen die Normierungskonstanten heraus.

Man überzeugt sich leicht, dass für *unendlich große Potentialsprünge* (7.48) $V_0 \to \infty$ die Stetigkeitsbedingung an die Wellenfunktion (7.53) erhalten bleibt, während die Stetigkeit der Ableitung (7.54) nicht mehr gilt: Für ein unendlich großen Potentialsprung müssen wir davon ausgehen, dass $\varphi''(x)$ ebenfalls einen unendlich großen Sprung besitzt. In diesem Fall können wir aus Gln. (7.51) bzw. (7.52) nicht mehr auf die Stetigkeit von $\varphi'(x)$ schließen.[10] Aus diesen Überlegungen können wir schlussfolgern, dass an einem *unendlich großen Potentialsprung* die Ableitung der Wellenfunktion $\varphi'(x)$ nicht stetig sein wird, sondern einen *endlichen* Sprung besitzt. Es folgt dann aber nach wie vor aus Gl. (7.49), dass die Wellenfunktion $\varphi(x)$ selbst an der unendlichen Sprungstelle des Potentials stetig ist.

Wie wir bereits in Abschnitt 6.1 (siehe Gl. (6.2)) gezeigt haben, muss die Wellenfunktion in (ausgedehnten) Gebieten $\mathcal{V}$ unendlich hoher Potentiale verschwinden

$$\varphi(x) = 0 \quad \text{für} \quad x \in \mathcal{V} \quad \text{mit} \quad V(x) = \infty\,.$$

Dies ist auch unmittelbar aus der Schrödinger-Gleichung (7.50) zu erkennen: In einem ausgedehnten Gebiet mit unendlich großem Potential ist, für eine endliche Energien E,

---

10 Dies wird klar, wenn man sich an die Definition des Riemann-Integrals erinnert:

$$F(x) = \int_{x_0}^{x} dx' f(x') = \lim_{\varepsilon\to 0} \varepsilon \sum_k f(x_k)\,,$$

wobei wir

$$x - x_0 = N \cdot \varepsilon\,, \quad x_k = x_0 + k\varepsilon$$

gesetzt haben. Für endliche Funktionswerte $f(x_k)$ gilt

$$\lim_{\varepsilon\to 0} \varepsilon f(x_k) = 0\,, \tag{7.55}$$

was die Stetigkeit der Stammfunktion $F(x)$ selbst bei endlichen Sprüngen der Funktion $f(x)$ garantiert. An Stellen $x_k = a$, an denen die Funktion einen unendlich großen Sprung besitzt, ist ihr Funktionswert $f(x_k)$ notwendigerweise (zumindest auf einer Seite des Sprungs) unendlich und die Bedingung (7.55) ist verletzt, was zu einem endlichen Sprung der Stammfunktion $F(x)$ bei $x_k = a$ führt.

$\varphi(x) = 0$ die einzig mögliche Lösung. Dies folgt auch bereits aus dem semiklassischen Ausdruck (5.40) für die Wellenfunktion im klassisch verbotenen Gebiet.

Die Schrödinger-Gleichung erlaubt jedoch nicht-verschwindende Lösungen $\varphi(x)$, falls das Potential nur an isolierten Punkten singulär ist. Der Prototyp eines solchen Potentials lässt sich durch die δ-Funktion darstellen

$$V(x) = C\delta(x-a)\,. \tag{7.56}$$

Setzen wir dieses Potential in die Schrödinger-Gleichung ein

$$\varphi''(x) = \frac{2m}{\hbar^2}(C\delta(x-a) - E)\varphi(x)\,,$$

so können wir wie oben bei den unendlichen Potentialsprüngen argumentieren, dass die δ-förmige Singularität nur durch $\varphi''(x)$ kompensiert werden kann. Ist aber für $x \simeq a$

$$\varphi''(x) \sim \delta(x-a)\,,$$

so muss nach Gl. (7.51) die Ableitung der Wellenfunktion $\varphi'(x)$ bei $x = a$ einen endlichen Sprung besitzen und aus Gl. (7.49) folgt dann, dass die Wellenfunktionen $\varphi(x)$ selbst bei $x = a$ stetig ist:

$$\lim_{\varepsilon\to 0}\varphi(a-\varepsilon) = \lim_{\varepsilon\to 0}\varphi(a+\varepsilon)\,. \tag{7.57}$$

Setzen wir das Potential (7.56) in Gl. (7.52) ein, so erhalten wir für den Sprung der Ableitung der Wellenfunktion:

$$\lim_{\varepsilon\to 0}[\varphi'(a+\varepsilon) - \varphi'(a-\varepsilon)] = \frac{2m}{\hbar^2}C\varphi(a)\,. \tag{7.58}$$

Gl. (7.57) und (7.58) sind die Anschlussbedingungen an die Wellenfunktion am Ort der δ-förmigen Singularität im Potential. Während die Wellenfunktion selbst stetig ist, besitzt ihre Ableitung an der Singularität des Potentials einen Sprung, der durch die Stärke des Potentials und den Wert der Wellenfunktion an der Sprungstelle gegeben ist.

7.6.3 Grenzflächenverhalten der Wellenfunktion in drei Dimensionen*

Die obigen Überlegungen zum Verhalten der Wellenfunktion an Sprungstellen des Potentials lassen sich unmittelbar auf drei Dimensionen verallgemeinern. Hierbei ist

* Dieses Kapitel ist für das Verständnis der übrigen Kapitel nicht erforderlich und kann deshalb beim ersten Lesen übersprungen werden.

jedoch zu beachten, dass die Potentialsprünge an Grenzflächen ausgedehnter dreidimensionaler Gebiete auftreten. Für realistische Probleme werden die Grenzflächen die Oberflächen endlicher Volumina sein. Um das Verhalten der Wellenfunktion an diesen Grenzflächen zu bestimmen, bedienen wir uns ähnlicher Techniken, wie wir sie bereits aus der Elektrodynamik kennen. Dazu schreiben wir die Schrödinger-Gleichung, die eine Differentialgleichung zweiter Ordnung bezüglich des Ortes ist, in ein System aus zwei Differentialgleichungen erster Ordnung um.

Der Gradient der Wellenfunktion

$$\boldsymbol{A} = \nabla\varphi \tag{7.59}$$

definiert ein rotationsfreies Vektorfeld $\boldsymbol{A}(\boldsymbol{x})$:

$$\nabla \times \boldsymbol{A}(\boldsymbol{x}) = \boldsymbol{0}\,. \tag{7.60}$$

Die Divergenz dieses Vektorfeldes ist durch die (stationäre) Schrödinger-Gleichung gegeben,

$$\nabla \cdot \boldsymbol{A}(\boldsymbol{x}) = \Delta\varphi(\boldsymbol{x}) = \frac{2m}{\hbar^2}(V(\boldsymbol{x}) - E)\varphi(\boldsymbol{x}) =: g(\boldsymbol{x})\,, \tag{7.61}$$

wobei E wie üblich den Energieeigenwert bezeichnet. Nach dem Zerlegungssatz[11] ist das Vektorfeld $\boldsymbol{A}(\boldsymbol{x})$ damit eindeutig bestimmt. In Abb. 7.2(a) ist das Verhalten dieses Vektorfeldes in der Grenzschicht illustriert. In dem realistischen, stetigen Potential $V(\boldsymbol{x})$ ändert sich dieses Vektorfeld stetig in der Grenzschicht. Kontrahieren wir die Grenzschicht jetzt zu einer Grenzfläche, so kann (analog zum eindimensionalen Fall) an der entstehenden Grenzfläche S das Potential Sprünge und das Vektorfeld $\boldsymbol{A}(\boldsymbol{x})$ Unstetigkeitsstellen aufweisen (Abb. 7.2(b)).

Die Rotation von $\boldsymbol{A}(\boldsymbol{x})$ verschwindet im gesamten Raum unabhängig vom Potential. Wir betrachten eine beliebige Fläche S im $\mathbb{R}^3$ und integrieren Gl. (7.60) über eine *Stokes'sche Fläche F*, ein kleines Rechteck, das die Fläche S senkrecht schneidet (siehe Abb. 7.3). Unter Benutzung des *Stokes'schen Integralsatzes*

$$\int_F d\boldsymbol{f} \cdot (\nabla \times \boldsymbol{A}) = \int_{\partial F} d\boldsymbol{x}' \cdot \boldsymbol{A}(\boldsymbol{x}')$$

finden wir:

$$\oint_{\partial F} d\boldsymbol{x}' \cdot \boldsymbol{A}(\boldsymbol{x}') = \boldsymbol{t} \cdot \left[\boldsymbol{A}\left(\boldsymbol{x} + \frac{b}{2}\hat{\boldsymbol{n}}\right) - \boldsymbol{A}\left(\boldsymbol{x} - \frac{b}{2}\hat{\boldsymbol{n}}\right)\right] + U = 0\,, \tag{7.62}$$

11 Der *Zerlegungssatz* besagt, dass jedes Vektorfeld A eindeutig durch seine Quellen $\nabla \cdot \boldsymbol{A}$ und Wirbel $\nabla \times \boldsymbol{A}$ bestimmt ist.

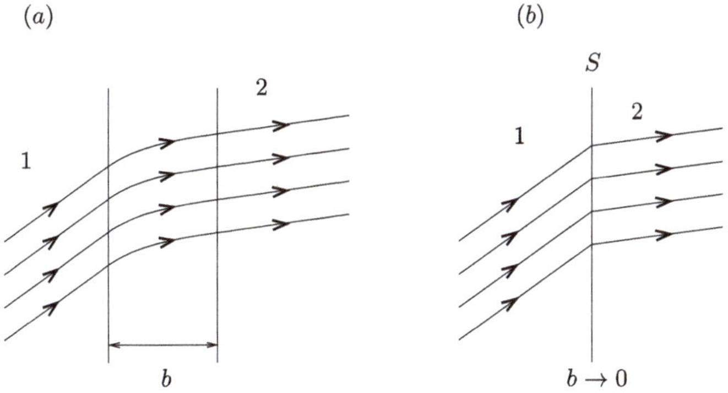

Abb. 7.2: (a) Stetiges Verhalten eines physikalischen Vektorfeldes in einer Grenzschicht. (b) Dasselbe Vektorfeld nach der mathematischen Idealisierung $b \to 0$, in der die Grenzschicht durch eine Grenzfläche S ersetzt wurde. An der Grenzfläche weist das Vektorfeld i. A. Unstetigkeitsstellen auf.

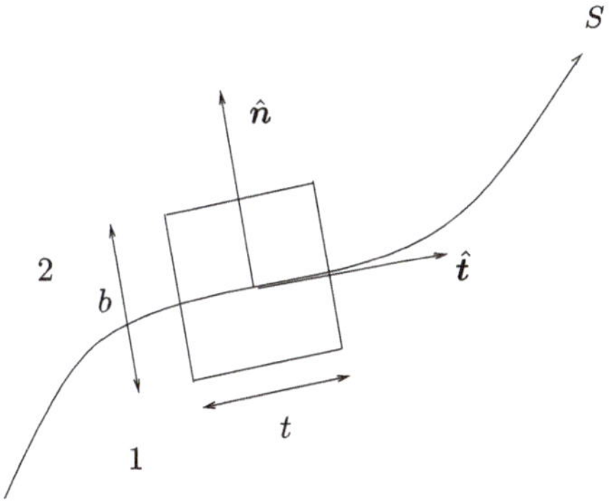

Abb. 7.3: Stokes'sche Fläche (Rechteck) im Grenzgebiet zweier Medien. Der Normalenvektor $\hat{\boldsymbol{n}}$ der Grenzfläche S liegt in der Stokes'schen Fläche. $\hat{\boldsymbol{t}}$ bezeichnet einen Tangentialvektor der Fläche S, der ebenfalls in der Stokes'schen Fläche liegt.

wobei $\boldsymbol{x}$ den Mittelpunkt der Stokes'schen Fläche bezeichnet, der voraussetzungsgemäß in der Grenzschicht S liegt. Ferner ist $|\boldsymbol{t}| = t$ die Breite der Stokes'schen Fläche und $\hat{\boldsymbol{t}}$ ein Tangentialvektor der betrachteten Fläche S, der in der Stokes'schen Fläche liegt, siehe Abb. 7.3. Wir haben hierbei verwendet, dass für genügend kleine t die Änderung von $\boldsymbol{A}(\boldsymbol{x})$ parallel zur Fläche S vernachlässigt werden kann. Ferner ist $U \sim b$ der Beitrag der beiden Wegabschnitte parallel zu $\hat{\boldsymbol{n}}$. Im Limes $b \to 0$ verschwindet U und wir erhalten aus (7.62) die Stetigkeit der Tangentialkomponenten

$$\hat{\boldsymbol{t}} \cdot \boldsymbol{A}_2 = \hat{\boldsymbol{t}} \cdot \boldsymbol{A}_1 \,, \tag{7.63}$$

wobei wir

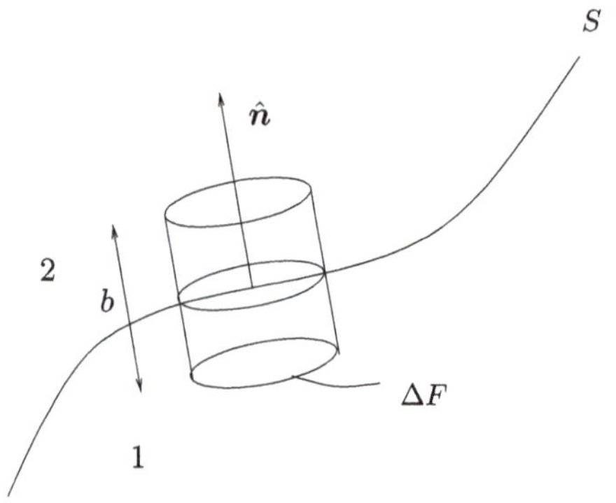

Abb. 7.4: Gauß'sches Kästchen (Zylinder) in der Grenzschicht zwischen den beiden Medien.

$$\boldsymbol{A}_{1/2} = \lim_{b\to 0} \boldsymbol{A}\left(\boldsymbol{x} \mp \frac{b}{2}\hat{\boldsymbol{n}}\right)$$

gesetzt haben. Gl. (7.63) lässt sich mit (7.59) auch in der Form

$$\hat{\boldsymbol{n}} \times \boldsymbol{\nabla}\varphi_2 = \hat{\boldsymbol{n}} \times \boldsymbol{\nabla}\varphi_1$$

mit

$$\varphi_{1/2} = \lim_{b\to 0} \varphi\left(\boldsymbol{x} \mp \frac{b}{2}\hat{n}\right) \tag{7.64}$$

schreiben. Damit sind die Tangentialkomponenten von $\boldsymbol{\nabla}\varphi(\boldsymbol{x})$ beim Durchgang durch beliebige Flächen stetig unabhängig vom Verhalten des Potentials.

Um das Verhalten der Komponenten $\boldsymbol{A}(\boldsymbol{x}) = \boldsymbol{\nabla}\varphi$ normal zu einer Fläche S zu bestimmen, integrieren wir die Gleichung (7.61) für die Divergenz von $\boldsymbol{A}(\boldsymbol{x})$ über ein kleines Volumen ΔV, das die Grenzfläche einschließt (*Gauß'sches Kästchen*), siehe Abb. 7.4:

$$\int_{\Delta V} d^3x\, \boldsymbol{\nabla} \cdot \boldsymbol{A}(\boldsymbol{x}) = \int_{\Delta V} d^3x\, g(\boldsymbol{x})\,.$$

Zweckmäßigkeitshalber wählen wir dieses Volumen in der Form eines Zylinders, dessen Zylinderachse senkrecht auf der Grenzfläche steht (Abb. 7.4). Wir legen den Zylinder so in die Fläche, dass die untere Hälfte des Zylinders im Gebiet 1, die obere Hälfte in Gebiet 2 liegt. Die Zylinderachse wird damit durch die Grenzflächennormale $\hat{\boldsymbol{n}}$ im Zylindermittelpunkt festgelegt. Benutzen wir den *Gauß'schen Satz*, so erhalten wir:

$$\oint_{\partial(\Delta V)} d\boldsymbol{f}_x \cdot \boldsymbol{A}(\boldsymbol{x}) = \int_{\Delta V} d^3x\, g(\boldsymbol{x})\,. \tag{7.65}$$

Wählen wir das Gauß'sche Kästchen klein genug, so können wir die Änderung des Vektorfeldes $\boldsymbol{A}(\boldsymbol{x})$ und seiner Divergenz $g(\boldsymbol{x})$ über die Stirnflächen ΔF des Zylinders vernachlässigen. (Beide Größen können sich jedoch drastisch beim Durchgang durch die Fläche S ändern, falls das Potential auf der Fläche S Sprünge aufweist oder singulär ist.) Unter dieser Voraussetzung erhalten wir für das Volumenintegral

$$\int_{\Delta V} d^3x\, g(\boldsymbol{x}) = \Delta F \int_{-b/2}^{b/2} dl\, g(\boldsymbol{x} + l\hat{\boldsymbol{n}})\,. \tag{7.66}$$

bzw. für das Oberflächenintegral:

$$\oint_{\partial(\Delta V)} d\boldsymbol{f}_x \cdot \boldsymbol{A}(\boldsymbol{x}) = \hat{\boldsymbol{n}} \cdot \left[\boldsymbol{A}\left(\boldsymbol{x} + \frac{b}{2}\hat{\boldsymbol{n}}\right) - \boldsymbol{A}\left(\boldsymbol{x} - \frac{b}{2}\hat{\boldsymbol{n}}\right)\right]\Delta F + M\,, \tag{7.67}$$

wobei $\hat{\boldsymbol{n}}$ der Normalenvektor der Grenzfläche ist, der auf der der Zylinderachse liegt und von Gebiet 1 nach Gebiet 2 zeigt, siehe Abb. 7.4. Ferner bezeichnet M den Beitrag des Zylindermantels zum Oberflächenintegral. Dieser Beitrag muss offensichtlich proportional zur Höhe des Zylinders b sein ($M \sim b$). M enthält nur die Tangentialkomponente von $\boldsymbol{A}(\boldsymbol{x})$, die, wie oben gezeigt, beim Durchqueren einer beliebigen Fläche stetig bleibt, siehe Gl. (7.63). Deshalb verschwindet im Limes $b \to 0$ der Beitrag von der Mantelfläche:

$$\lim_{b\to 0} M = 0\,.$$

Setzen wir (7.67) und (7.66) in Gl. (7.65) ein, so finden wir nach Grenzwertbildung $b \to 0$ für die Normalkomponente des Vektorfeldes $\hat{\boldsymbol{n}} \cdot \boldsymbol{A}$ an der Grenzschicht die Beziehung

$$\hat{\boldsymbol{n}} \cdot (\boldsymbol{A}_2(\boldsymbol{x}) - \boldsymbol{A}_1(\boldsymbol{x})) = \lim_{b\to 0} \int_{-b/2}^{b/2} dl\, g(\boldsymbol{x} + l\hat{\boldsymbol{n}}) \equiv \lim_{b\to 0} \int_{-b/2}^{b/2} dl\, \nabla \cdot \boldsymbol{A}(\boldsymbol{x} + l\hat{\boldsymbol{n}})\,. \tag{7.68}$$

Setzen wir hier für die Divergenz von $\boldsymbol{A}$ den expliziten Wert ein, der durch die Schrödinger-Gleichung (7.61) gegeben ist, so erhalten wir schließlich:

$$\hat{\boldsymbol{n}} \cdot (\boldsymbol{A}_2(\boldsymbol{x}) - \boldsymbol{A}_1(\boldsymbol{x})) = \frac{2m}{\hbar^2} \lim_{b\to 0} \int_{-b/2}^{b/2} dl\, (V(\boldsymbol{x} + l\hat{\boldsymbol{n}}) - E)\varphi(\boldsymbol{x} + l\hat{\boldsymbol{n}})\,.$$

Im Limes $b \to 0$ verschwindet der Term proportional zur Energie E. Beachten wir, dass nach (7.59)

$$\hat{\boldsymbol{n}} \cdot \boldsymbol{A} = \frac{\partial\varphi}{\partial n}$$

die *Richtungsableitung* der Wellenfunktion entlang der Flächennormalen $\hat{\boldsymbol{n}}$ ist, so erhalten wir schließlich die Grenzflächenbedingung

$$\boxed{\frac{\partial \varphi_2}{\partial n} - \frac{\partial \varphi_1}{\partial n} = \frac{2m}{\hbar^2} \lim_{b\to 0} \int_{-b/2}^{b/2} dl\, V(\boldsymbol{x} + l\hat{\boldsymbol{n}})\varphi(\boldsymbol{x} + l\hat{\boldsymbol{n}})\,,} \tag{7.69}$$

wobei φ_1 und φ_2 die Wellenfunktionen an der Fläche S im Gebiet 1 bzw. 2 bezeichnet, siehe Gl. (7.64). Gl. (7.69) ist die dreidimensionale Verallgemeinerung der eindimensionalen Anschlussbedingung (7.52).

Für ein nicht-singuläres Potential verschwindet das Integral auf der rechten Seite von (7.69) im Limes $b \to 0$ und wir finden:

$$\frac{\partial \varphi_2}{\partial n} = \frac{\partial \varphi_1}{\partial n}\,. \tag{7.70}$$

Dies ist insbesondere der Fall, wenn das Potential auf der Fläche S nur *endliche* Sprünge besitzt. Damit ist die Richtungsableitung der Wellenfunktion (in Richtung der Flächennormalen) an den Flächen endlicher Potentialsprünge stetig. Die Bedingung (7.70) ist das dreidimensionale Analogon der Stetigkeitsbedingung (7.54).

Zusammen mit der oben gezeigten Stetigkeit der Tangentialkomponente von $\boldsymbol{\nabla}\varphi$ folgt, dass $\boldsymbol{\nabla}\varphi(x)$ in Gebieten nicht-singulärer Potentiale und damit insbesondere auf Flächen endlicher Potentialsprünge stetig ist. Wie im eindimensionalen Fall folgt aus der Stetigkeit von $\boldsymbol{\nabla}\varphi(\boldsymbol{x})$ auch die Stetigkeit von $\varphi(\boldsymbol{x})$:

$$\varphi_1 = \varphi_2\,. \tag{7.71}$$

Falls die Wellenfunktion an der Grenzfläche nicht verschwindet, lassen sich beide Bedingungen (7.71) und (7.70) wieder zur Stetigkeit der logarithmischen Ableitung zusammenfassen:

$$\frac{\partial \ln \varphi_2}{\partial n} = \frac{\partial \ln \varphi_1}{\partial n}\,.$$

Damit das Integral auf der rechten Seite von (7.69) einen von null verschiedenen Wert ergibt, muss das Potential im Integrationsgebiet singulär werden. Dies ist offensichtlich der Fall für unendlich große Potentialsprünge auf der Grenzschicht. An unendlich großen Potentialsprüngen ist deshalb die Richtungsableitung der Wellenfunktion nicht stetig. Wie im eindimensionalen Fall ist aus der Schrödinger-Gleichung (7.61) ersichtlich, dass in ausgedehnten Gebieten $\mathcal{V}$, in denen das Potential unendlich groß wird, die Wellenfunktion verschwinden muss

$$\varphi(\boldsymbol{x}) = 0 \quad \text{für} \quad \boldsymbol{x} \in \mathcal{V} \quad \text{mit} \quad V(\boldsymbol{x}) = \infty\,.$$

Dies gilt jedoch nicht, wenn das Potential nur isolierte singuläre Stellen besitzt oder singulär auf einer zwei- oder eindimensionalen Untermannigfaltigkeit des $\mathbb{R}^3$ ist. Ist das Potential z. B. singulär auf einer Fläche S und hat dort eine δ-förmige Singularität

$$V(\boldsymbol{x}) = f(\boldsymbol{x}_\perp)\delta(l)\,,$$

wobei $\boldsymbol{x}_\perp$ die Koordinaten der Fläche S und l die Koordinate entlang der Flächennormalen ist und den Wert $l = 0$ auf S annimmt, so finden wir aus (7.69):

$$\frac{\partial\varphi_2}{\partial n} - \frac{\partial\varphi_1}{\partial n} = \frac{2m}{\hbar} f(\boldsymbol{x}_\perp)\varphi(\boldsymbol{x}_\perp, l = 0)\,.$$

Die Normalkomponente des Vektorfeldes $\nabla\varphi$ kann demnach an einer Fläche zwischen zwei Gebieten einen Sprung aufweisen, falls $V(\boldsymbol{x})$ dort genügend stark divergiert. Wie im eindimensionalen Fall bleibt die Wellenfunktion $\varphi(\boldsymbol{x})$ selbst bei endlichen Sprüngen von $\nabla\varphi(\boldsymbol{x})$ stetig.

Die obigen Betrachtungen eines Vektorfeldes an einer Grenzschicht gelten allgemein für beliebige Vektorfelder. Abschließend wollen wir sie auf die Teilchenstromdichte anwenden. Für praktische Anwendungen der Quantenmechanik ist es äußerst interessant zu wissen, wie sich ein Teilchenstrom an einer Grenzfläche verhält, an der sich das Potential abrupt ändert.

Die Teilchenstromdichte $\boldsymbol{j}(\boldsymbol{x}, t)$ (7.44) definiert ein Vektorfeld, dessen Divergenz durch die Kontinuitätsgleichung (7.43)

$$\frac{\partial\rho}{\partial t} + \nabla\cdot\boldsymbol{j} = 0$$

gegeben ist, wobei $\rho(\boldsymbol{x}, t) = |\psi(\boldsymbol{x}, t)|^2$ die Aufenthaltswahrscheinlichkeitsdichte ist. Nach Vergleich mit (7.61) finden wir aus (7.68) für die Änderung der Teilchenstromdichte an der Grenzfläche:

$$\hat{\boldsymbol{n}}\cdot(\boldsymbol{j}_2(\boldsymbol{x}) - \boldsymbol{j}_1(\boldsymbol{x})) = -\lim_{b\to 0}\int_{-b/2}^{b/2} dl\,\frac{\partial}{\partial t}\rho(\boldsymbol{x} + l\hat{\boldsymbol{n}})\,.$$

Im hier betrachteten stationären Fall ist $|\psi(x, t)|^2 = |\varphi(x)|^2$, sodass $\partial\rho/\partial t = 0$ und wir erhalten:

$$\hat{\boldsymbol{n}}\cdot\boldsymbol{j}_2(\boldsymbol{x}) = \hat{\boldsymbol{n}}\cdot\boldsymbol{j}_1(\boldsymbol{x})\,.$$

Damit bleibt die Normalkomponente des Teilchenstromes beim Durchgang durch eine Grenzschicht selbst bei unstetigem Potential bzw. singulären Potentialsprüngen erhalten.

8 Die eindimensionale stationäre Schrödinger-Gleichung

Im Folgenden werden wir zunächst einige allgemeine Eigenschaften der Wellenfunktion diskutieren, die sich unmittelbar aus der mathematischen Struktur der stationären Schrödinger-Gleichung als Differentialgleichung zweiter Ordnung ergeben und unabhängig von den Details des Potentials sind. Zur Illustration dieser Eigenschaften wird die Schrödinger-Gleichung am Ende dieses Kapitels für zwei Potentiale, den unendlich hohen Potentialtopf und das δ-Potential, explizit gelöst. Dabei werden die in Abschnitt 7.6.2 abgeleiteten Stetigkeitsbedingungen an die Wellenfunktion zum Tragen kommen.

8.1 Qualitative Diskussion der Wellenfunktion: Gebundene Zustände

Wir betrachten ein Teilchen mit der Masse m, das sich in einem Potential $V(x)$ bewegen soll. Die zugehörige Schrödinger-Gleichung lautet:

$$\left(-\frac{\hbar^2}{2m}\frac{d^2}{dx^2} + V(x)\right)\varphi(x) = E\varphi(x)\,, \tag{8.1}$$

bzw. nach Multiplikation mit $-2m/\hbar^2$:

$$\varphi''(x) = \frac{2m}{\hbar^2}(V(x) - E)\varphi(x)\,.$$

Für eine feste Energie E ist die Krümmung der Wellenfunktion $|\varphi''(x)|$ offenbar durch die Stärke des Potentials gegeben. Je größer die Differenz $|V(x) - E|$, desto größer die Krümmung.

Das Potential habe die in Abb. 8.1 dargestellte, recht allgemeine Form. Das Potential besitzt ein Minimum und wird für $x \to \pm\infty$ asymptotisch flach, d. h. strebt gegen endliche Grenzwerte $V_{\mp\infty}$.

Führen wir in der stationären Schrödinger-Gleichung (8.1) wieder die (hier ortsabhängige!) Wellenzahl $k(x)$ ein über $p = \hbar k$ und

$$T = \frac{p^2}{2m} = \frac{\hbar^2 k^2}{2m} = E - V\,,$$

d. h.

$$k^2(x) = \frac{2m}{\hbar^2}(E - V(x))\,,$$

so nimmt diese die Gestalt

https://doi.org/10.1515/9783111268255-008

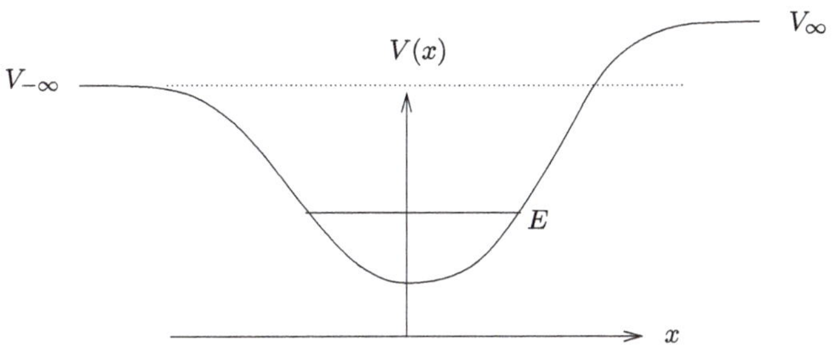

Abb. 8.1: Asymptotisch konstantes Potential. Gebundene Zustände existieren nur unterhalb der gestrichelten Linie ($E < V_{-\infty}$).

$$\varphi''(x) = -k^2(x)\varphi(x)$$

an.

Bezüglich der Energie können wir drei verschiedene Potentialgebiete unterscheiden:

1) $E > V(x)$ klassisch erlaubtes Gebiet,
2) $E = V(x)$ Umkehrpunkte der klassischen Bewegung,
3) $E < V(x)$ klassisch verbotenes Gebiet.

Im Folgenden wollen wir die jeweiligen Gebiete separat betrachten.

1. *Klassisch erlaubtes Gebiet:*
   In diesem Gebiet haben wir:

$$E > V(x), \quad T > 0, \quad k^2 > 0.$$

   Die Wellenzahl ist in diesem Gebiet rein reell. Wegen

$$\varphi''(x) = -k^2(x)\varphi(x)$$

   haben φ'' und φ entgegengesetztes Vorzeichen. Für positive φ ist φ'' negativ und die Wellenfunktion ist konkav. Umgekehrt ist für negative φ die zweite Ableitung φ'' positiv und die Wellenfunktion φ ist konvex. Damit ist die Wellenfunktion $\varphi(x)$ in diesem Gebiet stets zur x-Achse hingekrümmt, siehe Abb. 8.2. Schneidet die Wellenfunktion die x-Achse, d. h., hat sie eine Nullstelle, so ist dies wegen $\varphi'' = 0$ stets ein Wendepunkt von $\varphi(x)$. Damit kann die Wellenfunktion in diesem Gebiet nur ein oszillierendes Verhalten besitzen.
2. *Umkehrpunkte der klassischen Bewegung:*
   Für die Umkehrpunkte gilt:

$$E = V(x), \quad T = 0, \quad k = 0.$$

   Hier verschwindet die zweite Ableitung der Wellenfunktion ($\varphi'' = 0$). An den klassischen Umkehrpunkten besitzt deshalb die Wellenfunktion stets Wendepunkte (siehe Abb. 8.2).

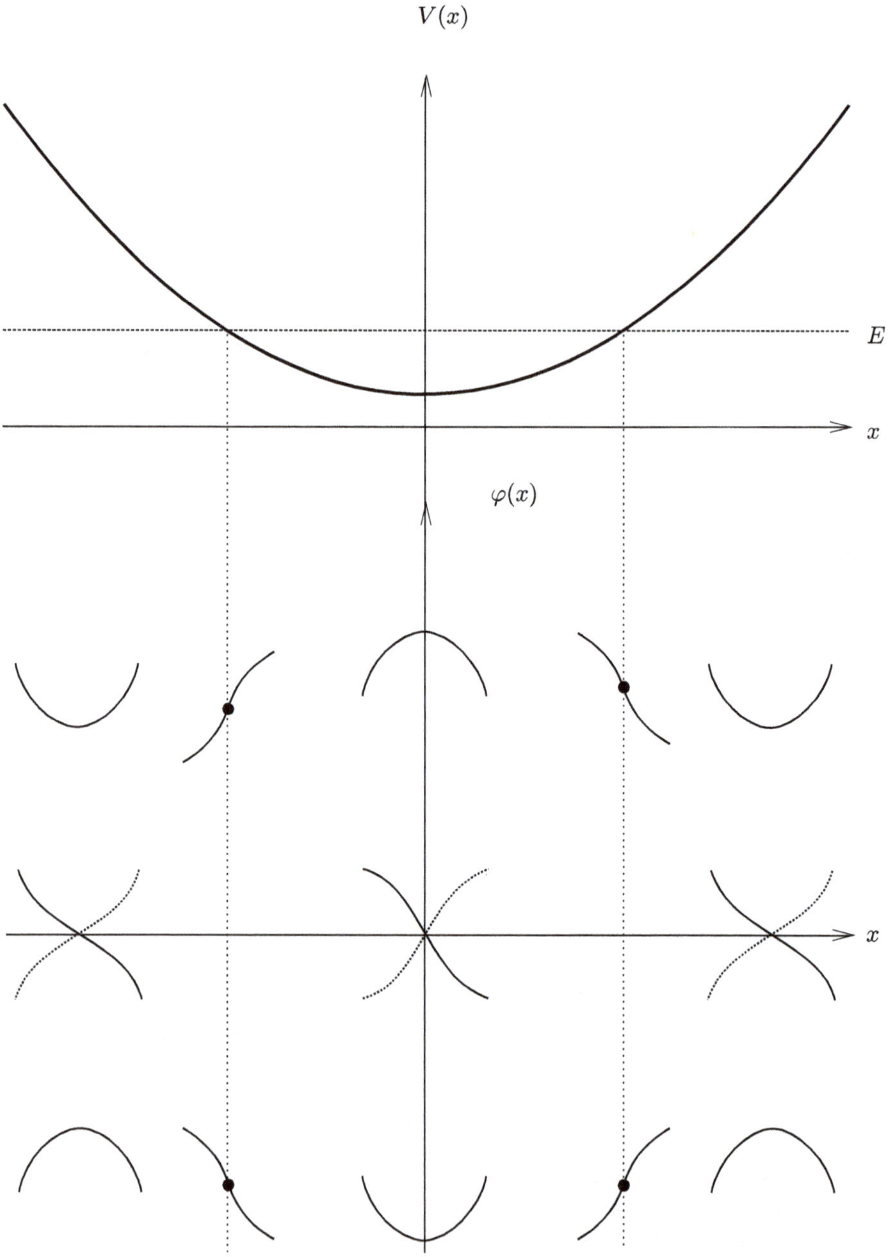

Abb. 8.2: Das Verhalten der Wellenfunktion in den verschiedenen Potentialgebieten in Abhängigkeit vom Wert der Wellenfunktion.

3. *Klassisch verbotenes Gebiet:*
In diesem Bereich haben wir:

$$E < V(x)\,, \quad T < 0\,, \quad k = i\kappa\,, \quad \kappa \in \mathbb{R}$$

und die Schrödinger-Gleichung reduziert sich auf:

$$\varphi''(x) = \kappa^2 \varphi(x)\,, \quad \kappa^2 > 0\,.$$

Damit haben φ'' und φ in diesem Gebiet das gleiche Vorzeichen und zeigen das in Abb. 8.2 dargestellte qualitative Verhalten. Die Wellenfunktion ist hier stets von der x-Achse weggekrümmt, sie kann daher kein oszillierendes Verhalten zeigen, sondern nur exponentiell anwachsen oder exponentiell abklingen. Auch in diesem Bereich sind Nullstellen der Wellenfunktion gleichzeitig Wendepunkte.

Betrachten wir nun die Konsequenzen dieser Analyse für die möglichen Energieeigenzustände. Wir beginnen mit dem Energiebereich unterhalb des Potentialminimums V_{min}. Für diese Energien $E < V_{\text{min}}$ befindet sich die gesamte x-Achse im klassisch verbotenen Bereich. Die Wellenfunktion steigt deshalb für $|x| \to \infty$ exponentiell an (da sie in diesem Gebiet von der x-Achse weggekrümmt ist) und folglich gibt es keine normierbaren Lösungen der Schrödinger-Gleichung in diesem Energiegebiet.

Wir betrachten jetzt die Energien zwischen dem Potentialminimum und der unteren Potentialkante:

$$V_{\text{min}} < E < V_{-\infty}\,. \tag{8.2}$$

Für diese Energien ist ein klassisches Teilchen in diesem Potential gebunden, es führt eine periodische Bewegung zwischen den Umkehrpunkten aus, kann aber die Potentialmulde ohne äußere Einwirkungen nicht verlassen. Wir erwarten, dass es ähnliche gebundene Zustände für ein quantenmechanisches Teilchen in diesem Energiebereich gibt. In der Quantenmechanik besitzt ein Teilchen i. A. keinen wohldefinierten Ort und wir können nur die Wahrscheinlichkeit $w(x)\,dx = |\varphi(x)|^2\,dx$ angeben, mit der sich das Teilchen in einem Intervall dx um den Ort x aufhält. Wir können deshalb in der Quantenmechanik ein an ein Raumgebiet gebundenes Teilchen nur durch eine in diesem Gebiet lokalisierte Wahrscheinlichkeitsverteilung, d. h. durch eine lokalisierte Wellenfunktion, charakterisieren. Da die Gesamtwahrscheinlichkeit, das Teilchen irgendwo im Raum anzutreffen, eins sein muss,

$$\int_{-\infty}^{\infty} dx\, w(x) = \int_{-\infty}^{\infty} dx\, |\varphi(x)|^2 \stackrel{!}{=} 1\,,$$

können gebundene Teilchen nur durch normierbare Wellenfunktionen,

$$\int_{-\infty}^{\infty} dx\, |\varphi(x)|^2 < \infty\,,$$

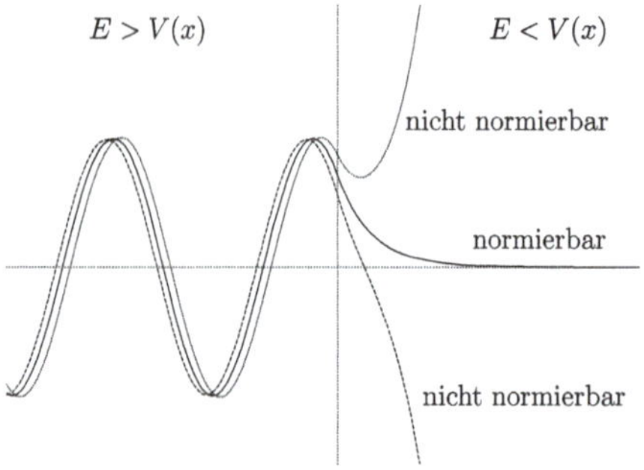

Abb. 8.3: Normierbarkeit der Wellenfunktion.

beschrieben werden. Lösungen der stationären Schrödinger-Gleichung, welche ein im Raum lokalisiertes Teilchen beschreiben und folglich normierbar sind, werden als *gebundene Zustände* bezeichnet.

Betrachten wir die Lösung der Schrödinger-Gleichung im Energiebereich (8.2), so finden wir, dass nicht für jede Energie normierbare Lösungen möglich sind (Abb. 8.3). Eine normierbare Wellenfunktion muss asymptotisch exponentiell abfallen, d. h. sich an die x-Achse anschmiegen. Damit dies eintritt, muss die Wellenfunktion am klassischen Umkehrpunkt eine ganz bestimmte Krümmung aufweisen. Ist die Krümmung zu schwach (Abb. 8.3), wächst die Wellenfunktion im klassisch verbotenen Bereich exponentiell an und ist daher nicht normierbar. Ist umgekehrt die Krümmung zu stark, kreuzt die Wellenfunktion im klassisch verbotenen Bereich die x-Achse und wächst mit negativem Vorzeichen wieder exponentiell an und ist damit ebenfalls nicht normierbar. Nur bei einer ganz bestimmten Krümmung fällt die Wellenfunktion exponentiell für $x \to \infty$ ab und ist normierbar. Sie führt dann auf einen gebundenen quantenmechanischen Zustand.

8.2 Die Wellenfunktion in Abhängigkeit von der Energie

Im Folgenden bezeichnen wir die klassischen Umkehrpunkte mit x_1 und x_2, d. h. es gilt:

$$V(x_{1,2}) = E\,,$$

wobei $x_2 > x_1$ ist. Wir nehmen an, dass die stationäre Schrödinger-Gleichung mit der korrekten Asymptotik im klassisch verbotenen Gebiet $x_1 > x \to -\infty$ gelöst wurde,

$$\varphi(x) \sim e^{\kappa x}\,, \quad x \to -\infty\,, \quad \kappa = \frac{1}{\hbar}\sqrt{2m(V_{-\infty} - E)}\,,$$

und untersuchen, wie sich die Wellenfunktion im klassisch verbotenen Gebiet für $x_2 < x \to \infty$ verhält. Wir betrachten zunächst eine Energie E', die nur geringfügig über dem Potentialminimum liegt, siehe Abb. 8.4. Der klassisch erlaubte Bereich ist dann sehr klein und reicht nicht zur Ausbildung eines oszillierenden Verhaltens der Wellenfunktion aus. In Abb. 8.4(a) ist dieser Bereich so klein, dass nicht einmal eine halbe Wellenlänge im klassisch erlaubten Gebiet Platz findet. Die Krümmung der Wellenfunktion im klassisch erlaubten Bereich ist so gering, dass nach dem Wendepunkt die Wellenfunktion konvex wird und für große x exponentiell anwächst. Eine solche Wellenfunktion ist nicht normierbar, und es kann sich kein stationärer Zustand mit normierbarer Wellenfunktion, d. h. mit endlicher lokalisierter Aufenthaltswahrscheinlichkeit, ausbilden (Abb. 8.4(a)).

Vergrößern wir nun die Energie E, so nimmt die Krümmung der Wellenfunktion im klassisch erlaubten Bereich zu. Bei einer bestimmten Energie $E = E_0$ ist die konkave Krümmung von $\varphi(x)$ ausreichend, um für $x > x_2$ ein korrektes exponentielles Abfallen der Wellenfunktion für $x \to \infty$ zu gewährleisten. Wir erhalten dann eine normierbare Wellenfunktion, folglich einen stationären Quantenzustand (Abb. 8.4(b)).

Bei einer weiteren Steigerung der Energie vergrößert sich der erlaubte klassische Bereich und gleichzeitig nimmt die Wellenzahl zu. Die Wellenfunktion ist deshalb mehr und mehr gekrümmt und beginnt schließlich zu oszillieren, d. h. es entsteht eine erste Nullstelle der Wellenfunktion (Abb. 8.4(c)). Die Krümmung der Wellenfunktion reicht jedoch noch nicht aus, um die korrekte Asymptotik für $x \to \infty$ zu erzeugen. Erst bei einer weiteren Vergrößerung der Energie auf $E = E_1$ ist die Krümmung groß genug, dass die Wellenfunktion normierbar wird und sich ein stationärer Zustand ausbildet. Dieser Zustand ist der erste angeregte Zustand. Er besitzt einen Knoten (Abb. 8.4(d)).

Auf diese Weise können wir fortfahren und die Energie ständig vergrößern, dabei nimmt die Krümmung im klassisch erlaubten Bereich ständig zu. Die Wellenfunktion entwickelt dann im klassisch erlaubten Bereich einen zweiten Knoten und bei einer bestimmten Energie $E = E_2$ wird dieser Zustand normierbar und damit zu einem lokalisierten gebundenen Zustand. Wir können dieses Verfahren offenbar fortführen, bis die Energie die Potentialkante $V_{-\infty}$ erreicht.

Wir stellen fest, dass normierbare Wellenfunktionen nur bei ganz bestimmten diskreten Energien auftreten. Diese diskreten Energien sind die Eigenwerte des Hamilton-Operators und die zugehörigen Wellenfunktionen seine normierbaren Eigenfunktionen. Diese beschreiben offenbar im Ort lokalisierte Aufenthaltswahrscheinlichkeiten und damit gebundene Teilchen und werden folglich als *gebundene Zustände* bezeichnet.

Unsere obigen qualitativen Überlegungen haben auch gezeigt, dass die Wellenfunktion des Grundzustandes keinen Knoten hat, die des ersten angeregten Zustandes einen Knoten besitzt, die des zweiten einen zweiten Knoten usw. Diese qualitativ gefundenen Ergebnisse sind offenbar eine Folge der mathematischen Struktur der Schrödinger-Gleichung und sollen im Folgenden streng bewiesen werden.

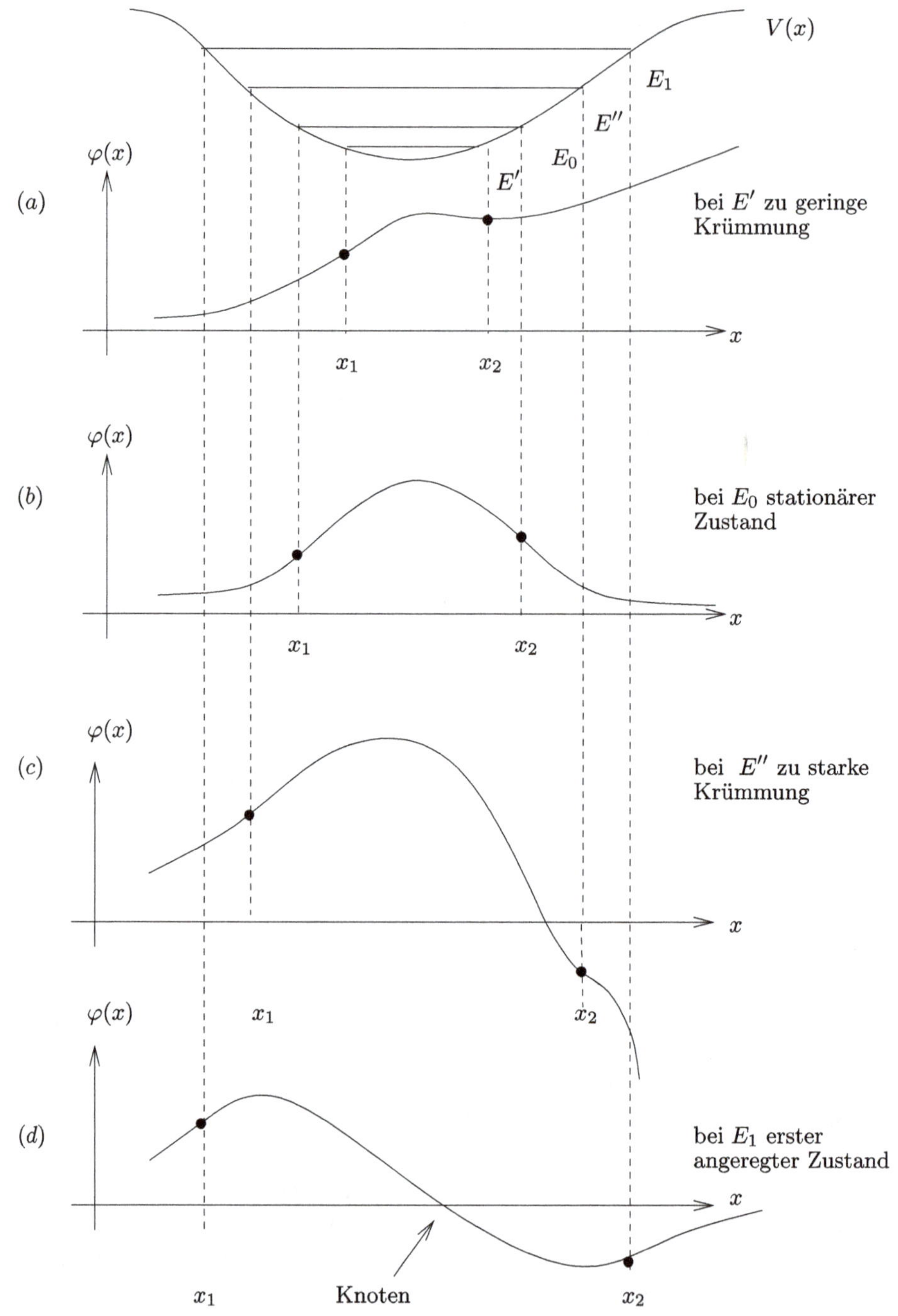

Abb. 8.4: Wellenfunktion für unterschiedliche Energien.

8.3 Strenge Eigenschaften der eindimensionalen Schrödinger-Gleichung

Aus der Tatsache, dass die stationäre Schrödinger-Gleichung eine lineare Differentialgleichung zweiter Ordnung ist, folgen bereits einige sehr weitreichende Aussagen über die Eigenschaften der Wellenfunktionen. Dazu wollen wir zunächst einige Ergebnisse der Theorie der Differentialgleichungen benutzen. Der Einfachheit halber setzen wir im Folgenden voraus, dass das Potential $V(x)$ nur *endliche* Unstetigkeitssprünge aufweist.

Die Funktionen φ_1 und φ_2 seien zwei stationäre Lösungen der Schrödinger-Gleichung zu den Energien E_1 und E_2. Dann gilt:

$$\varphi_1''(x) + k_1^2(x)\varphi_1(x) = 0\,,$$
$$\varphi_2''(x) + k_2^2(x)\varphi_2(x) = 0\,,$$

wobei

$$k_{1/2}^2(x) = \frac{2m}{\hbar^2}(E_{1/2} - V(x))\,.$$

Multiplizieren wir die erste Gleichung mit φ_2, die zweite mit φ_1 und bilden die Differenz, so erhalten wir:

$$\begin{aligned}\varphi_2''\varphi_1 - \varphi_1''\varphi_2 &= (k_1^2 - k_2^2)\varphi_1\varphi_2\\ &= \frac{2m}{\hbar^2}(E_1 - E_2)\varphi_1\varphi_2\,.\end{aligned} \tag{8.3}$$

Den Ausdruck auf der linken Seite dieser Gleichung formen wir um zu:

$$\begin{aligned}\varphi_2''\varphi_1 - \varphi_1''\varphi_2 &= \varphi_2''\varphi_1 + \varphi_2'\varphi_1' - (\varphi_1''\varphi_2 + \varphi_2'\varphi_1')\\ &= \frac{d}{dx}(\varphi_2'\varphi_1 - \varphi_1'\varphi_2)\end{aligned} \tag{8.4}$$

Er stellt ein totales Differential der Größe

$$W(\varphi_1, \varphi_2; x) = \begin{vmatrix}\varphi_1(x) & \varphi_2(x)\\ \varphi_1'(x) & \varphi_2'(x)\end{vmatrix} \tag{8.5}$$

dar, die als *Wronskian* bzw. *Wronski-Determinante* der (homogenen) Differentialgleichung zweiter Ordnung bezeichnet wird. Durch Integration von (8.3) über x von x' bis x'' und Benutzung von (8.4) und der Definition des Wronskian erhalten wir:

$$W(\varphi_1, \varphi_2; x'') - W(\varphi_1, \varphi_2, x') = \frac{2m}{\hbar^2}(E_1 - E_2)\int\limits_{x'}^{x''} dx\, \varphi_1(x)\varphi_2(x)\,. \tag{8.6}$$

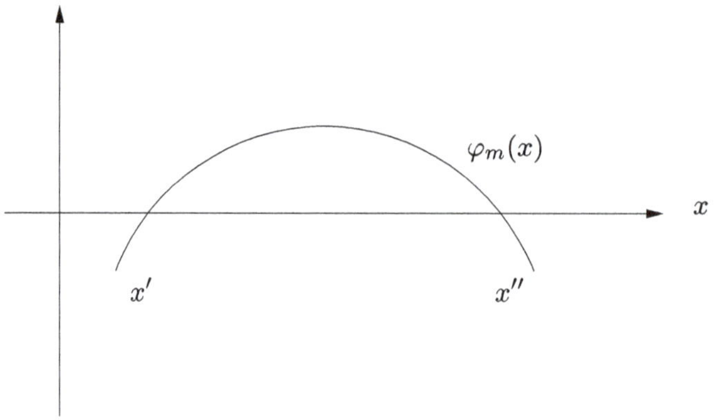

Abb. 8.5: Wellenfunktion zwischen zwei benachbarten Nullstellen.

Mittels dieser Beziehung können wir einige allgemeine Eigenschaften der Lösungen der stationären Schrödinger-Gleichung angeben, die allein aus ihrer mathematischen Struktur folgen:

1. Die Zustände des diskreten Spektrums der eindimensionalen Schrödinger-Gleichung sind sämtlich nicht entartet, d. h. zu einem festen E gibt es immer nur eine linear unabhängige Eigenfunktion $\varphi(x)$.

Wir führen den Beweis indirekt. Seien φ_1 und φ_2 zwei verschiedene, linear unabhängige Lösungen[1] der stationären Schrödinger-Gleichung zur selben Energie E. Aus (8.6) folgt, dass ihr Wronskian eine von x unabhängige Konstante ist. Da φ_1 und φ_2 normierbare Lösungen der stationären Schrödinger-Gleichung sein sollen, müssen sie für $|x| \to \infty$ asymptotisch verschwinden, $\varphi_1(x), \varphi_2(x) \to 0$. Damit verschwindet der Wronskian für alle x:

$$W(\varphi_1, \varphi_2; x) = 0 .$$

Aus der Definition des Wronskians folgt dann die Beziehung

$$\frac{\varphi_1'}{\varphi_1} - \frac{\varphi_2'}{\varphi_2} = 0 \quad \Rightarrow \quad \frac{d}{dx} \ln \varphi_1 - \frac{d}{dx} \ln \varphi_2 = 0 ,$$

die sich zu

$$\frac{d}{dx} \ln\left(\frac{\varphi_1}{\varphi_2} \right) = 0$$

umformen lässt. Integrieren wir diese Gleichung, so finden wir:

$$\ln\left(\frac{\varphi_1}{\varphi_2} \right) = \text{const} \equiv \ln C ,$$

---

1 Zwei Funktionen $\varphi_1(x)$ und $\varphi_2(x)$ sind genau dann linear unabhängig, wenn die Gleichung $C_1\varphi_1(x) + C_2\varphi_2(x) = 0$ mit beliebigen x nur die Lösung $C_1 = C_2 = 0$ besitzt.

bzw.:

$$\varphi_1 = C\varphi_2 \,.$$

Die beiden Wellenfunktionen sind also linear abhängig und stellen somit bis auf eine Normierung dieselbe Eigenfunktion dar. Dies steht im Widerspruch zu unserer Annahme, dass φ_1 und φ_2 zwei verschiedene, d. h. linear unabhängige Funktionen sind. Damit ist die Behauptung bewiesen.[2]

---

2. Knotensatz in einer Dimension: Die Wellenfunktion des n-ten angeregten Zustandes hat genau n Knoten.

Dieser Sachverhalt ist unmittelbar aus den vorangegangenen qualitativen Diskussionen klar. Zum Beweis nehmen wir an, dass $\varphi_n(x)$ und $\varphi_m(x)$ reelle Eigenfunktionen mit Eigenwerten $E_n > E_m$ sind. Ferner seien x' und x'' zwei benachbarte Nullstellen von $\varphi_m(x)$, d. h.:

$$\varphi_m(x') = \varphi_m(x'') = 0 \,. \tag{8.7}$$

Dann hat $\varphi_m(x)$ für alle $x \in (x', x'')$ ein und dasselbe Vorzeichen und für die Ableitungen gilt (siehe Abb. 8.5):

$$\varphi_m'(x')\varphi_m'(x'') < 0 \,.$$

Ohne Beschränkung der Allgemeinheit (o. B. d. A.) können wir annehmen, dass:

$$\varphi_m(x) > 0 \,, \quad x \in (x', x'') \,. \tag{8.8}$$

Für die Ableitungen gilt dann:

$$\varphi_m'(x') > 0 \,, \quad \varphi_m'(x'') < 0 \,. \tag{8.9}$$

Wegen (8.7) und (8.8), (8.9) gilt:

$$\begin{aligned} W(\varphi_n, \varphi_m; x)\big|_{x'}^{x''} &= \varphi_n(x)\varphi_m'(x)\big|_{x'}^{x''} = \varphi_n(x'')\varphi_m'(x'') - \varphi_n(x')\varphi_m'(x') \\ &= -\left(\varphi_n(x'')\left|\varphi_m'(x'')\right| + \varphi_n(x')\left|\varphi_m'(x')\right|\right). \end{aligned}$$

Einsetzen dieses Ausdruckes in (8.6) liefert:

$$-\left(\varphi_n(x'')\left|\varphi_m'(x'')\right| + \varphi_n(x')\left|\varphi_m'(x')\right|\right) = \frac{2m}{\hbar^2}(E_n - E_m)\int_{x'}^{x''} dx\, \varphi_n(x)\varphi_m(x) \,. \tag{8.10}$$

Nach Gl. (8.8) ist $\varphi_m(x) > 0$ für alle $x \in (x', x'')$. Falls $\varphi_n(x)$ ebenfalls im Intervall (x', x'') keine Nullstellen besitzt, so hat $\varphi_n(x)$ ein und dasselbe Vorzeichen für alle $x \in (x', x'')$. Die rechte Seite der obigen Gl. (8.10) hat dann für $E_n > E_m$ dasselbe Vorzeichen wie $\varphi_n(x)$, während die linke Seite das entgegengesetzte Vorzeichen

---

2 Wir haben oben gesehen, dass aus $W(\varphi_1, \varphi_2; x) = 0$ die lineare Abhängigkeit $\varphi_2 \sim \varphi_2$ folgt. Auch die Umkehrung dieser Aussage ist offensichtlich. Damit gilt: Der Wronskian verschwindet genau dann nicht $W(\varphi_1, \varphi_2; x) \neq 0$, wenn die beiden Funktionen φ_1 und φ_2 linear unabhängig sind.

besitzt. Dies ist ein Widerspruch, der sich nur beseitigen lässt, wenn $\varphi_n(x)$ im Intervall zwischen x' und x'' das Vorzeichen mindestens einmal ändert, d. h. φ_n muss mindestens einen Knoten in (x', x'') besitzen.

Ferner wissen wir, dass die normierbaren Eigenfunktionen $\varphi_n(x)$ und $\varphi_m(x)$ für $x \to \infty$ gegen null gehen müssen. Die m Knoten von $\varphi_m(x)$ unterteilen die x-Achse in $m+1$ Abschnitte, in denen die Wellenfunktion $\varphi_m(x)$ das Vorzeichen nicht ändert. Nach dem oben bewiesenen Satz muss in jedem dieser Abschnitte $\varphi_n(x)$ mindestens eine Nullstelle besitzen. Damit hat $\varphi_n(x)$ mindestens $m + 1$ Knoten.

Wählen wir $n := m + 1$ und benutzen die Methode der vollständigen Induktion, so ist der Knotensatz bewiesen, vorausgesetzt wir können noch zeigen:

---

3. Die Wellenfunktion des Grundzustandes besitzt keine Knoten.

Dieser Satz ist ebenfalls unmittelbar klar aus den oben gegebenen qualitativen Betrachtungen, siehe Abschnitt 8.2, und gilt auch in mehr als einer Dimension. Er beinhaltet, dass die Wellenfunktion für kein endliches x verschwindet, d. h. keine Knoten besitzt. Die Wellenfunktion besitzt deshalb im gesamten Raum ein und dasselbe Vorzeichen.

---

4. Die Grundzustandswellenfunktion φ_0 ist auch in mehr als einer Dimension nicht entartet.

Den Beweis führen wir wieder indirekt. Nehmen wir an, es existieren zwei entartete Grundzustandswellenfunktionen $\varphi_0^{(1)}$ und $\varphi_0^{(2)}$. Beide dürfen dann keine Knoten besitzen. Nach dem Superpositionsprinzip ist dann

$$\varphi_0^{(3)} = C_1\varphi_0^{(1)} + C_2\varphi_0^{(2)}$$

ebenfalls Lösung der stationären Schrödinger-Gleichung zur selben Energie und sollte als Grundzustandswellenfunktion knotenfrei sein. Durch geeignete Wahl der Koeffizienten C_1 und C_2 kann man jedoch erreichen, dass $\varphi_0^{(3)}$ in einem beliebigem Punkt einen Knoten besitzt. Dies ist ein Widerspruch zur Annahme, der sich nur dadurch auflösen lässt, dass der Grundzustand nicht entartet ist.

---

5. Verläuft die Bewegung in einem durch eine unendlich hohe Potentialbarriere räumlich begrenzten Gebiet (siehe z. B. den unendlich hohen Potentialtopf), so muss auf dem Rand dieses Gebietes die Wellenfunktion für alle Zustände verschwinden, d. h. $\varphi_n(x) = 0$ für alle n.

Dies wurde bereits in den Abschnitten 6.1 und 7.6.2 gezeigt.

6. Bei Vergrößerung des räumlichen Gebietes, in welchem die Bewegung verlaufen kann, werden alle Energieniveaus abgesenkt.

Diese Aussage lässt sich streng mithilfe des Variationsprinzips (siehe Kapitel 20) zeigen, da die Anzahl der Zustände mit wachsender Ausdehnung des Gebietes zunimmt. Diese Aussage ist auch bereits aus dem Beispiel des unendlich hohen Potentialkastens bekannt, siehe die Abschnitte 6.2 und 8.5. Dort hatten wir gefunden, dass die Energie proportional zu $1/L^2$ ist, während der Impuls proportional zu $1/L$ ist. Allgemein folgt aus der Unschärfebeziehung, dass mit wachsender Ausdehnung des Kastens die Impulsunschärfe und damit die Energie abnimmt und somit mehr Zustände mit Energien unterhalb einer Schwelle in den Kasten passen. Dasselbe Ergebnis erhält man bereits in einer semiklassischen Analyse.

8.4 Symmetrische Potentiale: Die Parität

Im Folgenden wollen wir Potentiale betrachten, die symmetrisch bezüglich Raumspiegelung sind:

$$V(-x) = V(x) .$$

Für solche Potentiale ist der Hamilton-Operator

$$H(x) = -\frac{\hbar^2}{2m}\frac{d^2}{dx^2} + V(x)$$

ebenfalls invariant unter Raumspiegelung $x \to (-x)$:

$$H(-x) = H(x) .$$

Wegen der Spiegelsymmetrie von H darf sich bei der Raumspiegelung $x \to (-x)$ die Wellenfunktion höchstens um einen (nicht beobachtbaren) konstanten Phasenfaktor ändern. Um dies zu zeigen, unterwerfen wir die stationäre Schrödinger-Gleichung

$$H(x)\varphi(x) = E\varphi(x) \tag{8.11}$$

der Raumspiegelung $x \to (-x)$ und erhalten:

$$H(-x)\varphi(-x) = E\varphi(-x) .$$

Wegen der Spiegelsymmetrie von H folgt hieraus:

$$H(x)\varphi(-x) = E\varphi(-x) .$$

Vergleichen wir diesen Ausdruck mit (8.11) und beachten, dass die Wellenfunktionen für eine eindimensionale Potentialbewegung nicht entartet sind, so finden wir, dass $\varphi(-x)$ und $\varphi(x)$ sich höchstens um einen konstanten Faktor C unterscheiden dürfen:

$$\varphi(-x) = C\varphi(x) .$$

Zweimalige Anwendung dieser Beziehung führt auf:

$$\varphi(x) = C\varphi(-x) = C^2\varphi(x) ,$$

woraus folgt:

$$C^2 = 1 \quad \Rightarrow \quad C = \pm 1 .$$

Damit finden wir, dass für symmetrische Potentiale die Wellenfunktionen gerade oder ungerade Funktionen sind:

$$\varphi(-x) = \pm\varphi(x) .$$

Wie wir oben allgemein gezeigt haben, sind die stationären (gebundenen) Zustände des eindimensionalen Hamilton-Operators niemals entartet, der Grundzustand besitzt keinen Knoten (d. h. die Grundzustandswellenfunktion hat keine Nullstelle) und die Wellenfunktion des n-ten angeregten Zustandes besitzt n Nullstellen. Für symmetrische Potentiale folgt hieraus, dass die Grundzustandswellenfunktion eine symmetrische Funktion des Ortes und die Wellenfunktionen der angeregten Zustände alternierend ungerade und gerade Funktionen des Ortes sind.

Für spätere Betrachtungen führen wir den Operator der Raumspiegelung Π ein, der offenbar durch

$$\Pi\varphi(x) := \varphi(-x)$$

definiert ist und als *Paritätsoperator* bezeichnet wird. Die zugehörige Eigenwertgleichung lautet:

$$\Pi\varphi(x) = \pi\varphi(x) ,$$

wobei π den Eigenwert des Paritätsoperators bezeichnet.

Zweimalige Anwendung des Paritätsoperators auf die Wellenfunktion liefert:

$$\Pi^2\varphi(x) = \Pi\varphi(-x) = \varphi(x) , \tag{8.12}$$

woraus wir mit

$$\Pi^2\varphi(x) = \pi^2\varphi(x)$$

schließen können, dass die Eigenwerte des Paritätsoperators Π, kurz als *Parität* bezeichnet, durch

$$\pi = \pm 1$$

gegeben sind. Dieses Ergebnis folgt unmittelbar aus (8.12), wonach das Quadrat des Paritätsoperators offenbar gleich dem Einheitsoperator ist:

$$\Pi^2 = \hat{1} .$$

Der Paritätsoperator lässt sich natürlich unmittelbar auf drei Dimensionen verallgemeinern

$$\boxed{\Pi\varphi(\boldsymbol{x}) = \varphi(-\boldsymbol{x})\,.}$$

Sein Eigenwert, die Parität, nimmt offensichtlich auch hier die Werte $\pi = \pm 1$ an.

8.5 Der unendlich hohe Potentialtopf

Im atomaren Bereich gibt es viele Beispiele, in denen die Teilchen auf einen Raum beschränkt sind, sich aber innerhalb dieses Raumes frei bewegen können. Hierbei sind vor allem die Elektronen in Metallen oder die Nukleonen innerhalb des Atomkerns zu nennen. Die Teilchen werden durch die Wirkung einer Kraft auf ein räumliches Gebiet eingeschränkt. Diese Kraft lässt sich i. A. durch den Gradienten eines Potentials darstellen.

In vielen praktischen Problemen ist für ein zu untersuchendes Phänomen nur die Bewegung der Teilchen in einer einzigen Dimension relevant. Ein typisches Beispiel hierfür sind die Elektronen in einem sehr dünnen Draht, der zwischen zwei idealen Isolatorplatten eingespannt ist (Abb. 8.6). Können wir den Querschnitt des Drahtes gegenüber seiner Länge vernachlässigen, wird das Problem eindimensional.

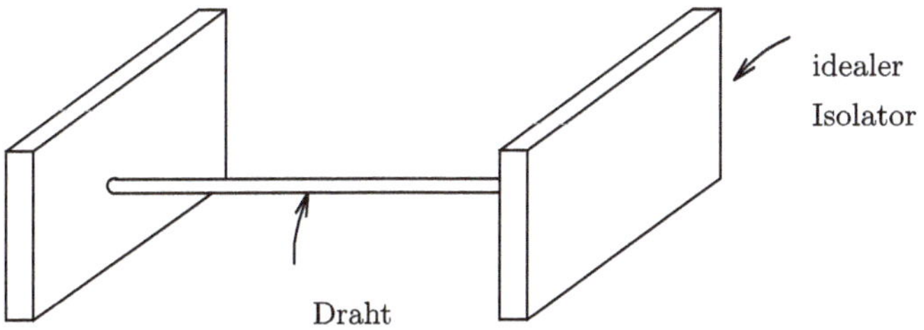

Abb. 8.6: Dünner Draht zwischen zwei Isolatorplatten.

Im idealen Leiter können sich die Leitungselektronen frei bewegen. Das Potential muss folglich im Leiterinneren konstant sein, und wir können den Wert dieses Potentials willkürlich auf null setzen. Da die Elektronen nicht in die Isolatorplatten eindringen können, müssen diese für die Elektronen eine unendlich hohe Potentialwand darstellen (Abb. 8.7).[3]

3 Bei tiefen Temperaturen können die Elektronen den Draht nicht verlassen und die Enden des Drahtes repräsentieren bereits eine unendlich hohe Potentialwand. Die Isolatorplatten können dann entfallen.

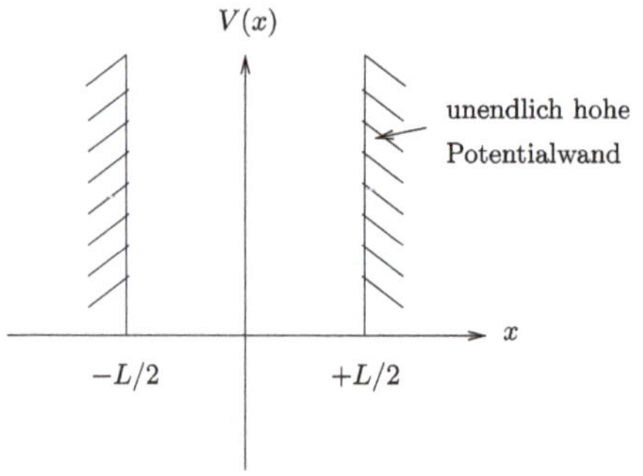

Abb. 8.7: Idealisiertes Potential der Elektronen im dünnen Leiter: Der unendlich hohe Potentialtopf.

Legen wir den dünnen Draht der Länge L parallel zur x-Achse und symmetrisch zum Koordinatenursprung, so hat das Potential der Elektronen in diesem Leiter die Gestalt

$$V(x) = \begin{cases} 0, & |x| < L/2\,, \\ \infty, & |x| \geq L/2\,. \end{cases}$$

Für dieses Potential haben wir bereits in Abschnitt 6.2 den vollen quantenmechanischen Propagator und damit die Wellenfunktionen sämtlicher Energieeigenzustände aus dem Funktionalintegral bestimmt. Im Folgenden wollen wir diese Energieeigenzustände durch Lösen der Schrödinger-Gleichung gewinnen.

Da dieses Potential zeitunabhängig ist, genügt es, die stationäre Schrödinger-Gleichung

$$H\varphi = E\varphi$$

mit dem Hamilton-Operator

$$H = \frac{p^2}{2m} + V(x)$$

für eine endliche Energie E zu lösen.

Für $|x| \geq L/2$ ist die rechte Seite der stationären Schrödinger-Gleichung für jede normierbare Wellenfunktion und jede endliche Energie E endlich. Die linke Seite kann wegen $V_0 \to \infty$ nur endlich bleiben, wenn die Wellenfunktion in diesem Bereich entfällt. Damit erhalten wir:

$$\varphi(x) = 0\,, \quad |x| \geq \frac{L}{2}\,.$$

Für $|x| < L/2$ reduziert sich die Schrödinger-Gleichung mit $V = 0$ auf die Differentialgleichung

$$-\frac{\hbar^2}{2m}\frac{d^2}{dx^2}\varphi(x) = E\varphi(x)\,. \tag{8.13}$$

Da die Wellenfunktion selbst bei unendlich großen Potentialsprüngen stetig ist (siehe Abschnitt 7.6), muss $\varphi(x)$ den Randbedingungen

$$\varphi\left(-\frac{L}{2}\right) = \varphi\left(\frac{L}{2}\right) = 0 \tag{8.14}$$

genügen. Zur Lösung der Differentialgleichung (8.13) führen wir die Wellenzahl $k = p/\hbar$,

$$k^2 = \frac{2mE}{\hbar^2}\,, \tag{8.15}$$

des sich für $|x| < L/2$ frei bewegenden Teilchens ein. Damit nimmt die Schrödinger-Gleichung (8.13) die Gestalt

$$\varphi''(x) + k^2\varphi(x) = 0\,.$$

an. Dies ist die aus der Mechanik bekannte Gleichung eines harmonischen Oszillators. Die allgemeine Lösung dieser linearen Differentialgleichung zweiter Ordnung mit konstanten Koeffizienten hat die Form

$$\varphi(x) = A\cos(kx) + B\sin(kx)\,,$$

wobei die Koeffizienten A und B durch die Randbedingungen (8.14) bestimmt sind. Diese führen auf das folgende System von linearen Gleichungen für die Koeffizienten A und B:

$$A\cos\left(k\frac{L}{2}\right) + B\sin\left(k\frac{L}{2}\right) = 0\,,$$
$$A\cos\left(k\frac{L}{2}\right) - B\sin\left(k\frac{L}{2}\right) = 0\,.$$

Durch Addition und Subtraktion der beiden Gleichungen erhalten wir:

$$A\cos\left(k\frac{L}{2}\right) = 0\,, \quad B\sin\left(k\frac{L}{2}\right) = 0\,.$$

Dieses System hat zwei Lösungen:

$$B = 0\,, \quad k\frac{L}{2} = n\frac{\pi}{2}\,, \quad n = 1, 3, 5, \ldots\,,$$
$$A = 0\,, \quad k\frac{L}{2} = n\frac{\pi}{2}\,, \quad n = 0, 2, 4, \ldots\,.$$

Für *alle* Lösungen muss also

$$kL = n\pi\,, \quad n = 0, 1, 2, \ldots$$

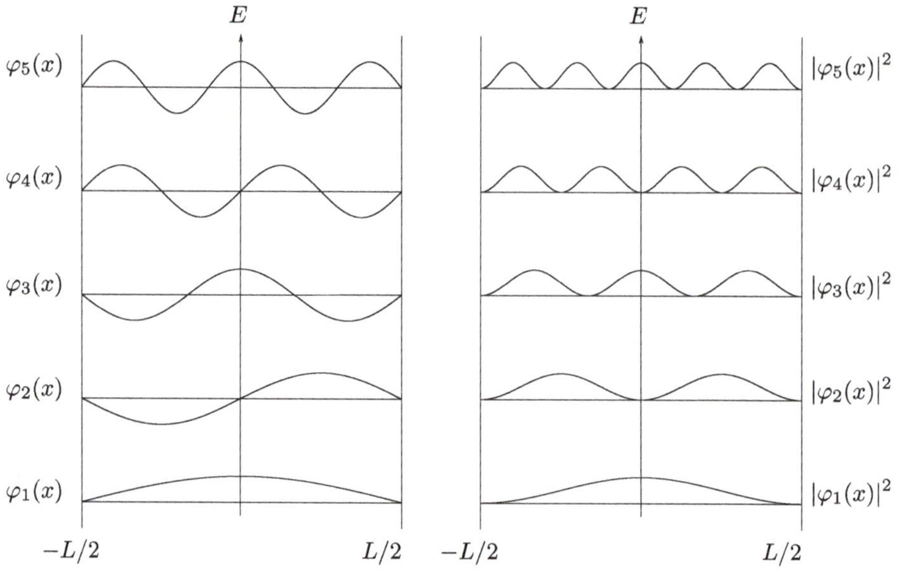

Abb. 8.8: Wellenfunktionen $\varphi_n(x)$ und Aufenthaltswahrscheinlichkeiten $|\varphi_n(x)|^2$ der fünf untersten Eigenzustände des unendlich hohen Potentialtopfes.

gelten. Diese Bedingung beinhaltet, dass die Wellenzahl nur diskrete Werte

$$k_n = \frac{n\pi}{L} \tag{8.16}$$

annehmen kann. Damit lauten die Lösungen:

$$\begin{aligned} \varphi_n(x) &= A\cos(k_n x)\,, \quad n = 1, 3, 5, \dots\,, \\ \varphi_n(x) &= B\sin(k_n x)\,, \quad n = 0, 2, 4, \dots\,. \end{aligned}$$

Physikalisch beinhaltet die Quantisierungsbedingung (8.16), dass ein Vielfaches der halben Wellenlänge $\lambda/2 = \pi/k$ gerade in die Box passt:

$$n\frac{\lambda}{2} = L\,.$$

Dies ist aber gerade die De-Broglie-Quantisierungsbedingung, die wir bereits in Abschnitt 5.4 aus der Bohr-Sommerfeld'schen Quantisierungsbedingung abgeleitet hatten. Im vorliegenden Fall resultiert diese Quantisierungsbedingung aus der Randbedingung (8.14) an die Wellenfunktion.

Die Energieeigenwerte können damit ebenfalls nur die diskreten Werte

$$\boxed{E_n = \frac{\hbar^2 k_n^2}{2m} = \frac{\hbar^2}{2m}\left(\frac{n\pi}{L}\right)^2 = \frac{\hbar^2\pi^2}{2mL^2}n^2} \tag{8.17}$$

annehmen. Fordern wir noch, dass die zugehörigen Eigenfunktionen von H korrekt auf 1 normiert sind

$$\int_{-L/2}^{L/2} dx\, |\varphi_n(x)|^2 \stackrel{!}{=} 1\,,$$

so finden wir für die normierten Wellenfunktionen:

$$\varphi_n(x) = \sqrt{\frac{2}{L}} \cos\left(\frac{n\pi x}{L}\right), \quad n = 1, 3, 5, \ldots\,, \tag{8.18}$$

$$\varphi_n(x) = \sqrt{\frac{2}{L}} \sin\left(\frac{n\pi x}{L}\right), \quad n = 2, 4, 6, \ldots\,, \tag{8.19}$$

wobei die Normierungsbedingung die Lösung mit $n = 0$ ausschließt. Im Zustand $\varphi_{n=0}(x) \equiv 0$ verschwindet die Aufenthaltswahrscheinlichkeit des Teilchens überall, d. h. es existiert in diesem Zustand nicht. Die Energieeigenzustände (8.18), (8.19) hatten wir bereits in (6.20) aus dem Propagator gefunden.

---

i

1. Der Zustand $n = 0$ mit der Energie $E = 0$ ist schon wegen der Unschärferelation verboten. Da das Teilchen sich im Inneren der Box frei bewegt, besitzt es einen festen Impuls, der in diesem Falle verschwindet ($p = 0$). Hieraus folgt, dass auch die Impulsunschärfe in diesem Zustand wegfällt ($\Delta p = 0$). Nach der Unschärferelation (2.6) muss dann aber die Ortsunschärfe Δx unendlich groß werden, was aber für das Teilchen in der Box nicht möglich ist, da die Ortsunschärfe in diesem Fall nicht größer als die Breite der Box sein kann ($\Delta x \leq L$).
2. Die Eigenfunktionen mit ungeradem bzw. geradem n sind symmetrisch bzw. antisymmetrisch bezüglich der Raumspiegelung $x \to (-x)$, wie wir dies aufgrund unserer in Abschnitt 8.4 gegebenen allgemeinen Überlegungen für symmetrische Potentiale erwarten. Ferner besitzt die Wellenfunktion des n-ten angeregten Zustandes $\varphi_{n+1}(x)$ gerade n Nullstellen (für $|x| < L/2$) in Übereinstimmung mit dem Knotensatz.
3. Aus Abb. 8.8 ist ersichtlich: Die ungeraden Wellenfunktionen liefern (bis auf Normierung) die Gesamtheit der Zustände im Potentialtopf der halben Breite. Die normierten Eigenzustände im Potentialtopf

$$V(x) = \begin{cases} 0, & 0 < x < L\,, \\ \infty, & \text{andernfalls} \end{cases} \tag{8.20}$$

sind deshalb durch

$$\varphi_n(x) = \sqrt{\frac{2}{L}} \sin\frac{n\pi x}{L}\,, \quad n = 1, 2, 3, \ldots \tag{8.21}$$

gegeben und besitzen die Energieeigenwerte (8.17).
4. Mit wachsender Potentialbreite L nehmen die Energieeigenwerte $E_n \sim 1/L^2$ ab und das Spektrum wird dichter. Im Limes $L \to \infty$ erhalten wir das kontinuierliche Spektrum des freien Teilchens mit nichtnormierbaren Wellenfunktionen.

8.6 Das δ-Potential

Ist die Wellenlänge λ eines Teilchens sehr groß gegenüber der Ausdehnung b des Potentials ($\lambda \gg b$), so sprechen wir von einem *kurzreichweitigen* Potential. Sehr kurzreichweitige Potentiale können in guter Näherung durch ein δ-Potential approximiert werden:[4]

$$V(x) = C\delta(x)\,, \tag{8.22}$$

wobei C eine (reelle) Konstante ist, welche die Stärke des Potentials charakterisiert. Da $\delta(x)$ die Dimension 1/Länge besitzt, muss die Konstante C die Dimension Energie×Länge haben. Die Wellenlänge λ eines Teilchens ist sehr groß, wenn seine Energie sehr klein ist:

$$E = \frac{p^2}{2m}\,, \qquad p = \hbar k\,, \qquad k = \frac{2\pi}{\lambda}\,.$$

Wellenlängen, die groß im Vergleich zur Ausdehnung des Potentials sind, treten daher bei der Streuung von niederenergetischen Teilchen auf. Ein relevantes Beispiel hierfür ist die Streuung langsamer Neutronen an Festkörpern.

Für gebundene Teilchen kann die Wellenlänge sicherlich nicht groß gegenüber der Ausdehnung des Potentials werden, z. B. für ein Teilchen im unendlich hohen Kastenpotential kann die Wellenlänge höchstens die doppelte Ausdehnung des Kastens erreichen. Dennoch lassen sich in vielen Fällen qualitativ nützliche Aussagen gewinnen, indem man ein realistisches Potential durch ein δ-förmiges Potential (Abb. 8.9) ersetzt. Eine ganze Reihe von sehr erfolgreichen Modellen in der Festkörper- und Kernphysik basieren auf dieser Ersetzung.

Ein klassisches Teilchen mit einer Energie $E < 0$ wird durch ein anziehendes δ-Potential (8.22), $C < 0$, am Ort $x = 0$ lokalisiert. Wir wollen jetzt untersuchen, ob ein anziehendes δ-Potential in der Lage ist, auch ein quantenmechanisches Teilchen einzufangen, d. h. zu binden.

Das δ-förmige Potential verschwindet für alle $x \neq 0$ und die stationäre Schrödinger-Gleichung

$$\left(-\frac{\hbar^2}{2m}\frac{d^2}{dx^2} + C\delta(x)\right)\varphi(x) = E\varphi(x)$$

reduziert sich für $x \neq 0$ auf die freie Schrödinger-Gleichung. Für negative Energien $E < 0$ wird die Wellenzahl (8.15) rein imaginär ($k = i\kappa$) und die Lösung der Wellenfunktion für $x \neq 0$ lautet damit:

$$\varphi(x) = Ae^{\kappa x} + Be^{-\kappa x}\,.$$

4 Damit das Potential (z. B. Kastenpotential) für $b \to 0$ einen nicht-verschwindenden Effekt auf das Teilchen hat, muss die Höhe des Potentials gleichzeitig mit $1/b \to \infty$ gehen.

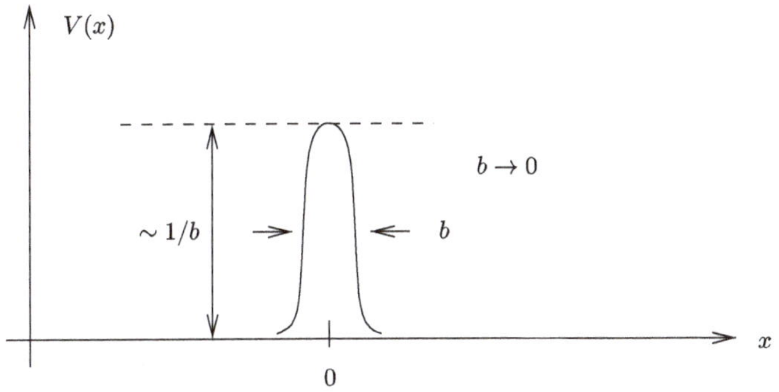

Abb. 8.9: Approximation eines sehr kurzreichweitigen Potentials durch eine (regularisierte) δ-Funktion.

Da die Funktion nur normierbar ist, wenn sie für $x \to \pm\infty$ abfällt, folgt:

$$\varphi(x) = \begin{cases} Ae^{\kappa x}, & x < 0\,, \\ Be^{-\kappa x}, & x > 0\,. \end{cases}$$

Dabei ist:

$$E = -\frac{\hbar^2\kappa^2}{2m} < 0\,. \tag{8.23}$$

Bei $x = 0$ muss die Wellenfunktion den früher abgeleiteten allgemeinen Grenzbedingungen genügen: Wie wir in Abschnitt 7.6 gefunden hatten, muss die Wellenfunktion selbst bei unendlichen Potentialsprüngen stetig sein, d. h.:

$$\lim_{x\to 0^-} \varphi(x) = \lim_{x\to 0^+} \varphi(x)\,.$$

Hieraus folgt, dass die beiden Konstanten A und B gleich sein müssen:

$$\varphi(x) = Ae^{-\kappa|x|}\,. \tag{8.24}$$

Die erste Ableitung der Wellenfunktion ist jedoch bei einem unendlichen Potentialsprung nicht stetig, sondern besitzt einen Sprung, der durch (7.58) gegeben ist:

$$\varphi'(0^+) - \varphi'(0^-) = \frac{2m}{\hbar^2} C\varphi(0)\,. \tag{8.25}$$

Setzen wir hier noch die explizite Form der Wellenfunktion (8.24) ein, so finden wir für die Wellenzahl:

$$-2\kappa A = \frac{2m}{\hbar^2} CA \quad \Rightarrow \quad \kappa = -\frac{m}{\hbar^2} C > 0\,, \quad C < 0\,.$$

In dem δ-förmigen Potential existiert damit genau ein gebundener Zustand mit der Energie (8.23)

$$E = -\frac{C^2}{2\hbar^2} m \,.$$

Das Teilchen ist umso stärker in diesen Zustand gebunden (d. h. seine „Bindungsenergie" $(-E)$ ist umso größer), je größer seine Masse ist und je stärker das Potential ist. Leichte Teilchen sind beweglicher und deshalb schwerer durch ein Potential einzufangen bzw. zu binden. Dies drückt sich auch im Abklingen der Wellenfunktion aus. Die imaginäre Wellenzahl $k = i\kappa$ mit $\kappa = m|C|/\hbar^2$ ist proportional zur Masse m und somit ist die Wellenfunktion mit wachsendem m immer stärker lokalisiert, siehe Abb. 8.10. Die verbleibende Konstante A ergibt sich aus der Normierungsbedingung

$$1 \stackrel{!}{=} \int_{-\infty}^{\infty} dx\, |\varphi(x)|^2 = |A|^2 \int_{-\infty}^{\infty} dx\, e^{-2\kappa|x|} = 2|A|^2 \int_{0}^{\infty} dx\, e^{-2\kappa x} = \frac{|A|^2}{\kappa} \,.$$

Hieraus erhalten wir:

$$|A| = \sqrt{\kappa} = \frac{1}{\hbar}\sqrt{m|C|} \,.$$

Die Phase von A wird durch die Normierungsbedingung nicht festgelegt und kann beliebig gewählt werden, da sie keinen Einfluss auf messbare Größen hat. Die Wellenfunktion dieses gebundenen Zustandes ist in Abb. 8.10 dargestellt.

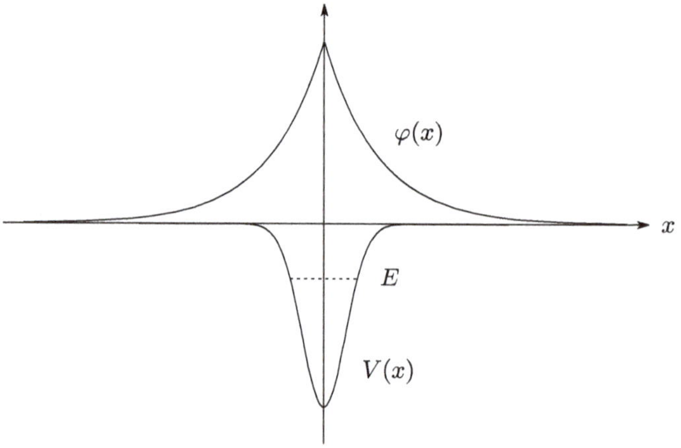

Abb. 8.10: Gebundener Zustand im δ-Potential.

9 Eindimensionale Streuprobleme

Bisher haben wir uns auf die Untersuchung von gebundenen Zuständen in lokalisierten Potentialen beschränkt. In solchen Potentialen führt ein klassisches Teilchen periodische Bewegungen aus und ist somit auf das Gebiet innerhalb des Potentials beschränkt. Wir wollen jetzt das Verhalten von Teilchen in Potentialen untersuchen, welche nicht zu einer periodischen klassischen Bewegung führen, sondern bei denen ein Teilchen aus dem Unendlichen in ein Gebiet mit nicht-verschwindendem Potential läuft, dort vom Potential gestört wird und schließlich ins Unendliche weiterläuft. Solche Bewegungen werden als *Streuprozesse* bezeichnet. Im Folgenden soll der Prototyp eines Streuprozesses in einer Dimension betrachtet werden, bei welchem ein Teilchen an einem zeitlich konstanten, jedoch räumlich veränderlichen Potential gestreut wird. Aufgrund des Superpositionsprinzips müssen wir das Teilchen nicht als Wellenpaket beschreiben, sondern es genügt, eine einzige Wellenkomponente (eine ebene Welle mit fester Wellenzahl) des Paketes zu betrachten.

9.1 Streuung an einer Potentialstufe

In vielen Anwendungsgebieten der Quantenmechanik haben wir es mit Potentialen zu tun, die über einen großen Bereich konstant sind, sich in einem relativ schmalen Übergangsgebiet ziemlich abrupt ändern und schließlich asymptotisch wieder gegen eine Konstante gehen. Ist das Übergangsgebiet, in welchem sich das Potential ändert, klein gegenüber der Wellenlänge des Teilchens, so können wir die Potentialänderung in guter Näherung durch eine scharfe Potentialstufe ersetzen (Abb. 9.1). Ein solches Potential besitzt die Form einer Θ-Funktion:

$$V(x) = V_0 \Theta(x) , \quad V_0 > 0 . \tag{9.1}$$

Wir wollen nun die Bewegung eines Teilchens in einem solchen Potential untersuchen. Um eine physikalische Vorstellung zu bekommen, betrachten wir zunächst statt des quantenmechanischen Teilchens die Ausbreitung von Lichtwellen in einer analogen Situation. Die Potentialstufe entspricht dabei dem Übergang von einem optisch dünneren Medium mit Brechungsindex n_1 zu einem optisch dichteren Medium mit einem Brechungsindex $n_2 > n_1$. Fällt eine Lichtwelle von links senkrecht auf die Grenzfläche (Potentialschwelle) zwischen dem optisch dünneren und dem optisch dichteren Medium, so wird ein Teil des Lichtes an der Grenzfläche reflektiert, während der Rest des Lichtes seinen Weg durch das optisch dichtere Medium mit einer kleineren Geschwindigkeit $c_2 = c_1 n_1 / n_2$ fortsetzt.[1] (Da das Licht senkrecht auf die Grenzfläche fällt, erfolgt

1 Wir haben hier den aus der Elektrodynamik bekannten Zusammenhang zwischen der Lichtgeschwindigkeit c in und dem Brechnungsindex n eines Mediums $c \sim 1/n$ benutzt.

https://doi.org/10.1515/9783111268255-009

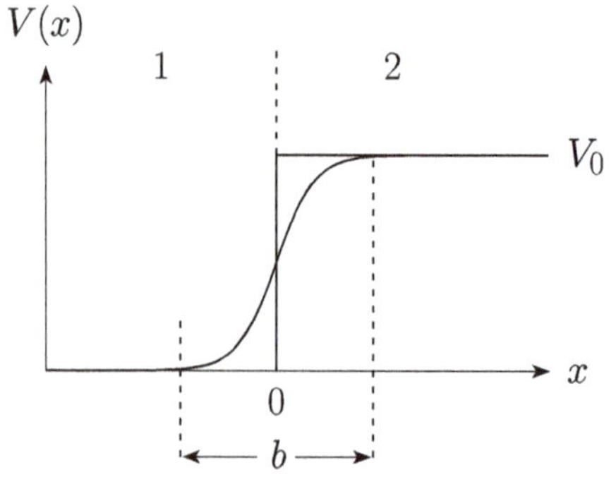

Abb. 9.1: Näherung eines sich rapide ändernden Potentials durch eine scharfe Potentialstufe. Diese Näherung ist zulässig, wenn die Änderung des Potentials über ein Gebiet der Breite b erfolgt, das klein gegenüber der Wellenlänge λ des Teilchens ist.

keine Ablenkung). Wir sollten ein ähnliches Phänomen auch bei der Bewegung eines quantenmechanischen Teilchens beobachten, da dieses bekanntlich Wellencharakter besitzt. Betrachten wir eine von links in das Gebiet 1 einfallende ebene Materiewelle, so wird diese durch den Potentialsprung gestört. Ist die Energie der Welle $E > V_0$, so sollte genau wie im Falle des Lichtes ein Teil der Welle am Potentialsprung reflektiert werden, während der restliche Teil mit veränderter, dem neuen Potential angepasster Wellenlänge nach rechts weiterlaufen sollte. Dieses aufgrund der Analogie mit den Lichtwellen zu erwartende Verhalten sollte aus der Schrödinger-Gleichung folgen.

9.1.1 Streuzustände

Wir legen den Potentialsprung in $x = 0$ und betrachten zunächst die stationäre Schrödinger-Gleichung in den beiden Gebieten konstanten Potentials $x < 0$ und $x > 0$ getrennt. Nach Einführung der Wellenzahl lautet die Schrödinger-Gleichung in diesen beiden Gebieten:

$$\begin{aligned} \frac{d^2\varphi_1}{dx^2} &= -k_1^2\varphi_1 , \quad k_1 = \frac{1}{\hbar}\sqrt{2mE} , \quad x < 0 , \\ \frac{d^2\varphi_2}{dx^2} &= -k_2^2\varphi_2 , \quad k_2 = \frac{1}{\hbar}\sqrt{2m(E - V_0)} , \quad x > 0 . \end{aligned} \tag{9.2}$$

Die fundamentalen Lösungen dieser Schwingungsgleichungen sind durch ebene Wellen

$$\varphi_{1,2}(x) = e^{\pm i k_{1,2} x}$$

gegeben. Dementsprechend setzen wir die allgemeine Lösung in der Form an,

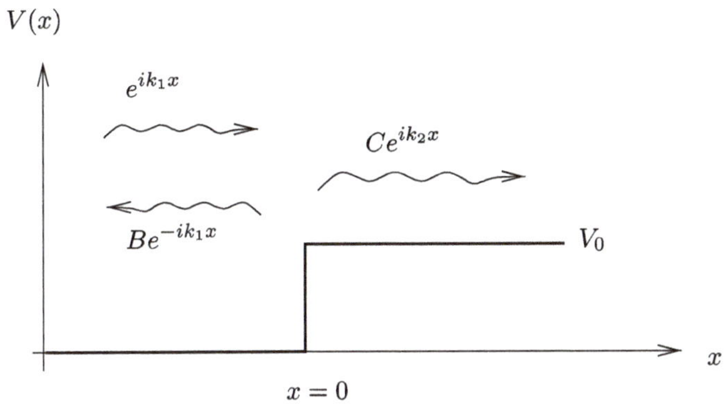

Abb. 9.2: Illustration der verschiedenen Bestandteile der Wellenfunktion bei der Streuung an der Potentialstufe.

$$\varphi_1(x) = Ae^{ik_1x} + Be^{-ik_1x}\,, \quad x < 0\,,$$
$$\varphi_2(x) = Ce^{ik_2x} + De^{-ik_2x}\,, \quad x > 0\,,$$

wobei A, B, C und D komplexe Konstanten sind. Ohne Beschränkung der Allgemeinheit können wir die Amplitude der einfallenden Welle[2] $A = 1$ wählen. Da wir uns auf eine von links einlaufende ebene Teilchenwelle beschränkt haben und voraussetzen, dass das Potential für $x > 0$ konstant ist, gibt es keinen Mechanismus, der eine im rechten Raum nach links laufende Welle erzeugen könnte (vergleiche wieder das analoge Experiment mit Lichtwellen). Deshalb können wir $D = 0$ setzen. Dann lautet die Wellenfunktion (siehe Abb. 9.2):

$$\begin{aligned} \varphi_1(x) &= e^{ik_1x} + Be^{-ik_1x}\,, \quad x < 0\,, \\ \varphi_2(x) &= Ce^{ik_2x}\,, \quad x > 0\,. \end{aligned} \tag{9.3}$$

Die Wellenfunktionen im linken und rechten Gebiet, φ_1 und φ_2, sind jedoch nicht unabhängig voneinander, sondern müssen, wie wir früher aus allgemeinen Überlegungen gefunden hatten, gewisse Stetigkeitsbedingungen bzw. Grenzflächenbedingungen erfüllen. Wie in Abschnitt 7.6 gezeigt wurde, muss die Wellenfunktion an Potentialsprüngen immer stetig sein. In unserem Fall muss deshalb gelten:

2 Die Interpretation von $\exp[\,(\pm)ikx]$ als nach rechts (links) laufende Welle basiert auf ihrem Impuls $p = \pm\hbar k$, erfordert aber streng genommen die Restoration des zeitabhängigen Teils der Wellenfunktion $e^{-i\omega(k)t}$, womit die Welle $\exp[\,(\pm)ikx]$ eine positive (negative) Phasengeschwindigkeit $(\pm)\omega(k)/k$ erhält. Weiterhin erfordert die Beschreibung eines realistischen Streuexperimentes die Benutzung von Wellenpaketen statt ebenen Wellen, siehe Abschnitt 4.3. Wegen des Superpositionsprinzips nimmt aber jede einzelne Welle des Wellenpaketes unabhängig von den übrigen Wellen am Streuprozess teil. Dies rechtfertigt die stationäre Betrachtungsweise des Streuexperimentes.

$$\varphi_1(0) = \varphi_2(0)\,. \tag{9.4}$$

Setzen wir weiterhin voraus, dass der Potentialsprung endlich ist ($V_0 < \infty$), so muss auch die erste Ableitung der Wellenfunktion an dem Potentialsprung stetig sein:

$$\varphi_1'(0) = \varphi_2'(0)\,. \tag{9.5}$$

Setzen wir die explizite Form der Wellenfunktion (9.3) in die beiden Grenzflächenbedingungen (9.4) und (9.5) ein, so erhalten wir:

$$1 + B = C\,, \quad k_1(1 - B) = k_2 C\,. \tag{9.6}$$

Dies ist ein inhomogenes Gleichungssystem für die beiden unbekannten Koeffizienten B und C, das sich in trivialer Weise auflösen lässt:

$$B = \frac{k_1 - k_2}{k_1 + k_2}\,, \quad C = \frac{2k_1}{k_1 + k_2}\,. \tag{9.7}$$

Setzen wir hier die expliziten Ausdrücke (9.2) für die Wellenzahlen k_1 und k_2 ein, erhalten wir:

$$B = \frac{1 - \sqrt{1 - V_0/E}}{1 + \sqrt{1 - V_0/E}}\,, \quad C = \frac{2}{1 + \sqrt{1 - V_0/E}}\,. \tag{9.8}$$

Für gegebenes Potential V_0 sind diese Koeffizienten allein eine Funktion der Energie E. Bei Streuung an einer positiven Potentialstufe $V_0 > 0$ (siehe Abb. 9.3(a)) und $E > V_0$ sind diese Koeffizienten reell und positiv. Durchlaufende und reflektierte Welle besitzen damit am Potentialsprung dieselbe Phase wie die einlaufende Welle (deren Amplitude wir o. B. d. A. auf $A = 1$ gesetzt hatten). Bei der Streuung an einer negativen Potentialstufe $V_0 < 0$ (siehe Abb. 9.3(b)) und $E > 0$ sind die Koeffizienten B, C ebenfalls reell, jedoch während $C > 0$ ist, ist $B < 0$. In diesem Fall ist am Potentialsprung $V_0 < 0$ die reflektierte Welle um $e^{i\pi} = -1$ phasenverschoben gegenüber der einfallenden Welle, während die durchgehende Welle in Phase mit der einlaufenden Welle ist.

Wir kommen damit zu folgendem Ergebnis: Bei der Streuung von Teilchen an einer Potentialstufe (mit Teilchenenergien oberhalb der Potentialstufe) ist die durchlaufende Welle stets in Phase mit der einfallenden Welle, während die reflektierte Welle bei einer positiven Potentialstufe in Phase mit der einlaufenden Welle, bei einer negativen Potentialstufe um $e^{i\pi} = -1$ phasenverschoben gegenüber der einlaufenden Welle ist.

Die physikalische Bedeutung der Koeffizienten B und C wird offensichtlich, wenn wir die Wahrscheinlichkeitsstromdichten in den beiden Gebieten konstanten Potentials berechnen. Die Stromdichte ist durch (7.44)

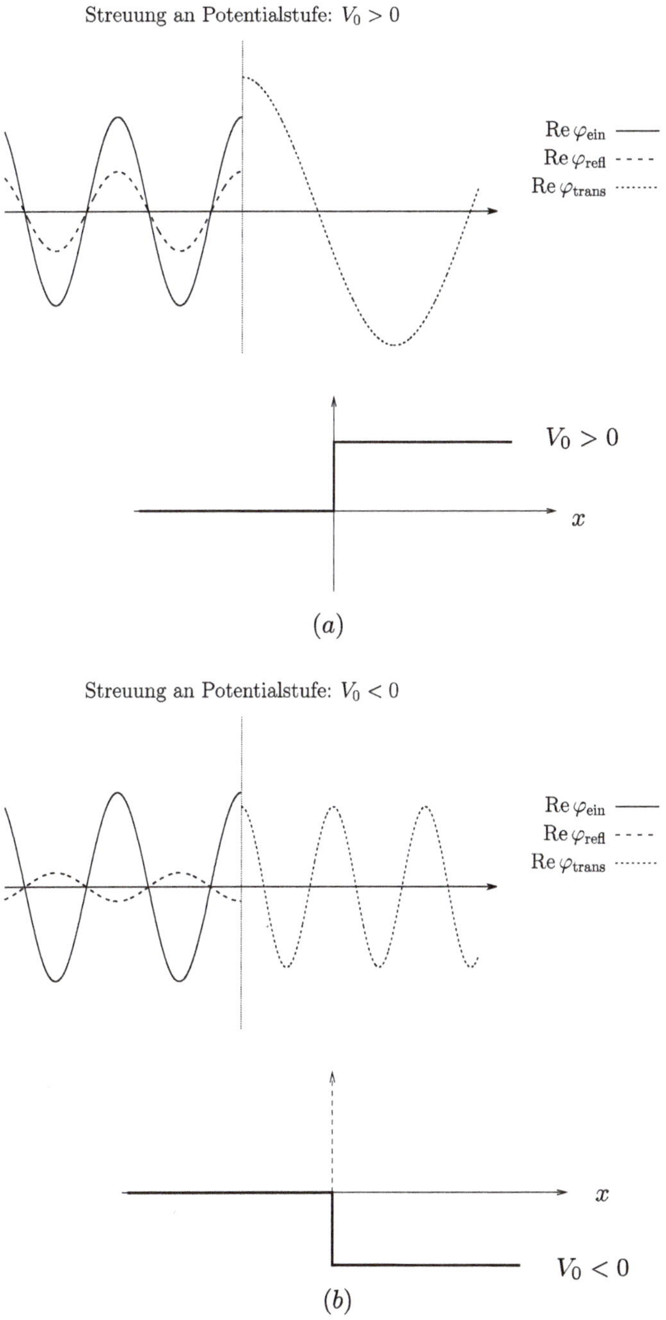

Abb. 9.3: Verhalten des Realteils der Wellenfunktion an einer (a) positiven ($V_0 > 0$) bzw. (b) negativen ($V_0 < 0$) Potentialstufe. Wegen der Stetigkeit der Wellenfunktion am Potentialsprung ist dort die Summe der (vorzeichenbehafteten) Amplituden von einlaufender und reflektierter Welle gleich der Amplitude der durchgehenden Welle.

$$\begin{aligned} \boldsymbol{j}(\boldsymbol{x}) &= \frac{1}{2m}(\varphi^*(\boldsymbol{x})\boldsymbol{p}\varphi(\boldsymbol{x}) - \varphi(\boldsymbol{x})\boldsymbol{p}\varphi^*(\boldsymbol{x})) \\ &= \frac{\hbar}{2mi}(\varphi^*(\boldsymbol{x})\nabla\varphi(\boldsymbol{x}) - \varphi(\boldsymbol{x})\nabla\varphi^*(\boldsymbol{x})) \\ &= \frac{\hbar}{m}\,\mathrm{Im}\{\varphi^*(\boldsymbol{x})\nabla\varphi(\boldsymbol{x}))\} \end{aligned}$$

gegeben. Sie ist offensichtlich stets reell. Eine ebene (eindimensionale) Welle

$$\boxed{\varphi(x) = Ae^{ikx}}$$

liefert die Stromdichte

$$\boxed{j = \frac{\hbar k}{m}|A|^2\,.}$$

Demzufolge erhalten wir für die einfallende Welle $\varphi(x) = e^{ik_1 x}$ bzw. die reflektierte Welle $\varphi(x) = Be^{-ik_1 x}$ die Stromdichten

$$j_{\mathrm{ein}} = \frac{\hbar k_1}{m}\,, \quad j_{\mathrm{refl}} = -\frac{\hbar k_1}{m}|B|^2\,.$$

Sie besitzen entgegengesetzte Vorzeichen. Die einfallenden Teilchen fließen in positive x-Richtung, die reflektierten in negative x-Richtung. Folglich erhalten wir für die Teilchenstromdichte im Gebiet 1 ($x < 0$):

$$j_1 = \frac{\hbar k_1}{m}(1 - |B|^2) = j_{\mathrm{ein}} + j_{\mathrm{refl}} = |j_{\mathrm{ein}}| - |j_{\mathrm{refl}}|\,. \tag{9.9}$$

Sie setzt sich aus der einfallenden und reflektierten Teilchenstromdichte zusammen.[3] Letztere wird auch als *Reflexionsstrom(dichte)* bezeichnet. In analoger Weise finden wir für den Teilchenstrom im Gebiet 2 ($x > 0$), wo $\varphi_2(x) = Ce^{ik_2 x}$:

$$j_2 = \frac{\hbar k_2}{m}|C|^2 = j_{\mathrm{trans}}\,. \tag{9.10}$$

Dieser Strom repräsentiert den Anteil der von links einfallenden Teilchen, welcher durch den Potentialsprung zwar gestört wird, aber seine Bewegung nach rechts fortsetzt. Er wird als *Transmissionsstrom* bezeichnet.

3 Der Interferenzterm zwischen einfallender und reflektierter Welle fällt bei der Berechnung der Stromdichte j_1 heraus.

9.1.2 Transmission und Reflexion

Zur Charakterisierung des reflektierten und durchgehenden Teilchenstroms führen wir den *Reflexionskoeffizienten*[4]

$$R = \frac{-j_{\text{refl}}}{j_{\text{ein}}} = |B|^2$$

und den *Transmissionskoeffizienten*

$$T = \frac{j_{\text{trans}}}{j_{\text{ein}}} = \frac{k_2}{k_1}|C|^2 \tag{9.11}$$

ein. Setzen wir hier die expliziten Werte von B und C (9.7) ein, so finden wir:

$$R = \frac{(k_1 - k_2)^2}{(k_1 + k_2)^2}, \qquad T = \frac{4k_1k_2}{(k_1 + k_2)^2}. \tag{9.12}$$

Diese Koeffizienten erfüllen offenbar die Beziehung

$$R + T = 1. \tag{9.13}$$

Diese Identität drückt die Teilchenzahlerhaltung an der Potentialstufe aus. In der Tat können wir die Stromdichten im linken und rechten Gebiet, Gln. (9.9) und (9.10), mittels der Reflexions- und Transmissionskoeffizienten schreiben als:

$$j_1 = \frac{\hbar k_1}{m}(1 - R), \qquad j_2 = \frac{\hbar k_1}{m}T.$$

Mit der Identität (9.13) folgt dann:

$$j_1 = j_2$$

und mit Gln. (9.9), (9.10) ergibt sich hieraus:

$$j_{\text{ein}} = |j_{\text{refl}}| + j_{\text{trans}}.$$

Diese Gleichung besagt, dass die einfallende Stromdichte gleich der Summe der reflektierten Stromdichte und der durchgehenden Stromdichte ist. Die Erhaltung des Teilchenflusses in beliebigen Potentialen hatten wir bereits früher in Abschnitt 7.6 allgemein bewiesen. Sie war eine Folge der Schrödinger-Gleichung.

Ein von links auf die Potentialstufe auftreffendes Teilchen wird also mit der Wahrscheinlichkeit R an dem Potentialsprung reflektiert. Klassisch hingegen gäbe es keine

4 Man beachte, dass j_{refl} negativ ist.

Reflexion an dem Potentialsprung, solange die Energie E größer als V_0 ist. Das Teilchen würde sich einfach mit kleinerer Geschwindigkeit rechts von der Potentialschwelle weiterbewegen. Diese Reflexion ist ein typisches Wellenphänomen analog zur Reflexion von Licht an Grenzflächen zwischen zwei Medien mit unterschiedlichen Brechungsindizes.

Im Limes $E \to \infty$, also $E \gg V_0$, sollte der Einfluss des Potentials und damit die Reflexion verschwinden. In der Tat erhalten wir für $E \to \infty$ (d. h. $k_2 \to k_1$) aus (9.12) $R = 0$ und reproduzieren das klassische Resultat. Da hier eine unendlich scharfe Potentialkante vorliegt, wird der klassische Grenzfall erst für unendlich große Energien bzw. Wellenzahlen ($k \to \infty$), d. h. für verschwindende Wellenlängen ($\lambda \to 0$) erreicht. Der Grund hierfür ist, dass bei Fourier-Zerlegung der scharfen Potentialstufe (9.1) (Θ-Funktion) unendlich hohe Wellenzahlen wesentlich beitragen. (Ihre Fourier-Transformierte fällt nur mit $1/k$ ab, siehe Anhang A.3.)

Für eine kontinuierliche Potentialschwelle der Breite b (siehe Abb. 9.1) laufen Teilchen mit Wellenzahlen $k \gg 1/b$ (d. h. $\lambda \ll b$) praktisch vollständig durch die Schwelle, d. h. sie werden nicht mehr reflektiert und verhalten sich wie klassische Teilchen. Lassen wir die Breite der Potentialschwelle gegen null gehen ($b \to 0$), so finden wir aus dieser Beziehung wieder, dass erst für $k \to \infty$ das Teilchen die endliche Potentialstufe nicht mehr spürt.

Es ist sehr aufschlussreich, den Reflexionskoeffizienten und den Transmissionskoeffizienten als Funktion der Energie $E > V_0$ zu betrachten. Hierzu wählen wir die Variable

$$\frac{k_2}{k_1} = \sqrt{1 - \frac{V_0}{E}}\,, \quad E > V_0\,.$$

T und R als Funktion dieser Variablen k_2/k_1 (siehe Gl. (9.12)),

$$R = \left(\frac{1 - k_2/k_1}{1 + k_2/k_1}\right)^2, \quad T = 4\frac{k_2/k_1}{(1 + k_2/k_1)^2}$$

sind in Abb. 9.4 dargestellt. Dieses Bild ähnelt sehr den Kurven für Reflexions- und Transmissionskoeffizienten des Lichtes beim Übergang von Luft ($V = 0$) in ein optisch dichteres Medium wie Glas ($V = V_0 > 0$).

Schließlich wollen wir die Aufenthaltswahrscheinlichkeit in den beiden Raumgebieten berechnen. Für das linke Raumgebiet erhalten wir aus (9.3) (da B (9.8) reell ist):

$$|\varphi_1(x)|^2 = 1 + B^2 + 2B\cos(2k_1 x)\,,$$

während wir im rechten Raumgebiet

$$|\varphi_2(x)|^2 = |C|^2 = \text{const}$$

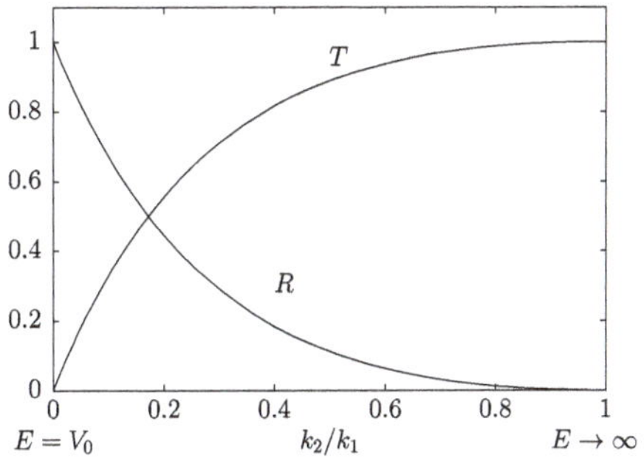

Abb. 9.4: Transmissions- und Reflexionskoeffizient.

finden. Beachten wir Beziehung (9.6) $C = B + 1$, so können wir die Aufenthaltswahrscheinlichkeit im linken Gebiet durch die im rechten ausdrücken ($B > 0$):

$$\begin{aligned} |\varphi_2(x)|^2 &= B^2 + 2B + 1\,, \\ |\varphi_1(x)|^2 &= |\varphi_2(x)|^2 - 2B(1 - \cos(2k_1 x))\,. \end{aligned}$$

Während die Aufenthaltswahrscheinlichkeit im rechten Gebiet konstant ist, ist sie links des Potentialsprungs eine oszillierende Funktion, siehe Abb. 9.5. Dieses Oszillieren kommt durch Interferenz der einfallenden und der reflektierten Welle zustande. Bemerkenswert ist, dass durch die Oszillation die Aufenthaltswahrscheinlichkeit links der Potentialstufe geringer ist als im Gebiet des von null verschiedenen Potentials. Im rechten Gebiet fließen zwar *weniger* Teilchen, sie fließen aber *langsamer* als im

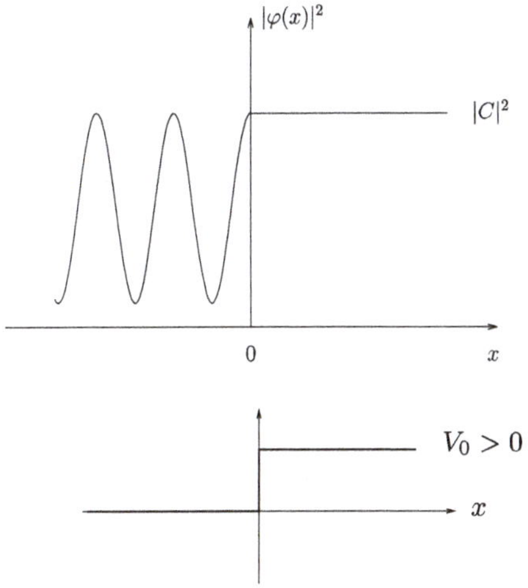

Abb. 9.5: Aufenthaltswahrscheinlichkeit als Funktion des Ortes für die eindimensionale Streuung an einer Potentialstufe für $E > V_0$.

linken Gebiet ($k_2 < k_1 \Rightarrow v_2 < v_1$) und alle in dieselbe Richtung. Somit ist die Wahrscheinlichkeit, ein (langsameres) Teilchen rechts anzutreffen, größer als diejenige, ein schnellfließendes Teilchen links zu finden.

9.1.3 Teilchenenergie unterhalb der Potentialschwelle

Wir wollen jetzt ein von links einfallendes Teilchen mit einer Energie $E < V_0$ betrachten. Die Lösung der Schrödinger-Gleichung in Gebiet 1 bleibt dabei offensichtlich unverändert. In Gebiet 2 wird jedoch die Wellenzahl jetzt rein imaginär:

$$k_2 = i\kappa\,, \qquad \kappa = \frac{1}{\hbar}\sqrt{2m(V_0 - E)}\,. \tag{9.14}$$

Die Lösung in diesem Gebiet klingt deshalb exponentiell ab:

$$\varphi_2(x) = Ce^{-\kappa x}\,.$$

Bezeichnen wir in Gebiet 1 die Wellenzahl mit $k_1 = k$, so nehmen Reflexions- und Transmissionsamplituden die Gestalt an:

$$B = \frac{k - i\kappa}{k + i\kappa}\,, \qquad C = \frac{2k}{k + i\kappa}\,.$$

Hieraus folgt wegen $|k - i\kappa| = |k + i\kappa|$:

$$B = e^{-i2\arctan(\kappa/k)} \tag{9.15}$$

und somit

$$R = |B|^2 = 1\,,$$

wie wir es vom klassischen Standpunkt aus auch erwarten würden. Der einfallende Teilchenstrom wird damit vollständig reflektiert (*Totalreflexion*). Wegen $C \neq 0$ dringen die Teilchen zwar bis zu einer Tiefe $d \sim 1/\kappa$ in die Potentialstufe ein, es findet aber kein Teilchenfluss nach rechts statt: Da die Ortsabhängigkeit der Wellenfunktion φ_2 in diesem Gebiet rein reell ist, verschwindet der zugehörige Teilchenstrom $j_2(x)$ und damit der Transmissionskoeffizient:

$$j_2(x) = 0\,, \qquad T = 0\,.$$

Die gesamte Wellenfunktion $\varphi(x)$ ist in Abb. 9.6 dargestellt.

Streuung an Potentialkante: $E = 0.2V_0 \leftrightarrow \kappa/k = 2$

Streuung an Potentialkante: $E = 0.5V_0 \leftrightarrow \kappa/k = 1.4$

Streuung an Potentialkante: $E = 0.8V_0 \leftrightarrow \kappa/k = 0.5$

Streuung an Potentialkante: $E = 0.95V_0 \leftrightarrow \kappa/k = 0.23$

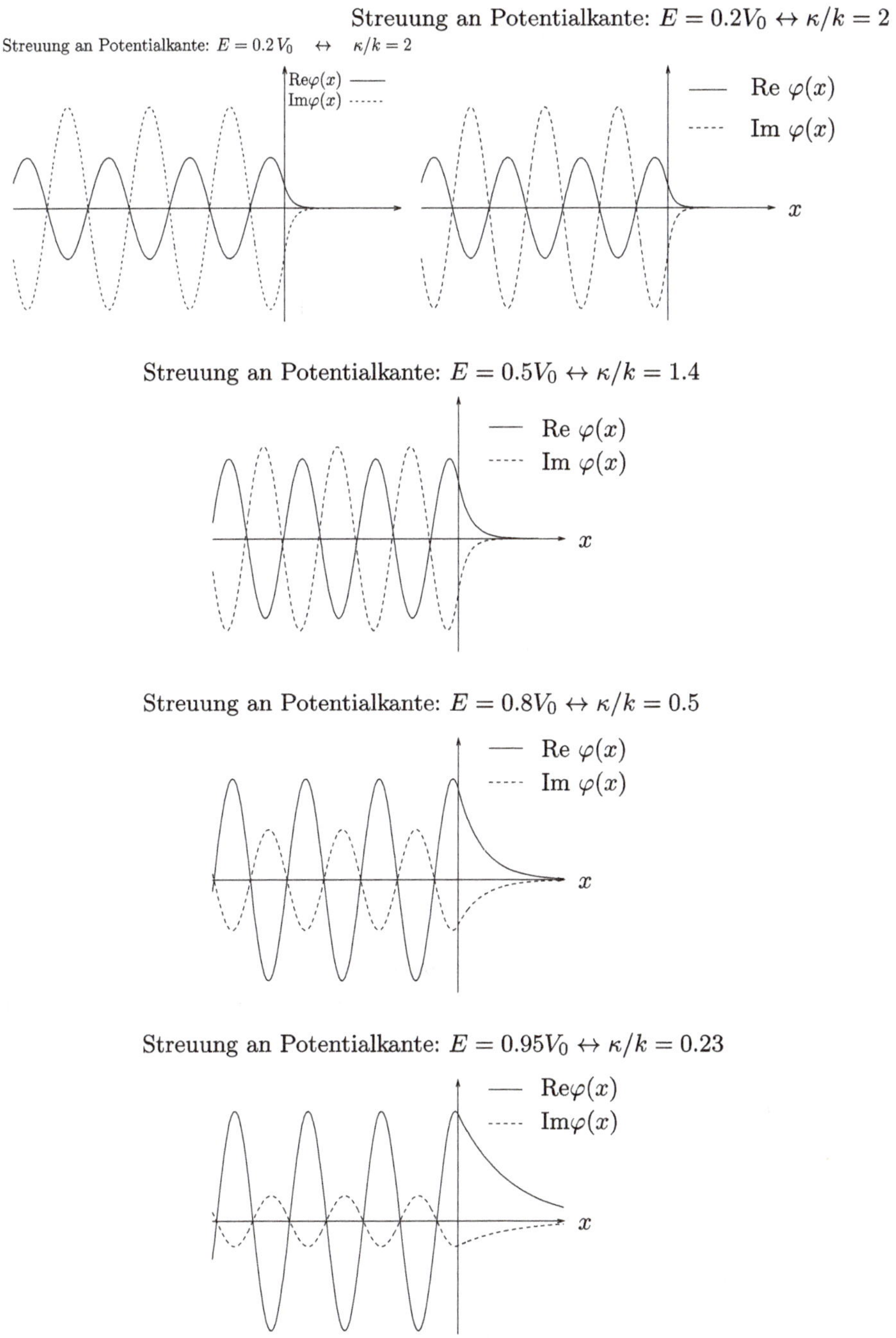

Abb. 9.6: Real- und Imaginärteil der Wellenfunktion für die Streuung an der eindimensionalen Potential-stufe mit $0 < E < V_0$.

Wir betrachten den Koeffizienten der reflektierten Welle B als Funktion der Potentialhöhe V_0. Mit

$$\frac{\kappa}{k} = \sqrt{\frac{V_0}{E} - 1}$$

erhalten wir aus (9.15):

$$B = \exp\left(-i2\arctan\sqrt{\frac{V_0}{E} - 1}\right).$$

Im Allgemeinen ist B komplex und die reflektierte Welle ist somit gegenüber der einlaufenden Welle phasenverschoben. Für eine Energie an der Potentialschwelle ($E = V_0$) folgt $B = 1$ und die reflektierte Welle ist in Phase mit der einfallenden Welle. Die Wellenfunktion in Gebiet 1 ist dann:

$$\varphi_1(x) = 2\cos(kx)\,.$$

Für $E = V_0$ ist wegen $\kappa = 0$ (9.14) die Wellenfunktion in Gebiet 2 eine Konstante (sie klingt also nicht exponentiell ab, siehe Abb. 9.7) und der Teilchenstrom verschwindet wie für $E < V_0$. (Erst für $E > V_0$ fließen Teilchen durch das Gebiet 2.) Für $V_0/E \to \infty$, insbesondere im Grenzfall einer unendlich hohen Potentialschwelle ($V_0 \to \infty$), finden wir mit $\arctan(\infty) = \pi/2$ für die Amplituden der reflektierten und durchgehenden Welle $B = -1$ und $C = 0$. Die reflektierte Welle ist also um die Phase π gegenüber der einlaufenden verschoben. In diesem Limes nehmen die Wellenfunktionen folgende Gestalt an:

$$\varphi_1(x) = 2i\sin(kx)\,, \quad \varphi_2(x) = 0\,.$$

Dieses Verhalten hatten wir bereits früher für die Wellenfunktion an einer unendlich hohen Potentialkante bzw. in einem unendlich hohen Potentialkasten gefunden. Die Wellenfunktion im klassisch erlaubten Energiebereich hat die Form einer stehenden Welle, die einen Knoten am Potentialsprung besitzt und im Gebiet des unendlich großen Potentials verschwindet (Abb. 9.8). Der unendlich große Potentialsprung wirkt also auf die Materiewellen wie ein festes Ende einer schwingenden Saite.

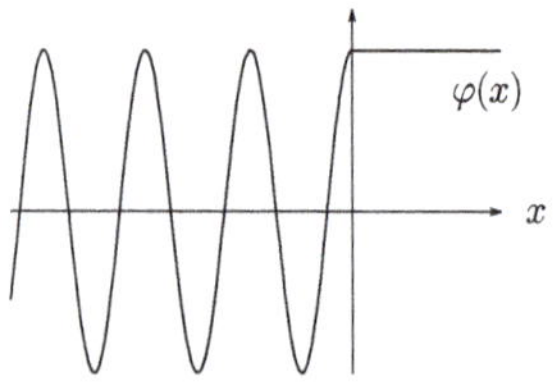

Abb. 9.7: Die Wellenfunktion für die Streuung an einer Potentialkante für $E = V_0$.

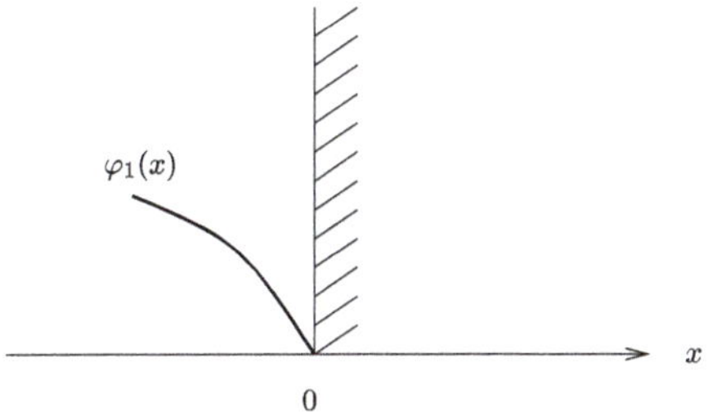

Abb. 9.8: Die Wellenfunktion am unendlich hohen Potentialsprung.

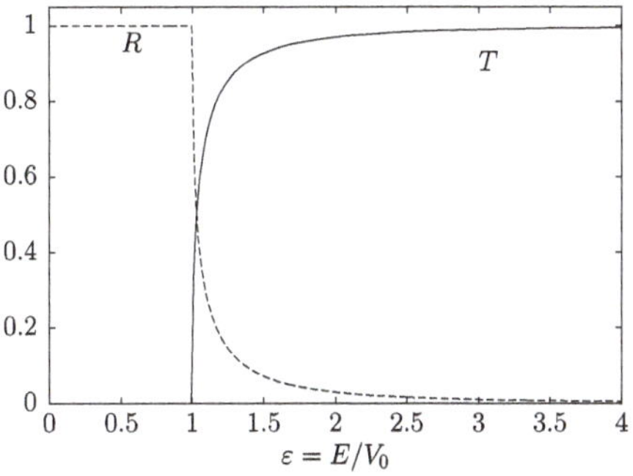

Abb. 9.9: Reflexions- und Transmissionskoeffizienten als Funktion der Energie für die Streuung an einer endlichen Potentialstufe der Höhe V_0.

Betrachten wir schließlich Transmissions- und Reflexionskoeffizienten für ein endliches V_0 über den gesamten Energiebereich von $E = 0$ bis $E = \infty$, so finden wir das in Abb. 9.9 dargestellte Verhalten.

Die obigen Betrachtungen bleiben natürlich alle richtig für eine Potentialstufe mit $V_0 < 0$, für welche die Wellenfunktion in Abb. 9.3(b) gezeigt wurde. Durch Kombinieren der beiden Potentialstufen mit $V_0 > 0$ und $V_0 < 0$ lassen sich beliebig komplizierte (stückweise konstante) Potentialformen konstruieren, insbesondere der rechteckige (endliche) Potentialtopf und die rechteckige Potentialbarriere, die wir im Folgenden untersuchen wollen. Die Analyse dieser mathematischen Idealisierungen erlauben bereits ein qualitatives Verständnis des quantenmechanischen Streuprozesses.

Die oben bei der Teilchenstreuung an der Potentialstufe (Abb. 9.3) beobachteten Phänomene sind von der Ausbreitung von Lichtwellen bekannt, was aufgrund des Wellencharakters der Teilchen in der Quantentheorie nicht überraschen sollte. Der Potentialsprung entspricht in der Optik einer abrupten Änderung des Brechungsindex. Der positive Potentialsprung ($V_0 > 0$) entspricht dem Übergang vom optisch dünneren Medium zum optisch dichteren, entsprechend der negative Potentialsprung ($V_0 < 0$) dem Übergang vom optisch dichteren zum optisch dünneren Medium. Der Fall $E > V_0 > 0$ entspricht in der Optik der Situation, in welcher beide Medien reelle Brechungsindizes besitzen. Der abrupte Anstieg des Brechungsindex ruft hier bei $x = 0$ eine teilweise Reflexion des von links einfallenden Lichtes hervor. Für $V_0 > E > 0$ ändert sich der Brechungsindex bei $x = 0$ abrupt von einem reellen Wert (im Gebiet $x < 0$) in einen imaginären Wert (im Gebiet $x > 0$) und es findet eine *Totalreflexion* des Lichtes bei $x = 0$ statt.

9.2 Streuung am Potentialtopf

Im Folgenden betrachten wir die Bewegung eines quantenmechanischen Teilchens in dem in Abb. 9.10 dargestellten rechteckigen Potentialtopf:

$$V(x) = \begin{cases} -V_0, & |x| < a\,, \\ 0, & |x| \geq a\,. \end{cases} \tag{9.16}$$

Für $E > 0$ würde ein klassisches Teilchen, das von links in das Potentialgebiet einläuft, lediglich durch den Potentialsprung seine kinetische Energie vergrößern, mit größerer Geschwindigkeit über dem Potential entlanglaufen und schließlich für $x > a$ mit seiner ursprünglichen Geschwindigkeit seine Bewegung fortsetzen.

Aus der Untersuchung der Streuung eines Teilchens an der Potentialstufe wissen wir jedoch bereits, dass an den beiden Potentialsprüngen jeweils ein Teil der einlaufenden Welle reflektiert wird. Dies impliziert, dass auch ein Teil der bei $x = a$ reflektierten Welle bei $x = -a$ wieder in zwei Teile aufgespalten wird. Wir haben es deshalb mit einem komplizierten Vielfachstreumechanismus zu tun, der sich in interessanten Interferenzeffekten äußern sollte. Für $E < 0$ ist das Teilchen im Potentialtopf eingefangen und es

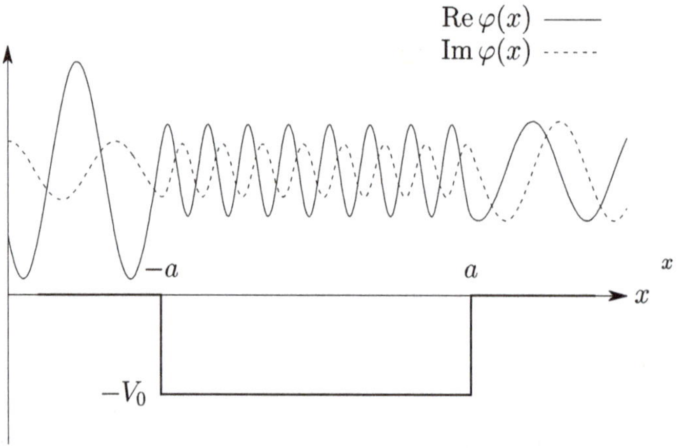

Abb. 9.10: Streuung am endlichen Potentialtopf. Neben dem Potential sind Real- und Imaginärteil der Wellenfunktion (9.18) für eine positive Energie gezeigt.

wird bei gewissen Energien zur Ausbildung von gebundenen Zuständen kommen, die wir in Abschnitt 9.3 untersuchen werden.

9.2.1 Streuzustände

Die allgemeine Lösung der stationären Schrödinger-Gleichung für ein Teilchen im Potentialtopf (9.16) können wir wieder aus den bekannten Lösungen in den Gebieten konstanten Potentials konstruieren, indem wir die Wellenfunktion der Teilgebiete und ihre ersten Ableitung an den Sprungstellen des Potentials stetig fortsetzen. Führen wir erneut die Wellenzahlen

$$k_1 = \frac{1}{\hbar}\sqrt{2mE}\,, \quad k_2 = \frac{1}{\hbar}\sqrt{2m(E+V_0)} \tag{9.17}$$

ein, so hat die Wellenfunktion die Gestalt

$$\varphi(x) = \begin{cases} Ae^{ik_1x} + Be^{-ik_1x}, & x < -a\,, \\ Fe^{ik_2x} + Ge^{-ik_2x}, & |x| < a\,, \\ Ce^{ik_1x} + De^{-ik_1x}, & x > a\,. \end{cases} \tag{9.18}$$

Hierbei sind die in der Wellenfunktion auftretenden Konstanten $A, B, \ldots$ durch die Anschlussbedingungen der Wellenfunktionen an den Potentialsprüngen bestimmt. Die Anschlussbedingungen bei $x = -a$ lauten:

$$\begin{aligned} Ae^{-ik_1a} + Be^{ik_1a} &= Fe^{-ik_2a} + Ge^{ik_2a}\,, \\ ik_1(Ae^{-ik_1a} - Be^{ik_1a}) &= ik_2(Fe^{-ik_2a} - Ge^{ik_2a})\,. \end{aligned}$$

Diese Stetigkeitsbedingungen für die Wellenfunktion und ihre erste Ableitung stellen ein lineares, homogenes Gleichungssystem für die Koeffizienten dar. Führen wir die Matrix

$$E(k,x) = \begin{pmatrix} e^{ikx} & e^{-ikx} \\ ke^{ikx} & -ke^{-ikx} \end{pmatrix}$$

ein, so lässt sich dieses Gleichungssystem schreiben als:

$$E(k_1,-a)\begin{pmatrix} A \\ B \end{pmatrix} = E(k_2,-a)\begin{pmatrix} F \\ G \end{pmatrix}. \tag{9.19}$$

Die Determinante und das Inverse der Koeffizientenmatrix E sind durch

$$\det E(k,x) = -2k\,,$$

$$E^{-1}(k,x) = \frac{1}{2}\begin{pmatrix} e^{-ikx} & \frac{1}{k}e^{-ikx} \\ e^{ikx} & -\frac{1}{k}e^{ikx} \end{pmatrix}$$

gegeben. Die Matrix E ist also regulär für alle nicht-verschwindenden Wellenzahlen k. Wir können deshalb Gl. (9.19) schreiben als:

$$\begin{pmatrix} A \\ B \end{pmatrix} = M(k_1, k_2, -a)\begin{pmatrix} F \\ G \end{pmatrix}, \tag{9.20}$$

wobei die hier auftretende Matrix M durch

$$M(k_1, k_2, x) := E^{-1}(k_1, x)E(k_2, x) \tag{9.21}$$

definiert ist. Ähnlich zur oben abgeleiteten Gl. (9.19) erhalten wir aus den Anschlussbedingungen der Wellenfunktion bei $x = a$ die Beziehung

$$E(k_2, a)\begin{pmatrix} F \\ G \end{pmatrix} = E(k_1, a)\begin{pmatrix} C \\ D \end{pmatrix},$$

die wir wieder umformen zu:

$$\begin{pmatrix} F \\ G \end{pmatrix} = E(k_2, a)^{-1}E(k_1, a)\begin{pmatrix} C \\ D \end{pmatrix} \equiv M(k_2, k_1, a)\begin{pmatrix} C \\ D \end{pmatrix}. \tag{9.22}$$

Durch Einsetzen dieser Beziehung in die Anschlussbedingungen bei $x = -a$, Gl. (9.20), können wir die Koeffizienten F und G eliminieren und erhalten:

$$\begin{pmatrix} A \\ B \end{pmatrix} = M(k_1, k_2, -a)M(k_2, k_1, +a)\begin{pmatrix} C \\ D \end{pmatrix}. \tag{9.23}$$

Die explizite Rechnung zeigt, dass die Matrix M (9.21) durch

$$M(k_1, k_2, x) = \frac{1}{2}\begin{pmatrix} (1 + \frac{k_2}{k_1})e^{-i(k_1-k_2)x} & (1 - \frac{k_2}{k_1})e^{-i(k_1+k_2)x} \\ (1 - \frac{k_2}{k_1})e^{i(k_1+k_2)x} & (1 + \frac{k_2}{k_1})e^{i(k_1-k_2)x} \end{pmatrix} \tag{9.24}$$

gegeben ist. Für das homogene Gleichungssystem (9.23) erhalten wir dann die explizite Form

$$\begin{pmatrix} A \\ B \end{pmatrix} = \begin{pmatrix} [\cos(2k_2a) - \frac{i}{2}\alpha\sin(2k_2a)]e^{i2k_1a} & -\frac{i}{2}\beta\sin(2k_2a) \\ \frac{i}{2}\beta\sin(2k_2a) & [\cos(2k_2a) + \frac{i}{2}\alpha\sin(2k_2a)]e^{-i2k_1a} \end{pmatrix}\begin{pmatrix} C \\ D \end{pmatrix}. \tag{9.25}$$

Hierbei haben wir folgende Abkürzungen eingeführt:

$$\alpha = \frac{k_2}{k_1} + \frac{k_1}{k_2} = \frac{k_2^2 + k_1^2}{k_1k_2}, \quad \beta = \frac{k_2}{k_1} - \frac{k_1}{k_2} = \frac{k_2^2 - k_1^2}{k_1k_2}. \tag{9.26}$$

Der Einfachheit halber nehmen wir nun an, dass die Teilchen von links in das Potentialgebiet einlaufen sollen, dann können wir wieder $D = 0$ setzen. Das obige Gleichungssystem (9.25) vereinfacht sich dann zu:

$$A = C\left(\cos(2k_2a) - \frac{i}{2}\alpha\sin(2k_2a)\right)e^{i2k_1a}\,, \quad B = C\frac{i}{2}\beta\sin(2k_2a)\,. \tag{9.27}$$

Damit ist die Wellenfunktion (9.18) bis auf eine Normierungskonstante C bekannt, siehe Abb. 9.10.

Berechnen wir wieder die Stromdichte von einfallender, reflektierter und durchgehender Welle, so finden wir:

$$\begin{aligned} j_{\text{ein}}(x) &= \frac{\hbar k_1}{m}|A|^2\,, \\ j_{\text{refl}}(x) &= -\frac{\hbar k_1}{m}|B|^2\,, \\ j_{\text{trans}}(x) &= \frac{\hbar k_1}{m}|C|^2\,. \end{aligned}$$

Den bereits früher eingeführten Transmissionskoeffizienten können wir dann sofort aus (9.27) ablesen und erhalten:

$$T = \left|\frac{j_{\text{trans}}}{j_{\text{ein}}}\right| = \left|\frac{C}{A}\right|^2 = \left(1 + \left[\left(\frac{\alpha}{2}\right)^2 - 1\right]\sin^2(2k_2a)\right)^{-1} = (1+\chi)^{-1}\,, \tag{9.28}$$

wobei die hier definierte Größe χ unter Benutzung von (9.26) als

$$\chi = \frac{(k_1^2 - k_2^2)^2}{4k_1^2k_2^2}\sin^2(2k_2a) = \left(\frac{\beta}{2}\right)^2\sin^2(2k_2a) \tag{9.29}$$

geschrieben werden kann. Für $E > 0$ sind k_1 und k_2 reell und damit $\chi \geq 0$. Der Transmissionskoeffizient ist deshalb beschränkt $(0 \leq T \leq 1)$.

Den Reflexionskoeffizienten

$$R = \left|\frac{j_{\text{refl}}}{j_{\text{ein}}}\right| = \left|\frac{B}{A}\right|^2$$

formen wir um zu:

$$R = \left|\frac{B}{C}\right|^2\left|\frac{C}{A}\right|^2 = \left|\frac{B}{C}\right|^2 T\,. \tag{9.30}$$

Aus (9.27) finden wir:

$$\left|\frac{B}{C}\right|^2 = \left(\frac{\beta}{2}\right)^2\sin^2(2k_2a) = \chi\,,$$

wobei wir die Definition (9.29) von χ benutzt haben. Mit (9.28) erhalten wir für den Reflexionskoeffizienten (9.30):

$$R = \frac{\chi}{1+\chi} .$$

Offenbar gilt:

$$R + T = 1 .$$

Diese Gleichung drückt wieder die Erhaltung des Teilchenstromes beim Durchlaufen des Potentialgebietes aus.

9.2.2 Resonanzen

Der explizite Ausdruck des Transmissionskoeffizienten (9.28) mit χ gegeben durch Gl. (9.29),

$$T = \left[1 + \left(\frac{k_1^2 - k_2^2}{2k_1 k_2}\right)^2 \sin^2(2k_2 a)\right]^{-1} , \tag{9.31}$$

zeigt, dass dieser eine oszillierende Funktion von k_2 und damit der Energie E ist. In Abb. 9.11 ist T als Funktion der dimensionslosen Energie $\varepsilon = E/V_0$ für verschiedene Stärken des Potentials

$$\gamma = \frac{a}{\hbar}\sqrt{2m|V_0|} \tag{9.32}$$

dargestellt. In diesen dimensionslosen Variablen nimmt der Transmissionskoeffizient die Gestalt

$$\boxed{T = \left[1 + \frac{\sin^2(2\gamma\sqrt{\varepsilon+1})}{4\varepsilon(\varepsilon+1)}\right]^{-1}} \tag{9.33}$$

an. Für schwache Potentiale $\gamma \ll 1$ ändert sich das Argument der Sinusfunktion erst über große Energiebereiche und die Oszillationen werden aufgrund des dämpfenden Vorfaktors $[4\varepsilon(\varepsilon+1)]^{-1}$ ausgewaschen. Für genügend starke Potentiale ($\gamma \gg 1$) hingegen zeigt T als Funktion von ε ausgeprägte Oszillationen.

Aus Gl. (9.31) ist ersichtlich, dass für gewisse Energien $E = E^{(R)}$, für die

$$2k_2 a = n\pi , \quad n \in \mathbb{Z}$$

gilt, der Transmissionskoeffizient sein Maximum $T = 1$ annimmt. Drücken wir diese Bedingung durch die Wellenlänge λ aus, so finden wir für die Lage der Maxima $T = 1$ die Bedingung

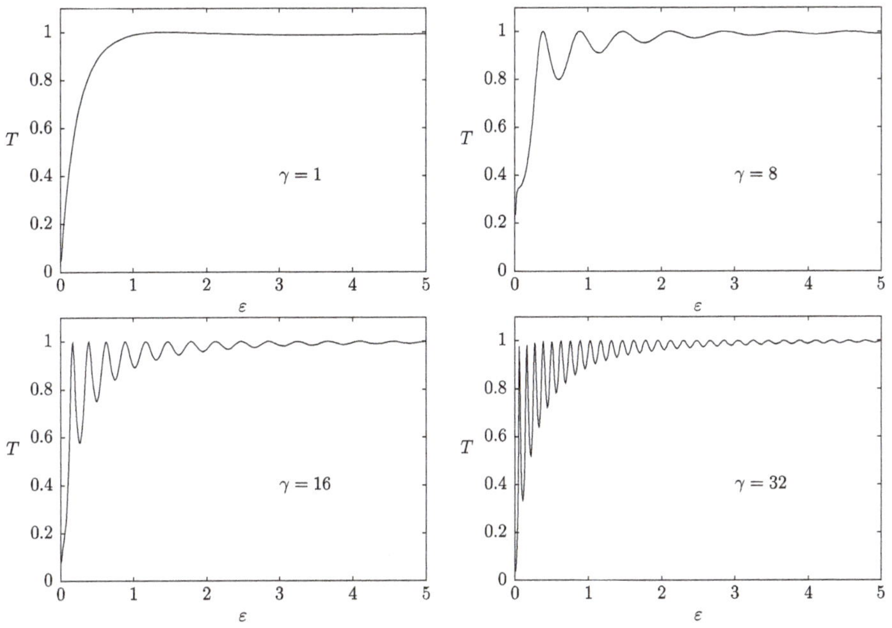

Abb. 9.11: Der Transmissionskoeffizient in Abhängigkeit von der (dimensionslosen) Energie $\varepsilon = E/V_0$ für verschiedene Potentialstärken γ.

$$n\frac{\lambda}{2} = 2a\,, \quad \lambda = \frac{2\pi}{k_2}\,. \tag{9.34}$$

Der Transmissionskoeffizient wird also 1, wenn ein Vielfaches der halben Wellenlänge gleich der Breite des Potentialtopfes $L = 2a$ ist. Die Energieeigenzustände, bei denen der Transmissionskoeffizient ein Maximum besitzt, werden als *Resonanzen* bezeichnet. Bei diesen Resonanzen verschwindet die Reflexion und das Potential wird absolut durchlässig für das quantenmechanische Teilchen ($T = 1$). Anschaulich lässt sich das Auftreten der Resonanzen wie folgt verstehen:

Die von links einlaufende ebene Welle wird am Potentialsprung bei $x = -a$ in eine weiterlaufende und eine reflektierte Welle aufgeteilt. Die weiterlaufende Welle wird am zweiten Potentialsprung bei $x = +a$ ebenfalls aufgespalten in eine weiterlaufende Welle, die Transmissionswelle, und eine reflektierte Welle. Das Auftreten der Resonanzen basiert auf einer destruktiven Interferenz zwischen der direkt bei $x = -a$ reflektierten Welle (Be^{-ik_1x}) und der bei $x = +a$ reflektierten Welle (Ge^{-ik_2x}). Bei $x = -a$ unterscheiden sich die dort direkt reflektierte Welle von der von $x = +a$ zurückkommenden Welle durch die Wegdifferenz $2 \cdot 2a$ um eine Phase $2 \cdot 2ak_2$. Diese ist für die durch Gl. (9.34) definierte Resonanz aber gerade $2\pi n$. Außerdem unterscheiden sich diese beiden Wellen noch um eine Phase π, da die am negativen Potentialsprung bei $x = -a$ reflektierte Welle gegenüber der einlaufenden Welle um $e^{i\pi} = -1$ phasenverschoben ist, während die an der positiven Potentialstufe bei $x = +a$ reflektierte Welle in Phase mit der einfallenden

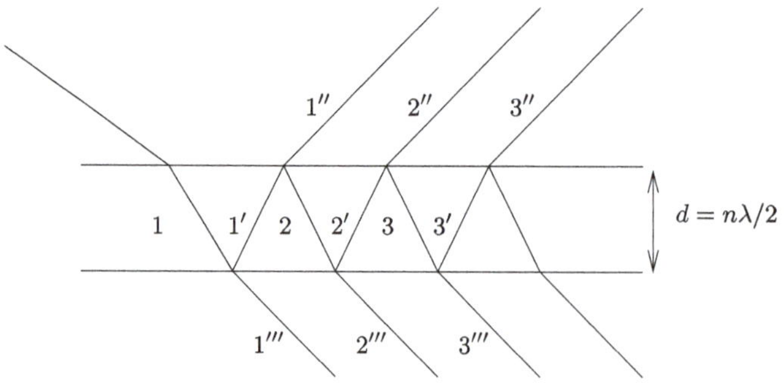

Abb. 9.12: Illustration der Lichtwege beim Fabry-Perot-Interferometer.

Welle ist (siehe Kap. 9.1). Damit besitzen die direkt (bei $x = -a$) reflektierte Welle und die von $x = +a$ zurückkommende Welle bei den *Resonanzenergien* $E^{(R)}$ gerade einen Gesamtphasenunterschied von $(2n + 1)\pi$ und löschen sich somit aus. Diese destruktive Interferenz der reflektierten Wellen führt auf eine völlige Transparenz des Potentials und ist somit verantwortlich für die Ausbildung der Resonanzen mit $T = 1$.

Ein analoges Phänomen wird bei Lichtwellen beobachtet, und zwar beim *Fabry-Perot-Interferometer*. Dieser besteht aus zwei sich gegenüberstehenden parallelen, halbdurchlässigen Spiegeln (Abb. 9.12) mit $T \ll 1$. Licht, welches senkrecht auf einen der beiden Spiegel trifft, wird vollständig durch den Spiegel durchgelassen ($T = 1$), wenn der Abstand der beiden Spiegel ein Vielfaches der halben Wellenlänge des Lichtes beträgt. Dieses Phänomen tritt selbst bei Spiegeln mit Reflexivität $R = 1$ auf. Denn je größer die Reflexivität ist, desto größer ist auch die Zahl der interferierenden Strahlen.

Aus dem Energiesatz im Gebiet $|x| < a$,

$$E + V_0 = \frac{\hbar^2 k_2^2}{2m} ,$$

und (9.34) folgt, dass die Energien $E_n^{(R)}$, bei denen Resonanz auftritt, gerade durch die Eigenenergien des Potentialtopfes der Breite $2a$ mit unendlich hohen Wänden gegeben sind:

$$\boxed{E_n^{(R)} = -V_0 + \frac{1}{2m}\left(\frac{n\pi\hbar}{2a}\right)^2 .}$$

9.3 Gebundene Zustände im endlichen Potentialtopf

9.3.1 Transmissionskoeffizienten für gebundene Zustände

Unsere bisherige mathematische Behandlung der Streuung an einem Potentialtopf war sehr allgemein gehalten und nicht auf positive $E > 0$ beschränkt. Wir können deshalb untersuchen, wie sich der Transmissionskoeffizient verhält, wenn wir Energien im Potentialtopf

$$-V_0 < E < 0$$

betrachten. In diesem Bereich kann der Transmissionskoeffizient, als das Verhältnis von durchgehendem Strom zum einfallenden Strom – wie er eingeführt wurde –, keine direkte physikalische Bedeutung besitzen, da für Energien $E < 0$ kein Teilchenfluss stattfindet. Trotz alledem ist es sinnvoll, die analytischen Eigenschaften des Transmissionskoeffizienten in diesem Energiebereich zu untersuchen. Für Energien im Bereich $-V_0 < E < 0$ bleibt die Wellenzahl k_2 reell, während die Wellenzahl k_1 rein imaginär wird:

$$k_1 = \frac{1}{\hbar}\sqrt{2mE} = i\kappa\,. \tag{9.35}$$

Setzen wir den Transmissionskoeffizienten (9.31) zu rein imaginären k_1-Werten fort, so finden wir:

$$T = \left[1 - \left(\frac{\kappa^2 + k_2^2}{2\kappa k_2}\right)^2 \sin^2(2k_2a)\right]^{-1}\,.$$

Der Transmissionskoeffizient hat offenbar Pole, falls

$$\frac{\kappa^2 + k_2^2}{2\kappa k_2}\sin(2k_2a) = \pm 1 \tag{9.36}$$

erfüllt ist. Wie wir im Folgenden zeigen werden, wird diese Bedingung gerade an den Energien der gebundenen stationären Zustände im Potentialtopf erfüllt. In Abb. 9.13 ist der Transmissionskoeffizient als Funktion der dimensionslosen Energie $\varepsilon = E/V_0$ für

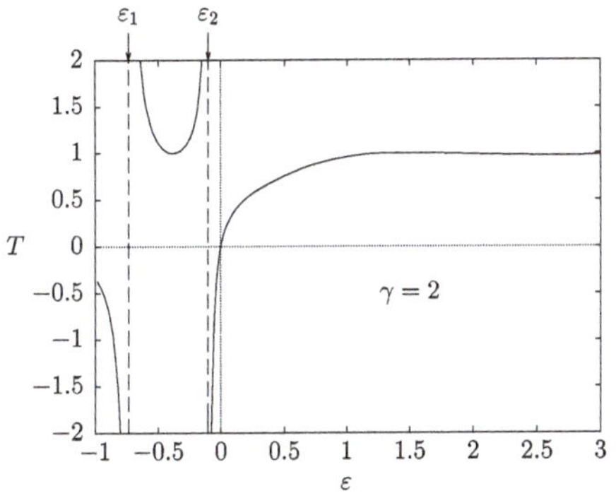

Abb. 9.13: Der Transmissionskoeffizient als Funktion der (dimensionslosen) Energie $\varepsilon = E/V_0$ bei Anwesenheit von gebundenen Zuständen. In der Abbildung sind zwei gebundene Zustände bei den Energien ε_1 und ε_2 vorhanden.

ein Potential der Stärke (9.32) $\gamma = 2$ dargestellt. Das Potential besitzt für $-V_0 < E < 0$ gebundene Zustände, bei denen der Transmissionskoeffizient divergiert.

9.3.2 Die gebundenen Zustände des endlichen Potentialtopfes

Zur Bestimmung der Energieeigenzustände des endlichen Potentialtopfes können wir auf unsere früheren, die Wellenfunktion betreffenden Überlegungen zurückgreifen. Die Form der Wellenfunktion und die Anschlussbedingungen an den beiden Potentialsprüngen bei $x = \pm a$ bleiben richtig, wenn wir die Wellenzahl k_1 für $|x| > a$ gemäß Gl. (9.35) zu rein imaginären Werten fortsetzen. Die allgemeine Form der Wellenfunktionen war in Gl. (9.18) gegeben. Aus den Anschlussbedingungen an die Wellenfunktion und ihre erste Ableitung hatten wir die Beziehungen (9.27)

$$A = C\left(\cos(2k_2a) - i\frac{\alpha}{2}\sin(2k_2a)\right)e^{i2k_1a}\,, \tag{9.37}$$

$$B = Ci\frac{\beta}{2}\sin(2k_2a) \tag{9.38}$$

gewonnen, wobei die hier auftretenden Größen α und β für $k_1 = i\kappa$ durch (9.26)

$$\alpha = \frac{k_2}{k_1} + \frac{k_1}{k_2} = -i\left(\frac{k_2}{\kappa} - \frac{\kappa}{k_2}\right), \quad \beta = \frac{k_2}{k_1} - \frac{k_1}{k_2} = -i\left(\frac{k_2}{\kappa} + \frac{\kappa}{k_2}\right) \tag{9.39}$$

gegeben waren.

Für gebundene Zustände $E < 0$ muss die Wellenfunktion für $|x| \to \infty$ exponentiell abklingen. Mit der analytischen Fortsetzung der Wellenzahl k_1 (Gl. (9.35)) wird aus der früher für $E > 0$ einfallenden Welle Ae^{ik_1x} eine für $x \to -\infty$ exponentiell ansteigende Funktion, während die reflektierte „Welle“ $Be^{\kappa x}$ und die durchgehende „Welle“ $Ce^{-\kappa x}$ für $x \to -\infty$ bzw. $x \to \infty$ exponentiell abklingen. Da die Wellenfunktion eines gebundenen Zustandes normierbar sein muss, muss offenbar der Koeffizient A für gebundene Zustände wegfallen. Für $A = 0$ (und $C \neq 0$) divergiert aber der Transmissionskoeffizient (9.28). Setzen wir $A = 0$ in Gl. (9.37), so finden wir die Bedingung

$$\cos(2k_2a) = i\frac{\alpha}{2}\sin(2k_2a)\,. \tag{9.40}$$

In Kürze werden wir sehen, dass jede Lösung dieser Gleichung auch tatsächlich die Polbedingung (9.36) erfüllt. Die Polbedingung (9.36) ist etwas weniger restriktiv als Gl. (9.40), da sie im Gegensatz zu (9.40) auch unphysikalische Lösungen zu den Energien der Bindungszustände besitzt, die auf exponentiell anwachsende (d. h. nicht-normierbare) Wellenfunktionen führen (siehe Gl. (9.44)).

Bei der Diskussion der allgemeinen Eigenschaft der Schrödinger-Gleichung hatten wir u. a. festgestellt, dass für symmetrische Potentiale (siehe Abschnitt 8.4)

$$V(-x) = V(x)$$

die Wellenfunktion entweder gerade oder ungerade sein muss:

$$\varphi(-x) = \pm\varphi(x)\,.$$

Aus dem früher angegebenen Ausdruck (9.18) für die Wellenfunktion mit $A = D = 0$ ist ersichtlich, dass diese nur dann gerade bzw. ungerade sein kann, wenn

$$B = \pm C$$

gilt. Setzen wir diese Bedingung in Gl. (9.38) ein, so finden wir:

$$i\frac{\beta}{2}\sin(2k_2 a) = \pm 1\,. \tag{9.41}$$

Mit dem expliziten Wert von β (9.39) ist dies gerade die Polbedingung (9.36) des Transmissionskoeffizienten. Das positive (negative) Vorzeichen in der Polbedingung gehört deshalb zu den Zuständen positiver (negativer) Parität.

Wie wir gerade gezeigt haben, ist die Polbedingung (9.36) bzw. (9.41) wegen $B = \pm C$ äquivalent zur Anschlussbedingung (9.38). Ferner haben wir oben gesehen, dass die zweite Anschlussbedingung (9.37) sich für gebundene Zustände ($A = 0$) auf Gl. (9.40) reduziert. Zur Bestimmung der Energieniveaus im endlichen Potentialtopf haben wir deshalb (neben der Polbedingung) noch Gl. (9.40) zu lösen. Dazu benutzen wir die Additionstheoreme der Winkelfunktionen

$$\sin(2x) = 2\sin x\cos x\,, \qquad \cos(2x) = \cos^2 x - \sin^2 x$$

und schreiben diese Gleichung als:

$$\cos^2(k_2 a) - \sin^2(k_2 a) = i\alpha\sin(k_2 a)\cos(k_2 a)\,.$$

Dividieren wir diese Gleichung durch $\sin(k_2 a)\cos(k_2 a)$, so erhält sie die Gestalt

$$\frac{1}{\tan(k_2 a)} - \tan(k_2 a) = i\alpha = \frac{k_2}{\kappa} - \frac{\kappa}{k_2}\,,$$

wobei wir für α den expliziten Wert (9.39) eingesetzt haben. Diese Gleichung besitzt zwei Lösungen (genauer: Lösungsäste bzw. Dispersionsbeziehungen)

$$\tan(k_2 a) = \frac{\kappa}{k_2}\,, \tag{9.42}$$

$$\tan(k_2 a) = -\frac{k_2}{\kappa}\,. \tag{9.43}$$

Man überzeugt sich leicht, dass jede Lösung dieser Gleichung auch der Polbedingung (9.36) genügt. Dazu formen wir Letztere um zu:

$$\left(\frac{\kappa}{k_2}+\frac{k_2}{\kappa}\right)\sin k_2a\cos k_2a = \pm(\sin^2 k_2a+\cos^2 k_2a)$$
$$\Rightarrow \quad \frac{\kappa}{k_2}+\frac{k_2}{\kappa} = \pm\left(\tan k_2a+\frac{1}{\tan k_2a}\right).$$

Diese Gleichung hat offensichtlich die Lösungen

$$\tan(k_2a) = \pm\frac{\kappa}{k_2}, \quad \tan(k_2a) = \pm\frac{k_2}{\kappa}, \tag{9.44}$$

welche insbesondere die obigen Lösungen (9.42), (9.43) der Gl. (9.40) ($A = 0$) beinhalten. Die beiden übrigen Lösungen folgen aus (9.42) und (9.43) durch die Ersetzung $\kappa \to (-\kappa)$ und sind unphysikalisch, da sie auf nicht-normierbare Wellenfunktionen führen. Damit haben wir gezeigt:

Der Transmissionskoeffizient besitzt Pole bei den Energien der gebundenen Zustände.

Dies ist eine allgemeine Eigenschaft, die nicht auf den rechteckigen Potentialtopf beschränkt ist.

Wie oben gezeigt, gehört das positive (negative) Vorzeichen in der Polbedingung (9.36) bzw. in den Gln. (9.44) zu den Zuständen positiver (negativer) Parität. Damit liefern die Lösungen von Gln. (9.42) bzw. (9.43) Zustände mit positiver bzw. negativer Parität.

Die Bestimmungsgleichungen (9.42) und (9.43) für die gebundenen Zustände sind transzendente Gleichungen, die sich nicht analytisch lösen lassen. Zur grafischen Lösung dieser beiden Gleichungen führen wir die dimensionslosen Größen

$$\xi := k_2a, \quad \eta := \kappa a \tag{9.45}$$

ein. Benutzen wir die Definition der Wellenzahlen, so finden wir, dass die Größe

$$\xi^2+\eta^2 = a^2\left(\frac{2m}{\hbar^2}(V_0-|E|)+\frac{2m}{\hbar^2}|E|\right) = \frac{2m|V_0|a^2}{\hbar^2} = \gamma^2 \tag{9.46}$$

unabhängig von der Energie ist und mit der dimensionslosen Potentialstärke γ^2 (9.32) zusammenfällt. Aus diesem Grunde formen wir die beiden Dispersionsbeziehungen (9.42) und (9.43) wie folgt um: Gl. (9.42) lautet in den Variablen (9.45):

$$\tan\xi = \frac{\eta}{\xi} \quad \text{bzw.} \quad \xi\sin\xi = \eta\cos\xi\,. \tag{9.47}$$

Quadrieren dieser Gleichung liefert mit $\sin^2\xi = 1-\cos^2\xi$:

$$\xi^2(1-\cos^2\xi) = \eta^2\cos^2\xi$$

und mit dem Ausdruck (9.46) für γ^2

$$\xi^2 = \gamma^2\cos^2\xi\,,$$

woraus wir für den ersten Lösungsast die Bedingung

$$\pm\cos\xi = \frac{\xi}{\gamma} \tag{9.48}$$

erhalten. Durch das obige Quadrieren der Gleichung geht Information über das Vorzeichen verloren. Aus der ursprünglichen (unquadrierten) Gleichung (9.47) folgt wegen $\xi, \eta > 0$:

$$\tan\xi > 0\,, \tag{9.49}$$

was wir als zusätzliche Bedingung an die Lösungen von (9.48) stellen müssen. Die Lösungen der Gl. (9.48), die der Nebenbedingung (9.49) genügen, definieren als Lösungen von (9.42) die Energien der positiven Paritätszustände.

In ähnlicher Weise formen wir die Gl. (9.43) um zu:

$$\pm\sin\xi = \frac{\xi}{\gamma}\,, \qquad \tan\xi < 0\,. \tag{9.50}$$

Die Lösungen dieser Gleichung definieren die Energien der negativen Paritätszustände. Die grafische Lösung von Gl. (9.48) und (9.50) ist in Abb. 9.14 dargestellt. Es gibt immer mindestens einen gebundenen Zustand mit positiver Parität. Je größer γ ist, desto stärker ist das Potential und desto mehr gebundene Zustände gibt es. Für $V_0 \to \infty$, d. h. $\gamma \to \infty$ fällt die Gerade ξ/γ mit der ξ-Achse zusammen, die die Funktionen $\pm\cos\xi$ und $\pm\sin\xi$ an ihren Nullstellen $(n+\frac{1}{2})\pi$ bzw. $n\pi$ schneidet. Die diesen Nullstellen entsprechenden Energien

$$\frac{(\hbar k_2)^2}{2m} = \frac{(\hbar\xi)^2}{2ma^2}$$

sind gerade die Eigenenergien (8.17) des Potentialtopfes der Breite $L = 2a$ mit unendlich hohen Potentialwänden, was natürlich zu erwarten war.

Für spätere Betrachtungen wollen wir schließlich noch untersuchen, für welche Potentialstärken γ (9.32) der rechteckige Potentialtopf einen (quasi-)„gebundenen" Zustand mit der Energie $E = 0$ besitzt. Für $E \to -0$ lauten die Wellenzahlen (9.17), (9.35):

$$k_2 = \frac{\sqrt{2mV_0}}{\hbar}\,, \qquad \kappa = 0\,.$$

Ferner gilt dann:

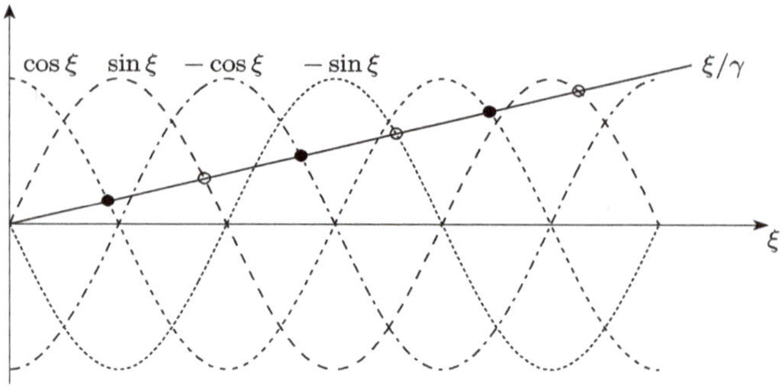

Abb. 9.14: Grafische Lösung der Dispersionsbeziehungen (9.48), (9.50). Die durch einen fetten Punkt bzw. einen Kreis markierten Schnittpunkte gehören zu den stationären Lösungen positiver Parität (9.48) bzw. negativer Parität (9.50). Man beachte, dass nicht sämtliche Schnittpunkte den für Lösungen erforderlichen Nebenbedingung $\tan\xi \gtrless 0$ genügen.

$$ak_2 = \gamma\,, \quad \text{d.h.} \quad \xi = \gamma$$

und die Bestimmungsgleichungen (9.42) bzw. (9.43) für die gebundenen Zustände positiver bzw. negativer Parität reduzieren sich auf:

$$\tan\gamma = 0 \quad \text{bzw.} \quad \tan\gamma = -\infty\,.$$

Folglich treten „Bindungszustände“ bei der Energie $E = 0$ mit positiver Parität für

$$\gamma = n\pi \tag{9.51}$$

und mit negativer Parität für

$$\gamma = (2n+1)\frac{\pi}{2} \tag{9.52}$$

auf. Da $\gamma \geq 0$ (siehe Gl. (9.32)), folgt $n \geq 0$. Für $n = 0$ in (9.51) verschwindet das Potential ($\gamma = 0$) und der Zustand mit $E = 0$ ist der Beginn des positiven Energiekontinuums von ungebundenen Zuständen mit $E \geq 0$. Der durch Gl. (9.52) mit $n = 0$ gegebene Zustand $E = 0$ mit negativer Parität ist der erste angeregte Zustand des betreffenden Potentials (der Stärke $\gamma = \pi/2$). Für $\gamma = \pi/2$ schneidet die Gerade ξ/γ in Abb. 9.14 die Kurve $\sin\xi$ bei $\xi = \pi/2$. Wie aus dieser Abbildung ersichtlich, gibt es dann noch einen tiefer liegenden gebundenen Zustand positiver Parität mit $E < 0$, der dem Schnittpunkt der Geraden $\xi/(\pi/2)$ mit der Kurve $\cos\xi$ entspricht und folglich durch die Lösung der Gleichung

$$\cos\xi = \frac{2}{\pi}\xi$$

gegeben ist. Der Grundzustand eines spiegelsymmetrischen Potentials besitzt immer positive Parität.

Falls Gl. (9.52) für $n > 0$ erfüllt ist, so gibt es neben dem quasigebundenen Zustand $E = 0$ noch $(2n + 1)$ gebundene Zustände, von denen $(n + 1)$ Zustände positive und n Zustände negative Parität besitzen. (Die positiven und negativen Paritätszustände treten in alternierender Folge auf.) Dies ist unmittelbar aus Abb. 9.14 ersichtlich, wenn man beachtet, dass die Gerade

$$\frac{\xi}{\gamma} \equiv \frac{\xi}{(2n+1)\frac{\pi}{2}} \tag{9.53}$$

die Funktion $\sin\xi$ für gerades n und bzw. die Funktion $-\sin\xi$ für ungerades n bei $\xi = (2n + 1)\pi/2$ schneidet und somit für diesen ξ-Wert Gl. (9.50) erfüllt ist. Die Gerade (9.53) besitzt dann noch $(n + 1)$ Schnittpunkte mit den Funktionen $\pm\cos\xi$ bzw. n Schnittpunkte mit den Funktionen $\pm\sin\xi$ bei $\xi < (2n + 1)\pi/2$, die zu den gebundenen Zuständen positiver bzw. negativer Parität gehören.

9.4 Die Potentialbarriere

Unsere bisherigen Betrachtungen in diesem Kapitel waren so allgemein gehalten, dass sie auch für negative V_0 gelten. Ersetzen wir im Potential (9.16) V_0 durch $(-V_0)$, $V_0 > 0$, so geht der Potentialtopf in eine Potentialbarriere über. Alle oben abgeleiteten Resultate, insbesondere die Ausdrücke für Transmissions- und Reflexionskoeffizienten, bleiben dabei gültig. Durch die Ersetzung $V_0 \to (-V_0)$ wird aus der Wellenzahl k_2 (9.17):

$$k_2 = \frac{1}{\hbar}\sqrt{2m(E - V_0)}\,,$$

während sich die Wellenzahl im Gebiet verschwindenden Potentials k_1 natürlich nicht ändert. Mit dieser Ersetzung von k_2 bleibt der Ausdruck (9.31) für den Transmissionskoeffizienten gültig.In den dimensionslosen Variablen

$$\varepsilon = \frac{E}{V_0}\,, \quad \gamma = \frac{a}{\hbar}\sqrt{2mV_0} \tag{9.54}$$

lautet er (vgl. Gl. (9.33))

$$\boxed{T = \left[1 + \frac{\sin^2 2\gamma\sqrt{\varepsilon - 1}}{4\varepsilon(\varepsilon - 1)}\right]^{-1}.} \tag{9.55}$$

Für $E > V_0$ ist k_2 reell und wir werden nichts prinzipiell Neues im Vergleich zur oben behandelten Streuung am Potentialtopf erhalten: Eine von links einfallende Welle wird an den beiden Potentialsprüngen bei $x = \mp a$ in jeweils eine durchgehende und eine reflektierte Welle aufgespalten, siehe Abb. 9.15. Das Transmissionsverhalten wird wieder durch das Interferenzverhalten von der bei $x = -a$ und $x = +a$ reflektierten Welle bestimmt. Wenn die Potentialbreite ein Vielfaches der halben Wellenlänge $\lambda/2$ ist, kommt

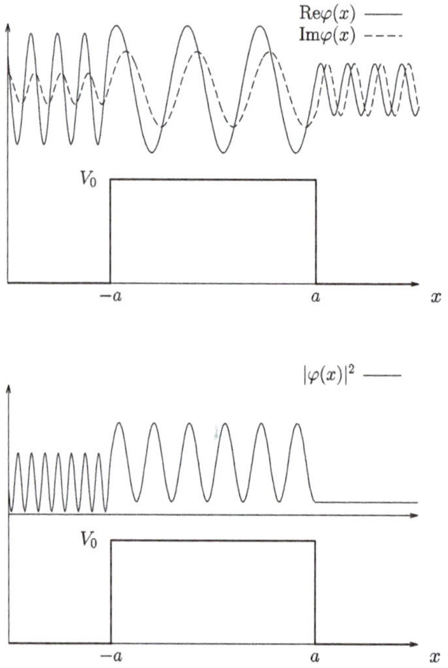

Abb. 9.15: Real- und Imaginärteil (oben) und Betragsquadrat (unten) der Wellenfunktion bei Streuung an einer rechteckigen Potentialbarriere mit Energie $E > V_0$.

es wieder zur Ausbildung von Resonanzen, bei denen das Potential völlig durchlässig wird ($T = 1$). Die Resonanzen treten wieder bei den Energieeigenwerten des unendlich hohen Potentialtopfes (über $V_0 > 0$ aufgetragen) auf:

$$\boxed{E_n^{(R)} = V_0 + \frac{1}{2m}\left(\frac{n\pi\hbar}{2a}\right)^2 .}$$

9.4.1 Quantentunnelung durch die Potentialbarriere

Ein qualitativ neues Quantenphänomen tritt für $0 < E < V_0$ auf. In diesem Energiebereich wird der Wellenvektor k_2 rein imaginär:

$$k_2 = i\kappa , \quad \kappa = \frac{1}{\hbar}\sqrt{2m(V_0 - E)} .$$

Ein klassisches Teilchen würde für $E < V_0$ an der Potentialbarriere vollständig reflektiert werden. Bei der quantenmechanischen Behandlung der Potentialstufe haben wir jedoch schon beobachtet, dass die Wellenfunktion im klassisch verbotenen Bereich des Potentials nicht verschwindet, sondern exponentiell abklingt. Ein quantenmechanisches Teilchen kann also bis zu einer gewissen Tiefe d in die Barriere eindringen; diese Tiefe ist aufgrund der Unschärferelation durch

$$d \sim \frac{1}{\kappa} = \frac{\hbar}{\sqrt{2m(V_0 - E)}}$$

gegeben. Ist die Potentialbarriere schmaler als die Eindringtiefe d des Teilchens, $2a < d$, so müssen wir erwarten, dass das Teilchen zumindest mit einer gewissen Wahrscheinlichkeit die Potentialbarriere durchdringen kann, dass es also die Potentialbarriere durch*tunnelt*.

Da für $E < V_0$ die Wellenzahl k_2 rein imaginär ist, muss die Wellenfunktion im Bereich der Barriere exponentiell abklingen oder ansteigen (Abb. 9.16, siehe auch Abschnitt 9.2.2). Ersetzen wir $k_2 = i\kappa$ im Ausdruck für den Transmissionskoeffizienten (9.31) und berücksichtigen

$$\sin(ix) = i \sinh x\,,$$

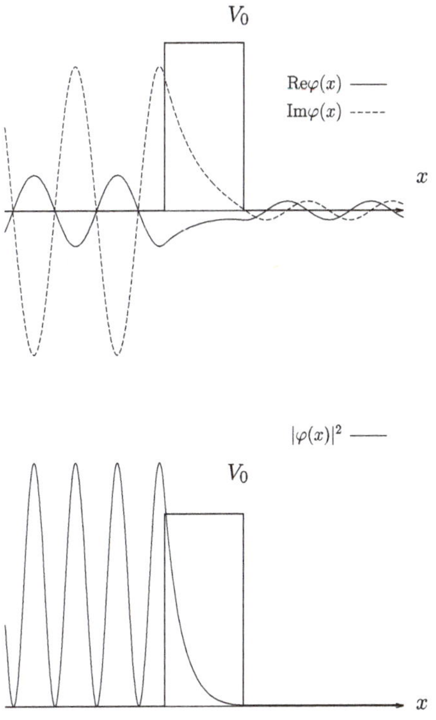

Abb. 9.16: Real- und Imaginärteil der Wellenfunktion bei Streuung an einer rechteckigen Potentialbarriere mit Energie $E < V_0$ (oben). Aufenthaltswahrscheinlichkeit für einen von links auf die rechteckige Potentialbarriere treffenden Teilchenstrom (unten). Der konstante Tunnelstrom rechts von der Barriere ist exponentiell klein und damit in der maßstabsgetreuen Abbildung nicht sichtbar.

so finden wir:

$$T = \left[1 + \left(\frac{k_1^2 + \kappa^2}{2k_1\kappa}\right)^2 \sinh^2(2\kappa a)\right]^{-1} . \tag{9.56}$$

Drücken wir wieder T durch die dimensionslosen Variablen ε, γ (9.54) aus. Für $\varepsilon < 1$ erhalten wir aus (9.55)

$$\boxed{T = \left[1 + \frac{\sinh^2 2\gamma\sqrt{1-\varepsilon}}{4\varepsilon(1-\varepsilon)}\right]^{-1} .} \tag{9.57}$$

Da der Transmissionskoeffizient auch für $E < V_0$ ($\varepsilon < 1$) von null verschieden ist, findet eine klassisch nicht erlaubte Transmission statt, die als *Quantentunnelung* oder *Tunneleffekt* bezeichnet wird.

Abb. 9.17 zeigt den Transmissionskoeffizienten als Funktion der dimensionslosen Energie $\varepsilon = E/V_0$ für zwei verschiedene Potentialstärken. Man beachte, dass der Transmissionskoeffizient beim Übergang vom klassisch verbotenen ($E < V_0$) zum klassisch erlaubten ($E > V_0$) Bereich stetig ist.

Offenbar ist $T \leq 1$, wobei $T = 1$ (für $\varepsilon < 1$) nur bei verschwindender Potentialbarriere ($\gamma \to 0$) erreicht wird (siehe (9.57)). Für $\gamma \neq 0$ erreicht der Transmissionskoeffizient der Tunnelung sein Maximum für $\varepsilon \to 1$, d. h. für $E \to V_0$. Wegen

$$\lim_{x\to 0} \frac{\sinh x}{x} = 1$$

erhalten wir:

$$T(E = V_0) = [1 + \gamma^2]^{-1} .$$

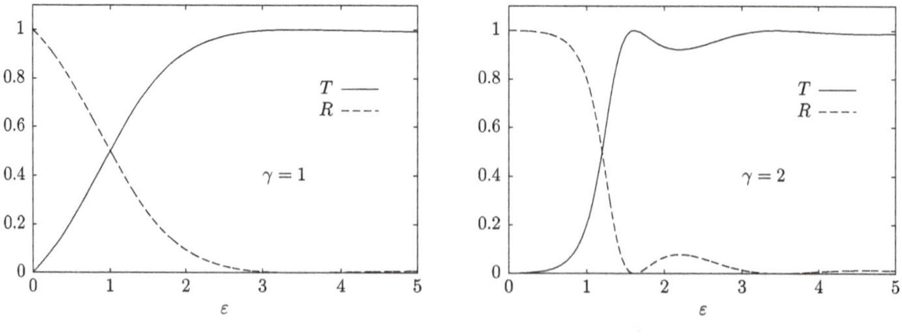

Abb. 9.17: Transmissions- und Reflexionskoeffizient für die rechteckige Potentialbarriere der Höhe V_0 und Breite $2a$ als Funktion der (dimensionslosen) Energie $\varepsilon = E/V_0$ für verschiedene Stärken des Potentials $\gamma = a\sqrt{2mV_0}/\hbar$.

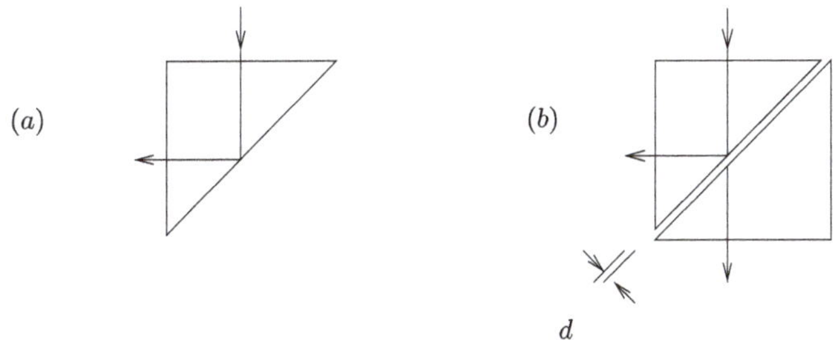

Abb. 9.18: (a) Totale innere Reflexion in einem Prisma, (b) Frustrierte innere Totalreflexion für $\lambda < d$.

Das Teilchen durchtunnelt die Potentialbarriere. Dieser Tunneleffekt ist ein typischer Welleneffekt, der bei korpuskularen Teilchen nicht auftreten kann und ein Analogon bei den Lichtwellen besitzt, die *frustrierte innere Totalreflexion*:

Ein Lichtstrahl fällt senkrecht auf eine Prismenkathete, sodass er an der Innenfläche der Hypothenuse total reflektiert wird (Abb. 9.18(a)). Aus der Elektrodynamik wissen wir jedoch, dass das elektromagnetische Feld der Lichtwelle außerhalb des Prismas nicht identisch null ist, sondern exponentiell abklingt. Die Eindringtiefe dieses Feldes in das Vakuum (bzw. in die Luft) ist etwa von der Ordnung der Wellenlänge λ des Lichtes. Wenn ein zweites Prisma in einem kleinen Abstand d vom ersten Prisma entfernt angebracht wird, so ist das elektrische Feld am zweiten Prisma noch nicht auf null abgeklungen, sondern besitzt eine endliche Amplitude, mit der sich die Welle dann im zweiten Prisma ausbreitet (Abb. 9.18(b)). Auf diese Weise erfolgt partielle Transmission des Lichtes durch den Spalt zwischen den Prismen, obwohl aufgrund der Strahlgeometrie totale Reflexion erfolgen sollte. Diese Erscheinung wird als *frustrierte* (oder *behinderte*) *innere Totalreflexion* bezeichnet. Für $d < \lambda$ kann die Welle fast ungehindert den Luftspalt passieren.

9.4.2 Interpretation der Quantentunnelung mittels der Unschärferelation

Anschaulich lässt sich das Durchtunneln des Teilchens durch die Barriere wie folgt verstehen: Neben der Unschärferelation zwischen Ort und Impuls, $\Delta x\,\Delta p \gtrsim \hbar$ (siehe Gl. (2.6)), gibt es eine ähnliche Unschärferelation zwischen Zeit und Energie, $\Delta t\,\Delta E \gtrsim \hbar$, wie wir in Abschnitt 11.4 streng zeigen werden. Danach treten Fluktuationen in der Energie eines Teilchens von der Größe ΔE in Zeitskalen der Ordnung $\Delta t \simeq \hbar/\Delta E$ auf. Eine genügend starke Fluktuation in der Energie mit $E+\Delta E > V_0$ erlaubt dem Teilchen, die Barriere zu überqueren, vorausgesetzt das Zeitintervall Δt ist groß genug, dass das Teilchen die Barriere in dieser Zeit überfliegen kann. Deshalb darf die Barriere nicht zu breit sein, damit substantielle Tunnelung auftreten kann. Während also die Breite der Barriere eine genügend lange Zeitperiode Δt verlangt, erfordert die Höhe der Barriere eine genügend große Energiefluktuation ΔE, damit das Teilchen die Barriere überwinden kann. Wegen des Unschärfeprinzips können aber ΔE und Δt nicht beliebig groß gewählt werden. Entscheidend für die Tunnelwahrscheinlichkeit ist damit das Produkt aus Breite und Höhe der Barriere.

Die Tunnelung des Teilchens durch die Barriere muss mit einem Teilchenstrom verbunden sein. Nach Gl. (9.18) ist die Wellenfunktion unterhalb der Barriere durch einen exponentiell ansteigenden und einen exponentiell abfallenden Ast gegeben. Damit ein Teilchenfluss durch die Barriere strömt, muss die Ortsabhängigkeit der Wellenfunktion komplex sein. Für $D = 0$ (kein von rechts eintreffendes Teilchen) erhält man aus Gl. (9.22) mit Gl. (9.24) nach elementarer Rechnung für die Wellenfunktion im Gebiet der Barriere ($k_2 = i\kappa$):

$$\varphi_2(x) = \frac{1}{2} C e^{ik_1 a} \left[\left(1 - i\frac{k_1}{\kappa}\right) e^{\kappa(a-x)} + \left(1 + i\frac{k_1}{\kappa}\right) e^{-\kappa(a-x)} \right]. \tag{9.58}$$

Die Wellenfunktion ist in der Tat wesentlich komplex, und zwar gerade durch die Anwesenheit des exponentiell ansteigenden Terms ($\sim e^{\kappa x}$). Wäre dieser exponentiell ansteigende Teil nicht vorhanden, so enthielte die Wellenfunktion nur eine irrelevante komplexe Konstante und die Stromdichte würde verschwinden. Für die früher betrachtete Potentialstufe mussten wir den exponentiell ansteigenden Zweig ausschließen, da dieser zur Divergenz der Wellenfunktion für $x \to \infty$ führte. Die Potentialbarriere hat hingegen eine endliche Breite, sodass der exponentiell ansteigende Ast nicht zur Divergenz führen kann. Der exponentiell ansteigende Ast ist hier erforderlich, damit die beiden vorgegebenen Randbedingungen an die Wellenfunktion und ihre ersten Ableitung erfüllt werden können. Die Randbedingungen aber garantieren gerade – wie wir bei ihrer Herleitung gesehen haben –, dass der Teilchenstrom an dem Potentialsprung erhalten bleibt. In der Tat überprüft man leicht mit den oben gegebenen Ausdrücken, dass der von der Wellenfunktion φ_2 (Gl. (9.58)) unterhalb der Barriere beschriebene Teilchenstrom derselbe ist wie der Strom rechts von der Barriere.

Der oben behandelte Tunneleffekt ist die Ursache für eine Reihe von interessanten Phänomenen, wie den radioaktiven α-Zerfall oder die Kernspaltung. Auch die Ausbildung von Energiebändern der Elektronen im Festkörper, die in Kapitel 13 behandelt wird, beruht auf dem Tunneleffekt. Ferner stellt der Tunneleffekt die Grundlage für eine Reihe wichtiger technologischer Anwendungen dar, wie z. B. der feldinduzierten Emission von Elektronen aus Metallen, welche in der Elektronenmikroskopie benutzt wird.

9.4.3 Große Potentialbarrieren

In vielen praktischen Anwendungen sind die Potentialbarrieren groß, sodass die Transmission klein ist. Für genügend breite Barrieren ist die charakteristische Wellenlänge λ sehr klein gegenüber der Breite der Barriere, d. h. $a\kappa \gg 1$. Wir können dann die „1“ im

Ausdruck für den Transmissionskoeffizienten (9.56) gegenüber dem Term $\sim \sinh^2(\kappa a)$ vernachlässigen. Ferner ist es für $a\kappa \gg 1$ nur notwendig, den positiven Exponenten der sinh-Funktion zu behalten, d. h. $\sinh x \simeq e^x/2$. Der Ausdruck für den Transmissionskoeffizienten reduziert sich dann auf:

$$T = 4\left(\frac{2k_1\kappa}{k_1^2+\kappa^2}\right)^2 e^{-4\kappa a}\,.$$

Drücken wir hier wieder die Wellenzahlen k_1 und κ durch die Energie E und Höhe der Potentialbarriere V_0 aus, so erhalten wir:

$$T = 4\frac{4E(V_0-E)}{V_0^2}\exp\left(-4\frac{a}{\hbar}\sqrt{2m(V_0-E)}\right).$$

Ziehen wir den Vorfaktor mit in den Exponenten,

$$T = \exp\left[-4\frac{a}{\hbar}\sqrt{2m(V_0-E)} + \ln\left(\frac{16E(V_0-E)}{V_0^2}\right)\right],$$

so erkennen wir, dass dieser für hohe Potentiale, d. h. große V_0, klein gegenüber dem ersten Term ist und deshalb in vielen Anwendungen vernachlässigt werden kann. Für genügend hohe und breite Potentiale finden wir also für den Transmissionskoeffizienten:

$$T = \exp\left(-4\sqrt{2m(V_0-E)}\frac{a}{\hbar}\right) \equiv \exp\left(-\frac{2|\bar{p}|L}{\hbar}\right). \tag{9.59}$$

Dabei ist $L = 2a$ die Breite der rechteckigen Potentialbarriere und $\bar{p}$ der zu imaginären Werten fortgesetzte „klassische" Impuls:

$$p = i\bar{p}\,, \quad \bar{p} = \pm\sqrt{2m(V_0-E)}\,.$$

9.4.4 Kontinuierliche Potentialberge

In realistischen Anwendungen des Tunneleffektes hat man es i. A. nicht mit einer stufenförmigen Potentialbarriere, sondern mit glatten Potentialformen zu tun. Wir können diese jedoch stets durch eine Summe von rechteckigen Potentialstufen beliebig genau in derselben Weise approximieren, wie man ein Riemann-Integral numerisch auswertet (Abb. 9.19).

Die Gesamttunnelwahrscheinlichkeit lässt sich dann genähert durch Multiplikation der Tunnelwahrscheinlichkeiten für den Durchgang durch die infinitesimalen Potentialstufen berechnen, vorausgesetzt, die einzelnen Tunnelwahrscheinlichkeiten sind hinreichend klein, sodass wenig Reflexion der durchtunnelnden Welle im Inneren des

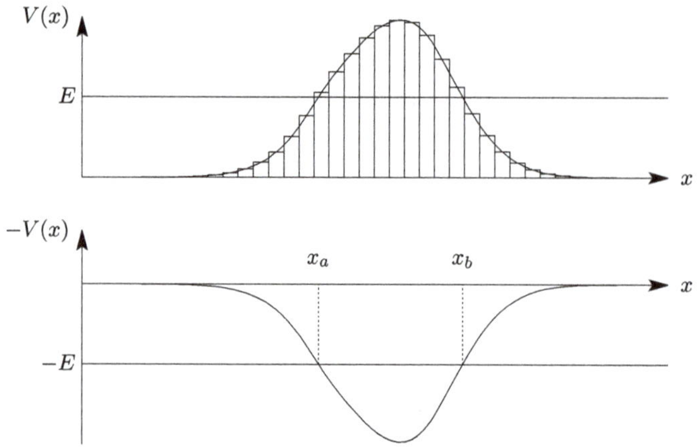

Abb. 9.19: (a) Approximation eines kontinuierlichen Potentials durch eine Folge von diskreten Potentialbarrieren. (b) Umgeklapptes Potential ($-V(x)$), in welchem das ursprünglich in $V(x)$ für die Energie E klassisch verbotene Gebiet zum klassisch erlaubten Gebiet für ein Teilchen mit der Energie ($-E$) wird.

Potentials erfolgt. In der Tat lässt sich von der expliziten Form der Wellenfunktion im Tunnelgebiet (9.58) ablesen, dass die vorwärts und rückwärts laufenden Wellen einen Amplitudenfaktor $e^{\kappa a}$ bzw. $e^{-\kappa a}$ enthalten. Damit ist die Amplitude der reflektierten Welle gegenüber der Amplitude der durchgehenden Welle exponentiell unterdrückt, und wir können die Reflexion vernachlässigen. Multiplikation der Tunnelwahrscheinlichkeiten der N infinitesimalen Barrieren mit Breite ε liefert:

$$T \simeq \prod_{i=1}^{N} T_i(\varepsilon) = \prod_{i=1}^{N} \exp\left(-\frac{2\varepsilon}{\hbar}\sqrt{2m(V(x_i) - E)}\right)$$
$$= \exp\left(-\sum_{i=1}^{N} \frac{2\varepsilon}{\hbar}\sqrt{2m(V(x_i) - E)}\right).$$

Wir haben hier das Symbol „$\simeq$" anstatt „$=$" benutzt, um darauf hinzuweisen, dass dieser Ausdruck aufgrund der Vernachlässigung der Reflexion nur genähert gilt. Im Limes $N \to \infty$ ($\varepsilon \to 0$) wird aus dem Exponenten ein Riemann-Integral über die Trajektorie des Teilchens im umgeklappten Potential:

$$T \simeq \exp\left(-\frac{2}{\hbar}\int_{x_a}^{x_b} dx\,\sqrt{2m(V(x) - E)}\right) \equiv \exp\left(-\frac{2}{\hbar}\int_{x_a}^{x_b} dx\,|\bar{p}(x)|\right). \tag{9.60}$$

Hierbei ist

$$\bar{p}(x) = \pm\sqrt{2m(V(x) - E)} \tag{9.61}$$

der zu imaginären Werten fortgesetzte „klassische" Impuls ($p(x) = i\bar{p}(x)$). Ferner bezeichnen x_a und x_b ($x_b > x_a$) die klassischen Umkehrpunkte eines Teilchens, das sich mit der Energie ($-E$) im umgeklappten Potential ($-V(x)$) bewegt (siehe Abb. 9.19(b)).

Interpretieren wir $\pm\bar{p}(x)$ (9.61) als den vorzeichenbehafteten Impuls der klassischen Bewegung in diesem umgeklappten Potential, so können wir den Exponenten in (9.60) als Phasenraumintegral entlang der zugehörigen geschlossenen Trajektorie schreiben,

$$2\int_{x_a}^{x_b} dx\,|\bar{p}(x)| = \oint dx\,\bar{p}(x)\,,$$

und erhalten für den Transmissionskoeffizienten einer kontinuierlichen Potentialbarriere:

$$\boxed{T \simeq \exp\left(-\frac{1}{\hbar}\oint dx\,\bar{p}(x)\right).} \tag{9.62}$$

Der Transmissionskoeffizient ist damit durch das Phasenraumintegral für eine „klassische" Bewegung unterhalb der Potentialbarriere gegeben.[5] Wir betonen hier jedoch, dass in der klassischen Mechanik eine solche Bewegung nicht stattfinden kann.

Wie wir später sehen werden, lässt sich dieses Resultat durch semiklassische Betrachtungsweisen mathematisch strenger begründen. Die Formel (9.60) wurde unter Benutzung des genäherten Ausdruckes (9.59) für den Transmissionskoeffizienten abgeleitet. Dieser genäherte Ausdruck galt jedoch nur für Wellenlängen, die klein gegenüber der Breite der Potentialbarriere sind ($\lambda \ll a$). Sehr breite Potentialbarrieren wiederum implizieren eine kleine Tunnelwahrscheinlichkeit, was gerade die Voraussetzung für die Ableitung der Formel (9.60) war. Schließlich bedeutet eine kleine Wellenlänge eine große Wellenzahl $k = 2\pi/\lambda$ und Teilchen mit großen Wellenzahlen verhalten sich quasiklassisch. Wir erwarten deshalb, dass der Ausdruck für die Tunnelwahrscheinlichkeit (9.60) für eine quasiklassische Bewegung gültig ist, was wir im Folgenden zeigen.

9.4.5 Allgemeine Form des Transmissionskoeffizienten

Bei unseren früheren Überlegungen hatten wir den Transmissionskoeffizienten für einen rechteckigen Potentialtopf (-barriere) eingeführt als das Verhältnis von (durch das Potentialgebiet) durchgehendem Teilchenstrom j_{trans} zum (in das Potentialgebiet) einfallenden Teilchenstrom j_{ein} (siehe Gl. (9.11)):

5 Diese Bewegung lässt sich auch als eine „klassisch erlaubte" Bewegung im umgeklappten Potential ($-V(x)$) interpretieren.

$$T = \frac{j_{\text{trans}}}{j_{\text{ein}}} .$$

Vor und nach dem Potentialgebiet bewegen sich die Teilchen frei. Für eine freie Bewegung mit Wellenzahl k hat die Wellenfunktion die Gestalt $\varphi(x) = Ae^{ikx}$ und der zugehörige Teilchenstrom lautet:

$$j(x) = \hbar k|A|^2 . \tag{9.63}$$

Hierbei ist $|A|^2$ die Aufenthaltswahrscheinlichkeit. Für den Transmissionskoeffizienten finden wir aus (9.63):

$$T = \frac{|A_{\text{trans}}|^2}{|A_{\text{ein}}|^2} , \tag{9.64}$$

wobei A_{ein} bzw. A_{trans} die Amplitude der einfallenden bzw. durchgehenden Welle ist. (Die Teilchen besitzen vor und nach Durchlaufen des Potentialgebietes dieselbe Wellenzahl und somit dieselbe Energie.) Der Transmissionskoeffizient (9.64) ist offenbar das Verhältnis der Aufenthaltswahrscheinlichkeiten der Teilchen vor und nach dem Durchlaufen des Potentialgebietes. Allgemein ist die Aufenthaltswahrscheinlichkeit eines Teilchens am Ort x für eine stationäre Bewegung, d. h. bei konstanter Energie, durch das Betragsquadrat der stationären Wellenfunktion $|\varphi(x)|^2$ gegeben. In Analogie zu (9.64) können wir deshalb den Transmissionskoeffizienten für das Durchlaufen eines beliebigen Potentialgebietes von x_a nach x_b durch ein Teilchen mit der Energie E durch

$$T = \left|\frac{\varphi(x_b)}{\varphi(x_a)}\right|^2 \tag{9.65}$$

definieren. Hierbei ist $\varphi(x)$ die Lösung der stationären Schrödinger-Gleichung zur vorgegebenen Energie E.

Um analytische Aussagen über den Transmissionskoeffizienten (9.65) für beliebige Potentiale zu gewinnen, benutzen wir für die stationäre Wellenfunktion die quasiklassische Näherung (5.28)

$$\varphi(x) = \varphi(x_0) \exp\left(\frac{i}{\hbar} \int_{x_0}^{x} dx' \, p(x') \right).$$

Hierbei ist

$$p(x) = \sqrt{2m(E - V(x))}$$

der Impuls entlang der klassischen Trajektorie mit Energie E, die zwischen den Koordinaten x_0 und x verläuft. Nach Gl. (9.65) erhalten wir die Tunnelwahrscheinlichkeit eines

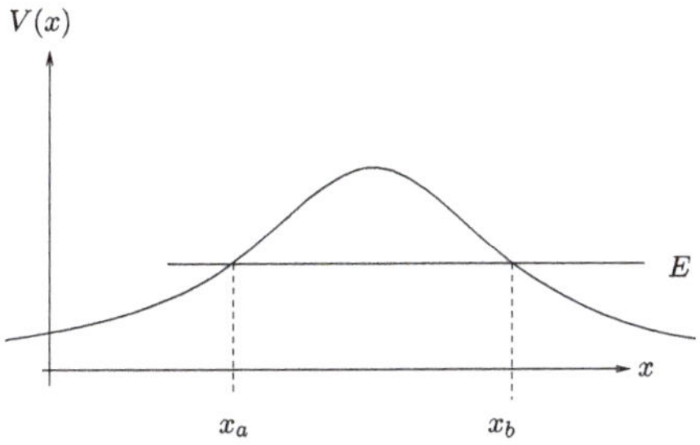

Abb. 9.20: Durchtunneln der Potentialbarriere bei konstanter Energie E zwischen den klassischen Umkehrpunkten x_a und x_b.

Teilchens mit gegebener Energie E durch eine Potentialbarriere, wenn wir für x_a und x_b die durch $V(x_{a,b}) = E$ definierten klassischen Umkehrpunkte setzen, Abb. 9.20.

Die „klassische Trajektorie", welche die beiden Umkehrpunkte x_a und x_b verbindet, verläuft im klassisch verbotenen Bereich unterhalb der Potentialbarriere ($E < V(x)$), wo der Impuls rein imaginär ist:

$$p = i\bar{p}\,, \quad \bar{p}(x) = \sqrt{2m(V(x) - E)}\,.$$

Für die Wellenfunktion erhalten wir deshalb ($x_b > x_a$):

$$\varphi(x_b) = \varphi(x_a)\exp\left(-\frac{1}{\hbar}\int\limits_{x_a}^{x_b} dx\,\bar{p}(x)\right),$$

und damit für die Tunnelwahrscheinlichkeit (9.65):

$$T = \exp\left(-\frac{2}{\hbar}\int\limits_{x_a}^{x_b} dx\,\bar{p}(x)\right) \equiv \exp\left(-\frac{1}{\hbar}\oint dx\,\bar{p}(x)\right), \tag{9.66}$$

wobei $\oint dx$ das Linienintegral entlang der geschlossenen „klassischen" Trajektorie unterhalb der Potentialbarriere bezeichnet. Diesen Ausdruck hatten wir auf alternative Weise bereits in Gl. (9.62) gefunden.

9.5 Pfadintegralberechnung des Transmissionskoeffizienten*

Wie soeben gezeigt repräsentiert der Transmissionskoeffizient die Wahrscheinlichkeit für den Durchgang des Teilchens durch das Potentialgebiet. Wir hatten früher einen

* Dieses Kapitel ist für das Verständnis der übrigen Kapitel nicht erforderlich und kann deshalb beim ersten Lesen übersprungen werden.

allgemeinen Ausdruck für die Wahrscheinlichkeitsamplitude für einen beliebigen Übergang eines Teilchens von einem Ort x_a zum Zeitpunkt t_a zu einem anderen Ort x_b zum Zeitpunkt t_b abgeleitet. Diese Wahrscheinlichkeitsamplitude war durch die Summation mit dem Gewicht $e^{\frac{i}{\hbar}S[x]}$ über alle Trajektorien $x(t)$, die zum Zeitpunkt t_a am Ort x_a beginnen und zum Zeitpunkt $t_b > t_a$ am Ort x_b enden, gegeben, wobei $S[x]$ die klassische Wirkung der Trajektorie $x(t)$ ist. Die Summation über alle Trajektorien wurde mittels eines Pfadintegrals ausgeführt und die Amplitude war durch

$$K(x_b, t_b; x_a, t_a) = \int\limits_{x(t_a)=x_a}^{x(t_b)=x_b} \mathcal{D}x(t)\, e^{\frac{i}{\hbar}S[x](x_b,t_b;x_a,t_a)} \tag{9.67}$$

gegeben. Wir hatten bereits früher gefunden, dass diese Wahrscheinlichkeitsamplitude oder Übergangsamplitude nur von der Zeitdifferenz $t_b - t_a$ abhängt, falls das Potential $V(x)$ nicht explizit zeitabhängig ist: $K(x_b, t_b; x_a, t_a) = K(x_b, t_b - t_a; x_a, 0)$. Aus diesem allgemeinen Ausdruck für die Wahrscheinlichkeitsamplitude sollte es jetzt sehr einfach sein, die Wahrscheinlichkeit für den Durchgang des Teilchens durch eine Potentialbarriere (Tunnelwahrscheinlichkeit) zu berechnen. Dazu müssen wir nur x_a und x_b als die klassischen Umkehrpunkte des Teilchens wählen, bei denen $V(x) = E$ ist. Die Wegintegraldarstellung der Übergangsamplitude i. A. und insbesondere der Tunnelamplitude (9.67) zeigt auch, dass in der Summe über alle Trajektorien stets auch solche darunter sind, deren Energie größer als die Potentialbarriere ist. Hieraus ist ersichtlich, dass ein quantenmechanisches Teilchen eine Potentialbarriere mit einer endlichen Wahrscheinlichkeit überqueren kann.

Die Größe $K(x_b, \tau; x_a, 0)$ stellt die Wahrscheinlichkeitsamplitude für den Übergang des Teilchens von x_a nach x_b während einer Zeit τ dar. Zur Berechnung des Transmissionskoeffizienten interessieren wir uns jedoch nicht für die Wahrscheinlichkeit, die Barriere in einer vorgegebenen Zeit τ zu durchtunneln, sondern für die Tunnelwahrscheinlichkeit bei vorgegebener Energie E. Wir benötigen also die Wahrscheinlichkeitsamplitude für den Übergang von x_a nach x_b mit fester Energie E. Diese Wahrscheinlichkeitsamplitude haben wir bereits in Gl. (3.36) eingeführt. Sie ergibt sich durch Fourier-Transformation bezüglich der Zeit

$$K(x_b, x_a; E) = \int\limits_{-\infty}^{\infty} d\tau\, e^{\frac{i}{\hbar}E\tau} K(x_b, \tau; x_y, 0). \tag{9.68}$$

Wir haben oben große Potentialbarrieren betrachtet. Für solche Potentiale wird auch die klassische Wirkung sehr groß werden, d. h. die Bewegung verläuft semiklassisch:

$$S[x] \gg \hbar\,.$$

Wie wir bereits früher gesehen haben, können wir in diesem Fall das Funktionalintegral mittels der Methode der stationären Phase berechnen. In einfachster Näherung ist dann die Wahrscheinlichkeitsamplitude durch (5.20)

$$K(x_b, \tau; x_a, 0) \simeq e^{\frac{i}{\hbar} S[\tilde{x}](x_b, x_a; \tau)}, \quad S[\tilde{x}](x_b, x_a; \tau) := S[\tilde{x}](x_b, \tau; x_a, 0) \tag{9.69}$$

gegeben, wobei $\tilde{x}$ die klassische Trajektorie für die Bewegung zwischen den Umkehrpunkten x_a und x_b für vorgegebene Zeit τ ist. Wir erhalten die Übergangsamplitude zur vorgegebenen Energie, indem wir die semiklassische Näherung (9.69) in den Ausdruck (9.68) einsetzen und über alle Zeiten τ integrieren. Auch die Wirkung am stationären Punkt wird sehr groß gegenüber $\hbar$ sein, sodass wir auch dieses Integral mittels der Methode der stationären Phasenapproximation ausführen können. Die Phase des τ-Integrals (bis auf einen Faktor $1/\hbar$),

$$W(\tau) = S[\tilde{x}](x_b, x_a; \tau) + E\tau\,, \tag{9.70}$$

wird stationär für:

$$\frac{dW}{d\tau} = \frac{\partial S[\tilde{x}](x_b, x_a; \tau)}{\partial \tau} + E = 0\,. \tag{9.71}$$

Die Ableitung der Wirkung einer klassischen Trajektorie nach der Zeit (Periode) τ, die das Teilchen zum Durchlaufen der klassischen Trajektorie zwischen festen Anfangs- und Endkoordinaten x_a und x_b benötigt, ist nach der Hamilton-Jacobi'schen Differentialgleichung (5.23)

$$\frac{\partial S[\tilde{x}](x_b, x_a; \tau)}{\partial \tau} = -\mathcal{H}[\tau](p, x) \tag{9.72}$$

gleich der negativen klassischen Energie $\mathcal{H}[\tau]$, die entlang der klassischen Trajektorie erhalten bleibt. Damit lautet die stationäre Phasenbedingung (9.71):

$$E = \mathcal{H}[\tau](p, x) \tag{9.73}$$

Die stationäre Phasenbedingung im τ-Integral „pickt" damit aus allen möglichen klassischen Trajektorien (d. h. mit allen möglichen Perioden τ), die zwischen x_a und x_b verlaufen, diejenige heraus, für welche die zugehörige klassische Energie $\mathcal{H}[\tau](p, x)$ gerade mit der von außen vorgegebenen Energie E übereinstimmt. Die Periode τ der so ausgewählten klassischen Trajektorie ist somit durch die von außen vorgegebene Energie E bestimmt:

$$\tau = \tau(E)\,.$$

In unterster Ordnung stationärer Phasenapproximation erhalten wir damit für die Wahrscheinlichkeitsamplitude (9.68)

$$K(x_b, x_a; E) \simeq e^{\frac{i}{\hbar} W(E)},$$

wobei $W(E)$ die Phase (9.70) am stationären Punkt (9.73) ist.[6]

$$W(E) = \left(S[\tilde{x}](x_b, x_a; \tau) + \mathcal{H}[\tau](\tilde{p}.\tilde{x})\tau\right)\Big|_{\tau=\tau(E)}. \tag{9.74}$$

Benutzen wir für die Wirkung der klassischen Trajektorie $\tilde{x}(t)$ die Hamilton-Form,

$$S[\tilde{x}](x_b, x_a; \tau) = \int_0^\tau dt\, (\tilde{p}\dot{\tilde{x}} - \mathcal{H}(\tilde{p}, \tilde{x})),$$

so finden wir

$$W(E) = \int_0^{\tau(E)} dt\, \tilde{p}(t)\dot{\tilde{x}}(t) = \int_{x_a}^{x_b} dx\, \tilde{p}(x).$$

Damit erhalten wir für die Wahrscheinlichkeitsamplitude, dass das Teilchen mit vorgegebener Energie E von x_a nach x_b läuft:

$$K(x_b, x_a; E) \simeq \exp\left(\frac{i}{\hbar}\int_{x_a}^{x_b} dx\, \tilde{p}(x)\right).$$

Die hier auftretende Größe

$$\tilde{p}(x) = \sqrt{2m(E - V(x))}$$

ist der klassische Impuls, der für eine Bewegung unterhalb des Potentialberges ($E < V(x)$) rein imaginär wird:

$$\tilde{p}(x) = i\bar{p}(x), \quad \bar{p}(x) = \sqrt{2m(V(x) - E)}.$$

Damit erhalten wir schließlich für die gesuchte Wahrscheinlichkeitsamplitude:

$$K(x_b, x_a; E) \simeq \exp\left(-\frac{1}{\hbar}\int_{x_a}^{x_b} dx\, \bar{p}(x)\right),$$

---

6 Aus mathematischer Sicht ist die Phase $W(E)$ (9.74) gerade die Legendre-Transformaierte der klassischen Wirkung $S[\tilde{x}](x_a, x_b; \tau)$ (von der Zeit τ, die das Teilchen entlang der klassischen Trajektorie $\tilde{x}(t)$ von x_a nach x_b benötigt, zur (erhaltenen) Energie $E = -\frac{\partial S[\tilde{x}](x_b, x_a; \tau)}{\partial \tau} = \mathcal{H}[\tau](p, x)$ (9.72), die das Teilchen auf dieser Trajektorie besitzt).

wobei die $x_{a,b}$ nach wie vor die durch $V(x_{a,b}) = E$ definierten klassischen Umkehrpunkte eines Teilchens mit Masse m und Energie E im Potential $V(x)$ sind. Aus dieser Wahrscheinlichkeitsamplitude erhalten wir wie gewöhnlich die Wahrscheinlichkeit selbst, die hier den Transmissionskoeffizienten repräsentiert, durch Bildung des Betragsquadrates:

$$T = \left|K(x_b, x_a, E)\right|^2 \simeq \exp\left(-\frac{2}{\hbar} \int_{x_b}^{x_a} dx\, \bar{p}(x) \right). \tag{9.75}$$

Dieser Ausdruck stimmt mit dem früher gewonnenen Ergebnis (9.66)

$$T \simeq \exp\left(-\frac{1}{\hbar} \oint dx\, \bar{p}(x) \right)$$

überein. Die obige Pfadintegralableitung dieses Ergebnisses zeigt, dass der Ausdruck für T nur für eine semiklassisch verlaufende Bewegung gültig ist, d. h. für große Potentialbarrieren, bei denen die Wirkung groß gegenüber $\hbar$ ist. Bei der früheren Ableitung kam die semiklassische Näherung dadurch ins Spiel, dass wir beim Durchgang durch die Potentialbarriere nur den durchlaufenden Teil der Wellenfunktion berücksichtigt haben, während wir den reflektierten Teil völlig vernachlässigten. Wie jedoch die Unterteilung des Potentialberges in infinitesimal kleine rechteckige Potentialbarrieren gezeigt hat, findet bei einem kontinuierlichen Potential an jedem beliebigen Ort eine Aufspaltung der Welle in einen durchgehenden und einen reflektierten Teil statt, an dem das Potential nicht konstant ist. Die an verschiedenen Orten reflektierten Wellen überlagern sich und führen zu Interferenzerscheinungen, die wir in der semiklassischen Näherung vernachlässigt haben.

9.6 Feldemission von Elektronen

Als illustratives Beispiel für den Tunneleffekt wollen wir die Feldemission der Elektronen aus einer Metalloberfläche betrachten. Durch die elektrostatische Wechselwirkung mit den positiv geladenen Atomkernen können die Elektronen i. A. bei Zimmertemperatur den Festkörper nicht verlassen. In elektrischen Leitern wie Metallen sind die Elektronen jedoch im Inneren frei beweglich und das Potential kann in guter Näherung innerhalb des Festkörpers als konstant betrachtet werden, während es an der Oberfläche eine Potentialbarriere enthalten muss, um die Elektronen ins Innere des Festkörpers zu binden. Das Potential der Elektronen im Festkörper hat deshalb qualitativ das in Abb. 9.21(a) dargestellte Verhalten.

Der Einfachheit halber können wir annehmen, dass der Festkörper den Halbraum $x < 0$ des $\mathbb{R}^3$ ausfüllt, d. h. in y-, z- und negativer x-Richtung unendlich ausgedehnt ist und seine Oberfläche durch $x = 0$ (y-z-Ebene) gegeben ist. Das Elektronenpotential hat dann die Form einer Potentialstufe:

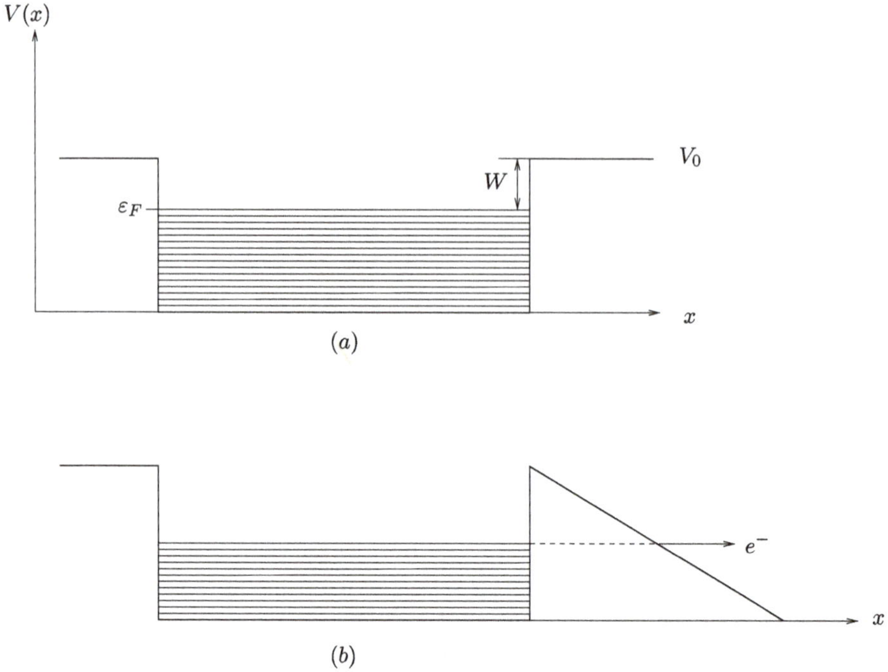

Abb. 9.21: Qualitative Form des Elektronenpotentials im Festkörper: (a) bei Abwesenheit, (b) bei Anwesenheit eines von außen angelegten elektrischen Feldes. In (b) können die Elektronen e^- die Potentialbarriere durchtunneln.

$$V(x) = \begin{cases} 0, & x < 0\,, \\ V_0, & x > 0\,. \end{cases}$$

Die stationären Zustände der Elektronen in diesem Potential sind deshalb ebene Wellen in y- und z-Richtung und stehende Wellen in x-Richtung. Nach dem sogenannten Pauli-Prinzip, welches in *Band 2* hergeleitet wird, besetzen die Elektronen (bei Temperatur null) sukzessive alle stationären Zustände jeweils einfach bis zu einer maximalen Energie ε_F, die als Fermi-Energie oder Fermi-Kante bezeichnet wird. Die Differenz dieser Energie zur Höhe der Potentialbarriere V_0 ist die Energie, welche nötig ist, um ein Elektron aus der Metalloberfläche herauszuschlagen, und wird als *Austrittsarbeit W* bezeichnet. Damit das Elektron die Metalloberfläche verlassen kann, muss es durch Energiezufuhr angeregt werden. Dies kann geschehen, indem das Metall aufgeheizt wird. Die Elektronen erhalten dann eine zusätzliche kinetische Energie und mit einer gewissen Wahrscheinlichkeit ist diese Energie größer als die Austrittsarbeit, sodass statistisch die Elektronen das Metall verlassen können. Zur thermischen Emission der Elektronen muss der Festkörper auf sehr hohe Temperaturen aufgeheizt werden. Bei Zimmertemperaturen ist die thermische Emission vernachlässigbar. Für kleine Temperaturen kann man die Elektronen durch Anlegen eines äußeren elektrischen Feldes, das zur Metall-

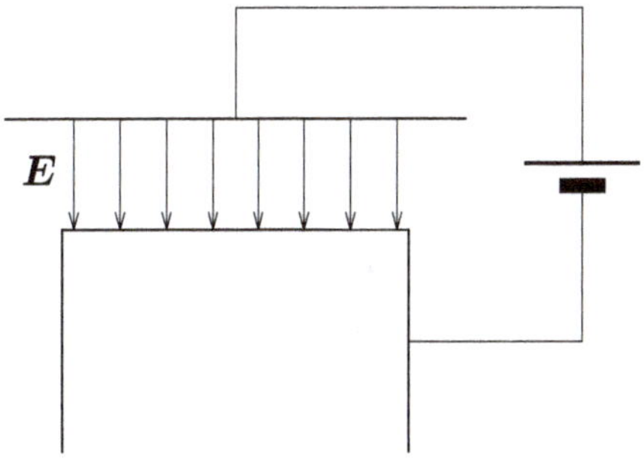

Abb. 9.22: Schematische Darstellung der Versuchsanordnung zur Feldemission von Elektronen.

oberfläche hin gerichtet ist, aus dem Metall schlagen. Aus der Elektrodynamik wissen wir, dass das elektrische Feld in einem idealen Leiter verschwindet, $\boldsymbol{E} = \boldsymbol{0}$. Deshalb müssen die Feldlinien senkrecht auf der Metalloberfläche stehen. Der Einfachheit halber nehmen wir an, dass ein konstantes äußeres elektrisches Feld vorliegt. Dieses lässt sich z. B. ähnlich wie in einem Plattenkondensator erzeugen. Wir schließen die Metalloberfläche an den negativen Pol einer Spannungsquelle und bringen in einem gewissen Abstand zur Metalloberfläche eine Metallplatte parallel zur Oberfläche des Festkörpers an und schließen sie an den positiven Pol (siehe Abb. 9.22) an. Die Feldlinien laufen dann von der zweiten Metallplatte senkrecht zur Metalloberfläche. Das elektrische Feld hat damit die Gestalt

$$\boldsymbol{E} = -|\boldsymbol{E}|\boldsymbol{e}_x \equiv E_x \boldsymbol{e}_x \,.$$

Das elektrostatische Feld lässt sich durch ein elektrisches Potential $\Phi(x)$ erzeugen:

$$\boldsymbol{E}(x) = -\nabla\Phi(x).$$

Integrieren wir diese Gleichung über den Ort, so finden wir für das zugehörige Potential:

$$\Phi(x) - \Phi(x_0) = \int_{x_0}^{x} dx' \, \frac{d\Phi(x')}{dx'} = -\int_{x_0}^{x} dx' \, E_x(x') = x|\boldsymbol{E}| - x_0|\boldsymbol{E}| \,.$$

Der Einfachheit halber legen wir den Nullpunkt des elektrostatischen Potentials bei $x = 0$ fest:

$$\Phi(x = 0) = 0 \quad \Rightarrow \quad \Phi(x_0) = x_0|\boldsymbol{E}| \,.$$

Das Potential nimmt damit die Gestalt

$$\Phi(x) = x|\boldsymbol{E}|$$

an. Eine Ladung $q = -e$ besitzt im elektrostatischen Potential $\Phi(x)$ die potentielle Energie

$$U(x) = q\Phi(x) = -e\Phi(x)\,, \qquad e > 0\,,$$

die wir zum Potential des Festkörpers hinzuaddieren müssen. Damit lautet das Potential der Elektronen im Festkörper bei Anwesenheit des äußeren Feldes:

$$V(x) = V_0 - xe|\boldsymbol{E}|\,. \tag{9.76}$$

Dieses Potential ist in Abb. 9.21(b) dargestellt. Durch Anlegen des äußeren Feldes wird die (im Gebiet $x > 0$) unendlich ausgedehnte Potentialstufe abgesenkt und die Elektronen werden von dem Äußeren der Metalloberfläche nur durch eine endliche Potentialbarriere getrennt. Diese können sie durchtunneln. Für ein Elektron mit der Energie E ist die Breite der Barriere $\bar{x}$ durch den klassischen Umkehrpunkt

$$E = V(\bar{x}) = V_0 - \bar{x}e|\boldsymbol{E}| \tag{9.77}$$

gegeben, d. h.

$$\bar{x} = \frac{V_0 - E}{e|\boldsymbol{E}|} = \frac{W}{e|\boldsymbol{E}|}\,, \tag{9.78}$$

wobei $W = V_0 - E$ wiederum die Austrittsarbeit für ein Elektron der Energie E ist. Setzen wir die explizite Form des Potentials $V(x)$ (9.76) und der Energie des Elektrons E (9.77) in den Ausdruck für den Transmissionskoeffizienten (9.75) ein, so finden wir:

$$\begin{aligned} T &= \exp\left(-\frac{2}{\hbar}\int_0^{\bar{x}} dx\,\sqrt{2m(V(x)-E)}\right) = \exp\left(-\frac{2}{\hbar}\int_0^{\bar{x}} dx\,\sqrt{2m(V(x)-V(\bar{x}))}\right) \\ &= \exp\left(-\frac{2}{\hbar}\int_0^{\bar{x}} dx\,\sqrt{2m(\bar{x}-x)e|\boldsymbol{E}|}\right) = \exp\left(-\frac{2}{\hbar}\sqrt{2me|\boldsymbol{E}|}\frac{2}{3}\bar{x}^{3/2}\right). \end{aligned}$$

Nach Einsetzen von (9.78) erhalten wir für den Transmissionskoeffizienten:

$$T = \exp\left(-\frac{4}{3}\frac{\sqrt{2m}}{e\hbar}\frac{W^{3/2}}{|\boldsymbol{E}|}\right). \tag{9.79}$$

Die Tunnelwahrscheinlichkeit der Elektronen durch die Barriere ist umso kleiner, je größer die erforderliche Austrittsarbeit W ist. Setzt man für die Naturkonstanten e, m und $\hbar$ ihre numerischen Werte ein, so findet man für die Tunnelwahrscheinlichkeit:

$$T = \exp\left(-6{,}83\cdot 10^9\left(\frac{W}{\text{eV}}\right)^{3/2}\frac{\text{V/m}}{|\boldsymbol{E}|}\right).$$

Die Austrittsarbeit beträgt in typischen Metallen 2–6 eV. Um eine Tunnelwahrscheinlichkeit der Ordnung 1 zu erhalten, benötigen wir dafür eine elektrische Feldstärke

$$|\boldsymbol{E}| \simeq 10^{10}\ \mathrm{V/m}\,.$$

Feldstärken dieser Größenordnung lassen sich i. A. nur sehr schwer mit planaren Leiterplatten erreichen. Man kann diese großen Feldstärken jedoch sehr einfach in der Nähe von Metallspitzen erzeugen, wo aufgrund der großen Krümmung die Dichte der Feldlinien sehr groß und das Feld damit sehr stark wird. Ferner sei bemerkt, dass die Tunnelwahrscheinlichkeit i. A. wegen Oberflächeneffekten größer ist, als Gl. (9.79) besagt: An nicht-planaren Metalloberflächen ist die elektrische Feldstärke lokal wesentlich größer als der als konstant angenommene mittlere Wert.

Die durch das äußere Feld induzierte Tunnelung der Elektronen aus der Metalloberfläche ist die Grundlage für die Feldemissionsmikroskopie bzw. Tunnelrastermikroskopie. Bei diesen Verfahren gelingt es, ein vergrößertes Bild der Metalloberfläche zu erreichen und Feinheiten bzw. Unregelmäßigkeiten auf der Oberfläche sichtbar zu machen.

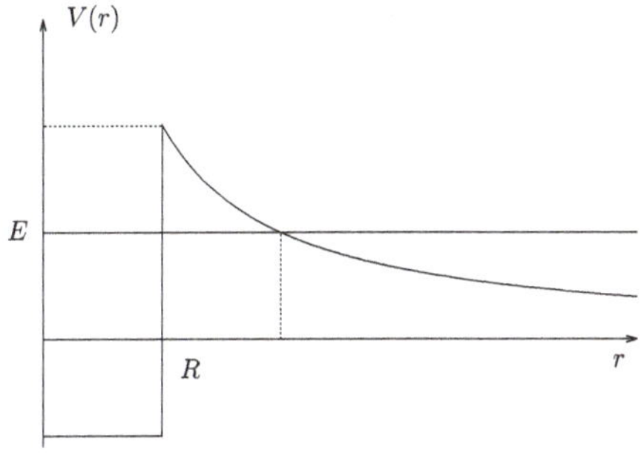

Abb. 9.23: Qualitativer Verlauf des Potentials eines α-Teilchens in einem bezüglich α-Zerfall instabilen Atomkerns mit Radius R. Wegen der kurzen Reichweite der Kernkräfte ist das Potential im Außenraum allein durch das Coulomb-Potential der Protonen des Atomkerns gegeben.

Ein weiteres Anwendungsbeispiel der Tunnelung eines Teilchens durch eine Barriere stellt der radioaktive α-Zerfall dar. Ein α-Teilchen (Helium-Kern) im Kern spürt zum einen die abstoßende langreichweitige Coulomb-Wechselwirkung mit dem Rest des Atomkerns, zum anderen die attraktive kurzreichweitige starke Wechselwirkung, auf welche wir hier nicht näher eingehen wollen. Das Gesamtpotential hat qualitativ die in Abb. 9.23 dargestellte Gestalt. Durch Wechselspiel von Coulomb- und Kernkräften kommt es zur Ausbildung einer Barriere, die das α-Teilchen mit einer gewissen Wahrscheinlichkeit durchtunneln kann. Ein ähnliches Potential liegt bei der Kernspaltung schwerer Atomkerne vor.

10 Mathematische Grundlagen der Quantenmechanik

In der *klassischen Mechanik* lässt sich jede physikalische Größe (Observable) als Funktion der (verallgemeinerten) Orts- und Impulsvariablen schreiben. Eine *physikalische Observable* stellt hier somit eine Phasenraumfunktion $A(x,p)$ dar. Ferner legt ein Punkt (x,p) im Phasenraum eindeutig den Zustand eines klassischen Systems fest. Einen *klassischen Zustand* können wir also durch einen Punkt im Phasenraum

$$\Pi = (x,p),$$

definieren. Die zeitliche Entwicklung des Phasenraumpunktes wird dann durch die kanonischen Bewegungsgleichungen

$$\dot{x} = \frac{\partial \mathcal{H}}{\partial p}, \quad \dot{p} = -\frac{\partial \mathcal{H}}{\partial x}$$

beschrieben. Dies sind Differentialgleichungen erster Ordnung, die bei gegebenen Anfangsbedingungen für x und p, d. h. für einen gegebenen Anfangszustand $\Pi(t = t_0)$, den späteren Zustand $\Pi(t > t_0)$ eindeutig festlegen.

In der *Quantenmechanik* hatten wir hingegen gefunden, dass Ort und Impuls nicht gleichzeitig scharf messbar sind. Wir hatten auch bereits festgestellt, dass die Unschärfe eines Messergebnisses durch die Einwirkung des Messapparates auf das zu messende Objekt hervorgerufen wird. Der Messprozess zur Bestimmung einer Observablen verändert i. A. den Zustand des Systems[1] (was wir ausführlicher in Kap. 11 besprechen werden). Die zugehörige Änderung der Wellenfunktion kann nur durch die Wirkung eines Operators erreicht werden. Folglich müssen die Observablen in der Quantenmechanik durch Operatoren repräsentiert werden. Dies haben wir bereits explizit für den Impuls und die Energie gezeigt.

Eine besondere Rolle spielen die Zustände ψ, die durch den Messprozess (bis auf Normierung) nicht verändert werden, d. h. bei Wirkung des Messoperators A auf den Zustand ψ wird dieser bis auf einen numerischen Faktor a reproduziert:

$$A\psi = a\psi .$$

Solche Zustände ψ heißen *Eigenzustände* des Messoperators A. Die zugehörige Observable hat dann einen wohldefinierten Wert, den *Eigenwert* a des Operators A. Wiederholung der Messung liefert denselben Wert. Die quantenmechanische Vorhersage der Messung besitzt in diesem Fall nicht mehr Wahrscheinlichkeitscharakter, sondern

---

1 In der klassischen Mechanik ist der Einfluss der Messapparatur auf das zu messende Objekt vernachlässigbar.

https://doi.org/10.1515/9783111268255-010

liefert einen determinierten Wert. Im Allgemeinen lassen sich jedoch nur für einige Observablen gleichzeitig scharfe Messwerte angeben. Für die übrigen sind nur Wahrscheinlichkeitsaussagen möglich; für eine zu der gemessenen Observablen konjugierte Observable, wie zum Ort der Impuls, werden wir eine unendliche Unschärfe erhalten. Wir definieren deshalb einen (reinen) *quantenmechanischen Zustand* als einen maximalen Satz von verträglichen Messwerten, d. h. von gleichzeitig messbaren Eigenschaften des quantenmechanischen Systems. Die quantenmechanischen Zustände, insbesondere ihre Veränderung infolge eines Messprozesses werden ausführlicher in Kap. 11 besprochen.

Bei der Untersuchung der Erwartungswerte von physikalisch messbaren Größen haben wir festgestellt, dass sich sowohl die Wellenfunktion als auch die zu den physikalischen Observablen gehörenden Operatoren als Funktionen entweder des Ortes oder des Impulses ausdrücken lassen. Dies hatten wir als Orts- bzw. Impulsraumdarstellung bezeichnet. Ausgehend von dieser Feststellung können wir vermuten, dass eine allgemeine Darstellung und abstrakte Formulierung der Quantenmechanik möglich ist, in der Orts- und Impulsraum nur zwei konkrete Realisierungen der Darstellungen sind. Eine solche abstrakte Formulierung gelingt mittels der Theorie des Hilbert-Raumes. Ein *Hilbert-Raum* ist ein spezieller komplexer Vektorraum, dessen Elemente (Vektoren) Funktionen sind und der deshalb auch als Funktionenraum bezeichnet wird.

Jedes quantenmechanische System wird durch einen Hilbert-Raum beschrieben und die Wellenfunktionen sind Vektoren dieses Hilbert-Raumes.

Wie wir früher bereits gesehen haben, besitzen physikalische Observablen wie Ort und Impuls in verschiedenen Darstellungen unterschiedliche Operatorrealisierungen. Der Ortsoperator ist trivial im Ortsraum, wo er durch die Ortskoordinate gegeben ist; er wird aber im Impulsraum zum Differentialoperator. Je nach physikalischer Fragestellung ist es deshalb zweckmäßig, diese oder jene Darstellung zu benutzen, und eine allgemeine Darstellungstheorie der Quantenmechanik scheint daher sinnvoll. Diese soll im Folgenden entwickelt werden.

10.1 Der Hilbert-Raum

Die Theorie des Hilbert-Raumes bildet das mathematische Gerüst der Quantentheorie. Sie erlaubt eine darstellungsunabhängige Formulierung der Quantenmechanik. Jedes Quantensystem wird durch einen Hilbert-Raum beschrieben. Die Wellenfunktionen (Zustände) sind Elemente (Vektoren) des Hilbert-Raumes. Physikalische Observablen werden durch Operatoren auf dem Hilbert-Raum repräsentiert, die auf die Wellenfunktionen (Zustände) wirken. Im Folgenden werden die wesentlichen Eigenschaften des Hilbert-Raumes zusammengestellt, die für die Quantenmechanik relevant sind.

Hilbert-Raum

Eine Menge von abstrakten Elementen φ, ψ, χ, ... nennt man einen Hilbert-Raum $\mathbb{H}$, wenn folgende Axiome gelten:

1. *$\mathbb{H}$ ist ein linearer Raum,*
2. *$\mathbb{H}$ ist ein unitärer Raum,*
3. *$\mathbb{H}$ ist vollständig.*

Im Folgenden sollen diese Begriffe näher erläutert werden.

1. $\mathbb{H}$ ist ein linearer Raum, d. h. ein komplexer Vektorraum:

Auf $\mathbb{H}$ sind die Operationen der Vektor-Addition und -Multiplikation mit komplexen Zahlen definiert, und diese Operationen genügen den gewöhnlichen Regeln der Vektoralgebra:

$$\varphi, \psi \in \mathbb{H}, \quad c_1, c_2 \in \mathbb{C} \quad \Rightarrow \quad c_1\varphi + c_2\psi \in \mathbb{H}.$$

– Diese beiden Verknüpfungen sind

$$\left.\begin{array}{lll} \text{i)} & \text{kommutativ:} & \varphi + \psi = \psi + \varphi \\ \text{ii)} & \text{assoziativ:} & \varphi + (\psi + \chi) = (\varphi + \psi) + \chi \\ & \text{bzw. transitiv:} & c_1(c_2\varphi) = (c_1c_2)\varphi \\ \text{iii)} & \text{distributiv:} & c(\varphi + \psi) = c\varphi + c\psi \\ & & (c_1 + c_2)\varphi = c_1\varphi + c_2\varphi \end{array}\right\} \begin{array}{l} \forall \varphi, \psi, \chi \in \mathbb{H}, \\ \forall c, c_1, c_2 \in \mathbb{C}. \end{array}$$

– Unter Multiplikation mit dem Einselement von $\mathbb{C}$ wird jeder Vektor aus $\mathbb{H}$ reproduziert:

$$1\varphi = \varphi, \quad \forall \varphi \in \mathbb{H}.$$

– Ferner existiert ein neutrales Element $o \in \mathbb{H}$, der *Nullvektor*, mit der Eigenschaft:

$$\varphi + o = \varphi, \quad \forall \varphi \in \mathbb{H}.$$

– Zu jedem Element $\varphi \in \mathbb{H}$ existiert ein *inverses Element* $-\varphi \in \mathbb{H}$, sodass gilt:

$$\varphi + (-\varphi) = o, \quad \forall \varphi \in \mathbb{H}.$$

Aus diesen Axiomen ergeben sich unmittelbar folgende Eigenschaften:

$$\left.\begin{array}{r} co = o \\ 0\varphi = o \\ (-1)\varphi = -\varphi \end{array}\right\} \begin{array}{l} \forall \varphi \in \mathbb{H}, \\ \forall c \in \mathbb{C}. \end{array}$$

Eine Menge von Elementen $\varphi_1, \varphi_2, \ldots, \varphi_n \in \mathbb{H}$ heißt *linear unabhängig*, falls die Beziehung

$$\sum_{i=1}^{n} c_i \varphi_i = 0$$

mit $c_i \in \mathbb{C}$ sich nur mit den Koeffizienten $c_i = 0$ (für alle $i = 1, 2, \ldots, n$) erfüllen lässt. Anderenfalls heißen die Elemente φ_i *linear abhängig*. Die maximale Anzahl von linear unabhängigen Elementen in $\mathbb{H}$ bezeichnet man als die *Dimension* von $\mathbb{H}$ (vergleiche mit dem dreidimensionalen Vektorraum $\mathbb{R}^3$). In der Quantenmechanik haben wir es meistens mit (abzählbar) unendlich-dimensionalen Hilbert-Räumen zu tun.

2. $\mathbb{H}$ *ist ein unitärer Raum, d. h. ein linearer Raum mit einem Skalarprodukt:*
Ein *Skalarprodukt* oder *inneres Produkt* ist eine Abbildung $\mathbb{H}\times\mathbb{H} \to \mathbb{C}$, die jedem Paar von Elementen $\varphi, \psi \in \mathbb{H}$ eine komplexe Zahl $(\varphi, \psi) \in \mathbb{C}$ zuordnet, wobei die folgenden Eigenschaften erfüllt sein müssen:

i)	Hermitizität	:	$(\varphi, \psi) = (\psi, \varphi)^*$,
ii)	Linearität im zweiten	:	$(\varphi, a\psi) = a(\varphi, \psi)$,
iii)	Argument	:	$(\varphi, \psi + \chi) = (\varphi, \psi) + (\varphi, \chi)$,
iv)	Positive Definitheit	:	$(\varphi, \varphi) > 0$ und $(\varphi, \varphi) = 0 \iff \varphi = o$.

Aus i) und ii) bzw. aus i) und iii) folgt unmittelbar:

$$\left.\begin{aligned}(c\varphi, \psi) &= c^*(\varphi, \psi) \\ (\varphi + \psi, \chi) &= (\varphi, \chi) + (\psi, \chi)\end{aligned}\right\} \quad \begin{aligned}&\forall \varphi, \psi, \chi \in \mathbb{H}, \\ &\forall c \in \mathbb{C}.\end{aligned}$$

Damit ist das Skalarprodukt *antilinear* im ersten Argument. Man nennt ein Skalarprodukt daher auch eine *Sesquilinearform* bzw. eine *Bilinearform* im Fall reeller Vektorräume. Des Weiteren impliziert i), dass:

$$(\varphi, \varphi) \in \mathbb{R}.$$

Da $0\,\varphi = o$ in jedem Vektorraum, folgt weiterhin aus ii):

$$(\varphi, o) = 0.$$

Das eben eingeführte Skalarprodukt ist eine direkte Verallgemeinerung des aus der linearen Algebra bekannten (euklidischen) Skalarproduktes zwischen zwei Vektoren $\boldsymbol{a}$ und $\boldsymbol{b}$ eines reellen Vektorraumes (z. B. des $\mathbb{R}^n$), **i**

$$(\boldsymbol{a}, \boldsymbol{b}) \equiv \boldsymbol{a} \cdot \boldsymbol{b} = \sum_i^n a_i b_i ,$$

auf einen komplexen Vektorraum. Mittels des Skalarproduktes können wir bekanntlich die Länge oder die Norm von Vektoren im $\mathbb{R}^n$ definieren,

$$\|\boldsymbol{a}\| \equiv |\boldsymbol{a}| = \sqrt{\boldsymbol{a} \cdot \boldsymbol{a}} ,$$

die hier auch als Betrag bezeichnet wird. Ferner definiert die Norm auch den Abstand zweier Vektoren im $\mathbb{R}^n$ als $|\boldsymbol{a} - \boldsymbol{b}|$.

Analog hierzu induziert das Skalarprodukt auf natürliche Weise eine *Norm* für Elemente $\varphi \in \mathbb{H}$,

$$\boxed{\|\varphi\| := \sqrt{(\varphi, \varphi)}.} \tag{10.1}$$

Nach Regel iv) für Skalarprodukte ist das Argument der Wurzel niemals negativ. Mithilfe der Norm lässt sich der *Abstand* zweier Elemente $\varphi, \psi \in \mathbb{H}$ definieren als:

$$\|\varphi - \psi\| .$$

Diese Definition erfüllt die Rechenregeln einer Metrik und macht $\mathbb{H}$ somit zum topologischen Raum. Ein Vektor $\varphi \in \mathbb{H}$ heißt *normiert* oder *Einheitsvektor*, wenn gilt:

$$\|\varphi\| = 1 .$$

Zwei Vektoren $\varphi, \psi \in \mathbb{H}$ heißen *orthogonal*, wenn ihr Skalarprodukt verschwindet,

$$(\varphi, \psi) = 0 .$$

Man schreibt in diesem Fall auch $\varphi \perp \psi$. Für das Skalarprodukt zweier Vektoren $\varphi, \psi \in \mathbb{H}$ gilt die *Schwarz'sche Ungleichung*

$$\left|(\varphi, \psi)\right| \leq \|\varphi\| \, \|\psi\| . \tag{10.2}$$

Gleichheit gilt genau dann, wenn φ und ψ linear abhängig (parallel) sind, d. h. $\psi = c\,\varphi$ mit $c \in \mathbb{C}$.

Im $\mathbb{R}^3$ gilt bekanntlich für das Skalarprodukt zweier Vektoren $\boldsymbol{a}$ und $\boldsymbol{b}$ die Beziehung

$$\boldsymbol{a} \cdot \boldsymbol{b} = |\boldsymbol{a}| \, |\boldsymbol{b}| \cos \gamma ,$$

wobei γ der zwischen den beiden Vektoren aufgespannte Winkel ist. Mit $|\cos \gamma| \leq 1$ folgt hieraus unmittelbar die Schwarz'sche Ungleichung.

Beweis der Schwarz'schen Ungleichung

Gl. (10.2) ist offenbar erfüllt für $\varphi = o$, da $(o, \psi) = 0$ und $\|o\| = 0$. Für $\varphi \neq o$ zerlegen wir ψ in einen Anteil parallel zu φ und einen Anteil orthogonal zu φ:

$$\psi = c\varphi + \chi , \quad (\varphi, \chi) = 0. \tag{10.3}$$

Es folgt:

$$(\varphi, \psi) = (\varphi, c\varphi + \chi) = c(\varphi, \varphi) + (\varphi, \chi) = c(\varphi, \varphi)$$

und damit finden wir für den Entwicklungskoeffizienten die bereits aus der linearen Algebra bekannte Beziehung

$$c = \frac{(\varphi, \psi)}{(\varphi, \varphi)} . \tag{10.4}$$

Berechnen wir die Norm von ψ, so erhalten wir mit Gl. (10.3):

$$\begin{aligned}(\psi, \psi) &= (c\,\varphi + \chi, c\,\varphi + \chi)\\ &= (c\,\varphi + \chi, c\,\varphi) + (c\,\varphi + \chi, \chi)\\ &= (c\,\varphi, c\,\varphi) + (\chi, c\,\varphi) + (c\,\varphi, \chi) + (\chi, \chi)\\ &= c^* c\,(\varphi, \varphi) + (\chi, \chi)\\ &\geq |c|^2\,(\varphi, \varphi),\end{aligned}$$

wobei das Gleichheitszeichen nur für $\chi = o$ gilt. Setzen wir für c den expliziten Wert aus (10.4) ein, erhalten wir:

$$\left|(\varphi, \psi)\right|^2 \leq (\varphi, \varphi)\,(\psi, \psi),$$

oder nach Ziehen der Wurzel die zu beweisende Beziehung (10.2). Das Gleichheitszeichen gilt offenbar nur, wenn $\psi = c\varphi$, d. h. ψ und φ linear abhängig sind.

Aus der Schwarz'schen Ungleichung folgt die *Dreiecksungleichung*

$$\|\varphi + \psi\| \leq \|\varphi\| + \|\psi\|\,, \tag{10.5}$$

wie sich leicht zeigen lässt:

$$\begin{aligned}\|\varphi + \psi\|^2 &= (\varphi + \psi, \varphi + \psi)\\ &= (\varphi, \varphi) + (\psi, \psi) + (\varphi, \psi) + (\psi, \varphi)\\ &= \|\varphi\|^2 + \|\psi\|^2 + 2\,\mathrm{Re}\{(\varphi, \psi)\}\\ &\leq \|\varphi\|^2 + \|\psi\|^2 + 2\left|(\varphi, \psi)\right|\\ &\overset{(10.2)}{\leq} \|\varphi\|^2 + \|\psi\|^2 + 2\|\varphi\|\,\|\psi\|\\ &= \left(\|\varphi\| + \|\psi\|\right)^2.\end{aligned}$$

Ähnlich beweist man *die sog. Dreiecksregel nach unten:*

$$\big|\|\varphi\| - \|\psi\|\big| \leq \|\varphi + \psi\|\,.$$

Aus der Dreiecksungleichung folgt unmittelbar für drei Vektoren $\varphi_1, \varphi_2, \varphi_3 \in \mathbb{H}$:

$$\|\varphi_1 - \varphi_3\| \leq \|\varphi_1 - \varphi_2\| + \|\varphi_2 - \varphi_3\|\,.$$

Die Dreiecksungleichung gilt also auch für die Abstände, sodass die Abstandsfunktion tatsächlich eine *Metrik* definiert. Zum Beweis setzen wir $\|\varphi_1 - \varphi_3\| = \|(\varphi_1 - \varphi_2) + (\varphi_2 - \varphi_3)\|$ in die Dreiecksungleichung (10.5) ein.

i Wir haben oben gesehen, dass das Skalarprodukt auf natürliche Weise eine Norm in $\mathbb{H}$ induziert. In *unitären Räumen* gilt allerdings auch die Umkehrung, d. h. das Skalarprodukt kann durch die Norm mithilfe der sog. *Polarisationsgleichung* ausgedrückt werden:[2]

$$(\varphi, \psi) = \frac{1}{4}\left\{\|\varphi + \psi\|^2 - \|\varphi - \psi\|^2 + i\,\|i\,\varphi + \psi\|^2 - i\,\|i\,\varphi - \psi\|^2\right\}. \tag{10.6}$$

Man könnte vermuten, dass durch diese Gleichung in jedem normierten Raum ein Skalarprodukt *definiert* werden könne, d. h. dass Norm und Skalarprodukt äquivalente Begriffe sein. Diese Vermutung ist jedoch *falsch*, denn die durch die rechte Seite von Gl. (10.6) definierte Abbildung erfüllt i. a. die Axiome eines Skalarproduktes nicht. Offenbar haben Normen, die aus einem Skalarprodukt abgeleitet sind, zusätzliche Eigenschaften. So gilt etwa in einem unitären Raum die *Parallelogramm-Gleichung*:

$$\|\varphi + \psi\|^2 + \|\varphi - \psi\|^2 = 2\|\varphi\|^2 + 2\|\psi\|^2 . \tag{10.7}$$

Diese Relation gilt für allgemeine Normen *nicht*. Umgekehrt kann man zeigen, dass in einem normierten Raum, dessen Norm Gl. (10.7) erfüllt, mittels Gl. (10.6) tatsächlich ein Skalarprodukt definiert und der normierte Raum somit *unitarisiert* werden kann.

3. *$\mathbb{H}$ ist ein vollständiger Raum:*

Grundlage der Analysis in Hilbert-Räumen ist der Begriff des *Grenzwertes* einer Folge von Vektoren, der wie üblich über die Metrik bzw. Norm definiert wird:

– Eine Folge $\{\varphi_n\}$ in $\mathbb{H}$ *konvergiert* gegen $\varphi \in \mathbb{H}$, falls

$$\lim_{n\to\infty} \|\varphi_n - \varphi\| = 0 .$$

Dieses Kriterium erfordert allerdings eine Information, die nicht in der Folge selbst enthalten ist, nämlich die Kenntnis des potentiellen Grenzwertes φ. Eine grenzwertfreie Definition von Konvergenz geht davon aus, dass sich die Folgeglieder in konvergenten Folgen asymptotisch immer ähnlicher werden:

– Eine Folge $\{\varphi_n\}$ heißt *in sich konvergent* oder *Cauchy-Folge*, falls zu jedem $\varepsilon > 0$ ein $N(\varepsilon) \in \mathbb{N}$ existiert, sodass

$$\|\varphi_n - \varphi_m\| < \varepsilon , \quad \forall\, n, m > N(\varepsilon)$$

gilt.

Jede konvergente Folge ist auch eine Cauchy-Folge, allerdings gilt die Umkehrung i. A. nicht, wie das Beispiel $(1 + 1/n)^n$ im Raum $\mathbb{Q}$ der rationalen Zahlen zeigt

2 Man überzeugt sich leicht, dass für die über das Skalarprodukt definierte Norm (10.1) diese Gleichung identisch erfüllt ist.

$$\lim_{n\to\infty}\left(1+\frac{1}{n}\right)^n = e \notin \mathbb{Q}.$$

Es gibt also Folgen rationaler Zahlen, die in sich konvergent sind, aber deren Grenzwert nicht in $\mathbb{Q}$ selbst liegt; in diesem Sinne ist $\mathbb{Q}$ nicht vollständig. Umgekehrt wird ein Raum wie die reellen Zahlen $\mathbb{R}$, in dem jede Cauchy-Folge einen Grenzwert hat, als *vollständig* bezeichnet:

– *Ein Hilbert-Raum $\mathbb{H}$ ist* vollständig, *d. h. jede Cauchy-Folge $\{\varphi_n\}$ in $\mathbb{H}$ konvergiert gegen ein Element $\varphi \in \mathbb{H}$. Mit anderen Worten: Falls eine Folge $\{\varphi_n\}$ von Elementen aus $\mathbb{H}$ der Bedingung*

$$\|\varphi_n - \varphi_m\| \to 0$$

für $m, n \to \infty$ genügt, so existiert ein Element $\varphi \in \mathbb{H}$ mit:

$$\|\varphi_n - \varphi\| \to 0\,.$$

Aus der Vollständigkeit lässt sich die Existenz einer Basis folgern, die hier wie folgt definiert ist:

– *Eine Folge von paarweise orthogonalen Vektoren $\{\varphi_1, \varphi_2, \varphi_3, \ldots\}$ in $\mathbb{H}$ heißt* Hilbert-Basis *(oder einfach Basis), wenn in $\mathbb{H}$ nur der Nullvektor orthogonal zu allen Folgenmitgliedern ist:*

$$(\varphi_i, \psi) = 0\,, \quad \forall i \in \mathbb{N} \quad \Longrightarrow \quad \psi = o\,.$$

Eine Hilbert-Basis besteht somit stets aus linear unabhängigen Vektoren, ist aber nicht *maximal* im algebraischen Sinne, da nicht alle Vektoren aus $\mathbb{H}$ als *endliche* Linearkombinationen der Basiselemente (d. h. Linearkombinationen *endlich* vieler Basiselemente) darstellbar sein müssen. Die *Mächtigkeit* (d. h. die Anzahl der Basisvektoren) jeder (Hilbert-)Basis in $\mathbb{H}$ ist gleich und entspricht der oben algebraisch definierten *Dimension* von $\mathbb{H}$. In der Quantentheorie werden wir es meistens mit unendlich-dimensionalen Hilbert-Räumen zu tun haben.

Hilbert-Basen werden auch *vollständige Orthogonalsysteme* genannt. Der Begriff der Vollständigkeit bedeutet hier, dass jedes Element $\psi \in \mathbb{H}$ nach der Basis zerlegt werden kann:

$$\psi = \sum_i \psi_i \varphi_i\,, \quad \psi_i \in \mathbb{C}\,, \tag{10.8}$$

wobei höchstens abzählbar viele Koeffizienten $\psi_i \neq 0$ sind. Jedes Element $\psi \in \mathbb{H}$ wird vollständig durch seine Entwicklungskoeffizienten $\psi_i \in \mathbb{C}$ bezüglich einer vollständigen Basis $\{\varphi_i\}$ bestimmt. In Anlehnung an die lineare Algebra bezeichnen wir ein Element $\psi \in \mathbb{H}$ als *Hilbert-Vektor* und die Entwicklungskoeffizienten ψ_i als seine *Koordinaten* bezüglich der Basisvektoren $\{\varphi_i\}$.

Entfernt man einige Elemente aus einer vollständigen Basis eines unendlich-dimensionalen Hilbert-Raumes, so verbleiben i. A. immer noch unendlich viele Basiselemente, aber die Restmenge muss nicht mehr vollständig sein.

Beispiel: Der Raum der über dem Intervall $-1 \leq x \leq 1$ stetigen Funktionen mit dem Skalarprodukt

$$(\varphi, \psi) = \int_{-1}^{1} dx\, \varphi^*(x)\psi(x)$$

ist ein Hilbert-Raum; eine vollständige Basis ist durch die Funktionen

$$\varphi_{2n}(x) = \cos(n\pi x)\,, \quad n = 0, 1, 2, \ldots\,,$$
$$\varphi_{2n-1}(x) = \sin(n\pi x)\,, \quad n = 1, 2, 3, \ldots$$

gegeben. Jede auf $[-1, 1]$ stetige Funktion φ lässt sich nach dieser Basis entwickeln. Entfernt man z. B. die Sinusfunktionen φ_{2n+1}, so bleiben immer noch abzählbar unendlich viele Basiselemente φ_{2n} übrig, die Restmenge ist jedoch nicht mehr vollständig, da sich die ungeraden Funktionen $\varphi(-x) = -\varphi(x)$ nicht durch die geraden Kosinusfunktionen ausdrücken lassen.

Entwicklung nach einem vollständigen orthonormierten System

Die Elemente einer Hilbert-Basis $\{\varphi_i\}$ können o. B. d. A. als orthonormiert angenommen werden

$$(\varphi_i, \varphi_k) = \delta_{ik}\,, \tag{10.9}$$

da sich jede Menge linear unabhängiger Vektoren mittels des Gram-Schmidt'schen Verfahrens orthonormieren lässt. Eine normierte Hilbert-Basis wird als *vollständiges Orthonormalsystem* (VONS) bezeichnet. In einem solchen VONS nehmen die Koordinaten ψ_i des Hilbert-Vektors ψ eine besonders einfache Gestalt an. Bilden wir das Skalarprodukt des Basisvektors φ_k mit ψ (10.8) und benutzen die Orthonormierungsbedingung (10.9), so finden wir:

$$(\varphi_k, \psi) = \left(\varphi_k, \sum_i \psi_i \varphi_i\right) = \sum_i \psi_i (\varphi_k, \varphi_i) = \sum_i \psi_i \delta_{ki} = \psi_k\,.$$

Die Koordinaten sind deshalb durch

$$\psi_k = (\varphi_k, \psi) \tag{10.10}$$

gegeben und der Hilbert-Vektor ψ besitzt die Zerlegung

$$\psi = \sum_k (\varphi_k, \psi)\varphi_k \,. \tag{10.11}$$

Aufgrund der Vollständigkeit des Hilbert-Raumes handelt es sich hierbei um eine konvergente Reihe, d. h. höchstens abzählbar viele Koordinaten (10.10) sind von null verschieden, und es gilt $\sum_i |\psi_i|^2 < \infty$. Genauer gilt für jedes Orthonormalsystem (ONS) die *Bessel'sche Ungleichung*

$$\sum_k |\psi_k|^2 = \sum_k \left|(\varphi_k, \psi)\right|^2 \leq \|\psi\|^2 \quad \forall \psi \in \mathbb{H}\,. \tag{10.12}$$

Das ONS ist vollständig (also eine Hilbert-Basis), wenn in (10.12) das Gleichheitszeichen steht, d. h. wenn die *Parseval'sche Gleichung* gilt,

$$\|\psi\|^2 = \sum_k \left|(\varphi_k, \psi)\right|^2 \quad \forall \psi \in \mathbb{H}\,.$$

Wir betrachten das Skalarprodukt (ϕ, ψ) zweier Elemente $\phi, \psi \in \mathbb{H}$, die wir nach einem VONS $\{\varphi_i\}$ entwickeln. Neben Gln. (10.8) und Gl. (10.10) für ψ haben wir die analoge Beziehungen

$$\phi = \sum_i \phi_i \varphi_i \,, \quad \phi_i = (\phi, \varphi_i)\,.$$

Unter Ausnutzung der Eigenschaften des Skalarproduktes haben wir

$$(\phi, \psi) \equiv \left(\sum_i \phi_i \varphi_i , \sum_j \psi_j \varphi_j\right) = \sum_{i,j} \phi_i^* \psi_j (\varphi_i, \varphi_j)\,. \tag{10.13}$$

Mit der Orthonormierung (10.9) der Basis $\{\varphi_i\}$ finden wir schließlich

$$(\phi, \psi) = \sum_i \phi_i^* \psi_j \,, \tag{10.14}$$

womit das Skalarprodukt vollständig durch die Koordinaten ausgedrückt ist. Eine analoge Beziehung kennen wir bereits aus der linearen Algebra für das Skalarprodukt in komplexen Vektorräumen.

Für die Quantenmechanik ist der Hilbert-Raum $\mathbb{L}^2$ der quadratintegrablen Funktionen, für welche

$$\int_{-\infty}^{\infty} dx \, |\varphi(x)|^2 < \infty$$

gilt, besonders relevant. Für diesen Raum ist das Skalarprodukt durch

$$\boxed{(\varphi, \psi) := \int_{-\infty}^{\infty} dx\, \varphi^*(x)\psi(x)} \tag{10.15}$$

definiert, wobei das Integral im Lebesgue'schen Sinn zu verstehen ist und fast überall gleiche Funktionen zu identifizieren sind. Man überprüft leicht, dass alle in der Definition des Hilbert-Raumes spezifizierten Bedingungen an das Skalarprodukt durch obige Definition erfüllt werden. In der Quantenmechanik wird dieses Skalarprodukt für zwei (verschiedene) Wellenfunktionen auch als *Überlappungsintegral* bezeichnet.

---

i

1. In der Quantenmechanik fordert man gewöhnlich noch zusätzlich, dass ein Hilbert-Raum $\mathbb{H}$ *separabel* ist, d. h. $\mathbb{H}$ besitzt eine abzählbar *dichte* Teilmenge $\mathscr{B} = \{\varphi_n\}$. Dies bedeutet, dass die Teilmenge $\mathscr{B}$ jedem Hilbert-Vektor $\varphi \in \mathbb{H}$ beliebig nahe kommt: Zu jedem $\varepsilon > 0$ existiert ein $\varphi_n \in \mathscr{B}$, sodass $\|\varphi_n - \varphi\| < \varepsilon$. In separablen Hilbert-Räumen hat jede Basis eine abzählbare Anzahl von Elementen. Zusammen mit der Tatsache, dass Hilbert-Räume gleicher Dimension isomorph sind, folgt also, dass es bis auf Isomorphie nur zwei Hilbert-Räume mit unendlicher Dimension gibt: (i) separable Hilbert-Räume mit abzählbar unendlicher Dimension und (ii) nicht-separable Hilbert-Räume mit nicht-abzählbar unendlicher Dimension.
2. Etwas allgemeiner als der Hilbert-Raum ist der sog. *Banach-Raum* $\mathbb{B}$, also ein vollständiger normierter Raum. Die einzige Änderung gegenüber einem Hilbert-Raum besteht darin, dass die Norm nicht von einem Skalarprodukt stammen muss, d. h. die Parallelogrammgleichung (10.7) muss im Banach-Raum nicht gelten und kein Skalarprodukt muss definiert sein. Das Axiom 2 des Hilbert-Raumes ($\mathbb{H}$ ist ein unitärer Raum) wird dann durch die schwächere Forderung $2'$ ersetzt:

$2'$. $\mathbb{B}$ ist ein *normierter* Raum, d. h. jedem Element $\varphi \in \mathbb{B}$ ist eine nicht-negative reelle Zahl $\|\varphi\|$, seine Norm, zugeordnet, sodass gilt:

$$\left.\begin{array}{ll} \text{i)} & \|\varphi + \psi\| \leq \|\varphi\| + \|\psi\| \\ \text{ii)} & \|c\varphi\| = |c|\,\|\varphi\| \\ \text{iii)} & \|\varphi\| = 0 \;\Rightarrow\; \varphi = o \end{array}\right\} \quad \begin{array}{l} \forall\, \varphi, \psi \in \mathbb{B}, \\ \forall\, c \in \mathbb{C}. \end{array}$$

Jeder Hilbert-Raum ist ein Banach-Raum, aber die Umkehrung gilt nicht. Ein Beispiel für einen Banach-Raum ist der Raum der p-integrierbaren Funktionen $\mathbb{L}^{p\neq 2}$:

$$\int_{-\infty}^{\infty} dx\, |\varphi(x)|^p < \infty\,.$$

10.2 Operatoren im Hilbert-Raum

Wir haben bereits früher festgestellt, dass physikalische Observablen, wie z. B. der Impuls, in der Quantenmechanik durch Operatoren dargestellt werden. Aus theoretischer Sicht entspricht die Messung einer physikalischen Observablen an einem durch die Wellenfunktion ψ beschriebenen System der Wirkung des zugehörigen Operators auf die Wellenfunktion. So wie eine Messung den Zustand eines quantenmechanischen Systems verändert, wird auch die Wirkung des Operators auf die Wellenfunktion diese verändern. Wir wollen jetzt diese Operatoren aus mathematischer Sicht etwas genauer untersuchen. Da die Theorie linearer Operatoren auf Hilbert-Räumen recht umfangreich ist, sollen an dieser Stelle nur die wichtigsten Resultate ohne Beweis zusammengestellt werden.

Operator

Unter einem *Operator A* versteht man eine Abbildungsvorschrift, die jedem Element φ aus einer Teilmenge $D_A \subseteq \mathbb{H}$ eines Raums $\mathbb{H}$, dem *Definitionsbereich*, eindeutig ein Element ψ aus einer Teilmenge $W_A \subseteq \mathbb{K}$ eines zweiten Raums $\mathbb{K}$, dem *Wertebereich*, zuordnet:

$$A\colon D_A \to W_A\,, \quad \varphi \mapsto \psi = A\varphi\,.$$

Hierbei wird $\mathbb{H}$ als *Definitionsraum* und $\mathbb{K}$ als *Werteraum* bezeichnet.

Zwei Operatoren A_1 und A_2 sind identisch, $A_1 = A_2$, wenn sie denselben Definitionsbereich besitzen und $A_1\varphi = A_2\varphi$ für alle $\varphi \in D_{A_1} = D_{A_2}$ gilt. Für Summen von Operatoren gilt das *Distributivgesetz*:

$$(A_1 + A_2)\varphi = A_1\varphi + A_2\varphi \quad \forall\varphi \in D_{A_1} \cap D_{A_2}\,.$$

Außerdem wirken sie *transitiv*:

$$(A_1A_2)\varphi = A_1(A_2\varphi) \quad \forall\varphi \in D_{A_2}\,, \quad W_{A_2} \subseteq D_{A_1}\,.$$

Das Kommutativgesetz gilt bei Operatoren i. A. nicht, wie wir früher bereits gefunden haben. Sofern $W_A \subseteq D_A$, kann man Operatorpotenzen A^n bilden, und die Operatormultiplikation ist stets *assoziativ*, $A(BC) = (AB)C \equiv ABC$ auf D_{ABC}. Oft werden der Definitionsraum $\mathbb{H}$ und der Werteraum $\mathbb{K}$ identisch sein; man spricht dann von Operatoren *in* $\mathbb{H}$. Andererseits gibt es auch wichtige Operatoren, bei denen $\mathbb{H}$ ein Funktionenraum und $\mathbb{K}$ der Raum der reellen oder komplexen Zahlen ist; solche Operatoren $\mathbb{H} \to \mathbb{K}$ nennt man *Funktionale* (siehe Anhang D). Spezielle Operatoren in jedem Raum $\mathbb{H}$ sind der Null- und der Einsoperator:

$$\left.\begin{array}{ll}\text{Nulloperator:} & \hat{0}\,\varphi = o\\ \text{Einsoperator:} & \hat{1}\,\varphi = \varphi\end{array}\right\} \quad \forall\varphi \in \mathbb{H}\,.$$

Für die Quantenmechanik sind i. A. nur die linearen Operatoren relevant.

Linearer Operator

Ein Operator A heißt *linear*, wenn sein Definitionsbereich D_A ein linearer Teilraum von $\mathbb{H}$ ist und er außerdem additiv und homogen ist, d. h. es gilt:

$$\left.\begin{array}{lr}\text{additiv:} & A(\varphi_1 + \varphi_2) = A\varphi_1 + A\varphi_2\\ \text{homogen:} & Ac\varphi = cA\varphi\end{array}\right\} \quad \begin{array}{l}\forall\varphi, \varphi_1, \varphi_2 \in D_A\,,\\ \forall c \in \mathbb{C}\,.\end{array}$$

Ein linearer Operator ist z. B. der Impulsoperator

$$\hat{p} = \frac{\hbar}{i}\frac{d}{dx}, \tag{10.16}$$

denn für ihn gilt:

$$\hat{p}(\varphi_1 + \varphi_2) = \frac{\hbar}{i}(\varphi_1' + \varphi_2') = \hat{p}\varphi_1 + \hat{p}\varphi_2,$$
$$\hat{p}c\varphi = \frac{\hbar}{i}(c\varphi)' = c\frac{\hbar}{i}\varphi' = c\hat{p}\varphi.$$

Ein Beispiel für einen nicht-linearen Operator wird durch die (punktweise) Beziehung

$$A\varphi(x) := \varphi(x)^2$$

definiert.

Adjungierter Operator

Der lineare Operator $A^\dagger$ mit Definitionsbereich $D_{A^\dagger}$ heißt zu A *adjungiert*, wenn für alle $\varphi \in D_A$ und $\psi \in D_{A^\dagger}$ gilt:

$$\left(A^\dagger\psi, \varphi\right) = (\psi, A\varphi). \tag{10.17}$$

Die Definition des zu A adjungierten Operators $A^\dagger$ ist damit an die Definition eines Skalarproduktes gebunden. Aus (10.17) und der Eigenschaft i) des Skalarproduktes folgt

$$(\psi, A\varphi)^* = \left(\varphi, A^\dagger\psi\right). \tag{10.18}$$

Für das Produkt zweier Operatoren A, B finden wir wegen

$$(\psi, AB\varphi) = \left(A^\dagger\psi, B\varphi\right) = \left(B^\dagger A^\dagger\psi, \varphi\right)$$

und

$$(\psi, AB\varphi) = \left((AB)^\dagger\psi, \varphi\right)$$

die Beziehung

$$(AB)^\dagger = B^\dagger A^\dagger, \tag{10.19}$$

die bereits aus der linearen Algebra für Matrizen bekannt ist. Ist c eine komplexe Zahl und A ein Operator, so folgt aus (10.18)

$$(cA)^\dagger = c^* A^\dagger.$$

Hermitescher (selbstadjungierter) Operator

Ein linearer Operator A heißt *hermitesch* oder *selbstadjungiert*, wenn $A^\dagger = A$. Dies impliziert $D_A = D_{A^\dagger} = \mathbb{H}$ und es gilt:

$$A\varphi = A^\dagger\varphi \quad \forall\varphi \in \mathbb{H}\,.$$

Aus Gl. (10.17) folgt, dass für hermitesche Operatoren A offenbar

$$(A\psi, \varphi) = (\psi, A\varphi) \quad \forall\varphi, \psi \in \mathbb{H}$$

gilt.

Ein Beispiel für einen hermiteschen Operator ist der Impulsoperator (10.16).

Inverser Operator

Der zu einem Operator A auf D_A *inverse* Operator A^{-1} ist durch den Definitionsbereich $D_{A^{-1}} = W_A$ und die Operationsvorschrift

$$A^{-1}(A\varphi) = \varphi \quad \forall\varphi \in D_A$$

definiert, die wir als Operatorgleichung

$$A^{-1}A = AA^{-1} = \hat{1} \tag{10.20}$$

schreiben können.

Die *Existenz* eines Inversen ist i. A. nicht garantiert. Falls jedoch A^{-1} existiert, so ist $W_{A^{-1}} = D_A$ und es gilt

$$\left(A^{-1}\right)^{-1} = A\,.$$

Ist A linear, so gilt dies auch für A^{-1}. Für lineare Operatoren kann man die Existenz des inversen Operators einfach am *Kern* ablesen.

Kern

Der *Kern* eines Operators A, $\ker(A)$, ist durch die Menge aller Vektoren $\varphi \in D_A$ definiert, die durch A annihiliert werden:

$$\ker(A) := \{\varphi \in D_A \mid A\varphi = o\}\,.$$

Ein linearer Operator ist genau dann invertierbar, wenn sein Kern verschwindet

$$A - \text{invertierbar} \quad \Longleftrightarrow \quad \ker(A) = \{o\}\,.$$

Existiert zu zwei Operatoren A auf D_A und B auf D_B der jeweils inverse Operator, und ist ferner AB erklärt, so besitzt auch AB ein Inverses mit

$$(AB)^{-1} = B^{-1}A^{-1}.$$

Ferner zeigt man leicht aus ihren Definitionen, dass die Operation der hermiteschen Konjugation mit der Inversion vertauscht werden kann, sofern A überall definiert und invertierbar ist, und auch $A^\dagger$ auf ganz $\mathbb{H}$ definiert ist:

$$(A^{-1})^\dagger = (A^\dagger)^{-1}. \tag{10.21}$$

In der Tat gilt per Definition (10.20) für alle $\varphi, \psi \in \mathbb{H}$:

$$(\psi, A^{-1}A\varphi) = (\psi, \varphi).$$

Zweifache Benutzung von (10.17) liefert:

$$(A^\dagger(A^{-1})^\dagger\psi, \varphi) = (\psi, \varphi).$$

Diese Gleichung kann nur dann für sämtliche φ und ψ aus $\mathbb{H}$ gelten, wenn

$$A^\dagger(A^{-1})^\dagger = \hat{1},$$

woraus (10.21) folgt. Ferner folgt aus (10.21) unmittelbar, dass der inverse Operator A^{-1} hermitesch ist, falls der Operator A selbst hermitesch ist.

Unitärer Operator

Ein linearer Operator U auf einem Hilbert-Raum $\mathbb{H}$ heißt *unitär*, falls er
1. überall definiert ist, $D_U = \mathbb{H}$
2. surjektiv ist, $W_U = \mathbb{H}$
3. Längen und Winkel erhält, d. h.

$$(U\psi, U\varphi) = (\psi, \varphi) \quad \forall \varphi, \psi \in \mathbb{H}. \tag{10.22}$$

Hat U nur die Eigenschaften 1) und 3), so heißt U eine *Isometrie*.

Für $\psi = \varphi$ folgt aus (10.22)

$$\|U\varphi\| = \|\varphi\| \quad \forall \varphi \in \mathbb{H}. \tag{10.23}$$

Unter Benutzung der Definition des adjungierten Operators erhalten wir aus (10.22)

$$(\psi, U^\dagger U\varphi) = (\psi, \varphi)$$

und, da diese Beziehung für alle $\varphi, \psi \in \mathbb{H}$ gilt, die Operatoridentität[3]

3 Speziell für unitäre Operatoren gilt auch $UU^\dagger = \mathbb{1}$, während für Isometrien nur $UU^\dagger \subsetneq \mathbb{1}$ gilt; $UU^\dagger$ ist hier der Projektor auf den Bildraum W_U von U.

$$U^\dagger U = 1\,.$$

Ein unitärer Operator ist damit invertierbar und sein Inverses ist durch sein Adjungiertes gegeben

$$U^{-1} = U^\dagger\,.$$

Mit $(U^\dagger)^\dagger = U$ erhalten wir aus der letzten Beziehung, dass U^{-1} ebenfalls unitär ist

$$\left(U^{-1}\right)^\dagger = U\,.$$

Beschränkter Operator und Operatornorm

Ein Operator A auf $D_A \subseteq \mathbb{H}$ heißt *beschränkt*, wenn es eine Zahl $r \in \mathbb{R}$ gibt, sodass

$$\|A\varphi\| \le r\,\|\varphi\| \quad \text{für alle } \varphi \in D_A.$$

Die Kleinste der Zahlen r heißt *Norm* des Operators A,

$$\|A\| \equiv \sup_{\varphi\in D_A} \frac{\|A\varphi\|}{\|\varphi\|}\,.$$

Ein Operator ist *beschränkt*, wenn er eine endliche Norm besitzt.

Falls die Operatornorm existiert, ist sie offenbar reell und positiv. Der Nulloperator $\hat{0} : \varphi \mapsto o$ (und nur dieser) hat Norm 0. Ferner folgt aus der Dreiecksungleichung in $\mathbb{H}$ unmittelbar

$$\|A+B\| \le \|A\| + \|B\|\,, \quad \|cA\| = |c|\,\|A\| \quad \text{für } c \in \mathbb{C}\,,$$

sofern die genannten Operatoren existieren. Somit gelten also in der Tat die üblichen Rechenregeln für eine Norm. Beispiele für beschränkte Operatoren sind:

1. Unitäre Operatoren sind beschränkt, da sie die Norm

$$\|U\| = 1 \tag{10.24}$$

   besitzen, wie unmittelbar aus (10.23) folgt.
2. Im $\mathbb{R}^n$ mit der üblichen euklidischen Norm hat eine Matrix A_{ik} die Norm $\|A\|^2 = \sum_{ik} |A_{ik}|^2 < \infty$ und ist damit automatisch beschränkt.

In der Quantenmechanik sind besonders die linearen Operatoren von besonderem Interesse. Für diese gilt

- Sind A und B *linear-beschränkt* (also linear, auf ganz $\mathbb{H}$ definiert und dort beschränkt), so gilt dies auch für $(A + B)$, cA, sowie für das Produkt AB. Auch allgemeinere Potenzreihen von A sind bildbar, z. B. $\exp(cA) = \sum_n \frac{c^n}{n!} A^n$.
- Ist A linear-beschränkt und $\|A\| < 1$, so existiert auch $(\hat{1} - A)^{-1}$, ist linear-beschränkt, und es gilt

$$(\hat{1} - A)^{-1} = 1 + A + A^2 + \cdots = \sum_{n=0}^{\infty} A^n ,$$

wobei die Reihe im Sinne der Operatornorm konvergiert.

Gleichzeitig weisen wir schon jetzt darauf hin, dass die meisten in der Quantenmechanik auftretenden physikalischen (d. h. linearen und hermiteschen) Operatoren nicht beschränkt sind. Insbesondere werden wir in Abschnitt 11.4 zeigen (Satz von Wielandt und Wintner):

Es gibt kein Paar linear-beschränkter Operatoren A, B, die die kanonische Vertauschungsrelation $[A, B] = c\,\hat{1}$ mit beliebigem komplexen $c \neq 0$ erfüllen.

Diese Vertauschungsrelation lässt sich damit auch nicht mit endlich-dimensionalen Matrizen (die immer beschränkt sind) erfüllen, d. h. man ist in der Quantenmechanik auf unendlich-dimensionale Hilbert-Räume angewiesen.

Stetiger Operator

Ein Operator A auf $D_A \subseteq \mathbb{H}$ heißt *stetig* an der Stelle $\varphi \in D_A$, falls für jede gegen φ (in der Norm) konvergente Folge $\{\varphi_n\} \subseteq D_A$ gilt

$$\lim_{n\to\infty} A\varphi_n = A \lim_{n\to\infty} \varphi_n .$$

Für lineare Operatoren ist *Beschränktheit* äquivalent zur *Stetigkeit*, d. h. die stetigen linearen Operatoren (und nur diese) haben endliche Norm. In Abschnitt 11.4 werden wir sehen, dass physikalische Observablen i. A. unbeschränkt und daher auch nicht stetig sind.

Eigenwerte von Operatoren

Von besonderem Interesse sind in der Quantenmechanik die Vektoren, die bei Anwendung eines linearen Operators A bis auf eine komplexe Zahl a reproduziert werden,

$$\boxed{A\varphi = a\varphi , \quad \varphi \neq o ,} \tag{10.25}$$

d. h., A führt den Vektor φ in einen parallelen Vektor über. Solche Vektoren heißen *Eigenvektoren* oder *Eigenfunktionen* von A und a wird *Eigenwert* von A genannt. Die Gesamtheit der Eigenwerte $\{a(A)\}$ wird als das *Spektrum* von A bezeichnet.

i

Genauer gesagt bilden die Eigenwerte von A das sogenannte *Punktspektrum*, während zum gesamten Spektrum auch kontinuierliche Bereich von $\mathbb{C}$ gehören können, die als *kontinuierliches* bzw. *Streckenspektrum* bezeichnet werden. Für a aus dem kontinuierlichen Spektrum gibt es *keinen* zugehörigen Eigenvektor $\varphi \in \mathbb{H}$, der im Hilbert-Raum liegt. Die Eigenwertgleichung (10.25) kann jedoch in einem schwächeren Sinn mit φ aus dem größeren Raum der Distributionen erfüllt werden (s. Anhang A). Man nennt φ dann *Eigendistribution*. Beispiele für Eigendistributionen sind die ebenen Wellen des Impulsoperators, oder die δ-Funktionen für den Ortsoperator, siehe Gln. (4.40), (4.41).

Gehören zu einem Eigenwert a mehrere linear unabhängige Eigenfunktionen, so heißt der Eigenwert *entartet*:

$$A\varphi_i = a\varphi_i\,, \quad i = 1, \ldots N\,.$$

Die maximale Anzahl N der linear unabhängigen Eigenfunktionen zum selben Eigenwert wird als *Entartungsgrad* bezeichnet. Jede Linearkombination der entarteten Eigenfunktionen ist wieder ein Eigenzustand zum selben Eigenwert. Die Gesamtheit der linear unabhängigen Eigenzustände spannt einen Unterraum von $D_A \subseteq \mathbb{H}$ – den *Eigenraum* von a – auf, dessen Dimension der Entartungsgrad ist.

Als Beispiel wollen wir einen unitären Operator U näher betrachten. Eine kleine Rechnung zeigt, dass die dazugehörigen Eigenwerte u durch eine komplexe Phase $e^{i\phi}$ gegeben sind, deren Betrag also identisch 1 ist. In der Tat, ist $u \in \mathbb{C}$ ein Eigenwert von U zum Eigenvektor φ,

$$U\varphi = u\varphi\,,$$

so gilt nach der Definition des unitären Operators (10.22)

$$(U\varphi, U\varphi) = (u\varphi, u\varphi) = |u|^2(\varphi, \varphi) \overset{!}{=} (\varphi, \varphi)\,.$$

Wegen $\varphi \neq o$ ist auch $(\varphi, \varphi) > 0$ und es folgt

$$|u|^2 = 1\,,$$

womit die Behauptung gezeigt ist.

10.3 Matrixdarstellung linearer Operatoren

Es sei $\{\varphi_k\}$ ein vollständiges Orthonormalsystem im Hilbert-Raum $\mathbb{H}$. Wie wir oben bereits gesehen haben, können wir jeden Vektor $\psi \in \mathbb{H}$ nach dieser Basis zerlegen (siehe Gl. (10.11)):

$$\boxed{\psi = \sum_k \psi_k \varphi_k\,, \quad \psi_k = (\varphi_k, \psi)\,,} \tag{10.26}$$

wobei $\psi_k \in \mathbb{C}$ die Entwicklungskoeffizienten von ψ nach den Basisfunktionen φ_k sind. Diese Koeffizienten ψ_k charakterisieren den Vektor ψ in $\mathbb{H}$ eindeutig, ähnlich wie die Koordinaten eines Vektors im $\mathbb{R}^3$ bezüglich eines Basissystems diesen Vektor eindeutig bestimmen. Deshalb werden die ψ_k als Koordinaten oder Komponenten von ψ bezüglich der Basis φ_k bezeichnet. Wir betrachten nun einen linearen Operator A in $\mathbb{H}$. Es gilt:

$$A\psi = \phi \tag{10.27}$$

für ein $\phi \in \mathbb{H}$. Wir können auch ϕ nach dem vollständig orthonormierten System zerlegen:

$$\phi = \sum_k \phi_k \varphi_k \,, \quad \phi_k = (\varphi_k, \phi)\,. \tag{10.28}$$

Setzen wir die Entwicklung (10.26) und (10.28) in die Operatorgleichung (10.27) ein, so finden wir:[4]

$$\sum_k \psi_k A\varphi_k = \sum_k \phi_k \varphi_k\,. \tag{10.29}$$

Bilden wir nun das Skalarprodukt von (10.29) mit φ_i und benutzen die Orthonormalität der Basisvektoren, so finden wir die Matrixgleichung

$$\sum_k (\varphi_i, A\varphi_k)\psi_k = \phi_i\,.$$

Die Matrixelemente

$$A_{ik} \equiv (\varphi_i, A\varphi_k)$$

definieren die Matrixdarstellung des linearen (beschränkten) Operators A in der vollständigen orthonormierten Basis $\{\varphi_k\}$. Auf diese Weise haben wir die Operatorgleichung (10.27) auf ein (unendlich dimensionales) algebraisches Gleichungssystem

$$\sum_k A_{ik}\psi_k = \phi_i$$

reduziert, das natürlich der ursprünglichen Operatorgleichung (10.27) völlig äquivalent ist:

4 In dieser Gleichung haben wir die Summation mit der A-Operation vertauscht. Dies setzt natürlich die *Linearität* von A voraus, in unendlich-dimensionalen Hilbert-Räumen aber zusätzlich die Beschränktheit von A, da der Limes $k \to \infty$ mit der A-Operation vertauscht werden muss. Somit gilt (10.29) und die daraus folgende Matrixdarstellung streng genommen nur für *lineare beschränkte* Operatoren A.

$$\begin{pmatrix} A_{11} & A_{12} & \dots \\ A_{21} & A_{22} & \\ \vdots & & \ddots \end{pmatrix} \begin{pmatrix} \psi_1 \\ \psi_2 \\ \vdots \end{pmatrix} = \begin{pmatrix} \phi_1 \\ \phi_2 \\ \vdots \end{pmatrix} .$$

Diese Matrixdarstellung demonstriert sehr anschaulich, dass der Hilbert-Raum ein Vektorraum ist. Die Matrix A_{ik} hat hat i. a. unendlich viele Einträge, von denen aber nur *abzählbar* viele von null verschieden sind (in separablen Hilbert-Räumen ist das automatisch der Fall). Darüber hinaus müssen die Matrixelemente mit zunehmendem Index „klein" werden, um die Konvergenz der Matrixdarstellung zu gewährleisten,

$$\|A\| = \sum_i \sum_k |A_{ik}|^2 < \infty .$$

Ansonsten hat die Matrix A_{ik} dieselben Eigenschaften wie der Operator A bezüglich Hermitizität, Unitarität etc. Ist A z. B. ein hermitescher Operator, so ist die Matrix A_{ik} ebenfalls hermitesch,

$$A_{ik}^* = A_{ki} ,$$

wovon man sich leicht überzeugt:

$$A_{ik}^* = (\varphi_i, A\varphi_k)^* = (A\varphi_k, \varphi_i) = (\varphi_k, A^\dagger \varphi_i) = (\varphi_k, A\varphi_i) = A_{ki} .$$

Bilden die Eigenvektoren eines Operators A

$$A\varphi_i = a_i \varphi_i ,$$

eine vollständige orthonormierte Basis, dann ist die zugehörige Matrix A_{ik} diagonal und durch seine Eigenwerte a_i gegeben:

$$A_{ik} = a_i \delta_{ik} .$$

Wie aus der linearen Algebra bekannt, sind hermitesche Matrizen diagonalisierbar. Beschränkte hermitesche Operatoren sind deshalb ebenfalls diagonalisierbar.

Die *Spur* Sp A eines Operators A ist durch die Spur der zugehörigen Matrixdarstellung A_{ik} definiert, d. h. es gilt:

$$\mathrm{Sp}\, A := \sum_i A_{ii} = \sum_i (\varphi_i, A\varphi_i) ,$$

sofern diese Reihe existiert. Man sagt in diesem Fall, dass A zur *Spurklasse* gehört. Wie für Matrizen ist die Spur eines Operators unabhängig von der benutzten Basis und für diagonalisierbare Spurklasse-Operatoren durch die Summe seiner Eigenwerte gegeben:

$$\mathrm{Sp}\, A = \sum_i a_i .$$

10.4 Die Dirac-Notation

Es ist oft zweckmäßiger, aber auch übersichtlicher und eleganter, eine Theorie unabhängig vom Basissystem zu formulieren. Dies ist aus der linearen Algebra und der klassischen Mechanik wohlbekannt. Zum Beispiel ist ein Vektor $\boldsymbol{x} = x_i \boldsymbol{e}_i$ im $\mathbb{R}^3$ unabhängig vom Koordinatensystem, nur seine Koordinaten (Komponenten entlang der Basisvektoren) $x_i = \boldsymbol{x} \cdot \boldsymbol{e}_i$ hängen von der Wahl des Koordinatensystems (also der Basisvektoren $\boldsymbol{e}_i$) ab. Beim Übergang von einem Koordinatensystem zu einem neuen Bezugssystem $\{\boldsymbol{e}_i\} \to \{\boldsymbol{e}'_i\}$ (z. B. durch Drehung der Basisvektoren) ändern sich i. A. die Koordinaten von $\boldsymbol{x}$: $x'_i = \boldsymbol{e}'_i \cdot \boldsymbol{x} \neq x_i$, der Vektor $\boldsymbol{x}$ bleibt hingegen unverändert. Ähnlich ist es zweckmäßig, im Hilbert-Raum eine Darstellung zu benutzen, die unabhängig von der verwendeten Basis ist.

Im $\mathbb{R}^3$ fassen wir die Koordinaten x_i eines Vektors $\boldsymbol{x}$ in einer orthonormalen Basis $\{\boldsymbol{e}_i\}$ gewöhnlich zu einem *Spaltenvektor* zusammen. Zum Beispiel haben wir in einer kartesischen Basis:

$$\boldsymbol{x} = \begin{pmatrix} x_1 \\ x_2 \\ x_3 \end{pmatrix}, \quad \boldsymbol{e}_1 = \begin{pmatrix} 1 \\ 0 \\ 0 \end{pmatrix}, \quad \boldsymbol{e}_2 = \begin{pmatrix} 0 \\ 1 \\ 0 \end{pmatrix}, \quad \boldsymbol{e}_3 = \begin{pmatrix} 0 \\ 0 \\ 1 \end{pmatrix}.$$

Ähnlich können wir die Koordinaten ψ_i, ϕ_i von Elementen ψ, ϕ des Hilbert-Raumes zu Spaltenvektoren

$$\begin{pmatrix} \psi_1 \\ \psi_2 \\ \vdots \end{pmatrix} = \begin{pmatrix} (\varphi_1, \psi) \\ (\varphi_2, \psi) \\ \vdots \end{pmatrix}, \quad \begin{pmatrix} \phi_1 \\ \phi_2 \\ \vdots \end{pmatrix} = \begin{pmatrix} (\varphi_1, \phi) \\ (\varphi_2, \phi) \\ \vdots \end{pmatrix}$$

zusammenfassen und diese als Vektoren im Hilbert-Raum unabhängig von ihren Koordinaten betrachten. Im Unterschied zur linearen Algebra bezeichnen wir diese Vektoren nicht mit einem Pfeil (bzw. fett), sondern benutzen die von P. DIRAC eingeführte Notation

$$\boxed{\psi \to \begin{pmatrix} \psi_1 \\ \psi_2 \\ \vdots \end{pmatrix} = |\psi\rangle\,,} \tag{10.30}$$

die andeutet, dass ein Vektor $\psi \in \mathbb{H}$ auf der rechten Seite eines Skalarproduktes eingesetzt werden kann. Aus den Eigenschaften des Skalarproduktes:

$$(\varphi_i, \alpha\psi) = \alpha(\varphi_i, \psi), \qquad (\varphi_i, \psi + \phi) = (\varphi_i, \psi) + (\varphi_i, \phi)$$

folgt: Summen von Zustandsvektoren $|\psi\rangle$, $|\phi\rangle$ und Multiplikationen mit komplexen Zahlen α, β lassen sich dann wie in der linearen Algebra schreiben als:

$$|\alpha\psi + \beta\phi\rangle = \alpha|\psi\rangle + \beta|\phi\rangle\,.$$

Ebenfalls wie in der linearen Algebra führen wir den zu $|\psi\rangle$ *adjungierten* oder *dualen* Vektor $\langle\psi|$ ein:

$$\boxed{\psi^* \to (\psi_1^*, \psi_2^*, \dots) = \langle\psi|\,.} \tag{10.31}$$

Da nach den Regeln der Vektoralgebra

$$\begin{pmatrix} \psi_1 \\ \psi_2 \\ \vdots \end{pmatrix}^\dagger = (\psi_1^*, \psi_2^*, \dots)$$

folgt aus (10.30) und (10.31)

$$(|\psi\rangle)^\dagger = \langle\psi|\,. \tag{10.32}$$

Der Raum der dualen Vektoren $\{\langle\psi|\}$ ist der zu $\mathbb{H}$ *duale Raum* $\mathbb{H}^*$. Man beachte: Während der Vektor $|\psi\rangle$ in der Basis $\{\varphi_i\}$ die Koordinaten $(\varphi_i, \psi) = \psi_i$ besitzt, hat der zugehörige duale Vektor $\langle\psi|$ die Koordinaten $(\psi, \varphi_i) = (\varphi_i, \psi)^* = \psi_i^*$. Aus der Eigenschaft des Skalarproduktes

$$(c\psi, \varphi) = c^*(\psi, \varphi) \quad \forall c \in \mathbb{C}$$

folgt, dass im dualen Raum Multiplikation mit komplexen Zahlen auf

$$\langle c\psi| = c^*\langle\psi| \quad \forall c \in \mathbb{C}$$

führt. Der duale Raum ist damit ein konjugiert linear (oder *antilinearer* oder *semilinearer*) Raum, für den gilt:

$$\langle\alpha\phi + \beta\psi| = \alpha^*\langle\phi| + \beta^*\langle\psi|\,.$$

Aus der oben angegebenen Definition des (zum linearen Operator A) adjungierten Operators $A^\dagger$ folgt, dass dieser eine lineare Abbildung im dualen Raum $\mathbb{H}^*$ vermittelt,

$$\langle\phi| \to \langle A^\dagger\phi|\,,$$

ähnlich wie A eine lineare Abbildung im $\mathbb{H}$ definiert.

Wie in der linearen Algebra können wir das Skalarprodukt eines dualen Vektors $\langle\phi|$ mit einem Vektor $|\psi\rangle$ einführen, das wir mit $\langle\phi|\,|\psi\rangle$ oder einfach mit $\langle\phi|\psi\rangle$ bezeichnen wollen:

$$\boxed{\langle\phi|\psi\rangle = (\phi_1^*, \phi_2^*, \dots)\begin{pmatrix}\psi_1\\ \psi_2\\ \vdots\end{pmatrix} = \phi_1^*\psi_1 + \phi_2^*\psi_2 + \dots = \sum_i \phi_i^*\psi_i\,.} \tag{10.33}$$

Über das Skalarprodukt $\langle\phi|\psi\rangle$ definiert jedes Element des dualen Vektorraumes $\langle\phi| \in \mathbb{H}^*$ ein *linear-stetiges Funktional* F_ϕ, das jedem Vektor $\psi \in \mathbb{H}$ eine komplexe Zahl $\langle\phi|\psi\rangle$, das Skalarprodukt, zuordnet:

$$F_\phi[\psi] = \langle\phi|\psi\rangle\,. \tag{10.34}$$

Diese Funktionale sind in der Tat linear,

$$F_\phi[c_1\psi_1 + c_2\psi_2] = c_1F_\phi[\psi_1] + c_2F_\phi[\psi_2],$$

was unmittelbar aus der Definition des Skalarproduktes folgt.

Umgekehrt kann jedes linear-stetige Funktional $F[\psi]$ in der Form (10.34) mit einem eindeutig bestimmten Vektor $\phi \in \mathbb{H}$ dargestellt werden (*Riesz'scher Darstellungssatz*). Es gibt somit eine bijektive Abbildung zwischen den Vektoren $|\psi\rangle \in \mathbb{H}$ und den linear-stetigen Funktionalen über $\mathbb{H}$, repräsentiert durch duale Vektoren $\langle\phi| \in \mathbb{H}^*$. Ein Hilbert-Raum ist demnach *selbstdual*, $\mathbb{H} = \mathbb{H}^*$.

Der Vergleich von Gln. (10.33) und (10.14) zeigt:

$$\boxed{\langle\phi|\psi\rangle = (\phi, \psi)\,,}$$

d. h., das in Gl. (10.33) definierte Skalarprodukt $\langle\phi|\psi\rangle$ ist gleich dem oben bereits eingeführten gewöhnlichen Skalarprodukt im Hilbert-Raum (ϕ, ψ). Damit gilt insbesondere

$$\langle\phi|\psi\rangle^* = \langle\psi|\phi\rangle\,. \tag{10.35}$$

Speziell für die Koordinaten oder Komponenten des Vektors ψ haben wir in dieser Notation:

$$\psi_i = (\varphi_i, \psi) = \langle\varphi_i|\psi\rangle$$

und die Orthonormalität des Basissystems schreibt sich als:

$$(\varphi_i, \varphi_k) = \langle\varphi_i|\varphi_k\rangle = \delta_{ik}\,.$$

Für die Zustände eines Funktionensatzes $\{\varphi_i\}$, welche durch einen Index unterschieden werden, kommt oftmals die abgekürzte Notation

$$|\varphi_i\rangle \to |i\rangle$$

zur Anwendung. In dieser Notation lauten die letzten beiden Beziehungen:

$$\psi_i = \langle i|\psi\rangle\,, \qquad \langle i|k\rangle = \delta_{ik}\,.$$

Bezugnehmend auf das englische Wort *„bracket"* für „Klammer" wird die Notation $\langle\psi|\phi\rangle$ nach Dirac als „Bra-c-Ket"-Darstellung bezeichnet, genauer:

$$\langle\psi| \quad \text{Bra-Vektor} \in \mathbb{H}^*\,, \qquad |\phi\rangle \quad \text{Ket-Vektor} \in \mathbb{H}\,.$$

Im Folgenden wollen wir das Skalarprodukt zwischen einem Vektor ψ und einem Eigenzustand des Ortsoperators $\hat{x}$ berechnen. Es sei $\xi_{x'}$ die Eigenfunktion zum Eigenwert x' des Ortsoperators,

$$\hat{x}\xi_{x'} = x'\xi_{x'}\,,$$

die in der Ortsdarstellung durch

$$\xi_{x'}(x) = \delta(x - x') \tag{10.36}$$

gegeben ist. In der *Bra-Ket*-Notation bezeichnen wir den „Eigenvektor" (bzw. die *Eigendistribution*) des Ortsoperators $\hat{x}$ zum Eigenwert x mit $|\xi_x\rangle \equiv |x\rangle$, d. h.:

$$\hat{x}|x\rangle = x|x\rangle\,.$$

Berechnen wir das Skalarprodukt des Eigenvektors $|x\rangle$ von $\hat{x}$ zum Eigenwert x mit einem beliebigen Vektor $|\psi\rangle$, so finden wir:

$$\langle x|\psi\rangle = (\xi_x, \psi) = \int dx'\, \xi_x^*(x')\psi(x') = \int dx'\, \delta(x - x')\psi(x') = \psi(x)\,.$$

Die Wellenfunktion $\psi(x)$ ist also durch das Skalarprodukt des Vektors $\psi \in \mathbb{H}$ mit dem Ortseigenvektor zum Eigenwert x gegeben:

$$\boxed{\psi(x) = \langle x|\psi\rangle\,.}$$

Wegen (10.35) gilt folglich auch

$$\psi^*(x) = \langle\psi|x\rangle\,.$$

Speziell die Basisfunktionen $\varphi_k(x)$ können wir in dieser Notation schreiben als:

$$\boxed{\varphi_k(x) = \langle x|\varphi_k\rangle = \langle x|k\rangle\,.} \tag{10.37}$$

Die Dirac-Notation verdeutlicht aber auch, dass die Verwendung quadratintegrabler Funktionen im Ortsraum nur eine von vielen möglichen Darstellungen des (abstrakten) Zustands $|\varphi\rangle$ eines Quantensystems ist. Da letztlich alle Hilbert-Räume gleicher Dimension äquivalent sind, kann man hier eine beliebige Wahl treffen. Geht man z. B. von einer vollständigen Eigenbasis $\{\varphi_i(x)\}$ eines selbstadjungierten Operators A (siehe Abschnitt 10.5) aus (und unterscheidet in der Notation $A\varphi_i(x) = a_i\varphi_i(x)$ nicht zwischen Punktspektrum und kontinuierlichem Spektrum), so kann ein beliebiger Zustand $\psi(x)$ äquivalent in der *A-Darstellung* ausgedrückt werden,

$$\psi(x) \mapsto \psi(i) \equiv \langle i \mid \psi \rangle \equiv \langle \varphi_i | \psi \rangle = \int dx\, \varphi_i^*(x)\, \psi(x) = \int dx \langle i \mid x \rangle \langle x \mid \psi \rangle \,. \tag{10.38}$$

Die $\psi(i)$ sind aber gerade die in (10.26) eingeführten Koordinaten $\psi_i = (\varphi_i, \psi)$ von ψ in der Basis $\{\varphi_i\}$. Im Falle der Impulsdarstellung $\psi(p)$ reduziert sich der Basiswechsel (10.38) auf die übliche Fouriertransformation.

In der *Bra-Ket*-Notation ist die Wirkung eines Operators A auf einen Vektor ψ (in basisunabhängiger Form) offenbar durch

$$\boxed{A|\psi\rangle = |A\psi\rangle} \tag{10.39}$$

gegeben. Hieraus folgt, dass sich die Matrixelemente eines Operators schreiben lassen als:

$$\boxed{A_{ik} \equiv (\varphi_i, A\varphi_k) = \langle \varphi_i | A\varphi_k \rangle =: \langle \varphi_i | A | \varphi_k \rangle \equiv \langle i | A | k \rangle \,.}$$

Die Beziehung (10.17) lautet in der Bra-Ket-Notation

$$\langle A^\dagger \psi | \varphi \rangle = \langle \psi | A\varphi \rangle \equiv \langle \psi | A | \varphi \rangle \,.$$

Bilden wir das konjugiert Komplexe dieser Beziehung und beachten, dass $\langle \varphi | \psi \rangle^* = \langle \psi | \varphi \rangle$, so folgt

$$\langle \varphi | A^\dagger \psi \rangle \equiv \langle \varphi | A^\dagger | \psi \rangle = \langle A\varphi | \psi \rangle \,. \tag{10.40}$$

Da nach (10.32)

$$\langle A\varphi | = (|A\varphi\rangle)^\dagger \equiv (A|\varphi\rangle)^\dagger$$

und ψ-beliebig, finden wir aus (10.40)

$$\boxed{(A|\varphi\rangle)^\dagger = \langle \varphi | A^\dagger \,.} \tag{10.41}$$

Multiplizieren wir diese Gleichung skalar mit $|\psi\rangle$ und beachten, dass nach Gl. (10.32) $|\psi\rangle = (\langle \psi |)^\dagger$ und ferner $\langle \psi | A | \varphi \rangle^\dagger = \langle \psi | A | \varphi \rangle^*$, so erhalten wir

$$\boxed{\langle \psi | A | \varphi \rangle^* = \langle \varphi | A^\dagger | \psi \rangle \,.} \tag{10.42}$$

Diese Beziehung ist natürlich eine unmittelbare Konsequenz aus der Definition (10.17) des adjungierten Operators

$$\langle\psi|A|\varphi\rangle^* \equiv \langle\psi|A\varphi\rangle^* = \langle A\varphi|\psi\rangle = \langle\varphi|A^\dagger\psi\rangle \equiv \langle\varphi|A^\dagger|\psi\rangle\,.$$

Mit (10.39) lautet die Eigenwertgleichung (10.25) in der Dirac-Notation

$$A|\varphi\rangle = a|\varphi\rangle\,. \tag{10.43}$$

Bilden wir das Hermitesch-Adjungierte dieser Gleichung, so folgt mit (10.32) und (10.41)

$$\langle\varphi|A^\dagger = \langle\varphi|a^*\,. \tag{10.44}$$

In der Dirac-Notation lautet die Koordinatendarstellung (10.13) des Skalarproduktes:

$$\langle\phi|\psi\rangle = \sum_i \langle\phi|\varphi_i\rangle\langle\varphi_i|\psi\rangle \equiv \sum_i \langle\phi|i\rangle\langle i|\psi\rangle\,.$$

Beachten wir, dass

$$\langle\phi|\psi\rangle \equiv \langle\phi|\hat{1}|\psi\rangle\,,$$

so erhalten wir:

$$\langle\phi|\hat{1}|\psi\rangle = \sum_i \langle\phi|i\rangle\langle i|\psi\rangle = \langle\phi|\Big(\sum_i |i\rangle\langle i|\Big)|\psi\rangle\,.$$

Da diese Beziehung für beliebige $\psi, \phi \in \mathbb{H}$ gilt, muss sie auch als Operatoridentität gelten:

$$\boxed{\hat{1} = \sum_i |i\rangle\langle i|\,.} \tag{10.45}$$

Dies ist die *Vollständigkeitsrelation* in der Dirac-Notation. Der Einsoperator $\hat{1}$ ist demnach durch die Summe der *Projektoren* $P_i = |i\rangle\langle i|$ (siehe Abschnitt 10.6) auf den eindimensionalen Unterraum jedes Hilbert-Basisvektors $|i\rangle$ gegeben (und i. A. auch durch ein Integral über den kontinuierlichen Teil des Spektrums).

Das Produkt

$$|\varphi\rangle\langle\psi|\,.$$

aus einem Ket-Vektor $|\varphi\rangle$ und einem Bra-Vektor $\langle\psi|$ wird als *dyadisches Produkt* bezeichnet. Das dyadische Produkt ist ein Operator im Hilbert-Raum mit der Eigenschaft

$$(|\varphi\rangle\langle\psi|)^\dagger = |\psi\rangle\langle\varphi|\,,$$

die aus (10.19) und (10.32) folgt. Für $\varphi = \psi$ repräsentiert das dyadische Produkt $|\varphi\rangle\langle\psi|$ einen hermiteschen Operator, für $\psi \neq \varphi$ einen nicht-hermiteschen. Für seine Spur gilt:

$$\mathrm{Sp}(|\varphi\rangle\langle\psi|) = \langle\psi|\varphi\rangle. \tag{10.46}$$

Letztere Beziehung beweist man durch Einsetzen eines vollständigen Basissystems (10.45):

$$\mathrm{Sp}(|\varphi\rangle\langle\psi|) = \sum_i \langle i|\varphi\rangle\langle\psi|i\rangle = \sum_i \langle\psi|i\rangle\langle i|\varphi\rangle = \langle\psi|\Big(\sum_i |i\rangle\langle i|\Big)|\varphi\rangle = \langle\psi|\hat{1}|\varphi\rangle = \langle\psi|\varphi\rangle\,.$$

Die Matrixelemente des $\hat{1}$-Operators in der Ortsdarstellung sind durch

$$\langle x''|\hat{1}|x'\rangle = \langle x''|x'\rangle = (\xi_{x''}, \xi_{x'}) = \int dx\, \delta(x - x'')\delta(x - x') = \delta(x'' - x')$$

gegeben. In der Dirac-Notation erhalten wir deshalb für die δ-Funktion (siehe Anhang A) die Darstellung

$$\boxed{\langle x|x'\rangle = \delta(x - x')\,.} \tag{10.47}$$

Setzen wir jetzt für den Einheitsoperator die Vollständigkeitsrelation (10.45) ein, so erhalten wir mit (10.37):

$$\langle x|x'\rangle = \langle x|\hat{1}|x'\rangle = \sum_i \langle x|i\rangle\langle i|x'\rangle = \sum_i \varphi_i(x)\varphi_i^*(x')$$

Damit lautet die Vollständigkeitsrelation in der Koordinatendarstellung:

$$\boxed{\sum_i \varphi_i(x)\varphi_i^*(x') = \delta(x - x')\,.}$$

Die Dirac-Notation verbirgt einerseits zwar viele Subtilitäten der zugrunde liegenden Hilbert-Raum-Theorie, ermöglicht aber andererseits einen sehr intuitiven und bequemen Umgang mit Zuständen und Operatoren. Sie ist in der physikalischen Literatur heute die Standardnotation der Quantenmechanik.

10.5 Eigenschaften hermitescher Operatoren

Für die Quantenmechanik sind die linearen hermiteschen Operatoren von besonderer Bedeutung, da alle physikalischen Observablen durch solche Operatoren repräsentiert werden.[5] Wir wollen deshalb einige Eigenschaften hermitescher Operatoren untersu-

5 Allerdings werden die physikalischen Observablen gewöhnlich durch nicht-beschränkte und daher auch nicht-stetige Operatoren beschrieben. Wegen des *Satzes von Hellinger und Toeplitz* können diese Operatoren deshalb nicht auf dem gesamten Hilbert-Raum definiert sein.

chen. Insbesondere sollen die wichtigsten Spektraleigenschaften hermitescher Operatoren angegeben werden.

1) Erwartungswerte hermitescher Operatoren sind reell.

In der Tat, für $\varphi, \psi \in D_A = D_{A^\dagger}$ folgt aus Gl. (10.42) wegen $A = A^\dagger$:

$$\langle\psi|A|\varphi\rangle^* = \langle\varphi|A|\psi\rangle .$$

Setzen wir hierin $\psi = \varphi$, so erhalten wir das gewünschte Resultat

$$\langle\varphi|A|\varphi\rangle^* = \langle\varphi|A|\varphi\rangle .$$

2) Eigenwerte hermitescher Operatoren sind reell.

Die Eigenwerte a eines Operators A können wir schreiben als:

$$a = \frac{\langle\varphi|A|\varphi\rangle}{\langle\varphi|\varphi\rangle} ,$$

wobei φ die zugehörige Eigenfunktion ist. Da Zähler und Nenner reell sind, muss auch a reell sein. Für normierte Eigenfunktionen ist der Erwartungswert offensichtlich gleich dem Eigenwert.

3) Eigenzustände hermitescher Operatoren sind orthogonal.

Per Definition haben wir:

$$A|\varphi_i\rangle = a_i|\varphi_i\rangle$$

und somit:

$$\langle\varphi_k|A|\varphi_i\rangle = a_i\langle\varphi_k|\varphi_i\rangle .$$

Da außerdem A hermitesch ist und folglich seine Eigenwerte reell sind, gilt nach (10.44) auch:

$$\langle\varphi_k|A|\varphi_i\rangle = a_k\langle\varphi_k|\varphi_i\rangle .$$

Ziehen wir die letzten beiden Gleichungen voneinander ab, so finden wir:

$$0 = (a_k - a_i)\langle\varphi_k|\varphi_i\rangle ,$$

woraus für $a_i \neq a_k$ die Behauptung $\langle\varphi_k|\varphi_i\rangle = 0$ folgt.

Der Beweis gilt nur für je zwei verschiedene Eigenwerte. Innerhalb eines Eigenraumes (d. h. im Unterraum der zu einem entarteten Eigenwert gehörenden linear unabhängigen Eigenfunktionen) können wir jedoch die Eigenfunktionen orthogonalisieren.

---

4) Die Eigenzustände eines hermiteschen Operators bilden eine vollständige orthogonale Basis (VONS) für den Definitionsbereich dieses Operators im Hilbert-Raum.[6]

Auf den Beweis soll hier verzichtet werden, da Vollständigkeit nicht sehr einfach zu zeigen ist.

6 Neben dem diskreten (Punkt-)Spektrum muss (falls vorhanden) auch der kontinuierliche Teil des Spektrums berücksichtigt werden.

Multiplizieren wir einen beliebigen Operator A von rechts und links mit dem Einsoperator (10.45), so erhalten wir:

$$\begin{aligned} A = \hat{1}A\hat{1} &= \Big(\sum_i |i\rangle\langle i|\Big)A\Big(\sum_k |k\rangle\langle k|\Big) \\ &= \sum_i \sum_k |i\rangle\langle i|A|k\rangle\langle k| \end{aligned}$$

Wir nehmen nun an, dass A hermitesch sei und der Einfachheit halber ein reines Punktspektrum (diskretes Spektrum) besitzen möge. Folglich können wir die Eigenvektoren von A als Basis wählen, d. h.:

$$A|i\rangle = a_i|i\rangle \,.$$

Benutzen wir die Orthonormiertheit der Basis, $\langle i|k\rangle = \delta_{ik}$, so erhalten wir:

$$\boxed{A = \sum_i |i\rangle a_i \langle i| \,.} \tag{10.48}$$

Dies ist die sogenannte *Spektraldarstellung* des Operators A. Sie drückt A durch seine Eigenwerte a_i und Eigenfunktionen $|i\rangle$ aus. Die Gesamtheit der Eigenwerte $\{a_i\}$ von A wird bekanntlich als das *Spektrum* von A bezeichnet, wobei die Summe über die Projektoren $|i\rangle\langle i|$ in (10.48) i. A. auch ein Integral über den kontinuierlichen Teil des Spektrums enthalten kann. Die Vollständigkeitsrelation (10.45) ist offenbar die Spektraldarstellung des Einheitsoperators.

Aus der Spektraldarstellung (10.48) erhalten wir für die Matrixelemente eines beliebigen Operators A in der Ortsdarstellung:

$$\langle x|A|x'\rangle = \sum_i \langle x|i\rangle a_i \langle i|x'\rangle = \sum_i \varphi_i(x) a_i \varphi_i^*(x') \,.$$

Wie bereits oben bemerkt, müssen die Eigenwerte a_i eines Operators A nicht notwendigerweise nur diskrete Werte annehmen, sondern können auch kontinuierlich über ein Intervall verteilt sein. In diesem Fall ist der „Index“ i, den wir oben zur Nummerierung der Eigenwerte eingeführt haben, eine kontinuierliche Variable und statt der Summation über i haben wir dann eine Integration über i:

$$\sum_i \longrightarrow \int_i \,.$$

Um Operatoren mit diskretem und kontinuierlichem Spektrum gemeinsam behandeln zu können, führt man das Symbol

$$\sum\!\!\!\!\!\!\int_i \tag{10.49}$$

ein, das, je nachdem ob i eine diskrete oder kontinuierliche Variable ist, Summation oder Integration über i bedeutet.

Ein Beispiel für einen Operator mit einem kontinuierlichen Spektrum ist der Impuls eines freien Teilchens, dessen Eigenfunktionen (in der Ortsdarstellung) $\varphi_p(x) = \langle x|p\rangle$ wir bereits als die ebenen Wellen $\varphi_p(x) = e^{\frac{i}{\hbar}px}$ identifiziert hatten. Die Fourier-Zerlegung der δ-Funktion

$$\delta(x - x') = \int_{-\infty}^{\infty} \frac{dp}{2\pi\hbar}\, e^{\frac{i}{\hbar}p(x-x')}$$

besitzt in der Dirac'schen *Bra-Ket*-Notation (10.47) die Form

$$\langle x|x'\rangle = \int_{-\infty}^{\infty} \frac{dp}{2\pi\hbar}\, \langle x|p\rangle\langle p|x'\rangle \tag{10.50}$$

mit

$$\boxed{\langle x|p\rangle = \varphi_p(x) = e^{\frac{i}{\hbar}px}\,, \qquad \langle p|x\rangle = \langle x|p\rangle^* = \varphi_p^*(x)} \tag{10.51}$$

den Impulseigenfunktionen im Ortsraum:

$$\hat{p}|p\rangle = p|p\rangle\,, \quad \hat{p} = \frac{\hbar}{i}\frac{d}{dx}\,. \tag{10.52}$$

Wir haben hier, wie allgemein üblich, den Faktor $1/2\pi\hbar$ mit in das Integrationsmaß einbezogen. (Ansonsten würden die ebenen Wellen $\langle x|p\rangle$, $\langle p|x\rangle$ einen zusätzlichen Normierungsfaktor $1/\sqrt{2\pi\hbar}$ enthalten.) Dieser Faktor tritt dann auch in der Normierung der Impulseigenzustände auf:

$$\begin{aligned}
\langle p|p'\rangle \equiv (\varphi_p, \varphi_{p'}) &= \int_{-\infty}^{\infty} dx\, \varphi_p^*(x)\varphi_{p'}(x) \\
&= \int_{-\infty}^{\infty} dx\, \langle p|x\rangle\langle x|p'\rangle = \int_{-\infty}^{\infty} dx\, e^{-\frac{i}{\hbar}x(p-p')} \\
&= 2\pi\hbar\delta(p - p')\,.
\end{aligned} \tag{10.53}$$

Aus (10.50) lesen wir mit $\langle x|x'\rangle \equiv \langle x|\hat{1}|x'\rangle$ den Einheitsoperator in der Impulsdarstellung ab:

$$\hat{1} = \int_{-\infty}^{\infty} \frac{dp}{2\pi\hbar}\, |p\rangle\langle p|\,. \tag{10.54}$$

In analoger Weise lesen wir mit $\langle p|p'\rangle \equiv \langle p|\hat{1}|p'\rangle$ aus (10.53) die Ortsdarstellung des Einheitsoperators ab:

$$\hat{1} = \int_{-\infty}^{\infty} dx\, |x\rangle\langle x| . \tag{10.55}$$

Mit der Beziehung (10.54) und der Eigenwertgleichung (10.52) erhalten wir die Spektraldarstellung des Impulsoperators:

$$\hat{p} = \int_{-\infty}^{\infty} \frac{dp}{2\pi\hbar}\, |p\rangle p \langle p| .$$

Hieraus ergibt sich für dessen Matrixelemente in der Ortsdarstellung:

$$\langle x|\hat{p}|x'\rangle = \int_{-\infty}^{\infty} \frac{dp}{2\pi\hbar}\, \langle x|p\rangle p \langle p|x'\rangle .$$

Drücken wir hier die Impulsvariable p als Ableitung der ebenen Welle $\langle x|p\rangle$ nach dem Ort aus,

$$p\langle x|p\rangle = \frac{\hbar}{i}\frac{d}{dx} e^{\frac{i}{\hbar}px} = \hat{p}\langle x|p\rangle ,$$

und benutzen (10.50), so erhalten wir schließlich für die Matrixelemente des Impulsoperators in der Ortsdarstellung:

$$\boxed{\langle x|\hat{p}|x'\rangle = \hat{p}\langle x|x'\rangle = \frac{\hbar}{i}\frac{d}{dx}\delta(x-x') .} \tag{10.56}$$

Man beachte, dass die Differentiation bezüglich dem linken Argument zu nehmen ist. Für die Wirkung des Impulsoperators $\hat{p}$ auf einen beliebigen Zustandsvektor $|\varphi\rangle$ finden wir mit (10.55) das bekannte Resultat

$$\begin{aligned} \langle x|\hat{p}\varphi\rangle &= \langle x|\hat{p}|\varphi\rangle = \langle x|\hat{p}\hat{1}|\varphi\rangle = \int_{-\infty}^{\infty} dx'\, \langle x|\hat{p}|x'\rangle\langle x'|\varphi\rangle \\ &= \int_{-\infty}^{\infty} dx'\, \frac{\hbar}{i}\left(\frac{d}{dx}\delta(x-x')\right)\varphi(x') \equiv \frac{\hbar}{i}\frac{d}{dx}\int_{-\infty}^{\infty} dx'\, \delta(x-x')\varphi(x') \\ &= \frac{\hbar}{i}\frac{d}{dx}\varphi(x) = \hat{p}\varphi(x) . \end{aligned}$$

Schließlich betrachten wir noch die Matrixelemente eines Potentials $V(x)$ in der Ortsdarstellung. Unter Benutzung der Eigenfunktionen des Ortsoperators (10.36) erhalten wir:

$$\begin{aligned}\langle x|V|x'\rangle \equiv \langle x|Vx'\rangle \equiv \langle \xi_x|V\xi_{x'}\rangle &= (\xi_x, V\xi_{x'})\\ &= \int_{-\infty}^{\infty} dx''\ \xi_x^*(x'')V(x'')\xi_{x'}(x'')\\ &= \int_{-\infty}^{\infty} dx''\ \delta(x''-x)V(x'')\delta(x''-x')\\ &= V(x)\delta(x-x')\,. \end{aligned} \tag{10.57}$$

Orts- und Impulseigenfunktionen sind streng genommen keine Elemente des Hilbert-Raumes $\mathbb{L}^2$, sondern Eigendistributionen, vgl. Abschnitt 10.2. Elemente des Hilbert-Raumes $\mathbb{L}^2$ lassen sich jedoch durch Überlagerungen von Orts- bzw. Impulseigenfunktionen formen. So bilden z. B. die Ortsfunktionen

$$\langle x|x_i\rangle_a = \left(\frac{1}{\pi a}\right)^{1/4} \exp\left(-\frac{(x-x_i)^2}{2a}\right),$$

welche Gauß'sche Wellenpakete darstellen,

$$\langle x|x_i\rangle_a = \int_{-\infty}^{\infty} \frac{dp}{2\pi\hbar} \exp\left(-\frac{a}{2\hbar^2}p^2\right)e^{\frac{i}{\hbar}p(x-x_i)}\,,$$

normierte Zustände des Hilbert-Raumes $\mathbb{L}^2$

$${}_a\langle x_i|x_i\rangle_a = 1\,,$$

die sich im Limes $a \to 0$ auf die Wurzel der Ortseigenfunktionen reduzieren:

$$\lim_{a\to 0}(\langle x|x_i\rangle_a)^2 = \delta(x-x_i)\,.$$

Abschließend wollen wir noch eine wichtige Eigenschaft der hermiteschen Operatoren zeigen:

5) Zwei hermitesche Operatoren A, B sind genau dann vertauschbar $[A, B] = 0$, wenn jede Eigenfunktion von A auch Eigenfunktion von B ist und umgekehrt, d. h. ein vollständiges orthogonales System von gemeinsamen Eigenfunktionen von A und B existiert.

Dieser Satz gilt auch für Funktionen $f(A)$ und $g(B)$ von hermiteschen Operatoren A und B, siehe Anhang C.1. Der Beweis ist in beide Richtungen zu führen, wobei wir der Einfachheit halber davon ausgehen, dass A und B ein rein diskretes Spektrum besitzen und auf ganz $\mathbb{H}$ definiert sind:

---

1. Wir nehmen an, dass A und B gemeinsame Eigenfunktionen besitzen:

$$A|\phi_n\rangle = a_n|\phi_n\rangle\,,\quad B|\phi_n\rangle = b_n|\phi_n\rangle\,.$$

Wirken wir von links auf diese beiden Gleichungen mit B bzw. A, so erhalten wir:

$$BA|\phi_n\rangle = a_n B|\phi_n\rangle = a_n b_n|\phi_n\rangle\,,$$
$$AB|\phi_n\rangle = b_n A|\phi_n\rangle = b_n a_n|\phi_n\rangle\,.$$

Subtraktion dieser beiden Gleichungen voneinander liefert:

$$[A,B]|\phi_n\rangle = o\,.$$

Da ϕ_n Eigenfunktionen eines hermiteschen Operators sind, bilden sie ein vollständiges Funktionensystem, nach dem wir eine beliebige Funktion ψ entwickeln können. Damit gilt für beliebige $\psi \in \mathbb{H}$:

$$[A,B]|\psi\rangle = o\,,$$

was $[A,B] = \hat{0}$ impliziert.

2. Wir setzen jetzt voraus, dass A und B kommutieren,

$$AB = BA\,, \tag{10.58}$$

und die ϕ_n Eigenfunktionen von A sind:

$$A|\phi_n\rangle = a_n|\phi_n\rangle\,.$$

Wenden wir den Operator B auf diese Eigenwertgleichung an,

$$BA|\phi_n\rangle = a_n B|\phi_n\rangle\,,$$

erhalten wir mit Gl. (10.58):

$$A(B|\phi_n\rangle) = a_n(B|\phi_n\rangle)\,. \tag{10.59}$$

Wir erkennen, dass $B|\phi_n\rangle$ ebenfalls Eigenvektor von A zum Eigenwert a_n ist. Wir setzen zunächst voraus, dass die Eigenwerte von A *nicht entartet* sind. Dann müssen $B\phi_n$ und ϕ_n denselben Eigenvektor von A repräsentieren, d. h. $B\phi_n$ und ϕ_n dürfen sich nur um eine komplexe Zahl b_n unterscheiden:

$$B|\phi_n\rangle = b_n|\phi_n\rangle.$$

Damit ist aber ϕ_n auch Eigenvektor von B mit Eigenwert b_n und der Satz ist bewiesen.
Sind die Eigenwerte von A *entartet*, d. h. es existieren mehrere ϕ_{ni}, $i = 1, \ldots, N_n$, zum selben Eigenwert a_n,

$$A|\phi_{ni}\rangle = a_n|\phi_{ni}\rangle\,, \quad i = 1, \ldots N_n\,,$$

so können wir die ϕ_{ni} dennoch als linear unabhängig annehmen. Andernfalls wäre der Entartungsgrad kleiner als N_n. Wir können deshalb die linear unabhängigen Eigenfunktionen orthonormieren:

$$\langle\phi_{ni}|\phi_{nk}\rangle = \delta_{ik}\,.$$

Das Analogon der obigen Gleichung (10.59) lautet jetzt:

$$AB|\phi_{ni}\rangle = a_n B|\phi_{ni}\rangle\,.$$

Aus dieser Gleichung folgt, dass die Zustände $B|\phi_{ni}\rangle$ vollständig im Unterraum der ϕ_{ni} liegen müssen, d. h. der Operator B führt nicht aus dem Eigenraum des Eigenwertes a_n heraus. Somit gilt die Zerlegung

$$B|\phi_{nk}\rangle = \sum_i |\phi_{ni}\rangle\langle\phi_{ni}|B|\phi_{nk}\rangle =: \sum_i |\phi_{ni}\rangle B_{ik}^{(n)}\,.$$

Die hierbei auftretenden Entwicklungskoeffizienten $B_{ik}^{(n)}$ sind die Matrixelemente von B im Eigenraum von a_n. Wegen $B^\dagger = B$ ist $B_{ik}^{(n)}$ eine hermitesche Matrix,

$$B_{ik}^{(n)*} = B_{ki}^{(n)}\,,$$

die wir folglich diagonalisieren können:

$$B_{ik}^{(n)}\chi_k^{(n,\alpha)} = b_{n,\alpha}\chi_i^{(n,\alpha)}\,.$$

Hierbei unterscheidet der Index $\alpha = 1, 2, \ldots, N_n$ die verschiedenen Eigenwerte $b_{n,\alpha}$ zu einem festem n. Die Funktionen

$$|\chi^{(n,\alpha)}\rangle = \sum_i \chi_i^{(n,\alpha)}|\phi_{ni}\rangle$$

sind dann Eigenfunktionen sowohl von A (zum Eigenwert a_n) als auch von B (zum Eigenwert $b_{n,\alpha}$). Falls die Eigenwerte $b_{n,\alpha}$ nicht entartet sind, sind die $|\chi^{(n,\alpha)}\rangle$ zu verschiedenem α automatisch orthogonal. Andernfalls sind sie zumindest linear unabhängig und können orthogonalisiert werden. Damit ist der Satz bewiesen.

Der hier angegebene Beweis setzt nicht voraus, dass die beiden Operatoren A und B tatsächlich hermitesch, sondern lediglich diagonalisierbar sind. Eine beliebige Funktion $f(A)$ eines hermiteschen Operators $A = A^\dagger$ ist offenbar ebenfalls diagonalisierbar, auch wenn $f(A)$ i. A. nicht hermitesch sein wird. Dies folgt aus der Definition von $f(A)$ durch seine Taylor-Entwicklung (siehe Anhang C.1). Eine Eigenfunktion von A zum Eigenwert a ist auch Eigenfunktion von $f(A)$ zum Eigenwert $f(a)$. Deshalb gilt der obige Satz auch für zwei Funktionen $f(A)$ und $g(B)$ von hermiteschen Operatoren A und B.

10.6 Projektionsoperatoren

Bei einer reduzierten Beschreibung eines quantenmechanischen Systems in einem Unterraum $\mathbb{P} \in \mathbb{H}$ ist es oft zweckmäßig, *Projektionsoperatoren* zu benutzen. Projektionsoperatoren sind durch die Bedingung

$$\boxed{P^2 = P} \tag{10.60}$$

definiert. Solche Operatoren heißen auch *idempotent.* Man sieht leicht, dass Projektionsoperatoren nur die Eigenwerte 0 und 1 besitzen können. In der Tat, wenden wir den Projektionsoperator P auf die Eigenwertgleichung

$$P|\varphi\rangle = \lambda|\varphi\rangle$$

an, so erhalten wir:

$$P^2|\varphi\rangle = \lambda^2|\varphi\rangle$$

und mit (10.60):

$$P^2|\varphi\rangle = P|\varphi\rangle = \lambda|\varphi\rangle\,.$$

Subtraktion der beiden Gleichungen liefert (da $\varphi \neq o$):

$$\lambda^2 - \lambda = \lambda(\lambda - 1) = 0\,,$$

was $\lambda = 0, 1$ impliziert.

Ist der Projektionsoperator P außerdem selbstadjungiert (hermitesch) $P^\dagger = P$, so wird er als *Orthogonalprojektor* bezeichnet. Im Folgenden werden wir uns auf Orthogonalprojektoren beschränken, sie der Einfachheit halber aber häufig nur Projektoren nennen.

Ein Orthogonalprojektor projiziert jeden Vektor $\varphi \in \mathbb{H}$ in seinen Wertebereich

$$W_P = \{P\varphi, \varphi \in \mathbb{H}\}$$

und gestattet, jeden Vektor in einen Teil $\varphi^\parallel \in W_P$ und einen zu W_P senkrechten Teil $\varphi^\perp$ zu zerlegen

$$\varphi = P\varphi + (\varphi - P\psi) \equiv \varphi^\parallel + \varphi^\perp\,.$$

Aus der Definition der Projektoren ergeben sich unmittelbar folgende Eigenschaften:

- Das Produkt zweier Projektoren P_1P_2 ist genau dann ein Projektor, falls $[P_1, P_2] = 0$. In diesem Fall projiziert P_1P_2 die Vektoren $\varphi \in \mathbb{H}$ auf den Durchschnitt der Bildräume, $W_{P_1} \cap W_{P_2}$, und $P_1P_2 = 0$ impliziert, dass $W_{P_1} \perp W_{P_2}$.
- Die Summe $P_1 + P_2$ ist genau dann ein Projektor, falls $P_1P_2 = P_2P_1 = 0$.

Ein häufig auftretendes Beispiel eines Orthogonalprojektors ist das *dyadische Produkt* eines *normierten* Vektors φ mit sich selbst:

$$P_\varphi := |\varphi\rangle\langle\varphi|\,, \quad \|\varphi\|^2 = \langle\varphi|\varphi\rangle = 1\,.$$

Dieser Operator projiziert einen beliebigen Zustand ψ auf die Richtung des Vektors φ:

$$P_\varphi \psi = |\varphi\rangle\langle\varphi|\psi\rangle = \langle\varphi|\psi\rangle|\varphi\rangle .$$

Einen Projektionsoperator erhält man auch, wenn man in der Spektraldarstellung des Einheitsoperators die Summation über das vollständige Funktionensystem auf ein Teilsystem einschränkt:

$$P = \sum_i{}' |i\rangle\langle i| = \sum_i{}' P_i , \quad P_i = |i\rangle\langle i| ,$$

wobei der Strich am Summationszeichen die eingeschränkte Summation bezeichnet. Die einzelnen Summanden P_i sind natürlich selbst auch Projektionsoperatoren. Die Spur dieses Projektors (vgl. (10.46))

$$\operatorname{Sp} P = \sum_i{}' \operatorname{Sp}(|i\rangle\langle i|) = \sum_i{}' \langle i|i\rangle = \sum_i{}' 1 =: d$$

liefert die Dimension d des Unterraumes, der durch das Teilsystem $\{|i\rangle\}$ aufgespannt wird.

10.7 Das Tensorprodukt

Der Produkt-Hilbert-Raum

Für die quantenmechanische Beschreibung von zusammengesetzten Systemen, insbesondere von Vielteilchensystemen, wird das Tensorprodukt von Hilbert-Räumen benötigt, das im Folgenden definiert wird.

$\mathbb{H}_1$ und $\mathbb{H}_2$ seien zwei Hilbert-Räume mit jeweils vollständigem Orthonormalsystem (VONS), $\{\varphi_{i\in I}\}$ bzw. $\{\eta_{k\in K}\}$. Aus den Basisvektoren φ_i und η_k bilden wir formal alle Paare[7]

$$\psi_l \equiv \varphi_i \otimes \eta_k := (\varphi_i, \eta_k) \tag{10.61}$$

mit

$$l = (i,k) \in \Lambda = I \times K ,$$

wobei Λ das kartesische Produkt der beiden Indexmengen I und K ist. Das Symbol „⊗“ definiert hier eine formale Verknüpfung von zwei Elementen φ_i und η_k aus verschie-

7 Das Symbol (,) steht hier nicht für das Skalarprodukt, sondern für Paare von Elementen aus zwei verschiedenen Mengen.

denen Räumen $\mathbb{H}_1$ und $\mathbb{H}_2$ zu einem Paar $(\varphi_i, \eta_k) =: \varphi_i \otimes \eta_k$, die als *Tensorprodukt* bezeichnet wird.

Für das Tensorprodukt sind folgende Rechenregeln vereinbart

$$\begin{aligned}(\varphi + \varphi') \otimes \eta &= \varphi \otimes \eta + \varphi' \otimes \eta\,,\\ \varphi \otimes (\eta + \eta') &= \varphi \otimes \eta + \varphi \otimes \eta'\,,\\ c\varphi \otimes \eta &= c(\varphi \otimes \eta) = \varphi \otimes c\eta\,, \quad c \in \mathbb{C}\,. \end{aligned} \tag{10.62}$$

Die Vektorpaare (10.61) bilden die Basis für den (Tensor-)Produktraum $\mathbb{H}_1 \otimes \mathbb{H}_2$, der wie folgt definiert ist:

Die Gesamtheit der Linearkombinationen

$$\psi = \sum_{l \in \Lambda} c_l \psi_l = \sum_{i \in I} \sum_{k \in K} c_{(k,i)} \varphi_i \otimes \eta_k\,, \quad c_l = c_{(k,i)} \in \mathbb{C} \tag{10.63}$$

mit höchsten abzählbar vielen c_l bzw. $c_{(k,i)}$ von null verschieden, bildet einen linearen Raum, der durch das Skalarprodukt

$$(\psi, \psi') = \sum_{l \in \Lambda} c_l^* c_l \tag{10.64}$$

unitär wird und den Produkt-Hilbert-Raum

$$\mathbb{H} = \mathbb{H}_1 \otimes \mathbb{H}_2 = \left\{ \psi = \sum_{i,k} c_{(k,i)} \varphi_i \otimes \eta_k\,,\ \text{mit} \sum_{i,k} |c_{(k,i)}|^2 < \infty \right\} \tag{10.65}$$

definiert. Die Dimension des Produktraumes ergibt sich offenbar als das Produkt der Dimensionen der einzelnen Faktoren.[8]

Das oben in Gl. (10.64) definierte Skalarprodukt des Tensorproduktraumes $\mathbb{H}$ (10.65) ergibt sich zwangsläufig, wenn das Skalarprodukt für die Tensorprodukte durch

$$(\varphi \otimes \eta, \varphi' \otimes \eta') = (\varphi, \varphi')_1 (\eta, \eta')_2\,, \quad \varphi, \varphi' \in \mathbb{H}_1\,, \quad \eta, \eta' \in \mathbb{H}_2$$

definiert wird, wobei $(\ ,\ )_1$ und $(\ ,\ )_2$ die Skalarprodukte in $\mathbb{H}_1$ bzw. $\mathbb{H}_2$ bezeichnen. In diesem Fall gilt

---

8 Das Tensorprodukt ist streng zu unterscheiden vom sogenannten *direkten Produkt* (auch *direkte Summe* genannt) $\mathbb{H} = \bigoplus \mathbb{H}_i$, also der Menge der (Linearkombinationen von) Tupel(n) mit Komponenten aus $\mathbb{H}_i$, versehen mit komponentenweisen Vektorraumoperationen und dem Skalarprodukt

$$(\varphi, \psi) = \sum_i (\varphi_i, \psi_i)\,, \quad \varphi_i, \psi_i \in \mathbb{H}_i\,.$$

Die Dimension von $\bigoplus \mathbb{H}_i$ ist die Summe der Einzeldimensionen der $\mathbb{H}_i$. Man mache sich besonders den Unterschied zwischen $\mathbb{R} \oplus \mathbb{R} \oplus \mathbb{R} \simeq \mathbb{R}^3$ und $\mathbb{R} \otimes \mathbb{R} \otimes \mathbb{R} \simeq \mathbb{R}$ klar.

$$(\varphi_i \otimes \eta_k, \varphi_{i'} \otimes \eta_{k'}) = (\varphi_i, \varphi_{i'})_1 (\eta_{k'} \eta_{k'})_2 = \delta_{ii'} \delta_{kk'}$$

und das oben eingeführte Skalarprodukt (10.64) in $\mathbb{H}$ folgt zwangsläufig aus der Zerlegung (10.63).

Als Beispiel wählen wir

$$\mathbb{H}_1 = \mathbb{H}_2 = \mathbb{L}_2(\mathbb{R}),$$

den Raum der über $\mathbb{R}$ quadratintegrablen Funktionen. In diesem Fall erhalten wir für den Produktraum (10.65)

$$\mathbb{L}_2(\mathbb{R}) \otimes \mathbb{L}_2(\mathbb{R}) = \mathbb{L}_2(\mathbb{R}^2),$$

den über $\mathbb{R}^2$ quadratintegrablen Funktionen von zwei reellen Variablen $f(x_1, x_2)$, mit $(x_1, x_2) \in \mathbb{R}^2$, da diese sich durch Linearkombinationen der Form

$$f(x_1, x_2) = \sum_{i,k} a_{ik} \varphi_i(x_1) \eta_k(x_2)$$

darstellen lassen, wobei $\varphi_i(x_1) \in \mathbb{H}_1$ und $\eta_k(x_2) \in \mathbb{H}_2$ die über $\mathbb{R}$ quadratintegrablen Funktionen sind.

Operatoren auf Produkt-Hilbert-Räumen

Wir betrachten zwei Operatoren A und B, die in verschiedenen Hilbert-Räumen $\mathbb{H}_A$ bzw. $\mathbb{H}_B$ definiert sind. Wir können die Operatoren A und B zu Operatoren in dem Produkt-Hilbert-Raum

$$\mathbb{H}_A \otimes \mathbb{H}_B \tag{10.66}$$

erheben, indem wir sie tensoriell mit dem Einheitsoperator des jeweiligen anderen Raumes multiplizieren

$$A \to A \otimes \hat{1}_B, \quad B \to \hat{1}_A \otimes B,$$

wobei $\hat{1}_A$ bzw. $\hat{1}_B$ die Einheitsoperatoren in $\mathbb{H}_A$ bzw. $\mathbb{H}_B$ sind. Da die Operatoren auf der rechten Seite der Pfeile im selben Hilbert-Raum definiert sind, können sie auf gewöhnliche Weise addiert werden. Für die in unterschiedlichen Hilbert-Räumen definierten Operatoren A und B definieren wir deshalb ihre Summe durch

$$A + B := A \otimes \hat{1}_B + \hat{1}_A \otimes B. \tag{10.67}$$

In Übereinklang mit den oben angegebenen Rechenregeln für das Tensorprodukt definieren wir die Wirkung von Operatoren A und B in den Hilbert-Räumen $\mathbb{H}_A$ bzw. $\mathbb{H}_B$ für das Tensorprodukt der Zustände dieser Räume $\varphi_A \in \mathbb{H}_A$ und $\varphi_B \in \mathbb{H}_B$ durch

$$(A \otimes B)(|\varphi_A\rangle \otimes |\varphi_B\rangle) := A|\varphi_A\rangle \otimes B|\varphi_B\rangle \,. \tag{10.68}$$

Nun seien $|\varphi_a\rangle$ und $|\varphi_b\rangle$ Eigenfunktionen der Operatoren A und B

$$\begin{aligned} A|\varphi_a\rangle &= a|\varphi_a\rangle, \quad |\varphi_a\rangle \in \mathbb{H}_A \,, \\ B|\varphi_b\rangle &= b|\varphi_b\rangle, \quad |\varphi_b\rangle \in \mathbb{H}_B \,. \end{aligned}$$

Es ist dann leicht zu sehen, dass das Tensorprodukt

$$|\varphi_a\rangle \otimes |\varphi_b\rangle$$

Eigenfunktion der Operatorsumme $A + B$ (10.67), die im Produkt-Hilbert-Raum (10.66) definiert ist, mit dem Eigenwert $a + b$ ist, wie unter Anwendung der Regeln (10.68) und (10.62) gezeigt werden kann:

$$\begin{aligned} (A + B)|\varphi_a\rangle \otimes |\varphi_b\rangle &= (A \otimes \hat{1}_B + \hat{1}_A \otimes B)|\varphi_a\rangle \otimes |\varphi_b\rangle \\ &= A|\varphi_a\rangle \otimes \hat{1}_B|\varphi_b\rangle + \hat{1}_A|\varphi_a\rangle \otimes B|\varphi_b\rangle \\ &= a|\varphi_a\rangle \otimes |\varphi_b\rangle + |\varphi_a\rangle \otimes b|\varphi_b\rangle \\ &= (a + b)|\varphi_a\rangle \otimes |\varphi_b\rangle \,. \end{aligned} \tag{10.69}$$

Zur Vereinfachung der Notation werden wir, falls Verwechslung ausgeschlossen ist, das Symbol für das Tensorprodukt „$\otimes$“ gewöhnlich weglassen. Die Eigenwertgleichung (10.69) lautet dann in dieser vereinfachten Schreibweise

$$(A + B)|\varphi_a\rangle|\varphi_b\rangle = (a + b)|\varphi_a\rangle|\varphi_b\rangle \,.$$

11 Axiomatische Quantenmechanik

Bei der Entwicklung der Quantenmechanik sind wir vom Experiment ausgegangen. Interferenzerscheinungen beim Doppelspalt-Experiment deuten auf den Wellencharakter von quantenmechanischen Teilchen hin. Eine detailliertere Analyse dieses Experimentes zeigte, dass sich im atomaren Bereich ein Teilchen nicht nur auf der klassischen Trajektorie bewegen kann, welche die Wirkung minimiert, sondern auf allen möglichen Trajektorien. Die verschiedenen Trajektorien stellen Alternativen für das Teilchen dar. Wir hatten gesehen, dass ein quantenmechanisches Teilchen von allen möglichen Alternativen Gebrauch macht. Aufgrund der Wellennatur des quantenmechanischen Teilchens hatten wir geschlossen, dass ein quantenmechanischer Prozess durch eine Wahrscheinlichkeitsamplitude charakterisiert wird und dass wegen des bei Wellen realisierten Superpositionsprinzips die Gesamtwahrscheinlichkeitsamplitude durch die Summe der Wahrscheinlichkeitsamplituden der einzelnen Trajektorien gegeben sein muss:

$$K(b,a) = \sum_{\{x(t)\}} K[x(t)](b,a) \, .$$

Durch konsequente Weiterentwicklung bzw. Verfeinerung des Doppelspalt-Experimentes hatten wir ein Additionstheorem für die Wahrscheinlichkeitsamplituden gefunden, den sogenannten Zerlegungssatz

$$K(b,a) = \int dx_c \, K(b,c)K(c,a) \, .$$

Wir hatten gesehen, dass die Phase der Amplitude eine additive Funktion der Trajektorie sein muss. Durch Identifizierung dieser additiven Funktion mit der klassischen Wirkung $S[x]$,

$$K[x](b,a) \sim e^{\frac{i}{\hbar} S[x](b,a)} \, ,$$

gelang es uns dann, aus dem Additionstheorem für Amplituden die zeitabhängige Schrödinger-Gleichung abzuleiten:

$$i\hbar \frac{\partial \psi}{\partial t} = H\psi \, .$$

Zu diesem intuitiven Zugang zur Quantenmechanik, der ausgehend vom Experiment nur wenig Annahmen erfordert, gibt es einen alternativen axiomatischen Zugang, der von einigen Grundpostulaten der Quantenmechanik ausgeht. In diesem axiomatischen Zugang wird kein Versuch unternommen, das zentrale Evolutionsgesetz der Quantenmechanik, die Schrödinger-Gleichung, unter möglichst wenigen Voraussetzungen abzuleiten, sondern sie wird als das Evolutionsgesetz postuliert. Auch die Grundpostulate der axiomatischen Quantenmechanik basieren natürlich auf unseren experimentellen Erfahrungen. Jedoch wird in diesem Zugang nicht deutlich, an welcher Stelle welche

https://doi.org/10.1515/9783111268255-011

experimentellen Informationen benutzt werden. Aus diesem Grunde ist der von uns beschrittene intuitive Weg sicherlich transparenter und anschaulicher und ermöglicht einen einfacheren konzeptionellen Einstieg in die Quantenmechanik. Nachdem wir die charakteristischen Züge der Quantenmechanik bereits kennengelernt haben, erscheinen uns die Grundpostulate der Quantenmechanik sehr plausibel. Sie sollen deshalb im Folgenden nur kurz abgehandelt werden.

11.1 Grundpostulate der Quantenmechanik

Der axiomatische Zugang zur Quantenmechanik lässt sich in folgenden Postulaten zusammenfassen:

1. Die Zustände eines quantenmechanischen Systems können eindeutig den Strahlen eines Hilbert-Raumes zugeordnet werden.

Unter einem *Strahl* versteht man die Gesamtheit der nicht-verschwindenden Vielfachen eines Elementes des Hilbert-Raumes. Ein Strahl ist offenbar der kleinste Unterraum des Hilbert-Raumes.

Die Zuordnung von quantenmechanischen Zuständen zu den Strahlen des Hilbert-Raumes impliziert, dass ein Hilbert-Vektor und eines seiner beliebigen komplexen Vielfachen denselben quantenmechanischen Zustand beschreiben. Die Normierung des Vektors im Hilbert-Raum ist damit irrelevant für die zu beschreibende Physik und kann demzufolge beliebig gewählt werden. Es reicht deshalb aus, sich auf einen geeigneten, z. B. auf 1 normierten Vektor des Strahles zu beschränken und diesen mit dem Zustand schlechthin zu identifizieren. In diesem Sinne werden die quantenmechanischen Zustände durch Vektoren des Hilbert-Raumes repräsentiert.

2. Die physikalischen Observablen (messbare Größen) entsprechen linearen hermiteschen Operatoren, die im Hilbert-Raum der Zustandsvektoren wirken.
3. Bei einer (Ideal-)Messung der Observablen A findet man einen Eigenwert $a_i(A)$. Bei einer solchen Messung geht das System in den zu a_i gehörigen Eigenzustand $|a_i\rangle$ von A über.

Dieses Axiom drückt insbesondere den Einfluss des Messapparates auf das zu messende Objekt aus. Zur Illustration dieses Axioms nehmen wir an, dass das System sich im Zustand $|\psi\rangle$ befindet. Wenden wir den Operator A auf diesen Zustand an und benutzen die Spektraldarstellung[1] (10.48),

$$A|\psi\rangle = \sum_i |a_i\rangle a_i \langle a_i|\psi\rangle ,$$

1 Der Einfachheit halber setzen wir hier voraus, dass A nur ein *diskretes* Spektrum besitzt.

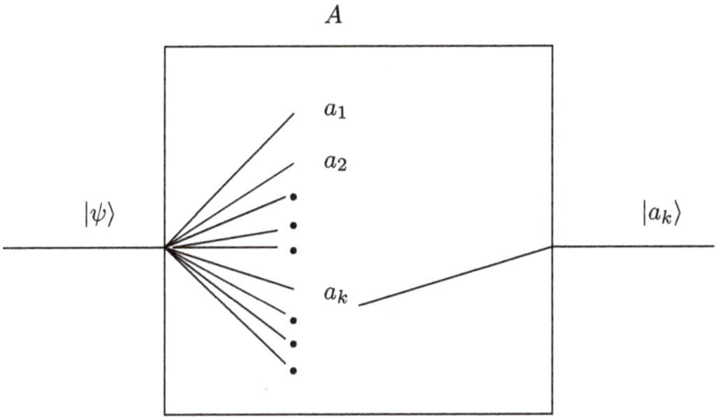

Abb. 11.1: Schematische Darstellung eines quantenmechanischen Messprozesses.

so sehen wir, dass die Messapparatur (der Operator A) eine Zerlegung des Zustandes $|\psi\rangle$ in Komponenten entlang der Eigenzustände $|a_i\rangle$ von A bewirkt. Bei der eigentlichen Messung der Observablen A wird aus dieser Spektralzerlegung eine Komponente $|a_k\rangle$, d. h. eine Eigenfunktion von A herausgefiltert und die Messung liefert als Ergebnis den zugehörigen Eigenwert a_k. Bei der Messung kommt es also zu einer *Zustandsreduktion* („Kollaps der Wellenfunktion"). Aus der Gesamtheit der Alternativen, die durch die einzelnen Eigenzustände $|a_i\rangle$ von A gegeben sind und in der Wellenfunktion $|\psi\rangle$ ursprünglich, d. h. vor der Messung, enthalten waren, wird durch die Messung eine einzige Komponente $|a_k\rangle$, ein Eigenzustand von A, herausprojiziert (siehe Abb. 11.1):

$$A|\psi\rangle \quad \longrightarrow \quad a_k|a_k\rangle\langle a_k|\psi\rangle \sim |a_k\rangle \tag{11.1}$$

was der Wirkung des Projektors

$$P_k = |a_k\rangle\langle a_k|$$

auf die Wellenfunktion entspricht

$$|\psi\rangle \quad \longrightarrow \quad P_k|\psi\rangle = |a_k\rangle\langle a_k|\psi\rangle \sim |a_k\rangle\,. \tag{11.2}$$

Damit verliert der Zustand durch den Messprozess einen Großteil seiner komplexen Struktur. Dieses Ergebnis haben wir bereits beim Doppelspalt-Experiment gesehen. Solange wir nicht den Spalt bestimmen, durch den das Teilchen hindurchläuft, d. h. seinen Ort bestimmen, zeigt das Teilchen Interferenz, wenn man das Experiment nur oft genug durchführt. Es muss also prinzipiell beide Spalten benutzen. Stellen wir jedoch durch das Experiment fest, durch welchen Spalt es gelaufen ist, nehmen wir dem Teilchen die Möglichkeit, auch durch den anderen Spalt zu gehen, und schränken damit seinen Zustand ein. Hat der Zustand des Teilchens vorher die Alternative Spalt 1 und

Spalt 2 enthalten, so ist der Zustand des Teilchens nach der Messung auf eine der beiden Möglichkeiten beschränkt. Diese Zustandsreduktion ist eine der konzeptionellen Hauptprobleme der Quantenmechanik und ist bis heute nicht in aller Konsequenz verstanden.

4) Wird ein System im Zustand $|\psi\rangle$ einer Messung der Observablen A unterworfen, so ist die Wahrscheinlichkeit, dass der Wert a_i gemessen wird, d. h. das System sich nach der Messung im zugehörigen Eigenzustand $|a_i\rangle$ befindet, durch

$$w_i = |\langle a_i|\psi\rangle|^2\,, \quad \langle a_i|a_i\rangle = 1\,, \quad \langle\psi|\psi\rangle = 1 \tag{11.3}$$

gegeben. Hierbei ist vorausgesetzt, dass die Wellenfunktionen $|a_i\rangle$ und $|\psi\rangle$ korrekt auf 1 normiert sind. Diese Aussage ist äquivalent der alternativen Formulierung:
Wird die Messung von A an einem im Zustand $|\psi\rangle$ präparierten System genügend oft wiederholt, so ist der Mittelwert von A

$$\bar{A} = \lim_{N\to\infty} \frac{1}{N} \sum_{k=1}^{N} a_{i_k}$$

(a_{i_k} bezeichnet den Eigenwert der k-ten Messung) durch den Erwartungswert von A im Zustand $|\psi\rangle$ gegeben:

$$\langle A\rangle = \langle\psi|A|\psi\rangle = \bar{A}\,.$$

In der Tat, benutzen wir die Spektraldarstellung (10.47) von A,

$$A = \sum_i |a_i\rangle a_i \langle a_i|\,,$$

so erhalten wir für den Erwartungswert

$$\langle A\rangle = \sum_i \langle\psi|a_i\rangle a_i \langle a_i|\psi\rangle = \sum_i a_i |\langle a_i|\psi\rangle|^2 = \sum_i w_i a_i\,,$$

der durch die Wahrscheinlichkeiten w_i (11.3) festgelegt wird. Letztere lassen sich auch durch die Norm des Vektors (11.2) ausdrücken, der als Ergebnis (der Zustandsreduktion) des Messprozesses entsteht

$$w_i = \|P_i|\psi\rangle\|^2 = \|\,|a_i\rangle\langle a_i|\psi\rangle\|^2\,. \tag{11.4}$$

Dieses Postulat beinhaltet, dass die Quantenmechanik i. A. (ähnlich wie die statistische Mechanik) nur Wahrscheinlichkeitsaussagen gestattet: Falls sich ein System nicht in einem Eigenzustand der zu messenden Observablen A befindet, kann die Messung prinzipiell jeden Eigenwert von A liefern. Die Quantenmechanik gestattet es lediglich, die Wahrscheinlichkeit anzugeben, mit der ein einzelner Messwert, d. h. ein Eigenwert a_i, gemessen wird. In der klassischen Mechanik hingegen lässt sich bei Kenntnis der Anfangsbedingung eines Systems aus den Bewegungsgleichungen der Messwert einer physikalischen Größe zu einem beliebigen späteren Zeitpunkt exakt vorhersagen. In diesem

Sinne bezeichnet man die Quantenmechanik oft als *nicht-deterministische* Theorie, da das Ergebnis einer Messung a priori nicht vorhersagbar ist. Wir sagen deshalb auch, dass die physikalischen Größen i. A. unscharf sind, d. h. eine Unschärfe besitzen, welche die mittlere Schwankung der Wahrscheinlichkeitsverteilung einer Observablen um ihren Erwartungswert angibt.

5) Die zeitliche Evolution der Wahrscheinlichkeitsamplitude (Wellenfunktion) ψ ist durch die Schrödinger-Gleichung gegeben:

$$i\hbar\frac{\partial\psi}{\partial t} = H\psi\,.$$

11.2 Verträglichkeit von Observablen

Durch die Wechselwirkung der Messapparatur mit dem zu messenden Objekt wird der Zustand des zu messenden Systems beeinflusst, bzw. verändert. Wie wir oben gesehen haben, kommt es zu einer *Zustandsreduktion*. Befindet sich das System in einem Eigenzustand einer Observablen A und führen wir anschließend eine Messung einer anderen Observablen B durch, so wird i. A. der Eigenzustand von A zerstört. Die beiden Observablen A und B sind dann nicht gleichzeitig messbar, sie sind nicht miteinander verträglich. Führen wir zuerst die Messung von B und anschließend die Messung von A durch, so treten die Messergebnisse mit einer anderen Wahrscheinlichkeit auf als bei umgekehrter Messreihenfolge. Die beiden zugehörigen Operatoren sind offenbar nicht vertauschbar, $[A, B] \neq \hat{0}$.

Als Beispiel betrachten wir ein freies Teilchen, das sich in einem Zustand $\psi(x)$ befinden soll. Dieser Zustand kann z. B. ein Wellenpaket repräsentieren. Führen wir eine Ortsmessung des Teilchens durch, so geht der Zustand $|\psi\rangle$ in einen Eigenzustand des Ortes $|x_0\rangle$ über:

$$|\psi\rangle \quad \longrightarrow \quad |x_0\rangle\,.$$

Der als Resultat der Ortsmessung entstehende Ortseigenzustand

$$\langle x|x_0\rangle = \delta(x - x_0) = \int_{-\infty}^{\infty} \frac{dp}{2\pi\hbar}\, e^{\frac{i}{\hbar}p(x-x_0)}$$

ist eine Superposition von ebenen Wellen, in der jede Welle mit gleichem Gewicht vorkommt. Der entstehende Zustand ist damit völlig unscharf im Impuls. Führen wir jetzt anschließend eine Impulsmessung durch, so projiziert die Messapparatur aus dieser Überlagerung von ebenen Wellen eine einzelne Welle mit Impuls p_0 heraus:

$$|x_0\rangle = \int_{-\infty}^{\infty} \frac{dp}{2\pi\hbar} |p\rangle\langle p|x_0\rangle \quad \longrightarrow \quad |p_0\rangle ,$$

$$p \in (-\infty, \infty) \quad \longrightarrow \quad p_0 .$$

Der Ortseigenzustand $|x_0\rangle$ geht dabei in einen Impulseigenzustand $|p_0\rangle$ (ebene Welle)

$$\langle x|p_0\rangle = e^{\frac{i}{\hbar}p_0 x}$$

über, der über den gesamten Ortsraum ausgebreitet und somit völlig unscharf im Ort ist. Durch die vorherige Ortsmessung wird der anschließend zu messende Impuls völlig unbestimmt. Die Impulsmessung ihrerseits macht den Ort unscharf. Ort und Impuls sind damit nicht verträglich, d. h. nicht gleichzeitig scharf messbar. Andererseits ist eine Impulseigenfunktion für das freie Teilchen auch gleichzeitig Eigenfunktion der Energie bzw. des Hamilton-Operators. Folglich wird durch die Impulsmessung das Ergebnis einer nachfolgenden Energiemessung völlig vorhersagbar. Energie und Impuls sind deshalb für das freie Teilchen miteinander verträglich.

Wir können die Messung einer Observablen A in der Quantenmechanik schematisch wie folgt darstellen (siehe Abb. 11.1):

$$|\psi\rangle \to A|\psi\rangle = \sum_i |a_i\rangle a_i \langle a_i|\psi\rangle \longrightarrow |a_k\rangle .$$

Für zwei aufeinanderfolgende Messungen nicht-kompatibler Observablen erhalten wir dann folgendes Schema (siehe Abb. 11.2):

$$|\psi\rangle \to A|\psi\rangle \longrightarrow |a_k\rangle \to B|a_k\rangle \longrightarrow |b_i\rangle , \quad |b_i\rangle \nrightarrow |a_k\rangle .$$

Messung von A führt das System aus dem Zustand $|\psi\rangle$ in einen Eigenzustand $|a_k\rangle$ über. Durch anschließende Messung der Observablen B wird dieser Eigenzustand zerstört

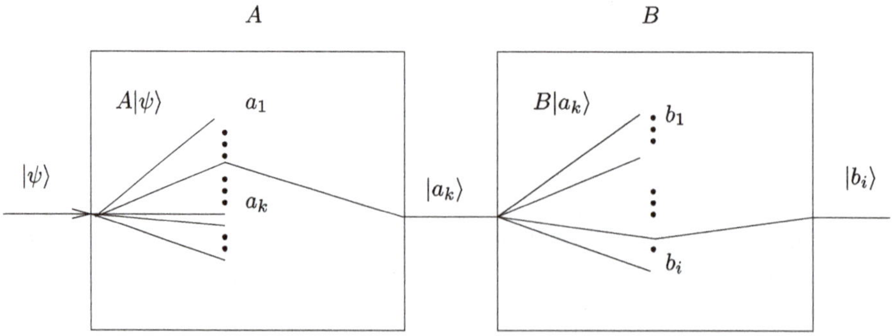

Abb. 11.2: Schematische Darstellung der nacheinander durchgeführten Messungen zweier unverträglicher Observablen.

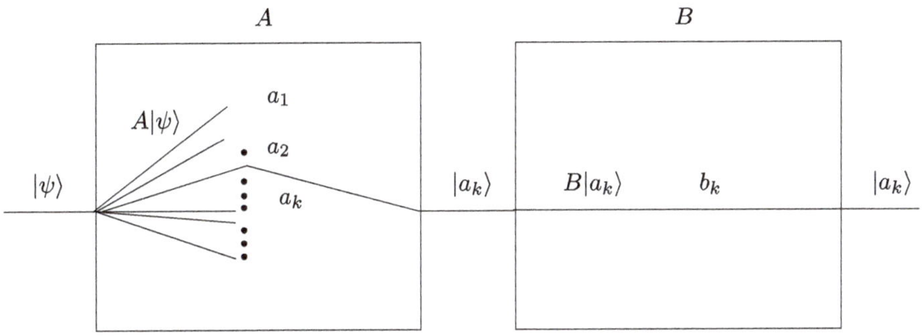

Abb. 11.3: Schematische Darstellung der nacheinander durchgeführten Messungen zweier verträglicher Observablen.

und wiederum nur die Komponente des Ket-Vektors $|a_k\rangle$ parallel zum Vektor $|b_i\rangle$ herausprojiziert, d. h.:

$$B|b_i\rangle = b_i|b_i\rangle\,.$$

Damit haben A und B keine gemeinsamen Eigenfunktionen, und wie wir oben gesehen haben, können sie deshalb nicht kommutieren, $[A, B] \neq \hat{0}$.

Für zwei aufeinanderfolgende Messungen kompatibler Observablen A und B erhalten wir dagegen folgendes Schema (siehe Abb. 11.3):

$$|\psi\rangle \to A|\psi\rangle \longrightarrow |a_k\rangle \to B|a_k\rangle = b_k|a_k\rangle\,.$$

Nachdem die Messung von A das System aus dem Zustand ψ in den Zustand $|a_k\rangle$ überführt hat, verändert die nachfolgende Messung der Observablen B (d. h. die Wirkung von B auf $|a_k\rangle$) höchstens die Länge des Vektors $|a_k\rangle$, zerstört aber nicht mehr seine Zusammensetzung, bzw. verändert nicht seine Richtung im Hilbert-Raum.[2] Dies bedeutet, dass der Eigenvektor von A ebenfalls Eigenvektor zur Observablen B ist. Das Ergebnis der Messung von A und B hängt hier nicht von der Reihenfolge der Messungen ab und die beiden zugehörigen Operatoren müssen miteinander kommutieren, $[A, B] = \hat{0}$. In der Tat müssen A und B kommutieren, da sie dieselben Eigenfunktionen besitzen, was wir in Abschnitt 10.5 allgemein für hermitesche Operatoren gezeigt haben.

Abschließend illustrieren wir noch die Messung nicht-kompatibler Observablen anhand eines einfachen Beispiels. Dazu betrachten wir ein quantenmechanisches System, dessen Hilbert-Raum durch den $\mathbb{R}^2$ gegeben ist. Da die Eigenvektoren eines hermiteschen Operators eine vollständige orthogonale Basis bilden, wird jeder hermitesche

2 Wir erinnern in diesem Zusammenhang daran, dass nach Postulat 1 quantenmechanische Zustände Strahlen, d. h. Richtungen im Hilbert-Raum, zugeordnet sind, sodass die Länge des Zustandsvektors irrelevant ist.

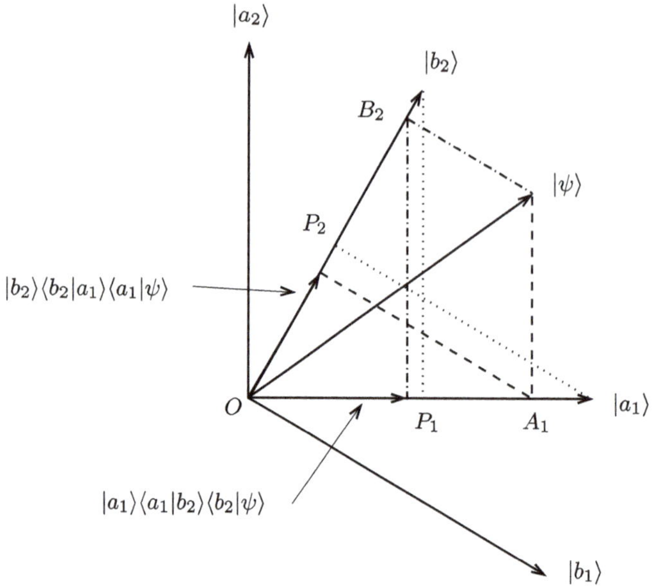

Abb. 11.4: Illustration der Messung zweier nicht-kompatibler Operatoren für ein System, dessen Hilbert-Raum durch den $\mathbb{R}^2$ gegeben ist.

Operator dieses Hilbert-Raumes durch ein orthonormiertes Zweibein charakterisiert, dessen Basisvektoren die normierten Eigenvektoren des betrachteten Operators sind. In Abb. 11.4 sind die Eigenvektoren $|a_{i=1,2}\rangle$ und $|b_{i=1,2}\rangle$ zweier Operatoren A und B angegeben, wobei $a_{i=1,2}$ und $b_{i=1,2}$ die Eigenwerte von A und B bezeichnen, d. h. es gilt:

$$A|a_i\rangle = a_i|a_i\rangle\,, \quad B|b_i\rangle = b_i|b_i\rangle\,, \quad i = 1,2\,.$$

Das betrachtete System befindet sich in einem Zustand $|\psi\rangle$. Bei einer Messung der Observablen A wurde der Eigenwert a_1 erhalten. Das System befindet sich dann nach dieser Messung im Zustand $|a_1\rangle$. Anschließende Messung von B soll den Eigenwert b_2 liefern. Dabei geht das System in den Zustand $|b_2\rangle$ über:

$$|\psi\rangle \quad \stackrel{A}{\longrightarrow} \quad |a_1\rangle \quad \stackrel{B}{\longrightarrow} \quad |b_2\rangle\,. \tag{11.5}$$

Führen wir die Messungen in umgekehrter Reihenfolge durch und erhalten dabei dieselben Messwerte b_2 und a_1, so haben wir:

$$|\psi\rangle \quad \stackrel{B}{\longrightarrow} \quad |b_2\rangle \quad \stackrel{A}{\longrightarrow} \quad |a_1\rangle\,. \tag{11.6}$$

Die beiden Messfolgen (11.5) und (11.6), obwohl sie dieselben Messwerte von A und B liefern, bringen das System nicht nur in unterschiedliche Endzustände, sondern sind auch mit verschiedener Wahrscheinlichkeit realisiert. Die Wahrscheinlichkeit bei der

Messung von A und nachfolgender Messung von B, die Messwerte a_1 und b_2 zu erhalten (Messfolge (11.5)) ist (siehe (11.4)):

$$w(a_1, b_2) = \| \, |b_2\rangle\langle b_2|a_1\rangle\langle a_1|\psi\rangle\|^2 = |\langle a_1|\psi\rangle|^2 |\langle b_2|a_1\rangle|^2 = |\overline{OA_1}|^2 |\overline{OP_2}|^2 ,$$

während die Wahrscheinlichkeit für die Messfolge (11.6)

$$w(b_2, a_1) = \| \, |a_1\rangle\langle a_1|b_2\rangle\langle b_2|\psi\rangle\|^2 = |\langle b_2|\psi\rangle|^2 |\langle a_1|b_2\rangle|^2 = |\overline{OB_2}|^2 |\overline{OP_1}|^2$$

beträgt. Zwar gilt:

$$|\overline{OP_2}| \equiv |\langle b_2|a_1\rangle| = |\langle a_1|b_2\rangle| \equiv |\overline{OP_1}| ,$$

jedoch ist i. A.:

$$|\overline{OA_1}| \equiv |\langle a_1|\psi\rangle| \neq |\langle b_2|\psi\rangle| \equiv |\overline{OB_2}| .$$

11.3 Präparation eines Quantensystems

Da als Resultat einer Messung immer ein Eigenwert der gemessenen Observablen erhalten wird und das quantenmechanische System dabei in den zugehörigen Eigenzustand dieser Observablen übergeht, impliziert die Präparation eines quantenmechanischen Systems immer einen Messprozess und der Zustand, in welchem ein System präpariert wird, ist durch den in der Messung erhaltenen Eigenwert spezifiziert. Die vollständige Spezifikation eines Zustandes erfordert gewöhnlich die Messung mehrerer (kommutierender) Observablen und erst durch die Messung eines maximalen Satzes von kommutierenden Observablen ist das quantenmechanische System eindeutig präpariert und sein Zustand eindeutig durch die gemessenen Eigenwerte spezifiziert. Dies legt die folgende Definitionen nahe:

1) *Vollständiger Satz kommutierender Observablen:*
Eine Menge von kommutierenden Observablen $A_1, \ldots, A_n$ mit

$$[A_k, A_l] = \hat{0} , \quad \text{für alle } k, l = 1, \ldots, n$$

heißt vollständiger Satz, wenn es genau ein System von gemeinsamen Eigenzuständen $|a_1 \ldots a_n\rangle$,

$$A_k |a_1 \ldots a_k \ldots a_n\rangle = a_k |a_1 \ldots a_k \ldots a_n\rangle ,$$

gibt. Dies bedeutet, dass nicht zwei gemeinsame Eigenfunktionen existieren, für welche die Eigenwerte a_i sämtlicher Observablen A_i entartet sind.
Die Eigenwerte eines vollständigen Satzes von kommutierenden Observablen beinhalten die maximale Information über das betrachtete System. Jeder weitere Operator B, der mit sämtlichen A_k kommutiert, lässt sich vollständig durch die A_k ausdrücken.

Für ein Punktteilchen bilden die drei Komponenten des Ortsoperators $\hat{x}_i$ oder die drei Komponenten des Impulsoperators $\hat{p}_i$ einen vollständigen Satz kommutierender Observablen.

2) *Quantenmechanischer Zustand:* Ein quantenmechanischer Zustand $|\psi\rangle$ ist durch die Eigenwerte $a, b, c, \ldots$ eines vollständigen Satzes von kommutierenden (d. h. gleichzeitig messbaren) Observablen $A, B, C, \ldots$ spezifiziert:

$$|\psi\rangle = |abc\ldots\rangle .$$

Er wird also durch die Eigenwerte einer maximalen Anzahl von gleichzeitig messbaren Observablen festgelegt.

11.4 Allgemeine Unschärferelation

Wie wir oben festgestellt haben, entscheidet der Kommutator zweier Operatoren darüber, ob die beiden entsprechenden Observablen miteinander verträglich sind oder nicht. Der Kommutator sollte deshalb auch die Unschärfe dieser beiden Observablen festlegen, was wir im Folgenden explizit zeigen wollen. Wir betrachten dazu zwei hermitesche Operatoren A, B und subtrahieren jeweils zweckmäßigerweise ihre Mittelwerte:

$$A' = A - \langle A\rangle , \quad B' = B - \langle B\rangle .$$

Die verschobenen Operatoren sind offenbar auch hermitesch. Mit ihnen erhalten wir für das mittlere Schwankungsquadrat im Zustand $|\psi\rangle$:

$$(\Delta A)^2 = \langle\psi|(A - \langle A\rangle)^2|\psi\rangle = \langle\psi|(A')^2|\psi\rangle .$$

Benutzen wir die Hermitizität der Operatoren A' und B', so können wir die mittleren Schwankungsquadrate als

$$(\Delta A)^2 = \langle\psi|A'A'|\psi\rangle = \langle A'\psi|A'\psi\rangle = \|A'\psi\|^2 ,$$
$$(\Delta B)^2 = \|B'\psi\|^2$$

schreiben. Mithilfe der Schwarz'schen Ungleichung (10.2) finden wir deshalb für das Produkt der Schwankungsquadrate:

$$(\Delta A)^2 (\Delta B)^2 \geq |\langle A'\psi|B'\psi\rangle|^2 = |\langle\psi|A'B'|\psi\rangle|^2 . \tag{11.7}$$

Das Operatorprodukt AB zerlegen wir jetzt in symmetrischen und antisymmetrischen Anteil mittels der Beziehung

$$AB = \frac{1}{2}\{A, B\} + \frac{1}{2}[A, B] , \tag{11.8}$$

wobei

$$\{A, B\} := AB + BA$$

den *Antikommutator* (nicht wie bisher die Poisson-Klammer!) bezeichnet. Für hermitesche Operatoren A und B ist wegen $(AB)^\dagger = B^\dagger A^\dagger$ der Antikommutator hermitesch, während der Kommutator antihermitesch ist:

$$\{A, B\}^\dagger = \{A, B\}, \quad [A, B]^\dagger = -[A, B].$$

Demzufolge ist der Erwartungswert des Antikommutators reell, während der des Kommutators rein imaginär ist. Die letzte Eigenschaft folgt aus der Tatsache, dass ein antihermitescher Operator sich als das Produkt von i und einem hermiteschen Operator schreiben lässt. Gl. (11.8) zerlegt damit den Erwartungswert von AB in Real- und Imaginärteil:

$$\langle\psi|AB|\psi\rangle = \frac{1}{2}\langle\psi|\{A, B\} + [A, B]|\psi\rangle \equiv \mathrm{Re}\{\langle\psi|AB|\psi\rangle\} + i\,\mathrm{Im}\{\langle\psi|AB|\psi\rangle\}.$$

Nach Bildung des Betragsquadrates finden wir deshalb:

$$|\langle\psi|AB|\psi\rangle|^2 = \frac{1}{4}|\langle\psi|\{A, B\}|\psi\rangle|^2 + \frac{1}{4}|\langle\psi|[A, B]|\psi\rangle|^2.$$

Vernachlässigen wir hier den positiv definiten Beitrag vom Antikommutator,

$$|\langle\psi|AB|\psi\rangle|^2 \geq \frac{1}{4}|\langle\psi|[A, B]|\psi\rangle|^2, \tag{11.9}$$

und setzen diese Relation mit der Ersetzung $A \to A'$, $B \to B'$ in Gl. (11.7) ein, so erhalten wir:

$$\Delta A\,\Delta B \geq \frac{1}{2}|\langle\psi|[A', B']|\psi\rangle|$$

und mit $[A', B'] = [A, B]$ schließlich den gesuchten Zusammenhang

$$\boxed{\Delta A\,\Delta B \geq \frac{1}{2}|\langle\psi|[A, B]|\psi\rangle|.} \tag{11.10}$$

Diese Gleichung drückt die Unschärfe zweier beliebiger Observablen durch den Kommutator der beiden zugehörigen hermiteschen Operatoren aus. Es sei betont, dass diese allgemeine Unschärferelation allein eine Folge der Schwarz'schen Ungleichung ist und somit durch die der Quantenmechanik zugrunde liegenden Hilbert-Raum-Struktur bestimmt ist. Setzen wir als Beispiel für A und B den Orts- und Impulsoperator ein,

$$A = x_i, \quad B = p_k, \tag{11.11}$$

welche der Kommutationsbeziehung

$$[x_i, p_k] = i\hbar\delta_{ik}$$

genügen, so erhalten wir die bekannte Unschärferelation

$$\Delta x_i \Delta p_k \geq \frac{\hbar}{2}\delta_{ik} \,. \tag{11.12}$$

Eine ähnliche Unschärferelation existiert auch zwischen der Zeit und der Energie. Beachten wir, dass nach der Schrödinger-Gleichung der Operator der Energie in der „Zeitdarstellung" durch

$$H = i\hbar\partial_t$$

gegeben ist und wählen wir in (11.10)

$$A = t \,, \quad B = i\hbar\partial_t \,,$$

so finden wir mit $E = \langle H \rangle = \langle i\hbar\partial_t \rangle$:

$$\Delta t \, \Delta E \geq \frac{1}{2}\hbar \,. \tag{11.13}$$

Die Größe der Unschärfe hängt nach Gl. (11.10) nicht nur von dem Kommutator, sondern auch von der expliziten Form der Wellenfunktion ab. Für spezielle Wellenfunktionen kann die rechte Seite von Gl. (11.10) verschwinden. Dies ist offenbar dann der Fall, wenn die Wellenfunktion $|\psi\rangle$ Eigenfunktion einer der beiden Operatoren ist. In der Tat, ist $|\psi\rangle$ Eigenfunktion einer der beiden hermiteschen Operatoren A, B, z. B.

$$A|\psi\rangle = a|\psi\rangle \quad \Rightarrow \quad \langle\psi|A = \langle\psi|a \,,$$

so fällt die rechte Seite von Gl. (11.10) weg:

$$\langle\psi|[A, B]|\psi\rangle = \langle\psi|(AB - BA)|\psi\rangle = \langle\psi|aB - Ba|\psi\rangle = 0 \,. \tag{11.14}$$

Die linke Seite von Gl. (11.10) verschwindet ebenfalls, da in diesem Fall

$$\langle A \rangle = \langle\psi|A|\psi\rangle = a \,, \quad (A - \langle A \rangle)|\psi\rangle = o$$

und folglich $\Delta A = 0$ ist. Als Beispiel führen wir die stationären Zustände (7.11) an, die als Eigenzustände des Hamilton-Operators eine scharfe Energie und damit eine verschwindende Energieunschärfe, $\Delta E = 0$, besitzen. Aus (11.13) folgt, dass diese Zustände unendlich lange leben, $\Delta t = \infty$.

Ferner kann der Kommutator z. B. nur in einem Unterraum des gesamten Hilbert-Raumes verschwinden. In diesem Unterraum besitzen dann A und B gemeinsame Eigenfunktionen und die Unschärfe verschwindet in diesen Eigenzuständen.

In den obigen Betrachtungen wurde implizit stets vorausgesetzt, dass die betrachtete Wellenfunktion $|\psi\rangle$ *normierbar* ist, denn für nicht-normierbare Wellenfunktionen existieren die Erwartungswerte $\langle A\rangle$, $\langle B\rangle$ und damit die Unschärfen ΔA, ΔB nicht. Aus der allgemeinen Unschärferelation (11.10) lässt sich unmittelbar der folgende Satz beweisen:

Zwei hermitesche Operatoren A, B, deren Kommutator

$$[A, B] = c\hat{1} \neq \hat{0} \tag{11.15}$$

eine nicht-verschwindende (i. A. komplexe) Konstante c ist, besitzen keine normierbaren Eigenfunktionen.

Wir führen den Beweis indirekt: Aus (11.15) folgt für jede normierbare Funktion $|\psi\rangle \neq o$ und damit auch für normierbare Eigenfunktionen von A oder B:

$$|\langle\psi|[A, B]|\psi\rangle| = |c|\langle\psi|\psi\rangle = |c|\|\psi\|^2 > 0 .$$

Diese Beziehung steht aber im Widerspruch zu Gl. (11.14) und zur Unschärferelation (11.10), da die Unschärfe ΔA einer Observablen A in jedem ihrer (normierbaren) Eigenzustände verschwindet ($\Delta A = 0$).

Die Beziehung (11.15) lässt sich insbesondere nicht durch *endlich-dimensionale* hermitesche Matrizen realisieren, da diese zwangsläufig normierbare Eigenvektoren besitzen. Damit ist der Hilbert-Raum der Quantenmechanik notwendigerweise unendlich-dimensional.

Der Satz (11.15) angewandt auf die Zeit ($A = t$) und die Energie ($B = it\partial_t$) impliziert, dass es keine über $\mathbb{R}$ normierbaren Eigenfunktionen von t bzw. $i\hbar\partial_t$ gibt. Diese Eigenfunktionen sind zeitabhängig und durch $\delta(t - t_0)$ bzw. $e^{-\frac{i}{\hbar}Et}$ gegeben und offensichtlich nicht normierbar. Der Satz (11.15) bedeutet jedoch *nicht*, dass es keine normierbaren (zeitunabhängigen, d. h. stationären) Eigenzustände des Hamilton-Operators H gibt, die bekanntlich als gebundene Zustände bezeichnet werden. Die Beziehung $H = i\hbar\partial_t$ gilt nur im Raum der zeitabhängigen Wellenfunktionen $\psi(x, t)$, nicht jedoch für die zeitunabhängigen stationären Wellenfunktionen $\varphi(x)$, da $\partial_t\varphi(x) = 0$.

11.5 Minimum der Unschärfe

Abschließend wollen wir untersuchen, für welche Zustände die Unschärfe zweier Operatoren minimal wird. In der Schwarz'schen Ungleichung (11.7) gilt das Gleichheitszeichen, wenn die beiden Hilbert-Vektoren $A'|\psi\rangle$ und $B'|\psi\rangle$ zueinander proportional sind, d. h.

$$B'|\psi\rangle = \alpha A'|\psi\rangle , \tag{11.16}$$

wobei α eine i. A. komplexe Zahl ist. In Gl. (11.9) gilt das Gleichheitszeichen, wenn der Erwartungswert des Antikommutators verschwindet:

$$\langle\psi|\{A', B'\}|\psi\rangle = 0\,. \tag{11.17}$$

Somit wird die Unschärfe minimal, wenn die beiden Bedingungen (11.16) und (11.17) erfüllt sind. Setzen wir (11.16) in (11.17) ein, so erhalten wir mit

$$\langle\psi|\{A', B'\}|\psi\rangle = \langle\psi|A'B' + B'A'|\psi\rangle = \langle\psi|A'B'|\psi\rangle + \langle\psi|A'B'|\psi\rangle^*$$

und $\langle\psi|A'^2|\psi\rangle^* = \langle\psi|A'^2|\psi\rangle$ die Bedingung

$$(\alpha + \alpha^*)\,\underbrace{\langle\psi|A'^2|\psi\rangle}_{\geq 0} = 0\,,$$

die sich nur erfüllen lässt, wenn entweder

1) die Unschärfe verschwindet (was i. A. nicht der Fall ist),

$$(\Delta A)^2 = \langle\psi|A'^2|\psi\rangle = 0\,,$$

oder

2) der Proportionalitätsfaktor α rein imaginär ist:

$$\alpha = -\alpha^*\,, \quad \alpha = i\mu\,, \quad \mu \in \mathbb{R}\,.$$

Im zweiten Fall muss für Zustände minimaler Unschärfe der Operatoren A und B die Wellenfunktion deshalb der Bedingung

$$B'|\psi\rangle = i\mu A'|\psi\rangle\,, \quad \mu \in \mathbb{R}\,.$$

genügen. Betrachten wir als Beispiel wieder den Orts- und Impulsoperator (11.11), so finden wir aus dieser Bedingung die Differentialgleichung

$$\left(\frac{\hbar}{i}\frac{d}{dx} - \langle p\rangle\right)\psi = i\mu(x - \langle x\rangle)\psi\,.$$

Man überzeugt sich leicht, dass diese Gleichung durch das Gauß'sche Wellenpaket

$$\psi(x) = c\exp\left(\frac{i}{\hbar}\langle p\rangle x\right)\exp\left(-\frac{\mu}{2\hbar}(x - \langle x\rangle)^2\right)$$

gelöst wird. Für ein freies Teilchen zerfließt zwar das Wellenpaket, d. h. das Teilchen verteilt sich mehr über den gesamten Raum, das Produkt der Unschärfe $\Delta x\,\Delta p$ bleibt jedoch während der Zeitevolution konstant. Bei Anwesenheit eines äußeren Potentials nimmt hingegen die Unschärfe $\Delta x\,\Delta p$ während der Zeitevolution zu. Das Wellenpaket zerfließt dann schneller als für eine freie Bewegung. Eine Ausnahme bildet der harmonische Oszillator, wo ebenfalls Zustände minimaler Unschärfe existieren, die sogenannten kohärenten Zustände, die wir bei der Behandlung des harmonischen Oszillators in Abschnitt 12.11 besprechen werden.

11.6 Die Unschärferelation als Folge gezackter Pfade

Wie wir oben gesehen haben, ist die Unschärferelation zwischen zwei Observablen durch den (nicht-verschwindenden) Kommutator der zugehörigen Operatoren bestimmt. Im Funktionalintegralzugang haben wir es jedoch ausschließlich mit kommutierenden Objekten zu tun: Die Übergangsamplitude ergibt sich durch Summation über alle Trajektorien $x(t)$ (die den vorgegebenen Randbedingungen genügen). Dabei ist es völlig egal, in welcher Reihenfolge die Trajektorien aufsummiert werden, da diese als gewöhnliche Funktionen der Zeit sämtlich miteinander kommutieren. Dasselbe gilt für die zugehörigen Gewichtsfaktoren $\exp(iS[x]/\hbar)$. Der aufmerksame Leser mag sich deshalb fragen: Wie entsteht die Unschärferelation im Funktionalintegral? Wie wir in Kapitel 3 gesehen haben, sind die Trajektorien, die im Funktionalintegral aufsummiert werden, sämtlich stetige, aber nicht notwendigerweise stetig differenzierbare Funktionen der Zeit, siehe Abb. 3.7. In der Tat sind die Mehrheit der Trajektorien gezackt, d. h. nicht stetig differenzierbar. Es lässt sich nun zeigen:

> Die gezackten Trajektorien im Funktionalintegral verursachen die Unschärferelation.

Dies wird nachfolgend anhand der eindimensionalen Bewegung einer Punktmasse gezeigt.

Wir betrachten den Erwartungswert eines Funktionals $F[x]$ der Trajektorien $x(t)$ einer Punktmasse m im Funktionalintegralzugang

$$\langle F[x]\rangle := \mathcal{N}\int \mathcal{D}x(t)F[x]\exp\left(\frac{i}{\hbar}S[x]\right),$$
$$\mathcal{N}^{-1} = \int \mathcal{D}x(t)\exp\left(\frac{i}{\hbar}S[x]\right), \tag{11.18}$$

wobei wir der Einfachheit halber die Randbedingungen am Funktionalintegral (siehe Gl. (3.24)) weggelassen haben. Da das funktionale Integrationsmaß invariant gegenüber einer Verschiebung um eine feste Funktion $\eta(t)$ ist,[3]

3 Man beachte, dass im Funktionalintegral für die Übergangsamplitude *nicht* über die Randpunkte der Trajektorien integriert wird, sodass durch die Verschiebung der Integrationsvariablen die Randbedingungen nicht geändert werden, d. h., die Verschiebung $\eta(t)$ kann so gewählt werden, dass sie an den Rändern verschwindet.

$$\mathcal{D}(x(t)+\eta(t)) = \mathcal{D}x(t)\,,$$

folgt

$$\int \mathcal{D}x(t)(F[x+\eta]e^{\frac{i}{\hbar}S[x+\eta]} - F[x]e^{\frac{i}{\hbar}S[x]}) = 0\,.$$

Für infinitesimale $\eta(t)$ genügt es, den Integranden bis zur ersten Ordnung in $\eta(t)$ funktional zu entwickeln (siehe Gl. (D.24)). Dies liefert

$$\int ds\eta(s)\int \mathcal{D}x(t)\left(\frac{\delta F[x]}{\delta x(s)} + F[x]\frac{i}{\hbar}\frac{\delta S[x]}{\delta x(s)}\right)e^{\frac{i}{\hbar}S[x]} = 0\,.$$

Da $\eta(s)$ (zwar infinitesimal aber) beliebig ist, folgt

$$\left\langle \frac{\delta F[x]}{\delta x(t)} \right\rangle = -\frac{i}{\hbar}\left\langle F[x]\frac{\delta S[x]}{\delta x(t)} \right\rangle, \tag{11.19}$$

wobei wir wieder die Definition (11.18) des Erwartungswertes benutzt haben.[4] Wählen wir hier $F[x] = 1$, so folgt mit $\delta F[x]/\delta x(t) = 0$ das *Ehrenfest-Theorem* (siehe Abschnitt 7.3):

$$\left\langle \frac{\delta S[x]}{\delta x(t)} \right\rangle \equiv -\langle m\ddot{x}(t) + V'(x(t))\rangle = 0\,.$$

In der diskretisierten Form des Funktionalintegrals (3.21) wird aus der funktionalen Ableitung in (11.19) eine gewöhnliche Ableitung nach der Koordinate $x_k = x(t_k)$ zu einer intermediären Zeit t_k:

$$\left\langle \frac{\partial F[x]}{\partial x_k} \right\rangle = -\frac{i}{\hbar}\left\langle F[x]\frac{\partial S[x]}{\partial x_k} \right\rangle. \tag{11.20}$$

Aus der diskretisierten Form der Wirkung (siehe Gl. (3.21))

$$S[x] = \lim_{\varepsilon\to 0}\varepsilon\sum_{k=1}^{N}\left[\frac{m}{2}\left(\frac{x_k - x_{k-1}}{\varepsilon}\right)^2 - V(x_k)\right]$$

finden wir

$$\frac{\partial S[x]}{\partial x_k} = -m\frac{x_{k+1}-x_k}{\varepsilon} + m\frac{x_k - x_{k-1}}{\varepsilon} - \varepsilon V'(x_k)\,.$$

Setzen wir diesen Ausdruck in (11.20) ein und wählen $F[x] = x_k$, so erhalten wir mit $\partial F[x]/\partial x_k = 1$:

4 In der Quantenfeldtheorie, wo die Teilchenkoordinate $x(t)$ durch ein Feld $\varphi(x)$ ersetzt ist, liefert (11.19) die *Master-Gleichung* für die sogenannten *Dyson-Schwinger-Gleichungen*.

$$\left\langle m\frac{x_{k+1}-x_k}{\varepsilon}x_k - x_k m\frac{x_k - x_{k-1}}{\varepsilon}\right\rangle + \varepsilon\langle x_k V'(x_k)\rangle = \frac{\hbar}{i}\langle 1\rangle\,. \tag{11.21}$$

Der Potentialterm $\varepsilon\langle x_k V'(x_k)\rangle$ verschwindet offenbar stets für $\varepsilon \to 0$, unabhängig davon, ob die Pfade $x(t)$ glatt oder gezackt sind. Ferner gilt $\langle 1\rangle = 1$.

Für glatte Pfade gilt

$$\lim_{\varepsilon\to 0}\frac{x_{k+1}-x_k}{\varepsilon} = \dot{x}(t_k) = \lim_{\varepsilon\to 0}\frac{x_k - x_{k-1}}{\varepsilon}\,, \tag{11.22}$$

sodass sich im Limes $\varepsilon \to 0$ die erste Klammer in (11.21) auf

$$\langle m\dot{x}(t)x(t) - x(t)m\dot{x}(t)\rangle = 0$$

reduziert und somit die gesamte linke Seite von (11.21) verschwindet und wir einen Widerspruch erhalten.

Für gezackte Pfade[5] gilt hingegen die Gl. (11.22) nicht. Der Einschluss dieser Pfade bewirkt, dass der Erwartungswert (11.21) auch im Limes $\varepsilon \to 0$ nicht verschwindet (siehe Abb. 11.5), sondern, wie für endliche ε, den Wert $\hbar/i$ besitzt:

$$\lim_{\varepsilon\to 0}\left\langle m\frac{x_{k+1}-x_k}{\varepsilon}x_k - x_k m\frac{x_k - x_{k-1}}{\varepsilon}\right\rangle = \frac{\hbar}{i}\,.$$

Dies ist das Pfadintegraläquivalent der Kommutationsbeziehung

$$[\hat{p},\hat{x}] = \frac{\hbar}{i}\,, \tag{11.23}$$

wobei $\hat{p} = \hbar/i\partial/\partial x$ und $\hat{x}$ die quantenmechanischen Operatoren zum klassischen Impuls $m\dot{x}(t)$ und zur Koordinate $x(t)$ sind. Die Kommutationsbeziehung (11.23) bedingt nach (11.10) die Unschärferelation

$$\Delta p\Delta x \geq \frac{\hbar}{2}\,.$$

Die Unschärferelation ist somit eine Folge der gezackten Pfade. Dies zeigt, dass die gezackten Pfade zwangsläufig im Pfadintegral auftreten müssen.

5 Gezackte Pfade, wie sie z. B. bei der Brown'schen Bewegung auftreten, besitzen eine Ortsunschärfe $(\Delta x)^2 \sim \Delta t = \varepsilon$, sodass die Geschwindigkeit $\dot{x} = \Delta x/\Delta t$ fast nirgendwo existiert.

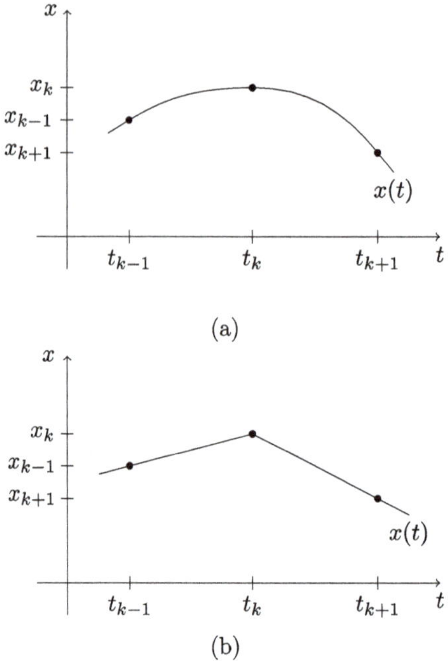

Abb. 11.5: (a) Glatte (stetig differenzierbare) Trajektorie $x(t)$: Rechts- und linksseitige Limites bei $t = t_k$, $\lim_{\varepsilon\to 0}(x_k - x_{k-1})/\varepsilon$ und $\lim_{\varepsilon\to 0}(x_{k+1} - x_k)/\varepsilon$, liefern dieselbe Ableitung $\dot{x}(t_k)$. (b) „Gezackte" (nicht stetg differenzierbare) Trajektorie $x(t)$: Rechts- und linksseitige Limites $\varepsilon \to 0$ liefern unterschiedliche Werte für $\dot{x}(t_k)$.

12 Der harmonische Oszillator

Bei vielen Anwendungen in der Quantenmechanik haben wir es mit Potentialen zu tun, die nach unten beschränkt sind und ein Minimum besitzen, das einer stabilen Gleichgewichtslage entspricht. Als typisches Beispiel sei hier das Potential eines zweiatomigen Moleküls erwähnt, das in Abb. 12.1 dargestellt ist. Da die Atome in den Molekülen gebunden sind, muss das Potential prinzipiell anziehend sein. Für kleine Abstände muss es jedoch abstoßend sein, da die Atome in den Molekülen einen von null verschiedenen mittleren Abstand einnehmen. Ferner muss es für große Abstände asymptotisch verschwinden, da die Moleküle dissoziieren können.

Für Energien in der Nähe des Minimums,

$$\left.\frac{dV(x)}{dx}\right|_{x=x_0} = 0 ,$$

können wir das Potential um die Gleichgewichtslage x_0 in eine Taylor-Reihe entwickeln,

$$V(x) = V(x_0) + \frac{1}{2}\left.\frac{d^2V(x)}{dx^2}\right|_{x=x_0}(x - x_0)^2 + \cdots ,$$

wobei der Term linear in der Auslenkung verschwindet. Für Energien in der Nähe des Potentialminimums können wir die Entwicklung nach dem zweiten Glied abbrechen und erhalten das Potential eines harmonischen Oszillators:

$$V(x) = \frac{1}{2}m\omega^2 x^2 , \quad V''(x_0) = m\omega^2 , \tag{12.1}$$

wobei wir den Koordinatenursprung in das Potentialminimum verlegt haben ($x - x_0 \to x$) und die zweite Ableitung durch die Masse des Teilchens m und die klassische Oszillatorfrequenz ω ausgedrückt haben.

Der harmonische Oszillator besitzt nicht nur in der klassischen Physik, sondern auch in der Quantenmechanik große Bedeutung, da sich viele realistische Potentiale im atomaren Bereich bei kleinen Energien, d. h. in der Nähe des Grundzustandes, sehr gut durch ein quadratisches Potential approximieren lassen. Als Beispiel sei hier die Gitterschwingung der Atome um ihre Gleichgewichtslage in einem Festkörper genannt. Darüber hinaus gibt es viele Probleme, die entweder direkt auf das Potential eines Oszillators führen, wie z. B. der elektrische Schwingkreis, oder Probleme, die sich durch geeignete Koordinatentransformation auf einen harmonischen Oszillator reduzieren lassen. Hierzu gehört die Bewegung von geladenen Teilchen im Coulomb-Potential (siehe Abschnitt 18.6) oder in einer Ebene senkrecht zu einem konstanten Magnetfeld (siehe Abschnitt 25.4, Band 2).

Die große Bedeutung des harmonischen Oszillators resultiert vor allem daraus, dass für ihn sowohl die klassische Bewegungsgleichung als auch die Schrödinger-Gleichung exakt lösbar sind. Das wird auch im Pfadintegralformalismus deutlich. Das zugehörige

https://doi.org/10.1515/9783111268255-012

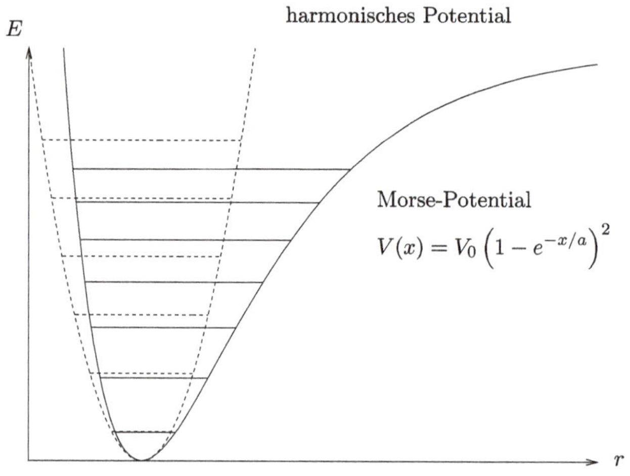

Abb. 12.1: Potentielle Energie eines zweiatomigen Moleküls als Funktion des Atomabstandes (Morse-Potential) und deren führende Taylor-Entwicklung (Oszillator-Potential).

Funktionalintegral hat hier die Form eines Gauß-Integrals und lässt sich somit analytisch ausführen.

12.1 Pfadintegralbehandlung des harmonischen Oszillators*

Im Folgenden wollen wir zunächst den harmonischen Oszillator im Rahmen des Pfadintegralzuganges behandeln. Die klassische Lagrange-Funktion des harmonischen Oszillators lautet:

$$\mathcal{L}(x, \dot{x}) = \frac{m}{2}\dot{x}^2 - \frac{m}{2}\omega^2 x^2 .$$

Da die zugehörige klassische Wirkung

$$S[x](t_b, t_a) = \int_{t_a}^{t_b} dt\, \mathcal{L}(x, \dot{x})$$

ein quadratisches Funktional der Trajektorien $x(t)$ ist, lässt sich das Funktionalintegral für die Übergangsamplitude

* Dieses Kapitel ist für das Verständnis der übrigen Kapitel nicht erforderlich und kann deshalb beim ersten Lesen übersprungen werden.

$$K(x_b, t_b; x_a, t_a) = \int\limits_{x(t_a)=x_a}^{x(t_b)=x_b} \mathcal{D}x(t)\, e^{\frac{i}{\hbar} S[x](t_b,t_a)} \tag{12.2}$$

exakt ausführen. Das Pfadintegral erstreckt sich hier über alle Trajektorien, die den Randbedingungen

$$x(t_a) = x_a\,, \quad x(t_b) = x_b \tag{12.3}$$

genügen. Diese Randbedingungen lassen sich am einfachsten berücksichtigen, wenn wir einen beliebigen Pfad $x(t)$ als Fluktuation um die klassische Trajektorie $\tilde{x}(t)$ betrachten, welche die Wirkung extremiert,

$$\left.\frac{\delta S[x]}{\delta x(t)}\right|_{x=\tilde{x}(t)} = 0\,, \tag{12.4}$$

und den Randbedingungen (12.3) genügt. Einen beliebigen Pfad $x(t)$, der den geforderten Randbedingungen (12.3) genügt, können wir dann in der Form

$$x(t) = \tilde{x}(t) + y(t) \tag{12.5}$$

schreiben, wobei die *Fluktuationen* $y(t)$ den Randbedingungen

$$y(t_a) = y(t_b) = 0 \tag{12.6}$$

genügen. Wir können jetzt die Wirkung einer beliebigen Trajektorie $x(t)$ nach Potenzen der Fluktuationen $y(t)$ entwickeln:

$$S[x] = S[\tilde{x}] + \int\limits_{t_a}^{t_b} dt \left.\frac{\delta S[x]}{\delta x(t)}\right|_{x=\tilde{x}(t)} y(t) + \frac{1}{2}\int\limits_{t_a}^{t_b} dt \int\limits_{t_a}^{t_b} dt' \left.\frac{\delta^2 S[x]}{\delta x(t)\delta x(t')}\right|_{x=\tilde{x}(t)} y(t)y(t')\,. \tag{12.7}$$

Die Entwicklung bricht nach dem zweiten Glied ab, da für den harmonischen Oszillator die klassische Wirkung $S[x]$ ein quadratisches Funktional der Trajektorie ist. Ferner verschwindet der Term linear in den Fluktuationen $y(t)$, da die klassische Trajektorie $\tilde{x}(t)$ die Wirkung extremiert, Gl. (12.4). Unter Berücksichtigung von (siehe Anhang D)

$$\frac{\delta \dot{x}(t')}{\delta x(t)} = \frac{d}{dt'}\frac{\delta x(t')}{\delta x(t)}\,, \quad \frac{\delta x(t')}{\delta x(t)} = \delta(t-t')$$

finden wir für die erste Variationsableitung:

$$\frac{\delta S[x]}{\delta x(t)} \equiv \frac{\delta}{\delta x(t)} \int\limits_{t_a}^{t_b} dt' \,\frac{m}{2}\left(\dot{x}^2(t') - \omega^2 x^2(t')\right)$$

$$= \frac{m}{2} \int_{t_a}^{t_b} dt' \left(2\dot{x}(t') \frac{\delta \dot{x}(t')}{\delta x(t)} - \omega^2 2x(t') \frac{\delta x(t')}{\delta x(t)} \right)$$

$$= m \int_{t_a}^{t_b} dt' \left(\dot{x}(t') \frac{d}{dt'} \delta(t-t') - \omega^2 x(t') \delta(t-t') \right)$$

$$= -m(\ddot{x}(t) + \omega^2 x(t)), \tag{12.8}$$

was mit (12.4) die klassische Bewegungsgleichung des harmonischen Oszillators liefert. Durch erneute Variationsableitung dieser Gleichung finden wir:

$$\left. \frac{\delta^2 S[x]}{\delta x(t) \delta x(t')} \right|_{x=\tilde{x}(t)} = -m \left(\frac{d^2}{dt^2} + \omega^2 \right) \delta(t-t') . \tag{12.9}$$

Dieser Ausdruck ist unabhängig von der betrachteten Trajektorie $\tilde{x}(t)$ (um die wir entwickeln), was wieder eine Besonderheit des harmonischen Oszillators darstellt. Mit (12.9) erhalten wir für den letzten Term in (12.7) nach partieller Integration und unter Ausnutzung der Randbedingung (12.6):

$$\frac{1}{2} \int_{t_a}^{t_b} dt \int_{t_a}^{t_b} dt' \, y(t) \frac{\delta^2 S[\tilde{x}]}{\delta x(t) \delta x(t')} y(t') = \frac{m}{2} \int_{t_a}^{t_b} dt \, y(t) \left(-\frac{d^2}{dt^2} - \omega^2 \right) y(t)$$

$$= \frac{m}{2} \int dt \, (\dot{y}^2(t) - \omega^2 y(t))^2 \equiv S[y] . \tag{12.10}$$

Damit vereinfacht sich (12.7) zu:

$$S[x] = S[\tilde{x}] + S[y] .$$

Diesen Ausdruck setzen wir in das Funktionalintegral für die Übergangsamplitude (12.2) ein, wobei wir nach (12.5) die Integration jetzt über die Fluktuationen um die klassische Trajektorie $y(t)$ ausführen:

$$K(x_b, t_b; x_a, t_a) = e^{\frac{i}{\hbar} S[\tilde{x}]} \int_{y(t_a)=0}^{y(t_b)=0} \mathcal{D}y(t) \, e^{\frac{i}{\hbar} S[y](t_b, t_a)}$$

$$\equiv e^{\frac{i}{\hbar} S[\tilde{x}]} K(0, t_b; 0, t_a) . \tag{12.11}$$

Der Vorteil dieser Darstellung ist, dass die gesamte Abhängigkeit der Übergangsamplitude von den äußeren Koordinaten x_a, x_b in der klassischen Trajektorie $\tilde{x}(t)$ enthalten ist, die die ursprünglichen Randbedingungen (12.3) erfüllt, während die Integration über Trajektorien $y(t)$ erstreckt wird, deren Randbedingungen (12.6) unabhängig von den äußeren Koordinaten x_a, x_b sind. Die Darstellung (12.11) erhalten wir unmittelbar, wenn wir das ursprüngliche Funktionalintegral (12.2) in der stationären Phasenapproximation berechnen, die im vorliegenden Fall exakt ist, siehe Gln. (12.7) und (12.10).

Die allgemeine Lösung der Schwingungsgleichung (12.4), (12.8)

$$\ddot{x}(t) + \omega^2 x(t) = 0$$

lautet:

$$\tilde{x}(t) = A\sin(\omega t) + B\cos(\omega t)\,.$$

Die hier auftretenden Koeffizienten A und B bestimmen wir so, dass diese Lösung den Randbedingungen (12.3) genügt. Dies liefert:

$$\begin{aligned}\tilde{x}(t) = &\frac{1}{\sin[\omega(t_b - t_a)]}[(x_b\cos(\omega t_a) - x_a\cos(\omega t_b))\sin(\omega t)\\ &+ (x_a\sin(\omega t_b) - x_b\sin\omega t_a)\cos(\omega t)]\,.\end{aligned} \tag{12.12}$$

Für die Wirkung der klassischen Trajektorie $\tilde{x}(t)$ (12.12) finden wir nach elementaren Rechnungen (Ausführung des Zeitintegrals und Benutzung der Additionstheoreme der Winkelfunktionen):

$$\boxed{S[\tilde{x}] = \frac{m\omega}{2\sin(\omega T)}[(x_a^2 + x_b^2)\cos(\omega T) - 2x_a x_b]\,,} \tag{12.13}$$

wobei wir $T = t_b - t_a$ gesetzt haben. Wegen der Homogenität der Zeit kann die Übergangsamplitude $K(x_b, t_b; x_a, t_a)$ nur von der Zeitdifferenz $T = t_b - t_a$ abhängen. Da die klassische Wirkung ebenfalls nur von T abhängt, muss dasselbe offenbar auch für das verbleibende Funktionalintegral über die fluktuierenden Trajektorien

$$K(T) = K(0, t_b; 0, t_a) = \int\limits_{y(t_a)=0}^{y(t_b)=0} \mathcal{D}y(t)\,\exp\left(\frac{i}{\hbar}\frac{m}{2}\int\limits_{t_a}^{t_b} dt\,y(t)\left(-\frac{d^2}{dt^2} - \omega^2\right)y(t)\right) \tag{12.14}$$

gelten. Wir können deshalb ohne Beschränkung der Allgemeinheit $t_a = 0$ setzen. Der Operator

$$-\frac{d^2}{dt^2} - \omega^2$$

im Exponenten ist hermitesch[1] bezüglich des Skalarproduktes

1 Bis auf einen numerischen Faktor ist dieser Operator das zeitliche Analogon des Hamilton-Operators eines Teilchens in einer Dimension in einem konstanten Potential.

$$(x,y) = \int_0^T dt\, x^*(t)y(t)$$

im Raum der Funktionen $\{y(t)\}$, welche den Randbedingungen der fluktuierenden Trajektorien $y(T) = y(0) = 0$ genügen. In diesem Raum sind seine Eigenfunktionen

$$\left(-\frac{d^2}{dt^2} - \omega^2\right)y_n(t) = \lambda_n y_n(t) \tag{12.15}$$

durch

$$y_n(t) = \sqrt{\frac{2}{T}}\sin\left(\frac{n\pi t}{T}\right), \quad n = 1, 2, 3, \ldots \tag{12.16}$$

gegeben. Sie bilden ein vollständiges Orthonormalsystem:

$$(y_n, y_m) \equiv \int_0^T dt\, y_n(t)y_m(t) = \delta_{nm}\,. \tag{12.17}$$

Die zugehörigen Eigenwerte lauten:

$$\lambda_n = \frac{n^2\pi^2}{T^2} - \omega^2\,. \tag{12.18}$$

Wir zerlegen die fluktuierenden Trajektorien $y(t)$ nach den Eigenfunktionen $y_n(t)$:

$$y(t) = \sum_{n=1}^{\infty} a_n y_n(t)\,. \tag{12.19}$$

Jede beliebige Funktion $y(t)$ lässt sich durch geeignete Wahl der a_n erzeugen. Deshalb können wir das Funktionalintegral über die Trajektorien $y(t)$ als ein Vielfachintegral über die Entwicklungskoeffizienten a_n ausdrücken:

$$\int_{y(0)=0}^{y(T)=0} \mathcal{D}y(t) = J \int \prod_{n=1}^{\infty} da_n \equiv J \prod_{n=1}^{\infty} \int_{-\infty}^{\infty} da_n\,.$$

Der hier auftretende Jacobian $J(T)$, den wir weiter unten bestimmen werden, hängt nur von der Zeit T, nicht aber von der Oszillatorfrequenz ω ab, da die Eigenfunktionen $y_n(t)$ (12.16), nach denen wir in (12.19) entwickeln, ebenfalls diese Eigenschaften besitzen. (Man beachte, dass die Trajektorien $y(t)$ und damit die linke Seite von (12.19) unabhängig von ω sind!)

Setzen wir die Entwicklung (12.19) in die Wirkung (12.10) ein, so finden wir unter Benutzung von (12.15) und (12.17):

$$S[y] = \frac{m}{2} \sum_{k=1}^{\infty} \lambda_k a_k^2 .$$

Für das Funktionalintegral (12.14) erhalten wir dann ein unendlich-dimensionales Gauß-Integral:

$$\begin{aligned}
K(T) &= \int_{y(0)=0}^{y(T)=0} \mathcal{D}y(t)\, e^{\frac{i}{\hbar}S[y]} = J \int \left(\prod_{n=1}^{\infty} da_n \right) \exp\left(\frac{i}{\hbar} \frac{m}{2} \sum_{k=1}^{\infty} \lambda_k a_k^2 \right) \\
&= J \int \left(\prod_{n=1}^{\infty} da_n \right) \prod_{k=1}^{\infty} \exp\left(\frac{i}{\hbar} \frac{m}{2} \lambda_k a_k^2 \right) \\
&= J \prod_{n=1}^{\infty} \int_{-\infty}^{\infty} da_n \, \exp\left(\frac{i}{\hbar} \frac{m}{2} \lambda_n a_n^2 \right) = J \prod_{n=1}^{\infty} \sqrt{\frac{i2\pi\hbar}{m\lambda_n}} .
\end{aligned} \tag{12.20}$$

Den Jacobian $J(T)$ bestimmen wir durch Vergleich mit dem Propagator des freien Teilchens, für welches wir die Amplitude bereits kennen, siehe Gl. (3.34):

$$K_0(T) = \sqrt{\frac{m}{i2\pi\hbar T}} . \tag{12.21}$$

Für das freie Teilchen gilt $\omega = 0$ und die zugehörigen Eigenwerte (12.18) lauten:

$$\lambda_n^0 = \frac{n^2\pi^2}{T^2} .$$

Daher finden wir für das Verhältnis der Amplituden aus (12.20):

$$\frac{K(T)}{K_0(T)} = \prod_{n=1}^{\infty} \left(\frac{\lambda_n}{\lambda_n^0} \right)^{-1/2} = \prod_{n=1}^{\infty} \left(1 - \frac{\omega^2 T^2}{n^2\pi^2} \right)^{-1/2} = \left(\frac{\sin\omega}{\omega T} \right)^{-1/2} . \tag{12.22}$$

Hierbei haben wir die Produktdarstellung des Sinus

$$\sin x = x \prod_{n=1}^{\infty} \left(1 - \left(\frac{x}{n\pi} \right)^2 \right)$$

benutzt. Mit (12.21) finden wir aus (12.22) die gesuchte Amplitude:

$$K(T) = \sqrt{\frac{m\omega}{i2\pi\hbar \sin(\omega T)}} .$$

Setzen wir dieses Ergebnis sowie den Ausdruck für die klassische Wirkung (12.13) in Gl. (12.11) ein, so erhalten wir für die Übergangsamplitude des harmonischen Oszillators:

$$\boxed{\begin{aligned}&K(x_b, T; x_a, 0)\\&= \sqrt{\frac{m\omega}{i2\pi\hbar\sin(\omega T)}}\exp\left(\frac{i}{\hbar}\frac{m\omega}{2\sin(\omega T)}\left[(x_a^2 + x_b^2)\cos(\omega T) - 2x_a x_b\right]\right).\end{aligned}} \quad (12.23)$$

Wir begnügen uns hier der Einfachheit halber damit, die Eigenenergien des Quantenoszillators zu finden (d. h. wir verzichten auf die Bestimmung der Eigenfunktionen). Dazu ist die Abhängigkeit der Übergangsamplitude von den äußeren Koordinaten x_a, x_b nicht erforderlich. (Diese benötigt man jedoch für die Bestimmung der Wellenfunktion, siehe Abschnitt 6.2.2). Es ist deshalb ausreichend, die Gesamtwahrscheinlichkeitsamplitude zu betrachten, das Teilchen nach einer Zeit T wieder am selben Ort zu finden, an dem es sich zum Zeitpunkt $t = 0$ befand. Diese ist durch die *Spur* der Übergangsamplitude

$$Z(T) := \mathrm{Sp}\, K(T) = \int_{-\infty}^{\infty} dx\, K(x, T; x, 0) \quad (12.24)$$

gegeben. Denn: $K(x, T; x, 0)$ ist die Wahrscheinlichkeitsamplitude, das Teilchen zur Zeit $t = T$ am Ort x zu finden, wenn es sich zur Zeit $t = 0$ am selben Ort x befand. Durch Summation (Integration) über alle Orte x finden wir die Gesamtamplitude $\mathrm{Sp}(K(T))$. Einsetzen von (12.23) in (12.24) führt auf ein gewöhnliches Fresnel-Integral vom Typ (B.11)

$$\begin{aligned}Z(T) &= \sqrt{\frac{m\omega}{i2\pi\hbar\sin(\omega T)}}\int_{-\infty}^{\infty} dx \exp\left[-\frac{i}{\hbar}\frac{m\omega}{\sin(\omega T)}(1 - \cos(\omega T))x^2\right]\\&= \sqrt{\frac{m\omega}{i2\pi\hbar\sin(\omega T)}}\sqrt{\frac{2\pi\hbar\sin(\omega T)}{i2m\omega(1 - \cos(\omega T))}} = \frac{1}{i\sqrt{2(1 - \cos(\omega T))}}.\end{aligned}$$

Unter Verwendung der trigonometrischen Beziehung

$$1 - \cos x = 2\sin^2\left(\frac{x}{2}\right)$$

erhalten wir

$$Z(T) = \frac{1}{2i\sin(\omega T/2)} = \frac{e^{-i\omega T/2}}{1 - e^{-i\omega T}} = \sum_{n=0}^{\infty} \exp\left[-i\omega\left(n + \frac{1}{2}\right)T\right], \quad (12.25)$$

wobei wir im letzten Ausdruck die Summenformel für die geometrische Reihe benutzt haben.

In Abschnitt 6.2.2 sahen wir, dass die Fourier-Transformierte der Übergangsamplitude bezüglich der Zeit bei den exakten Eigenenergien des Teilchens singulär ist (genauer: δ-förmige Singularitäten besitzt), siehe Gl. (6.18). Die Fourier-Transformation von Gl. (12.25) liefert:

$$Z(E) = \int_{-\infty}^{\infty} dT\, e^{\frac{i}{\hbar}ET} Z(T) = \sum_{n=0}^{\infty} \int_{-\infty}^{\infty} dT\, \exp\left[\frac{i}{\hbar} T\left(E - \hbar\omega\left(n + \frac{1}{2}\right)\right)\right]$$
$$= 2\pi\hbar \sum_{n=0}^{\infty} \delta\left[E - \hbar\omega\left(n + \frac{1}{2}\right)\right].$$

Dieser Ausdruck ist bei den Energien

$$\boxed{E_n = \hbar\omega\left(n + \frac{1}{2}\right)} \tag{12.26}$$

singulär. In den folgenden Abschnitten werden wir diese Energien als die Eigenenergien des harmonischen Oszillators durch Lösen der stationären Schrödinger-Gleichung finden.

12.2 Der Quantenoszillator

Der Hamilton-Operator eines Teilchens der Masse m im Potential des harmonischen Oszillators lautet:

$$\boxed{H = \frac{p^2}{2m} + \frac{1}{2} m\omega^2 x^2 .} \tag{12.27}$$

Da das Potential für $|x| \to \infty$ unbegrenzt anwächst,

$$V(|x| \to \infty) \to \infty ,$$

gibt es nur gebundene Zustände. Im Folgenden sollen die Energien und die Wellenfunktionen dieser gebundenen Zustände durch Lösen der stationären Schrödinger-Gleichung

$$H\varphi_n(x) = E_n \varphi_n(x)$$

gefunden werden. Dies erfordert das Auffinden der Eigenwerte eines Differentialoperators zweiter Ordnung,

$$\left(-\frac{\hbar^2}{2m}\frac{d^2}{dx^2} + \frac{1}{2} m\omega^2 x^2\right)\varphi_n(x) = E_n \varphi_n(x) ,$$

was der Diagonalisierung einer unendlich-dimensionalen Matrix äquivalent ist. Für das Oszillatorpotential lässt sich jedoch diese Diagonalisierung exakt (analytisch) mittels Operatortransformationen durchführen. Dazu führen wir zunächst dimensionslose Größen ein und schreiben den Hamilton-Operator als:

$$H = \hbar\omega\bar{H}\,, \quad \bar{H} = \frac{1}{2}\left(-x_0^2\frac{d^2}{dx^2} + \frac{x^2}{x_0^2}\right), \tag{12.28}$$

wobei

$$x_0 = \sqrt{\frac{\hbar}{m\omega}} \tag{12.29}$$

die *charakteristische Länge* des Oszillators ist, die auch als *Oszillatorlänge* bezeichnet wird. Beziehen wir Ort und Impuls auf diese charakteristische Länge, so können wir dimensionslose Normalkoordinaten einführen,

$$Q = \frac{x}{x_0}\,, \quad P = \frac{1}{i}\frac{d}{dQ} = \frac{1}{i}x_0\frac{d}{dx} = x_0\frac{p}{\hbar}\,, \tag{12.30}$$

welche der Kommutationsbeziehung

$$[Q, P] = i$$

genügen. In den Normalkoordinaten nimmt der dimensionslose Hamilton-Operator $\bar{H}$ (12.28) die Gestalt

$$\bar{H} = \frac{1}{2}(P^2 + Q^2) \tag{12.31}$$

an.

12.3 Algebraische Diagonalisierung des Hamilton-Operators

Falls P und Q klassische (kommutierende) Größen wären, könnten wir $\bar{H}$ mittels der linearen Transformation

$$Z = \frac{1}{\sqrt{2}}(Q + iP) \tag{12.32}$$

auf Diagonalform bringen:

$$\bar{H} = Z^* Z\,. \tag{12.33}$$

Aber auch in der Quantenmechanik, wo Q und P nicht-vertauschbare Operatoren sind, lässt sich der reduzierte Hamilton-Operator (12.31) auf eine ähnliche Diagonalform wie (12.33) bringen. Dazu benötigen wir offenbar analog zu (12.32) eine lineare Transformation, die den Operator Q mit dem Operator P mischt. Wir führen deshalb den Operator

$$a = \alpha Q + \beta P \tag{12.34}$$

ein, wobei α und β zunächst beliebige komplexe Zahlen sind. Da Q und P hermitesch sind, lautet offenbar der hermitesch adjungierte Operator:

$$a^\dagger = \alpha^* Q + \beta^* P\,. \tag{12.35}$$

Die Transformation von den Koordinaten und Impulsen auf die nicht-hermiteschen Operatoren a, $a^\dagger$ schreiben wir zweckmäßigerweise in Matrixform:

$$\begin{pmatrix} \alpha & \beta \\ \alpha^* & \beta^* \end{pmatrix} \begin{pmatrix} Q \\ P \end{pmatrix} = \begin{pmatrix} a \\ a^\dagger \end{pmatrix}. \tag{12.36}$$

Durch Invertieren der Koeffizientenmatrix können wir Koordinaten und Impulse durch die Operatoren a, $a^\dagger$ ausdrücken:

$$\begin{pmatrix} Q \\ P \end{pmatrix} = \frac{1}{\alpha\beta^* - \alpha^*\beta} \begin{pmatrix} \beta^* & -\beta \\ -\alpha^* & \alpha \end{pmatrix} \begin{pmatrix} a \\ a^\dagger \end{pmatrix}.$$

Für die im Hamilton-Operator (12.31) auftretenden Ausdrücke Q^2, P^2 finden wir dann:

$$Q^2 = \frac{1}{(\alpha\beta^* - \alpha^*\beta)^2}\left[\beta^{*2}a^2 - |\beta|^2(aa^\dagger + a^\dagger a) + \beta^2(a^\dagger)^2\right],$$
$$P^2 = \frac{1}{(\alpha\beta^* - \alpha^*\beta)^2}\left[(\alpha^*)^2 a^2 - |\alpha|^2(aa^\dagger + a^\dagger a) + \alpha^2(a^\dagger)^2\right].$$

Die Koeffizienten α, β in der linearen Transformation (12.34) waren bisher völlig beliebig. Wir werden sie jetzt so wählen, dass die Terme a^2 und $(a^\dagger)^2$ aus dem Hamilton-Operator $\bar{H}$ (12.31) verschwinden, da wir ja eine Form ähnlich zu (12.33) erreichen wollen. Dies liefert die Bedingung

$$\alpha^2 + \beta^2 = 0 \quad \Rightarrow \quad \beta = \pm i\alpha\,.$$

Diese Bedingung erlaubt uns immer noch, einen der beiden Koeffizienten α oder β beliebig zu wählen. Wir benutzen diese Freiheit, um den Kommutator

$$\begin{aligned}[a, a^\dagger] &= [\alpha Q + \beta P, \alpha^* Q + \beta^* P] \\ &= (\alpha\beta^* - \beta\alpha^*)i = \pm 2|\alpha|^2\end{aligned}$$

in eine möglichst einfache Form zu bringen. Durch geeignete Wahl von α können wir offenbar erreichen, dass der Kommutator $\hat{1}$ wird:

$$\boxed{[a, a^\dagger] = \hat{1}\,.} \tag{12.37}$$

Diese Bedingung lässt sich erfüllen durch die Wahl

$$\alpha = \frac{1}{\sqrt{2}}, \quad \beta = \frac{i}{\sqrt{2}}, \tag{12.38}$$

womit die Koeffizienten α, β dieselben Werte wie im klassischen Fall (12.32) besitzen. Für diese Parameterwerte erhalten wir aus (12.34) und (12.35):

$$a = \frac{1}{\sqrt{2}}(Q + iP), \tag{12.39}$$

$$a^\dagger = \frac{1}{\sqrt{2}}(Q - iP). \tag{12.40}$$

Ferner wird mit (12.38) die Determinante der Koeffizientenmatrix der linearen Transformation (12.36):

$$\alpha\beta^* - \alpha^*\beta = -i$$

und der reduzierte Hamilton-Operator (12.31) nimmt die Gestalt

$$\bar{H} = \frac{1}{2}(aa^\dagger + a^\dagger a)$$

an. Benutzen wir den Kommutator (12.37), so erhalten wir für den ursprünglichen Hamilton-Operator (12.28):

$$H = \hbar\omega\left(a^\dagger a + \frac{1}{2}\right). \tag{12.41}$$

Damit ist es gelungen, den Hamilton-Operator auf eine ähnliche Normalform zu bringen wie die klassische Hamilton-Funktion des harmonischen Oszillators (12.33).

12.4 Der Besetzungszahloperator

Die Eigenwerte von H werden offenbar vollständig durch die Eigenwerte des hermiteschen Operators

$$\hat{n} = a^\dagger a, \quad \hat{n}^\dagger = \hat{n} \tag{12.42}$$

bestimmt, dessen Eigenwerte nach Abschnitt 10.5 reell sind:

$$\hat{n}|n\rangle = n|n\rangle \tag{12.43}$$

Wir wollen jetzt zeigen, dass seine Eigenwerte nicht negativ sind (d. h. $\hat{n}$ ist positiv semidefinit):

$$n \geq 0\,.$$

Dazu schreiben wir den Eigenwert n als Erwartungswert (wir setzen hier korrekte Normierung $\langle n|n\rangle = 1$ voraus):

$$n = \langle n|\hat{n}|n\rangle = \langle n|a^\dagger a|n\rangle = \|a|n\rangle\|^2 \geq 0\,. \tag{12.44}$$

Damit ist n durch das Quadrat der Norm des Zustandes $a|n\rangle$ gegeben und ist folglich nicht negativ. Da die Norm nur für den Nullvektor des Hilbert-Raumes verschwindet, finden wir: Falls ein Eigenwert $n = 0$ existiert, so wird der zugehörige Eigenzustand $|0\rangle$ durch den Operator a vernichtet:

$$n = 0 \quad \Rightarrow \quad a|0\rangle = o\,. \tag{12.45}$$

Man bezeichnet $|0\rangle$ als den *Vakuumzustand* des Operators a.

Für die weiteren Betrachtungen berechnen wir unter Verwendung von (4.42) die Kommutatoren

$$[\hat{n}, a] = [a^\dagger a, a] = [a^\dagger, a]a = -a\,, \tag{12.46}$$

$$[\hat{n}, a^\dagger] = [a^\dagger a, a^\dagger] = a^\dagger[a, a^\dagger] = a^\dagger\,. \tag{12.47}$$

Unter Benutzung dieser Beziehungen lässt sich leicht die folgende Behauptung beweisen: Ist $|n\rangle$ Eigenfunktion von $\hat{n}$ mit Eigenwert n, so sind auch $a^\dagger|n\rangle$ und $a|n\rangle$ Eigenfunktionen von $\hat{n}$ jedoch zu den Eigenwerten $n+1$ bzw. $n-1$. In der Tat, benutzen wir die Kommutationsbeziehung (12.47), so finden wir:

$$\begin{aligned} \hat{n}a^\dagger|n\rangle &= ([\hat{n}, a^\dagger] + a^\dagger\hat{n})|n\rangle = (a^\dagger + a^\dagger\hat{n})|n\rangle \\ &= a^\dagger(\hat{n} + \hat{1})|n\rangle = (n+1)a^\dagger|n\rangle\,. \end{aligned}$$

Die Zustände $a^\dagger|n\rangle$ und $|n+1\rangle$ besitzen jedoch nicht notwendigerweise dieselbe Norm, so daß

$$a^\dagger|n\rangle = C_n^{(+)}|n+1\rangle \tag{12.48}$$

gilt, wobei $C_n^{(+)}$ eine noch zu bestimmende Normierungskonstante ist.

In analoger Weise finden wir durch Benutzung von (12.46):

$$\begin{aligned} \hat{n}a|n\rangle &= ([\hat{n}, a] + a\hat{n})|n\rangle \\ &= (-a + a\hat{n})|n\rangle = (n-1)a|n\rangle\,, \end{aligned}$$

woraus wir mit Berücksichtigung der Normierung

$$a|n\rangle = C_n^{(-)}|n-1\rangle \tag{12.49}$$

finden. Die Operatoren $a^\dagger$, a erhöhen bzw. erniedrigen offenbar die Eigenwerte n von $\hat{n}$ um 1. Sie erlauben uns damit, aus einer gegebenen Eigenfunktion $|n\rangle$ alle anderen Eigenfunktionen von $\hat{n}$ und damit vom Hamilton-Operator H zu erzeugen. Sie werden deshalb als *Leiter-* oder *Stufenoperatoren* bezeichnet. Genauer bezeichnet man $a^\dagger$ als *Erzeugungsoperator* und a als *Vernichtungsoperator*, was im nächsten Abschnitt begründet wird.

Wir bestimmen die Normierungskoeffizienten $C_n^{(\pm)}$. Unter Benutzung von (12.48) und (12.49) finden wir:

$$\begin{aligned}\langle n+1|n+1\rangle &= \frac{1}{|C_n^{(+)}|^2}\langle n|aa^\dagger|n\rangle\\ &= \frac{1}{|C_n^{(+)}|^2}\langle n|([a,a^\dagger]+\hat{n})|n\rangle\\ &= \frac{n+1}{|C_n^{(+)}|^2} \stackrel{!}{=} 1\,,\end{aligned}$$

bzw.

$$\begin{aligned}\langle n-1|n-1\rangle &= \frac{1}{|C_n^{(-)}|^2}\langle n|a^\dagger a|n\rangle\\ &= \frac{1}{|C_n^{(-)}|^2}\langle n|\hat{n}|n\rangle\\ &= \frac{n}{|C_n^{(-)}|^2} \stackrel{!}{=} 1\,.\end{aligned}$$

Damit können wir die unbekannten Koeffizienten $C_n^{(\pm)}$ eliminieren und erhalten aus (12.48) und (12.49):

$$\boxed{\begin{aligned}a^\dagger|n\rangle &= \sqrt{n+1}|n+1\rangle\,, \qquad (12.50)\\ a|n\rangle &= \sqrt{n}|n-1\rangle\,. \qquad (12.51)\end{aligned}}$$

Oben in Gl. (12.45) hatten wir gefunden: Falls der Operator $\hat{n}$ den Eigenwert 0 besitzt, muss der dazugehörige Eigenzustand $|n=0\rangle$ durch den Operator a vernichtet werden, siehe Gl. (12.45). Wir konnten jedoch noch nicht folgern, dass solch ein Eigenvektor in der Tat existiert. Die Existenz des Eigenwertes 0 von $\hat{n}$ wird durch (12.51) bewiesen:

Falls die n keine ganzen Zahlen sind, führt nach (12.51) die wiederholte Anwendung des Vernichtungsoperators a schließlich auf einen Zustand $|n\rangle$ mit negativem n, was im Widerspruch zu Gl. (12.44) steht. Nur wenn ein Zustand $|n_{\text{min}}\rangle$ mit $a|n_{\text{min}}\rangle = o$ erreicht wird, bricht die durch die Rekursionsformel (12.51) definierte Folge ab und n wird nicht negativ. Dieser Zustand $|n_{\text{min}}\rangle$ ist aber nach (12.45) der Vakuumzustand $|0\rangle$ und der minimale Wert von n ist durch

$$n_{\min} = 0$$

gegeben. Damit sind die Eigenwerte n nicht-negative ganze Zahlen.

Das Spektrum von $\hat{n}$ ist jedoch nicht nach oben beschränkt. Wir führen den Beweis indirekt. Wir nehmen an, es existiere ein maximaler Eigenwert $n_{\max}$ von $\hat{n}$. Aus Gl. (12.50) folgt, dass der zugehörige Eigenvektor durch den Operator $a^\dagger$ vernichtet werden muss:

$$a^\dagger |n_{\max}\rangle = o\,.$$

Hieraus erhalten wir jedoch einen Widerspruch:

$$0 = \langle n_{\max}| a a^\dagger |n_{\max}\rangle = \langle n_{\max}|(\hat{n} + \hat{1})|n_{\max}\rangle = n_{\max} + 1\,.$$

Deshalb war die Annahme der Existenz eines maximalen Eigenwertes von n falsch. Zusammenfassend haben wir damit gezeigt, dass die Eigenwerte von $\hat{n}$ durch die natürlichen Zahlen $n \geq 0$ gegeben sind. Aus Gründen, die im nächsten Abschnitt klar werden, wird $\hat{n}$ als *Besetzungszahloperator* bezeichnet.

Durch wiederholte Anwendung des Operators $a^\dagger$ auf den Vakuumzustand $|0\rangle$ können wir alle Eigenzustände des Operators $\hat{n}$ erzeugen. Zweckmäßigerweise nehmen wir an, dass der Vakuumzustand korrekt normiert ist:

$$\langle 0|0\rangle = 1\,.$$

Aus Gl. (12.50) finden wir dann, dass die normierten Eigenzustände von $\hat{n}$ durch

$$\boxed{|n\rangle = \frac{1}{\sqrt{n!}}\left(a^\dagger\right)^n |0\rangle} \tag{12.52}$$

gegeben sind.

Als Eigenvektoren des hermiteschen Operators $\hat{n} = a^\dagger a$ sind die Zustände $|n\rangle$ zu verschiedenen n orthogonal. Mit obiger Normierung gilt deshalb:

$$\langle n|m\rangle = \delta_{nm}\,,$$

was sich auch direkt mithilfe der Darstellung (12.52) beweisen lässt.

12.5 Das Spektrum des harmonischen Oszillators

Aus der Kenntnis des Spektrums des Operators $\hat{n}$ erhalten wir sofort das Eigenwertspektrum des Hamilton-Operators des harmonischen Oszillators (12.41). Die Eigenenergien lauten offenbar:

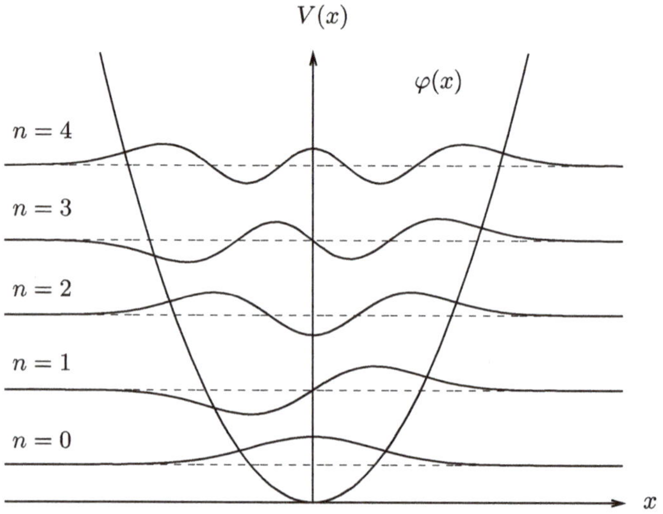

Abb. 12.2: Spektrum des harmonischen Oszillators sowie zugehörige Wellenfunktionen.

$$\boxed{E_n = \hbar\omega\left(n + \frac{1}{2}\right), \qquad n = 0, 1, 2, \dots .} \tag{12.53}$$

Diese Eigenenergien hatten wir bereits in (12.26) aus der Spur des Propagators gefunden, den wir über die Pfadintegraldarstellung berechnet hatten.

Das gesamte Spektrum des harmonischen Oszillators (siehe Abb. 12.2) ist diskret und (wie für jede eindimensionale, gebundene Bewegung) nicht entartet. Für die Energie des Grundzustandes, die sogenannte *Nullpunktsenergie*, erhalten wir:

$$E_0 = \frac{1}{2}\hbar\omega . \tag{12.54}$$

Sie ist nicht durch das Potentialminimum gegeben (wie im klassischen Fall), sondern das Teilchen besitzt im Grundzustand eine von null verschiedene Bewegungsenergie. Wäre das Teilchen im Potentialminimum in Ruhe, so würde es die Unschärferelation verletzen.

Das Spektrum des harmonischen Oszillators (12.53) ist *äquidistant*: Der Abstand zwischen benachbarten Energieniveaus ist immer $\hbar\omega$:

$$E_{n+1} - E_n = \hbar\omega .$$

Die benachbarten Zustände unterscheiden sich jeweils um ein *Schwingungsquant* $\hbar\omega$. Die Zahl der Schwingungsquanten in einem Zustand $|n\rangle$ wird offenbar durch die Zahl n gegeben, die deshalb auch als *Besetzungszahl* bezeichnet wird. Dementsprechend wird der Operator $\hat{n}$ als *Besetzungszahloperator* bezeichnet. Der Hamilton-Operator des harmonischen Oszillators beschreibt damit ein System von identischen, d. h. nichtunterscheidbaren Schwingungsquanten, die auch als *Vibronen* oder (im Kontext der Festkörperphysik) als *Phononen* bezeichnet werden und die eine Energie $\hbar\omega$ besitzen. Der n-te angeregte Zustand ist aus n Schwingungsquanten aufgebaut. Die Anzahl der Schwingungsquanten kann sich durch Anregung oder Abregung des Oszillators verändern. Die Anregung des Oszillators geschieht offenbar durch den Operator $a^\dagger$, der ein Phonon erzeugt, während die Abregung durch den Operator a erfolgt, der ein Phonon vernichtet. Dieser Umstand rechtfertigt die früher eingeführten Bezeichnungen *Erzeugungs-* und *Vernichtungsoperatoren.*

12.6 Unschärferelation

Oben haben wir die exakten Eigenzustände $|n\rangle$ des Besetzungszahloperators $\hat{n}$ bzw. des Hamilton-Operators H gefunden. Diese Zustände besitzen eine scharfe Phononenzahl und damit eine scharfe Energie. Sie sind jedoch unscharf im Ort und im Impuls. Im Folgenden wollen wir die Orts- und Impulsunschärfe in den Oszillatoreigenzuständen $|n\rangle$ berechnen. Da das Potential symmetrisch bezüglich Raumspiegelung ist, erwarten wir, dass die Erwartungswerte von x und p in den Oszillatoreigenzuständen verschwinden:

$$\langle n|\hat{x}|n\rangle = 0\,, \quad \langle n|\hat{p}|n\rangle = 0$$

Dies lässt sich leicht überprüfen, wenn wir Ort und Impuls durch Inversion von (12.39), (12.40) und Benutzung von (12.30) durch die Erzeugungs- und Vernichtungsoperatoren darstellen:

$$\boxed{\hat{x} = \frac{x_0}{\sqrt{2}}(a + a^\dagger)\,, \quad \hat{p} = \frac{i\hbar}{x_0\sqrt{2}}(a^\dagger - a)\,.} \tag{12.55}$$

Beachten wir die Eigenschaften (12.50) und (12.51) der Erzeugungs- und Vernichtungsoperatoren, so finden wir unmittelbar:

$$\begin{aligned}
\langle n|\hat{x}|n\rangle &= \frac{x_0}{\sqrt{2}}(\langle n|a|n\rangle + \langle n|a^\dagger|n\rangle) \\
&= \frac{x_0}{\sqrt{2}}(\underbrace{\langle n|n-1\rangle}_{=0}\sqrt{n} + \underbrace{\langle n|n+1\rangle}_{=0}\sqrt{n+1}) = 0\,, \\
\langle n|\hat{p}|n\rangle &= \frac{i\hbar}{x_0\sqrt{2}}(\langle n|a^\dagger|n\rangle - \langle n|a|n\rangle) = 0\,.
\end{aligned}$$

Mit der Darstellung (12.55) lassen sich auch die Schwankungsquadrate unmittelbar berechnen. Für die Ortsunschärfe finden wir:

$$(\Delta x)_n^2 = \langle n|\hat{x}^2|n\rangle = \frac{x_0^2}{2}\langle n|(a^2 + aa^\dagger + a^\dagger a + (a^\dagger)^2)|n\rangle$$

$$
\begin{aligned}
&= \frac{x_0^2}{2} \langle n|(aa^\dagger + a^\dagger a)|n\rangle = \frac{x_0^2}{2} \langle n|2\hat{n} + 1|n\rangle \\
&= x_0^2\left(n + \frac{1}{2}\right)
\end{aligned}
\tag{12.56}
$$

und in analoger Weise für die Impulsunschärfe:

$$
\begin{aligned}
(\Delta p)_n^2 = \langle n|p^2|n\rangle &= \frac{-\hbar^2}{2x_0^2} \langle n|((a^\dagger))^2 - aa^\dagger - a^\dagger a + (a)^2)|n\rangle \\
&= \frac{\hbar^2}{x_0^2}\left(n + \frac{1}{2}\right).
\end{aligned}
\tag{12.57}
$$

Damit erhalten wir für die Ort-Impuls-Unschärfe:

$$
(\Delta x)_n \, (\Delta p)_n = \hbar\left(n + \frac{1}{2}\right). \tag{12.58}
$$

Die Unschärfe ist minimal im Grundzustand $n = 0$, wo sie den Wert

$$
(\Delta x)_0 \, (\Delta p)_0 = \frac{\hbar}{2}
$$

annimmt. Nach der allgemeinen Bedingung, die wir aus der Schwarz'schen Ungleichung gewonnen hatten (11.10), stellt dieser Wert aber gerade das absolute Minimum für die Ort-Impuls-Unschärfe dar. Die Unschärfe wächst mit zunehmender Phononenzahl n, jedes Phonon bringt eine zusätzliche Unschärfe $\hbar$ in den Zustand.

12.7 Besetzungszahldarstellung

Unter Benutzung der Beziehungen (12.50) und (12.51) können wir die Matrixelemente des Erzeugungs- und Vernichtungsoperators in den Eigenzuständen $|n\rangle$ des Besetzungszahloperators berechnen und erhalten:

$$
\begin{aligned}
a_{ik} &= \langle i|a|k\rangle = \langle i|\sqrt{k}|k-1\rangle = \sqrt{k}\,\delta_{i,k-1} = \sqrt{i+1}\delta_{i+1,k}\,, \\
a^\dagger_{ik} &= \langle i|a^\dagger|k\rangle = \langle i|\sqrt{k+1}|k+1\rangle = \sqrt{k+1}\,\delta_{i,k+1} = \sqrt{i}\,\delta_{i-1,k}\,.
\end{aligned}
\tag{12.59}
$$

Damit besitzt der Erzeugungs- bzw. Vernichtungsoperator in dieser Basis die Matrixdarstellung

$$
a = \begin{pmatrix} 0 & \sqrt{1} & 0 & 0 & \dots \\ 0 & 0 & \sqrt{2} & 0 & \dots \\ 0 & 0 & 0 & \sqrt{3} & \\ \vdots & \vdots & \vdots & & \ddots \end{pmatrix}, \qquad a^\dagger = \begin{pmatrix} 0 & 0 & 0 & \dots \\ \sqrt{1} & 0 & 0 & \dots \\ 0 & \sqrt{2} & 0 & \dots \\ 0 & 0 & \sqrt{3} & \\ \vdots & \vdots & & \ddots \end{pmatrix}. \tag{12.60}
$$

Benutzen wir die Beziehungen (12.55), so können wir auch die Matrixdarstellung des Orts- und Impulsoperators angeben:

$$\hat{x} = x_0 \frac{1}{\sqrt{2}}(a + a^\dagger) = \sqrt{\frac{\hbar}{2m\omega}} \begin{pmatrix} 0 & \sqrt{1} & 0 & 0 & \dots \\ \sqrt{1} & 0 & \sqrt{2} & 0 & \dots \\ 0 & \sqrt{2} & 0 & \sqrt{3} & \dots \\ 0 & 0 & \sqrt{3} & 0 & \\ \vdots & \vdots & \vdots & & \ddots \end{pmatrix},$$

$$\hat{p} = \frac{\hbar}{x_0} i \frac{1}{2}(a^\dagger - a) = i\sqrt{\frac{\hbar m\omega}{2}} \begin{pmatrix} 0 & -\sqrt{1} & 0 & 0 & \dots \\ \sqrt{1} & 0 & -\sqrt{2} & 0 & \dots \\ 0 & \sqrt{2} & 0 & -\sqrt{3} & \dots \\ 0 & 0 & \sqrt{3} & 0 & \\ \vdots & \vdots & \vdots & & \ddots \end{pmatrix}.$$

Ganz allgemein sind die Operatoren im Hilbert-Raum der Eigenzustände des Oszillators durch unendlich-dimensionale Matrizen realisiert.

Multiplizieren wir die Erzeugungs-und Venichtungsoperatoren von rechts und links mit dem Einheitsoperator in der Basis der Oszillatoreigenzustände

$$\hat{1} = \sum_{n=0}^{\infty} |n\rangle \langle n| \tag{12.61}$$

und benutzen ihre Matrixelemente (12.59), so erhalten wir für diese die Darstellung

$$a = \sum_{n=0}^{\infty} |n\rangle \sqrt{n+1} \langle n+1| , \qquad a^\dagger = \sum_{n=0}^{\infty} |n+1\rangle \sqrt{n+1} \langle n| . \tag{12.62}$$

12.8 Ortsdarstellung der Energieeigenfunktionen: Die Hermite-Polynome

Wir haben oben die Eigenzustände des harmonischen Oszillators auf rein algebraische Art gefunden, ohne explizit die Differentialgleichung zu lösen, welche die Schrödinger-Gleichung im Ortsraum darstellt. Dies gelang durch analytische Diagonalisierung des Hamilton-Operators. Dazu haben wir Linearkombinationen von Orts- und Impulsoperator gebildet, was auf die Erzeugungs- und Vernichtungsoperatoren führte. Diese haben die angenehme Eigenschaft, es zu erlauben, aus einem einzigen Zustand alle übrigen Eigenzustände zu gewinnen. Darüber hinaus haben ihre Matrixelemente in der Basis $\{|n\rangle\}$ eine sehr einfache Gestalt.

Die algebraische Methode ist jedoch nicht auf das Auffinden der Energieeigenwerte beschränkt. Auch die Erwartungswerte von beliebigen Observablen können rein algebraisch für den harmonischen Oszillator berechnet werden. Betrachten wir z. B. eine beliebige Observable A im Ortsraum. Im Allgemeinen wird die Observable nicht nur eine Ortsabhängigkeit, sondern auch eine Impulsabhängigkeit besitzen, $A(x, p)$, und damit Differentialoperatoren bezüglich des Ortes enthalten. Unter Benutzung der Beziehung (12.55) können wir jedoch Ort und Impuls durch Erzeugungs- und Vernichtungsoperatoren ausdrücken. Jede Observable wird damit eine Funktion der Erzeugungs- und Vernichtungsoperatoren:

$$A(x, p) = A(\sim (a + a^\dagger), \sim i(a^\dagger - a)) .$$

Ferner stellen die Eigenfunktionen des Besetzungszahloperators, $|n\rangle$, ein vollständiges orthonormales System dar, nach dem wir jede beliebige Wellenfunktion entwickeln können. Damit gelingt es, beliebige Matrixelemente einer beliebigen Observablen durch die Matrixelemente der Erzeugungs- und Vernichtungsoperatoren in der Eigenbasis von $\hat{n}$ auszudrücken. Wir benötigen deshalb niemals eine explizite Darstellung der Besetzungszahleigenfunktionen $|n\rangle$, z. B. die Ortsdarstellung. Trotz alledem ist es instruktiv, die Eigenfunktionen des harmonischen Oszillators in der Ortsdarstellung zu betrachten. Die Ortsdarstellung der Oszillatorwellenfunktion ist durch

$$\varphi_n(x) = \langle x|n\rangle$$

definiert. Der Grundzustand des harmonischen Oszillators wird durch den Operator a vernichtet, siehe Gl. (12.45). Schreiben wir diese Gleichung in der dimensionslosen Q-Darstellung ($Q = x/x_0$),

$$0 = \langle Q|a|0\rangle ,$$

und fügen die $\hat{1}$ in der Q-Darstellung

$$\hat{1} = \int dQ' \, |Q'\rangle\langle Q'|$$

ein, so erhalten wir:

$$0 = \langle Q|a|0\rangle = \int dQ' \, \langle Q|a|Q'\rangle\langle Q'|0\rangle . \tag{12.63}$$

Unter Benutzung der Darstellung (12.39) von a finden wir für sein Matrixelement in der Q-Darstellung:

$$\langle Q|a|Q'\rangle = \frac{1}{\sqrt{2}}(\langle Q|\hat{Q}|Q'\rangle + i\langle Q|\hat{P}|Q'\rangle) .$$

Das Matrixelement des Ortsoperators $\hat{Q}$ in der Ortsdarstellung erhalten wir wegen

$$\hat{Q}|Q\rangle = Q|Q\rangle$$

und (siehe Gl. (10.47))

$$\langle Q|Q'\rangle = \delta(Q - Q')$$

trivialerweise zu:

$$\langle Q|\hat{Q}|Q'\rangle = Q\delta(Q - Q') .$$

Für das Matrixelement des Impulsoperators[2] $\hat{P}$ (12.30) finden wir analog zu Gl. (10.56):

$$\langle Q|\hat{P}|Q'\rangle = \frac{1}{i}\frac{d}{dQ}\delta(Q - Q') .$$

Setzen wir diese Ausdrücke in Gl. (12.63) ein, so finden wir nach Ausführen der Q'-Integration mit $\langle Q|0\rangle \equiv \varphi_0(Q)$:

$$0 = \langle Q|a|0\rangle = a(Q)\varphi_0(Q) ,$$

wobei

$$a(Q) = \frac{1}{\sqrt{2}}(Q + iP) = \frac{1}{\sqrt{2}}\left(Q + \frac{d}{dQ}\right)$$

der Vernichtungsoperator (12.39) in der Ortsdarstellung (12.30) ist. Die Bedingung an den Grundzustand (Vakuum) liefert damit die lineare Differentialgleichung

$$a(Q)\varphi_0(Q) = \frac{1}{\sqrt{2}}\left(Q + \frac{d}{dQ}\right)\varphi_0(Q) = 0 , \tag{12.64}$$

deren Lösung durch

$$\varphi_0(Q) = C \exp\left(-\frac{1}{2}Q^2\right)$$

gegeben ist. Gehen wir von der dimensionslosen Normalkoordinate Q zur Ortsvariablen x über, so lautet die Wellenfunktion des Grundzustandes:

$$\varphi_0(x) = C \exp\left[-\frac{1}{2}\left(\frac{x}{x_0}\right)^2\right]. \tag{12.65}$$

Die Konstante C wird durch die Normierung bestimmt:

$$1 \overset{!}{=} \|\varphi_0\|^2 = \int_{-\infty}^{\infty} dx\, \varphi_0^*(x)\varphi_0(x) = |C|^2 \int_{-\infty}^{\infty} dx\, \exp\left[-\left(\frac{x}{x_0}\right)^2\right]$$

---

2 Man beachte, dass der Operator $\hat{P}$ (12.30) kein $\hbar$ enthält.

$$= |C|^2 x_0 \int_{-\infty}^{\infty} dQ\, e^{-Q^2} = |C|^2 x_0 \sqrt{\pi}$$

$$\Rightarrow \quad C = \sqrt{\frac{1}{\sqrt{\pi} x_0}} = \left(\frac{m\omega}{\hbar\pi}\right)^{1/4} . \tag{12.66}$$

Damit lautet die normierte Wellenfunktion des Grundzustandes:

$$\boxed{\varphi_0(x) = \left(\frac{m\omega}{\pi\hbar}\right)^{1/4} \exp\left[-\frac{1}{2}\left(\frac{x}{x_0}\right)^2\right].} \tag{12.67}$$

Sie stellt eine bei $x = 0$ lokalisierte Gauß-Funktion dar, deren Breite durch die charakteristische Länge x_0 gegeben ist. Eine Wellenfunktion dieser Gestalt haben wir natürlich intuitiv erwartet, da die Wellenfunktion des Grundzustandes keinen Knoten besitzen kann. In ähnlicher Weise können wir auch die Ortsdarstellung aller angeregten Zustände bestimmen. Dazu müssen wir nur die explizite Darstellung der Eigenfunktionen $|n\rangle$ in der Ortsdarstellung aufschreiben:

$$\varphi_n(Q) = \langle Q|n\rangle = \frac{1}{\sqrt{n!}} \langle Q|(a^\dagger)^n|0\rangle = \frac{1}{\sqrt{n!}} (a^\dagger(Q))^n \varphi_0(Q) . \tag{12.68}$$

Mit (12.40)

$$a^\dagger(Q) = \frac{1}{\sqrt{2}}\left(Q - \frac{d}{dQ}\right)$$

erhalten wir:

$$\varphi_n(Q) = \frac{1}{\sqrt{2^n n!}}\left(Q - \frac{d}{dQ}\right)^n \left(\frac{m\omega}{\pi\hbar}\right)^{1/4} e^{-\frac{1}{2}Q^2} .$$

Als Funktion der Normalkoordinate Q lauten damit die korrekt normierten Wellenfunktionen der angeregten Zustände des harmonischen Oszillators:

$$\begin{aligned} \varphi_n(Q) &= \left(\frac{m\omega}{\pi\hbar}\right)^{1/4} \frac{1}{\sqrt{2^n n!}} e^{-\frac{1}{2}Q^2} H_n(Q) \\ &\equiv \left(\frac{m\omega}{\hbar}\right)^{1/4} h_n(Q) = \frac{1}{\sqrt{x_0}} h_n(Q) . \end{aligned} \tag{12.69}$$

Hierbei sind $h_n(Q)$ die *Hermite-Funktionen* und

$$H_n(Q) = e^{\frac{1}{2}Q^2}\left(Q - \frac{d}{dQ}\right)^n e^{-\frac{1}{2}Q^2} \tag{12.70}$$

die *Hermite-Polynome*. Letztere sind Polynome n-ten Grades in Q und besitzen die Symmetrie

$$H_n(-Q) = (-1)^n H_n(Q).$$

Folglich sind die Wellenfunktionen (12.69) des harmonischen Oszillators entweder symmetrisch oder antisymmetrisch, was – wie wir früher bereits in Abschnitt 8.4 gesehen haben – eine Konsequenz der Spiegelsymmetrie des Potentials, $V(-x) = V(x)$, ist. Für die Oszillatorwellenfunktion ist die Parität deshalb durch

$$\pi_n = (-1)^n$$

gegeben.

Die in Gl (12.70) angegebene Darstellung der Hermite-Polynome ist nicht die Standard-Darstellung

$$H_n(Q) = (-1)^n e^{Q^2} \frac{d^n}{dQ^n} e^{-Q^2} . \tag{12.71}$$

Man kann jedoch leicht unter Benutzung der Beziehung

$$\begin{aligned} \left(\frac{1}{f(x)} \frac{d}{dx} f(x)\right)^n &= \frac{1}{f} \frac{d}{dx}\left(f \frac{1}{f}\right) \frac{d}{dx}\left(f \frac{1}{f}\right) \cdots \frac{d}{dx}\left(f \frac{1}{f}\right) \frac{d}{dx} f \\ &= \frac{1}{f(x)} \frac{d^n}{dx^n} f(x) \end{aligned} \tag{12.72}$$

zeigen, dass die beiden Darstellungen (12.70) und (12.71) äquivalent sind:

$$\begin{aligned} H_n(Q) &= (-1)^n e^{Q^2} \frac{d^n}{dQ^n} e^{-Q^2} \overset{(12.72)}{=} (-1)^n \left(e^{Q^2} \frac{d}{dQ} e^{-Q^2}\right)^n \\ &= (-1)^n \left(e^{\frac{1}{2}Q^2} e^{\frac{1}{2}Q^2} \frac{d}{dQ} e^{-\frac{1}{2}Q^2} e^{-\frac{1}{2}Q^2}\right)^n \\ &= (-1)^n e^{\frac{1}{2}Q^2} \left(e^{\frac{1}{2}Q^2} \frac{d}{dQ} e^{-\frac{1}{2}Q^2}\right)^n e^{-\frac{1}{2}Q^2} \\ &= (-1)^n e^{\frac{1}{2}Q^2} \Bigg\{ e^{\frac{1}{2}Q^2} \Bigg(\underbrace{\left[\frac{d}{dQ}, e^{-\frac{1}{2}Q^2}\right]}_{=-Qe^{-\frac{1}{2}Q^2}} + e^{-\frac{1}{2}Q^2} \frac{d}{dQ} \Bigg) \Bigg\}^n e^{-\frac{1}{2}Q^2} \\ &= (-1)^n e^{\frac{1}{2}Q^2} \left(\frac{d}{dQ} - Q\right)^n e^{-\frac{1}{2}Q^2} \\ &= e^{\frac{1}{2}Q^2} \left(Q - \frac{d}{dQ}\right)^n e^{-\frac{1}{2}Q^2} . \end{aligned}$$

Da die Eigenfunktionen des hermiteschen Besetzungszahloperators $\hat{n}$ orthogonal sind und wir außerdem diese Zustände korrekt normiert hatten, muss dies auch für diese Zustände in der Ortsdarstellung gelten. Hieraus folgt für die Hermite-Polynome die Orthonormalitätsbeziehung

$$\int_{-\infty}^{\infty} dQ\, e^{-Q^2} H_n(Q) H_m(Q) = \sqrt{\pi} 2^n n! \delta_{nm} \,.$$

Zur einfacheren Berechnung der Hermite-Polynome leiten wir noch eine Rekursionsformel ab. Dazu schreiben wir die Beziehungen (12.50) und (12.51) in der Ortsdarstellung auf:

$$\begin{aligned} a^\dagger(Q)\varphi_n(Q) &= \frac{1}{\sqrt{2}}\left(Q - \frac{d}{dQ}\right)\varphi_n(Q) = \sqrt{n+1}\varphi_{n+1}(Q)\,, \\ a(Q)\varphi_n(Q) &= \frac{1}{\sqrt{2}}\left(Q + \frac{d}{dQ}\right)\varphi_n(Q) = \sqrt{n}\varphi_{n-1}(Q)\,. \end{aligned} \tag{12.73}$$

Addieren wir beide Gleichungen, so erhalten wir:

$$\sqrt{2} Q\varphi_n(Q) = \sqrt{n+1}\varphi_{n+1}(Q) + \sqrt{n}\varphi_{n-1}(Q)\,.$$

Dies liefert für die Hermite-Polynome mit Gl. (12.70) die Rekursionsbeziehung

$$2QH_n(Q) = H_{n+1}(Q) + 2nH_{n-1}(Q)\,. \tag{12.74}$$

Die ersten Hermite-Polynome lauten:

$$\begin{aligned} H_0(Q) &= 1\,, \\ H_1(Q) &= 2Q\,, \\ H_2(Q) &= (2Q)^2 - 2\,, \\ H_3(Q) &= (2Q)^3 - 6(2Q)\,. \end{aligned}$$

Subtrahieren wir die beiden Gleichungen in (12.73) voneinander, so erhalten wir die Beziehung

$$\frac{d}{dQ}\varphi_n(Q) = \sqrt{2n}\varphi_{n-1}(Q) - Q\varphi_n(Q).$$

Drücken wir hier $\varphi_n(Q)$ durch die Hermite-Polynome (12.69) aus, erhalten wir für die Ableitung der Hermite-Polynome:

$$\frac{d}{dQ} H_n(Q) = 2nH_{n-1}(Q)\,. \tag{12.75}$$

Differenzieren wir diese Gleichung nach Q und benutzen die Rekursionsbeziehung (12.74) sowie den obigen Ausdruck für die Ableitung der Hermite-Polynome,

$$\frac{d^2}{dQ^2} H_n(Q) \;=\; \frac{d}{dQ}(2nH_{n-1}(Q))$$

$$\begin{aligned}
&\overset{(12.74)}{=} \frac{d}{dQ}(2QH_n(Q) - H_{n+1}(Q)) \\
&= 2H_n(Q) + 2Q\frac{d}{dQ}H_n(Q) - \frac{d}{dQ}H_{n+1}(Q) \\
&\overset{(12.75)}{=} 2H_n(Q) + 2Q\frac{d}{dQ}H_n(Q) - 2(n+1)H_n(Q)\,,
\end{aligned}$$

so erhalten wir die hermitesche Differentialgleichung

$$\left(\frac{d^2}{dQ^2} - 2Q\frac{d}{dQ} + 2n\right)H_n(Q) = 0\,.$$

12.9 Der dreidimensionale harmonische Oszillator

Wie wir bei der Behandlung der eindimensionalen Potentialprobleme gesehen haben, lässt sich ein nach unten beschränktes Potential mit Potentialminimum in der Nähe des Minimums für niedrige Energien stets durch ein Oszillatorpotential approximieren. Dies bleibt auch in drei Dimensionen gültig, wobei jedoch i. A. das Oszillatorpotential in verschiedenen Richtungen verschieden gekrümmt sein kann. Die allgemeinste Form des dreidimensionalen Potentials in der Nähe des Minimums hat deshalb die Gestalt

$$V(x_1, x_2, x_3) = \frac{1}{2}a_1x_1^2 + \frac{1}{2}a_2x_2^2 + \frac{1}{2}a_3x_3^2 + b_{12}x_1x_2 + b_{23}x_2x_3 + b_{31}x_3x_1\,.$$

Durch lineare Koordinatentransformation lässt sich die quadratische Form in den kartesischen Koordinaten diagonalisieren. In den resultierenden Normalkoordinaten hat dann das Potential die Gestalt

$$V(\boldsymbol{x}) = \frac{1}{2}m\sum_{i=1}^{3}\omega_i^2x_i^2\,.$$

Bei diesem Potential wirkt in den drei unabhängigen Normalrichtungen jeweils ein harmonisches Potential, jedoch mit unterschiedlicher Krümmung. Dieses Potential definiert den *dreidimensionalen anisotropen harmonischen Oszillator*. Der zugehörige Hamilton-Operator

$$H = \frac{\boldsymbol{p}^2}{2m} + V(\boldsymbol{x}) = \sum_{i=1}^{3}H_i(x_i)$$

zerfällt in eine Summe von harmonischen Oszillatoren bezüglich der drei Normalkoordinaten:

$$H_i(x_i) = \frac{p_i^2}{2m} + \frac{1}{2}m\omega_i^2x_i^2\,.$$

Da die Oszillatoren verschiedener Normalkoordinaten unabhängig sind, kommutieren die zugehörigen Hamilton-Operatoren,

$$[H_i, H_j] = \hat{0}\,,$$

und wir können die stationäre Schrödinger-Gleichung

$$H\varphi(\boldsymbol{x}) = E\varphi(\boldsymbol{x})$$

durch den Produktansatz[3]

$$\varphi(\boldsymbol{x}) \equiv \varphi(x_1, x_2, x_3) = \varphi_1(x_1)\varphi_2(x_2)\varphi_3(x_3) \tag{12.76}$$

lösen. Setzen wir diesen Ansatz in die Schrödinger-Gleichung ein und dividieren durch die Wellenfunktion, so erhalten wir:

$$\frac{1}{\varphi_1(x_1)}H_1\varphi_1(x_1) + \frac{1}{\varphi_2(x_2)}H_2\varphi_2(x_2) + \frac{1}{\varphi_3(x_3)}H_3\varphi_3(x_3) = E\,.$$

Da die rechte Seite dieser Gleichung eine Konstante, die Energie E, ist und jeder einzelne Term nur von jeweils einer anderen Variablen (Normalkoordinate) x_1 abhängt, kann diese Gleichung nur erfüllt sein, wenn jeder einzelne Term für sich konstant, d. h. gleich einer Konstanten E_i ist. Die Schrödinger-Gleichung reduziert somit sich auf drei unabhängige Schrödinger-Gleichungen:

$$\begin{aligned} H_1\varphi_1(x_1) &= E_1\varphi_1(x_1)\,, \\ H_2\varphi_2(x_2) &= E_2\varphi_2(x_2)\,, \\ H_3\varphi_3(x_3) &= E_3\varphi_3(x_3) \end{aligned}$$

und die Gesamtenergie ist durch

$$E = E_1 + E_2 + E_3$$

gegeben. Damit ist es uns mit dem Produktansatz (12.76) gelungen, den dreidimensionalen Oszillator in drei eindimensionale Oszillatoren zu separieren. Der Produktansatz wird deshalb in diesem Zusammenhang auch als *Separationsansatz* bezeichnet. Mit ihm lässt sich offenbar immer dann eine Separation des Eigenwertproblems erreichen, wenn der betrachtete Operator aus einer Summe von (untereinander kommutierenden) Operatoren besteht, die in verschiedenen Hilbert-Räumen wirken.

---

3 Streng genommen handelt es sich hier um ein Tensorprodukt $\varphi_1(x_1) \otimes \varphi_2(x_2) \otimes \varphi_3(x_3)$, siehe Abschnitt 10.7.

Da jeder einzelne Hamilton-Operator H_i einen eindimensionalen harmonischen Oszillator darstellt, lauten nach Abschnitt 12.5 die Energieeigenwerte:

$$E_i = \hbar\omega_i\left(n_i + \frac{1}{2}\right),$$

und die Wellenfunktionen

$$\varphi_{n_i}(x_i) = \langle x_i | n_i \rangle$$

sind durch die hermiteschen Funktionen (12.69) gegeben. Für den dreidimensionalen stationären Zustand lautet deshalb die Gesamtenergie:

$$E = \sum_{i=1}^{3} \hbar\omega_i\left(n_i + \frac{1}{2}\right)$$

und die Wellenfunktion ist durch

$$\varphi(\boldsymbol{x}) = \varphi_{n_1}(x_1)\varphi_{n_2}(x_2)\varphi_{n_3}(x_3)$$

gegeben.

Der isotrope harmonische Oszillator

Im Folgenden wollen wir den wichtigen Spezialfall untersuchen, für den das Oszillatorpotential in allen drei Richtungen dieselbe Krümmung besitzt:

$$\omega_1 = \omega_2 = \omega_3 = \omega\,.$$

Dieser Oszillator wird als *isotroper* harmonischer Oszillator bezeichnet. Die Energieeigenwerte sind dann durch

$$E_n = \hbar\omega\left(n + \frac{3}{2}\right) \tag{12.77}$$

gegeben, wobei

$$n = n_1 + n_2 + n_3 \tag{12.78}$$

die Gesamtzahl der Oszillatorschwingungsquanten ist. Das Spektrum der drei Oszillatoren ist entartet, da sich das gleiche n durch verschiedene Kombinationen von n_1, n_2 und n_3 realisieren lässt. Im Folgenden wollen wir den Entartungsgrad g_n eines Energieniveaus E_n berechnen. Dieser ist offenbar durch

$$g_n = \sum_{n_1=0}^{n} \sum_{n_2=0}^{n} \sum_{n_3=0}^{n} \delta_{n,n_1+n_2+n_3}$$

gegeben, wobei das Kronecker-Symbol die Bedingung (12.78) berücksichtigt. Diese Bedingung erlaubt es uns, sofort eine der drei Summationen trivial auszuführen. Wir wählen hierzu die Summation über n_3. Wegen

$$n_3 = n - (n_1 + n_2) \geq 0$$

ist für festes n und n_1 die Quantenzahl n_2 auf die Werte $n_2 \leq n - n_1$ eingeschränkt und wir erhalten

$$g_n = \sum_{n_1=0}^{n} \sum_{n_2=0}^{n} \Theta(n - n_1 - n_2) = \sum_{n_1=0}^{n} \sum_{n_2=0}^{n-n_1} 1 \, .$$

Die verbleibenden Summen lassen sich trivial ausführen. Mit

$$\sum_{n_2=0}^{n-n_1} 1 = n - n_1 + 1$$

finden wir

$$\begin{aligned} g_n &= \sum_{n_1=0}^{n} (n - n_1 + 1) = (n+1) \sum_{n_1=0}^{n} 1 - \sum_{n_1=0}^{n} n_1 = (n+1)^2 - \frac{n(n+1)}{2} \\ &= (n+1)\left(n + 1 - \frac{n}{2}\right) = \frac{1}{2}(n+1)(n+2) = \binom{n+2}{2} . \end{aligned}$$

Der isotrope harmonische Oszillator lässt sich offensichtlich aufgrund seiner sphärischen Symmetrie auch bequem in sphärischen Koordinaten lösen, was wir in Abschnitt 17.6 tun werden.

12.10 Das unendlich schwere Teilchen*

Die Beschreibung eines quantenmechanischen Teilchens in einem äußeren Potential vereinfacht sich drastisch, wenn das betrachtete Teilchen sehr massiv ist. Im Grenzfall $m \to \infty$ können wir in der Schrödinger-Gleichung

$$\left(\frac{p^2}{2m} + V(x)\right)\varphi(x) = E\varphi(x)$$

* Dieses Kapitel ist für das Verständnis der übrigen Kapitel nicht erforderlich und kann deshalb beim ersten Lesen übersprungen werden.

für endliche Impulse $p = \hbar k$ bzw. Wellenzahlen k die kinetische Energie gegenüber der potentiellen Energie vernachlässigen,

$$\frac{p^2}{2m} \ll V(x)\,,$$

und erhalten:

$$V(x)\varphi(x) = E\varphi(x)\,.$$

Da das Potential nur eine Funktion der Ortsvariablen ist, sind die Eigenfunktionen $\varphi(x)$ durch Eigenfunktionen des Ortes (4.41) gegeben:

$$\varphi(x) = \xi_{x'}(x)\,, \quad \hat{x}\xi_{x'}(x) = x'\xi_{x'}(x)\,, \quad \xi_{x'}(x) = \delta(x - x')\,. \tag{12.79}$$

Für die Energie erhalten wir dann:

$$E \equiv E_{x'} = V(x')$$

Der Zustand kleinster Energie (Grundzustand) ist durch das Potentialminimum realisiert. Im Grundzustand sitzt also das unendlich schwere Teilchen im Potentialminimum. Es verhält sich deshalb wie ein klassisches Teilchen. Da es am Potentialminimum lokalisiert ist, besitzt es eine unendlich große Impulsunschärfe. Für das unendlich massive Teilchen ist eine unendliche Unschärfe im Impuls nicht tragisch, da sein Impuls wegen der unendlich großen Masse für jede noch so kleine endliche Geschwindigkeit den Wert unendlich erreicht.

Zur Illustration dieses Sachverhaltes wollen wir ein Teilchen der Masse $m \to \infty$ in einem Oszillatorpotential

$$V(x) = \frac{\kappa}{2}x^2 \tag{12.80}$$

betrachten. Bei endlicher „Federkonstante" κ verschwindet im Limes $m \to \infty$ sowohl die Oszillatorfrequenz (12.1),

$$\omega = \sqrt{\frac{\kappa}{m}} \to 0\,,$$

als auch die Oszillatorlänge (12.29):

$$x_0 = \sqrt{\frac{\hbar}{m\omega}} = \sqrt{\frac{\hbar}{\sqrt{m\kappa}}} \to 0\,.$$

Aus Gln. (12.56) und (12.57) folgt hieraus für die Orts- und Impulsunschärfe:

$$\Delta x_n \sim x_0 \to 0\,, \quad \Delta p_n \sim \frac{1}{x_0} \to \infty\,.$$

Wie erwartet besitzt das unendlich schwere Teilchen einen scharfen Ort und einen völlig unbestimmten Impuls. Für $\omega \to 0$ kollabiert das gesamte Spektrum des harmonischen Oszillators (für endliche n)

$$E_n = \hbar\omega\left(n + \frac{1}{2}\right)$$

zu einem einzigen Energiezustand

$$E = 0$$

und das unendlich schwere Teilchen muss sich folglich im Potentialminimum

$$V(x = 0) = 0$$

aufhalten. (Man beachte, dass das Potential (12.80) unabhängig von ω und unabhängig von der Masse m ist und somit bei festem $\kappa = m\omega^2$ für $\omega \to 0$ bzw. $m \to \infty$ nicht verschwindet.) In der Tat finden wir für die Grundzustandswellenfunktion (12.67) im Limes $x_0 \to 0$ unter Benutzung von (A.7)

$$\varphi_0(x) = \sqrt{\delta(x)}\,.$$

Diese beschreibt offenbar ein bei $x = 0$ lokalisiertes Teilchen.

12.11 Kohärente Zustände

Im Folgenden fragen wir nach den Eigenzuständen der Vernichtungs- bzw. Erzeugungsoperatoren, die für a durch

$$\boxed{a|Z\rangle = Z|Z\rangle} \tag{12.81}$$

definiert sind. Da $a^\dagger \neq a$, werden die Eigenwerte Z i. A. komplex sein.

12.11.1 Explizite Darstellung

Da der Vernichtungsoperator die Anzahl der Phononen um 1 verringert, können die Oszillatoreigenzustände $|n\rangle$ keine Eigenzustände von a sein. Dies ist auch bereits klar aus der Matrixdarstellung der Erzeugungs- bzw. Vernichtungsoperatoren (12.60). Die Eigenzustände des Besetzungszahloperators $|n\rangle$ stellen jedoch eine vollständige Basis dar, nach denen wir die Eigenfunktionen von a entwickeln können:

$$|Z\rangle = \sum_{n=0}^{\infty} C_n(Z)|n\rangle\,, \tag{12.82}$$

wobei die Entwicklungskoeffizienten $C_n(Z)$ vom Eigenwert Z abhängen werden. Wenden wir auf diesen Zustand den Vernichtungsoperator an, so finden wir unter Berücksichtigung der Wirkung dieses Operators auf die Oszillatoreigenzustände $|n\rangle$, Gl. (12.51):

$$\begin{aligned}
a|Z\rangle &= \sum_{n=0}^{\infty} C_n(Z) a|n\rangle \\
&= \sum_{n=1}^{\infty} C_n(Z)\sqrt{n}|n-1\rangle \\
&= \sum_{k=0}^{\infty} C_{k+1}(Z)\sqrt{k+1}|k\rangle\,, \qquad k = n-1 \\
&\stackrel{!}{=} Z|Z\rangle \equiv Z\sum_{k=0}^{\infty} C_k(Z)|k\rangle
\end{aligned}$$

Hieraus erhalten wir für die Entwicklungskoeffizienten $C_k(Z)$ die Rekursionsbeziehung

$$C_{k+1}(Z) = \frac{Z}{\sqrt{k+1}} C_k(Z)\,,$$

deren Lösung durch

$$C_k(Z) = \frac{Z^k}{\sqrt{k!}} C_0(Z) \tag{12.83}$$

gegeben ist, wobei $C_0(Z)$ durch die Normierung des Zustandes $|Z\rangle$ festgelegt ist. Mit (12.83) finden wir aus (12.82) die Zerlegung

$$|Z\rangle = C_0(Z)\sum_{n=0}^{\infty} \frac{Z^n}{\sqrt{n!}}|n\rangle\,. \tag{12.84}$$

Benutzen wir die explizite Darstellung (12.52) der Oszillatoreigenfunktionen $|n\rangle$ durch die Erzeugungsoperatoren $a^\dagger$, so erhalten wir für die Eigenzustände $|Z\rangle$ von a:

$$|Z\rangle = C_0(Z)\sum_{k=0}^{\infty} \frac{Z^k}{k!}\left(a^\dagger\right)^k|0\rangle\,. \tag{12.85}$$

Die hier auftretende Summe ist aber nichts weiter als die Taylor-Entwicklung der Exponentialfunktion, so daß

$$|Z\rangle = C_0(Z) e^{Za^\dagger}|0\rangle\,. \tag{12.86}$$

Da dieser Zustand $|Z\rangle$ eine kohärente (für reelle Z phasengleiche) Überlagerung aller Oszillatoreigenzustände ist (siehe Gl. (12.85)), wird er als *kohärenter Zustand* bezeichnet.

In den obigen Betrachtungen haben wir keinerlei Einschränkungen an den Eigenwert Z gemacht. Deshalb kann Z eine beliebige komplexe Zahl sein.

Nehmen wir das Adjugierte der Gl. (12.81), so erhalten wir die Eigenwertgleichung des Erzeugungsoperators:

$$\boxed{\langle Z|a^\dagger = \langle Z|Z^* .} \tag{12.87}$$

Dementsprechend finden wir durch Adjungieren der Gl. (12.86) den dualen kohärenten Zustand

$$\langle Z| = \langle 0|e^{Z^* a} C_0^*(Z) .$$

Die kohärenten Zustände zu verschiedenen Z sind nicht orthogonal. In der Tat, berechnen wir das Überlappungsintegral zweier kohärenter Zustände, so finden wir aus Gl. (12.85):

$$\begin{aligned}\langle Z'|Z\rangle &= C_0^*(Z')C_0(Z)\sum_{n=0}^{\infty}\sum_{m=0}^{\infty}\frac{(Z'^*)^n}{\sqrt{n!}}\langle n|m\rangle\frac{Z^m}{\sqrt{m!}}\\ &= C_0^*(Z')C_0(Z)\sum_{n=0}^{\infty}\frac{(Z'^*Z)^n}{n!} = C_0^*(Z')C_0(Z)e^{Z'^*Z} ,\end{aligned}$$

wobei wir $\langle n|m\rangle = \delta_{nm}$ benutzt haben. Den bisher noch unbestimmten Koeffizienten $C_0(Z)$ können wir jetzt so wählen, dass die kohärenten Zustände auf 1 normiert sind. Ferner können wir $C_0(Z)$ reell wählen, was

$$C_0(Z) = e^{-\frac{1}{2}|Z|^2} \tag{12.88}$$

impliziert. Die normierten kohärenten Zustände (12.86) lauten dann:

$$\boxed{|Z\rangle = e^{-\frac{1}{2}|Z|^2}e^{Za^\dagger}|0\rangle , \quad \langle Z|Z\rangle = 1 .} \tag{12.89}$$

---

i Alternativ lassen sich die normierten kohärenten Zustände $|Z\rangle$ (12.89) in der Form

$$|Z\rangle = e^{Za^\dagger - Z^* a}|0\rangle \tag{12.90}$$

darstellen. Um die Äquivalenz von (12.90) zu (12.89) zu zeigen, benutzen wir die Glauber-Formel (C.19) und erhalten

$$e^{Za^\dagger - Z^* a} = e^{Za^\dagger}e^{-\frac{1}{2}Z^* Z[a,a^\dagger]}e^{-Z^* a} . \tag{12.91}$$

Wegen $a|0\rangle = 0$ gilt

$$e^{-Z^* a}|0\rangle = |0\rangle$$

und mit $[a, a^\dagger] = 1$ erhalten wir dann aus (12.91)

$$e^{Za^\dagger - Z^* a}|0\rangle = e^{-\frac{1}{2}|Z|^2}e^{Za^\dagger}|0\rangle .$$

Mit (12.88) finden wir aus (12.84) die Zerlegung

$$|Z\rangle = e^{-\frac{1}{2}|Z|^2} \sum_{n=0}^{\infty} \frac{Z^n}{\sqrt{n!}} |n\rangle\,. \tag{12.92}$$

Der Zustand $|Z = 0\rangle$ ist offenbar allein durch den Grundzustand des Oszillators gegeben:

$$|Z = 0\rangle = |n = 0\rangle\,.$$

Für $Z \neq 0$ hingegen sind die kohärenten Zustände $|Z\rangle$ (12.92) Überlagerungen sämtlicher Oszillatorzustände $|n\rangle$, d. h. sämtliche Zustände $|n\rangle$ mit beliebiger Phononenzahl $n = 0, 1, 2, \ldots$ tragen zu $|Z \neq 0\rangle$ bei. Für die Matrixelemente des Phononenzahloperators $\hat{n}$ (12.42) in den kohärenten Zuständen finden wir aus Gl. (12.81) und (12.87)

$$\langle Z'|\hat{n}|Z\rangle = Z'^* Z\,\langle Z'|Z\rangle \tag{12.93}$$

und somit für den Erwartungswert von $\hat{n}$ in diesen Zuständen:

$$\langle Z|\hat{n}|Z\rangle = |Z|^2\,. \tag{12.94}$$

Damit ist $|Z|^2$ die mittlere Phononenzahl im kohärenten Zustand $|Z\rangle$.

---

i

Die kohärenten Zustände sind rechtsseitige Eigenzustände des Vernichtungsoperators a und linksseitige Eigenzustände des Erzeugungsoperators $a^\dagger$. Eine berechtigte Frage ist deshalb: Was sind die rechsseitigen Eigenzustände von $a^\dagger$ und die linksseitigen von a? Man kann sich jedoch leicht davon überzeugen, daß diese Zustände nicht existieren: Nehmen wir an, es existiere ein rechtsseitiger Eigenzustand $|\zeta\rangle$ von $a^\dagger$. Da die Oszillatorzustände $|n\rangle$ eine vollständige Basis bilden, besitzt dieser Zustand die Darstellung.

$$|\zeta\rangle = \sum_{n=n_{min}}^{\infty} B_n(\zeta)|n\rangle\,, \tag{12.95}$$

wobei $|n_{min}\rangle$ der unterste Oszillatorzustand ist, der zu $|\zeta\rangle$ beiträgt, d. h. $B_{n_{min}}(\zeta) \neq 0$. Dieser kann der Grundzustand sein ($n_{min} = 0$) oder ein angeregter Zustand ($n_{min} > 0$). Wenden wir den Operator $a^\dagger$ auf den Zustand $|\zeta\rangle$ (12.95) an und benutzen dabei Gl. (12.50), so erhalten wir

$$a^\dagger|\zeta\rangle = \sum_{n=n_{min}}^{\infty} B_n(\zeta)a^\dagger|n\rangle = \sum_{n=n_{min}}^{\infty} B_n(\zeta)\sqrt{n+1}|n+1\rangle = \sum_{n=n_{min}+1}^{\infty} B_{n-1}(\zeta)\sqrt{n}|n\rangle\,, \tag{12.96}$$

Im Zustand $a^\dagger|\zeta\rangle$ fehlt der Zustand $|n_{min}\rangle$, der aber voraussetzungs gemäß zu $|\zeta\rangle$ (12.95) beiträgt. Folglich kann der Zustand $a^\dagger|\zeta\rangle$ nicht proportional zu $|\zeta\rangle$ sein und somit $|\zeta\rangle$ kein Eigenzustand von $a^\dagger$ sein. Damit existiert kein rechtsseitiger Eigenzustand von $a^\dagger$. Analog zeigt man, daß kein linksseitiger Eigenzustand von a existiert.

12.11.2 Vollständigkeit

Die kohärenten Zustände bilden eine „übervollständige" Basis[4] des Hilbertraumes des harmonischen Oszillators und in dieser Basis besizt der Einheitsoperator die folgende Darstellung (Vollständigkeitsrelation):

$$\boxed{\hat{1} = \int \frac{dZ^*\, dZ}{2\pi i}\, |Z\rangle\langle Z|\,,} \tag{12.97}$$

wobei die Integration sich über die gesamte komplexe Z-Ebene erstreckt.

Beweis der Volllständighkeit
In der Polarkoordinatendarstellung

$$Z = re^{i\varphi}$$

ist das Integrationsmaß

$$dZ^*\, dZ = \det\left(\frac{\partial(Z^*, Z)}{\partial(r, \varphi)}\right) dr\, d\varphi$$

mit der Jacobi-Matrix der Variablentransformation $(r, \varphi) \longrightarrow (Z^*, Z)$,

$$\frac{\partial(Z^*, Z)}{\partial(r, \varphi)} = \begin{pmatrix} \frac{\partial Z^*}{\partial r} & \frac{\partial Z}{\partial r} \\ \frac{\partial Z^*}{\partial \varphi} & \frac{\partial Z}{\partial \varphi} \end{pmatrix} = \begin{pmatrix} e^{-i\varphi} & e^{i\varphi} \\ -ire^{-i\varphi} & ire^{i\varphi} \end{pmatrix},$$

bzw. ihrer Determinante

$$\det \frac{\partial(Z^*, Z)}{\partial(r, \varphi)} = 2ir\,,$$

durch

$$\frac{dZ^*\, dZ}{2\pi i} = \frac{r\, dr\, d\varphi}{\pi}$$

gegeben.

Zum Beweis der Vollständigkeitsrelation (12.97) benutzen wir für die kohärenten Zustände die Darstellung (12.92)

$$\begin{aligned} \hat{1} &= \int \frac{dZ^*\, dZ}{2\pi i}\, |Z\rangle\langle Z| \\ &= \int \frac{dZ^*\, dZ}{2\pi i}\, e^{-|Z|^2} \sum_{n,m} \frac{Z^n}{\sqrt{n!}} |n\rangle\langle m| \frac{Z^{*m}}{\sqrt{m!}} \end{aligned}$$

---

4 D. h., die $|Z\rangle$ mit $Z \in \mathbb{C}$ enthalten mehr Zustände, als für eine vollständige Basis erforderlich sind.

$$= \sum_{n,m} \frac{1}{\sqrt{n!m!}} |n\rangle\langle m| \int_0^\infty dr\, 2rr^{n+m} e^{-r^2} \underbrace{\int_0^{2\pi} \frac{d\varphi}{2\pi} e^{i(n-m)\varphi}}_{\delta_{nm}}$$

$$= \sum_n \frac{1}{n!} |n\rangle\langle n| \int_0^\infty dx\, x^n e^{-x}\,, \quad x = r^2\,.$$

Das hier verbleibende Integral lässt sich elementar berechnen:

$$\int_0^\infty dx\, x^n e^{-x} = (-1)^n \left[\frac{d^n}{da^n} \int_0^\infty dx\, e^{-ax} \right]_{a=1} = n!\,.$$

Mit diesem Ergebnis reduziert sich die Vollständigkeitsrelation der kohärenten Zustände (12.97) auf die der Eigenzustände des harmonischen Oszillators:

$$\hat{1} = \sum_n |n\rangle\langle n|\,.$$

Wir können damit jeden beliebigen Zustand nach den kohärenten Zuständen entwickeln bzw. in den kohärenten Zuständen darstellen. Mit $\langle n|k\rangle = \delta_{nk}$ finden wir aus (12.92) die Darstellung der Oszillatoreigenzustände in der Basis der kohärenten Zustände:

$$\boxed{\langle n|Z\rangle = \frac{Z^n}{\sqrt{n!}} e^{-\frac{1}{2}|Z|^2}\,, \qquad \langle Z|n\rangle = \frac{(Z^*)^n}{\sqrt{n!}} e^{-\frac{1}{2}|Z|^2}\,.} \tag{12.98}$$

Diese Darstellung ist wesentlich einfacher als die Ortsdarstellung (12.69), die durch die Hermite-Funktionen gegeben ist. Die Wahrscheinlichkeit, mit der ein Oszillatorzustand $|n\rangle$ in einem kohärenten Zustand $|Z\rangle$ auftritt, $w_n(|Z|^2) = |\langle n|Z\rangle|^2$, ist nach (12.98) gerade durch die *Poisson-Verteilung*

$$w_n(|Z|^2) = \frac{(|Z|^2)^n}{n!} e^{-|Z|^2}$$

gegeben. Mit diesem statistischen Gewicht treten die Photonen der Energie $\hbar\omega$ im Laser auf. Die kohärenten Zustände besitzen deshalb eine große Bedeutung für die Theorie des Lasers.

Multiplizieren wir den Erzeugungs- bzw. Vernichtungsoperator von links bzw. rechts mit dem Einheitsoperator (12.97) in der Basis der kohärenten Zustände und benutzen die Eigenwertgleichungen (12.81) und (12.87), so finden wir die *Spektraldarstellung* (siehe Gl. (10.48) dieser Operatoren:

$$a = \int \frac{dZ^*\, dZ}{2\pi i} |Z\rangle Z \langle Z|\,, \qquad a^\dagger = \int \frac{dZ^*\, dZ}{2\pi i} |Z\rangle Z^* \langle Z|\,. \tag{12.99}$$

Hierin treten die komplexen Zahlen Z bzw. Z^* als Eigenwerte von a bzw. $a^\dagger$ auf.

i Oftmals ist es zweckmäßig, mit den unnormierten kohärenten Zuständen ($\zeta \in \mathbb{C}$)

$$\boxed{|\zeta\rangle = e^{a^\dagger \zeta}|0\rangle\,, \quad \langle\zeta| = \langle 0|e^{\zeta^* a}} \tag{12.100}$$

zu arbeiten, deren Skalarprodukt durch

$$\boxed{\langle\zeta'|\zeta\rangle = e^{\zeta'^*\zeta}}$$

gegeben ist. (Zur Unterscheidung dieser kohärenten Zustände von den auf eins normierten Zuständen $|Z\rangle$ (12.89) bezeichnen wir ihre komplexen Argumente mit ζ statt Z.) In diesen Zuständen besitzen die Erzeugungs- und Vernichtungsoperatoren $a^\dagger$, a eine sehr einfache Darstellung:

$$\boxed{a|\zeta\rangle = \zeta|\zeta\rangle\,, \quad a^\dagger|\zeta\rangle = \frac{\partial}{\partial\zeta}|\zeta\rangle\,.}$$

Da diese Zustände nicht auf eins normiert sind, $\langle\zeta|\zeta\rangle = \exp|\zeta|^2$, enthält der Einheitsoperator

$$\hat{1} = \int \frac{d\zeta^*\,d\zeta}{2\pi i}\,\frac{|\zeta\rangle\langle\zeta|}{\langle\zeta|\zeta\rangle}\,. \tag{12.101}$$

im Integrationsmaß das Inverse ihrer Norm:

$$\boxed{\hat{1} = \int \frac{d\zeta^*\,d\zeta}{2\pi i}\,e^{-|\zeta|^2}|\zeta\rangle\langle\zeta|\,.} \tag{12.102}$$

Die kohärenten Zustände (12.100) werden wir in Kapitel 32, Band 3 zu Beschreibung von Vielteilchensystemen benutzen.

12.11.3 Minimale Unschärfe

Zum Abschluss berechnen wir noch die Orts- und Impulsunschärfe in den kohärenten Zuständen. Dazu drücken wir Orts- und Impulsoperator mittels Gleichungen (12.55) durch die Erzeugungs- und Vernichtungsoperatoren aus. Nach Benutzung der Eigenwertgleichungen (12.81) und (12.87) finden wir für die Erwartungswerte von Ort und Impuls:

$$\begin{aligned}
\langle Z|\hat{x}|Z\rangle &= \frac{x_0}{\sqrt{2}}\langle Z|(a + a^\dagger)|Z\rangle = \frac{x_0}{\sqrt{2}}\langle Z|(Z + Z^*)|Z\rangle \\
&= \frac{x_0}{\sqrt{2}}(Z + Z^*) = \sqrt{2}x_0\,\mathrm{Re}\{Z\}\,, \\
\langle Z|\hat{p}|Z\rangle &= \frac{\hbar}{i}\frac{1}{x_0\sqrt{2}}\langle Z|(a - a^\dagger)|Z\rangle \\
&= \frac{\hbar}{i}\frac{1}{x_0\sqrt{2}}(Z - Z^*) = \frac{\hbar\sqrt{2}}{x_0}\,\mathrm{Im}\{Z\}\,.
\end{aligned}$$

Ähnlich berechnen wir ihre Unschärfe. Für die Ortsunschärfe

$$
\begin{aligned}
(\Delta x)^2 &= \langle Z|(\hat{x} - \langle Z|\hat{x}|Z\rangle)^2|Z\rangle = \langle Z|\hat{x}^2|Z\rangle - (\langle Z|\hat{x}|Z\rangle)^2 \\
&= \frac{x_0^2}{2}[\langle Z|((a^\dagger)^2 + aa^\dagger + a^\dagger a + (a)^2)|Z\rangle - (Z + Z^*)^2]
\end{aligned}
$$

finden wir nach Benutzung von $aa^\dagger = [a, a^\dagger] + a^\dagger a = 1 + a^\dagger a$ sowie den Eigenwertgleichungen (12.81) und (12.87):

$$
(\Delta x)^2 = \frac{x_0^2}{2}[(Z + Z^*)^2 + 1 - (Z + Z^*)^2] = \frac{x_0^2}{2} .
$$

Für die Impulsunschärfe erhält man analog:

$$
(\Delta p)^2 = \frac{\hbar^2}{2x_0^2} .
$$

Damit finden wir für die Unschärferelation von Ort und Impuls:

$$
\Delta x\, \Delta p = \frac{\hbar}{2} .
$$

Dies zeigt, dass die kohärenten Zustände die Unschärfe minimieren (vgl. Gln. (11.12) und (12.58)). In einem beliebigen kohärenten Zustand $|Z\rangle$ erreicht die Orts- und Impulsunschärfe ihr absolutes Minimum. Diese Tatsache verleiht den kohärenten Zuständen große Attraktivität, und zwar besonders dann, wenn es um die Beschreibung von semiklassisch verlaufenden Bewegungen[5] geht bzw. wenn man eine klassische Vorstellung über eine quantenmechanische Bewegung anstrebt. So erhält man z. B. beim harmonischen Oszillator für die Matrixelemente des Hamilton-Operators in den kohärenten Zuständen:

$$
\langle Z|H|Z'\rangle = \hbar\omega\langle Z|\left(a^\dagger a + \frac{1}{2}\right)|Z'\rangle = \hbar\omega\left(Z^* Z' + \frac{1}{2}\right)\langle Z|Z'\rangle,
$$

was dem klassischen Fall (12.33) sehr ähnlich ist. Für $Z \neq Z'$ sind diese Matrixelemente i. A. komplex, jedoch ist der Erwartungswert

$$
\langle Z|H|Z\rangle = \hbar\omega\left(|Z|^2 + \frac{1}{2}\right)
$$

natürlich reell und darüber hinaus positiv. Für $|Z|^2 = n$ erhalten wir die exakten Energieeigenwerte des harmonischen Oszillators.

5 Auf einer klassischen Bahn sind natürlich Ort und Impuls scharf.

Durch ihre Eigenschaft, Eigenfunktionen der Vernichtungsoperatoren zu sein, lassen sich die kohärenten Zustände auch sehr vorteilhaft zur Beschreibung von Systemen aus identischen Teilchen bzw. von Quantenfeldern benutzen, siehe Kapitel 33, Band 3.

13 Periodische Potentiale: Das Bänder-Modell des Festkörpers

In kristallinen Festkörpern besitzen die Atome eine reguläre periodische Anordnung. Sie formen ein sogenanntes Gitter (Abb. 13.1). In vielen Substanzen haben wir es mit einem strengen regulären Gitter zu tun, in dem benachbarte Atome exakt denselben Abstand besitzen, der als Gitterabstand bezeichnet wird. Das von den positiv geladenen Atomkernen bzw. Ionen erzeugte Coulomb-Potential der Elektronen hat dann die in Abb. 13.2(a) dargestellte Form.

Wenn die Gitterabstände der Atome hinreichend klein sind, überlappen die elektrostatischen Potentiale der Atomkerne stark und die Elektronen können die Potentialbarrieren zwischen benachbarten Atomen durchtunneln. Die Elektronen werden dann nicht mehr streng an einem einzelnen Gitterplatz (Atom) gebunden sein, sondern können sich mehr oder weniger im gesamten Festkörper ausbreiten.

Ein makroskopischer Körper enthält größenordnungsmäßig 10^{23} Atome. Seine Längenabmessungen sind groß gegenüber den atomaren Abständen. Die überwiegende Zahl der Atome im Inneren des Festkörpers wird nichts von der Oberfläche spüren. Oberflächeneffekte sollten deshalb unwesentlich für die Volumeneigenschaften des Festkörpers sein und sollen daher im Folgenden ignoriert werden. Dazu können wir einfach annehmen, dass der Festkörper unendlich ausgedehnt ist. Für ein unendlich ausgedehntes Gitter kehren wir in den Ausgangszustand zurück, wenn wir uns um einen Gitterabstand a weiterbewegen, und das Potential ist dann streng periodisch:

$$V(x+a) = V(x)\,. \tag{13.1}$$

13.1 Der Translationsoperator

Im Folgenden untersuchen wir die Form der Wellenfunktion in einem periodischen Potential. Die genaue Form des Potentials ist dabei zunächst irrelevant, wir setzen lediglich voraus, dass es die Periodizitätsbedingung (13.1) erfüllt. Dazu führen wir zunächst den *Translationsoperator* T_z ein, der das Argument einer Ortsfunktion um den Betrag z verschiebt:

$$(T_z\varphi)(x) = \varphi(x+z)\,.$$

Dieser Operator hat in der x- bzw. Ortsdarstellung die explizite Form

$$T_z = \exp\left(z\frac{d}{dx}\right).$$

Zum Beweis entwickeln wir den Exponenten in eine Reihe:

https://doi.org/10.1515/9783111268255-013

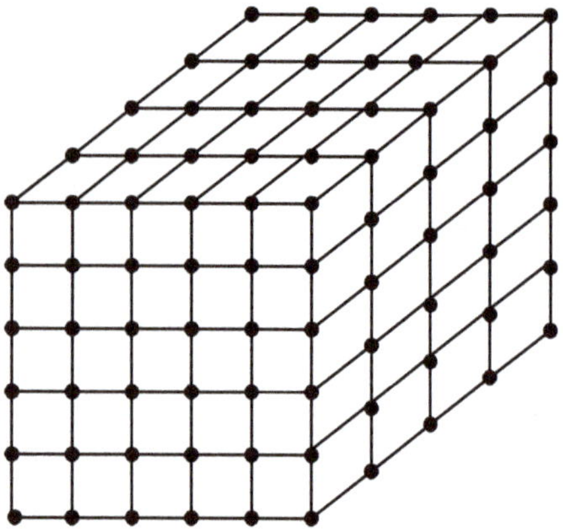

Abb. 13.1: Reguläre periodische Anordnung der Atome im kristallinen Festkörper.

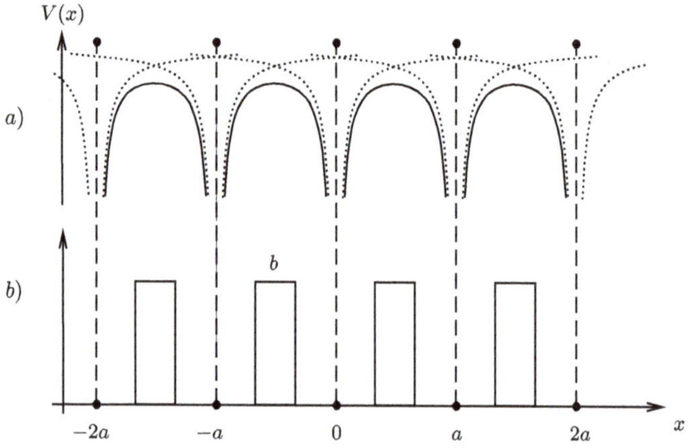

Abb. 13.2: (a) Periodisches Coulomb-Potential der Elektronen in einem streng regulären Gitter. Die gestrichelten Linien repräsentieren die Coulomb-Potentiale der einzelnen Atome, die sich zum durchgezogenen periodischen Gesamtpotential überlagern. (b) Vereinfachtes periodisches Potential.

$$T_z = \sum_{n=0}^{\infty} \frac{z^n}{n!} \frac{d^n}{dx^n} .$$

Wenden wir diese Reihenentwicklung auf eine beliebige Funktion $\varphi(x)$ an, so finden wir, dass der Translationsoperator gerade die Taylor-Entwicklung der Funktion $\varphi(x+z)$ an der Stelle x liefert:

$$(T_z\varphi)(x) = \sum_{n=0}^{\infty} \frac{z^n}{n!} \frac{d^n\varphi(x)}{dx^n} = \varphi(x+z) . \tag{13.2}$$

Den in (13.2) definierten Translationsoperator können wir auch durch den Impulsoperator ausdrücken:

$$\boxed{T_z = e^{z\frac{i}{\hbar}p}\,, \quad p = \frac{\hbar}{i}\frac{d}{dx}\,.}$$

In dieser Form ist der Translationsoperator unabhängig von der gewählten Darstellung. Da der Impulsoperator hermitesch ist, ist der Translationsoperator unitär:

$$T_z^\dagger = T_z^{-1}\,.$$

Ferner gilt offenbar

$$T_z^{-1} = T_{-z}\,.$$

Der Translationsoperator kommutiert mit der kinetischen Energie, da er nur eine Funktion des Impulsoperators ist:

$$\left[T_z, \frac{p^2}{2m}\right] = \hat{0}\,.$$

Da das Potential periodisch ist mit Periode a, kommutiert es mit dem speziellen Translationsoperator $T_{z=a}$. Denn es gilt für beliebige Funktionen $\varphi(x)$:

$$\begin{aligned}(T_a V\varphi)(x) &= V(x+a)\varphi(x+a) = V(x)\varphi(x+a)\\ &= V(x)(T_a\varphi)(x) = (VT_a\varphi)(x)\end{aligned}$$

und somit

$$[T_a, V] = \hat{0}\,.$$

Also kommutiert der Translationsoperator T_a mit dem Hamilton-Operator:

$$[T_a, H] = \hat{0}\,, \quad T_a H T_a^{-1} = H\,.$$

Folglich haben T_a und H gemeinsame Eigenfunktionen (siehe Abschnitt 10.5).

13.2 Das Bloch'sche Theorem

Da T_a ein unitärer Operator ist ($T_a^\dagger T_a = \hat{1}$), müssen seine Eigenwerte λ_k die Form

$$\lambda_k = e^{i\nu_k(a)}$$

mit reellen $\nu_k(a)$ besitzen. Die $\nu_k(a)$ sind offensichtlich nur bis auf ein Vielfaches von 2π definiert und werden als *Floquet-Indizes* bezeichnet. Offenbar ist jede periodische Funktion $u(x)$ mit der Periode a Eigenfunktion des Translationsoperators T_a zum Eigenwert 1 ($\nu_k(a) = 0 \mod 2\pi n, n \in \mathbb{N}$):

$$(T_a u)(x) = u(x+a) = u(x)\,. \tag{13.3}$$

Da der Translationsoperator nur eine Funktion des Impulsoperators ist, sind darüber hinaus auch alle Impulseigenfunktionen gleichzeitig Eigenfunktionen zu T_a,

$$T_a e^{ikx} = e^{ik(x+a)} = e^{ika} e^{ikx}\,, \tag{13.4}$$

wobei die Floquet-Indizes durch

$$\nu_k(a) = ka$$

gegeben sind. Kombinieren wir (13.3) und (13.4), so erhalten wir Eigenfunktionen des Translationsoperators der Gestalt

$$\boxed{\varphi_k(x) = e^{ikx} u_k(x)\,, \quad u_k(x+a) = u_k(x)\,.} \tag{13.5}$$

Solche Funktionen heißen *Bloch-Wellen*. Sie besitzen offenbar die Eigenschaft, dass sie periodisch bis auf eine Phase sind

$$\boxed{\varphi_k(x+a) = e^{i\nu_k(a)} \varphi_k(x)\,.} \tag{13.6}$$

Da T_a mit H kommutiert, müssen die Bloch-Wellen auch Eigenfunktionen des Hamilton-Operators sein. Es lässt sich nun zeigen, dass die Bloch-Welle die allgemeinste Form der Wellenfunktion in einem streng periodischen Potential ist. Dies ist die Aussage des *Bloch'schen Theorems*, welches wir weiter unten für einen Spezialfall beweisen werden. Die Bloch-Wellen (13.5) sind keine Impulseigenzustände, wenn $u_k(x)$ nicht konstant ist. Die Größen $p = \hbar k$ werden deshalb als *Quasi-Impulse* bezeichnet.[1] Der Impuls eines Elektrons in einem periodischen Gitter ist wegen der Ortsabhängigkeit des Gitterpotentials natürlich nicht konstant. Trotzdem sind die Eigenfunktionen der Elektronen aufgrund der periodischen Struktur des Gitters durch einen konstanten Impulswert, den Quasi-Impuls, $\hbar k = \hbar \nu_k(a)/a$ charakterisiert. Dieser Quasi-Impuls ist offenbar nur modulo eines Vielfachen von $2\pi\hbar/a$ bestimmt. Auch sind die Bloch-Wellen $\varphi_k(x)$ für beliebige k i. A. nicht periodisch in der Gitterkonstanten, d. h. $\varphi_k(x+a) \neq \varphi_k(x)$, siehe Gl. (13.6).

Beweis des Bloch'schen Theorems:

Wir betrachten eine lineare Atomkette aus N identischen Gitterpunkten mit Gitterabstand a, die wir zu einem Ring der Länge Na verbinden (siehe Abb. 13.3), um strenge Periodizität

$$V(x+na) = V(x)\,, \quad n - \text{ganzzahlig}\,,$$

1 Da in der Fachliteratur häufig Einheiten benutzt werden, in denen $\hbar = 1$ gilt, hat es sich eingebürgert, auch die zugehörigen Wellenzahlen k als Quasi-„Impulse“ zu bezeichnen.

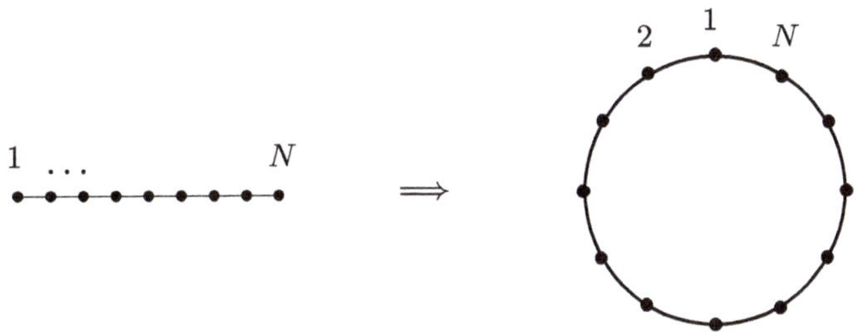

Abb. 13.3: Kreisförmige Atomkette, die durch Verbinden der Enden einer linearen periodischen Kette entsteht.

d. h. keine Randeffekte, zu haben, siehe hierzu auch Abschnitt 13.4.1. Der Einfachheit halber setzen wir auch voraus, die Wellenfunktion sei nicht entartet. Wegen der Symmetrie des Ringes kann sich dann die Wellenfunktion bei Verschiebung ihres Argumentes um die Gitterkonstante a nur um eine konstante Phase C ändern

$$\varphi(x+a) = C\varphi(x)\,. \tag{13.7}$$

Laufen wir einmal um den gesamten Ring

$$\varphi(x+Na) = C^N\varphi(x)\,, \tag{13.8}$$

kehren wir zur Ausgangsposition x zurück und da die Wellenfunktion einen eindeutigen Wert besitzen muss, gilt

$$\varphi(x+Na) = \varphi(x)\,. \tag{13.9}$$

Der Vergleich von (13.8) und (13.9) zeigt

$$C^N = 1\,,$$

d. h., C ist eine der N Wurzeln der Eins

$$C = e^{i\frac{2\pi}{N}n}\,, \quad n = 0,1,2,\ldots N-1\,.$$

Einsetzen dieses Ausdruckes in (13.7) liefert das Bloch'sche Theorem (13.6) für die betrachtete Atomkette.

---

i

Die Gesamtheit der Translationsoperatoren T_x (mit beliebigem Argument x) bildet eine Gruppe, die sogenannte *Translationsgruppe*. Man überprüft leicht, dass alle Gruppenaxiome erfüllt sind:

$$T_aT_b = T_{a+b}\,,$$
$$T_aT_a^{-1} = T_aT_{-a} = T_{a-a} = T_0 = \hat{1}\,.$$

Da die Translationsoperatoren zu verschiedenen Argumenten kommutieren,

$$T_aT_b = T_bT_a = T_{a+b}\,,$$

bilden sie eine Abel'sche Gruppe, und zwar die $U(1)$-Gruppe (genauer gesagt, die „Überlagerungsgruppe" der $U(1)$-Gruppe, welche $\mathbb{R}$ ist). Das Bloch'sche Theorem folgt dann unmittelbar aus der Darstellungstheorie der Gruppen; e^{ikx} ist die Darstellung der $U(1)$-Gruppe bzw. deren Überlagerungsgruppe.

13.3 Qualitative Beschreibung der Energiebänder*

Die prinzipiellen Eigenschaften der Elektronen in einem Festkörper werden durch die periodische Struktur des Potentials bestimmt. Zur Beschreibung der Elektronenzustände in periodischen Potentialen ersetzen wir das periodische Coulomb-Potential durch das in Abb. 13.2(b) dargestellte vereinfachte periodische Potential. Wir nehmen zunächst an, dass die Potentialwände unendlich hoch sind, halten aber ihre Breite b endlich. Dann verschwindet die quantenmechanische Tunnelung und die Eigenzustände des Hamilton-Operators sind in den einzelnen Potentialmulden lokalisiert, siehe Abb. 13.4. Im Folgenden bezeichnen wir mit $|n\rangle$ den (lokalisierten) Grundzustand in der n-ten Potentialmulde, die durch

$$\left(n - \frac{1}{2}\right)a + \frac{b}{2} < x < \left(n + \frac{1}{2}\right)a - \frac{b}{2}$$

definiert ist. Der Zustand erfüllt dann die stationäre Schrödinger-Gleichung

$$H|n\rangle = E_0|n\rangle \,.$$

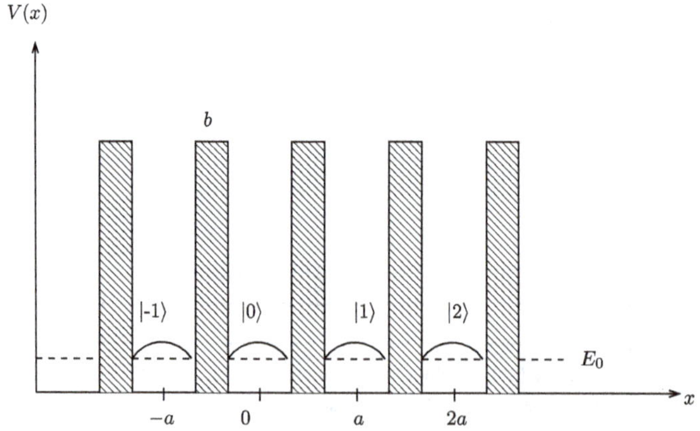

Abb. 13.4: Illustration der lokalisierten Zustände $|n\rangle$ im vereinfachten periodischen Potential. Die schraffierten Gebiete repräsentieren unendlich hohe Potentialwände der Breite b.

* Dieses Kapitel ist für das Verständnis der übrigen Kapitel nicht erforderlich und kann deshalb beim ersten Lesen übersprungen werden.

Diese lokalisierten Zustände sind jedoch noch keine Eigenzustände zum Translationsoperator. Auch wenn für unendlich hohe Potentialwände die Elektronen ihren Gitterplatz nicht verlassen können, so sind die lokalisierten Zustände $|n\rangle$ dennoch keine Eigenzustände (des Hamilton-Operators) des translationsinvarianten Festkörpers, die – wie wir oben gesehen hatten – dem Bloch'schen Theorem genügen, unabhängig von der spezifischen Form des Potentials. In der Tat, wegen

$$T_a\varphi(x) = (T_a\varphi)(x) = \varphi(x+a)\,,$$

was wir in der Bra-Ket-Notation als

$$\langle x|T_a|\varphi\rangle = \langle x+a|\varphi\rangle \tag{13.10}$$

schreiben können, finden wir:

$$\langle x|T_a|n\rangle = \langle x+a|n\rangle = \langle x|n-1\rangle\,,$$

wobei das letzte Gleichheitszeichen aus der Periodizität des Potentials folgt. Damit haben wir:

$$\boxed{T_a|n\rangle = |n-1\rangle\,.} \tag{13.11}$$

Wie erwartet transformiert der Translationsoperator T_a die lokalisierten Zustände $|n\rangle$ in die der benachbarten Mulde, $|n-1\rangle$.

---

i

Wegen $T_a^\dagger = T_a^{-1}$ gilt:

$$\langle x|T_a|\varphi\rangle = \langle T_a^\dagger x|\varphi\rangle = \langle T_a^{-1}x|\varphi\rangle\,,$$

was mit (13.10) auf

$$\langle T_a^{-1}x|\varphi\rangle = \langle x+a|\varphi\rangle$$

führt für beliebige φ. Damit bekommen wir:

$$\langle T_a^{-1}x| = \langle x+a|\,. \tag{13.12}$$

Wegen

$$\langle T_a^{-1}x| = \langle T_a^\dagger x| = \langle x|T_a$$

erhalten wir aus (13.12) nach Bildung des Adjungierten:

$$T_a^{-1}|x\rangle = |x+a\rangle$$

Auch wenn hier die quantenmechanische Tunnelung (wegen der als unendlich hoch vorausgesetzten Potentialwände) verschwindet, so können wir doch die Zustände mit korrekter Symmetrie ähnlich wie beim Doppelwallpotential[2] durch Überlagerung der in einzelnen Mulden lokalisierten Zustände konstruieren. Allgemein gelangt man von lokalisierten zu periodischen Funktionen durch diskrete Fourier-Transformationen, bei denen man nur über alle möglichen Vielfachen einer Grundfrequenz summiert. Die gesuchten Bloch-Wellen setzen wir deshalb in der Form

$$\boxed{|\Theta\rangle = \sum_{n=-\infty}^{\infty} e^{in\Theta}|n\rangle} \tag{13.13}$$

an, wobei Θ ein reeller Parameter ist, der offenbar auf das Intervall

$$-\pi \leq \Theta \leq \pi$$

beschränkt werden kann. Wenden wir den Translationsoperator auf diesen Zustand an, benutzen dabei (13.11),

$$T_a|\Theta\rangle = \sum_{n=-\infty}^{\infty} e^{in\Theta} T_a|n\rangle = \sum_{n=-\infty}^{\infty} e^{in\Theta}|n-1\rangle\,,$$

und führen eine Umbenennung der Summationsvariable durch ($n-1 \to n$), so finden wir, dass die so konstruierten Zustände in der Tat Eigenzustände des Translationsoperators sind:

$$T_a|\Theta\rangle = \sum_{n=-\infty}^{\infty} e^{i(n+1)\Theta}|n\rangle = e^{i\Theta}|\Theta\rangle\,.$$

Projizieren wir diese Gleichung mittels (13.10) in die Ortsdarstellung,

$$\langle x+a|\Theta\rangle = e^{i\Theta}\langle x|\Theta\rangle\,,$$

so sehen wir, dass die Zustände $\langle x|\theta\rangle$ (13.13) dem Bloch'schen Theorem (13.6) genügen und dass Θ gerade den zugehörigen Floquet-Index repräsentiert:

$$\Theta = \nu_k(a)\,.$$

Der so konstruierte Eigenzustand $|\Theta\rangle$ des Translationsoperators ist offenbar auch Eigenzustand zum Hamilton-Operator mit der Energie E_0, da er aus einer Superposition von orthogonalen Eigenzuständen von H zur Energie E_0 aufgebaut ist.

2 Beim bezüglich des Koordinatenursprungs symmetrischen Doppelwallpotential sind die Zustände korrekter Symmetrie selbst bei unendlich hoher Barriere durch die Eigenzustände des Paritätsoperators gegeben.

Für unendlich hohe Potentialwände sind die Zustände $|n\rangle$ streng in den einzelnen Potentialmulden lokalisiert und reichen nicht in benachbarte Potentialmulden.[3] Sie besitzen daher keinen Überlapp und sind deshalb orthogonal, $\langle n|m\rangle = \delta_{nm}$.

Im realistischen Fall sind die Potentialberge jedoch nicht unendlich hoch. Für *endliche* Potentialbarrieren können die Elektronen mit gewisser Wahrscheinlichkeit die Barrieren durchtunneln und sich von Gitterplatz zu Gitterplatz bewegen. Die lokalisierten Wellenfunktionen reichen dann in die benachbarten Potentialmulden hinein und Wellenfunktionen benachbarter Potentialmulden (d. h. die in benachbarten Potentialmulden lokalisiert sind) sind nicht mehr streng orthogonal und können deshalb keine strengen Eigenfunktionen des Hamilton-Operators mehr sein. Wir können jedoch auch in diesem Fall lokalisierte Funktionen mit der Eigenschaft

$$T_a|n\rangle = |n-1\rangle$$

konstruieren. Wegen der Translationsinvarianz sind die Diagonalelemente von H in der lokalisierten Basis alle gleich,

$$\langle n|H|n\rangle = E_0 ,$$

unabhängig von dem Gitterplatz n. Für genügend hohe, aber endliche Potentialberge reichen die Schwänze der Wellenfunktionen wesentlich nur in die unmittelbar benachbarten Potentialmulden, sodass Wellenfunktionen, die in weit entfernt gelegenen Mulden lokalisiert sind, praktisch orthogonal sind und die entsprechenden Nichtdiagonalelemente des Hamilton-Operators verschwinden. Im Extremfall können wir uns bei den Außerdiagonalelementen von H auf diejenigen beschränken, die zu den an benachbarten Gitterplätzen lokalisierten Zuständen gehören:

$$\langle n'|H|n\rangle = \begin{cases} E_0, & n' = n , \\ -\Delta, & n' = n \pm 1 , \\ 0, & \text{sonst} . \end{cases} \tag{13.14}$$

Wegen der Translationsinvarianz sind die Matrixelemente Δ unabhängig vom Gitterplatz n. Der Einfachheit halber haben wir hier vorausgesetzt, dass das Matrixelement reell ist. Das Vorzeichen von Δ kann willkürlich gewählt werden und hat keinen Einfluss auf die resultierenden Energieeigenwerte, wie wir unten sehen werden. Der obige Ansatz für die Matrixelemente des Hamilton-Operators wird in der Festkörperphysik als *Tight-Binding-Approximation* bezeichnet. Mit (13.14) erhalten wir bei Anwendung des Hamilton-Operators auf den Zustand $|n\rangle$:

3 Für unendlich hohe Potentialbarrieren ist die lokalisierte Wellenfunktion $|n\rangle$ auf die n-te Potentialmulde beschränkt und besitzt Knoten an den unendlich hohen Potentialwänden (siehe Abschnitt 8.5).

$$H|n\rangle = \sum_{n'} |n'\rangle\langle n'|H|n\rangle = -\Delta|n-1\rangle + E_0|n\rangle - \Delta|n+1\rangle\,. \tag{13.15}$$

Wie erwartet, sind die Zustände $|n\rangle$ nicht mehr Eigenzustände des Hamilton-Operators. Natürlich sind sie auch nicht Eigenzustände des Translationsoperators, siehe Gl. (13.11). Wie wir oben im Falle der unendlich hohen Potentialwände gesehen haben, sind die Eigenzustände des Translationsoperators durch die Linearkombination $|\Theta\rangle$ (13.13) der lokalisierten Zustände gegeben. Wir versuchen deshalb, die Eigenzustände des Hamilton-Operators aus diesen Zuständen zu konstruieren, die bereits die richtige Symmetrie besitzen. Wenden wir den Hamilton-Operator unter Benutzung von (13.15) auf diese Zustände an, so finden wir

$$\begin{aligned}
H|\Theta\rangle &= H \sum_{n=-\infty}^{\infty} e^{in\Theta}|n\rangle = \sum_{n=-\infty}^{\infty} e^{in\Theta} H|n\rangle \\
&= \sum_{n=-\infty}^{\infty} e^{in\Theta}\left[-\Delta|n-1\rangle + E_0|n\rangle - \Delta|n+1\rangle\right] \\
&= E_0 \sum_{n=-\infty}^{\infty} e^{in\Theta}|n\rangle - \Delta \sum_{n=-\infty}^{\infty} e^{in\Theta}|n+1\rangle - \Delta \sum_{n=-\infty}^{\infty} e^{in\Theta}|n-1\rangle \\
&= E_0|\Theta\rangle - \Delta \sum_{n=-\infty}^{\infty} \left(e^{in\Theta-i\Theta} + e^{in\Theta+i\Theta}\right)|n\rangle \\
&= E_0|\Theta\rangle - \Delta\left(e^{-i\Theta} + e^{i\Theta}\right)|\Theta\rangle \\
&= (E_0 - 2\Delta\cos\Theta)|\Theta\rangle\,.
\end{aligned}$$

Die Zustände $|\Theta\rangle$ (13.13) sind damit bereits Eigenzustände des durch Gl. (13.14) definierten Hamilton-Operators zu der Energie

$$\boxed{E_\Theta = E_0 - 2\Delta\cos\Theta\,.} \tag{13.16}$$

Für $\Delta \neq 0$ hängt diese vom Floquet-Index Θ ab. Wir erhalten damit eine kontinuierliche Verteilung von Energieeigenwerten, die durch den Floquet-Index Θ charakterisiert werden (siehe Abb. 13.5): Wenn Θ seinen Definitionsbereich von $-\pi$ bis $+\pi$ durchläuft, laufen die Energieeigenwerte von $E_0 - 2\Delta$ bis $E_0 + 2\Delta$. Die ursprünglich vorhandene Entartung in der Energie der lokalisierten Zustände $|n\rangle$ ist bei von null verschiedenen Kopplungsmatrixelementen, $\Delta \neq 0$, zwischen benachbarten Zuständen aufgehoben. Das Bündel der Energieeigenwerte von $E_0 - 2\Delta$ bis $E_0 + 2\Delta$ wird als *Energieband* bezeichnet.[4] Die Ausbildung von Energiebändern ist typisch in periodischen Potentialen, wie wir im folgenden Abschnitt bei der strengen quantenmechanischen Behandlung eines periodischen Potentials sehen werden. In Festkörpern mit einer periodischen Gitterstruktur

4 Dasselbe Energieband erhält man natürlich auch, wenn man Δ in (13.16) durch $(-\Delta)$ ersetzt. Lediglich die Zuordnung der Energien zu den Θ-Werten ändert sich, die jedoch keine physikalische Bedeutung besitzt.

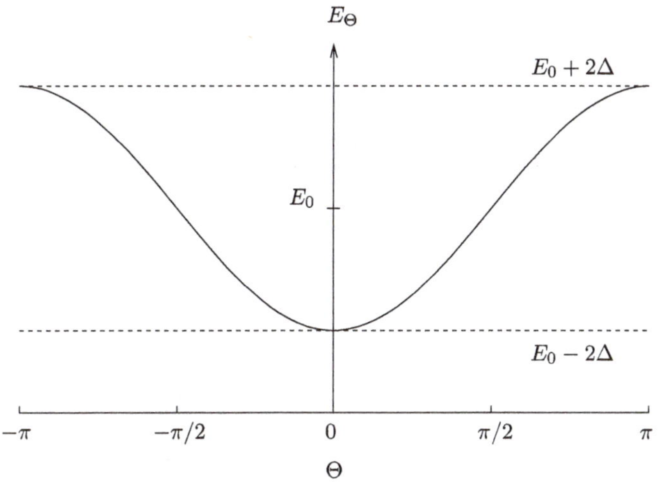

Abb. 13.5: Die Energie E_Θ als Funktion des Floquet-Index Θ für das durch Gl. (13.16) definierte Energieband.

wie den Metallen verschmelzen die Elektronenniveaus der isolierten Atome in der Tat zu Energiebändern, die sich experimentell nachweisen lassen.

Die oben durchgeführten Überlegungen für den Grundzustand der isolierten Potentiale lassen sich natürlich auch für angeregte Zustände wiederholen.

13.4 Strenge quantenmechanische Behandlung des periodischen Potentials

13.4.1 Periodische Randbedingungen

Für ein unendlich ausgedehntes Gitter ist die Wellenfunktion (Bloch-Welle) nicht normierbar. Was wir brauchen, ist eine endliche Atomkette ohne Rand, wie sie eine kreisförmige Atomkette darstellen würde (Abb. 13.3). In einer solchen kreisförmigen Kette aus N Atomen kehren wir nach N Gitterabständen wieder zum Ausgangspunkt zurück. Die zugehörige Wellenfunktion ist deshalb streng periodisch:

$$\varphi(x + Na) = \varphi(x)\,. \tag{13.17}$$

Die kreisförmige Atomkette ist mathematisch äquivalent zu einer linearen Atomkette mit *periodischen Randbedingungen*. Während diese periodische Randbedingung bei einer kreisförmigen Kette automatisch erfüllt ist, muss sie bei der linearen Kette als Zusatzbedingung gefordert werden, wenn diese zur kreisförmigen Kette äquivalent sein soll. In der Tat werden durch die periodischen Randbedingungen die Endpunkte der zunächst linearen Atomkette identifiziert und die lineare Kette wird topologisch äquivalent zum Kreis. In der Mathematik bezeichnet man dies als *Kompaktifizierung*. Aus der nicht-kompakten linearen Atomkette mit zwei offenen Enden, die den Rand (bzw. die „Oberfläche“) der Kette bilden, wird ein kompakter (randloser) Kreis.[5]

---

i Durch die periodischen Randbedingungen sind die Oberflächeneffekte vollständig eliminiert. Dies wird offensichtlich, wenn wir das Potential im Inneren des Festkörpers (der Atomkette) als konstant annehmen. Während mit festen Randbedingungen an der Oberfläche sich nur stehende Wellen ausbilden können, da diese an der Oberfläche exponentiell abklingen müssen, besitzt die Schrödinger-Gleichung mit periodischen Randbedingungen fortschreitende Wellen als Lösungen. Die stehenden Wellen sind zwar Überlagerungen aus zwei in entgegengesetzte Richtungen laufenden Wellen, jedoch mit gleicher Amplitude. In dieser Hinsicht sind die periodischen Randbedingungen weniger restriktiv als die tatsächlichen Oberflächenbedingungen. Zur Untersuchung von Volumeneigenschaften des Festkörpers sollte jedoch die Benutzung der periodischen Randbedingungen gerechtfertigt sein, da der Einfluss der Oberfläche hier unwesentlich sein sollte. Aus mathematischer Sicht ist die Benutzung von periodischen Randbedingungen gerechtfertigt, da die fortschreitenden Wellen genau wie die stehenden Wellen ein vollständiges Funktionensystem bilden.

Für eine fortschreitende Welle $\varphi(x) = e^{ikx}$ in einem Festkörper bzw. in einer Atomkette der Länge $L = Na$ reduziert sich die periodische Randbedingung (13.17) an die Wellenfunktion auf die Bedingung

$$e^{ikL} = 1\,,$$

welche die möglichen k-Werte auf

$$k = \frac{2\pi l}{L}\,, \qquad l = 0, \pm 1, \pm 2, \ldots \tag{13.18}$$

einschränkt. Aufgrund der periodischen Randbedingung können sich nur solche Wellen ausbilden, bei denen ein Vielfaches der Wellenlänge $\lambda = 2\pi/k$ gerade in den Festkörper passt, $L = l\lambda$. Es sei jedoch betont, dass die so konstruierten Bloch-Wellen i. A. nur periodisch in der Länge des Festkörpers, jedoch nicht periodisch in der Gitterkonstanten a sind. Für einen unendlich ausgedehnten Festkörper, $L \to \infty$, sind die Wellenzahlen k (13.18) quasikontinuierlich verteilt. Wir werden im Folgenden L immer als sehr groß voraussetzen und k oftmals als kontinuierliche Variable betrachten.

13.4.2 Bestimmung der Energieeigenzustände

Qualitativ lässt sich das Verhalten der Elektronen in einem vereinfachten Potential verstehen, für das wir das in Abb. 13.2(b) dargestellte periodische Rechteck-Potential (*Kronig-Penney-Potential*) benutzen können. Selbst eine weitere Reduzierung der rechteckigen Potentialberge auf δ-Funktionen führt zum qualitativ gleichen Verhalten der Elektronen. Beschränken wir uns auf eine eindimensionale Atomkette, so besitzt das Potential der Elektronen dann die Gestalt

---

5 Auf ähnliche Weise lässt sich auch ein (endliches) zweidimensionales Gitter (Rechteck) durch periodische Randbedingungen zu einem Torus kompaktifizieren. Die Kompaktifizierung spielt eine sehr große Rolle in der modernen theoretischen Physik, insbesondere in der Teilchenphysik (z. B. bei der Beschreibung von Baryonen als topologischen Solitonen) und in den String-Theorien.

$$\boxed{V(x) = C \sum_{n=-\infty}^{\infty} \delta(x - na)\,.} \tag{13.19}$$

Wir wissen bereits, wie eine rechteckige Potentialbarriere oder ein δ-Potential zu behandeln sind: An Potentialsprüngen muss die Wellenfunktion und ihre Ableitung den in Abschnitt 7.6 abgeleiteten Grenzflächenbedingungen genügen, welche die Wellenfunktion, d. h. die Lösung der stationären Schrödinger-Gleichung, festlegen. Unsere bisherigen Lösungsmethoden sind prinzipiell auch auf den Fall mehrerer Potentialsprünge anwendbar. Im vorliegenden Fall haben wir es jedoch mit N (bzw. unendlich vielen) solcher Potentialsprünge zu tun, die auf N (bzw. unendlich viele) Grenzflächenbedingungen führen. Wir brauchen aber nicht all diese Grenzflächenbedingungen explizit zu lösen, sondern können vorteilhaft die periodische Struktur ausnutzen.

Im Folgenden wollen wir die stationäre Schrödinger-Gleichung streng für das periodische Potential (13.19) lösen. In den Intervallen

$$na < x < (n+1)a$$

verschwindet das Potential, und die Lösungen der Schrödinger-Gleichung sind durch ebene Wellen

$$\varphi(x) = A_n e^{iq(x-na)} + B_n e^{-iq(x-na)} \tag{13.20}$$

gegeben, wobei die Wellenzahl q durch

$$q = \sqrt{\frac{2m}{\hbar^2} E} \tag{13.21}$$

festgelegt ist. Zweckmäßigerweise haben wir hier die konstanten Phasen $e^{\mp iqna}$ aus den Konstanten A_n bzw. B_n gezogen, was keine Einschränkung darstellt. Die Wellenfunktion muss außerdem dem Bloch'schen Theorem genügen und folglich durch eine Quasi-Wellenzahl k charakterisiert sein:

$$\varphi_k(x + na) = e^{ikna} \varphi_k(x)\,. \tag{13.22}$$

Für $0 < x < a$ liefert das Bloch'sche Theorem (13.22) mit dem obigen Ansatz (13.20) für die Wellenfunktionen:

$$\left(A_n e^{iqx} + B_n e^{-iqx}\right) = e^{ikna}\left(A_0 e^{iqx} + B_0 e^{-iqx}\right).$$

Da $e^{\pm iqx}$ linear unabhängige Funktionen sind, folgt:

$$A_n = e^{ikna} A_0\,, \quad B_n = e^{ikna} B_0\,. \tag{13.23}$$

Somit sind jeweils nur ein A_n und ein B_n, z. B. A_0 und B_0, unbekannt, während alle übrigen Koeffizienten durch diese über das Bloch'sche Theorem bestimmt sind. Die noch verbleibenden unbekannten Koeffizienten A_0 und B_0 bestimmen wir aus der Anschlussbedingung an die Wellenfunktion bei $x = a$. Stetigkeit der Wellenfunktion verlangt:

$$\varphi_k(x = a + 0) \equiv A_1 + B_1 \overset{!}{=} \varphi_k(x = a - 0) \equiv A_0 e^{iqa} + B_0 e^{-iqa} ,$$

bzw. mit (13.23):

$$A_0 e^{iqa} + B_0 e^{-iqa} = e^{ika}(A_0 + B_0) , \tag{13.24}$$

während die Sprungbedingung an die erste Ableitung (siehe Gl. (8.25))

$$\varphi_k'(x = a + 0) \overset{!}{=} \varphi_k'(x = a - 0) + \frac{2m}{\hbar^2} C \varphi_k(x = a)$$

auf

$$\begin{aligned} iq(A_1 - B_1) &\overset{(13.23)}{=} iqe^{ika}(A_0 - B_0) \\ &\overset{!}{=} iq(A_0 e^{iqa} - B_0 e^{-iqa}) + \frac{2m}{\hbar^2} C e^{ika}(A_0 + B_0) \end{aligned} \tag{13.25}$$

führt. Die beiden Bedingungen (13.24) und (13.25) stellen ein homogenes Gleichungssystem für die beiden noch unbekannten Koeffizienten A_0 und B_0 dar:

$$\begin{pmatrix} e^{iqa} - e^{ika} & e^{-iqa} - e^{ika} \\ e^{iqa} - e^{ika} + \frac{2m}{iq\hbar^2} C e^{ika} & -(e^{-iqa} - e^{ika}) + \frac{2m}{\hbar^2 iq} C e^{ika} \end{pmatrix} \begin{pmatrix} A_0 \\ B_0 \end{pmatrix} = \begin{pmatrix} 0 \\ 0 \end{pmatrix} .$$

Damit dieses homogene Gleichungssystem eine nicht-triviale Lösung besitzt, muss die Koeffizientendeterminante verschwinden: Dies liefert die Bedingung

$$2e^{ika}\left(2\cos(ka) - 2\cos(qa) - \frac{2m}{\hbar^2 q} C \sin(qa) \right) = 0 ,$$

bzw. die *Dispersionsbeziehung*[6]

$$\cos(ka) = \cos(qa) + \frac{mC}{\hbar^2 q} \sin(qa) , \tag{13.26}$$

welche einen Zusammenhang zwischen dem Floquet-Index $\nu_k = ka$ bzw. der Quasi-Wellenzahl k und der durch die Energie definierten Wellenzahl q (13.21) herstellt.

6 Unter einer Dispersionsbeziehung versteht man allgemein eine Beziehung zwischen Energie und Impuls (bzw. Wellenzahl).

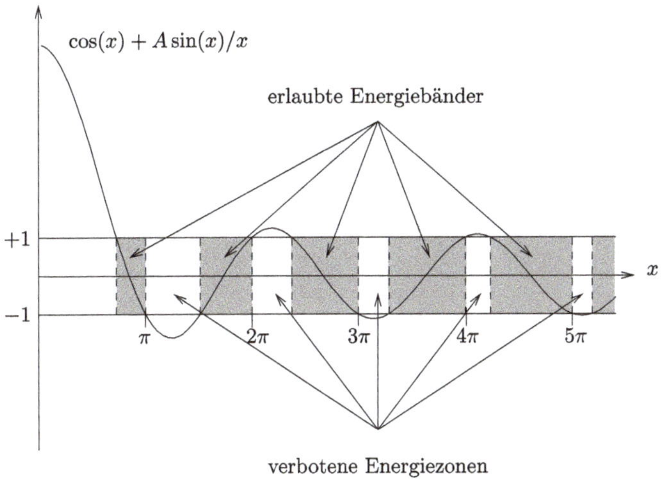

Abb. 13.6: Energiebänder (schraffiert) im Kronig-Penney-Potential (13.19).

13.4.3 Energiebänder

Für gegebene Quasi-Wellenzahl k kann die Dispersionsbeziehung offenbar nur Lösungen für solche Energien $E = \hbar^2 q^2/2m$ besitzen, für welche die rechte Seite von Gleichung (13.26) den Betrag 1 nicht übersteigt (Abb. 13.6). Dies unterteilt die Energieachse in erlaubte *Energiebänder* und verbotene Energiezonen. Eine verbotene Energiezone beginnt stets bei:

$$qa = n\pi\,, \qquad n = 1, 2, 3, \ldots,$$

da hier $\sin(qa) = 0$. Damit liegt die obere Bandkante (auch als Bandenkopf bezeichnet) unabhängig von der Stärke des Potentials bei der Energie

$$E = \frac{\hbar^2 q^2}{2m} = \left(\frac{n\pi\hbar}{a}\right)^2 \frac{1}{2m} = \frac{\hbar^2 \pi^2}{2ma^2} n^2\,.$$

Die Energiebänder können deshalb durch den Bandindex n charakterisiert werden. Wir schreiben deshalb die Energieeigenwerte als:

$$\boxed{E_n(k) = \frac{\hbar^2}{2m} q_n^2(k)\,,}$$

wobei $q_n(k)$ die Lösung der Dispersionsbeziehung (13.26) des n-ten Bandes ist.

An den Bandenköpfen gilt offenbar $\cos(ka) = \cos(qa)$ und somit

$$k = q \pm l\frac{2\pi}{a}\,, \qquad l \in \mathbb{Z}\,,$$

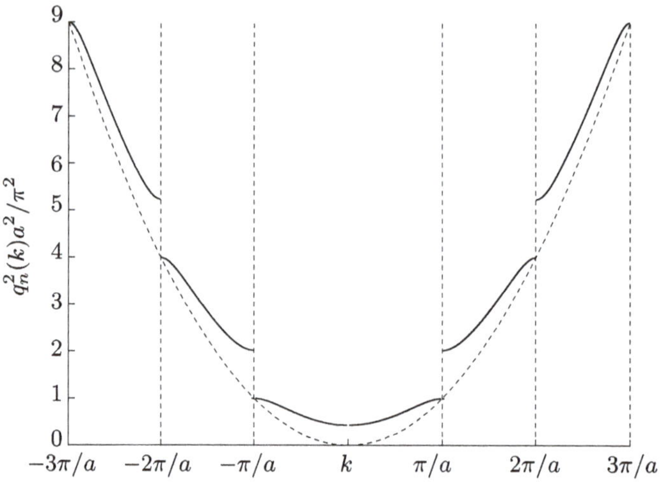

Abb. 13.7: Grafische Lösung der Dispersionsbeziehung (13.26). Aufgetragen sind die skalierten Energien $q_n^2(k)$ in Einheiten von $(\pi/a)^2$. Die voll ausgezogenen Kurven sind die erlaubten Energiebänder, die gestrichelte Kurve gibt die zugehörigen Energien $q_n^2(k) = k^2$ der freien Elektronen an.

und wir können hier $q_n(k) = k$ wählen. Die Quasi-Impulse $\hbar k$ stimmen dann mit dem wahren Impuls $\hbar q_n(k)$ überein und die Bloch-Welle wird eine gewöhnliche Welle.[7] Die grafische Lösung der Dispersionsbeziehung ist in Abb. 13.7 für die skalierte Energie $\varepsilon_n(k) = q_n^2(k)$ dargestellt. Die dick ausgezogenen Kurven stellen die erlaubten Energiebänder $\varepsilon_n(k)$ dar. Zwischen aufeinanderfolgenden Energiebändern existieren verbotene Energiezonen. Zum Vergleich ist auch die Dispersionsbeziehung der freien Elektronen $\varepsilon(k) = k^2$ dargestellt (gestrichelte Linie). Das unterste Energieband hat genau die Form, die wir bereits in Abschnitt 13.3, Abb. 13.5, gefunden haben.

Wie bereits oben erwähnt, sind die Quasi-Impulse bzw. die Quasi-Wellenzahlen k nur bis auf ein Vielfaches von $2\pi/a$ definiert und können deshalb auf die Gebiete

$$\boxed{(2l-1)\frac{\pi}{a} \leq k \leq (2l+1)\frac{\pi}{a}}$$

(mit festem l) beschränkt werden, die als $(l+1)$-te *Brillouin-Zone* bezeichnet werden. Beschränken wir uns auf die erste Brillouin-Zone ($l = 0$), so nehmen die in Abb. 13.7 dargestellten Energiebänder die in Abb. 13.8 gezeigte Form an. Die hier abgebildeten

7 Man beachte: Falls der Quasi-Impuls $\hbar k$ mit dem tatsächlichen Impuls zusammenfällt, so muss nach dem Bloch'schen Theorem (13.5)

$$\hat{p}\varphi_k(x) = \hbar\left(k + \frac{1}{i}\frac{u_k'(x)}{u_k(x)}\right)\varphi_k(x) \stackrel{!}{=} \hbar k\varphi_k(x)$$

die periodische Funktion $u_k(x)$ konstant sein.

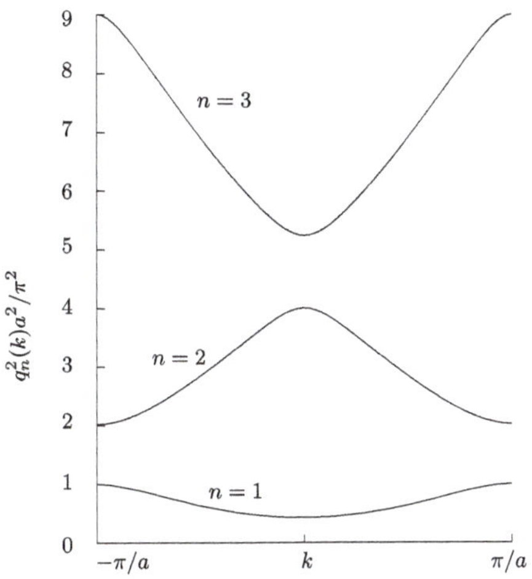

Abb. 13.8: Grafische Lösung der Dispersionsbeziehung (13.26) bei Beschränkung des Quasi-Impulses auf die erste Brillouin-Zone, vgl. Abb. 13.7.

Energiebänder resultieren aus den Energiebändern der Abb. 13.7, indem letztere Bandkurven um ein Vielfaches von $2\pi/a$ in die erste Brillouin-Zone verschoben werden.

Wir haben oben den Quasi-„Impuls“ k als *kontinuierliche* Variable betrachtet. Wie wir jedoch am Ende von Abschnitt 13.4.1 festgestellt haben, schränkt die periodische Randbedingung (13.17) eine Wellenzahl k auf die diskreten Werte (13.18) ein. Beschränken wir uns auf die erste Brillouin-Zone bzw. auf das Intervall

$$0 < k \leq 2\pi/a\,,$$

so sind diese Werte durch

$$k = \frac{2\pi}{L}\,, \quad 2\frac{2\pi}{L}\,, \quad 3\frac{2\pi}{L}\,, \quad \cdots \quad N\frac{2\pi}{L} = \frac{2\pi}{a}\,, \quad L = Na\,,$$

gegeben. Die Gesamtheit der möglichen k-Werte ist somit gleich der Anzahl der Atome (Potentialmulden) N: *Jedes Atom trägt genau einen unabhängigen k-Wert zu einem Energieband bei.*

Elektronen sind bekanntlich Fermionen, die dem Pauli-Prinzip gehorchen. Berücksichtigt man ihren Spin $s = 1/2$, was $2s + 1 = 2$ unabhängige Spin-Orientierungen (Spin-Eigenzustände) beinhaltet (siehe Abschnitt 15.2), so passen in jedes Energieband gerade $2N$ Elektronenzustände.

Für das Auftreten von Energielücken ist der zweite Term auf der rechten Seite der Dispersionsbeziehung (13.26)

$$\cos\bar{k} = \cos\bar{q} + \frac{maC}{\hbar^2\bar{q}}\sin\bar{q}$$

verantwortlich, die wir hier zweckmäßigerweise in den dimensionslosen Variablen $\bar{k} = ka$ und $\bar{q} = qa$ aufgeschrieben haben. Mit zunehmender Wechselwirkungsstärke C sowie mit zunehmendem Gitterabstand a, d. h. mit wachsendem aC, werden die Energielücken größer. Der Beginn einer Lücke bleibt jedoch fest. Dies ist völlig verständlich: Wird die Wechselwirkung stärker, vergrößert sie die Potentialbarriere, die Tunnelwahrscheinlichkeit nimmt ab und die Elektronen werden stärker lokalisiert bzw. weniger beweglich. Derselbe Effekt tritt ein, wenn der Gitterabstand wächst. Mit wachsendem Gitterabstand werden die Energieniveaus abgesenkt, und die Elektronen sehen somit eine höhere Potentialbarriere. Damit nimmt ihre Tunnelfähigkeit ab. Für $aC \to \infty$ schrumpfen die Energiebänder zu diskreten (entarteten) Niveaus zusammen, die an den Bandenköpfen

$$q = \frac{n\pi}{a}$$

liegen. Alle N Energien $E_n(k)$ eines Bandes n sind dann gleich der Energie des Bandkopfes

$$E_n = \frac{\hbar^2\pi^2}{2ma^2}n^2 ,$$

die dann mit den Energieniveaus der isolierten Atome übereinstimmt. Abb. 13.9 zeigt auch, dass bei festem aC die Energiebänder mit wachsendem n immer breiter werden. Dies ist verständlich: Mit wachsendem n nimmt die Energie der Elektronen und damit ihr Tunnelvermögen zu. Sie spüren dann weniger den Effekt des störenden Potentials und verhalten sich mehr wie freie Teilchen. Tatsächlich nimmt der Potentialterm in der Dispersionsbeziehung (13.26) mit wachsendem q ab. Für $C \to 0$ verschwindet das Potential und die Dispersionsbeziehung reduziert sich auf:

$$\cos(ka) = \cos(qa) .$$

Die Quasi-Wellenzahlen k gehen dann in die tatsächlichen Wellenzahlen q des freien Teilchens über.

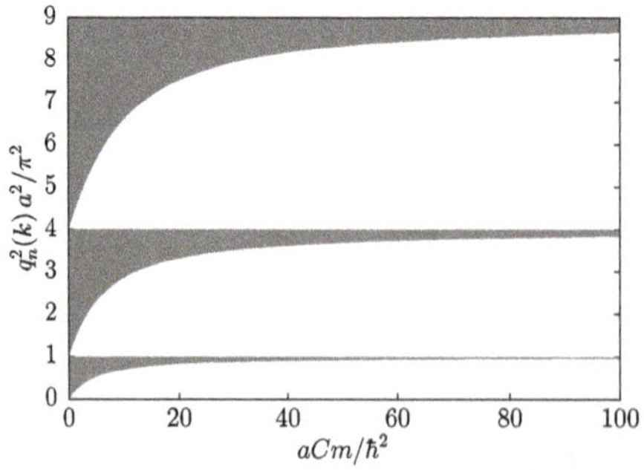

Abb. 13.9: Die Energiebänder (dunkle Gebiete) als Funktion des Stärkeparameters aC.

13.4.4 Metalle, Isolatoren und Halbleiter

Da die Elektronen Fermionen sind, die dem Pauli-Prinzip unterliegen, kann ein (Einteilchen-)Zustand jeweils nur mit einem Elektron besetzt werden. Wegen des Spins der Elektronen, der die beiden Werte $s = \pm\frac{1}{2}\hbar$ annehmen kann, ist jeder Bloch-Zustand zweifach entartet und kann folglich mit zwei Elektronen besetzt werden. Im Grundzustand eines Festkörpers werden deshalb die untersten Energieniveaus sukzessiv bis zu einer maximalen Einteilchenenergie, der *Fermi-Energie* ϵ_F, mit zwei[8] Elektronen besetzt. ϵ_F ist durch die Gesamtzahl der Elektronen in den Atomen des Festkörpers festgelegt. Das bei $T = 0$ höchste besetzte Energieband wird als *Valenzband* bezeichnet. Die Besetzung der Energiebänder durch die Elektronen legt die elektrischen Eigenschaften des Festkörpers fest.

– *Isolatoren:*
  In einem vollständig gefüllten Energieband gibt es zu jedem Teilchen mit Quasi-Impuls $\hbar k$ ein Teilchen mit Quasi-Impuls $(-\hbar k)$, sodass kein Nettoteilchenfluss stattfindet. Sind alle Energiebänder entweder vollständig besetzt oder vollkommen leer, haben wir es mit einem *Isolator* zu tun, siehe Abb. 13.11(a). Anlegen eines äußeren elektrischen Feldes führt dann zu keinem Ladungstransport, d. h. zu keinem elektrischen Strom. In der Tat, wenn das Energieband gefüllt ist und eine genügend große Lücke zum nächsten (unbesetzten) Band besteht, lässt sich der Impuls der Kristallelektronen nicht ändern: Unter dem Einfluss eines äußeren elektrischen Feldes, das eine Kraft auf die Elektronen ausübt, wächst der Quasi-Impuls der Elektronen an, bis er den Rand der Brillouin-Zone erreicht und dort umklappt und an den entgegengesetzten Zonenrand kommt (Abb. 13.10). Das Umklappen des Quasi-Impulses am Zonenrand verändert den Quasi-Impuls um $2\pi/a$, was keinen Einfluss auf die Wellenfunktion hat. Die einzelnen k-Zustände können zwar durch das äußere Feld ineinander umtransformiert werden, es entsteht aber kein Nettoladungsfluss. Da die Quasi-Impulse auf die erste Brillouin-Zone beschränkt werden können, läuft ein am rechten Rand (π/a) die Brillouin-Zone verlassender Wellenvektor am linken Ende ($-\pi/a$) wieder in die Brillouin-Zone hinein, d. h. der

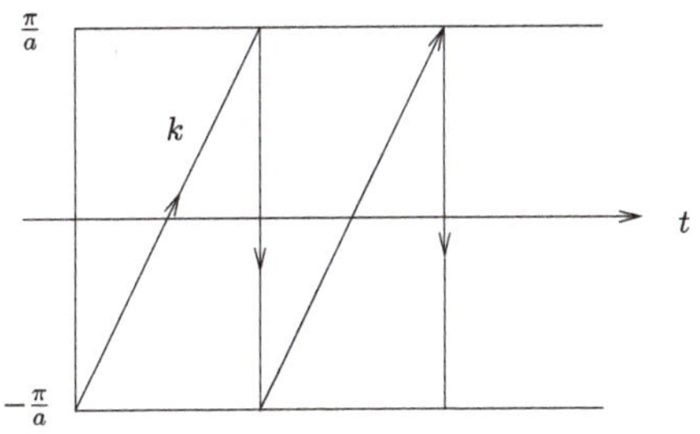

Abb. 13.10: Das Verhalten des Quasi-Impulses als Funktion der Zeit bei Anlegen eines äußeren elektrischen Feldes.

8 Bei einer ungeraden Elektronenzahl ist natürlich das höchste besetzte Niveau nur mit einem Elektron besetzt.

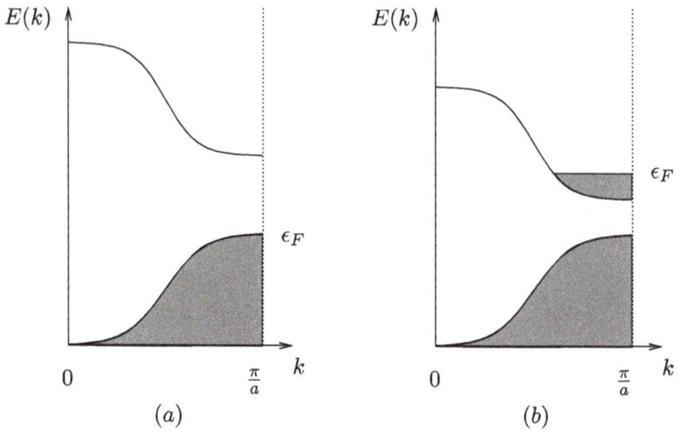

Abb. 13.11: Bänderstruktur von (a) Isolatoren und (b) Metallen. Die schraffierten Bereiche zeigen die besetzten Energiezustände.

Quasi-Impuls klappt bei Erreichen der oberen Kante der Brillouin-Zone um und springt von π/a in $(-\pi/a)$ über.

- *Metalle:*
  In Metallen ist das letzte besetzte Energieband nur teilweise besetzt. Bei Anlegen eines äußeren elektrischen Feldes können deshalb die Elektronen in höhere Impulszustände angeregt werden, und Ladungstransport wird möglich. Das nur teilweise gefüllte Band wird deshalb als *Leitungsband* bezeichnet. Die energetisch tiefer liegenden besetzten Bänder tragen genau wie beim Isolator nichts zum Ladungstransport bei, siehe Abb. 13.11(b).
- *Halbleiter:*
  Halbleiter besitzen eine ähnliche Bandstruktur wie die Isolatoren, der Abstand zwischen benachbarten Energiebändern, d. h. die Breite der verbotenen Energiezonen, ist jedoch wesentlich kleiner als bei den Isolatoren. Während in einem guten Isolator wie Diamant der Abstand zwischen dem letzten gefüllten und dem ersten unbesetzten Energieband etwa 6 eV beträgt, haben die entsprechenden verbotenen Energiezonen in den Halbleitern wie Silizium oder Germanium nur eine Breite von 1,11 eV bzw. 0,72 eV. Bei der Temperatur $T = 0$ sind bei den Halbleitern alle Energiebänder entweder vollständig gefüllt oder vollständig leer, genau wie bei den Isolatoren. Bei Zimmertemperatur hingegen sind aufgrund der thermischen Energie Elektronen aus dem letzten (bei $T = 0$ vollständig gefüllten) Band in das nächsthöhere angeregt. Dieses ist dann teilweise durch Elektronen besetzt, die bei Anlegen eines äußeren elektrischen Feldes zu Ladungstransport führen können, genau wie im Falle der Metalle. Im Halbleiter sind jedoch weniger Elektronen im Leitungsband als in den Metallen. Deshalb leiten Halbleiter den Strom schlechter als Metalle. Bei einigen Halbleitern bzw. Leitern treten auch Bandüberlappungen auf, sodass Elektronen durch Tunnelung aus dem Valenzband in das Leitungsband gelangen können.

14 Drehimpuls und Spin (Heuristische Behandlung)*

14.1 Einführung

In Abschnitt 8.5 haben wir die eindimensionale Bewegung einer Punktmasse in einem unendlich hohen Potentialtopf

$$V(x) = \begin{cases} 0, & |x| < a\,, \\ \infty, & |x| \geq a \end{cases}$$

betrachtet, was in idealisierter Form die Bewegung eines Elektrons in einem sehr dünnen Draht zwischen zwei idealen Isolatorplatten beschreibt (Abb. 8.6 und 8.7). Letztere können bei tiefen Temperaturen entfallen, da die Elektronen den Draht dann nicht verlassen können. Innerhalb des Potentialtopfes bewegt sich das Teilchen frei, d. h., seine Wellenfunktion ist durch Linearkombinationen der ebenen Wellen $e^{\pm ikx}$ gegeben. An den unendlich hohen Potentialwänden muss die Wellenfunktion verschwinden. Dies lieferte die Randbedingungen

$$\varphi(\pm a) = 0\,. \tag{14.1}$$

Diese Randbedingungen, die sich nur durch stehende Wellen erfüllen lassen, stellen eine Quantisierungsbedingung an die Impulse bzw. die Wellenzahlen k dar. Sie erlaubt nur solche stehenden Wellen als Lösung der Schrödinger-Gleichung, für welche ein Vielfaches der halben Wellenlänge $\lambda/2 = \pi/k$ in den Potentialtopf passt, in Übereinstimmung mit der De-Broglie'schen Quantisierungsbedingung

$$n\frac{\lambda}{2} = L\,, \quad k_n = \frac{n\pi}{L}\,, \quad n = 1, 2, 3, \ldots\,. \tag{14.2}$$

Die entsprechenden stationären Lösungen der Schrödinger-Gleichung sind dann durch

$$\begin{aligned} \varphi_n(x) &= \sqrt{\frac{2}{L}}\cos\left(\frac{n\pi}{L}x\right) = \sqrt{\frac{1}{2L}}\left(e^{i\frac{n\pi}{L}x} + e^{-i\frac{n\pi}{L}x}\right), \quad n \text{ ungerade}\,, \\ \varphi_n(x) &= \sqrt{\frac{2}{L}}\sin\left(\frac{n\pi}{L}x\right) = \frac{1}{i}\sqrt{\frac{1}{2L}}\left(e^{i\frac{n\pi}{L}x} - e^{-i\frac{n\pi}{L}x}\right), \quad n \text{ gerade} \end{aligned} \tag{14.3}$$

gegeben und besitzen die Energien

$$E_n = \frac{p_n^2}{2M} = \left(\frac{n\pi\hbar}{L}\right)^2 \frac{1}{2M}\,, \tag{14.4}$$

* Dieses Kapitel ist für das Verständnis der übrigen Kapitel nicht erforderlich und kann deshalb beim ersten Lesen übersprungen werden.

https://doi.org/10.1515/9783111268255-014

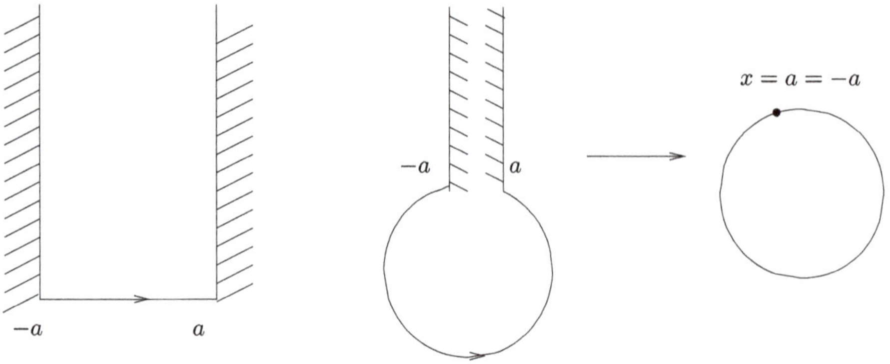

Abb. 14.1: Kompaktifizierung des eindimensionalen Potentialtopfes mit unendlich hohen Wänden (gerader, unendlich dünner Draht) zu einem Kreis.

wobei M die Masse des Teilchens im Potentialtopf bezeichnet. Die Energieeigenwerte sollten sich nicht verändern, wenn wir den eindimensionalen Potentialtopf (d. h. die Schiene bzw. den dünnen Draht) verbiegen und seine Länge L dabei konstant halten. Wir können ihn insbesondere zu einem Kreis verformen, indem wir die Anfangs- und Endpunkte des potentialfreien Raumes $x = \pm a$ identifizieren, dabei aber die Randbedingungen (14.1) aufrechterhalten. Die vorher zwischen den unendlich hohen Potentialwänden eingespannte, gerade eindimensionale Schiene des Teilchens wird dann zu einem Kreis „kompaktifiziert", wobei die Potentialwände wegfallen, siehe Abb. 14.1. Wir führen die Kompaktifizierung so durch, dass die Länge der Schiene $2a$ nicht verändert wird, d. h. der Umfang des Kreises (mit Radius R) ist gleich der Breite des Potentialtopfes:

$$L = 2a = 2\pi R\,.$$

Nach der Kompaktifizierung erfolgt die Bewegung auf einer Kreisbahn mit der Randbedingung (14.1), die den gesamten Effekt der vorher vorhandenen Potentialwände enthält. Die Energieeigenwerte und Wellenfunktionen bleiben bei der Kompaktifizierung unverändert, vorausgesetzt, die Quantisierungsbedingung (14.2) wird nicht verändert. Dazu muss lediglich die Randbedingung an die Wellenfunktion (14.1), d. h. das Verschwinden der Wellenfunktion an den beiden miteinander identifizierten Punkten $x = \pm a$, garantiert werden. Die quantenmechanische Bewegung in einem eindimensionalen, rechteckigen Potentialtopf mit unendlich hohen Wänden ist damit äquivalent mit der Bewegung auf einem Kreis mit der Randbedingung, dass die Wellenfunktion an einem (beliebigen) Punkt verschwindet. Aufrechterhalten dieser Randbedingung würde jedoch einen Punkt ($x = \pm a$) auf dem Kreis gegenüber den anderen Punkten auszeichnen, was wenig sinnvoll ist, da alle Punkte des Kreises gleichberechtigt sein sollten. Wir können jedoch dieselbe Quantisierungsbedingung (14.2) der Wellenzahl, d. h. dieselben Energieeigenwerte, aufrechterhalten, wenn wir statt der Randbedingung (14.1) periodische bzw. antiperiodische Randbedingungen an die Wellenfunktion stellen:

$$\varphi_n(x+L) = \pm\varphi_n(x)\,, \quad L = 2a = 2\pi R\,. \tag{14.5}$$

Die Lösungen der eindimensionalen Schrödinger-Gleichung haben bei Abwesenheit eines Potentials die Form $e^{\pm ikx}$. Wenn wir beide Vorzeichen[1] im Exponenten zulassen, müssen wir die Wellenzahl k auf $k \geq 0$ einschränken, um Doppelberücksichtigung der Zustände zu vermeiden. Für die in positive x-Richtung fortschreitende Welle e^{ikx} mit $k \geq 0$ fordert die Randbedingung (14.5):

$$e^{ikL} = \pm 1\,,$$

wobei das positive Vorzeichen für die periodische, das negative für die antiperiodische Randbedingung gilt (analog für e^{-ikx}). Hieraus erhalten wir für die Wellenzahlen die Quantisierungsbedingung

$$k_n = \frac{n\pi}{L}\,, \quad n = \begin{cases} 2l, & \text{periodische Randbedingungen}\,, \\ 2l+1, & \text{antiperiodische Randbedingungen}\,, \end{cases} \quad l = 0, 1, 2, \ldots\,, \tag{14.6}$$

die tatsächlich mit der Quantisierungsbedingung (14.2) für die Wellenzahlen im unendlich hohen Potentialkasten übereinstimmt. (Für die in negative x-Richtung fortschreitende Welle e^{-ikx} liefert die Randbedingung (14.5) dieselbe Quantisierungsbedingung (14.6).) Damit erhalten wir auch dieselben Energieeigenwerte

$$E_n = \frac{(k_n\hbar)^2}{2M} \tag{14.7}$$

wie im unendlich hohen Potentialkasten (14.4). Die Wellenfunktionen, d. h. die Eigenfunktionen des Hamilton-Operators

$$H_0 = -\frac{\hbar^2}{2M}\frac{d^2}{dx^2}\,,$$

sind jetzt jedoch keine stehenden Wellen (14.3) mehr, sondern fortschreitende Wellen:

$$\varphi_n^{(\pm)}(x) = \sqrt{\frac{1}{L}}\,e^{\pm i\frac{n\pi}{L}x}\,, \quad n \geq 0\,, \tag{14.8}$$

wobei der Vorfaktor $\sqrt{1/L}$ durch die Normierung

1 Die beiden Vorzeichen in $\exp(\pm ikx)$ sind natürlich nicht mit den beiden Vorzeichen in (14.5) korreliert.

$$\int_0^L dx\, |\varphi_n^{(\pm)}(x)|^2 = 1$$

bestimmt ist. Da $\varphi_n^{(+)}(x)$ und $\varphi_n^{(-)}(x)$ zum selben Energieeigenwert gehören, sind die Energieeigenzustände (außer dem Grundzustand $n = 0$, $\varphi_{n=0}^{(+)} = \varphi_{n=0}^{(-)} = 1/\sqrt{L}$) zweifach entartet. Der Zustand mit konstanter Wellenfunktion und Energie $E_0 = 0$, der der Grundzustand des Teilchens auf dem Kreis ist, existiert nicht im Potentialtopf, da eine konstante Wellenfunktion wegen der Randbedingung (14.1) überall verschwindet und deshalb nicht normierbar ist.

Ein Teilchen auf einer Kreisbahn (mit Radius R) besitzt aber keinen linearen Impuls, sondern nur einen Drehimpuls, den wir hier mit J bezeichnen. Seine Energie ist bei Abwesenheit eines Potentials deshalb allein durch die Rotationsenergie

$$E = \frac{J^2}{2MR^2}$$

gegeben. Identifizieren wir diese Rotationsenergie mit der oben gewonnenen Energie der stationären Zustände (14.4) bzw. (14.7),

$$\frac{J^2}{2MR^2} = \left(\frac{n\pi\hbar}{L}\right)^2 \frac{1}{2M} = \left(\frac{n\pi\hbar}{2\pi R}\right)^2 \frac{1}{2M} = \left(\frac{n\hbar}{2}\right)^2 \frac{1}{2MR^2}\,,$$

so finden wir, dass der Drehimpuls die quantisierten Werte

$$J = m\hbar\,, \quad m = \pm\frac{n}{2} \tag{14.9}$$

annimmt. Für die periodischen Wellenfunktionen, für die n gerade ist, erhalten wir für den Drehimpuls ganzzahlige Vielfache von $\hbar$,

$$m = 0, \pm 1, \pm 2, \dots\,,$$

während für die antiperiodischen Wellenfunktionen, für welche n ungerade ist, der Drehimpuls halbzahlige Vielfache von $\hbar$ annimmt:

$$m = \pm\frac{1}{2}, \pm\frac{3}{2}, \pm\frac{5}{2}, \dots\,.$$

Der Drehimpuls ist damit quantisiert. Ausgedrückt durch die *Drehimpulsquantenzahl* m (14.9) lautet die De-Broglie'sche Quantisierungsbedingung (14.2):

$$|m|\lambda = L\,. \tag{14.10}$$

Die Drehimpulsquantenzahl gibt damit an, wie viel Wellenlängen λ auf dem Kreisumfang $L = 2\pi R$ „passen".

Für die Beschreibung der Bewegung des Teilchens auf dem Kreis ist es zweckmäßig, die lineare Längenkoordinate $x \in [0, L]$ durch die Winkelvariable

$$\phi = 2\pi \frac{x}{L}, \qquad \phi \in [0, 2\pi]$$

zu ersetzen. Ausgedrückt durch den Winkel ϕ lauten die Wellenfunktionen (14.8) mit $L = 2\pi R$:

$$\varphi_n^{(\pm)}\left(x = L\frac{\phi}{2\pi}\right) = \sqrt{\frac{1}{L}} e^{\pm i \frac{n}{2} \phi} =: \sqrt{\frac{2\pi}{L}} \overline{\varphi}_{\pm \frac{n}{2}}(\phi), \tag{14.11}$$

wobei die hier eingeführte Funktion

$$\overline{\varphi}_m(\phi) = \frac{1}{\sqrt{2\pi}} e^{im\phi} \tag{14.12}$$

über dem Winkelbereich $[0, 2\pi]$ normiert ist,

$$\int_0^{2\pi} d\phi \, \overline{\varphi}_m^*(\phi) \overline{\varphi}_{m'}(\phi) = \delta_{mm'} .$$

Ansonsten ist die Funktion $\bar{\varphi}_{(\pm)\frac{n}{2}}(x)$ natürlich völlig äquivalent zur ursprünglichen Energieeigenfunktion $\varphi_n^{(\pm)}(x)$, da sie sich nur um einen konstanten Normierungsfaktor $\sqrt{2\pi/L}$ von den Letzteren unterscheiden.

In der Quantenmechanik werden Observablen durch hermitesche Operatoren repräsentiert, die im Hilbert-Raum der Wellenfunktionen wirken. Die oben erhaltenen diskreten Werte des Drehimpulses $J = m\hbar$ müssen wir deshalb als Eigenwerte des Drehimpulsoperators $\hat{J}$ interpretieren, genauer der Komponente des Drehimpulsoperators, die senkrecht auf der Ebene des Kreises steht. Damit die Energieeigenfunktionen $\varphi_n^{(\pm)}(\phi)$ (14.11) die Drehimpulseigenwerte $\hbar m = \pm \hbar n/2$ liefert, d. h.

$$\hat{J} \overline{\varphi}_m(\phi) = \hbar m \overline{\varphi}_m(\phi) ,$$

muss der Drehimpulsoperator die Koordinatendarstellung

$$\hat{J} = \frac{\hbar}{i} \frac{\partial}{\partial \phi}$$

besitzen. In Abschnitt 15.5 werden wir diese Darstellung aus allgemeinen Überlegungen ableiten.

14.2 Geometrische Interpretation von Drehimpuls und Spin

Im Folgenden soll eine anschauliche geometrische Interpretation von ganzzahligem und halbzahligem Drehimpuls gegeben werden. Dazu schreiben wir die Wellenfunktion (14.12) in der Form

$$\bar{\varphi}_m(\phi) = \frac{1}{\sqrt{2\pi}} e^{i\chi_m(\phi)} ,$$

wobei wir hier die Phase der Wellenfunktion

$$\chi_m(\phi) = m\phi \in [0, 2\pi m]$$

eingeführt haben. Die Phase $\chi_m(\phi)$ vermittelt eine Abbildung $\phi \mapsto m\phi$. Wir betrachten diese Abbildung zunächst für ganzzahlige Drehimpulse m.

Für *ganzzahlige* Drehimpulse m ist die Wellenfunktion (14.12) periodisch und ein (ganzzahliges) Vielfaches der Wellenlänge $\lambda = 2\pi/k_{n=2|m|} = L/|m|$ passt gerade auf die Kreisbahn der Länge $L = 2\pi R$, in Übereinstimmung mit der De-Broglie'schen Quantisierungsbedingung (14.10). Für $m = 1$ zum Beispiel ist die Phase $\chi_1(\phi)$ der Wellenfunktion durch den Winkel ϕ selbst gegeben: $\chi_1(\phi) = \phi$. Die zugehörige Wellenfunktion $\varphi_2^{(+)}(x)$ (14.11) ist in Abb. 14.2(a) dargestellt. In diesem Fall hat genau eine Wellenlänge auf dem Kreisumfang $L = 2\pi R$ Platz. Durchlaufen wir hier den Definitionsbereich des Winkels ϕ von 0 bis 2π, so durchläuft offensichtlich auch die Phase der Wellenfunktion $\chi_1(\phi) = \phi$ den gesamten Wertebereich. Veranschaulichen wir die Wertbereiche $\phi \in [0, 2\pi]$ bzw. $\chi_1 \in [0, 2\pi]$ durch eine gestrichelte bzw. durchgezogene geschlossene Schleife (deformierbaren Kreis), so windet sich der (durchgezogene) χ-Kreis bei der Abbildung $\chi_1(\phi) = \phi$ gerade einmal um den (gestrichelten) ϕ-Kreis (siehe Abb. 14.2(b)).

Für *halbzahlige* Drehimpulse m ist die zugehörige Wellenfunktion (14.8) bzw. (14.12) antiperiodisch,

$$\bar{\varphi}_m(\phi = 2\pi) = -\bar{\varphi}_m(\phi = 0) ,$$

und die Quantisierungsbedingung (14.10) besagt, dass jetzt nur noch ein ungerades Vielfaches der halben Wellenlänge auf den Kreisumfang $L = 2\pi R$ passt.

Betrachten wir z. B. den Zustand mit $m = 1/2$, so beträgt die Wellenlänge $\lambda = 2L = 4\pi R$ und auf dem Kreisumfang $L = 2\pi R$ hat jetzt nur noch eine halbe Wellenlänge Platz (Abb. 14.3(a)). Die Phase der Wellenfunktion ist jetzt durch

$$\chi_{\frac{1}{2}}(\phi) = \frac{1}{2}\phi$$

gegeben. Aus der Abbildung ist ersichtlich, dass für den Drehimpuls $m = \frac{1}{2}$ beim einmaligen Umlaufen der Kreisbahn $\phi = 0, \ldots, 2\pi$ die Ortskoordinate $x = \phi R$ nur die

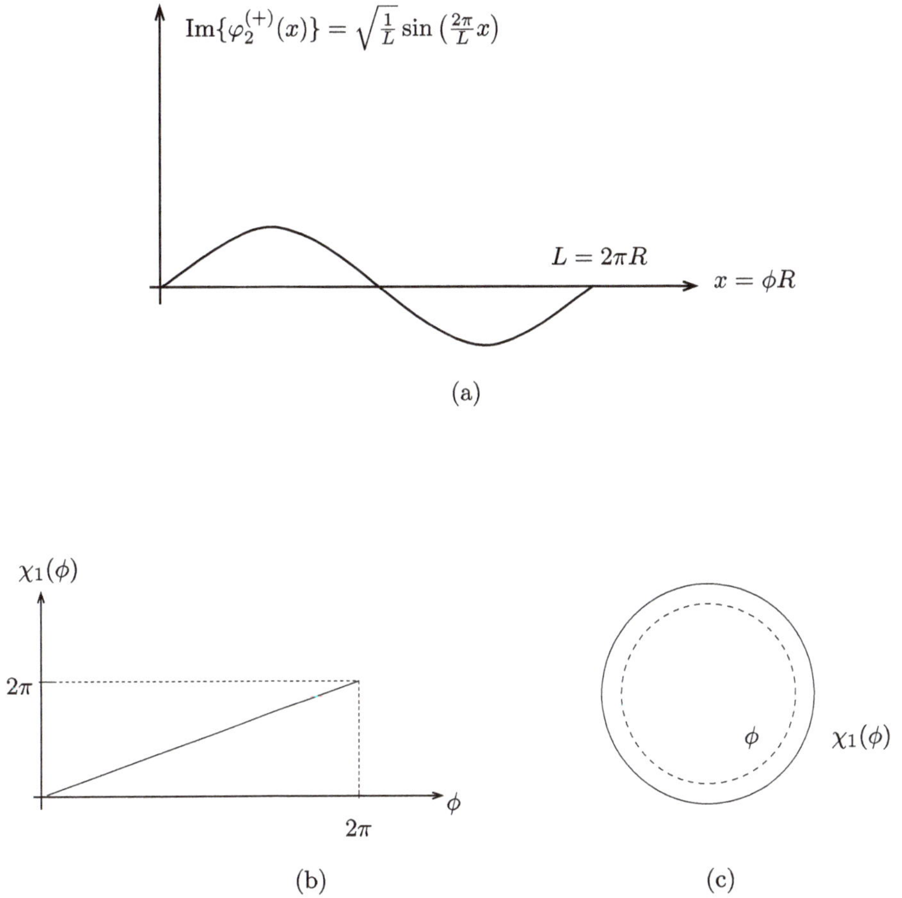

Abb. 14.2: Der Drehimpulseigenzustand $m = 1$: (a) Imaginärteil der Wellenfunktion (14.3) $\varphi_{n=2m}(x = R\phi)$. (b) Phase $\chi_{m=1}(\phi)$ der Wellenfunktion. (c) Illustration der Abbildung des Winkels ϕ auf die Phase $\chi_{m=1}(\phi)$.

halbe Wellenlänge durchläuft. Erst nach zweimaligem Umlauf der Kreisbahn wird die ganze Wellenlänge der fortschreitenden Welle durchlaufen. Dieser Sachverhalt ist in Abb. 14.3(c) illustriert, wo die Wertebereiche $[0, 2\pi]$ von ϕ bzw. χ wieder durch gestrichelte bzw. durchgezogene geschlossene (deformierbare) Schleifen dargestellt sind. In der Tat, wandern wir in Abb. 14.3(b) einmal durch den Definitionsbereich des Drehwinkels ϕ, so durchlaufen wir erst den halben Wertebereich der Phase χ der Wellenfunktion, was der halben Wellenlänge in der Ortskoordinate $x = \phi R$ entspricht, siehe Abb. 14.3(a). Erst nach zweimaligem Umlaufen des ϕ-Kreises wird der gesamte Wertebereich 2π der Phase $\chi(\phi)$ durchlaufen. Folglich ist bei der Abbildung $\chi_{\frac{1}{2}}(\phi) = \frac{1}{2}\phi$ die χ-Schleife zweimal um die ϕ-Schleife „gewickelt", Abb. 14.3(c). Die Teilchenwelle $e^{i\chi_{1/2}(\phi)}$ ist damit zweimal um die Kreisbahn im Ortsraum (ϕ-Schleife) „gewickelt". Ein Teilchen mit Drehimpuls (in Einheiten von $\hbar$) $m = \frac{1}{2}$ muss deshalb zweimal auf der Kreisbahn

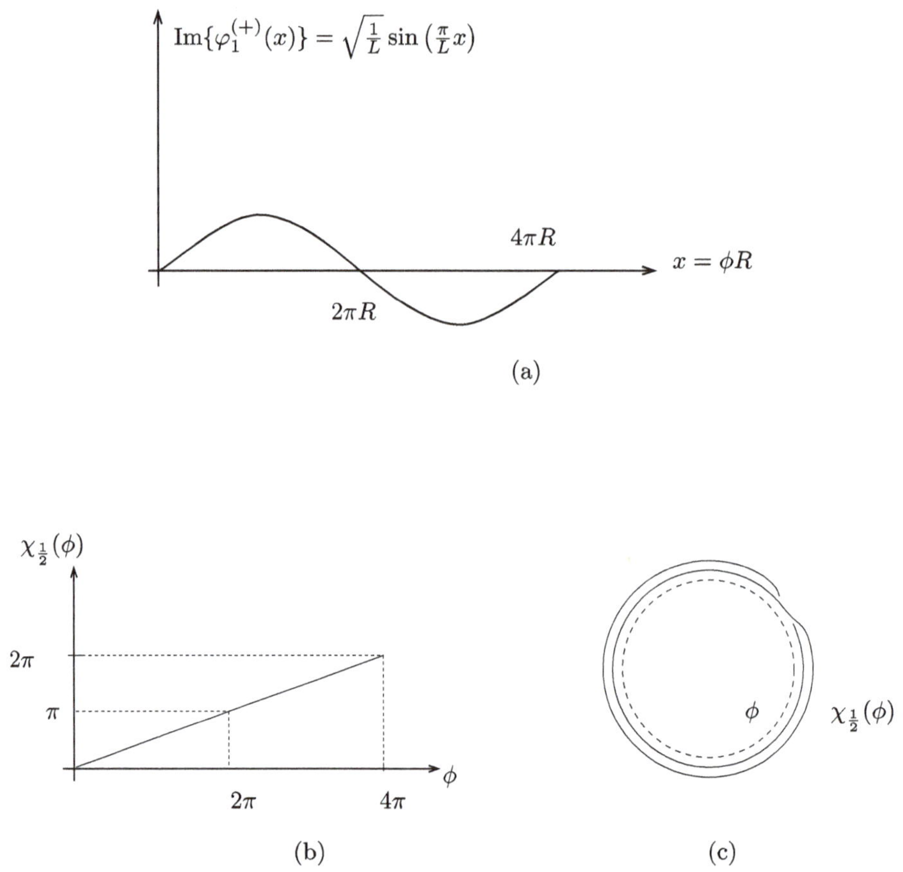

Abb. 14.3: Der Drehimpulseigenzustand $m = \frac{1}{2}$: (a) Imaginärteil der Wellenfunktion (14.3) $\varphi_{n=2m}(x = R\phi)$. (b) Phase $\chi_{m=\frac{1}{2}}(\phi)$ der Wellenfunktion. (c) Illustration der Abbildung des Winkels ϕ auf die Phase $\chi_{m=\frac{1}{2}}(\phi)$.

umlaufen, bevor es wieder in seinen Ausgangszustand zurückkehrt.[2] Nach einem Umlauf $\phi \to \phi + 2\pi$ hat die Wellenfunktion (14.12) gerade ihr Vorzeichen gewechselt:

$$\bar{\varphi}_{m=\frac{2l+1}{2}}(\phi + 2\pi) = -\bar{\varphi}_{m=\frac{2l+1}{2}}(\phi)\,.$$

Damit ist diese Wellenfunktion eine *zweideutige* Funktion des Ortes des Teilchens: Das Teilchen mit Drehimpuls $\hbar m = \hbar/2$ kann sich folglich (beim selben Winkel ϕ, d. h. am selben Ort) *gleichzeitig* in zwei verschiedenen „Zuständen" befinden (siehe Abb. 14.4).

2 Die Bahnkurve eines Teilchens mit Drehimpuls $m = \frac{1}{2}$ lässt sich geometrisch durch ein Möbius-Band veranschaulichen: Nach Durchlaufen der gesamten Länge des Möbius-Bandes, d. h. nach Durchlaufen eines Winkels 2π, landet man auf der entgegengesetzten Seite des Startpunktes. Zu diesem kehrt man erst nach Durchlaufen eines Winkels von 4π zurück.

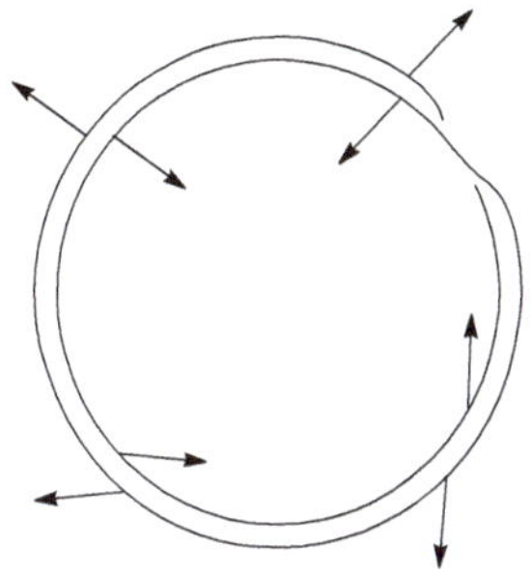

Abb. 14.4: Illustration der Zweideutigkeit der Phase der Spin-1/2-Welle. Die dargestellte geschlossene Kurve bildet den Rand eines Möbiusbandes, das bekanntlich eine nichtorientierbare Fläche besitzt.

Dies ist nicht akzeptabel, da die Wellenfunktion als Wahrscheinlichkeitsamplitude eine eindeutige Funktion des Ortes sein sollte.

Wie aus der Mathematik bekannt, können mehrdeutige Funktionen zu eindeutigen werden, indem *Riemann'sche Flächen* bzw. *Blätter* eingeführt werden. Um die Wellenfunktion des Teilchens mit Drehimpuls $m = \frac{1}{2}$ eindeutig zu machen, müssen wir deshalb zwei Riemann'sche Blätter einführen, eines für den Winkelbereich $\phi \in (0, 2\pi)$ und eines für den Bereich $\phi \in [2\pi, 4\pi]$. Teilchen mit Drehimpuls $\hbar/2$ müssen deshalb durch zweikomponentige Objekte, sogenannte *Spinoren*

$$\psi = \begin{pmatrix} \psi_1 \\ \psi_2 \end{pmatrix}$$

beschrieben werden. Jede Komponente dieses Spinors beschreibt dabei ein Riemann'sches Blatt der $m = \frac{1}{2}$-Welle. Wir werden die Spinoren explizit in Abschnitt 28.6, *Band 2* behandeln.

Der halbzahlige Drehimpuls wird als *Spin* bezeichnet, woraus der Name *Spinor* abgeleitet ist. Allgemein versteht man unter einem *Spin s* einen sogenannten *inneren Drehimpuls* $\hbar s$, dessen Eigenfunktionen $(2s+1)$-komponentige (Wellen-)Funktionen sind. Das Wort „innere" deutet darauf hin, dass die zugehörigen (Drehimpuls- oder) Spinoperatoren in einem abstrakten (inneren) Vektorraum definiert sind, siehe Abschnitt 28.8 *Band 2*.

14.3 Physikalische Konsequenzen des geometrischen Bildes vom Drehimpuls

Ein quantenmechanisches Teilchen, das durch eine Wellenfunktion $\varphi(x)$ beschrieben wird, besitzt eine Stromdichte (7.44)

$$j(x) = \frac{1}{2M}\left(\varphi^*(x)\hat{p}\varphi(x) - \varphi(x)\hat{p}\varphi^*(x)\right) . \tag{14.13}$$

Besitzt das Teilchen eine elektrische Ladung q, so ist mit der fortschreitenden Welle ein Ladungstransport verbunden und die zugehörige elektrische Stromdichte ist durch $j_e = qj$ gegeben. Die „Stromdichte" einer eindimensionalen Bewegung, die nach Gl. (14.13) mit einer eindimensionalen Wellenfunktion $\varphi(x)$ berechnet wird, repräsentiert im dreidimensionalen Raum eine Stromstärke. Davon überzeugt man sich leicht, wenn man beachtet, dass die eindimensionale Wellenfunktion die Dimension Länge$^{-1/2}$ besitzt, während die dreidimensionale Wellenfunktion die Dimension Länge$^{-3/2}$ besitzt. Deshalb ist mit der eindimensionalen fortschreitenden Wellenbewegung im dreidimensionalen Raum die Stromstärke

$$I = qj \tag{14.14}$$

verbunden. Die Bewegung des geladenen quantenmechanischen Teilchens auf der Kreisbahn stellt somit eine geschlossene Stromschleife mit der Stromstärke I dar. Aus der klassischen Elektrodynamik wissen wir, dass eine geschlossene Stromschleife C ein *magnetisches Moment*

$$\boldsymbol{\mu} = I \int_{\mathcal{M}} d\boldsymbol{f}$$

besitzt, wobei die Integration über eine von $C = \partial\mathcal{M}$ eingeschlossenen Fläche $\mathcal{M}$ erfolgt. Liegt die Stromschleife in einer Ebene, so reduziert sich dieser Ausdruck auf

$$|\boldsymbol{\mu}| = I|\mathcal{M}|\,,$$

wobei $|\mathcal{M}|$ die von der Stromschleife eingeschlossene Fläche (genauer: ihr Flächeninhalt) ist. Setzen wir die Wellenfunktion für die Bewegung auf der Kreisbahn, $\varphi_n(x)$ (14.8), in den Ausdruck für die Stromdichte (14.13) ein, so finden wir für den elektrischen Strom (14.14):

$$I = q\frac{p_n}{M}\frac{1}{L} = \frac{q}{M}\frac{n\pi\hbar}{L^2}$$

Beachten wir, dass die kreisförmige Stromschleife eine Fläche $|\mathcal{M}| = \pi R^2$ einschließt, so erhalten wir für das magnetische Moment (mit $L = 2\pi R$):

$$|\boldsymbol{\mu}_n| = \frac{q}{2M}l\,, \qquad l \equiv \hbar|m|\,, \qquad |m| = \frac{n}{2}\,.$$

Dies ist der aus der klassischen Elektrodynamik bekannte Ausdruck für das magnetische Moment einer Punktladung q mit Drehimpuls l. Dieser Zusammenhang zwischen magnetischem Moment und Drehimpuls ist im atomaren Bereich für Teilchen mit ganzzahligem Drehimpuls m auch experimentell bestätigt.

Unsere obige Berechnung des magnetischen Momentes kann jedoch nicht richtig sein für einen halbzahligen Drehimpuls, wenn unsere geometrische Interpretation des

Drehimpulses richtig ist. Bei ganzzahligem Drehimpuls, z. B. Drehimpuls $m = 1$, passt gerade die Teilchenwelle auf die Kreisbahn. Die Teilchenwelle ist *einmal* um die Kreisbahn „gewickelt“: Die mit der Teilchenwelle verbundene rotierende Punktladung repräsentiert eine geschlossene Stromschleife, eine stromdurchflossene Spule mit einer Windung. Für den Spin 1/2 hingegen ist die Teilchenwelle zweimal um die Kreisbahn „gewickelt“, und wir haben es mit einer Spule mit zwei Windungen zu tun. Da das Teilchen die Kreisbahn gleichzeitig auf zwei Ebenen (Riemann'sche Blättern) durchläuft, fließt der doppelte Strom und entsprechend muss das magnetische Moment den doppelten Wert annehmen. Damit erhalten wir für das magnetische Moment eines geladenen Teilchens mit Spin $m = 1/2$

$$|\boldsymbol{\mu}| = 2\frac{q}{2M}l, \quad l = \hbar|m|, \quad |m| = \frac{1}{2}. \tag{14.15}$$

Ein Teilchen mit Spin 1/2 hat damit pro Drehimpulseinheit ein doppelt so großes magnetisches Moment wie ein Teilchen mit ganzzahligem Drehimpuls. Dieser Umstand, der sich zwangsläufig aus unserer geometrischen Interpretation des Drehimpulses ergab, wird in der Tat experimentell bestätigt. Der oben gewonnene Ausdruck (14.15) für das magnetische Moment folgt auch unmittelbar aus der Dirac-Gleichung, der relativistischen Verallgemeinerung der Schrödinger-Gleichung für ein Teilchen mit Spin $s = \frac{1}{2}\hbar$, siehe Abschnitt 29.10, *Band 2*.

15 Der Drehimpuls

15.1 Einführung

Aus der klassischen Mechanik wissen wir, dass der Drehimpuls eine große Rolle für die Bewegung eines Teilchens im dreidimensionalen Raum spielt. Wegen der Isotropie des Raumes ist der Drehimpuls isolierter Systeme eine Erhaltungsgröße ähnlich wie Energie und Impuls (Energie- bzw. Impulserhaltung folgen aus der Homogenität von Zeit bzw. Raum). Die Energie ist für alle Arten von Problemen wichtig, während der lineare Impuls i. A. nur für Streuprobleme relevant ist. Bei der Untersuchung von gebundenen Systemen, wie z. B. Atomen, Molekülen oder Atomkernen, ist hingegen der Drehimpuls von großer Bedeutung.

In der klassischen Mechanik ist der Drehimpuls einer Punktmasse durch

$$\boldsymbol{L} = \boldsymbol{x} \times \boldsymbol{p}$$

definiert, wobei $\boldsymbol{x}$ den Ortsvektor und $\boldsymbol{p}$ den Impuls bezeichnet. Im Gegensatz zum (linearen) Impuls hängt der Drehimpuls explizit von der Wahl des Koordinatensystems ab und ändert deshalb seinen Wert bei Koordinatentransformationen. In der klassischen Mechanik wird die zeitliche Änderung des Impulses durch das zweite Newton'sche Gesetz

$$\frac{d\boldsymbol{p}}{dt} = \boldsymbol{F}$$

beschrieben. Da der Impuls $\boldsymbol{p} = m\dot{\boldsymbol{x}}$ parallel zur Geschwindigkeit $\dot{\boldsymbol{x}}$ ist und somit $\dot{\boldsymbol{x}} \times \boldsymbol{p} = \boldsymbol{0}$, erhalten wir für die zeitliche Änderung des Drehimpulses:

$$\frac{d\boldsymbol{L}}{dt} = \frac{d}{dt}(\boldsymbol{x} \times \boldsymbol{p}) = \underbrace{\dot{\boldsymbol{x}} \times \boldsymbol{p}}_{=\boldsymbol{0}} + \boldsymbol{x} \times \dot{\boldsymbol{p}} = \boldsymbol{x} \times \boldsymbol{F} =: \boldsymbol{M}\,,$$

wobei $\boldsymbol{M}$ das *Drehmoment* ist. Der Drehimpuls bleibt also erhalten, wenn die Kraft parallel zum Ortsvektor ist:

$$\frac{d\boldsymbol{L}}{dt} = \boldsymbol{0}\,, \qquad \boldsymbol{F} \parallel \boldsymbol{x}\,.$$

In der Quantenmechanik werden bekanntlich physikalische Observablen durch lineare hermitesche Operatoren beschrieben. Unsere bisherige Erfahrung lässt uns erwarten, dass wir den quantenmechanischen Drehimpulsoperator aus dem Ausdruck für den klassischen Drehimpuls erhalten, wenn wir im Letzteren $\boldsymbol{x}$ und $\boldsymbol{p}$ durch die entsprechenden Operatoren ersetzen. Dann lautet der Drehimpulsoperator:[1]

1 Im Folgenden wird meist für Operatoren einfach A statt $\hat{A}$ geschrieben.

https://doi.org/10.1515/9783111268255-015

$$\boxed{\hat{\boldsymbol{L}} = \hat{\boldsymbol{x}} \times \hat{\boldsymbol{p}} = \frac{\hbar}{i}\hat{\boldsymbol{x}} \times \nabla\,.} \tag{15.1}$$

Diese Definition wird bestätigt, wenn man den Drehimpulsoperator als Generator der Drehungen für die Wellenfunktion definiert (siehe *Band 2*).

Wir bemerken, dass bei der direkten Ersetzung von Ort und Impuls durch die entsprechenden quantenmechanischen Operatoren kein Ordnungsproblem zwischen $\boldsymbol{x}$ und $\boldsymbol{p}$ auftritt, da unterschiedliche Komponenten von Ort und Impuls kommutieren,

$$[x_i, p_j] = \hat{0}\,, \quad i \neq j\,,$$

und wegen des Kreuzproduktes niemals Produkte aus denselben Orts- und Impulskomponenten auftreten.

Aus Bequemlichkeitsgründen werden wir im Folgenden die kartesischen Einheitsvektoren wahlweise mit $(\boldsymbol{e}_1, \boldsymbol{e}_2, \boldsymbol{e}_3)$ oder $(\boldsymbol{e}_x, \boldsymbol{e}_y, \boldsymbol{e}_z)$ und die zugehörigen kartesischen Koordinaten eines Vektors $\boldsymbol{A}$ dementsprechend mit (A_1, A_2, A_3) bzw. (A_x, A_y, A_z) bezeichnen:

$$\boldsymbol{A} = A_1\boldsymbol{e}_1 + A_2\boldsymbol{e}_2 + A_3\boldsymbol{e}_3 \equiv A_x\boldsymbol{e}_x + A_y\boldsymbol{e}_y + A_z\boldsymbol{e}_z\,. \tag{15.2}$$

Für den Ortsvektor haben wir

$$\boldsymbol{x} = x_1\boldsymbol{e}_1 + x_2\boldsymbol{e}_2 + x_3\boldsymbol{e}_3 \equiv x\boldsymbol{e}_x + y\boldsymbol{e}_y + z\boldsymbol{e}_z\,. \tag{15.3}$$

Zerlegen wir den Drehimpuls nach den orthonormierten Einheitsvektoren[2] $\boldsymbol{e}_i$ ($\boldsymbol{e}_i \cdot \boldsymbol{e}_j = \delta_{ij}$),

$$\boldsymbol{L} = L_i\boldsymbol{e}_i$$

so lassen sich seine Komponenten $L_i = \boldsymbol{L} \cdot \boldsymbol{e}_i$ auch als Spatprodukt schreiben:

$$L_i = \boldsymbol{e}_i \cdot (\boldsymbol{x} \times \boldsymbol{p}) = \det(\boldsymbol{e}_i, \boldsymbol{x}, \boldsymbol{p}) = \begin{vmatrix} (\boldsymbol{e}_i)_1 & x_1 & p_1 \\ (\boldsymbol{e}_1)_2 & x_2 & p_2 \\ (\boldsymbol{e}_i)_3 & x_3 & p_3 \end{vmatrix}.$$

Mit

$$(\boldsymbol{e}_i)_k = \delta_{ik}$$

lesen wir aus dieser Darstellung für die einzelnen Drehimpulskomponenten ab:

2 Über wiederholte Indizes wird summiert (Einstein'sche Summenkonvention).

$$\begin{aligned} L_1 &= x_2 p_3 - x_3 p_2 = y p_z - z p_y = \frac{\hbar}{i}\left(y\frac{\partial}{\partial z} - z\frac{\partial}{\partial y}\right) = L_x, \\ L_2 &= x_3 p_1 - x_1 p_3 = z p_x - x p_z = \frac{\hbar}{i}\left(z\frac{\partial}{\partial x} - x\frac{\partial}{\partial z}\right) = L_y, \\ L_3 &= x_1 p_2 - x_2 p_1 = x p_y - y p_x = \frac{\hbar}{i}\left(x\frac{\partial}{\partial y} - y\frac{\partial}{\partial x}\right) = L_z. \end{aligned} \tag{15.4}$$

Führen wir den totalen antisymmetrischen Tensor dritter Stufe (Levi-Civita-Tensor) im $\mathbb{R}^3$ durch

$$\epsilon_{ijk} = \begin{cases} 1, & (i,j,k) \text{ gerade Permutation von } (1,2,3)\,, \\ -1, & (i,j,k) \text{ ungerade Permutation von } (1,2,3)\,, \\ 0, & \text{sonst} \end{cases} \tag{15.5}$$

ein, so können wir die Komponenten des Drehimpulsoperators in kompakter Form als

$$L_i = \epsilon_{ijk} x_j p_k = \frac{\hbar}{i} \epsilon_{ijk} x_j \nabla_k \tag{15.6}$$

schreiben. In dieser Darstellung erhalten wir für den Kommutator zweier Drehimpulskomponenten:

$$[L_i, L_j] = \epsilon_{ikl}\epsilon_{jmn}[x_k p_l, x_m p_n]\,. \tag{15.7}$$

Den hier auf der rechten Seite erscheinenden Kommutator werten wir unter Benutzung der Rechenregeln (4.42) für Kommutatoren aus und erhalten mit der Kommutationsbeziehung zwischen Ort und Impuls, $[x_i, p_j] = i\hbar\delta_{ij}$:

$$[x_k p_l, x_m p_n] = x_k[p_l, x_m]p_n + x_m[x_k, p_n]p_l = i\hbar(-\delta_{lm}x_k p_n + \delta_{kn}x_m p_l)\,.$$

Setzen wir dieses Ergebnis in Gl. (15.7) ein und benutzen die zyklische Eigenschaft des ϵ-Tensors, so finden wir:

$$\begin{aligned} [L_i, L_j] &= i\hbar\epsilon_{ikl}\epsilon_{jmn}(-\delta_{lm}x_k p_n + \delta_{kn}x_m p_l) \\ &= i\hbar(-\epsilon_{ikl}\epsilon_{jln}x_k p_n + \epsilon_{ikl}\epsilon_{jmk}x_m p_l) \\ &= i\hbar(\epsilon_{ikl}\epsilon_{jnl}x_k p_n - \epsilon_{ilk}\epsilon_{jmk}x_m p_l) \\ &= i\hbar(\epsilon_{ikl}\epsilon_{jnl} - \epsilon_{jkl}\epsilon_{inl})x_k p_n\,. \end{aligned}$$

(Im letzten Term wurden Summationsindizes umbenannt.) Benutzen wir schließlich noch die Vollständigkeitsbeziehung der ϵ-Tensoren,

$$\epsilon_{ikm}\epsilon_{jlm} = \delta_{ij}\delta_{kl} - \delta_{il}\delta_{kj}\,, \tag{15.8}$$

so erhalten wir für den Kommutator zweier Drehimpulskomponenten:

$$[L_i, L_j] = i\hbar(\delta_{ij}\delta_{kn} - \delta_{in}\delta_{kj}) - (\delta_{ij}\delta_{kn} - \delta_{jn}\delta_{ki})]x_k p_n$$
$$= i\hbar[x_i p_j - x_j p_i] .$$

Kontrahieren wir diese Beziehung mit dem antisymmetrischen ϵ-Tensor (Multiplikation mit ϵ und Summation über alle wiederholten Indizes) und benutzen die Definition (15.6) des Drehimpulses, so erhalten wir:

$$\epsilon_{kij}[L_i, L_j] = i\hbar\epsilon_{kij}(x_i p_j - x_j p_i) = 2i\hbar L_k . \tag{15.9}$$

Nochmalige Kontraktion mit dem ϵ-Tensor und Benutzung der Vollständigkeitsrelation (15.8) liefert:

$$\boxed{[L_i, L_j] = i\hbar\epsilon_{ijk}L_k .} \tag{15.10}$$

Diese Relation definiert eine sogenannte SU(2)-*Lie-Algebra*, d. h. die Drehimpulsoperatoren sind die Generatoren einer SU(2)-Gruppe. Sie müssen sich deshalb durch Darstellungen der SU(2)-Gruppe realisieren lassen, wie wir später noch explizit sehen werden.

In ähnlicher Weise berechnet man die Kommutatoren des Drehimpulses mit dem Orts- und dem Impulsoperator:

$$[L_i, x_j] = i\hbar\epsilon_{ijk}x_k , \tag{15.11}$$
$$[L_i, p_j] = i\hbar\epsilon_{ijk}p_k . \tag{15.12}$$

Diese Beziehungen sind intuitiv sofort klar, da ein Kommutator mit x_i ein p_i vernichtet und umgekehrt.

---

i

Setzen wir in diesen Beziehungen $i = j$, so folgt

$$[L_i, x_i] = 0 , \quad [L_i, p_i] = 0 .$$

Summieren wir schließlich über den verbleibenden Index, so finden wir

$$\boldsymbol{L} \cdot \boldsymbol{x} = \boldsymbol{x} \cdot \boldsymbol{L} , \quad \boldsymbol{L} \cdot \boldsymbol{p} = \boldsymbol{p} \cdot \boldsymbol{L} . \tag{15.13}$$

Aus der Definition des Drehimpulses (15.1) folgt aber

$$\boldsymbol{x} \cdot \boldsymbol{L} = \boldsymbol{x} \cdot (\boldsymbol{x} \times \boldsymbol{L}) = (\boldsymbol{x} \times \boldsymbol{x}) \cdot \boldsymbol{L} = 0 ,$$
$$\boldsymbol{L} \cdot \boldsymbol{p} = (\boldsymbol{x} \times \boldsymbol{p}) \cdot \boldsymbol{p} = \boldsymbol{x} \cdot (\boldsymbol{p} \times \boldsymbol{p}) = 0 , \tag{15.14}$$

wobei wir $[p_i, p_j] = 0$ und $[x_i, x_j] = 0$ benutzt haben. Der Drehimpulsoperator ist damit orthogonal zum Orts- und Impulsoperator.

In vektorieller Notation lautet Gl. (15.9)

$$\boldsymbol{L} \times \boldsymbol{L} = i\hbar\boldsymbol{L} .$$

Dies zeigt, dass das Kreuzprodukt eines vektoriellen Operators mit sich selbst nicht notwendigerweise verschwindet.

Die oben angegebenen Beziehungen (15.10), (15.11) und (15.12) sind Spezialfälle der allgemeinen Kommutationsbeziehung eines vektoriellen Operators V_k mit dem Drehimpulsoperator

$$\boxed{[L_k, V_l] = i\hbar\varepsilon_{klm}V_m\,,} \tag{15.15}$$

die in Abschnitt 27.5.3, *Band 2* bewiesen wird.

Die oben erhaltene Kommutationsbeziehung für die Drehimpulse (15.10) zeigt, dass im Gegensatz zur klassischen Mechanik, wo sämtliche Komponenten des Drehimpulses gleichzeitig messbar sind, in der Quantenmechanik kein Zustand (außer dem trivialen Zustand, in welchem $L_i = \hat{0}$) gleichzeitig Eigenzustand von mehreren Drehimpulskomponenten sein kann. Die Wellenfunktion eines Zustandes kann also nur Eigenfunktion einer einzelnen Drehimpulskomponente sein, die wir im Folgenden als $L_z = L_3$ wählen. Die beiden übrigen Drehimpulskomponenten sind dann unscharf. In der Tat, aus der allgemeinen Beziehung für die Unschärferelation zwischen beliebigen Operatoren (Gl. (11.10)) folgt mit Gl. (15.10) für unterschiedliche i, j, k (für welche $\epsilon_{ijk} \neq 0$):

$$\Delta L_i\, \Delta L_j \geq \frac{\hbar}{2}|\langle L_k\rangle|\,.$$

Die einzelnen Drehimpulskomponenten kommutieren jedoch mit dem Quadrat des Drehimpulsoperators

$$\boldsymbol{L}^2 = (L_i\boldsymbol{e}_i)\cdot(L_j\boldsymbol{e}_j) = L_iL_j\boldsymbol{e}_i\cdot\boldsymbol{e}_j = L_iL_j\delta_{ij} = L_iL_i\,,$$

wie eine elementare Rechnung zeigt:

$$\begin{aligned}[L_i, \boldsymbol{L}^2] &= [L_i, L_jL_j] = L_j[L_i, L_j] + [L_i, L_j]L_j \\ &= i\hbar\epsilon_{ijk}(L_jL_k + L_kL_j) \equiv i\hbar\epsilon_{ijk}\{L_j, L_k\} \\ &= \hat{0}\,.\end{aligned}$$

Das letzte Gleichheitszeichen gilt aus Symmetriegründen: Der Ausdruck in der Klammer, der den Antikommutator definiert, ist symmetrisch bezüglich Vertauschen der Indizes j und k, während der ϵ-Tensor antisymmetrisch bezüglich Vertauschen zweier Indizes ist. Damit besitzen $\boldsymbol{L}^2$ und eine feste Komponente des Drehimpulses, die wir i. A. als L_z wählen werden, gemeinsame Eigenfunktionen. Bei Drehimpulserhaltung, was nach Gleichung (7.21) gleichbedeutend mit

$$\begin{aligned}&[H, L_i] = \hat{0}\,, \quad i = 1, 2, 3 \\ \Rightarrow\quad &[H, \boldsymbol{L}^2] = [H, L_iL_i] = \hat{0}\end{aligned}$$

ist, lassen sich deshalb die Energieeigenzustände nach den Eigenwerten von $\boldsymbol{L}^2$ und L_z klassifizieren, die wir im Folgenden bestimmen wollen. Dabei werden wir finden, dass diese Eigenwerte allein durch die Drehimpulsalgebra (15.10) bereits eindeutig festgelegt sind.

15.2 Die Eigenwerte des Drehimpulses

Bei der Behandlung der eindimensionalen Bewegung auf einer Kreisbahn (Abschnitt 14.1) hatten wir gefunden, dass der zugehörige Drehimpuls, der senkrecht auf der Ebene der Kreisbahn steht, quantisiert ist und seine Eigenwerte durch ein Vielfaches von $\hbar/2$ gegeben sind. Legen wir die Kreisbahn in die xy-Ebene, so ist der zugehörige Drehimpuls L_z. Damit kennen wir im Prinzip bereits die Eigenwerte einer einzelnen Drehimpulskomponente. Dieses Ergebnis beruhte auf geometrischen Überlegungen, bei denen wir die durch unendlich hohe Potentialwände eingeschränkte eindimensionale Bewegung zu einer Kreisbahn kompaktifizierten. Wir wollen jetzt dieses Ergebnis ohne Bezugnahme auf geometrische Vorstellungen rein abstrakt aus den Kommutationsbeziehungen zwischen den Drehimpulskomponenten (15.10), d. h. aus der SU(2)-Algebra ableiten. Da der Drehimpulsoperator den Impulsoperator linear enthält, erwarten wir, dass die Eigenwerte des Drehimpulses proportional zu $\hbar$ sind, was auch die vorangegangenen geometrischen Überlegungen in Kap. 14 gezeigt haben. Wir schreiben deshalb die Eigenwertgleichungen von L_z und $\boldsymbol{L}^2$ in der Form

$$\begin{aligned} L_z|lm\rangle &= \hbar m|lm\rangle\,, \\ \boldsymbol{L}^2|lm\rangle &= \hbar^2\lambda_l|lm\rangle\,, \end{aligned} \tag{15.16}$$

wobei wir einen Index l zur Unterscheidung der verschiedenen Eigenwerte $\hbar^2\lambda_l$ und Eigenvektoren von $\boldsymbol{L}^2$ eingeführt haben, deren explizite Form wir noch nicht kennen. Im Eigenwert $\hbar m$ von L_z kann m zum gegenwärtigen Zeitpunkt noch eine beliebige reelle Zahl sein, die prinzipiell auch von l bzw. λ_l abhängen kann. Da der Operator $\boldsymbol{L}^2$ positiv semidefinit ist, können seine Eigenwerte nicht negativ werden. Darüber hinaus kann eine einzelne Drehimpulskomponente nicht den Betrag des gesamten Drehimpulses übersteigen. Deshalb haben wir für die Eigenwerte die Nebenbedingung

$$\lambda_l \geq 0\,, \quad m^2 \leq \lambda_l\,. \tag{15.17}$$

Die Eigenwertgleichungen lassen sich rein algebraisch aus den Kommutationsbeziehungen für die Drehimpulskomponenten L_i (15.10) finden, ähnlich wie wir beim harmonischen Oszillator das Spektrum auf rein algebraische Weise gefunden haben (Abschnitt 12.5). Beim harmonischen Oszillator gelang es uns, den Hamilton-Operator durch lineare algebraische Operatortransformationen zu diagonalisieren. Der Hamilton-Operator war durch das Quadrat von Impuls und Koordinate gegeben:

$$\bar{H} = \frac{1}{2}(Q^2 + P^2)\,.$$

Wir konnten diese quadratische Form durch Einführen der Leiteroperatoren

$$a = \frac{1}{\sqrt{2}}(Q + iP)\,, \quad a^\dagger = \frac{1}{\sqrt{2}}(Q - iP)$$

auf Diagonalform,

$$\bar{H} = a^\dagger a + \frac{1}{2}\,,$$

bringen. Das Auffinden der Eigenwerte von $\boldsymbol{L}^2 = (L_x^2 + L_y^2) + L_z^2$ stellt ein ähnliches Problem dar. Es verlangt die Diagonalisierung der quadratischen Form $\boldsymbol{L}^2 - L_z^2 = L_x^2 + L_y^2$ der beiden nicht-vertauschenden Operatoren L_x und L_y. Dazu gehen wir ähnlich wie beim harmonischen Oszillator vor und führen wieder *Leiteroperatoren* durch die Beziehung

$$\boxed{L_\pm = L_x \pm iL_y\,, \quad (L_\pm)^\dagger = L_\mp} \tag{15.18}$$

ein. Die beiden Leiteroperatoren L_+ und L_- sind zueinander adjungiert. Da jede Komponente des Drehimpulses mit dem Quadrat des Gesamtdrehimpulses kommutiert, finden wir sofort:

$$\boxed{[\boldsymbol{L}^2, L_\pm] = \hat{0}\,.} \tag{15.19}$$

Unter Benutzung der Kommutationsbeziehungen für die Drehimpulskomponenten (15.10) lassen sich durch explizite Rechnung die folgenden Relationen beweisen:

$$[L_z, L_\pm] = \pm\hbar L_\pm\,, \tag{15.20}$$

$$[L_+, L_-] = 2\hbar L_z\,. \tag{15.21}$$

Wegen Gl. (15.19) müssen auch die Zustände $L_\pm|lm\rangle$ Eigenzustände von $\boldsymbol{L}^2$ mit demselben Eigenwert λ_l sein:

$$\boldsymbol{L}^2(L_\pm|lm\rangle) = L_\pm \boldsymbol{L}^2|lm\rangle = \hbar^2\lambda_l L_\pm|lm\rangle$$

Andererseits folgt aus Gl. (15.20):

$$L_z(L_\pm|lm\rangle) = (L_\pm L_z + [L_z, L_\pm])|lm\rangle = \hbar(m \pm 1)L_\pm|lm\rangle\,,$$

sodass die Operatoren $L_\pm$ die Quantenzahl von L_z um eine Einheit von $\hbar$ erhöhen bzw. erniedrigen, was die Bezeichnung *Leiter-* oder *Stufenoperatoren* rechtfertigt. Damit haben wir gefunden, dass bis auf Normierung die Zustände $L_\pm|lm\rangle$ mit den Zuständen $|l\,m{\pm}1\rangle$ zusammenfallen, d. h.

$$L_\pm |lm\rangle = C^{(\pm)}_{l\,m\pm1} |l\,m\pm1\rangle\,, \tag{15.22}$$

wobei $C_{l\,m\pm1}$ eine noch zu bestimmende Konstante ist, die von der Norm der Zustände $|lm\rangle$ abhängt. Zweckmäßiger Weise wählen wir

$$\langle lm|lm\rangle = 1\,. \tag{15.23}$$

Auf diese Weise können wir mittels der Leiteroperatoren aus einer einzigen Eigenfunktion von $\boldsymbol{L}^2$ und L_z alle Eigenfunktionen von L_z zum selben Eigenwert λ_l von $\boldsymbol{L}^2$ konstruieren. Dieses Verfahren muss irgendwann abbrechen, da die Eigenwerte von L_z^2 stets kleiner oder gleich den Eigenwerten von $\boldsymbol{L}^2$ sind, siehe Gl. (15.17).

Für die Norm des Zustandes $L_\pm|lm\rangle$ erhalten wir mit (15.22):

$$\|L_\pm|lm\rangle\|^2 = \underbrace{\langle l\,m\pm1|l\,m\pm1\rangle}_{=1} |C^{(\pm)}_{l\,m\pm1}|^2 \tag{15.24}$$

oder unter Benutzung von $(L_\pm)^\dagger = L_\mp$

$$\|L_\pm|lm\rangle\|^2 = \langle lm|L_\mp L_\pm|lm\rangle \stackrel{!}{=} |C^{(\pm)}_{lm\pm1}|^2\,.$$

Die elementare Rechnung unter Benutzung der Kommutationsbeziehung (15.10) zeigt, dass:

$$L_\mp L_\pm = \boldsymbol{L}^2 - L_z^2 \mp \hbar L_z\,.$$

Mit dieser Beziehung finden wir für die Norm (15.24):

$$|C^{(\pm)}_{l\,m\pm1}|^2 = \hbar^2(\lambda_l - m^2 \mp m) = \hbar^2[\lambda_l - m(m\pm1)] \geq 0\,. \tag{15.25}$$

Da die Norm eines Vektors nicht negativ ist, erhalten wir die Bedingungen

$$\lambda_l \geq m^2 \pm m = m(m\pm1)\,, \tag{15.26}$$

die beide sowohl für positive als auch für negative m gelten müssen, da wir bisher nichts über das Vorzeichen von m vorausgesetzt haben. Diese Bedingung liefert damit eine noch stärkere Einschränkung an die Eigenwerte m als die oben intuitiv gefundene Beziehung (15.17).

Da m nach oben beschränkt ist, muss es einen maximalen Wert $m_{\max} =: l$ geben,[3] für den gilt:

3 Der Index l wurde in Gl. (15.16) formal zur Unterscheidung der Eigenwerte von $\boldsymbol{L}^2$ eingeführt und hatte bis jetzt noch keine unmittelbare physikalische Bedeutung. Die Wahl $l = m_{\max}$ bedeutet, dass wir die Eigenwerte von $\boldsymbol{L}^2$, λ_l, durch den maximalen Eigenwert von L_z charakterisieren, was sicherlich sinnvoll ist, da $L_z^2 \leq \boldsymbol{L}^2$.

$$L_+|lm_{\max}\rangle = L_+|l\,l\rangle = o\,. \tag{15.27}$$

Andernfalls würde nach (15.22) wiederholte Anwendung von $L_\pm$ auf $|lm\rangle$ Eigenwerte m liefern, welche die Bedingung (15.26) verletzen. Da die Norm des Nullvektors verschwindet, erhalten wir aus Gl. (15.25) mit $m = l$, dass die Eigenwerte von $\boldsymbol{L}^2$ durch

$$\lambda_l = l(l+1) \tag{15.28}$$

gegeben sind. Setzen wir diesen Ausdruck für λ_l in den Normierungskoeffizienten Gl. (15.25) ein und wählen diesen reell und positiv, so nimmt Gl. (15.22) die Gestalt

$$\boxed{\begin{aligned} L_\pm|lm\rangle &= \hbar\sqrt{l(l+1)-m(m\pm1)}\;|l\,m{\pm}1\rangle \\ &= \hbar\sqrt{(l\pm m+1)(l\mp m)}\;|l\,m{\pm}1\rangle \end{aligned}} \tag{15.29}$$

an. Dieser Ausdruck zeigt, dass der minimale Wert von m, für den die Leiter nach unten abbricht ($L_-|lm_{\min}\rangle = o$), durch $m_{\min} = -l$ gegeben ist:[4]

$$L_-|l,-l\rangle = o\,.$$

Nach Gl. (15.29) können wir durch wiederholte Anwendung des Operators L_+ auf den Zustand $|l,-l\rangle$ zum Zustand $|l\,l\rangle$ gelangen. Es muss deshalb eine natürliche Zahl n geben, sodass

$$(L_+)^n|l,-l\rangle \sim |l,-l+n\rangle = |l,l\rangle \tag{15.30}$$

gilt. Dies impliziert die Bedingung

$$-l+n = l\,,$$

woraus

$$l = \frac{n}{2}\,,\qquad n = 0,1,2,\ldots$$

folgt. Damit haben wir gezeigt, dass die Eigenwerte des Quadrates des Drehimpulsoperators die in Gl. (15.28) angegebene Gestalt $\lambda_l = l(l+1)$ besitzen mit einer ganzen oder halbganzzahligen nicht-negativen Zahl l:

$$\begin{aligned} l &= 0,1,2,\ldots\,, \\ l &= \frac{1}{2},\frac{3}{2},\frac{5}{2},\ldots\,. \end{aligned}$$

4 Um Verwirrungen zu vermeiden, schreiben wir die Drehimpulseigenvektoren oftmals als $|l,m\rangle$ statt $|lm\rangle$.

Ferner haben wir gezeigt, dass die Quantenzahl m der z-Komponente des Drehimpulses die $(2l+1)$ Werte

$$m = -l, -l+1, \ldots, l \tag{15.31}$$

annimmt. Die Zahlen l und m werden als *Drehimpulsquantenzahlen* bezeichnet. Häufig wird m auch als *magnetische Quantenzahl* bezeichnet aus Gründen, die bei der Behandlung einer Ladung im Magnetfeld (siehe Abschnitt 25.3, Band 2) nachvollziehbar werden. Für einen festen Gesamtdrehimpuls[5] l gibt es damit $(2l+1)$ Zustände, die sich in der Quantenzahl m, der Projektion des Drehimpulses auf die z-Achse, unterscheiden.

Mit (15.28) erhalten wir für die Eigenwertgleichungen (15.16) des Drehimpulses:

$$\boxed{\begin{aligned} \boldsymbol{L}^2|lm\rangle &= \hbar^2 l(l+1)|lm\rangle\,, \quad l = 0, \frac{1}{2}, 1, \frac{3}{2}, \ldots\,, \\ L_z|lm\rangle &= \hbar m|lm\rangle\,, \quad m = -l, -l+1, \ldots, l\,. \end{aligned}} \tag{15.32}$$

Aus Gl. (15.29) erhält man nach dem Prinzip (15.30) für die normierten Drehimpulseigenfunktionen die Darstellungen

$$\begin{aligned} |lm\rangle &= \sqrt{\frac{(l+m)!}{(2l)!(l-m)!}}\left(\frac{1}{\hbar}\right)^{l-m}(L_-)^{l-m}|l\,l\rangle\,, \\ |lm\rangle &= \sqrt{\frac{(l-m)!}{(2l)!(l+m)!}}\left(\frac{1}{\hbar}\right)^{l+m}(L_+)^{l+m}|l,-l\rangle\,. \end{aligned} \tag{15.33}$$

Damit haben wir sämtliche Eigenwerte von $\boldsymbol{L}^2$ und L_z allein aus den Kommutationsbeziehungen der Drehimpulsoperatoren gewonnen, ohne explizit die entsprechenden Eigenwertgleichungen zu lösen. Die Eigenwerte sind damit eine Folge der Lie-Algebra (15.10), welche die Komponenten des Drehimpulsoperators erfüllen. Diese Algebra wird deshalb auch als *Drehimpulsalgebra* bezeichnet. Sie erzeugt die Symmetriegruppen SU(2) bzw. SO(3). Letztere ist die Gruppe der Drehungen in drei Dimensionen. Die SU(2)-Gruppe ist die Gruppe der zweidimensionalen unitären und unimodularen Matrizen, d. h. Matrizen mit den Eigenschaften

$$U^\dagger = U^{-1}\,, \quad \det(U) = 1\,.$$

Die Gruppenmannigfaltigkeit von SU(2) enthält zwei nicht zusammenhängende SO(3)-Gruppenmannigfaltigkeiten. Die SU(2) ist damit die Einhüllende der SO(3)-Gruppe.[6]

5 Statt Drehimpulsquantenzahl l spricht man oft einfach vom Drehimpuls l.

6 Die beiden Gruppen sind über die Beziehung $\mathrm{SO}(3) = \mathrm{SU}(2)/\mathrm{Z}(2)$ verknüpft, wobei Z(2) die diskrete Gruppe $\{1, -1\}$ bezeichnet.

Die Operatoren L_i, die der Lie-Algebra (15.10) genügen, werden als die Erzeuger der Lie-Algebra bezeichnet. Zu jedem festen l definieren die Matrixelemente der Erzeuger L_i in der Basis (15.33)

$$\langle lm|L_i|lm'\rangle$$

eine sogenannte *irreduzible Darstellung* der Lie-Algebra, wie später noch ausführlicher besprochen wird (siehe Abschnitt 15.4). Für die Erzeuger der SO(3)-Gruppe kann die Drehimpulsquantenzahl l nur ganzzahlige Werte annehmen:

$$l = 0, 1, 2, \dots .$$

Demgegenüber nimmt die Drehimpulsquantenzahl l für die Erzeuger der SU(2)-Gruppe sowohl ganzzahlige als auch halbzahlige Werte an:

$$l = 0, \frac{1}{2}, 1, \frac{3}{2}, 2, \dots .$$

Es sei nochmals betont, dass die oben gewonnenen Ergebnisse, insbesondere die Eigenwerte, allein eine Konsequenz der Vertauschungsrelationen (15.10) der Drehimpulsoperatoren, d. h. der SU(2)-Algebra sind und somit sowohl für ganzzahlige als auch für halbzahlige Drehimpulse l gelten. Dabei wurde niemals explizit die Realisierung der Drehimpulsoperatoren durch Differentialoperatoren im dreidimensionalen Raum benutzt (siehe Gl. (15.4)). Wir werden in Abschnitt 15.5 sehen, dass sich durch diese Differentialoperatoren nur Darstellungen der Drehimpulsalgebra mit ganzzahligem Drehimpuls realisieren lassen.[7] Für den Drehimpuls, der die Rotationen in unserem dreidimensionalen Raum erzeugt (oftmals als Bahndrehimpuls bezeichnet), scheiden damit die halbzahligen Werte von l und m aus. Halbzahlige Drehimpulse lassen sich nur in einem inneren (abstrakten) Raum, dem *Spin-Raum*, realisieren. Dies hatten wir bereits in Kap. 14 bei der geometrischen Betrachtung der Bewegung auf einem Kreis beobachtet, wo die auf dem Kreis fortschreitende Welle mit Drehimpuls $\hbar/2$ doppelt um die Kreisbahn gewickelt werden musste und dadurch die Wellenfunktion zweikomponentig gewählt werden musste. Der halbzahlige Drehimpuls ist folglich mit einer Art inneren Rotation verbunden, die als *Spin* bezeichnet wird.

15.3 Geometrische Interpretation des Drehimpulses

Wir haben oben aus den Kommutationsbeziehungen gefolgert, dass der Betrag des Drehimpulses die Eigenwerte

---

7 Halbzahlige Drehimpulse würden auf Wellenfunktionen führen, die nicht überall im $\mathbb{R}^3$ eindeutig definiert sind.

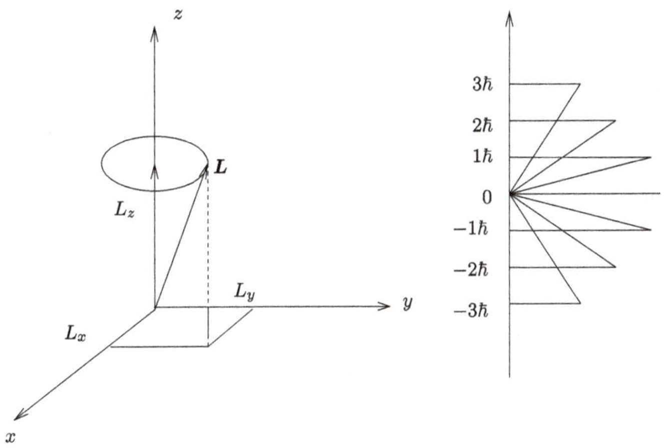

Abb. 15.1: Geometrische Interpretation des Drehimpulses: Drehimpulskegel (links) und Raumquantisierung des Drehimpulses für $l = 3$ (rechts).

$$|\boldsymbol{L}| = \hbar\sqrt{l(l+1)}\,, \quad l = 0, 1, 2, \ldots$$

und die z-Komponente des Drehimpulses die Eigenwerte

$$L_z = m\hbar\,, \quad m = -l, -l+1, \ldots, l-1, l$$

annehmen kann. Die Kenntnis von l allein sagt noch nichts über die Richtung von $\boldsymbol{L}$ aus. Selbst wenn wir sowohl m als auch l kennen, ist die Richtung des Drehimpulses $\boldsymbol{L}$ noch nicht im Raum fixiert, sondern die möglichen Drehimpulsvektoren $\boldsymbol{L}$ spannen den Mantel eines Kegels mit Scheitelpunkt im Ursprung auf (Drehimpulskegel, siehe Abb. 15.1(a)). Zu jedem verschiedenen m Wert gehört ein anderer Kegel.

Bei gegebenem Betrag und z-Komponente des Drehimpulses ist die Projektion des Drehimpulses auf die x- und y-Achse unbestimmt, in Übereinstimmung mit den Kommutationsbeziehungen, die nur erlauben, den Betrag von $\boldsymbol{L}$ und eine Komponente zu fixieren. Haben wir z. B. den Betrag des Drehimpulses und die z-Komponente gemessen, so kann das Ergebnis einer nachfolgenden Messung der x- oder y-Richtung des Drehimpulses nicht vorhergesagt werden, da wir keine Information über den Polarwinkel des Drehimpulsvektors besitzen. Die Tatsache, dass der Drehimpulsvektor in der Quantenmechanik zu einem gegebenen Eigenwert l von $\boldsymbol{L}^2$ bezüglich der Quantisierungsachse (hier z-Achse) $(2l+1)$ verschiedene Richtungen annehmen kann (siehe Abb. 15.1(b)), wird als *Raumquantisierung* bezeichnet.

Auf den ersten Blick scheint dieses Ergebnis zu bedeuten, dass der Drehimpulsvektor nur ganz bestimmte Richtungen im Raum annehmen kann. Das wäre ein Widerspruch zur Isotropie des Raumes. Dieses Ergebnis ist umso mehr verwunderlich, als die Wahl unseres Koordinatensystems und damit die Wahl der z-Achse völlig willkürlich war. Dieses Bild erscheint zunächst paradox, wir müssen hier jedoch beachten, dass ein

Eigenwert nur als Ergebnis eines Messprozesses gewonnen werden kann. Jeder Messapparat, der eine Drehimpulskomponente misst, muss aber zwangsläufig eine Richtung im Raum auszeichnen, sodass letztendlich durch den Messprozess bzw. die Messapparatur die Raumquantisierung vorgenommen wird und damit nicht das quantenmechanische System sondern die Messapparatur die Isotropie zerstört. Ganz gleich welche Orientierung der Messapparat zur Bestimmung der Projektion des Drehimpulses vornimmt, das Messergebnis lautet immer $m\hbar$, wobei m in Einerschritten alle Werte von $-l$ bis $+l$ durchläuft. Führen wir nach einer Messung der z-Komponente des Drehimpulses eine Messung der x- oder y-Komponente durch, so ist das Ergebnis völlig unbestimmt. Die einzige Gewissheit, die wir haben, ist, dass wir wieder einen Eigenwert $m\hbar$ erhalten. Die Wahrscheinlichkeit, mit der wir einen der Eigenwerte $m\hbar$ messen, ist jedoch nicht willkürlich. So gilt für die Summe der Erwartungswerte von L_x^2 und L_y^2:

$$\langle lm|L_x^2 + L_y^2|lm\rangle = \langle lm|\boldsymbol{L}^2 - L_z^2|lm\rangle = \hbar^2\left[l(l+1) - m^2\right] .$$

Aus Symmetriegründen muss der Erwartungswert von L_x^2 in einem Eigenzustand von $\boldsymbol{L}^2$ und L_z derselbe sein wie der von L_y^2, siehe Abb. 15.1(a). Damit erhalten wir für den Erwartungswert:

$$\langle lm|L_x^2|lm\rangle = \langle lm|L_y^2|lm\rangle = \frac{1}{2}\hbar^2\left[l(l+1) - m^2\right] . \tag{15.34}$$

Aus Symmetriegründen ist auch bereits klar, dass der Erwartungswert von L_x und L_y in einem Eigenzustand von L_z verschwinden muss (schließlich rotiert der Drehimpulsvektor um die z-Achse). Dies kann man auch explizit zeigen, wenn man die Drehimpulsoperatoren L_x und L_y durch die Leiteroperatoren (15.18) ausdrückt:

$$L_x = \frac{1}{2}(L_+ + L_-) , \quad L_y = \frac{1}{2i}(L_+ - L_-) . \tag{15.35}$$

Man findet:

$$\begin{aligned}\langle lm|L_x|lm\rangle &= \frac{1}{2}\langle lm|L_+ + L_-|lm\rangle = \sim\langle lm|l\,m{+}1\rangle + \sim\langle lm|l\,m{-}1\rangle = 0 ,\\ \langle lm|L_y|lm\rangle &= \frac{1}{2i}\langle lm|L_+ - L_-|lm\rangle = 0 ,\end{aligned}$$

wobei die Tilde „ ˜ “ für irrelevante Zahlenfaktoren steht. Für die Unschärfe des Drehimpulses in x- und y-Richtung in einem Eigenzustand $|lm\rangle$ finden wir damit aus (15.34):

$$(\Delta L_x)_{lm} = (\Delta L_y)_{lm} = \frac{\hbar}{\sqrt{2}}\sqrt{l(l+1) - m^2} ,$$

bzw. für deren Produkt:

$$(\Delta L_x)_{lm}(\Delta L_y)_{lm} = \frac{\hbar^2}{2}\left[l(l+1) - m^2\right]. \tag{15.36}$$

Die Unschärfe ist maximal, wenn die z-Komponente des Drehimpulses verschwindet ($m = 0$), während sie minimal wird, wenn L_z seinen betragsmäßig maximalen Wert hat ($m = \pm l$). Dies ist auch unmittelbar aus Abb. 15.1 ersichtlich. Gl. (15.36) ist auch in Übereinstimmung mit der Unschärferelation (11.10):

$$(\Delta L_x)_{lm}(\Delta L_y)_{lm} \geq \frac{1}{2}|\langle lm|[L_x, L_y]|lm\rangle| = \frac{\hbar}{2}|\langle lm|L_z|lm\rangle| = \frac{\hbar^2}{2}|m|\,,$$

da

$$l(l+1) - m^2 \geq |m|(|m|+1) - |m|^2 = |m|\,.$$

15.4 Matrixdarstellung

Wir haben oben die Eigenfunktionen des Drehimpulsoperators aus den Kommutationsbeziehungen der Drehimpulskomponenten, d. h. aus der Drehimpulsalgebra (15.10) gewonnen, ohne auf die explizite Gestalt der Drehimpulsoperatoren (als Differentialoperatoren im Ortsraum) zurückzugreifen. Da diese Zustände $|lm\rangle$ Eigenfunktionen zu den hermiteschen Operatoren $\boldsymbol{L}^2$, L_z sind, bilden sie ein vollständiges orthogonales System und mit unserer gewählten Normierung (15.23) gilt deshalb

$$\langle lm|l'm'\rangle = \delta_{ll'}\delta_{mm'}\,.$$

Wir können jetzt die Matrixelemente beliebiger Komponenten des Drehimpulsoperators in dieser Basis berechnen. Die Gesamtheit dieser Matrixelemente ist äquivalent zum Operator selbst und definiert die Matrixdarstellung des Operators, wie wir bei der Behandlung des Hilbert-Raumes gesehen hatten (siehe Abschnitt 10.2). Im Folgenden wollen wir die Matrixdarstellung der Komponenten des Drehimpulsoperators explizit angeben:

$$(L_i)_{lm,l'm'} := \langle lm|L_i|l'm'\rangle\,.$$

Da die Zustände $|lm\rangle$ Eigenzustände von L_z sind, ist die Matrix dieses Operators diagonal:

$$\langle lm|L_z|l'm'\rangle = \delta_{ll'}\delta_{mm'}\hbar m\,. \tag{15.37}$$

Die Matrixelemente der x- und y-Komponente berechnen wir zweckmäßigerweise aus den Matrixelementen der Leiteroperatoren $L_\pm$. Unter Benutzung der Beziehung (15.29) finden wir für diese

$$\langle l'm'|L_\pm|lm\rangle = \delta_{l'l}\delta_{m',m\pm1}\hbar\sqrt{l(l+1) - m(m\pm1)}\,. \tag{15.38}$$

Hieraus ergeben sich die Matrixelemente der Operatoren L_x und L_y aus den Beziehungen (15.35). Sie sind offenbar ebenfalls diagonal in der Quantenzahl l:

$$\langle lm|L_i|l'm'\rangle = \delta_{ll'}\langle lm|L_i|lm'\rangle\,. \tag{15.39}$$

Die Matrizen der Drehimpulskomponenten sind deshalb blockdiagonal. Zu jedem Drehimpuls l gehört ein Block auf der Hauptdiagonalen der Matrix. Ordnen wir diese Blöcke nach wachsendem Drehimpuls l, so hat die Matrix die Gestalt

$$(L_i)_{lm,l'm'} = \begin{pmatrix} L_i^{(0)} & 0 & 0 & \cdots \\ 0 & L_i^{(1/2)} & 0 & \cdots \\ 0 & 0 & L_i^{(1)} & \\ \vdots & \vdots & & \ddots \end{pmatrix}. \tag{15.40}$$

Jeder dieser Blöcke $L_i^{(l)}$ ist eine $(2l+1)$-dimensionale Matrix bezüglich der magnetischen Quantenzahl m:

$$(L_i^{(l)})_{mm'} := \langle lm|L_i|lm'\rangle\,.$$

Diese Blockmatrizen ordnen wir nach fallenden magnetischen Quantenzahlen an:

$$L_i^{(l)} = \begin{pmatrix} (L_i^{(l)})_{l,l} & (L_i^{(l)})_{l,l-1} & \cdots & (L_i^{(l)})_{l,-l} \\ (L_i^{(l)})_{l-1,l} & (L_i^{(l)})_{l-1,l-1} & \cdots & (L_i^{(l)})_{l-1,-l} \\ \vdots & \vdots & \ddots & \vdots \\ (L_i^{(l)})_{-l,l} & (L_i^{(l)})_{-l,l-1} & \cdots & (L_i^{(l)})_{-l,-l} \end{pmatrix}. \tag{15.41}$$

Die Blockmatrizen $L_i^{(l)}$ sind die *irreduziblen Darstellungen*[8] der Generatoren der Drehgruppe SU(2). Im Folgenden wollen wir die irreduziblen Darstellungen für die untersten Drehimpulse explizit angeben.

Für $l = 0$ ist die Matrix (15.41) eindimensional und verschwindet offenbar, siehe Gln. (15.37), (15.38):

$$L_i^{(0)} = 0\,.$$

Interessanter ist der Fall $l = 1/2$. Die Matrix von L_z ist (wie für alle l) diagonal in der Basis $|lm\rangle$ und nach (15.37) durch

8 „Irreduzible" bedeutet hier, dass es in dem durch die $(2l+1)$-Zustände $|lm\rangle$ aufgespannten Vektorraum keinen Unterraum gibt, der unter der Wirkung der Drehimpulsoperatoren L_i invariant bleibt, siehe Anhang E, *Band 2*.

$$L_z^{(1/2)} = \frac{\hbar}{2}\begin{pmatrix} 1 & 0 \\ 0 & -1 \end{pmatrix} \tag{15.42}$$

gegeben. Aus Gl. (15.38) finden wir für die Matrizen von L_+, L_-:

$$L_+^{(1/2)} = \hbar\begin{pmatrix} 0 & 1 \\ 0 & 0 \end{pmatrix}, \quad L_-^{(1/2)} = \hbar\begin{pmatrix} 0 & 0 \\ 1 & 0 \end{pmatrix}.$$

Hieraus erhalten wir mit (15.35):

$$L_x^{(1/2)} = \frac{\hbar}{2}\begin{pmatrix} 0 & 1 \\ 1 & 0 \end{pmatrix}, \quad L_y^{(1/2)} = \frac{\hbar}{2}\begin{pmatrix} 0 & -i \\ i & 0 \end{pmatrix}. \tag{15.43}$$

Zweckmäßigerweise definieren wir:

$$L_i^{(1/2)} = \frac{\hbar}{2}\sigma_i ,$$

wobei die σ_i die *Pauli-Matrizen* sind, die nach Gln. (15.42) und (15.43) durch

$$\boxed{\sigma_x = \begin{pmatrix} 0 & 1 \\ 1 & 0 \end{pmatrix}, \quad \sigma_y = \begin{pmatrix} 0 & -i \\ i & 0 \end{pmatrix}, \quad \sigma_z = \begin{pmatrix} 1 & 0 \\ 0 & -1 \end{pmatrix}} \tag{15.44}$$

gegeben sind. Aus den Kommutationsbeziehungen für die Drehimpulskomponenten folgt, dass sie den Vertauschungsregeln

$$\boxed{[\sigma_i, \sigma_j] = 2i\epsilon_{ijk}\sigma_k}$$

genügen. Außerdem erfüllen sie die Antikommutationsbeziehungen

$$\boxed{\{\sigma_i, \sigma_j\} = 2\delta_{ij}.}$$

Die Pauli-Matrizen sind offenbar (bis auf einen Faktor $\hbar/2$) die Realisierung der Drehimpulsoperatoren für ein Teilchen mit Spin 1/2.

---

i

Zusammen mit der zweidimensionalen Einheitsmatrix

$$\sigma_0 = \begin{pmatrix} 1 & 0 \\ 0 & 1 \end{pmatrix}$$

bilden die Pauli-Matrizen eine vollständige Basis für die zweidimensionalen hermiteschen Matrizen, was sich in der Vollständigkeitsrelation

$$\sum_{i=0}^{3}(\sigma_i)_{ab}(\sigma_i)_{cd} = 2\delta_{ad}\delta_{bc}$$

äußert. Wegen $(\sigma_0)_{ab} = \delta_{ab}$ erhalten wir hieraus für die Pauli-Matrizen

$$\sum_{i=1}^{3} (\sigma_i)_{ab}(\sigma_i)_{cd} = 2\delta_{ad}\delta_{bc} - \delta_{ab}\delta_{cd} \,. \tag{15.45}$$

Unter Benutzung des ε-Tensors in zwei Dimensionen: $\varepsilon_{ab} = -\varepsilon_{ba}$, $\varepsilon_{12} = 1$, für den die Beziehung

$$\varepsilon_{ac}\varepsilon_{bd} = \delta_{ab}\delta_{cd} - \delta_{ad}\delta_{bc} \tag{15.46}$$

gilt, lässt sich die rechte Seite von Gl. (15.45) umformen zu

$$\sum_{i=1}^{3} (\sigma_i)_{ab}(\sigma_i)_{cd} = \delta_{ab}\delta_{cd} - 2\varepsilon_{ac}\varepsilon_{bd} \,. \tag{15.47}$$

Hieraus läßt sich zusammen mit Gl. (15.46) sehr leicht die *Fierz-Identität* gewinnen:

$$\sum_{i=1}^{3} (\sigma_i)_{ab}(\sigma_i)_{cd} = \tfrac{3}{2}\delta_{ad}\delta_{cb} - \tfrac{1}{2}\sum_{i=1}^{3} (\sigma_i)_{ad}(\sigma_i)_{cb} \,. \tag{15.48}$$

In analoger Weise berechnet man aus Gln. (15.37) und (15.38) die Matrixdarstellungen der Drehimpulsoperatoren für höhere Drehimpulse $l > 1/2$. Für $l = 1$ findet man:

$$L_x^{(1)} = \frac{\hbar}{\sqrt{2}}\begin{pmatrix} 0 & 1 & 0 \\ 1 & 0 & 1 \\ 0 & 1 & 0 \end{pmatrix}, \quad L_y^{(1)} = \frac{\hbar}{\sqrt{2}}\begin{pmatrix} 0 & -i & 0 \\ i & 0 & -i \\ 0 & i & 0 \end{pmatrix}, \quad L_z^{(1)} = \hbar\begin{pmatrix} 1 & 0 & 0 \\ 0 & 0 & 0 \\ 0 & 0 & -1 \end{pmatrix}, \tag{15.49}$$

$$(\boldsymbol{L}^{(1)})^2 = 2\hbar^2\begin{pmatrix} 1 & 0 & 0 \\ 0 & 1 & 0 \\ 0 & 0 & 1 \end{pmatrix}.$$

Man beachte, dass in der verwendeten Basis der Drehimpulseigenzustände $|lm\rangle$ die Matrixdarstellung von L_z nach Gl. (15.37) stets diagonal ist, siehe Gln. (15.44) und (15.49).

Wir empfehlen dem Leser als Übungsaufgabe, die Matrixdarstellung einiger Drehimpulsoperatoren mit $l > 1$ zu berechnen.

15.5 Die Eigenfunktionen des Drehimpulses im Ortsraum

Die bisherigen Untersuchungen des Eigenwertproblems für den Drehimpuls basierten allein auf den Vertauschungsrelationen der Komponenten des Drehimpulsoperators, d. h. auf der Lie-Algebra (15.10). Dabei war es niemals notwendig, die Eigenfunktionen des Drehimpulsoperators $\boldsymbol{L}^2$, L_z explizit zu berechnen. Die Eigenwerte waren allein durch die Algebra bestimmt. Auch die Matrixelemente der Drehimpulsoperatoren konnten allein mithilfe der Lie-Algebra bestimmt werden. Wir wollen jetzt die

Eigenfunktionen des Drehimpulsoperators im Ortsraum explizit konstruieren. Wir werden dabei finden, dass für die Bewegung eines Teilchens im Ortsraum nur ganzzahlige Drehimpulsquantenzahlen realisiert sind.

15.5.1 Der Drehimpulsoperator in Kugelkoordinaten

Zur Konstruktion der Wellenfunktionen benutzen wir die der Drehbewegung angepassten *Kugelkoordinaten* (auch *sphärische Koordinaten* oder *dreidimensionale Polarkoordinaten* genannt) (Abb. 15.2):

$$\begin{aligned} x &= r \sin\vartheta \cos\varphi\,, \\ y &= r \sin\vartheta \sin\varphi\,, \\ z &= r \cos\vartheta\,, \end{aligned} \tag{15.50}$$

die auf die Wertebereiche

$$0 \le r < \infty\,, \quad 0 \le \vartheta \le \pi\,, \quad 0 \le \varphi < 2\pi$$

beschränkt sind. Drücken wir die sphärischen Koordinaten durch die kartesischen Koordinaten aus, so finden wir:

$$r = \sqrt{x^2 + y^2 + z^2}\,, \quad \vartheta = \arccos(z/r)\,, \quad \varphi = \arctan(y/x)\,.$$

Durch Differentiation von (15.50) findet man das Volumenelement im $\mathbb{R}^3$ in sphärischen Koordinaten

$$dxdydz = r^2 dr \sin\vartheta d\vartheta d\varphi\,. \tag{15.51}$$

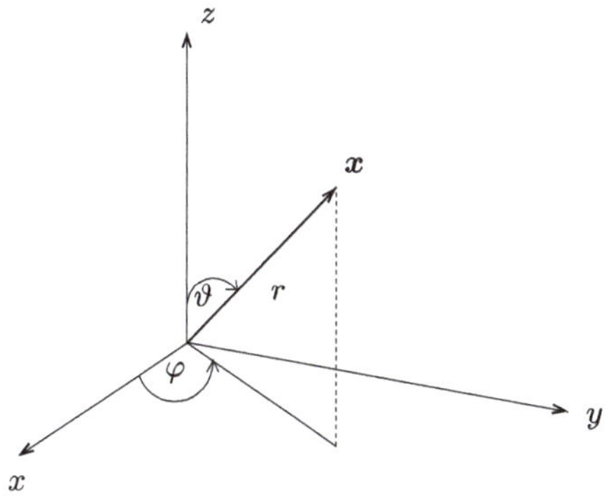

Abb. 15.2: Der Ortsvektor $\boldsymbol{x}$ in Kugelkoordinaten: Radius r, Polarwinkel ϑ, Azimutwinkel φ.

Unter Benutzung der Kettenregel der Differentiation lässt sich der ∇-Operator

$$\nabla = \boldsymbol{e}_i \nabla_i = \boldsymbol{e}_x \frac{\partial}{\partial x} + \boldsymbol{e}_y \frac{\partial}{\partial y} + \boldsymbol{e}_z \frac{\partial}{\partial z}$$

durch Ableitungen nach den sphärischen Koordinaten (r, ϑ, φ) ausdrücken. Man erhält dann den folgenden Ausdruck:

$$\boxed{\nabla = \boldsymbol{e}_r \nabla_r + \boldsymbol{e}_\vartheta \nabla_\vartheta + \boldsymbol{e}_\varphi \nabla_\varphi ,} \tag{15.52}$$

wobei die sphärischen Komponenten des ∇-Operators durch

$$\boxed{\nabla_r = \frac{\partial}{\partial r}, \quad \nabla_\vartheta = \frac{1}{r}\frac{\partial}{\partial \vartheta}, \quad \nabla_\varphi = \frac{1}{r \sin\vartheta}\frac{\partial}{\partial \varphi},} \tag{15.53}$$

gegeben sind und die sphärischen (orthonormierten) Einheitsvektoren $\boldsymbol{e}_r$, $\boldsymbol{e}_\vartheta$, $\boldsymbol{e}_\varphi$, aus der Ableitung des Ortsvektors

$$\boldsymbol{x} = x\boldsymbol{e}_x + y\boldsymbol{e}_y + z\boldsymbol{e}_z$$

folgen

$$\boldsymbol{e}_r = \nabla_r \boldsymbol{x} = \boldsymbol{e}_x \sin\vartheta \cos\varphi + \boldsymbol{e}_y \sin\vartheta \sin\varphi + \boldsymbol{e}_z \cos\vartheta = \hat{\boldsymbol{x}} ,$$

$$\boldsymbol{e}_\vartheta = \nabla_\vartheta \boldsymbol{x} = \boldsymbol{e}_x \cos\vartheta \cos\varphi + \boldsymbol{e}_y \cos\vartheta \sin\varphi - \boldsymbol{e}_z \sin\vartheta , \tag{15.54}$$

$$\boldsymbol{e}_\varphi = \nabla_\varphi \boldsymbol{x} = -\boldsymbol{e}_x \sin\varphi + \boldsymbol{e}_y \cos\varphi . \tag{15.55}$$

Die sphärischen Einheitsvektoren sind winkelabhängig, jedoch unabhängig von r und besitzen die folgenden Ableitungen:

$$\begin{aligned}
&\frac{\partial}{\partial r}\boldsymbol{e}_r = \boldsymbol{0}, \quad \frac{\partial}{\partial r}\boldsymbol{e}_\vartheta = \boldsymbol{0}, \quad \frac{\partial}{\partial r}\boldsymbol{e}_\varphi = \boldsymbol{0},\\
&\frac{\partial}{\partial \vartheta}\boldsymbol{e}_r = \boldsymbol{e}_\vartheta, \quad \frac{\partial}{\partial \vartheta}\boldsymbol{e}_\vartheta = -\boldsymbol{e}_r, \quad \frac{\partial}{\partial \vartheta}\boldsymbol{e}_\varphi = \boldsymbol{0},\\
&\frac{\partial}{\partial \varphi}\boldsymbol{e}_r = \boldsymbol{e}_\varphi \sin\vartheta, \quad \frac{\partial}{\partial \varphi}\boldsymbol{e}_\vartheta = \boldsymbol{e}_\varphi \cos\vartheta, \quad \frac{\partial}{\partial \varphi}\boldsymbol{e}_\varphi = -\boldsymbol{e}_r \sin\vartheta - \boldsymbol{e}_\vartheta \cos\vartheta .
\end{aligned} \tag{15.56}$$

Sie bilden ein orthonormales rechtshändiges Dreibein

$$\boldsymbol{e}_r \times \boldsymbol{e}_\vartheta = \boldsymbol{e}_\varphi, \quad \boldsymbol{e}_\vartheta \times \boldsymbol{e}_\varphi = \boldsymbol{e}_r, \quad \boldsymbol{e}_\varphi \times \boldsymbol{e}_r = \boldsymbol{e}_\vartheta .$$

Da $\hat{\boldsymbol{x}} = \boldsymbol{e}_r$ und somit $\boldsymbol{x} = r\boldsymbol{e}_r$, erhalten wir dann aus (15.52) für den Drehimpulsoperator (15.1)

$$\boldsymbol{L} = \frac{\hbar}{i} r(\boldsymbol{e}_\varphi \nabla_\vartheta - \boldsymbol{e}_\vartheta \nabla_\varphi)$$

$$= \frac{\hbar}{i}\left(\boldsymbol{e}_\varphi \frac{\partial}{\partial\vartheta} - \boldsymbol{e}_\vartheta \frac{1}{\sin\vartheta}\frac{\partial}{\partial\varphi}\right). \tag{15.57}$$

Mit (15.54) und (15.55) finden wir hieraus für die kartesischen Komponenten des Drehimpulsoperators in Kugelkoordinaten

$$\begin{aligned} L_x &= \frac{\hbar}{i}\left(-\sin\varphi\frac{\partial}{\partial\vartheta} - \cos\varphi\cot\vartheta\frac{\partial}{\partial\varphi}\right), \\ L_y &= \frac{\hbar}{i}\left(\cos\varphi\frac{\partial}{\partial\vartheta} - \sin\varphi\cot\vartheta\frac{\partial}{\partial\varphi}\right), \\ L_z &= \frac{\hbar}{i}\frac{\partial}{\partial\varphi}. \end{aligned} \tag{15.58}$$

Aus den ersten beiden Gleichungen gewinnt man die Leiteroperatoren (15.18):

$$L_\pm = \hbar e^{\pm i\varphi}\left(\pm\frac{\partial}{\partial\vartheta} + i\cot\vartheta\frac{\partial}{\partial\varphi}\right). \tag{15.59}$$

Bilden wir die Quadrate der Gl. (15.57) und benutzen dabei (15.56) sowie die Orthogonalität der sphärischen Einheitsvektoren, so erhalten wir

$$\boldsymbol{L}^2 = -\hbar^2\left[\frac{1}{\sin\vartheta}\frac{\partial}{\partial\vartheta}\left(\sin\vartheta\frac{\partial}{\partial\vartheta}\right) + \frac{1}{\sin^2\vartheta}\frac{\partial^2}{\partial\varphi^2}\right]. \tag{15.60}$$

15.5.2 Konstruktion der Drehimpulseigenfunktionen

Die Drehimpulsoperatoren (15.58), (15.59), (15.60) hängen nicht vom Radius $r = |\boldsymbol{x}|$ ab. Die Eigenfunktionen des Drehimpulses im Ortsraum $\langle \boldsymbol{x}|lm\rangle$ hängen folglich nur von den beiden Winkeln ϑ und φ und somit nur von der Richtung

$$\hat{\boldsymbol{x}} = \frac{\boldsymbol{x}}{|\boldsymbol{x}|} \equiv \frac{\boldsymbol{x}}{r} = \begin{pmatrix} \sin\vartheta\cos\varphi \\ \sin\vartheta\sin\varphi \\ \cos\varphi \end{pmatrix} \tag{15.61}$$

des Ortsvektors $\boldsymbol{x}$ ab. Sie sind damit auf der durch ϑ und φ parametrisierten Kugeloberfläche definiert

$$\langle \boldsymbol{x}|lm\rangle = \langle \hat{\boldsymbol{x}}|lm\rangle = Y_{lm}(\hat{\boldsymbol{x}}) = Y_{lm}(\vartheta, \varphi).$$

In der oben abgeleiteten Polarkoordinatendarstellung der Drehimpulsoperatoren (15.58), (15.60) lauten die Eigenwertgleichungen (15.32) für den Drehimpuls:

$$-\hbar^2\left[\frac{1}{\sin\vartheta}\frac{\partial}{\partial\vartheta}\left(\sin\vartheta\frac{\partial}{\partial\vartheta}\right) + \frac{1}{\sin^2\vartheta}\frac{\partial^2}{\partial\varphi^2}\right]Y_{lm}(\vartheta,\varphi) = \hbar^2 l(l+1)Y_{lm}(\vartheta,\varphi), \tag{15.62}$$

$$\frac{\hbar}{i}\frac{\partial}{\partial\varphi}Y_{lm}(\vartheta,\varphi) = \hbar m Y_{lm}(\vartheta,\varphi)\,.$$

Für die zweite Gleichung liefert der Separationsansatz

$$Y_{lm}(\vartheta,\varphi) = f_m(\varphi)\chi_{lm}(\vartheta)$$

offenbar die Lösung

$$Y_{lm}(\vartheta,\varphi) = e^{im\varphi}\chi_{lm}(\vartheta)\,. \tag{15.63}$$

Da die $Y_{lm}(\vartheta,\varphi)$ auf der Kugeloberfläche definiert sind, müssen sie periodisch in der zyklischen Winkelvariable φ sein:

$$Y_{lm}(\vartheta,\varphi+2\pi) \stackrel{!}{=} Y_{lm}(\vartheta,\varphi)\,.$$

Da nach (15.63)

$$Y_{lm}(\vartheta,\varphi+2\pi) = e^{i2\pi m}Y_{lm}(\vartheta,\varphi)\,,$$

führt dies auf die Bedingung

$$e^{i2\pi m} \stackrel{!}{=} 1\,.$$

Diese Bedingung ist nur für ganzzahlige m erfüllt, was wegen (15.31) ganzzahlige l impliziert. Damit erlaubt die Ortsraumdarstellung der Drehimpulsoperatoren nur ganzzahlige Vielfache von $\hbar$ als Drehimpulseigenwerte. Die früher gefundenen halbzahligen Eigenwerte gehören zu einem „inneren Drehimpuls“ (Spin), der keine Drehung im $\mathbb{R}^3$ generiert.

Setzen wir die explizite Lösung Gl. (15.63) in Gl. (15.62) ein, so nimmt diese die Gestalt

$$\left[\frac{1}{\sin\vartheta}\frac{\partial}{\partial\vartheta}\left(\sin\vartheta\frac{\partial}{\partial\vartheta}\right) - \frac{m^2}{\sin^2\vartheta} + l(l+1)\right]\chi_{lm}(\vartheta) = 0$$

an. Diese Gleichung ist mathematisch streng lösbar. Anstatt diese Differentialgleichung zweiter Ordnung in ϑ direkt zu lösen, ist es jedoch einfacher, ähnlich vorzugehen wie beim harmonischen Oszillator und zunächst nur die Funktion mit maximaler Drehimpulsprojektion $m = l$ aus der Differentialgleichung (15.27) erster Ordnung

$$\langle\hat{\boldsymbol{x}}|L_+|ll\rangle = L_+Y_{ll}(\vartheta,\varphi) = 0 \tag{15.64}$$

zu bestimmen und im Anschluss daran die Funktionen $Y_{l,m<l}(\vartheta,\varphi)$ mit kleinerer Drehimpulsprojektion m durch sukzessive Anwendung des Leiteroperators L_- zu gewinnen. Setzen wir für den Operator L_+ die explizite Darstellung (15.59) ein, so nimmt Gl. (15.64) die Gestalt

$$L_+ Y_{ll}(\vartheta, \varphi) = \hbar e^{i\varphi}\left(\frac{\partial}{\partial\vartheta} + i \cot\vartheta \frac{\partial}{\partial\varphi}\right) e^{il\varphi} \chi_{ll}(\vartheta) = 0$$

an. Führen wir die Ableitung $\partial/\partial\varphi$ aus, so führt diese Gleichung auf die Bedingung

$$\frac{d\chi_{ll}(\vartheta)}{d\vartheta} = l \cot\vartheta \chi_{ll}(\vartheta) .$$

Nach Division durch $\chi_{ll}(\vartheta)$ und Multiplikation mit $d\vartheta$ und unter Benutzung von

$$\frac{d\chi_{ll}(\vartheta)}{\chi_{ll}(\vartheta)} = d(\ln \chi_{ll}(\vartheta))$$

und

$$l \frac{\cos\vartheta}{\sin\vartheta} d\vartheta = l \frac{d(\sin\vartheta)}{\sin\vartheta} = l\, d(\ln(\sin\vartheta)) = d(\ln(\sin^l\vartheta))$$

vereinfacht sich die Bedingung zu:

$$d(\ln \chi_{ll}(\vartheta)) = d(\ln(\sin^l\varphi)) .$$

Diese Differentialgleichung hat offenbar die Lösung

$$\ln \chi_{ll}(\vartheta) = \ln(\sin^l\vartheta) + \ln C_{ll} ,$$

bzw.

$$\chi_{ll}(\vartheta) = C_{ll} \sin^l\vartheta , \tag{15.65}$$

wobei C_{ll} eine Normierungskonstante ist. Wir normieren die Drehimpulseigenfunktionen auf der Kugeloberfläche,

$$\langle lm|lm\rangle = \int_0^\pi d\vartheta\ \sin\vartheta \int_0^{2\pi} d\varphi\ |Y_{lm}(\vartheta,\varphi)|^2 \equiv \int d\Omega\ |Y_{lm}(\Omega)|^2 \stackrel{!}{=} 1 ,$$

wobei wir die beiden Winkel ϑ und φ zur Raumrichtung (15.61) $\hat{x}(\vartheta,\varphi) =: \Omega$ zusammengefasst haben und die Integration über die Kugeloberfläche

$$\int d\hat{x} \equiv \int d\Omega := \int_0^\pi d\vartheta \sin\vartheta \int_0^{2\pi} d\varphi$$

definiert haben, siehe (15.51). Für die oben erhaltene Drehimpulseigenfunktionen mit maximaler z-Projektion (Gln. (15.63) und (15.65)) finden wir:

$$\langle ll|ll\rangle = |C_{ll}|^2 \int_0^{2\pi} d\varphi \int_0^{\pi} d\vartheta \, \sin^{2l+1}\vartheta \overset{!}{=} 1 \, .$$

Das φ-Integral ist trivial ausführbar. Das ϑ-Integral lässt sich ebenfalls elementar auswerten. Dazu benutzen wir

$$\sin\vartheta = \frac{1}{2i}(e^{i\vartheta} - e^{-i\vartheta}) \, ,$$

sowie die binomische Formel

$$(a+b)^n = \sum_{k=0}^{n} \binom{n}{k} a^{n-k} b^k \, .$$

Dies liefert

$$\begin{aligned} \sin^{2l+1}\vartheta &= \left(\frac{1}{2i}\right)^{2l+1} (e^{i\vartheta} - e^{-i\vartheta})^{2l+1} \\ &= \frac{(-1)^l}{2^{2l+1}} \frac{1}{i} \sum_{k=0}^{2l+1} (-1)^k \binom{2l+1}{k} e^{i(2l+1-2k)\vartheta} \, . \end{aligned}$$

Die Integration über ϑ lässt sich jetzt sehr einfach ausführen. Nach elementaren Umformungen findet man

$$\int_0^{\pi} d\vartheta \, \sin^{2l+1}\vartheta = 2\frac{(2l)!!}{(2l+1)!!} = \frac{2^{2l+1}(l!)^2}{(2l+1)!} \, ,$$

wobei wir die Definition der Doppelfakultät benutzt haben

$$\begin{aligned} (2n)!! &= 2 \cdot 4 \cdot 6 \cdots 2n = 2^n n! \, , \\ (2n+1)!! &= 1 \cdot 3 \cdot 5 \cdots (2n+1) = \frac{(2n+1)!}{(2n)!!} \, . \end{aligned}$$

Für die auf 1 normierte Drehimpulseigenfunktion (15.65) erhalten wir dann:

$$\chi_{ll}(\vartheta, \varphi) = (-1)^l \frac{1}{2^l l!} \sqrt{\frac{(2l+1)!}{4\pi}} \sin^l\vartheta \tag{15.66}$$

bzw. mit (15.63)

$$Y_{ll}(\vartheta, \varphi) = (-1)^l \frac{1}{2^l l!} \sqrt{\frac{(2l+1)!}{4\pi}} \sin^l\vartheta e^{il\varphi} \, ,$$

wobei die Phase $(-1)^l$ willkürlich eingeführt wurde aus allgemein üblichen Konventionsgründen.

Die übrigen Drehimpulseigenfunktionen Y_{lm} mit $m < l$ gewinnt man mittels Gl. (15.33) durch wiederholte Anwendung des absteigenden Stufenoperators L_-: Wenden wir den Operator L_- auf die Funktion Y_{ll} an und benutzen die explizite Winkeldarstellung (15.59) dieses Operators, so erhalten wir:

$$\begin{aligned} L_- Y_{ll}(\vartheta, \varphi) &= \hbar e^{-i\varphi}\left(-\frac{\partial}{\partial \vartheta} + i \cot \vartheta \frac{\partial}{\partial \varphi}\right)\chi_{ll}(\vartheta) e^{il\varphi} \\ &= -\hbar e^{i(l-1)\varphi}\left(\frac{\partial}{\partial \vartheta} + l \cot \vartheta\right)\chi_{ll}(\vartheta) . \end{aligned}$$

Zur Auswertung dieses Ausdruckes benutzen wir die Beziehung

$$\begin{aligned} \left(\frac{\partial}{\partial \vartheta} + l \cot \vartheta\right) f(\vartheta) &= \frac{1}{\sin^l \vartheta} \frac{d}{d\vartheta}[\sin^l \vartheta f(\vartheta)] \\ &= -\frac{1}{\sin^{l-1} \vartheta} \cdot \frac{d}{d \cos \vartheta}[\sin^l \vartheta f(\vartheta)] , \end{aligned} \tag{15.67}$$

die für eine beliebige Funktion $f(\vartheta)$ gilt. Damit erhalten wir schließlich:

$$L_- Y_{ll}(\vartheta, \varphi) = \hbar e^{i(l-1)\varphi} \frac{1}{\sin^{l-1} \vartheta} \cdot \frac{d}{d \cos \vartheta}[\sin^l \vartheta \chi_{ll}(\vartheta)] .$$

Erneute Anwendung des Operators L_- liefert:

$$\begin{aligned} &(L_-)^2 Y_{ll}(\vartheta, \varphi) \\ &\quad = L_-(L_- Y_{ll}(\vartheta, \varphi)) \\ &\quad = \hbar e^{-i\varphi}\left(-\frac{\partial}{\partial \vartheta} + i \cot \vartheta \frac{\partial}{\partial \varphi}\right)\left(\hbar e^{i(l-1)\varphi} \frac{1}{\sin^{l-1} \vartheta} \cdot \frac{d}{d(\cos \vartheta)}[\sin^l \vartheta \chi_{ll}(\vartheta)]\right) \\ &\quad = -\hbar^2 e^{i(l-2)\varphi}\left(\frac{\partial}{\partial \vartheta} + (l-1) \cot \vartheta\right)\left(\frac{1}{\sin^{l-1} \vartheta} \cdot \frac{d}{d(\cos \vartheta)}[\sin^l \vartheta \chi_{ll}(\vartheta)]\right). \end{aligned}$$

Wenden wir wieder Beziehung (15.67) an, so können wir diesen Ausdruck umformen zu:

$$\begin{aligned} &(L_-)^2 Y_{ll}(\vartheta, \varphi) \\ &\quad = \hbar^2 e^{i(l-2)\varphi} \frac{1}{\sin^{l-2} \vartheta} \cdot \frac{d}{d(\cos \vartheta)}\left(\sin^{l-1} \vartheta \frac{1}{\sin^{l-1} \vartheta} \cdot \frac{d}{d(\cos \vartheta)}[\sin^l \vartheta \chi_{ll}(\vartheta)]\right) \\ &\quad = \hbar^2 e^{i(l-2)\varphi} \frac{1}{\sin^{l-2} \vartheta} \cdot \frac{d^2}{d(\cos \vartheta)^2}[\sin^l \vartheta \chi_{ll}(\vartheta)] . \end{aligned}$$

In ähnlicher Weise berechnet man die Wirkung der höheren Potenzen von L_- auf die Funktion Y_{ll}. Für den allgemeinen Ausdruck der Ordnung n finden wir:

$$(L_-)^n Y_{ll}(\vartheta, \varphi) = \hbar^n e^{i(l-n)\varphi} \frac{1}{\sin^{l-n} \vartheta} \cdot \frac{d^n}{d(\cos \vartheta)^n}[\sin^l \vartheta \chi_{ll}(\vartheta)] .$$

Setzen wir hier $n = l - m$ und für $\chi_{ll}(\vartheta)$ den expliziten Ausdruck (15.66) ein, so erhalten wir mit (15.33) für die auf der Kugeloberfläche normierten Eigenfunktionen von $\boldsymbol{L}^2$ und L_z:

$$Y_{lm}(\vartheta,\varphi) = \frac{(-1)^l}{2^l l!}\sqrt{\frac{2l+1}{4\pi}}\sqrt{\frac{(l+m)!}{(l-m)!}}\frac{1}{\sin^m\vartheta}\cdot\frac{d^{l-m}}{d(\cos\vartheta)^{l-m}}\sin^{2l}\vartheta\cdot e^{im\varphi}\,. \tag{15.68}$$

Diesen Ausdruck haben wir gewonnen, indem wir von der Funktion mit maximaler Drehimpulskomponente Y_{ll} ausgegangen sind und sukzessiv den Absteigeoperator L_- angewandt haben. In analoger Weise hätten wir auch von der Funktion mit minimaler Drehimpulsprojektion $Y_{l,-l}$ ausgehen können und die übrigen Funktionen durch wiederholte Anwendung des aufsteigenden Leiteroperators L_+ gewinnen können. Dies hätte uns auf den Ausdruck

$$Y_{lm}(\vartheta,\varphi) = \frac{(-1)^{l+m}}{2^l l!}\sqrt{\frac{2l+1}{4\pi}}\sqrt{\frac{(l-m)!}{(l+m)!}}\sin^m\vartheta\frac{d^{l+m}}{d(\cos\vartheta)^{l+m}}\sin^{2l}\vartheta\cdot e^{im\varphi}$$

geführt. Beide Ausdrücke sind jedoch identisch, wovon man sich durch explizite Ausdifferentiation überzeugen kann. Der Vergleich der beiden Ausdrücke liefert die Symmetriebeziehung

$$\boxed{Y^*_{lm}(\vartheta,\varphi) = (-1)^m Y_{l-m}(\vartheta,\varphi)\,.} \tag{15.69}$$

Die Funktionen $Y_{lm}(\vartheta,\varphi)$ werden als *Kugelflächenfunktionen* oder *Kugelfunktionen* bezeichnet. Als Eigenfunktionen der hermiteschen Drehimpulsoperatoren $\boldsymbol{L}^2, L_z$ bilden sie ein vollständiges Orthogonalsystem auf der Kugeloberfläche, d. h. auf der Einheitskugel S^2. Die Orthogonalitäts- bzw. Vollständigkeitsrelationen lauten:

$$\boxed{\begin{aligned}&\int_0^{2\pi} d\varphi\int_0^{\pi} d\vartheta\ \sin\vartheta Y^*_{l'm'}(\vartheta,\varphi)Y_{lm}(\vartheta,\varphi) \equiv \int d\Omega\ Y^*_{l'm'}(\Omega)Y_{lm}(\Omega) = \delta_{l'l}\,\delta_{m'm}\,,\\ &\sum_{l=0}^{\infty}\sum_{m=-l}^{l} Y^*_{lm}(\vartheta,\varphi)Y_{lm}(\vartheta',\varphi') = \frac{\delta(\vartheta-\vartheta')\delta(\varphi-\varphi')}{\sin\vartheta}\,.\end{aligned}} \tag{15.70}$$

Eine beliebige auf der Kugeloberfläche definierte Funktion $f(\vartheta,\varphi)$ lässt sich nach diesen Funktionen entwickeln:

$$f(\vartheta,\varphi) = \sum_{l=0}^{\infty}\sum_{m=-l}^{l} C_{lm}Y_{lm}(\vartheta,\varphi)\,.$$

Unter Benutzung der Orthonormalitätsbeziehung (15.70) erhalten wir für die Entwicklungskoeffizienten:

$$C_{lm} = \int d\Omega \, Y^*_{lm}(\Omega) f(\Omega) \, .$$

Unter Raumspiegelung

$$\boldsymbol{x} \to (-\boldsymbol{x}) \, , \quad (r, \vartheta, \varphi) \to (r, \pi - \vartheta, \varphi + \pi)$$

besitzen die Kugelfunktionen das Transformationsverhalten

$$\boxed{Y_{lm}(\pi - \vartheta, \varphi + \pi) = (-1)^l Y_{lm}(\vartheta, \varphi) \, .}$$

Sie sind damit symmetrisch bzw. antisymmetrisch unter Rauminversion und ihre Parität (siehe Abschnitt 8.4) ist durch

$$\pi_l = (-1)^l$$

gegeben.

Die Kugelfunktionen zu den untersten Drehimpulswerten l lauten explizit:

$$\boxed{\begin{aligned} Y_{00}(\vartheta, \varphi) &= \frac{1}{\sqrt{4\pi}} \, , \\ Y_{10}(\vartheta, \varphi) &= \sqrt{\frac{3}{4\pi}} \cos\vartheta \, , \quad Y_{1\pm1}(\vartheta, \varphi) = \mp \sqrt{\frac{3}{8\pi}} \sin\vartheta e^{\pm i\varphi} \, , \\ Y_{20}(\vartheta, \varphi) &= \sqrt{\frac{5}{16\pi}} (3\cos^2\vartheta - 1) \, , \quad Y_{2\pm1}(\vartheta, \varphi) = \mp \sqrt{\frac{15}{8\pi}} \sin\vartheta \cos\vartheta e^{\pm i\varphi} \, , \\ Y_{2\pm2}(\vartheta, \varphi) &= \sqrt{\frac{15}{32\pi}} \sin^2\vartheta e^{\pm i2\varphi} \, . \end{aligned}}$$

Sie sind in Abb. 15.3 dargestellt.

Die unterste Kugelfunktion $Y_{00}(\vartheta, \varphi)$ ist eine Konstante. Wählen wir $l' = 0$ in der Vollständigkeitsrelation (15.70), so finden wir mit $Y_{00}(\vartheta, \varphi) = \frac{1}{\sqrt{4\pi}}$ das Integral:

$$\int_0^{2\pi} d\varphi \int_0^{\pi} d\vartheta \, \sin\vartheta Y_{lm}(\vartheta, \varphi) \equiv \int d\Omega \, Y_{lm}(\Omega) = \sqrt{4\pi} \delta_{l0} \delta_{m0} \, .$$

Die $Y_{1m}(\hat{\boldsymbol{x}})$ bilden (bis auf einen konstanten Faktor) $\sqrt{3/4\pi}$ die sphärischen Koordinaten des Ortseinheitsvektors

$$\hat{\boldsymbol{x}} \equiv \begin{pmatrix} \hat{x}_1 \\ \hat{x}_2 \\ \hat{x}_3 \end{pmatrix} = \begin{pmatrix} \sin\vartheta \cos\varphi \\ \sin\vartheta \sin\varphi \\ \cos\vartheta \end{pmatrix} .$$

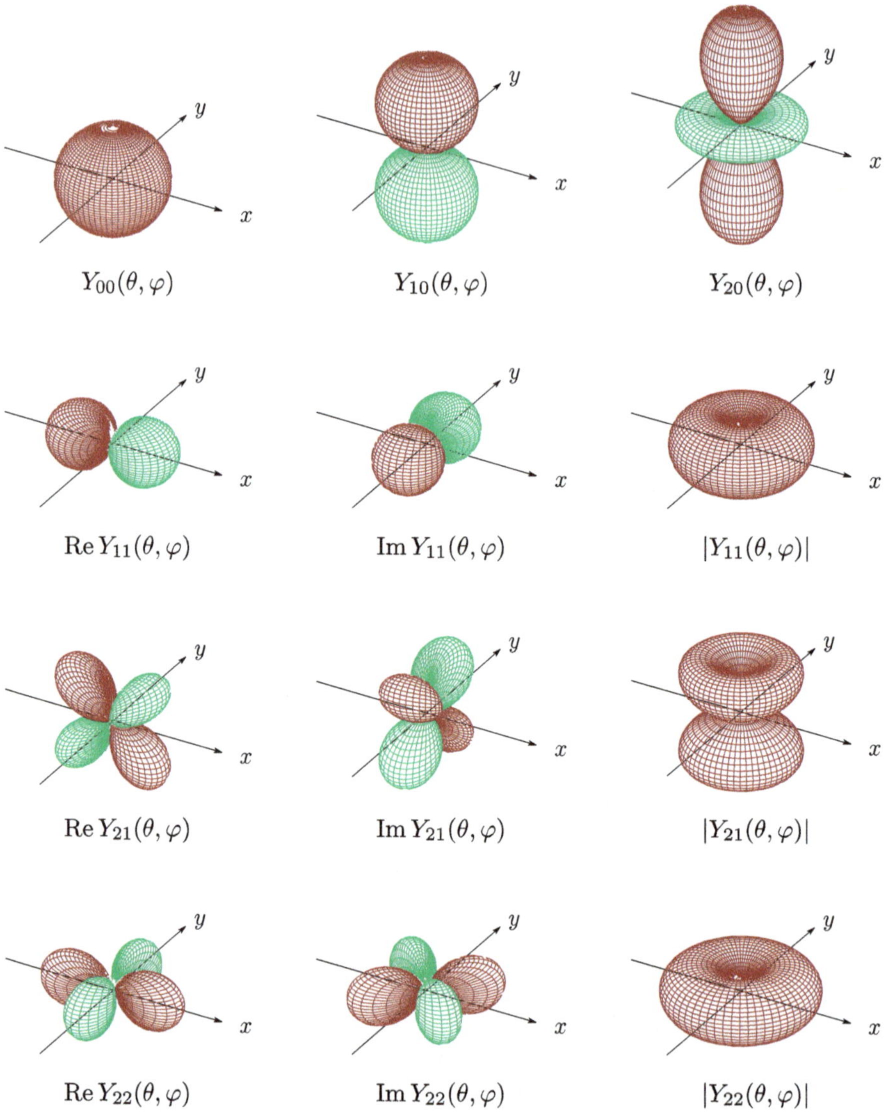

Abb. 15.3: Die Kugelfunktionen $Y_{lm}(\vartheta,\varphi)$ für die Drehimpulsquantenzahlen $l = 0, 1, 2$. Dargestellt sind die Flächen konstanten Betrages des Realteils und, bei komplexen Funktionen, auch des Imaginärteils. Für die komplexen Funktionen sind auch die Flächen konstanten Betrages angegeben. Rote (grüne) Kurven repräsentieren Flächen positiver (negativer) Funktionswerte.

Offenbar gilt der Zusammenhang

$$Y_{1\pm1}(\hat{\boldsymbol{x}}) = \sqrt{\frac{3}{4\pi}}\frac{1}{\sqrt{2}}(\hat{x}_1 \pm i\hat{x}_2)\,, \quad Y_{10}(\hat{\boldsymbol{x}}) = \sqrt{\frac{3}{4\pi}}\hat{x}_3\,. \tag{15.71}$$

15.6 Zusammenhang mit den Legendre-Funktionen

Die oben gewonnenen Eigenfunktionen des Drehimpulsoperators lassen sich mit den Legendre'schen Funktionen in Beziehung bringen. Die *Legendre-Polynome* sind durch

$$P_l(\xi) = \frac{1}{2^l l!} \frac{d^l}{d\xi^l} (\xi^2 - 1)^l \tag{15.72}$$

definiert. Sie stellen Polynome l-ten Grades dar:

$$\begin{aligned}
P_0(\zeta) &= 1\,, \quad P_1(\zeta) = \zeta\,, \\
P_2(\zeta) &= \frac{1}{2}(3\zeta^2 - 1)\,, \\
P_3(\zeta) &= \frac{1}{2}(5\zeta^3 - 3\zeta)\,, \\
P_4(\zeta) &= \frac{1}{8}(35\zeta^4 - 30\zeta^2 + 3)\,, \dots\,.
\end{aligned}$$

Die diesen Polynomen zugeordneten *Legendre-Funktionen* ($m \leq l$) lauten:

$$P_l^m(\xi) = (1 - \xi^2)^{m/2} \frac{d^m}{d\xi^m} P_l(\xi)\,. \tag{15.73}$$

Setzen wir hier $\xi = \cos\vartheta$, so nehmen diese Funktionen die Gestalt

$$P_l^m(\cos\vartheta) = \frac{(-1)^l}{2^l l!} \sin^m(\vartheta) \frac{d^{l+m}}{d(\cos\vartheta)^{l+m}} \sin^{2l}(\vartheta)$$

an. Ein Vergleich mit den oben gewonnenen Darstellungen für die Drehimpulseigenfunktionen zeigt, dass Letztere sich wie folgt durch die zugeordneten Legendre'schen Polynome ausdrücken lassen:

$$\begin{aligned}
Y_{lm}(\vartheta, \varphi) &= (-1)^m \sqrt{\frac{2l+1}{4\pi}} \sqrt{\frac{(l-m)!}{(l+m)!}} P_l^m(\cos\vartheta) \cdot e^{im\varphi}\,, \\
Y_{l,-m}(\vartheta, \varphi) &= \sqrt{\frac{2l+1}{4\pi}} \sqrt{\frac{(l-m)!}{(l+m)!}} P_l^m(\cos\vartheta) \cdot e^{-im\varphi}\,.
\end{aligned}$$

Die Kugelfunktionen $Y_{lm=0}(\vartheta, \varphi)$ sind offensichtlich unabhängig vom Azimutwinkel φ und wegen (15.73) $P_l^{m=0}(\xi) = P_l(\xi)$ durch die Legendre-Polynome $P_l(\cos\vartheta)$ gegeben

$$Y_{lm=0}(\vartheta, \varphi) = Y_{l0}(\vartheta, 0) = \sqrt{\frac{2l+1}{4\pi}} P_l(\cos\vartheta)\,. \tag{15.74}$$

Die Kugelfunktionen und die Legendre-Polynome treten auch in der Elektrodynamik bei der Multipolentwicklung der elektromagnetischen Potentiale auf.

15.7 Vektoraddition von Drehimpulsen

Der Drehimpuls ist ähnlich wie der lineare Impuls eine additive Größe. Für ein System aus N Teilchen mit Drehimpulsen $\boldsymbol{L}^{(i)}$ ist der Gesamtdrehimpuls durch

$$\boldsymbol{L} = \sum_i \boldsymbol{L}^{(i)}, \quad \boldsymbol{L}^{(i)} = \boldsymbol{x}^{(i)} \times \boldsymbol{p}^{(i)}$$

gegeben. Da die Koordinaten der einzelnen Teilchen unabhängige Größen sind, kommutieren die Drehimpulse verschiedener Teilchen:

$$[L_k^{(i)}, L_l^{(j)}] = \hat{0}, \quad i \neq j.$$

Der Gesamtdrehimpuls erfüllt dann dieselben Kommutationsbeziehungen wie der Drehimpuls eines einzelnen Teilchens:

$$[L_k, L_l] = i\hbar\epsilon_{klm}L_m.$$

Die Form der Eigenwerte des Drehimpulses war allein eine Konsequenz der Drehimpulsalgebra. Da der Gesamtdrehimpulsoperator dieselbe Algebra wie der Drehimpuls eines einzelnen Teilchens erfüllt, haben auch die Eigenwerte des Gesamtdrehimpulses die Gestalt

$$\begin{aligned} \boldsymbol{L}^2: &\quad \hbar^2 l(l+1), \quad l = 0, \frac{1}{2}, 1, \ldots, \\ L_z: &\quad \hbar m, \quad m = -l, \ldots, l. \end{aligned}$$

Im Folgenden betrachten wir der Einfachheit halber ein System aus zwei Teilchen mit dem Gesamtdrehimpuls

$$\boldsymbol{L} = \boldsymbol{L}^{(1)} + \boldsymbol{L}^{(2)}, \quad [L_k^{(1)}, L_l^{(2)}] = \hat{0}.$$

Da die beiden einzelnen Drehimpulse miteinander kommutieren, können wir die Drehimpulse beider Teilchen gleichzeitig messen und die Drehimpulswellenfunktion des Zweiteilchen-Systems ist durch die Produktwellenfunktion

$$|l_1 m_1, l_2 m_2\rangle := |l_1 m_1\rangle^{(1)} |l_2 m_2\rangle^{(2)} \tag{15.75}$$

gegeben.[9]

Die Produktwellenfunktion ist offenbar Eigenfunktion zur z-Komponente des Gesamtdrehimpulses,

9 Die Operatoren $\boldsymbol{L}^{(1)}$ und $\boldsymbol{L}^{(2)}$ sind in verschiedenen Hilbert-Räumen definiert und das Produkt $|l_1 m_1\rangle^{(1)} |l_2 m_2\rangle^{(2)}$ steht streng genommen für das Tensorprodukt $|l_1 m_1\rangle^{(1)} \otimes |l_2 m_2\rangle^{(2)}$, siehe Abschnitt 10.7.

$$\begin{aligned}L_z|l_1m_1, l_2m_2\rangle &= (L_z^{(1)} + L_z^{(2)})|l_1m_1, l_2m_2\rangle \\ &= (L_z^{(1)}|l_1m_1\rangle^{(1)})|l_2m_2\rangle^{(2)} + |l_1m_1\rangle^{(1)}L_z^{(2)}|l_2m_2\rangle^{(2)} \\ &= \hbar(m_1 + m_2)|l_1m_1, l_2m_2\rangle \\ &= \hbar m|l_1m_1, l_2m_2\rangle\,,\end{aligned}$$

mit Eigenwert

$$\hbar m = \hbar(m_1 + m_2).$$

Sie ist jedoch nicht Eigenfunktion zum Quadrat des Gesamtdrehimpulses

$$\boldsymbol{L}^2 = (\boldsymbol{L}^{(1)} + \boldsymbol{L}^{(2)})^2 = (\boldsymbol{L}^{(1)})^2 + (\boldsymbol{L}^{(2)})^2 + 2\boldsymbol{L}^{(1)} \cdot \boldsymbol{L}^{(2)},$$

da der letzte Term in diesem Ausdruck

$$2\boldsymbol{L}^{(1)} \cdot \boldsymbol{L}^{(2)} \overset{(15.35)}{=} L_+^{(1)}L_-^{(2)} + L_-^{(1)}L_+^{(2)} + 2L_z^{(1)}L_z^{(2)}$$

nicht mit den z-Komponenten der Einzeldrehimpulse $L_z^{(1)}$ bzw. $L_z^{(2)}$ vertauscht. Dieser Term mischt Zustände, die sich in m_1 bzw. m_2 um eine Einheit unterscheiden. Die Produktzustände (15.75) bilden jedoch eine vollständige Basis und durch geeignete Linearkombinationen können wir deshalb aus ihnen Eigenfunktionen von $\boldsymbol{L}^2$ bilden, die gleichzeitig Eigenfunktionen zu $(\boldsymbol{L}^{(1)})^2$, $(\boldsymbol{L}^{(2)})^2$ und L_z sind, da diese vier Operatoren miteinander kommutieren. Dazu müssen wir die Produktzustände für festes l_1, l_2 und $m = m_1 + m_2$ geeignet überlagern:

$$\boxed{|l_1l_2; lm\rangle = \sum_{m_1+m_2=m} C^{lm}_{l_1m_1l_2m_2}|l_1m_1\rangle^{(1)}|l_2m_2\rangle^{(2)}\,.} \tag{15.76}$$

Offenbar gibt es genau $(2l_1 + 1)(2l_2 + 1)$ linear unabhängige Eigenzustände $|l_1l_2, lm\rangle$ von $\boldsymbol{L}^2, L_z$. Benutzen wir die Orthogonalität der Drehimpulseigenfunktionen, so können wir die Entwicklungskoeffizienten durch die Skalarprodukte

$$\boxed{C^{lm}_{l_1m_1l_2m_2} = ({}^{(1)}\langle l_1m_1|{}^{(2)}\langle l_2m_2|)|l_1l_2; lm\rangle =: \langle l_1m_1, l_2m_2|lm\rangle} \tag{15.77}$$

darstellen. Sie werden als Koeffizienten der Vektoraddition oder als *Clebsch-Gordan-Koeffizienten* bezeichnet. Diese Koeffizienten spielen eine sehr große Rolle bei der Anwendung der Quantenmechanik in der Kernphysik, der Atomphysik und der Molekülphysik, z. B. wenn die Drehimpulse der einzelnen Nukleonen im Kern zum Gesamtdrehimpuls addiert werden sollen.

Die Clebsch-Gordan-Koeffizienten sind offenbar nur dann von null verschieden, wenn

$$m_1 + m_2 = m\,, \quad m = -(l_1 + l_2), \ldots, (l_1 + l_2)$$

gilt. Damit ist die Summation über die Drehimpulsprojektionen in Gl. (15.76) de facto eine Summation über nur eine der Projektionen, z. B. m_1, während m_2 dann durch die Gesamtprojektion m fixiert ist. Die magnetische Quantenzahl m des Gesamtdrehimpulses $\boldsymbol{L}$ kann offenbar alle Werte von $m = -(l_1 + l_2)$ bis $m = l_1 + l_2$ in Abständen von einer Einheit annehmen. Was sind nun die möglichen Werte von l? Zunächst ist klar, dass der maximale Wert von l durch den maximalen Wert von m gegeben ist, d. h.:

$$l_{\max} = l_1 + l_2\,.$$

Außerdem wissen wir, dass die ungekoppelten Produktbasiszustände $|l_1 m_1\rangle^{(1)}\, |l_2 m_2\rangle^{(2)}$ bezüglich der Quantenzahlen l_1, l_2 die Entartung $(2l_1+1)(2l_2+1)$ besitzen, während die Eigenzustände $|lm\rangle$ mit festem Gesamtdrehimpuls l $(2l+1)$-fach entartet sind. Wir können deshalb vom Zustand mit maximalem Drehimpuls $l = l_{\max}$ beginnen und l schrittweise um 1 verringern und jeweils die Entartungen der Zustände $|lm\rangle$ aufaddieren, bis wir die Gesamtzahl der Zustände $(2l_1 + 1)(2l_2 + 1)$ erreichen. Dies liefert für die minimale Drehimpulsquantenzahl $l_{\min}$ von $\boldsymbol{L}^2$ die Bedingung

$$\sum_{l=l_{\min}}^{l_1+l_2} (2l + 1) \stackrel{!}{=} (2l_1 + 1)(2l_2 + 1)\,. \tag{15.78}$$

Benutzen wir den bekannten Ausdruck für die Summe der ungeraden Zahlen,

$$\sum_{l=0}^{n} (2l + 1) = (n + 1)^2\,,$$

so können wir die Bedingung (15.78) umformen zu:

$$\begin{aligned}\sum_{l_{\min}}^{l_1+l_2} (2l + 1) &= \sum_{l=0}^{l_1+l_2} (2l + 1) - \sum_{l=0}^{l_{\min}-1} (2l + 1)\\ &= (l_1 + l_2 + 1)^2 - (l_{\min})^2\\ &= (l_1 + l_2 + 1 + l_{\min})(l_1 + l_2 + 1 - l_{\min})\\ &\stackrel{!}{=} (2l_1 + 1)(2l_2 + 1)\,.\end{aligned}$$

Hieraus erhalten wir für den minimalen Wert des Drehimpulses $l_{\min} \geq 0$:

$$l_{\min} = |l_1 - l_2|\,.$$

Die Quantenzahl des Gesamtdrehimpulses erfüllt deshalb die sogenannte *Dreiecksrelation*

$$\boxed{|l_1 - l_2| \leq l \leq l_1 + l_2 \,,} \tag{15.79}$$

die anschaulich sofort aus der Vektoralgebra der Drehimpulsvektoren folgt. Da die Clebsch-Gordan-Koeffizienten lediglich einen Basiswechsel von den ungekoppelten orthonormierten Produktzustandsfunktionen zu der äquivalenten gekoppelten orthonormierten Basis

$$|l_1 m_1\rangle^{(1)} |l_2 m_2\rangle^{(2)} \rightarrow |l_1 l_2; lm\rangle$$

vermitteln, müssen sie eine $(2l_1 + 1)(2l_2 + 1)$-dimensionale unitäre Matrix bilden. Sie genügen deshalb den Orthogonalitätsbeziehungen

$$\boxed{\begin{aligned} &\sum_{l,m} \langle l_1 m_1, l_2 m_2 | l_1 l_2; lm\rangle \langle l_1 m_1', l_2 m_2' | l_1 l_2; lm\rangle^* = \delta_{m_1 m_1'} \delta_{m_2 m_2'} \,, \\ &\sum_{m_1, m_2} \langle l_1 m_1, l_2 m_2 | l_1 l_2; lm\rangle^* \langle l_1 m_1, l_2 m_2 | l_1 l_2; l'm'\rangle = \delta_{ll'} \delta_{mm'} \,. \end{aligned}} \tag{15.80}$$

Durch geeignete Phasenwahl der Drehimpulseigenfunktionen können die Clebsch-Gordan-Koeffizienten reell gewählt werden, was wir im Folgenden tun werden. Auf den Beweis soll hier verzichtet werden.

15.8 Explizite Konstruktion der gekoppelten Drehimpulseigenzustände

Im Folgenden wird ein Verfahren angegeben, wie die gekoppelten Drehimpulseigenzustände aus der ungekoppelten Drehimpulsbasis explizit konstruiert werden können und damit die Clebsch-Gordan-Koeffizienten bestimmt werden können.

Der Zustand mit maximalem Gesamtdrehimpuls $l = l_1 + l_2$ und maximaler z-Komponente $m = l$ kann nur durch einen einzigen ungekoppelten Produktzustand erzeugt werden. Bis auf eine Phase, die wir willkürlich 1 wählen können, haben wir deshalb:

$$|l_1 l_2; l = l_1 + l_2, m = l_1 + l_2\rangle = |l_1 l_1\rangle^{(1)} |l_2 l_2\rangle^{(2)} \,. \tag{15.81}$$

Durch wiederholte Anwendung des absteigenden Leiteroperators

$$L_- = L_x - iL_y = L_-^{(1)} + L_-^{(2)}$$

lassen sich aus diesem Zustand alle Zustände mit maximalem Gesamtdrehimpuls $|l_1 l_2; l = l_1 + l_2, m < l_1 + l_2\rangle$ konstruieren. Benutzen wir die früher abgeleitete Beziehung (15.29), so erhalten wir für den Zustand $|l_1 l_2; l, m = l - 1\rangle$:

$$
\begin{aligned}
&|l_1 l_2; l = l_1 + l_2, m = l - 1\rangle \\
&= \frac{1}{\hbar\sqrt{2(l_1 + l_2)}} L_- |l_1 l_2; l_1 + l_2, l_1 + l_2\rangle \\
&= \frac{1}{\hbar\sqrt{2(l_1 + l_2)}} (L_-^{(1)} + L_-^{(2)}) |l_1 l_1\rangle^{(1)} |l_2 l_2\rangle^{(2)} \\
&= \sqrt{\frac{l_1}{l_1 + l_2}} |l_1, l_1 - 1\rangle^{(1)} |l_2 l_2\rangle^{(2)} + \sqrt{\frac{l_2}{l_1 + l_2}} |l_1 l_1\rangle^{(1)} |l_2, l_2 - 1\rangle^{(2)} .
\end{aligned} \tag{15.82}
$$

Durch wiederholte Anwendung des Operators L_- findet man die $2l+1$ Zustände $|lm\rangle$ des ganzen Multipletts mit $l = l_1 + l_2$.

Als Nächstes konstruieren wir die Zustände mit $l = l_1 + l_2 - 1$ und beginnen dabei wieder mit dem Zustand maximaler Drehimpulsprojektion $m = l_1 + l_2 - 1$. Dieser Zustand kann aus den beiden ungekoppelten Zuständen $|l_1, l_1 - 1\rangle^{(1)} |l_2 l_2\rangle^{(2)}$ und $|l_1 l_1\rangle^{(1)} |l_2, l_2 - 1\rangle^{(2)}$ aufgebaut sein. Da er außerdem orthogonal zum Zustand $|l_1 l_2; l = l_1 + l_2, m = l_1 + l_2 - 1\rangle$ (15.82) sein muss, finden wir (wieder bis auf eine willkürliche Phase):

$$
\begin{aligned}
&|l_1 l_2; l = l_1 + l_2 - 1, m = l\rangle \\
&= -\sqrt{\frac{l_2}{l_1 + l_2}} |l_1, l_1 - 1\rangle^{(1)} |l_2 l_2\rangle^{(2)} + \sqrt{\frac{l_1}{l_1 + l_2}} |l_1 l_1\rangle^{(1)} |l_2, l_2 - 1\rangle^{(2)} .
\end{aligned} \tag{15.83}
$$

Wiederholte Anwendung des Leiteroperators $L_- = L_-^{(1)} + L_-^{(2)}$ liefert dann wieder das gesamte Multiplett von Zuständen mit $l = l_1 + l_2 - 1$. Dieses Verfahren lässt sich offenbar fortsetzen, bis die Zustände zu allen möglichen Gesamtdrehimpulsen gefunden sind.

Aus Gln. (15.82) und (15.83) lesen wir die folgenden Clebsch-Gordan-Koeffizienten (15.77) ab:

$$
\begin{aligned}
\langle l_1, l_1 - 1, l_2 l_2 | l = l_1 + l_2, m = l - 1\rangle &= \sqrt{\frac{l_1}{l_1 + l_2}} , \\
\langle l_1 l_1, l_2, l_2 - 1 | l = l_1 + l_2, m = l - 1\rangle &= \sqrt{\frac{l_2}{l_1 + l_2}} , \\
\langle l_1, l_1 - 1, l_2 l_2 | l = l_1 + l_2 - 1, m = l\rangle &= -\sqrt{\frac{l_2}{l_1 + l_2}} , \\
\langle l_1 l_1, l_2, l_2 - 1 | l = l_1 + l_2 - 1, m = l\rangle &= \sqrt{\frac{l_1}{l_1 + l_2}} .
\end{aligned}
$$

Als Beispiel betrachten wir die Kopplung zweier Drehimpulse (Spins) $l_1 = l_2 = 1/2$. Nach der Dreiecksrelation (15.79) können diese beiden Spins zu einem Gesamtdrehimpuls $l = 1$ und $l = 0$ koppeln. Wenden wir das oben beschriebene Verfahren an, so erhalten wir zunächst für den Zustand mit maximaler z-Komponente aus dem Drehimpulstriplett zu $l = l_1 + l_2 = 1$, siehe Gl. (15.81):

$$\left|\frac{1}{2}\,\frac{1}{2};l=1,m=1\right\rangle=\left|\frac{1}{2}\,\frac{1}{2}\right\rangle^{(1)}\left|\frac{1}{2}\,\frac{1}{2}\right\rangle^{(2)}.$$

Für den Zustand mit Drehimpulskomponente $m = 0$ finden wir aus der oben abgeleiteten Beziehung (15.82):

$$\left|\frac{1}{2}\,\frac{1}{2};l=1,m=0\right\rangle=\frac{1}{\sqrt{2}}\left(\left|\frac{1}{2}\,\frac{1}{2}\right\rangle^{(1)}\left|\frac{1}{2}\,-\frac{1}{2}\right\rangle^{(2)}+\left|\frac{1}{2}\,-\frac{1}{2}\right\rangle^{(1)}\left|\frac{1}{2}\,\frac{1}{2}\right\rangle^{(2)}\right).$$

Der Zustand mit minimaler Drehimpulsprojektion $m = -l = -1$ ist offensichtlich wieder durch einen einzigen Produktzustand gegeben:

$$\left|\frac{1}{2}\,\frac{1}{2};l=1,m=-1\right\rangle=\left|\frac{1}{2}\,-\frac{1}{2}\right\rangle^{(1)}\left|\frac{1}{2}\,-\frac{1}{2}\right\rangle^{(2)}.$$

Den Singulettzustand $l = m = 0$ finden wir aus Gl. (15.83) mit $l_1 = l_2 = 1/2$ als:

$$\left|\frac{1}{2}\,\frac{1}{2};l=0,m=0\right\rangle=\frac{1}{\sqrt{2}}\left(\left|\frac{1}{2}\,\frac{1}{2}\right\rangle^{(1)}\left|\frac{1}{2}\,-\frac{1}{2}\right\rangle^{(2)}-\left|\frac{1}{2}\,-\frac{1}{2}\right\rangle^{(1)}\left|\frac{1}{2}\,\frac{1}{2}\right\rangle^{(2)}\right).$$

Wir empfehlen dem Leser als Übung, die Clebsch-Gordan-Koeffizienten für die Kopplung von zwei Drehimpulsen $l_1 = l_2 = 1$ zu berechnen.

Aus genügend vielen Teilchen mit Drehimpuls (Spin) $l = 1/2$ können offenbar Zustände mit beliebigem Drehimpuls l aufgebaut werden. Dies macht sich die Natur vielfältig zunutze. So sind z. B. die Hadronen, die stark wechselwirkenden Elementarteilchen, aus fermionischen Konstituenten, den Quarks, aufgebaut, die alle Spin 1/2 besitzen. Mesonen bestehen aus einem Quark und einem Antiquark, die dann offenbar zu einem Gesamtspin der Mesonen $l = 0$ oder $l = 1$ koppeln können. Baryonen sind hingegen aus drei Quarks aufgebaut, die entweder zu einem Gesamtspin $l = 1/2$ oder $l = 3/2$ koppeln können. In der Tat werden in der Natur (im jeweiligen Grundzustand) nur Mesonen mit Spin 0 und 1 sowie Baryonen mit Spin 1/2 und 3/2 beobachtet. Der Spin eines Teilchens bestimmt seine physikalischen Eigenschaften ganz entscheidend, wie wir noch später in *Band 2* sehen werden. Teilchen mit ganzzahligem Spin werden *Bosonen* genannt und besitzen Wellenfunktionen, die symmetrisch bezüglich Vertauschen der Koordinaten zweier Teilchen sind. Demgegenüber besitzen die Teilchen mit halbzahligem Spin, die sogenannten *Fermionen*, antisymmetrische Wellenfunktionen, die unmittelbar das Pauli-Prinzip zur Konsequenz haben.

16 Axialsymmetrische Potentiale

In vielen praktischen Problemen ist das Potential invariant gegenüber Drehungen um eine Achse. Dies ist z. B. der Fall bei der Bewegung einer Ladung in einem konstanten (homogenen) Magnetfeld, welche in den Abschnitten 25.3 und 25.4, Band 2, behandelt wird. Im Folgenden wollen wir deshalb die allgemeinen Eigenschaften der Schrödinger-Gleichung für axialsymmetrische Potentiale untersuchen.

16.1 Die kinetische Energie in Zylinderkoordinaten

Für axialsymmetrische Potentiale empfiehlt es sich, die Symmetrieachse als z-Achse zu wählen und *Zylinderkoordinaten* (ρ, φ, z) zu benutzen, die mit den kartesischen Koordinaten (x, y, z) über

$$x = \rho \cos \varphi\,, \quad y = \rho \sin \varphi \tag{16.1}$$

verknüpft sind. Hieraus folgt:

$$\rho = \sqrt{x^2 + y^2}\,, \quad \varphi = \arctan \frac{y}{x}\,.$$

Der $\boldsymbol{\nabla}$-Operator

$$\boldsymbol{\nabla} = \boldsymbol{e}_i \nabla_i = \boldsymbol{e}_x \frac{\partial}{\partial x} + \boldsymbol{e}_y \frac{\partial}{\partial y} + \boldsymbol{e}_z \frac{\partial}{\partial z}$$

lautet in Zylinderkoordinaten:

$$\boxed{\boldsymbol{\nabla} = \boldsymbol{e}_\rho \nabla_\rho + \boldsymbol{e}_\varphi \nabla_\varphi + \boldsymbol{e}_z \nabla_z\,,} \tag{16.2}$$

wobei

$$\boxed{\nabla_\rho = \frac{\partial}{\partial \rho}\,, \quad \nabla_\varphi = \frac{1}{\rho}\frac{\partial}{\partial \varphi}\,, \quad \nabla_z = \frac{\partial}{\partial z}}$$

und die Einheitsvektoren $(\boldsymbol{e}_\rho, \boldsymbol{e}_\varphi, \boldsymbol{e}_z)$ sich durch partielle Ableitung des Ortsvektors

$$\boldsymbol{x} = x\boldsymbol{e}_x + y\boldsymbol{e}_y + z\boldsymbol{e}_z$$

ergeben:

$$\begin{aligned}
\boldsymbol{e}_\rho &= \nabla_\rho \boldsymbol{x} = \cos \varphi \boldsymbol{e}_x + \sin \varphi \boldsymbol{e}_y\,, \\
\boldsymbol{e}_\varphi &= \nabla_\varphi \boldsymbol{x} = -\sin \varphi \boldsymbol{e}_x + \cos \varphi \boldsymbol{e}_y\,, \\
\boldsymbol{e}_z &= \nabla_z \boldsymbol{x}\,.
\end{aligned}$$

https://doi.org/10.1515/9783111268255-016

Sie bilden ein orthogonales Dreibein

$$\boldsymbol{e}_\rho = \boldsymbol{e}_\varphi \times \boldsymbol{e}_z \,.$$

In Zylinderkoordinaten ist der Ortsvektor durch

$$\boldsymbol{x} = \rho \boldsymbol{e}_\rho + z \boldsymbol{e}_z$$

gegeben und für den Laplace-Operator

$$\Delta = \nabla \cdot \nabla = \frac{\partial^2}{\partial x^2} + \frac{\partial^2}{\partial y^2} + \frac{\partial^2}{\partial z^2}$$

finden wir aus (16.2):

$$\boxed{\Delta = \frac{1}{\rho}\frac{\partial}{\partial \rho}\left(\rho \frac{\partial}{\partial \rho}\right) + \frac{1}{\rho^2}\frac{\partial^2}{\partial \varphi^2} + \frac{\partial^2}{\partial z^2} \,.}$$

Mit der Definition des Drehimpulsoperators (15.58)

$$\boxed{L_z = \frac{\hbar}{i}\frac{\partial}{\partial \varphi}}$$

erhalten wir für den Operator der kinetischen Energie:[1]

$$\boxed{T = \frac{\boldsymbol{p}^2}{2M} = -\frac{\hbar^2}{2M}\frac{1}{\rho}\frac{\partial}{\partial \rho}\left(\rho \frac{\partial}{\partial \rho}\right) + \frac{L_z^2}{2M\rho^2} + \frac{p_z^2}{2M} \,, \qquad p_z = \frac{\hbar}{i}\frac{\partial}{\partial z} \,.}$$

Die drei Terme sind die Beiträge der Radialbewegung, der Rotation um die z-Achse sowie der Bewegung entlang der z-Achse zur kinetischen Energie.

16.2 Die Schrödinger-Gleichung für axialsymmetrische Potentiale

In vielen Fällen ist das axialsymmetrische Potential $V(\rho, z)$ auch invariant gegenüber Translationen entlang der Symmetrieachse, die wir als z-Achse gewählt haben. Das Potential ist dann nicht nur unabhängig von φ, sondern auch unabhängig von z:

$$V(\rho, \varphi, z) = V(\rho) \,.$$

1 In diesem Kapitel bezeichnen wir die Teilchenmasse mit M, um Verwechslung mit der Quantenzahl m der Drehimpulsprojektion L_z zu vermeiden.

Wegen $[L_z, H] = \hat{0} = [p_z, H]$ können die Wellenfunktionen φ als Eigenfunktionen von L_z und p_z gewählt werden:

$$\begin{aligned} p_z \varphi_{m,k_z}(\rho, \varphi, z) &= \hbar k_z \varphi_{m,k_z}(\rho, \varphi, z)\,, \\ L_z \varphi_{m,k_z}(\rho, \varphi, z) &= \hbar m \varphi_{m,k_z}(\rho, \varphi, z)\,. \end{aligned} \tag{16.3}$$

Die Schrödinger-Gleichung

$$H\varphi(\rho, \varphi, z) \equiv (T + V(\rho))\varphi(\rho, \varphi, z) = E\varphi(\rho, \varphi, z)$$

lässt sich dann durch den Separationsansatz

$$\varphi_{m,k_z}(\rho, \varphi, z) = e^{ik_z z} e^{im\varphi} \frac{\chi_{m,k_z}(\rho)}{\sqrt{\rho}} \tag{16.4}$$

unter Benutzung von (16.3) und

$$\frac{1}{\rho}\frac{d}{d\rho}\left(\rho \frac{d}{d\rho}\frac{\chi_{m,k_z}(\rho)}{\sqrt{\rho}}\right) = \frac{1}{\sqrt{\rho}}\left(\chi''_{m,k_z}(\rho) + \frac{\chi_{m,k_z}(\rho)}{4\rho^2}\right)$$

auf die eindimensionale Schrödinger-Gleichung in der Radialkoordinate ρ

$$\left(-\frac{\hbar^2}{2M}\frac{d^2}{d\rho^2} + \widetilde{V}_m(\rho)\right)\chi_{m,k_z}(\rho) = E_m^{\perp}\chi_{m,k_z}(\rho) \tag{16.5}$$

reduzieren. Hierbei ist

$$\widetilde{V}_m(\rho) = V(\rho) + \frac{\hbar^2(m^2 - 1/4)}{2M\rho^2} \tag{16.6}$$

ein effektives Radialpotential, welches neben dem ursprünglichen Potential $V(\rho)$ noch die Zentrifugalbarriere

$$\frac{\hbar^2(m^2 - 1/4)}{2M\rho^2}$$

enthält, siehe Abb. 16.1. Für einen nicht-verschwindenden Drehimpuls ($|m| \geq 1$) hält sie das Teilchen vom Ursprung $\rho = 0$ fern. Ferner ist

$$E_m^{\perp} = E - \frac{(\hbar k_z)^2}{2M} \tag{16.7}$$

die Energie der transversalen Bewegung senkrecht zur Symmetrieachse. Die freie Translationsbewegung entlang der Symmetrieachse entkoppelt von der transversalen Bewegung und wir werden uns im Folgenden auf diese beschränken. Dies können wir erreichen, indem wir in den obigen Gleichungen $k_z = 0$ setzen.

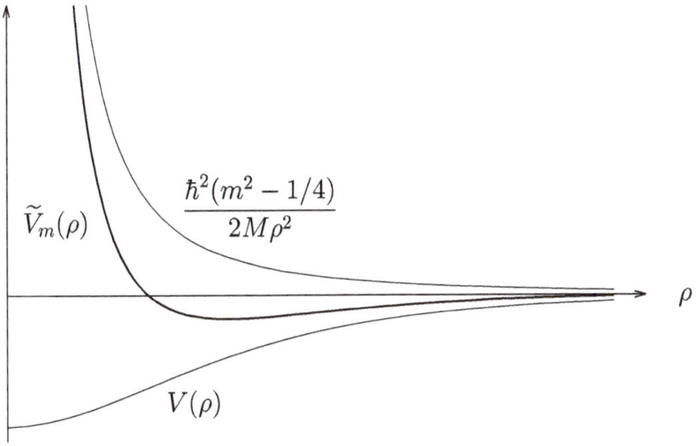

Abb. 16.1: Axialsymmetrisches Potential $V(\rho)$, Zentrifugalbarriere und zugehöriges effektives Potential $\widetilde{V}_m(\rho)$ (16.6).

Für $V(\rho) = 0$ reduziert sich die Radialgleichung (16.5) auf die *Bessel'sche Differentialgleichung*

$$\left(\frac{d^2}{d\rho^2} + k_m^2 - \frac{m^2 - 1/4}{\rho^2}\right)\chi_m(\rho) = 0\,, \tag{16.8}$$

wobei wir

$$E_m^{\perp} = \frac{\hbar^2 k_m^2}{2M} \tag{16.9}$$

gesetzt haben. Die bei $\rho = 0$ regulären Lösungen von Gl. (16.8) sind durch die gewöhnlichen Bessel-Funktionen J_m gegeben:

$$\chi_m(\rho) = \sqrt{\rho} J_m(k_m\rho)\,, \tag{16.10}$$

die wir im nächsten Abschnitt etwas genauer betrachten werden. Einsetzen von (16.10) in (16.4) liefert die Wellenfunktion eines freien Teilchens in Zylinderkoordinaten:

$$\boxed{\varphi_{m,k_z}(\rho,\varphi,z) = e^{ik_z z} e^{im\varphi} J_m(k_m\rho)\,,} \tag{16.11}$$

wobei k_m durch die transversale Energie (16.9) definiert ist.

Für ein nicht-verschwindendes (axialsymmetrisches) Potential lässt sich die radiale Schrödinger-Gleichung (16.5) i. A. nicht in geschlossener Form lösen. Ausnahmen bilden der unendlich hohe zylindrische Potentialtopf und der harmonische Oszillator, die in den Abschnitten 16.4 bzw. 16.5 untersucht werden.

16.3 Die Zylinderfunktionen*

Wir betrachten die Bessel'sche Differentialgleichung (16.8) für beliebige, nicht notwendigerweise ganzzahlige Drehimpulse $m = \nu$ und schreiben sie in der Variable

$$x = k_m \rho = k_\nu \rho \tag{16.12}$$

für die Radialfunktionen

$$Z_\nu(x) := \frac{\chi_\nu(\rho)}{\sqrt{\rho}}$$

auf. Dies liefert

$$\frac{d^2 Z_\nu(x)}{dx^2} + \frac{1}{x}\frac{dZ_\nu(x)}{dx} + \left(1 - \frac{\nu^2}{x^2}\right) Z_\nu(x) = 0\,, \tag{16.13}$$

was die Standardform der Bessel'schen Differentialgleichung ist. Sie lässt sich durch einen Potenzreihenansatz

$$Z_\nu(x) = x^\alpha \sum_{n=0}^{\infty} a_n x^n \tag{16.14}$$

lösen. Einsetzen dieses Ansatzes in die Differentialgleichung (16.13) und Koeffizientenvergleich liefern

$$\alpha = \pm \nu\,,$$

das Verschwinden der Koeffizienten der ungeraden Potenzen

$$a_{2n-1} = 0\,,$$

sowie die Rekursionsbeziehung

$$a_{2n} = -\frac{1}{4n(n+\alpha)} a_{2n-2}$$

für $n = 1, 2, 3, \ldots$. Die Rekursionsbeziehung lässt sich iterieren zu

$$a_{2n} = \frac{(-1)^n \Gamma(\alpha + 1)}{2^{2n} n! \Gamma(n + \alpha + 1)} a_0\,, \tag{16.15}$$

wobei $\Gamma(x)$ die Euler'sche Gamma-Funktion ist, von der hier nur die Eigenschaft

* Dieses Kapitel ist für das Verständnis der übrigen Kapitel nicht erforderlich und kann deshalb beim ersten Lesen übersprungen werden.

$$\boxed{\Gamma(x+1) = x\Gamma(x)} \tag{16.16}$$

zur Anwendung gekommen ist. Die homogene Differentialgleichung (16.13) legt weder die Normierung noch den Koeffizienten a_0 fest. Wählen wir diesen in der Form

$$a_0 = \frac{1}{2^\alpha \Gamma(\alpha+1)} ,$$

so erhalten wir aus (16.14) und (16.15) die beiden Lösungen der Bessel'schen Differentialgleichung (16.13)

$$\begin{aligned} J_\nu(x) &= \left(\frac{x}{2}\right)^\nu \sum_{n=0}^\infty \frac{(-1)^n}{n!\Gamma(n+\nu+1)} \left(\frac{x}{2}\right)^{2n} , \\ J_{-\nu}(x) &= \left(\frac{x}{2}\right)^{-\nu} \sum_{n=0}^\infty \frac{(-1)^n}{n!\Gamma(n-\nu+1)} \left(\frac{x}{2}\right)^{2n} , \end{aligned} \tag{16.17}$$

die als *Bessel-Funktionen* bezeichnet werden. Die Potenzreihen konvergieren für alle endlichen x. Falls ν nicht ganzzahlig ist, sind $J_{\pm\nu}(x)$ zwei linear unabhängige Lösungen der Differentialgleichung (16.13)) zweiter Ordnung. Falls jedoch $\nu = m$ ganzzahlig ist, so lässt sich mithilfe der Beziehung (16.16) aus der Potenzreihendarstellung (16.17) die Symmetriebeziehung

$$J_{-m}(x) = (-1)^m J_m(x)$$

beweisen. In diesem Fall sind die beiden Lösungen (16.17) linear abhängig und eine weitere linear unabhängige Lösung muss existieren.

Es hat sich eingebürgert, selbst für $\nu \neq m$ statt dem Funktionenpaar $J_{\pm\nu}(x)$ die Funktion $J_\nu(x)$ und die *Neumann-Funktion*

$$N_\nu(x) = \frac{J_\nu(x)\cos\nu\pi - J_{-\nu}(x)}{\sin\nu\pi} , \quad \nu \geq 0$$

zu betrachten. Für $\nu \neq m$ = ganzzahlig sind die $N_\nu(x)$ offensichtlich linear unabhängig von den $J_\nu(X)$ (da die $J_{\pm\nu}(x)$ linear unabhängig sind). Es lässt sich zeigen, dass selbst im Limes $\nu \to m$ = ganzzahlig die $N_\nu(x)$ linear unabhängig von den $J_\nu(x)$ sind. Damit sind die beiden Fundamentallösungen der Bessel'schen Differentialgleichung (16.13)) selbst für $\nu = m$ bekannt. Statt der $J_\nu(x)$ und $N_\nu(x)$, $\nu \geq 0$ lassen sich auch die *Hankel-Funktionen* (erster und zweiter Art)

$$H_\nu^{(\pm)}(x) = J_\nu(x) \pm iN_\nu(x)$$

als Fundamentallösungen verwenden. Die Funktionen

$$\{Z_\nu(x)\} \equiv \{J_\nu(x), N_\nu(x), H_\nu^{(+)}(x), H_\nu^{(-)}(x)\} \tag{16.18}$$

werden kollektiv als *Zylinderfunktionen* bezeichnet. Aus der Potenzreihendarstellung (16.17) lassen sich für diese die Rekursionsbeziehungen

$$Z_{\nu-1}(x) + Z_{\nu+1}(x) = \frac{2\nu}{x} Z_\nu(x)\,,$$
$$Z_{\nu-1}(x) - Z_{\nu+1}(x) = 2\frac{dZ_\nu(x)}{dx}$$

sowie die asymptotische Form dieser Funktionen für kleine und große Argumente gewinnen, die wir hier ohne Beweis angeben: Man findet für $x \to 0$

$$\boxed{\begin{aligned} J_\nu(x) &\to \frac{1}{\Gamma(\nu+1)}\left(\frac{x}{2}\right)^\nu\,, \\ N_\nu(x) &\to \begin{cases} \frac{2}{\pi}\ln\frac{x}{2} + \gamma, & \nu = 0\,, \\ -\frac{\Gamma(\nu)}{\pi}\left(\frac{2}{x}\right)^\nu, & \nu \neq 0\,, \end{cases} \end{aligned}} \tag{16.19}$$

wobei $\gamma = 0{,}57721\ldots$ die Euler'sche Konstante ist. Man beachte, dass für $x \to 0$ die Bessel-Funktionen $J_\nu(x)$ regulär, die Neumann-Funktionen $N_\nu(x)$ jedoch singulär sind.

Für $x \to \infty$ erhält man hingegen

$$\boxed{\begin{aligned} J_\nu(x) &\to \sqrt{\frac{2}{\pi x}}\cos\left(x - \frac{\nu\pi}{2} - \frac{\pi}{4}\right), \\ N_\nu(x) &\to \sqrt{\frac{2}{\pi x}}\sin\left(x - \frac{\nu\pi}{2} - \frac{\pi}{4}\right). \end{aligned}} \tag{16.20}$$

Der Übergang vom asymptotischen Verhalten (16.19) zum Verhalten in (16.20) erfolgt im Bereich $x \simeq \nu$. Aus der asymptotischen Form (16.20) ist ersichtlich, dass die $J_\nu(x)$, $N_\nu(x)$ unendlich viele Nullstellen besitzen. Wir beschränken uns im Folgenden auf die Bessel-Funktionen, deren Nullstellen

$$J_\nu(x_{\nu,n}) = 0\,, \quad n = 1, 2, 3$$

im nächsten Abschnitt benötigt werden. Für die Nullstellen bei großen Argumenten erhalten wir aus (16.20)

$$x_{\nu,n} \simeq n\pi + \left(\nu - \frac{1}{2}\right)\frac{\pi}{2}\,. \tag{16.21}$$

Wir betrachten die $J_\nu(x)$ als Funktion der ursprünglichen Variablen $\rho = \frac{x}{k_\nu}$ (siehe Gl. (16.12)): Für ein festes $\rho = R$ definieren die Nullstellen

$$x_{\nu,n} =: k_{\nu,n} R$$

einen diskreten Satz von Wellenzahlen

$$k_{\nu,n} = \frac{x_{\nu,n}}{R} .$$

Unter Ausnutzung der Bessel'schen Differentialgleichung (16.13) und den Rekursionsbeziehungen (16.18) lässt sich zeigen, dass die $\sqrt{\rho}J_\nu(k_{\nu,n}\rho)$ ein Satz orthogonaler Funktionen über dem Intervall $0 \le \rho \le R$ bilden, die der Orthonormierungsbedingung

$$\int_0^R d\rho\rho J_\nu(k_{\nu,n}\rho)J_\nu(k_{\nu,n'}\rho) = \frac{R^2}{2}\left[J_{r+1}(k_{\nu,n}R)\right]^2\delta_{nn'} \tag{16.22}$$

genügen. Ferner lässt sich zeigen, dass die $J_{\nu\ge 0}(k_{n,\nu}\rho)$ über dem Intervall $0 \le \rho \le R$ einen vollständigen Satz der bei $\rho = 0$ regulären Funktionen bilden. Eine bei $\rho = 0$ reguläre Funktion besitzt folglich über dem Intervall $0 \le \rho \le R$ die Entwicklung

$$f(\rho) = \sum_{n=1}^{\infty} c_{\nu,n}J_\nu(k_{\nu,n}\rho) ,$$

wobei nach (16.22) die Entwicklungskoeffizienten durch

$$c_{\nu,n} = \frac{2}{R^2 J^2_{\nu+1}(x_{\nu,n})}\int_0^R d\rho\rho f(\rho)J_r(k_{\nu,n}\rho)$$

gegeben sind.

16.4 Die zylindrische Box

Als erstes Beispiel für ein axialsymmetrisches Problem betrachten wir ein Teilchen, das in einem unendlich langen Zylinder mit Radius R eingesperrt ist. Die Symmetrieachse des Zylinders wählen wir als z-Achse und benutzen die üblichen Zylinderkoordinaten (ρ, φ, z). Das Potential ist dann durch

$$V(\rho) = \begin{cases} 0, & \rho < R , \\ \infty, & \rho \ge R \end{cases}$$

gegeben und die Wellenfunktion besitzt die Gestalt (16.4). Da das Potential für $\rho < R$ verschwindet, ist in diesem Gebiet die Wellenfunktion die des freien Teilchens (16.11)

$$\varphi_{m,k_z}(\rho, \varphi, z) = e^{ik_z z}e^{im\varphi}J_m(k_m\rho) ,$$

wobei k_m durch Gln. (16.7) und (16.9) definiert ist. Wie in Abschnitt 6.1.1 gezeigt, muss die Wellenfunktion am unendlich hohen Potentialsprung bei $\rho = R$ verschwinden, d. h.

$$J_m(k_m R) = 0\,. \tag{16.23}$$

Diese Randbedingung quantisiert die (transversale) Wellenzahl k_m und erlaubt nur die diskreten Werte

$$k_{m,n} = \frac{x_{m,n}}{R}\,, \tag{16.24}$$

wobei $x_{m,n}$ die Nullstellen der Bessel-Funktion $J_m(x)$ sind (siehe Abschnitt 16.3). Die Energieeigenwerte des Teilchens in dem Zylinder sind dann nach (16.7) und (16.9) durch

$$\boxed{E_{m,n}(k_z) = \frac{(\hbar k_{m,n})^2}{2M} + \frac{(\hbar k_z)^2}{2M}}$$

gegeben. Für festes k_z besitzt das Teilchen diskrete Energieeigenwerte, die vom Drehimpuls m um die Zylinderachse und der Knotenzahl n der radialen Wellenfunktion abhängen. Für große Knotenzahlen n erhalten wir aus (16.21) mit $\nu = m$ und (16.24) für die quantisierten Energien

$$\boxed{E_{m,n}(k_z = 0) = \frac{1}{2M}\left(\frac{\pi}{2R}\right)^2\left(2n + m - \frac{1}{2}\right)^2\,.}$$

Sie wachsen quadratisch im Drehimpuls m und in der Knotenzahl n. Die quadratische Abhängigkeit vom Drehimpuls war natürlich zu erwarten.

Wie wir oben gesehen haben, ist im Inneren des Zylinders die radiale Schrödinger-Gleichung durch die Bessel'sche Differentialgleichung gegeben. Diese hat als Lösungen neben den Bessel-Funktionen $J_m(x)$ auch die Neumann-Funktionen $N_m(x)$, die ebenfalls Nullstellen besitzen und folglich die geforderten Randbedingungen (16.23) erfüllen können. Die Funktionen $N_{m>0}(x)$ scheiden jedoch als Lösungen aus, da sie wegen ihrer Singularität bei $x = 0$, siehe Gl. (16.19), nicht normierbar sind. Die Funktion $N_0(x)$ ist bei $x = 0$ zwar logarithmisch singulär, aber wegen des zylindrischen Integrationsmaßes $\int d\rho\rho$ normierbar. Dennoch muss diese Funktion ausgeschlossen werden, da sie keine Lösung der radialen Schrödinger-Gleichung bei $x = 0$ ist. Am Ende von Anhang C wird gezeigt, dass für den Laplace-Operator in $n = 2$ Dimensionen die Beziehung ($\boldsymbol{x} \in \mathbb{R}^2$)

$$\boxed{\Delta \ln |\boldsymbol{x}| = 2\pi\delta(\boldsymbol{x})}$$

gilt. Dies zeigt, dass in $n = 2$ Dimensionen bei Abwesenheit von $\delta(\boldsymbol{x})$-förmigen Potentialen die radiale Wellenfunktion keine logarithmische Singularität enthalten darf, da die sonst vom kinetischen Term der Schrödinger-Gleichung entstehende $\delta(\boldsymbol{x})$-Singularität nicht kompensiert werden kann. Damit scheidet auch $N_0(x)$ (obwohl normierbar) als Kandidat für eine radiale Wellenfunktion aus.

16.5 Der zweidimensionale rotationssymmetrische Oszillator

Der Hamilton-Operator des zweidimensionalen harmonischen Oszillators lautet:

$$H = H_x + H_y$$

mit

$$H_x = \frac{p_x^2}{2M} + \frac{M}{2}\omega_x^2 x^2, \quad H_y = \frac{p_y^2}{2M} + \frac{M}{2}\omega_y^2 y^2 .$$

Er ist die direkte Summe zweier eindimensionaler Oszillatoren, deren Lösung wir bereits kennen. Wegen $[H_x, H_y] = \hat{0}$ ist damit die Lösung der Schrödinger-Gleichung (in kartesischen Koordinaten) bekannt. Wir interessieren uns hier für den axialsymmetrischen harmonischen Oszillator

$$\omega_x = \omega_y = \omega ,$$

dessen Hamiltonian

$$\boxed{H = \frac{1}{2M}(p_x^2 + p_y^2) + \frac{M}{2}\omega^2(x^2 + y^2)} \tag{16.25}$$

invariant gegenüber Drehungen um die z-Achse ist. Obwohl uns die Lösung der Schrödinger-Gleichung für diesen Hamilton-Operator bereits in kartesischen Koordinaten bekannt ist (siehe Abschnitt 12.9), wollen wir im Folgenden zu Illustrationszwecken die Lösung in Zylinderkoordinaten gewinnen. Dies hat den Vorteil, dass die erhaltenen Energieeigenzustände auch Eigenzustände von L_z sind.

16.5.1 Algebraische Diagonalisierung des Hamilton-Operators

Wir diagonalisieren zunächst den Hamilton-Operator (16.25) des harmonischen Oszillators durch Einführung von Erzeugungs- und Vernichtungsoperatoren (siehe Abschnitt 12.3)

$$a_x = \frac{1}{\sqrt{2}}\left(\frac{x}{\rho_0} + \rho_0\frac{d}{dx}\right), \quad a_y = \frac{1}{\sqrt{2}}\left(\frac{y}{\rho_0} + \rho_0\frac{d}{dy}\right), \tag{16.26}$$

wobei

$$\rho_0 = \sqrt{\frac{\hbar}{M\omega}} \tag{16.27}$$

die charakteristische Länge des Oszillators (Oszillatorlänge) ist. Dies liefert:

$$H = \hbar\omega(a_x^\dagger a_x + a_y^\dagger a_y + 1)\,. \tag{16.28}$$

Die Eigenfunktionen der Besetzungszahloperatoren $\hat{n}_x = a_x^\dagger a_x$ und $\hat{n}_y = a_y^\dagger a_y$ sind jedoch keine Eigenfunktionen von L_z, da die Operatoren nicht miteinander kommutieren, siehe Gl. (16.32). Aufgrund der Rotationssymmetrie des zweidimensionalen Oszillators können wir jedoch die Eigenfunktionen von H so wählen, dass sie gleichzeitig Eigenfunktionen zu L_z sind, da $[L_z, H] = \hat{0}$. Für zylindersymmetrische Probleme mit der z-Achse als Symmetrieachse empfiehlt es sich, entweder Zylinderkoordinaten (d. h. Radialkoordinaten in zwei Dimensionen)

$$x = \rho\cos\varphi\,, \quad y = \rho\sin\varphi$$

oder zirkulare Koordinaten[2]

$$x_\pm = \frac{1}{\sqrt{2}}(x \mp iy) = \frac{\rho}{\sqrt{2}}e^{\mp i\varphi}$$

einzuführen. Analog zu diesen Koordinaten führen wir zirkulare Erzeugungs- und Vernichtungsoperatoren

$$\begin{aligned} b_\pm &= \frac{1}{\sqrt{2}}(a_x \mp i a_y)\,, \\ b_\pm^\dagger &= \frac{1}{\sqrt{2}}(a_x^\dagger \pm i a_y^\dagger) \end{aligned} \tag{16.29}$$

ein. Diese erfüllen die Kommutationsbeziehungen

$$[b_i, b_j] = \hat{0} = [b_i^\dagger, b_j^\dagger]\,, \quad [b_i, b_j^\dagger] = \delta_{ij}\,, \quad i,j = \pm\,,$$

falls die a_x und a_y den gewöhnlichen Kommutationsbeziehungen von Phononenoperatoren (12.37) genügen (Abschnitt 12.3). Wir führen auch die zirkularen Besetzungszahloperatoren ein

$$\hat{n}_\pm = b_\pm^\dagger b_\pm\,,$$

deren Eigenwerte die nicht-negativen ganzen Zahlen sind:

$$\hat{n}_\pm |n_\pm\rangle = n_\pm |n_\pm\rangle\,, \quad n_\pm = 0, 1, 2, \ldots\,.$$

Drücken wir hier mittels (16.29) die zirkularen Operatoren durch die kartesischen Operatoren aus, so finden wir:

---

2 Zusammen mit $x_0 := z$ bilden die $x_\pm$ die sphärischen Koordinaten des $\mathbb{R}^3$, die sich durch die Kugelfunktionen $Y_{1m}(\hat{x})$ ausdrücken lassen, siehe Gl. (15.71).

$$\hat{n}_\pm = \frac{1}{2}(a_x^\dagger a_x + a_y^\dagger a_y) \pm \frac{i}{2}(a_x a_y^\dagger - a_y a_x^\dagger)\,.$$

Hieraus folgt:

$$\hat{n}_+ + \hat{n}_- = a_x^\dagger a_x + a_y^\dagger a_y\,,$$
$$\hat{n}_+ - \hat{n}_- = i(a_x a_y^\dagger - a_y a_x^\dagger)\,.$$

Für den Oszillator-Hamilton-Operator (16.28) erhalten wir dann:

$$\boxed{H = \hbar\omega(\hat{n}_+ + \hat{n}_- + 1)\,.} \tag{16.30}$$

Ferner zeigt man leicht durch Einsetzen der expliziten Gestalt der kartesischen Erzeugungs- und Vernichtungsoperatoren (16.26), dass die Drehimpulskomponente

$$L_z = \frac{\hbar}{i}\frac{\partial}{\partial\varphi} = \frac{\hbar}{i}\left(x\frac{\partial}{\partial y} - y\frac{\partial}{\partial x}\right)$$

durch

$$\boxed{L_z = \hbar(\hat{n}_+ - \hat{n}_-)} \tag{16.31}$$

gegeben ist und den Vertauschungsrelationen

$$[\hat{n}_x, L_z] = -L_z\,, \quad [\hat{n}_y, L_z] = L_z \tag{16.32}$$

genügt.

Aus Gl. (16.31) ist ersichtlich, dass jedes „+“- bzw. „−“-Schwingungsquant einen Drehimpuls, genauer eine z-Komponente des Drehimpulses, $(+\hbar)$ bzw. $(-\hbar)$, trägt. Wir werden sie deshalb als *rechts-* bzw. *linksrotierende* oder (in Analogie zu den elektromagnetischen Wellen) als *rechts-* bzw. *linkszirkulare* Schwingungsquanten bezeichnen.

Die Eigenfunktionen des Hamilton-Operators (16.30) sind also durch die Eigenfunktionen $|n_\pm\rangle$ der Besetzungszahloperatoren $\hat{n}_\pm$ gegeben:

$$|n_+, n_-\rangle = |n_+\rangle|n_-\rangle\,.$$

Sie besitzen die Energie

$$E(n_+, n_-) = \hbar\omega(n_+ + n_- + 1) \tag{16.33}$$

und den Drehimpuls

$$m = n_+ - n_-\,. \tag{16.34}$$

Für die untersten Oszillatorzustände sind die Energieeigenwerte und Drehimpulsquantenzahlen in Tabelle 16.1 angegeben:

Tab. 16.1: Drehimpulsquantenzahlen und Entartungsgrad der Energieniveaus des zweidimensionalen rotationssymmetrischen Oszillators.

$n_+ + n_-$	$m = n_+ - n_-$	Entartungsgrad
0	0	1
1	±1	2
2	$0, \pm2$	3
3	$\pm1, \pm3$	4
4	$0, \pm2, \pm4$	5

16.5.2 Analytische Lösung der Schrödinger-Gleichung

Für ein rotationssymmetrisches Potential in zwei Dimensionen ist die Wellenfunktion durch (16.4) mit $k_z = 0$ gegeben, da die dritte Raumdimension, i. e. die z-Achse, nicht vorhanden ist:

$$\varphi_m(\rho, \varphi) = e^{im\varphi} \frac{\chi_m(\rho)}{\sqrt{\rho}} . \tag{16.35}$$

Die Radialfunktion $\chi_m(\rho)$ genügt der radialen Schrödinger-Gleichung (16.5). Nachfolgend lösen wir diese für das rotationssymmetrische Oszillatorpotential

$$V(\rho) = \frac{1}{2} M\omega^2 \rho^2 .$$

Dazu drücken wir diese Gleichung in den dimensionslosen Variablen

$$x = \frac{\rho}{\rho_0}, \quad \rho_0 = \sqrt{\frac{\hbar}{M\omega}} \tag{16.36}$$

und

$$E = \frac{1}{2} \hbar\omega\varepsilon \tag{16.37}$$

aus. Definieren wir

$$\chi_m(\rho) = u(\rho/\rho_0) \equiv u(x) , \tag{16.38}$$

so lautet sie

$$\left(-\frac{d^2}{dx^2} + x^2 + \frac{m^2 - 1/4}{x^2} \right) u(x) = \varepsilon u(x) . \tag{16.39}$$

Für $x \to \infty$ reduziert diese Gleichung sich auf die des eindimensionalen harmonischen Oszillators (mit $\omega = 1$):

$$\left(-\frac{d}{dx^2} + x^2\right)u(x) = \varepsilon u(x)\,, \tag{16.40}$$

dessen Grundzustandswellenfunktion

$$u(x) = \exp\left(-\frac{1}{2}x^2\right) \tag{16.41}$$

die Energie $\varepsilon = 1$ besitzt.

Für $x \to 0$ können wir den Oszillatorterm und den (endlichen) Eigenwert ε vernachlässigen und die Radialgleichung (16.39) reduziert sich auf:

$$\left(-\frac{d^2}{dx^2} + \frac{(m+1/2)(m-1/2)}{x^2}\right)u(x) = 0\,. \tag{16.42}$$

Diese Gleichung lässt sich durch einen Potenzansatz

$$u(x) = Cx^{\alpha}\,, \qquad C = \text{const}$$

lösen, was auf die Bedingung

$$\alpha(\alpha-1) = \left(m + \frac{1}{2}\right)\left(m - \frac{1}{2}\right)$$

führt. Dies ist eine quadratische Gleichung für α, die folglich zwei Lösungen besitzt,

$$m > 0: \quad \alpha = m + \frac{1}{2} = |m| + \frac{1}{2}\,,$$
$$m < 0: \quad \alpha = \frac{1}{2} - m = \frac{1}{2} + |m|\,,$$

die jedoch zusammenfallen. Damit lautet die Lösung für kleine x:

$$u(x) = Cx^{|m|+1/2}\,. \tag{16.43}$$

Vernachlässigen wir in der Radialgleichung (16.39) für $x \to 0$ nur den Oszillatorterm ($\sim x^2$) und behalten den endlichen Energieeigenwert ε, so erhalten wir natürlich die Radialgleichung des freien Teilchens, d. h. die Bessel'sche Differentialgleichung (16.8) (hier in der dimensionslosen Variable $x = \rho/\rho_0$)

$$\left(\frac{d^2}{dx^2} + \varepsilon - \frac{m^2 - 1/4}{x^2}\right)u(x) = 0\,,$$

deren Lösung lautet (vgl. Gln. (16.8) und (16.10)):

$$u(x) = \sqrt{x}J_m(x\sqrt{\varepsilon})\,.$$

Der Vergleich mit (16.43) liefert das Verhalten der Bessel-Funktionen für kleine Argumente

$$J_m(x) \sim x^{|m|}, \quad x \to 0,$$

in Übereinstimmung mit (16.19).

Die allgemeine Lösung der Radialgleichung setzen wir in der Form

$$u(x) = p(x)q(x)v(x), \tag{16.44}$$

an, wobei

$$p(x) = x^{|m|+1/2}, \quad q(x) = \exp\left(-\frac{1}{2}x^2\right)$$

die asymptotischen Lösungen für $x \to 0$ bzw. $x \to \infty$ sind (siehe Gln. (16.41) und (16.43)) und $v(x)$ eine beliebige, noch zu bestimmende Funktion ist. Dieser Ansatz berücksichtigt damit das korrekte asymptotische Verhalten der Wellenfunktion für große und kleine x. Einsetzen des Ansatzes (16.44) in die Radialgleichung liefert eine Differentialgleichung für die noch unbekannte Funktion $v(x)$. Wegen

$$\begin{aligned} u' &= p'qv + pq'v + pqv', \\ u'' &= p''qv + pq''v + pqv'' + 2p'q'v + 2p'qv' + 2pq'v' \end{aligned}$$

liefert dies unter Ausnutzung der Beziehungen (vgl. die asymptotischen Differentialgleichungen, Gln. (16.40) und (16.42))

$$-p'' + \frac{m^2 - 1/4}{x^2}p = 0, \quad -q'' + x^2 q = q$$

die Differentialgleichung

$$-pqv'' - 2(p'q + pq')v' - 2p'q'v + pqv = \varepsilon pqv.$$

Dividieren wir diese Gleichung durch pq und beachten, dass

$$p' = \frac{|m| + 1/2}{x}p, \quad q' = -xq,$$

so erhalten wir schließlich:

$$v''(x) + \left(\frac{2|m| + 1}{x} - 2x\right)v'(x) + (\varepsilon - 2|m| - 2)v(x) = 0. \tag{16.45}$$

Diese Differentialgleichung lässt sich durch einen Potenzreihenansatz

$$v(x) = \sum_{k=0}^{\infty} c_k x^k \tag{16.46}$$

lösen. Einsetzen von (16.46) in (16.45) liefert:

$$\sum_{k=0}^{\infty} c_k \left[k(k-1)x^{k-2} + k(2|m|+1)x^{k-2} - 2kx^k + (\varepsilon - 2|m| - 2)x^k\right] = 0\,.$$

Um in allen Termen die gleichen Potenzen von x vorliegen zu haben, ersetzen wir in den ersten beiden Termen $k \to k+2$:

$$\sum_{k=0}^{\infty} c_{k+2}(k+2)(k+1)x^k + \sum_{k=-1}^{\infty} c_{k+2}(k+2)(2|m|+1)x^k + \sum_{k=0}^{\infty} c_k(\varepsilon - 2|m| - 2 - 2k)x^k = 0\,.$$

Der Koeffizientenvergleich liefert für den Term mit x^{-1}:

$$c_1(2|m|+1) = 0 \quad \Rightarrow \quad c_1 = 0\,,$$

und für $x^{k\geq 0}$:

$$c_{k+2}(k+2)(k+1+2|m|+1) + c_k(\varepsilon - 2|m| - 2 - 2k) = 0\,.$$

Aus der letzten Gleichung erhalten wir die Rekursionsbeziehung

$$c_{k+2} = -\frac{\varepsilon - 2|m| - 2 - 2k}{(k+2)(k+2|m|+2)}c_k\,. \tag{16.47}$$

Mit $c_1 = 0$ folgt hieraus unmittelbar:

$$c_{2n+1} = 0\,, \quad n = 0,1,2,\ldots\,.$$

Die Koeffizienten c_{2n}, $n = 1,2,3,\ldots$ lassen sich mittels der Rekursionsformel sämtlich durch c_0 ausdrücken. c_0 selbst wird durch die Normierung festgelegt.

Für große $k = 2n \to \infty$ reduziert sich die Rekursionsbeziehung (16.47) auf

$$c_{2n+2} = \frac{1}{n}c_{2n}\,, \quad n \to \infty$$

und somit

$$c_{2n} = \frac{c_0}{(n-1)!}\,, \quad n \to \infty\,.$$

Falls die Reihe (16.46) nicht abbricht, verhält sich die Funktion $v(x)$ mit diesen c_{2n} (und $c_{2n+1} = 0$) für große x wie

$$v(x) = c_0 \sum_{n=1}^{\infty} \frac{x^{2n}}{(n-1)!} = c_0 x^2 e^{x^2}\,, \quad x \to \infty$$

und die Wellenfunktion $u(x)$ (16.44) wäre dann nicht normierbar. Normierbare Wellenfunktionen verlangen deshalb, dass die Potenzreihe (16.46) bei einem endlichen k abbricht.

Die Potenzreihe (16.46) bricht ab, falls es ein $k = 2n$ gibt, für das $c_{2n+2} = 0$ gilt. Nach (16.47) geschieht dies bei den Energien

$$\varepsilon = 2|m| + 2 + 4n\,, \qquad n = 0, 1, 2, \ldots\,. \tag{16.48}$$

Zu diesen Energien gehören die normierbaren Eigenfunktionen (siehe Gln. (16.44), (16.46))

$$u_{n,|m|}(x) = x^{|m|+1/2} \exp\left(-\frac{1}{2}x^2\right) \sum_{l=0}^{n} c_{2l} x^{2l}\,, \tag{16.49}$$

wobei sich mit (16.48) die Rekursionsbeziehung (16.47) für die Koeffizienten c_{2l} zu

$$c_{2(l+1)} = -\frac{n-l}{(l+1)(l+|m|+1)} c_{2l}$$

vereinfacht, deren Lösung durch

$$c_{2l} = (-1)^l \frac{n!}{(n-l)!} \frac{|m|!}{l!(l+|m|)!} c_0 \tag{16.50}$$

gegeben ist. Die Quantenzahl $n = 0, 1, 2, \ldots$ gibt die Anzahl der radialen Anregungen (Knoten der Radialwellenfunktion $u(x)$) des Oszillators an.

Zur Bestimmung des Normierungskoeffizienten c_0 empfiehlt es sich, den Zustand $n = 0$ zu benutzen, dessen Radialfunktion nach Gl. (16.49) durch

$$u_{n=0,|m|}(x) = c_0 x^{|m|+1/2} e^{-x^2/2}$$

gegeben ist. Mit (16.38) finden wir hieraus für die Gesamtwellenfunktion (16.35) dieses Zustandes

$$\varphi_{n=0,|m|}(\rho, \varphi) = c_0 e^{im\varphi} \frac{1}{\sqrt{\rho}} x^{|m|+1/2} e^{-x^2/2}\,,$$

wobei $x = \rho/\rho_0$ (16.36). Normierung dieses Zustandes

$$\langle \varphi_{n=0,|m|} | \varphi_{n=0,|m|} \rangle \equiv \int_0^{2\pi} d\varphi \int_0^{\infty} d\rho\rho |\varphi_{n=0,|m|}(\rho, \varphi)|^2 \stackrel{!}{=} 1$$

liefert

$$c_0 = \left[\pi \rho_0 \Gamma(|m|+1)\right]^{-1/2}\,, \tag{16.51}$$

wobei

$$\boxed{\Gamma(z) = \int_0^\infty dt\, t^{z-1} e^{-t}, \quad z > 0\,.} \tag{16.52}$$

die *Euler'sche Gamma-Funktion* ist, welche für ganzzahlige Argumente $z = n > 0$ durch

$$\boxed{\Gamma(n) = (n-1)!} \tag{16.53}$$

gegeben ist.

Die Radialfunktionen (16.49) lassen sich durch die *zugeordneten Legendre-Funktionen* $L_n^{\alpha}(t)$ ausdrücken, die die Potenzentwicklung besitzen

$$L_n^{\alpha}(t) = \sum_{l=0}^{n} a_l(\alpha) t^l$$

mit

$$a_l(\alpha) = \frac{(-1)^l}{l!} \frac{(n+\alpha)!}{(n-l)!(l+\alpha)!}\,. \tag{16.54}$$

Der Vergleich mit (16.50) zeigt den Zusammenhang

$$\frac{a_l(\alpha = |m|)}{a_0(\alpha = |m|)} = \frac{c_{2l}}{c_0}\,,$$

sodass wir für die Radialfunktion den Ausdruck

$$u_{|m|,n}(x) = \frac{c_0}{a_0(|m|)} x^{|m|+\frac{1}{2}} e^{-\frac{1}{2}x^2} L_n^{|m|}(x^2) \tag{16.55}$$

erhalten, wobei nach (16.54)

$$a_0(|m|) = \frac{(n+|m|)!}{n!|m|!} = \binom{n+|m|}{n}$$

und c_0 in (16.51) definiert ist. Da m ganzzahlig ist, haben wir

$$c_0 = \left[\pi \rho_0 |m|!\right]^{-1/2},$$

wobei ρ_0 die Oszillatorlänge (16.27) ist. Für die Radialwellenfunktion (16.55) finden wir damit

$$\boxed{u_{n,|m|}(x) = \sqrt{\frac{|m|!}{\pi \rho_0} \frac{n!}{(n+|m|)!}}\, x^{|m|+\frac{1}{2}} e^{-x^2/2} L_n^{|m|}(x^2)\,.} \tag{16.56}$$

Aus (16.48) erhalten wir für die quantisierten Energien des zweidimensionalen harmonischen Oszillators (siehe Gl. (16.37)):

$$\boxed{E_{|m|,n} = \hbar\omega(|m| + 2n + 1)\,.} \tag{16.57}$$

Diese Energieeigenwerte bestehen aus drei Anteilen:

- Grundzustandsenergie (Nullpunktsenergie) $E_{0,0} = \hbar\omega$,
- Energie der Rotationsanregung $E_{|m|,n=0} = |m|\hbar\omega$,
- Energie der radialen Schwingungen $E_{|m|=0,n} = 2n\hbar\omega$.

Der Vergleich von (16.57) mit dem früher gewonnenen Ausdruck (16.33) für die Energieeigenwerte offenbart den Zusammenhang der Quantenzahlen

$$n_+ + n_- = |m| + 2n\,. \tag{16.58}$$

Zusammen mit (16.34) finden wir daher folgende Beziehungen zwischen den Quantenzahlen $n_\pm$ und n, m:

$$\begin{aligned} &\text{i)} \quad m > 0\,, \quad n_+ = n + |m|\,, \quad n_- = n\,, \\ &\text{ii)} \quad m < 0\,, \quad n_+ = n\,, \quad n_- = n + |m|\,. \end{aligned}$$

Bei einem Vorzeichenwechsel des Drehimpulses $m \to (-m)$ tauschen die n_+ und n_- ihre Rollen, was wegen Gl. (16.31) unmittelbar nachvollziehbar ist.

17 Kugelsymmetrische Potentiale (Zentralpotentiale)

17.1 Die kinetische Energie in Kugelkoordinaten

In der klassischen Mechanik, in der Ort $\boldsymbol{x}$ und Impuls $\boldsymbol{p}$ gleichzeitig wohldefinierte Werte besitzen, können wir den Impuls zerlegen in eine Komponente parallel zum Ortsvektor und eine senkrecht zum Ortsvektor, die auch senkrecht auf dem Drehimpuls $\boldsymbol{L} = \boldsymbol{x} \times \boldsymbol{p}$ steht. Aus

$$\boldsymbol{x} \times \boldsymbol{L} = \boldsymbol{x} \times (\boldsymbol{x} \times \boldsymbol{p}) = \boldsymbol{x}(\boldsymbol{x} \cdot \boldsymbol{p}) - \boldsymbol{x}^2\boldsymbol{p}$$

folgt die gewünschte Zerlegung

$$\boldsymbol{p} = \hat{\boldsymbol{x}}(\hat{\boldsymbol{x}} \cdot \boldsymbol{p}) - \frac{1}{|\boldsymbol{x}|}(\hat{\boldsymbol{x}} \times \boldsymbol{L}), \quad \hat{\boldsymbol{x}} = \frac{\boldsymbol{x}}{|\boldsymbol{x}|} = \frac{\boldsymbol{x}}{r}. \tag{17.1}$$

Elementare Vektorrechnung liefert für das Drehimpulsquadrat:

$$\begin{aligned} \boldsymbol{L}^2 &= (\boldsymbol{x} \times \boldsymbol{p})^2 = (\boldsymbol{x} \times \boldsymbol{p}) \cdot (\boldsymbol{x} \times \boldsymbol{p}) \\ &= \boldsymbol{x} \cdot (\boldsymbol{p} \times (\boldsymbol{x} \times \boldsymbol{p})) \\ &= \boldsymbol{x}^2\boldsymbol{p}^2 - (\boldsymbol{p} \cdot \boldsymbol{x})^2 \\ &= r^2\boldsymbol{p}^2 - r^2\boldsymbol{p}_r^2, \end{aligned} \tag{17.2}$$

wobei $\boldsymbol{p}_r = (\boldsymbol{p} \cdot \hat{\boldsymbol{x}})\hat{\boldsymbol{x}}$ die Radialkomponente des Impulses $\boldsymbol{p}$ ist. Daraus erhalten wir für das Impulsquadrat:

$$\boldsymbol{p}^2 = \boldsymbol{p}_r^2 + \frac{\boldsymbol{L}^2}{r^2}$$

und für die kinetische Energie:

$$T = \frac{\boldsymbol{p}^2}{2m} = \frac{\boldsymbol{p}_r^2}{2m} + \frac{\boldsymbol{L}^2}{2mr^2}.$$

Die kinetische Energie teilt sich also in radiale kinetische Energie und einen Term proportional zum Drehimpulsquadrat auf.

In der Quantenmechanik ist der Impuls durch den $\boldsymbol{\nabla}$-Operator gegeben, der mit dem Ortsoperator nicht vertauscht. Die Beziehung (17.1) bleibt (im Gegensatz zu (17.2)) auch in der Quantenmechanik gültig, da bei ihrer Ableitung Orts- und Impulsoperator nicht vertauscht werden mussten. Eine zu (17.2) analoge Rechnung liefert in der Quantenmechanik wegen der Nichtvertauschbarkeit von Orts- und Impulsoperator für das Quadrat des Drehimpulsoperators:

https://doi.org/10.1515/9783111268255-017

$$
\begin{aligned}
\boldsymbol{L}^2 &= (\boldsymbol{x}\times\boldsymbol{p})^2 \\
&= (\boldsymbol{x}\times\boldsymbol{p})\cdot(\boldsymbol{x}\times\boldsymbol{p}) \\
&= \boldsymbol{x}\cdot(\boldsymbol{p}\times(\boldsymbol{x}\times\boldsymbol{p})) \\
&= x_i\epsilon_{ijk}p_j\epsilon_{klm}x_l p_m \\
&\overset{(15.8)}{=} x_i p_j x_i p_j - x_i p_j x_j p_i \\
&= x_i([p_j,x_i]+x_ip_j)p_j - x_i([p_j,x_j]+x_jp_j)p_i \\
&= -i\hbar\delta_{ij}x_ip_j + x_ix_ip_jp_j + i\hbar\delta_{jj}x_ip_i - x_i([x_j,p_i]+p_ix_j)p_j \\
&= x_ix_ip_jp_j - x_ip_ix_jp_j + i\hbar(\delta_{jj}x_ip_i - 2\delta_{ij}x_ip_j) \\
&= \boldsymbol{x}^2\boldsymbol{p}^2 - (\boldsymbol{x}\cdot\boldsymbol{p})^2 + i\hbar\boldsymbol{x}\cdot\boldsymbol{p}\,,
\end{aligned}
\tag{17.3}
$$

wobei wir beim Übergang zur letzten Zeile $\delta_{jj} = 3$ benutzt haben. Gl. (17.3) unterscheidet sich von dem klassischen Ausdruck (17.2) durch den letzten Term, der aus dem Kommutator $[\boldsymbol{x},\boldsymbol{p}] \sim \hbar$ entstanden ist.

In sphärischen Koordinaten (15.50) (siehe Abb. 15.2) ist der ∇-Operator durch Gl. (15.52) und (15.53) definiert

$$
\boxed{\nabla = \boldsymbol{e}_r\frac{\partial}{\partial r} + \boldsymbol{e}_\vartheta\frac{1}{r}\frac{\partial}{\partial\vartheta} + \boldsymbol{e}_\varphi\frac{1}{r\sin\vartheta}\frac{\partial}{\partial\varphi}\,, \qquad \boldsymbol{e}_r \equiv \hat{\boldsymbol{x}}\,, \qquad \boldsymbol{e}_i = \boldsymbol{e}_i(\vartheta,\varphi)\,.}
\tag{17.4}
$$

Benutzen wir diese Darstellung des ∇-Operators und die Orthogonalität der sphärischen Basisvektoren, $\boldsymbol{e}_r\cdot\boldsymbol{e}_\vartheta = 0 = \boldsymbol{e}_r\cdot\boldsymbol{e}_\varphi$, so finden wir

$$
\boldsymbol{x}\cdot\boldsymbol{p} = \frac{\hbar}{i}\boldsymbol{x}\cdot\nabla = \frac{\hbar}{i}r\frac{\partial}{\partial r}\,.
$$

Mit dieser Beziehung erhalten wir aus (17.1) bzw. (17.3):

$$
\boxed{
\begin{aligned}
\boldsymbol{p} &= \hat{\boldsymbol{x}}\frac{\hbar}{i}\frac{\partial}{\partial r} - \frac{1}{r}\hat{\boldsymbol{x}}\times\boldsymbol{L}\,, \\
\boldsymbol{p}^2 &= -\frac{\hbar^2}{r^2}\left(\left(r\frac{\partial}{\partial r}\right)^2 + r\frac{\partial}{\partial r}\right) + \frac{\boldsymbol{L}^2}{r^2}\,.
\end{aligned}
}
$$

Durch elementare Rechnung lässt sich unmittelbar folgende Identität nachprüfen:[1]

1 Die Identität

$$
\frac{\partial^2}{\partial r^2} + \frac{2}{r}\frac{\partial}{\partial r} = \frac{1}{r^2}\frac{\partial}{\partial r}\left(r^2\frac{\partial}{\partial r}\right)
$$

führt auf den Standardausdruck des Laplace-Operators in Kugelkoordinaten.

$$\frac{1}{r^2}\left(r\frac{\partial}{\partial r}\right)^2 + \frac{1}{r}\frac{\partial}{\partial r} = \frac{1}{r}\frac{\partial}{\partial r}\left(r\frac{\partial}{\partial r}\right) + \frac{1}{r}\frac{\partial}{\partial r} = \frac{\partial^2}{\partial r^2} + \frac{2}{r}\frac{\partial}{\partial r}$$
$$= \frac{1}{r}\frac{\partial}{\partial r}\frac{\partial}{\partial r}r = \frac{1}{r}\frac{\partial}{\partial r}r\frac{1}{r}\frac{\partial}{\partial r}r = \left(\frac{1}{r}\frac{\partial}{\partial r}r\right)^2 .$$

Definieren wir nun

$$p_r = \frac{\hbar}{i}\frac{1}{r}\frac{\partial}{\partial r}r = \frac{\hbar}{i}\left(\frac{\partial}{\partial r} + \frac{1}{r}\right), \tag{17.5}$$

so finden wir für den Laplace-Operator bzw. für die kinetische Energie:

$$\boxed{T = \frac{\boldsymbol{p}^2}{2m} = \frac{p_r^2}{2m} + \frac{\boldsymbol{L}^2}{2mr^2}, \qquad \boldsymbol{L} = \boldsymbol{x}\times\boldsymbol{p}.} \tag{17.6}$$

Die kinetische Energie hat hier formal dieselbe Gestalt wie in der klassischen Mechanik, jedoch fällt der radiale Impulsoperator p_r nicht mit der Projektion des linearen Impulses auf den Radiusvektor zusammen ($p_r \neq \hat{\boldsymbol{x}}\cdot\boldsymbol{p}$).

Der radiale Impulsoperator p_r besitzt mit dem Radius r die übliche Kommutationsbeziehung zwischen Koordinate und Impuls

$$[r, p_r] = \frac{\hbar}{i}\left[r, \frac{1}{r}\frac{\partial}{\partial r}r\right] = \frac{\hbar}{i}\left[r, \frac{\partial}{\partial r} + \frac{1}{r}\right] = \frac{\hbar}{i}\left[r, \frac{\partial}{\partial r}\right] = i\hbar .$$

Des Weiteren ist dieser Operator hermitesch bezüglich des Skalarproduktes im Raum der über $\mathbb{R}^3$ quadratintegrablen Funktionen

$$p_r^\dagger = p_r ,$$

wie man leicht durch partielle Integration für eine beliebige Testfunktion $\phi(r,\hat{\boldsymbol{x}}) \in \mathbb{L}^2$ zeigt:

$$\int_0^\infty dr\, r^2\phi^*(r,\hat{\boldsymbol{x}})p_r\phi(r,\hat{\boldsymbol{x}})$$
$$= \int_0^\infty dr\, r^2\phi^*(r,\hat{\boldsymbol{x}})\frac{\hbar}{i}\frac{1}{r}\frac{\partial}{\partial r}r\phi(r,\hat{\boldsymbol{x}})$$
$$= -\int_0^\infty dr\,\frac{\hbar}{i}\left(\frac{\partial}{\partial r}(r\phi^*(r,\hat{\boldsymbol{x}}))\right)r\phi(r,\hat{\boldsymbol{x}}) = \int_0^\infty dr\, r^2(p_r\phi(r,\hat{\boldsymbol{x}}))^*\phi(r,\hat{\boldsymbol{x}}) .$$

Die bei der partiellen Integration auftretenden Randterme verschwinden für normierbare Funktionen. Der Operator

$$\frac{\hbar}{i}\frac{\partial}{\partial r}$$

allein wäre aufgrund des r^2-Termes im Integrationsmaß nicht hermitesch.

Da der Drehimpulsoperator $\boldsymbol{L}$ (15.58) nur von den Winkeln ϑ, φ, nicht aber vom Radius r abhängt, kommutiert er mit der Radialkomponente des linearen Impulses

$$[\boldsymbol{L}, p_r] = \hat{\boldsymbol{0}}$$

und demzufolge auch mit der kinetischen Energie (17.6):

$$[\boldsymbol{L}, T] = \hat{\boldsymbol{0}} . \tag{17.7}$$

17.2 Kugelsymmetrische Potentiale

In vielen praktischen Anwendungen der Quantenmechanik hat man es mit kugelsymmetrischen Potentialen

$$\boxed{V(\boldsymbol{x}) \equiv V(r, \vartheta, \varphi) = V(r)}$$

zu tun, die nur vom Radius abhängen und als *Zentralpotentiale* bezeichnet werden. Für solche Potentiale kommutiert der Drehimpulsoperator mit dem Hamiltonian,

$$\boxed{H = T + V(r) = \frac{p_r^2}{2m} + \frac{\boldsymbol{L}^2}{2mr^2} + V(r) ,} \tag{17.8}$$

da $\boldsymbol{L}$ (15.57) nicht von r abhängt und mit der kinetischen Energie vertauscht (17.7):

$$[H, \boldsymbol{L}] = \hat{\boldsymbol{0}} .$$

Bei der Bewegung eines Teilchens in einem kugelsymmetrischen Potential bleiben dann offenbar das Quadrat des Drehimpulses $\boldsymbol{L}^2$ und eine Komponente des Drehimpulses L_z erhalten und die Eigenfunktionen des Hamilton-Operators können gleichzeitig als Eigenfunktionen von $\boldsymbol{L}^2$ und L_z gewählt werden:

$$H\psi_{lm}(r, \vartheta, \varphi) = E_l \psi_{lm}(r, \vartheta, \varphi) . \tag{17.9}$$

Da der Hamilton-Operator nur von $\boldsymbol{L}^2$ abhängt, können die Energieeigenwerte E_l nur von der Quantenzahl l des Drehimpulsquadrates, nicht aber von der magnetischen Quantenzahl m der Drehimpulskomponente L_z abhängen. Benutzen wir, dass die ψ_{lm} gleichzeitig Eigenfunktionen von $\boldsymbol{L}^2$ sind,

$$\boldsymbol{L}^2 \psi_{lm}(r, \vartheta, \varphi) = \hbar^2 l(l+1) \psi_{lm}(r, \vartheta, \varphi) ,$$

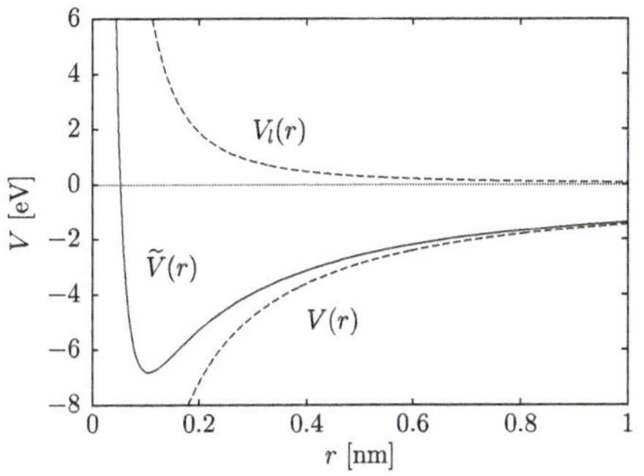

Abb. 17.1: Das Zentrifugalpotential $V_l(r)$ und das effektive Potential (17.11) $\widetilde{V}_l(r)$ für das Coulomb-Potential $V(r) \sim 1/r$.

und die explizite Form des radialen Impulses p_r (17.5), so reduziert sich die Schrödinger-Gleichung (17.9) auf:

$$\left[-\frac{\hbar^2}{2m}\frac{1}{r}\frac{d^2}{dr^2}r + \widetilde{V}_l(r)\right]\psi_{lm}(r,\vartheta,\varphi) = E_l\psi_{lm}(r,\vartheta,\varphi) \tag{17.10}$$

Hierbei ist

$$\boxed{\widetilde{V}_l(r) = V(r) + \frac{\hbar^2 l(l+1)}{2mr^2} =: V(r) + V_l(r)} \tag{17.11}$$

ein effektives, vom Drehimpuls abhängiges Potential, siehe Abb. 17.1. Der drehimpulsabhängige Teil $V_l(r)$ wird wie in der klassischen Mechanik als *Zentrifugalpotential* bezeichnet. Wie in der klassischen Mechanik liefert das Zentrifugalpotential eine zusätzliche Repulsion. In der klassischen Mechanik verhindert das Zentrifugalpotential für von null verschiedene Drehimpulse, dass das Teilchen durch den Potentialursprung läuft. In der Quantenmechanik bewirkt dieses Potential, dass die Aufenthaltswahrscheinlichkeit am Ursprung verschwindet, wie wir weiter unten explizit sehen werden.

Die Schrödinger-Gleichung (17.10) enthält keine Differentialoperatoren bezüglich der Winkel mehr. Wir können sie deshalb durch den Separationsansatz

$$\boxed{\psi_{lm}(r,\vartheta,\varphi) = \frac{u_l(r)}{r}Y_{lm}(\vartheta,\varphi)} \tag{17.12}$$

lösen, wobei $Y_{lm}(\vartheta,\varphi)$ die Drehimpulseigenfunktionen sind. Der Faktor $1/r$ wurde hier aus Bequemlichkeitsgründen eingeführt. Setzen wir diesen Ansatz in Gl. (17.10) ein, so erhalten wir für die *Radialfunktion* $u_l(r)$ eine gewöhnliche eindimensionale Schrödinger-Gleichung in der Radialkoordinate r:

$$\boxed{\left[-\frac{\hbar^2}{2m}\frac{d^2}{dr^2} + \widetilde{V}_l(r)\right]u_l(r) = E_l u_l(r)\,.} \tag{17.13}$$

Damit ist es uns gelungen, für sphärisch symmetrische Potentiale die dreidimensionale Schrödinger-Gleichung auf eine eindimensionale Schrödinger-Gleichung bezüglich der Radialkoordinate in einem effektiven drehimpulsabhängigen Potential $\widetilde{V}_l(r)$ zurückzuführen. Wir können nun all unsere Erkenntnisse, die wir bei dem Studium der eindimensionalen Schrödinger-Gleichung gewonnen haben, unmittelbar auf die Analyse der radialen Schrödinger-Gleichung anwenden.

Für gebundene Zustände muss die Wellenfunktion normierbar sein:

$$\int d^3x \, |\psi_{lm}(\mathbf{x})|^2 = \int_0^\infty dr \, |u_l(r)|^2 \underbrace{\int d\Omega \, |Y_{lm}(\Omega)|^2}_{=1} < \infty \, .$$

Hieraus folgt, dass die Radialwellenfunktion $u_l(r)$ für $r \to \infty$ mindestens wie

$$|u_l(r)| \sim \frac{1}{r^\alpha} \, , \quad \alpha > \frac{1}{2}$$

abklingen muss. Außerdem muss, falls $V(r)$ keine δ-förmige Singularität am Ursprung besitzt, die radiale Wellenfunktion am Ursprung verschwinden,

$$u_l(r = 0) = 0 \, ,$$

da sonst wegen (siehe Gln. (C.22), (C.29))

$$\left(\Delta \frac{1}{r}\right) u_l(0) = -4\pi\delta(\mathbf{x}) u_l(0) \tag{17.14}$$

sich die Schrödinger-Gleichung (17.13) nicht erfüllen ließe. (Der singuläre Term (17.14) könnte durch keinen anderen Term kompensiert werden!)

17.3 Bindungszustände: Grenzverhalten der Radialfunktion

Für die eindimensionale Schrödinger-Gleichung konnten wir allgemeine Aussagen über die Existenz von gebundenen Zuständen treffen, ohne dabei auf die detaillierte Form des Potentials zurückgreifen zu müssen. Die Existenz von gebundenen Zuständen setzte jedoch eine ausreichende anziehende Stärke des Potentials voraus. Da sich für ein radialsymmetrisches Potential die Schrödinger-Gleichung ebenfalls auf eine eindimensionale Schrödinger-Gleichung im Radius r reduziert, lassen sich die im eindimensionalen Fall gewonnenen Ergebnisse auf den dreidimensionalen Fall sofort übertragen.

Die radiale Bewegung ist per Definition von r auf das Gebiet $r > 0$ beschränkt. Da außerdem $u_l(r = 0) = 0$, können wir die Einschränkung der eindimensionalen Bewegung auf das Gebiet $x = r > 0$ durch eine unendlich hohe Potentialwand bei $x = 0$ erreichen. (An der unendlich hohen Potentialwand muss die Wellenfunktion verschwinden, siehe Abschnitt 6.1.) Damit ist die radiale Schrödinger-Gleichung mit dem effektiven Potential

$\widetilde{V}_l(r)$ äquivalent zu einer eindimensionalen Schrödinger-Gleichung in der Variablen x mit dem Potential

$$\overline{V}_l(x) = \begin{cases} \widetilde{V}_l(r = x), & x > 0\,, \\ \infty, & x \leq 0\,. \end{cases} \tag{17.15}$$

Da die Radialfunktion $u_l(x)$ bei $x = 0$ einen Knoten besitzt, folgt aus Symmetriegründen, dass der Grundzustand dieses Potentials gerade durch den ersten angeregten Zustand des spiegelsymmetrischen Potentials

$$\overline{\overline{V}}_l(x) := \widetilde{V}_l(|x|)$$

gegeben ist. Das Potential $\widetilde{V}_l(r)$ muss deshalb eine Mindeststärke aufweisen, damit das Potential $\overline{\overline{V}}_l(x)$ einen angeregten (gebundenen) Zustand besitzt und somit ein Bindungszustand im ursprünglichen Potential $\widetilde{V}_l(r)$ existiert. Falls das Potential $V(r)$ keinen gebundenen Zustand mit $l = 0$ besitzt, so hat es erst recht keine gebundenen Zustände für nicht-verschwindende Drehimpulse, da das Zentrifugalpotential $V_l(r)$ (17.11) abstoßend ist.

Bei den praktischen Anwendungen haben wir es oft mit Potentialen zu tun, die nicht stärker singulär sind als:

$$|V(r)| \leq \frac{a}{r^\beta}\,, \quad r \to 0\,,$$

mit $\beta < 2$. Für kleine r dominiert dann in der Radialgleichung das Zentrifugalpotential $V_l(r)$ (17.11) über dem eigentlichen Potential $V(r)$ und dem konstanten Eigenwert E_l. Für $r \to 0$ reduziert sich damit die Radialgleichung (17.13) auf:

$$\frac{d^2}{dr^2}u_l(r) = \frac{l(l+1)}{r^2}u_l(r)\,, \quad r \to 0\,. \tag{17.16}$$

Dies ist eine *Euler'sche Differentialgleichung*, welche sich durch den Potenzansatz

$$u_l(r) = Cr^\alpha \tag{17.17}$$

lösen lässt. Einsetzen dieses Ansatzes in die Differentialgleichung liefert die beiden Lösungen

$$\alpha = -l\,, \quad \alpha = l + 1\,. \tag{17.18}$$

Wie wir oben gesehen haben, muss die Radialfunktion $u_l(r)$ für $r \to 0$ regulär sein. Deshalb ist ihre asymptotische Form für $r \to 0$ durch

$$\boxed{u_l(r) \sim r^{l+1}\,, \quad r \to 0} \tag{17.19}$$

gegeben. Diese Abhängigkeit zeigt, dass die Wahrscheinlichkeitsdichte in der Tat am Ursprung für $l > 0$ verschwindet, wie wir bereits oben qualitativ aus der Form des Zentrifugalpotentials geschlossen hatten.

Die meisten interessierenden Potentiale, wie z. B. das Coulomb-Potential oder das Kernpotential der Nukleonen, gehen für $r \to \infty$ asymptotisch gegen einen konstanten Wert, den wir willkürlich null setzen können. Für $r \to \infty$ können wir deshalb das effektive Potential in der radialen Schrödinger-Gleichung vernachlässigen und erhalten:

$$\frac{d^2}{dr^2} u_l(r) = -\frac{2mE_l}{\hbar^2} u_l(r) , \qquad r \to \infty .$$

Für gebundene Zustände ist $E_l < 0$, sodass

$$-\frac{2mE_l}{\hbar^2} =: \kappa^2 > 0$$

gilt und die obige Differentialgleichung die Lösung

$$u_l(r) = Ae^{-\kappa r} + Be^{\kappa r} , \qquad r \to \infty \tag{17.20}$$

hat. Wegen der geforderten Normierbarkeit kann nur die exponentiell abfallende Funktion auf gebundene Zustände führen, was $B = 0$ impliziert.

Für Potentiale, die asymptotisch für $r \to \infty$ nicht verschwinden oder sogar über alle Grenzen wachsen, wie das des harmonischen Oszillators, müssen die Wellenfunktionen der gebundenen Zustände für $r \to \infty$ offenbar noch stärker als $e^{-\kappa r}$ abfallen.

Das asymptotische Verhalten der Radialfunktion $u_l(r)$ für $r \to 0$ und $r \to \infty$ ist damit unabhängig von den Details des Potentials $V(r)$. Diese bestimmen jedoch die Wellenfunktion bei endlichem r und damit die Energieeigenwerte.

17.4 Radialwellenfunktion des freien Teilchens

Für ein freies Teilchen, d. h. für verschwindendes Potential $V(r)$, reduziert sich der Hamilton-Operator auf die kinetische Energie:

$$\boxed{H = \frac{1}{2m}\left(p_r^2 + \frac{\boldsymbol{L}^2}{r^2}\right).}$$

Wir kennen die Lösung des freien Teilchens bereits in kartesischen Koordinaten, in welchen die Wellenfunktionen durch ebene Wellen bzw. Superpositionen von ebenen Wellen (Wellenpaketen) gegeben ist. Diese ebenen Wellen besitzen jedoch keine sphärische Symmetrie. Im Folgenden interessieren wir uns für Lösungen der Schrödinger-Gleichung

$$H|\varphi_{lm}\rangle = E|\varphi_{lm}\rangle$$

für das freie Teilchen, in denen die sphärische Symmetrie manifest ist. Zunächst ist klar, dass alle allgemeinen Aussagen, die wir oben über die Lösungen der Schrödinger-Gleichung in einem zentralsymmetrischen Potential gewonnen haben, gültig bleiben, wenn das Potential verschwindet. Aus diesem Grunde können wir auch für das freie Teilchen den bereits früher eingeführten Separationsansatz (17.12)

$$\boxed{\varphi_{lm}(r,\vartheta,\varphi) = R_l(r)Y_{lm}(\vartheta,\varphi)\,, \qquad R_l(r) = \frac{u_l(r)}{r}}$$

benutzen. Die bereits früher angegebene Radialgleichung (17.13) reduziert sich dann für verschwindendes Potential auf:

$$\boxed{\frac{\hbar}{2m}\left[-\frac{d^2}{dr^2} + \frac{l(l+1)}{r^2}\right]u_l(r) = E_l u_l(r)} \tag{17.21}$$

bzw.

$$\frac{\hbar^2}{2m}\left[-\frac{1}{r}\frac{d^2}{dr^2}r + \frac{l(l+1)}{r^2}\right]R_l(r) = E_l R_l(r)\,. \tag{17.22}$$

Für ein freies Teilchen ist die Energie im Wesentlichen durch den Betrag des Impulses gegeben. Zur Charakterisierung der Energie führen wir deshalb wieder eine Wellenzahl k ein:

$$E_l = \frac{\hbar^2 k^2}{2m}\,.$$

Dividieren wir die Radialgleichung (17.22) durch $\hbar^2/2m$ und führen außerdem die dimensionslose Variable $x = kr$ ein und setzen

$$R_l\left(\frac{x}{k}\right) = f_l(x)\,,$$

so nimmt diese die Gestalt

$$\left[\frac{d^2}{dx^2} + \frac{2}{x}\frac{d}{dx} + 1 - \frac{l(l+1)}{x^2}\right]f_l(x) = 0 \tag{17.23}$$

an. Dies ist die *sphärische Bessel'sche Differentialgleichung*, deren Lösungen durch die *sphärischen Bessel-Funktionen* $j_l(x)$ bzw. durch die *sphärischen Neumann-Funktionen* $n_l(x)$ gegeben sind, die wir jetzt explizit bestimmen wollen.

17.4.1 Die sphärische Bessel-Funktionen

Die Radialgleichung (17.21) für die Funktion $u_l(r)$ ist offenbar einfacher als die Gl. (17.22) für die Funktion $R_l(r) = u_l(r)/r$. Dasselbe gilt natürlich auch für die Bessel'sche Differentialgleichung (17.23), die sich mit dem Ansatz

$$f_l(x) = \frac{v_l(x)}{x} \tag{17.24}$$

auf

$$\left[\frac{d^2}{dx^2} + 1 - \frac{l(l+1)}{x^2}\right] v_l(x) = 0 \tag{17.25}$$

reduziert. Für $l = 0$ vereinfacht sich diese Gleichung zu

$$v_0''(x) = -v_0(x)\,, \tag{17.26}$$

deren beiden Fundamentallösungen als

$$v_0^{(1)} = \sin x\,, \quad v_0^{(2)} = -\cos x \tag{17.27}$$

gewählt werden können. Damit kennen wir die beiden Fundamentallösungen der Bessel'schen Differentialgleichung für $l = 0$

$$f_0^{(1)}(x) = \frac{\sin x}{x}\,, \quad f_0^{(2)}(x) = -\frac{\cos x}{x}\,. \tag{17.28}$$

Zur Bestimmung der Lösungen mit $l > 0$ setzen wir

$$f_l(x) = x^l g_l(x) \tag{17.29}$$

in die Bessel'sche Differentialgleichung (17.23) ein, womit diese sich auf

$$\left[\frac{d^2}{dx^2} + 2\frac{l+1}{x}\frac{d}{dx} + 1\right] g_l(x) = 0 \tag{17.30}$$

reduziert. Differentiation dieser Gleichung nach x liefert

$$\left[\frac{d^3}{dx^3} + 2\frac{l+1}{x}\frac{d^2}{dx^2} + \left(1 - 2\frac{l+1}{x^2}\right)\frac{d}{dx}\right] g_l(x) = 0\,.$$

Setzen wir hier

$$\frac{d}{dx} g_l(x) = x h_l(x)\,, \tag{17.31}$$

so reduziert sich diese Gleichung auf

$$\left[\frac{d^2}{dx^2} + 2\frac{l+2}{x}\frac{d}{dx} + 1\right]h_l(x) = 0\,.$$

Der Vergleich dieser Gleichung mit (17.30) zeigt den linearen Zusammenhang

$$h_l(x) \sim g_{l+1}(x)\,.$$

Mit (17.31) finden wir hieraus die Beziehung

$$g_{l+1}(x) \sim \frac{1}{x}\frac{d}{dx}g_l(x)\,,$$

die sich zu

$$g_l(x) \sim \left(\frac{1}{x}\frac{d}{dx}\right)^l g_0(x)$$

iterieren lässt. Mit (17.29) finden wir daher für die Lösungen der Bessel'schen Differentialgleichung die Beziehung

$$f_l(x) \sim x^l\left(\frac{1}{x}\frac{d}{dx}\right)^l f_0(x)\,.$$

Setzen wir hier für $f_0(x)$ die beiden Fundamentallösungen (17.28) ein, so erhalten wir für beliebige l zwei Fundamentallösungen der Bessel'schen Differentialgleichungen, die wir in der Form

$$\boxed{\begin{aligned} j_l(x) &= (-x)^l\left(\frac{1}{x}\frac{d}{dx}\right)^l \frac{\sin x}{x}\,,\\ n_l(x) &= -(-x)^l\left(\frac{1}{x}\frac{d}{dx}\right)^l \frac{\cos x}{x}\,, \end{aligned}} \tag{17.32}$$

wählen können und die als *sphärische Bessel-Funktionen* $j_l(x)$ bzw. *sphärische Neumann-Funktionen* $n_l(x)$ bezeichnet werden. Diese Funktionen bilden ein vollständiges System für Funktionen der Radialkoordinate, siehe Gln. (17.44), (17.54). Für die untersten Drehimpulse $l = 0, 1, 2$ lauten diese Funktionen explizit:

$$\boxed{\begin{aligned} &j_0(x) = \frac{\sin x}{x}\,, \quad n_0(x) = -\frac{\cos x}{x}\,,\\ &j_1(x) = \frac{\sin x}{x^2} - \frac{\cos x}{x}\,, \quad n_1(x) = -\frac{\cos x}{x^2} - \frac{\sin x}{x}\,,\\ &j_2(x) = \left(\frac{3}{x^3} - \frac{1}{x}\right)\sin x - \frac{3}{x^2}\cos x\,, \quad n_2(x) = -\left(\frac{3}{x^3} - \frac{1}{x}\right)\cos x - \frac{3}{x^2}\sin x\,. \end{aligned}} \tag{17.33}$$

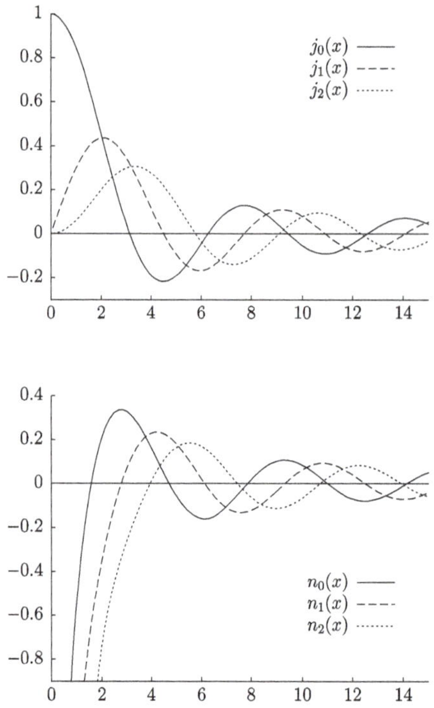

Abb. 17.2: (a) Die sphärischen Bessel-Funktionen $j_l(x)$ und (b) die sphärischen Neumann-Funktionen $n_l(x)$ für die Indizes (Drehimpulsquantenzahlen) $l = 0, 1, 2$.

Sie sind in Abb. 17.2 dargestellt. Im Folgenden sollen einige Eigenschaften dieser Funktionen angegeben werden. Wir beginnen mit dem asymptotischen Verhalten dieser Funktionen für kleine und große Argumente.

Das qualitative asymptotische Verhalten der Lösungen der sphärischen Bessel'schen Differentialgleichung lässt sich mit (17.24) unmittelbar aus (17.25) ablesen, wenn man beachtet, dass für $x \to 0$ die 1 und für $x \to \infty$ der Zentrifugalterm $l(l+1)/x^2$ vernachlässigbar ist. Für $x \to 0$ reduziert sich Gl. (17.25) auf die Euler'sche Differentialgleichung (17.16), deren Fundamentallösungen wir bereits kennen, siehe Gln. (17.17), (17.18). Mit (17.24) finden wir deshalb für die Lösungen der sphärischen Bessel'schen Differentialgleichung das folgende asymptotische Verhalten für $x \to 0$

$$f_l^{(1)}(x) \sim x^l\,, \quad f_l^{(2)}(x) \sim x^{-(l+1)}\,. \tag{17.34}$$

Für $x \to \infty$ wird die Differentialgleichung (17.25) unabhängig von l und reduziert sich auf die Gl. (17.26) für $l = 0$, deren Fundamentallösungen in (17.27) gegeben sind: Folglich erhalten wir für $x \to \infty$ das asymptotische Verhalten

$$f_l^{(1)}(c) \sim \frac{\sin(x + \text{const})}{x}\,, \quad f_l^{(2)}(x) \sim \frac{\cos(x + \text{const})}{x}\,. \tag{17.35}$$

Die sphärischen Bessel- bzw. Neumann-Funktionen (17.32) besitzen das asymptotische Verhalten (17.34) und (17.35) der Funktionen $f^{(1)}(x)$ bzw. $f^{(2)}(x)$, wie wir nachfolgend explizit zeigen werden. Dabei werden wir gleichzeitig die in Gln. (17.34), (17.35) noch offene Konstanten bestimmen.[2]

Für $x \to \infty$ brauchen wir in der Darstellung (17.32) nur die Ableitungen der Winkelfunktionen zu berücksichtigen. Wegen

$$\frac{d}{dx}\sin x = \cos x = -\sin\left(x - \frac{\pi}{2}\right)$$

finden wir

$$\left(\frac{1}{x}\frac{d}{dx}\right)^l \frac{\sin x}{x} \xrightarrow[x\to\infty]{} (-1)^l \frac{\sin(x - l\frac{\pi}{2})}{x^{l+1}}\,.$$

Analog folgt wegen

$$\frac{d}{dx}\cos x = -\sin x = -\cos\left(x - \frac{\pi}{2}\right)$$

die asymptotische Beziehung

$$\left(\frac{1}{x}\frac{d}{dx}\right)^l \frac{\cos x}{x} \xrightarrow[x\to\infty]{} (-1)^l \frac{\cos(x - l\frac{\pi}{2})}{x^{l+1}}\,.$$

Damit finden wir aus (17.32) das asymptotische Verhalten für $x \to \infty$

$$\boxed{j_l(x) \simeq \frac{1}{x}\sin\left(x - l\frac{\pi}{2}\right), \quad n_l(x) \simeq -\frac{1}{x}\cos\left(x - l\frac{\pi}{2}\right).} \tag{17.36}$$

Um das Verhalten von $j_l(x)$ und $\eta_l(x)$ für kleine x zu bestimmen, setzen wir die Reihenentwicklungen der Sinus- bzw. Cosinus-Funktionen

$$\begin{aligned}\frac{\sin x}{x} &= \sum_{n=0}^{\infty}(-1)^n \frac{x^{2n}}{(2n+1)!}\,,\\ \frac{\cos x}{x} &= \sum_{n=0}^{\infty}(-1)^n \frac{x^{2n-1}}{(2n)!}\end{aligned} \tag{17.37}$$

in Gl. (17.32) ein. Mit

---

2 Wir erinnern in diesem Zusammenhang daran, dass die Lösungen der homogenen Differentialgleichung (17.23) nur bis auf eine reelle multiplikative Konstante bestimmt sind. (Jede Linearkombination von Lösungen ist wieder eine Lösung.) Die sphärischen Bessel- und Neumann-Funktionen (17.32) sind spezielle Fundamentallösungen mit fixierten Normierungskonstanten.

$$\left(\frac{1}{x}\frac{d}{dx}\right)^l x^{2n} = \left(\frac{1}{x}\frac{d}{dx}\right)^{l-1} 2n\,x^{2(n-1)} = \begin{cases} 2^l \frac{n!}{(n-l)!} x^{2(n-l)}, & n \geq l, \\ 0, & n < l \end{cases} \tag{17.38}$$

finden wir

$$\left(\frac{1}{x}\frac{d}{dx}\right)^l \frac{\sin x}{x} = \sum_{n=l}^{\infty} \frac{(-1)^n}{(2n+1)!} \frac{2^l n!}{(n-l)!} x^{2(n-l)} .$$

Für $x \to 0$ dominiert der Term $n = l$, sodass

$$\left(\frac{1}{x}\frac{d}{dx}\right)^l \frac{\sin x}{x} \xrightarrow[x \to 0]{} (-1)^l \frac{2^l \cdot l!}{(2l+1)!} .$$

Wegen

$$\begin{aligned}(2l+1)! &= (2l+1) \cdot 2l \cdot (2l-1) \cdot 2(l-1) \cdot (2l-3) \cdots \\ &= (2l+1)!! \cdot 2^l \cdot l! ,\end{aligned}$$

wobei

$$(2l+1)!! = 1 \cdot 3 \cdot 5 \cdots (2l-1) \cdot (2l+1)$$

die sogenannte *Doppelfakultät* ist, finden wir

$$\left(\frac{1}{x}\frac{d}{dx}\right)^l \frac{\sin x}{x} \xrightarrow[x \to 0]{} \frac{(-1)^l}{(2l+1)!!} . \tag{17.39}$$

Für die ungeraden Potenzen und $l > 0$ gilt

$$\begin{aligned}\left(\frac{1}{x}\frac{d}{dx}\right)^l x^{2n-1} &= \left(\frac{1}{x}\frac{d}{dx}\right)^{l-1} (2n-1)x^{2n-3} \\ &= (2n-1)(2n-3)\cdots(2(n-l)+1)x^{2(n-l)-1} .\end{aligned} \tag{17.40}$$

Für $n \leq l$ führt dieser Ausdruck auf negative Potenzen von x und bricht nicht wie im Fall der geraden Potenzen (17.38) ab. Mit (17.40) finden wir aus (17.37)

$$\left(\frac{1}{x}\frac{d}{dx}\right)^l \frac{\cos x}{x} = \sum_{n=0}^{\infty} \frac{(-1)^n}{(2n)!} (2n-1)(2n-3)\cdots(2(n-l)+1)x^{2(n-l)-1} ,$$

wobei für $x \to 0$ der Term mit $n = 0$ dominiert

$$\left(\frac{1}{x}\frac{d}{dx}\right)^l \frac{\cos x}{x} \xrightarrow[x \to 0]{} (-)^l (2l-1)!! x^{-(2l+1)} . \tag{17.41}$$

Mit (17.39) und (17.41) erhalten wir aus (17.32) die asymptotische Darstellung für $x \to 0$

$$\boxed{j_l(x) \simeq \frac{x^l}{(2l+1)!!}, \quad n_l(x) \simeq -\frac{(2l-1)!!}{x^{l+1}},} \tag{17.42}$$

wobei der Ausdruck für $n_l(x)$ nur für $l > 0$ gilt. Für $l = 0$ und $x \to 0$ folgt unmittelbar aus (17.32) $n_0(x) \simeq -1/x$. Wir erkennen, dass die sphärischen Bessel-Funktionen $j_l(x)$ regulär am Ursprung sind und dort wie x^l verschwinden, während die sphärischen Neumann-Funktionen $n_l(x)$ für $x \to 0$ singulär sind. Das Verhalten der sphärischen Bessel-Funktionen für $x = 0$ stimmt also genau mit dem oben gefundenen Verhalten der Radialfunktion $u_l(r)/r$ (17.19) überein.[3] Für die Wellenfunktionen des freien Teilchens finden wir dann offenbar die Darstellung

$$\boxed{\langle \mathbf{x}|klm\rangle \equiv \varphi_{klm}(r,\vartheta,\varphi) = Cj_l(kr)Y_{lm}(\vartheta,\varphi)\,.} \tag{17.43}$$

Nachfolgend geben wir noch einige gemeinsame Eigenschaften der sphärischen Bessel- und Neumann-Funktionen an, die wir im Folgenden kollektiv als $f_l(x)$ bezeichnen, d. h.

$$f_l(x) \in \{j_l(x), n_l(x)\}.$$

Die Funktionen besitzen die Rekursionsbeziehung

$$f_{l-1}(x) + f_{l+1}(x) = (2l+1)\frac{f_l(x)}{x}\,.$$

Ferner lässt sich die Ableitung durch die Funktionen mit benachbartem Index ausdrücken:

$$lf_{l-1}(x) - (l+1)f_{l+1}(x) = (2l+1)\frac{d}{dx}f_l(x)\,.$$

Die sphärischen Bessel- und Neumann-Funktionen besitzen das erzeugende Funktional

$$\frac{1}{x}\cos\sqrt{x^2-2xs} = \sum_{l=0}^{\infty}\frac{s^l}{l!}j_{l-1}(x)\,,$$
$$\frac{1}{x}\sin\sqrt{x^2-2xs} = \sum_{l=0}^{\infty}\frac{s^l}{l!}n_{l-1}(x)\,,$$

wobei der Einfachheit halber die Definition

---

3 Dies ist natürlich nicht verwunderlich, da (17.19) unter der Voraussetzung abgeleitet wurde, dass für $r \to 0$ das Radialpotential $V(r)$ weniger singulär als das Zentrifugalpotential $V_l(r)$ und somit vernachlässigbar ist.

$$j_{-1}(x) = \frac{\cos x}{x}, \quad n_{-1}(x) = \frac{\sin x}{x}$$

benutzt wurde.

Da die sphärischen Neumann-Funktionen für kleine x divergent sind, lassen sie sich mit Ausnahme der Neumann-Funktion für den Index $l = 0$ nicht bezüglich des radialen Integrationsmaßes normieren. Für die sphärischen Bessel-Funktionen haben wir hingegen die Orthogonalitätsbeziehung:

$$\boxed{\int_0^\infty dr\, r^2 j_l(kr) j_l(k'r) = \frac{\pi}{2k^2}\delta(k-k')\,.} \tag{17.44}$$

Die sphärischen Bessel- und Neumann-Funktionen lassen sich zu den komplexen *Hankel-Funktionen erster und zweiter Art* zusammenfassen:

$$\boxed{h_l^{(\pm)}(x) = j_l(x) \pm i n_l(x)}$$

Die explizite Form der ersten drei Hankel-Funktionen erster Art erhalten wir aus den Darstellungen der Bessel- und Neumann-Funktionen:

$$\begin{aligned} h_0^{(+)}(x) &= \frac{e^{ix}}{ix}\,, \\ h_1^{(+)}(x) &= -\frac{e^{ix}}{x}\left(1 + \frac{i}{x}\right), \\ h_2^{(+)}(x) &= i\frac{e^{ix}}{x}\left(1 + \frac{3i}{x} - \frac{3}{x^2}\right). \end{aligned}$$

Diese Funktionen besitzen dann nach (17.36) offenbar für $x \to \infty$ das asymptotische Verhalten

$$h_l^{(\pm)}(x) \simeq \frac{e^{\pm i(x - l\pi/2)}}{\pm ix}\,. \tag{17.45}$$

Die $j_l(x)$, $n_l(x)$ und $h_l^{(\pm)}(x)$ sind die sphärischen Analoga der Funktionen $\sin x$, $\cos x$ und $e^{\pm ix}$ über eine Raumdimension $\mathbb{R}$.

Die sphärischen Bessel- und Neumann-Funktionen stehen in direktem Zusammenhang mit den in Abschnitt 16.3 behandelten gewöhnlichen Bessel- und Neumann-Funktionen $J_l(x)$, $N_l(x)$:

$$\boxed{j_l(x) = \sqrt{\frac{\pi}{2x}} J_{l+1/2}(x)\,, \quad n_l(x) = \sqrt{\frac{\pi}{2x}} N_{l+1/2}(x)\,,}$$

wovon man sich leicht durch Einsetzen dieser Beziehungen in die sphärische Bessel'sche Differentialgleichung (17.23) bzw. (17.25) überzeugt, die dann zur gewöhnlichen Bessel'schen Differentialgleichung (16.13) für die $J_\nu(x)$ bzw. $N_\nu(x)$ wird.

17.4.2 Entwicklung der ebenen Wellen nach Kugelfunktionen

In Gl. (17.43) haben wir die Wellenfunktion des freien Teilchens in sphärischen Koordinaten gefunden. Andererseits wissen wir, dass für das freie Teilchen die Lösungen der stationären Schrödinger-Gleichung durch ebene Wellen

$$\varphi_{\boldsymbol{k}}(\boldsymbol{x}) \sim e^{\pm i\boldsymbol{k}\cdot\boldsymbol{x}}$$

gegeben sind. Diese besitzen jedoch eine ausgezeichnete Richtung $\boldsymbol{k}$. Da beide Arten von Lösungen eine vollständige Basis darstellen, muss es deshalb einen linearen Zusammenhang zwischen den ebenen Wellen und den sphärischen Lösungen geben:

$$e^{i\boldsymbol{k}\cdot\boldsymbol{x}} = \sum_{l=0}^{\infty}\sum_{m=-l}^{l} C_{lm}(\boldsymbol{k}) j_l(kr) Y_{lm}(\hat{\boldsymbol{x}}) . \tag{17.46}$$

Wir werden jetzt zeigen, dass die Entwicklungskoeffizienten durch

$$C_{lm}(\boldsymbol{k}) = 4\pi i^l Y^*_{lm}(\hat{\boldsymbol{k}})$$

gegeben sind.

Der Einfachheit halber legen wir den Vektor $\boldsymbol{k}$ zunächst parallel zur z-Achse, sodass

$$\boldsymbol{k}\cdot\boldsymbol{x} = kr\cos\vartheta \tag{17.47}$$

und ϑ der Polarwinkel von $\boldsymbol{x}$ ist. Die linke Seite der Gleichung (17.46) ist dann unabhängig vom Azimutwinkel φ. Dasselbe muss für die rechte Seite gelten. Daher können nur die Kugelfunktionen mit $m = 0$ beitragen, die nach Gl. (15.74) durch die Legendre-Polynome gegeben sind und wir erhalten

$$\begin{aligned} e^{ikr\cos\vartheta} &= \sum_{l=0}^{\infty} C_{lm=0}(k\boldsymbol{e}_z) j_l(kr) Y_{l0}(\vartheta,\varphi) \\ &= \frac{1}{\sqrt{4\pi}} \sum_{l=0}^{\infty} \sqrt{(2l+1)} C_{lm=0}(k\boldsymbol{e}_z) j_l(kr) P_l(\cos\vartheta) . \end{aligned} \tag{17.48}$$

Multiplikation dieser Beziehung mit einem Legendre-Polynom und Benutzung der Orthogonalitätsrelation

$$\int_{-1}^{1} dz P_l(z) P_{l'}(z) = \frac{2\delta_{ll'}}{2l+1}$$

liefert

$$C_{lm=0}(k\boldsymbol{e}_z)j_l(kr) = \frac{1}{2}\sqrt{4\pi(2l+1)}\int_{-1}^{1} dzP_l(z)e^{ikrz}\,. \tag{17.49}$$

Da die $C_{lm}(\boldsymbol{k})$ unabhängig von r sind, genügt es, diese Gleichung für kleine r zu betrachten. Für $kr \to 0$ können wir die asymptotische Form (17.42) der sphärischen Bessel-Funktion einsetzen und ferner $\exp(ikrz)$ in eine Taylor-Reihe entwickeln

$$\int_{-1}^{1} dze^{ikrz}P_l(z) = \sum_{n=0}^{\infty}\frac{(ikr)^n}{n!}\int_{-1}^{1} dzz^nP_l(z)\,.$$

Da die Potenzen $(kr)^n$ zu verschiedenen n linear unabhängige Funktionen sind, kann von der Taylor-Entwicklung für $kr \to 0$ wegen $j_l(kr) \sim (kr)^l$ nur der Term mit $n = l$ zur Gleichung (17.49) beitragen und wir erhalten

$$C_{lm=0}(k\boldsymbol{e}_z)\frac{1}{(2l+1)!!} = \frac{1}{2}\sqrt{4\pi(2l+1)}\,\frac{i^l}{l!}\int_{-1}^{1} dzz^lP_l(z)\,. \tag{17.50}$$

Da die $P_l(z)$ gewöhnliche Polynome (vom Grade l) sind, lässt sich das verbleibende Integral elementar berechnen, z. B. durch Benutzung der Darstellung

$$P_l(z) = \sum_{n=0}^{k}(-1)^n\frac{(2l-2n)!z^{l-2n}}{(l-n)!(l-2n)!n!2^l}$$

mit

$$k = \begin{cases} l/2, & l - \text{gerade}\,, \\ (l-1)/2, & l - \text{ungerade}\,. \end{cases}$$

Man findet

$$\int_{-1}^{1} dzz^lP_l(z) = 2\frac{l!}{(2l+1)!!}\,.$$

Damit erhalten wir aus (17.50)

$$C_{lm=0}(k\boldsymbol{e}_z) = i^l\sqrt{4\pi(2l+1)} \tag{17.51}$$

und nach Einsetzen in (17.48)

$$e^{ikr\cos\vartheta} = \sum_{l=0}^{\infty} i^l(2l+1)j_l(kr)P_l(\cos\vartheta)\,. \tag{17.52}$$

Mit (17.51) finden wir aus (17.49) als Nebenprodukt die Integraldarstellung der sphärischen Bessel-Funktion

$$j_l(x) = (-i)^l\frac{1}{2}\int_{-1}^{1} dze^{ixz}P_l(z)\,.$$

Für eine beliebige Richtung von $\boldsymbol{k}$ bleibt (17.47) und somit (17.52) gültig, wenn wir ϑ mit dem Winkel zwischen $\boldsymbol{k}$ und $\boldsymbol{x}$ identifizieren. Unter Benutzung des Additionstheorems für die Kugelfunktionen

$$P_l(\cos\vartheta) = \frac{4\pi}{2l+1}\sum_{m=-l}^{l} Y^*_{lm}(\hat{\boldsymbol{k}})Y_{lm}(\hat{\boldsymbol{x}})$$

erhalten wir schließlich aus (17.52) die gewünschte Beziehung:

$$\boxed{e^{i\boldsymbol{kx}} = 4\pi\sum_{l=0}^{\infty} i^l j_l(kr)\sum_{m=-l}^{l} Y^*_{lm}(\hat{\boldsymbol{k}})Y_{lm}(\hat{\boldsymbol{x}})\,.} \tag{17.53}$$

Mithilfe der Beziehung (17.53) findet man aus der Fourier-Darstellung der δ-Funktion nach Integration über die Richtung $\hat{\boldsymbol{k}}$ von $\boldsymbol{k}$ unter Benutzung der Orthogonalitätsrelation (15.70) die Vollständigkeitsrelation

$$\delta(\boldsymbol{x}-\boldsymbol{x}') = \frac{2}{\pi}\sum_{l=0}^{\infty}\sum_{m=-l}^{l} Y^*_{lm}(\hat{\boldsymbol{x}}')Y_{lm}(\hat{\boldsymbol{x}})\int_0^{\infty} dk\, k^2 j_l(kr)j_l(kr')\,. \tag{17.54}$$

Kommen hier die Vollständigkeitsrelation (15.70) der Kugelfunktionen und die Orthogonalitätsbeziehung (17.44) der sphärischen Bessel-Funktionen zur Anwendung, so erhalten wir die Darstellung der δ-Funktion in Kugelkoordinaten

$$\boxed{\delta(\boldsymbol{x}-\boldsymbol{x}') = \frac{\delta(r-r')}{r^2}\frac{\delta(\vartheta-\vartheta')}{\sin\vartheta}\delta(\varphi-\varphi')\,.} \tag{17.55}$$

17.4.3 Kugelwellen

Im Folgenden wollen wir die Zustände mit Drehimpuls $l = 0$ etwas genauer untersuchen. Für $l = 0$ ist die Winkelfunktion eine Konstante ($Y_{00}(\vartheta,\varphi) = 1/\sqrt{4\pi}$). Bis auf Normierung ist deshalb die Wellenfunktion des freien Teilchens mit Drehimpuls null allein durch die Bessel-Funktion j_0 gegeben:

$$\varphi_{k00}(r,\vartheta,\varphi) = C' j_0(kr) = C'\frac{\sin(kr)}{kr} = C'\frac{1}{2ki}\left(\frac{e^{ikr}}{r} - \frac{e^{-ikr}}{r}\right).$$

Diese Funktion stellt gerade eine Überlagerung einer auslaufenden und einer einfallenden *Kugelwelle* dar:

$$\boxed{\varphi_k^{(\pm)}(r) = \frac{e^{\pm ikr}}{r}\,.}$$

Berechnen wir den Teilchenfluss in dem Zustand dieser Kugelwellen, so finden wir in der Tat:

$$\begin{aligned}
\boldsymbol{j}^{(\pm)}(\boldsymbol{x}) &= \frac{1}{2m}\left[(\varphi_k^{(\pm)}(r))^* \boldsymbol{p}\varphi_k^{(\pm)}(r) - \varphi_k^{(\pm)}(r)\boldsymbol{p}(\varphi_k^{(\pm)}(r))^*\right] \\
&= \frac{\hbar}{m}\,\mathrm{Im}\{(\varphi_k^{(\pm)}(r))^* \nabla\varphi_k^{(\pm)}\} \\
&= \pm\frac{\hbar k}{m}\frac{\hat{\boldsymbol{x}}}{r^2} = \pm v\frac{\hat{\boldsymbol{x}}}{r^2}\,,
\end{aligned} \tag{17.56}$$

wobei

$$v = \frac{\hbar k}{m} = \frac{p}{m}$$

die Geschwindigkeit des durch die Kugelwelle $\varphi_k^{(\pm)}(r)$ beschriebenen Teilchens ist.

Der Fluss ist durch die Geschwindigkeit gegeben und zeigt in radiale Richtung, wie erwartet, für die auslaufende Welle nach außen, für die einlaufende Welle nach innen. Die Bessel-Funktion $j_0(kr)$, die durch Überlagerung der einlaufenden und auslaufenden Welle entsteht, beschreibt dann eine stehende Kugelwelle, in der kein Teilchenfluss erfolgt:

$$\boldsymbol{j} = \boldsymbol{j}^{(+)} + \boldsymbol{j}^{(-)} = \boldsymbol{0}\,.$$

Ferner zeigt Gl. (17.56), dass die Stromdichte $\boldsymbol{j}^{(\pm)}(r)$ mit $1/r^2$ abfällt. Der zugehörige Gesamtteilchenstrom durch eine Kugelschale $S_2(R)$ mit Radius R,

$$I^{(\pm)} = \int_{S_2(R)} d\boldsymbol{f}_{\boldsymbol{x}} \cdot \boldsymbol{j}^{(\pm)}(\boldsymbol{x} = R\hat{\boldsymbol{x}})\,, \tag{17.57}$$

ist dann unabhängig vom Radius R der Kugel. In der Tat mit $d\boldsymbol{f}_{\boldsymbol{x}} = R^2\hat{\boldsymbol{x}}\,d\Omega$ ($d\Omega$ – Differential des Raumwinkels) liefert Einsetzen von (17.56) in Gl. (17.57):

$$I^{(\pm)} = \int_{S_2} d\Omega\, R^2\hat{\boldsymbol{x}} \cdot \boldsymbol{j}^{(\pm)}(\boldsymbol{x} = R\hat{\boldsymbol{x}}) = \pm\int_{S_2} d\Omega\, R^2\frac{v}{R^2} = \pm 4\pi v\,.$$

17.5 Die sphärische Box

Als illustratives Beispiel wollen wir im Folgenden die stationären Zustände eines Teilchens in einer sphärisch-symmetrischen Potentialbox mit unendlich hohen Potentialwänden

$$V(r) = \begin{cases} 0, & r < R\,, \\ \infty, & r \geq R \end{cases} \tag{17.58}$$

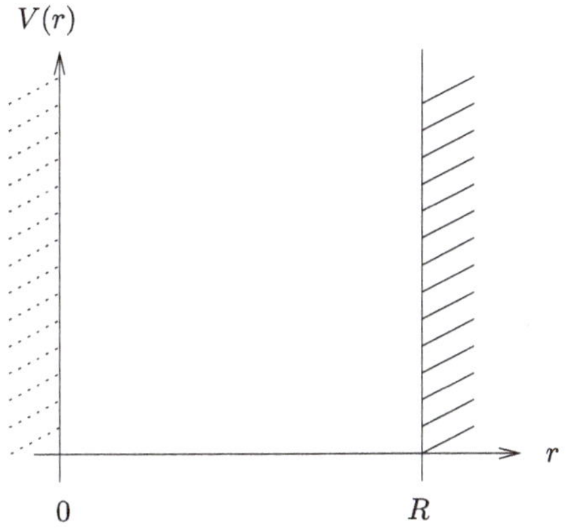

Abb. 17.3: Das Potential der sphärischen Box mit unendlich hohen Potentialwänden.

berechnen, siehe Abb. 17.3. Die unendlich hohe Potentialwand ist äquivalent zu der Randbedingung

$$\varphi(r = R, \vartheta, \varphi) = 0$$

an die Wellenfunktion. Diese Randbedingung enthält den gesamten Effekt des Potentials. Im Inneren der Box haben wir eine freie Bewegung vorliegen, für die wir die Wellenfunktion bereits in Gl. (17.43) gefunden haben:

$$\varphi_{klm}(\boldsymbol{x}) = C_{kl} j_l(kr) Y_{lm}(\Omega) \,.$$

Die Randbedingung beeinflusst nur die radiale Wellenfunktion und reduziert sich auf die Bedingung

$$j_l(kR) = 0 \,. \tag{17.59}$$

Dies ist die Quantisierungsbedingung für das Teilchen in der Box, die nur für *diskrete* Werte $k = k_{nl}$ erfüllt ist, wobei n die verschiedenen Nullstellen der Bessel-Funktion zum selben Drehimpulsindex l unterscheidet. Die Energien des Teilchens in der Box sind deshalb durch

$$\boxed{E_{nl} = \frac{(\hbar k_{nl})^2}{2m}}$$

gegeben. Die Wellenfunktion ist dann durch die Quantenzahlen des Drehimpulses l, m und die radiale Quantenzahl n charakterisiert:

$$\varphi_{nlm}(\boldsymbol{x}) \equiv \varphi_{klm}(\boldsymbol{x})|_{k=k_{nl}} = C_{nl} j_l(k_{nl} r) Y_{lm}(\Omega) \equiv \frac{u_{nl}(r)}{r} Y_{lm}(\Omega) \,. \tag{17.60}$$

Zur Berechnung der Normierungskoeffizienten der Wellenfunktion benutzen wir die Beziehung

$$\int_0^R dr\, r^2 j_l(k_{nl}r) j_l(k_{n'l}r) = \int_0^R dr\, r^2 j_{l\pm1}(k_{nl}r) j_{l\pm1}(k_{n'l}r) = \delta_{nn'} \frac{1}{2} (j_{l\pm1}(k_{nl}R))^2 R^3 ,$$

die für zwei Nullstellen $k_{nl}R$ und $k_{n'l}R$ der Bessel-Funktion $j_l(x)$ gilt,

$$j_l(k_{nl}R) = j_l(k_{n'l}R) = 0 ,$$

und auf deren Beweis hier verzichtet werden soll. Für die Normierungskoeffizienten erhalten wir dann:

$$|C_{nl}|^2 = \left(\frac{1}{2} R^3 (j_{l\pm1}(k_{nl}R))^2 \right)^{-1} . \tag{17.61}$$

Mit diesen Koeffizienten sind die oben angegebenen Wellenfunktionen in der Box auf 1 normiert.

Im Folgenden wollen wir die Zustände mit Drehimpuls $l = 0$ etwas genauer betrachten. Für diese Zustände reduziert sich die Quantisierungsbedingung (17.59) auf

$$j_0(kR) = \frac{\sin(kR)}{kR} = 0 , \tag{17.62}$$

die offenbar für die Wellenzahlen

$$k_n \equiv k_{n\,l=0} = \frac{n\pi}{R} , \qquad n = 1, 2, 3, \ldots$$

erfüllt ist.[4] Dies sind aber gerade die quantisierten Wellenzahlen der eindimensionalen Potentialbox der Breite R mit unendlich hohen Potentialwänden, siehe Gl. (8.16). Ebenfalls sind die Radialfunktionen (17.60) zum Drehimpuls $l = 0$[5]

$$u_{n\,l=0}(r) = \frac{C_{n0}}{k_n} \sin(k_n r) = \sqrt{\frac{2}{R}} \sin(k_n r)$$

gerade die Eigenfunktionen im eindimensionalen Potentialtopf, siehe Gl. (8.21). Dieses Ergebnis ist in Übereinstimmung mit unseren früheren allgemeinen Überlegungen, wonach sich die Schrödinger-Gleichung für ein Zentralpotential auf eine eindimensionale Radialgleichung mit effektivem Potential $\widetilde{V}_l(r)$ reduzieren lässt, siehe Gl. (17.13). Ferner

---

4 Für $n = 0$ ist die Quantisierungsbedingung (17.62) wegen $j_0(0) = 1$ nicht erfüllt. Ein Zustand mit $k_n = 0$ in einer endlichen Box würde auch die Unschärferelation verletzen.

5 Im Normierungskoeffizienten C_{n0} (17.61) benutzen wir $|j_1(k_n R)| = |j_1(n\pi)| = 1/n\pi$, siehe Gl. (17.33).

hat diese Gleichung für die Radialfunktion $u_l(r)$ für Drehimpuls $l = 0$ Zustände genau die Gestalt der eindimensionalen Schrödinger-Gleichung im Potential $V(r = x)$, $x > 0$. Die Randbedingung an die Radialfunktion $u_l(r = 0) = 0$ ist äquivalent zu einer unendlich hohen Potentialwand bei $r = 0$ (siehe Gl. (17.15)), sodass für die sphärische Box die Radialgleichung für $l = 0$ sich in der Tat auf die Schrödinger-Gleichung des eindimensionalen Potentialtopfes mit unendlich hohen Wänden reduziert.

Wir können diese Analogie auch noch weiter ausbauen und die Nullstelle der Radialfunktion $u_l(r)$ bei $r = 0$ als Knoten der Wellenfunktion in dem eindimensionalen Potentialtopf der Breite $2R$

$$V(x) = \begin{cases} 0, & |x| < R, \\ \infty, & |x| \geq R \end{cases} \tag{17.63}$$

interpretieren, siehe Abb. 17.4. Die Eigenzustände negativer Parität im Potentialtopf (17.63), deren Wellenfunktionen bekanntlich ungerade sind und deshalb bei $x = 0$ einen Knoten besitzen (siehe Abschnitt 8.5), liefern gerade die Gesamtheit der stationären Zustände im sphärischen Potentialtopf (17.58) mit Radius R.

Die obigen Überlegungen lassen sich leicht für eine *sphärische Box mit endlich hohen Potentialwänden* erweitern. Unter Benutzung der Analogie zwischen der Radialgleichung für Zustände mit $l = 0$ und dem entsprechenden eindimensionalen Problem, können wir sofort schlussfolgern: Die $l = 0$ Energieeigenwerte eines Teilchens in einer sphärischen Box mit dem Radius R und endlich hohen Potentialwänden sind dieselben wie die der ungeraden Zustände (negativer Parität) des entsprechenden eindimensionalen Potentialtopfes mit doppelter Breite $2R$ (Abb. 17.4). Insbesondere können wir aus den Betrachtungen aus Abschnitt 9.3.2 schließen, dass in einem sphärisch symmetrischen Potentialtopf

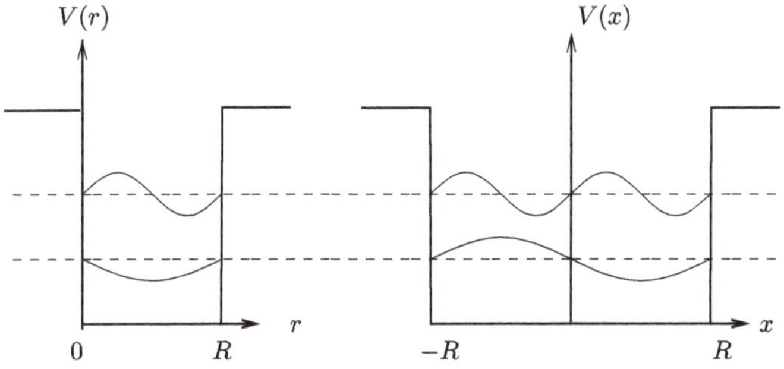

Abb. 17.4: Korrespondenz zwischen den Energieeigenwerten eines Teilchens in einer sphärisch symmetrischen Potentialbox mit endlich hohen Wänden mit Radius R und den ungeraden Zuständen eines Teilchens in einer eindimensionalen Potentialbox der Breite $2R$ und mit derselben Wandhöhe. Diese Korrespondenz gilt auch für unendlich hohe Potentialwände, siehe Text.

$$V(r) = \begin{cases} -V_0, & r < R, \\ 0, & r > R \end{cases}$$

quasi-„gebundene“ $l = 0$ Zustände mit Energie $E = 0$ für Potentialstärken

$$\gamma = \frac{R}{\hbar}\sqrt{2mV_0} \tag{17.64}$$

existieren, welche der Bedingung (9.52)

$$\gamma = (2n+1)\frac{\pi}{2}, \quad n = 0, 1, 2, \ldots$$

genügen. Für $n > 0$ gibt es neben dem quasigebundenen Zustand bei $E = 0$ noch n gebundene Zustände (mit $E < 0$). Für Potentiale der Stärke

$$(2n-1)\frac{\pi}{2} < \gamma < (2n+1)\frac{\pi}{2} \tag{17.65}$$

existieren dann genau n Bindungszustände mit Drehimpuls $l = 0$.

17.6 Der dreidimensionale isotrope harmonische Oszillator

In Abschnitt 12.9 haben wir bereits den dreidimensionalen harmonischen Oszillator in kartesischen Koordinaten behandelt. Der Gesamt-Hamilton-Operator zerfiel in eine Summe von drei eindimensionalen harmonischen Oszillatoren für die drei kartesischen Richtungen. Wir konnten deshalb die Schrödinger-Gleichung durch ein Separationsansatz lösen. Die Gesamtwellenfunktion ergab sich aus dem Produkt der Wellenfunktionen der drei unabhängigen Oszillatorkoordinaten. Für den isotropen harmonischen Oszillator, bei dem die Oszillatorfrequenzen in allen drei kartesischen Richtungen übereinstimmen, hängt das Potential nur vom Radius $r = |\boldsymbol{x}|$ ab:

$$\boxed{V(r) = \frac{m}{2}\omega^2 r^2 .}$$

Dies ist ein Zentralpotential und kann folglich mit den in Abschnitt 17.2 besprochenen allgemeinen Methoden behandelt werden, was wir im Folgenden tun wollen. Dabei wird interessant sein, wie sich die Drehimpulserhaltung in den früher angegebenen Wellenfunktionen des Separationsansatzes in kartesischen Koordinaten manifestiert.

17.6.1 Lösung der Radialgleichung

Mit dem für Zentralpotentiale üblichen Ansatz für die Wellenfunktion (17.12) reduziert sich die Schrödinger-Gleichung einer Punktmasse m im isotropen Oszillatorpotential auf die Radialgleichung (17.13)

$$\left[-\frac{\hbar^2}{2m}\frac{d}{dr^2}+\frac{m}{2}\omega^2r^2+\frac{\hbar^2 l(1+1)}{2mr^2}\right]u_l(r)=E_l u_l(r)\,. \tag{17.66}$$

Zur Vereinfachung dieser Gleichung drücken wir sie durch die dimensionslose Koordinate

$$\rho=\frac{r}{r_0}\,,\quad r_0=\sqrt{\frac{\hbar}{m\omega}} \tag{17.67}$$

aus, wobei r_0 die bereits in Abschnitt 12.2 eingeführte Oszillatorlänge ist und definieren:

$$\epsilon_l=\frac{2m}{\hbar^2}E_l r_0^2=\frac{2}{\hbar\omega}E_l\,. \tag{17.68}$$

Setzen wir

$$u_l(r)=\chi_l(\rho)\,, \tag{17.69}$$

so vereinfacht sich die Radialgleichung (17.66) zu:

$$\left[\frac{d^2}{d\rho^2}-\rho^2-\frac{l(l+1)}{\rho^2}+\epsilon_l\right]\chi_l(\rho)=0\,. \tag{17.70}$$

Für große Radien $\rho\to\infty$ ist das Zentrifugalpotential vernachlässigbar und diese Gleichung reduziert sich auf die Schrödinger-Gleichung des eindimensionalen harmonischen Oszillators

$$\left[\frac{d^2}{d\rho^2}-\rho^2+\epsilon_l\right]\chi_l(\rho)=0\,,\quad \rho\to\infty\,,$$

deren Lösungen durch die Hermite-Funktionen gegeben sind, die sämtlich die Gauß-Funktion

$$\sim e^{-\rho^2/2}$$

enthalten. Deshalb setzen wir die Radialfunktion in der Form

$$\chi_l(\rho)=e^{-\rho^2/2}\eta_l(\rho) \tag{17.71}$$

an. Einsetzen in Gl. (17.70) liefert die Differentialgleichung für die noch zu bestimmende Funktion $\eta_l(\rho)$

$$\left[\frac{d^2}{d\rho^2}-2\rho\frac{d}{d\rho}-1-\frac{l(l+1)}{\rho^2}+\epsilon_l\right]\eta_l(\rho)=0\,. \tag{17.72}$$

Man beachte, dass durch den Ansatz (17.71) der Oszillatorterm $\sim\rho^2$ aus der Radialgleichung eliminiert wurde.

Aus Abschnitt 17.3 wissen wir bereits, dass für Zentralpotentiale $V(r)$, welche für $r \to 0$ weniger als $1/r^2$ singulär sind, das Verhalten der Wellenfunktion für kleine r allein durch das Zentrifugalpotential bestimmt wird, weshalb sich die Radialfunktion $\chi_l(\rho)$ wie

$$\chi_l(\rho) \sim \rho^{l+1}\,, \quad \rho \to 0$$

verhält, siehe Gl. (17.19). Deshalb setzen wir den noch zu bestimmenden Teil $\eta_l(\rho)$ der Radialfunktion (17.71) in Form der folgenden Potenzreihe

$$\eta_l(\rho) = \rho^{l+1} \sum_{k=0}^{\infty} c_k \rho^k \tag{17.73}$$

an. Einsetzen dieses Ansatzes in Gl. (17.72) liefert die Gleichung

$$\sum_{k=0} \{[(k+l+1)(k+l) - l(l+1)]\rho^{k+l-1} + (\epsilon_l - [2(k+l+1)+1])\rho^{k+l+1}\}c_k = 0\,, \tag{17.74}$$

die wir durch Koeffizientenvergleich der unabhängigen Potenzen von ρ lösen können: Um die Koeffizienten c_k zu bestimmen, ist es zweckmäßig, den Summationsindex im ersten Term in der geschweiften Klammer in Gl. (17.74) um zwei Einheiten zu verschieben, $k-2 \to k$, sodass wir in beiden Termen dieselbe Potenz von ρ vorliegen haben

$$\begin{aligned} 0 = & \sum_{k=-2}^{\infty} [(k+2+l+1)(k+2+l) - l(l+1)]c_{k+2}\rho^{k+l+1} \\ & + \sum_{k=0}^{\infty} (\epsilon_l - [2(k+l+1)+1])c_k\rho^{k+l+1}\,. \end{aligned}$$

Zu den beiden untersten Potenzen in ρ tragen nur die ersten Terme mit $k = -2$ bzw. -1 bei. Der Koeffizient vor der niedrigsten Potenz ρ^{l-1} verschwindet identisch,

$$[(k+2+l+1)(k+2+l) - l(l+1)]\big|_{k=-2} c_0 = 0\,,$$

sodass c_0 durch die Gl. (17.74) nicht eingeschränkt ist. Koeffizientenvergleich der nächstniedrigsten Potenz ρ^l liefert die Bedingung

$$[(l+2)(l+1) - l(l+1)]c_1 = 0\,.$$

Da die Drehimpulsquantenzahl $l \geq 0$ und somit der Ausdruck in der eckigen Klammer stets von null verschieden ist, fordert diese Bedingung:

$$c_1 = 0\,. \tag{17.75}$$

Koeffizientenvergleich der Terme mit $k \geq 0$ liefert die Rekursionsbeziehung

$$c_{k+2} = \frac{2(k+l)+3-\epsilon_l}{(k+l+3)(k+l+2)-l(l+1)} c_k \,. \tag{17.76}$$

Wegen (17.75) verschwinden sämtliche Koeffizienten zu ungeraden $k = 2\nu + 1$,

$$c_{2\nu+1} = 0 \,,$$

während sich sämtliche Koeffizienten mit geradem $k = 2\nu$ durch den Koeffizienten c_0 ausdrücken lassen.

Für große k reduziert sich die Rekursionsbeziehung (17.76) auf:

$$c_{k+2} \simeq \frac{2}{k} c_k \,, \qquad k \to \infty \,.$$

Die Entwicklungskoeffizienten $c_{k=2\nu}$ besitzen deshalb asymptotisch die Gestalt

$$c_{2\nu+2} \simeq \text{const} \frac{1}{\nu!} \,, \qquad \nu \to \infty \,. \tag{17.77}$$

Folglich nähert sich die Funktion $\eta_l(\rho)$ (17.73) für $\rho \to \infty$ asymptotisch der Funktion[6]

$$\eta_l(\rho) \simeq \text{const} \cdot \rho^{l+1+2} \sum_{\nu=0}^{\infty} \frac{\rho^{2\nu}}{\nu!} = \text{const} \cdot \rho^{l+1+2} e^{\rho^2} \,, \qquad \rho \to \infty$$

an. Dies würde auf eine nicht-normierbare Radialfunktion $\chi_l(\rho)$ (17.71) führen. Gebundene Zustände können deshalb nur auftreten, wenn die Potenzreihenentwicklung (17.73) nach einer endlichen Anzahl von Gliedern abbricht, d. h., es muss ein $k = 2\nu$ existieren, sodass der Zähler in der Rekursionsbeziehung (17.76) verschwindet und damit der Koeffizient $c_{2\nu+2}$ und alle höheren Koeffizienten wegfallen. Dies ist genau für

$$\epsilon_l = 4\nu + 2l + 3 \tag{17.78}$$

erfüllt.

17.6.2 Energiespektrum

Für gegebenes l und ν definiert Gl. (17.78) die Energie des zugehörigen gebundenen Zustandes. Nach Gl. (17.68) sind die Energieeigenwerte $E_l \equiv E_{\nu l}$ des isotropen harmonischen Oszillators deshalb durch

---

6 Für große ρ sind die niedrigen Potenzen der Taylor-Entwicklung, d. h. die Terme $c_\nu \rho^\nu$ mit kleinem ν, irrelevant. Deshalb können wir aus der Kenntnis der Terme mit großem ν auf das asymptotische Verhalten der Funktion bei großen Argumenten ρ schließen.

$$\boxed{E_{\nu l} = \hbar\omega\left(2\nu + l + \frac{3}{2}\right)} \tag{17.79}$$

gegeben, wobei wie oben gezeigt ν eine nicht-negative ganze Zahl ist:

$$\nu = 0, 1, 2, \ldots .$$

Die Eigenenergien (17.79) hängen nur von der Kombination

$$\boxed{n = 2\nu + l}$$

ab, die als *Hauptquantenzahl* bezeichnet wird. Die Eigenenergien

$$\boxed{E_n = \hbar\omega\left(n + \frac{3}{2}\right)}$$

sind deshalb für $n > 1$ entartet. Der Vergleich mit Gln. (12.77), (12.78) zeigt, dass die Hauptquantenzahl n die Gesamtzahl der Schwingungsquanten des harmonischen Oszillators angibt,

$$n = n_1 + n_2 + n_3 ,$$

wobei n_i die Zahl der Schwingungsquanten in Richtung der kartesischen Koordinate x_i sind. Die Drehimpulsquantenzahl l kann wie üblich alle nicht-negativen ganzen Werte annehmen. Die Werte $l = 0, 1, 2, 3, \ldots$ bezeichnet man mit dem Buchstaben $s, p, d, f, \ldots$. Vor diese Buchstaben schreibt man den um 1 vergrößerten Wert der Quantenzahl ν. Für die ersten fünf Hauptquantenzahlen sind die so bezeichneten Zustände in Tabelle 17.1 angegeben.

Tab. 17.1: Die untersten Energieeigenwerte des isotropen harmonischen Oszillators.

n	$E_n/\hbar\omega$	$(\nu+1)l$
0	3/2	1s
1	5/2	1p
2	7/2	2s, 1d
3	9/2	2p, 1f
4	11/2	3s, 2d, 1g

Abb. 17.5 zeigt das Spektrum des isotropen harmonischen Oszillators in Abhängigkeit vom Drehimpuls l. Man beachte, dass die Zustände mit einer geraden (ungeraden) Hauptquantenzahl n einen geraden (ungeraden) Drehimpuls l besitzen. Entsprechend der Eigenschaften der Kugelfunktionen unter Raumspiegelung

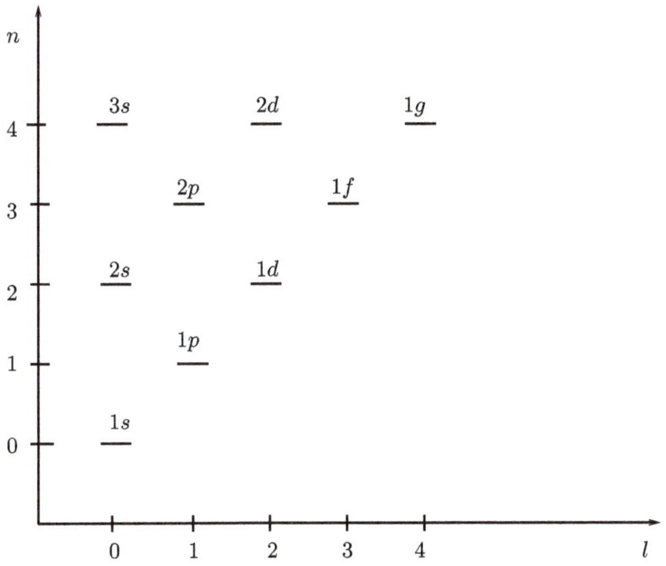

Abb. 17.5: Energieniveaus des isotropen harmonischen Oszillators (siehe auch Tabelle 17.1).

$$Y_{lm}(-\hat{\boldsymbol{x}}) = (-1)^l Y_{lm}(\hat{\boldsymbol{x}})$$

besitzen deshalb die Zustände mit gerader (ungerader) Hauptquantenzahl n positive (negative) Parität.

Jeder Drehimpulseigenzustand mit Quantenzahl l ist bekanntlich $(2l+1)$-fach entartet. Dies ist die gewöhnliche Entartung aufgrund der Rotationsinvarianz des Zentralpotentials. Beim harmonischen Oszillators gibt es darüber hinaus eine zufällige Entartung, die darin besteht, dass Zustände mit verschiedenem Drehimpuls dieselbe Energie besitzen, da die Energie nur von der Hauptquantenzahl n (17.77) abhängt. Der Gesamtentartungsgrad eines Energieniveaus mit Hauptquantenzahl n ergibt sich deshalb durch

$$g_n = \sum_l (2l + 1)\,,$$

wobei l über die erlaubten Drehimpulsquantenzahlen läuft. Für gerade n nimmt dieser die Werte

$$l = 0, 2, \ldots, n$$

und für ungerade n die Werte

$$l = 1, 3, \ldots, n$$

an. In beiden Fällen erhalten wir nach Ausführung der Summation[7] über $l = 2i$ für gerade n

$$\sum_{i=0}^{n/2}(4i+1) = 4\sum_{i=0}^{n/2} i + \sum_{i=0}^{n/2} 1 = 4\frac{1}{2}\frac{n}{2}\left(\frac{n}{2}+1\right) + \left(\frac{n}{2}+1\right)$$
$$= \frac{1}{2}(n+1)(n+2)\,,$$

bzw. über $l = 2i + 1$ für ungerade n

$$\sum_{i=0}^{(n-1)/2}(4i+3) = \frac{1}{2}(n+1)(n+2)\,,$$

den Entartungsgrad

$$\boxed{g_n = \frac{1}{2}(n+1)(n+2)\,.}$$

Dieser Entartungsgrad wurde bereits in Abschnitt 12.9 bei der Behandlung des isotropen harmonischen Oszillators in kartesischen Koordinaten gefunden.

17.6.3 Wellenfunktionen

Mit den über die Rekursionsbeziehung (17.76) bestimmten Koeffizienten c_k, die für ein festes ν für alle $k \geq 2\nu + 2$ verschwinden, bildet die in (17.73) definierte Potenzreihe eine sogenannte *konfluente hypergeometrische Reihe*, die mit

$$\sum_{q=0}^{n} c_{2q}\rho^{2q} = c_0 F(-\nu, l + 3/2, \rho^2)$$

bezeichnet wird. Die Quantenzahl ν gibt dabei den Grad des Polynoms F in der Variable ρ^2 an.

Damit erhalten wir für die Gesamtwellenfunktion des isotropen harmonischen Oszillators

$$\varphi_{\nu lm}(r, \vartheta, \varphi) = \frac{u_{\nu l}(r)}{r} Y_{lm}(\vartheta, \varphi)\,,$$

---

7 Wir benutzen hier die bekannte Formel

$$\sum_{i=0}^{k} i = \frac{1}{2}k(k+1)\,.$$

wobei die Radialfunktion $u_{\nu l}(r)$ (17.69), (17.71), (17.73) durch

$$u_{\nu l}(r) = \chi_{\nu l}(\rho) = \mathcal{N}_{\nu l}\rho^{l+1}e^{-\rho^2/2}F(-\nu, l + 3/2, \rho^2)$$

als Funktion des dimensionslosen Radius $\rho = r\sqrt{m\omega/\hbar}$ (17.67) gegeben ist. Hierbei bezeichnet $\mathcal{N}_{\nu l}$ einen Normierungsfaktor, der den bisher noch unbestimmten Koeffizienten c_0 festlegt.

Abschließend gehen wir noch explizit die normierten Eigenfunktionen für die untersten Oszillatorzustände an. Der Grundzustand $n = 0$ ist nicht entartet und besitzt die normierte Wellenfunktion

$$\boxed{\varphi_{\nu=0,l=0,m=0}(\boldsymbol{x}) = \left(\frac{1}{\pi r_0}\right)^{3/4} \exp\left[-\frac{1}{2}\left(\frac{r}{r_0}\right)^2\right].}$$

Dies ist dieselbe Wellenfunktion, die für den Grundzustand durch Separation der kartesischen Koordinaten in Abschnitt 12.9 gefunden wurde:

$$\varphi_{\nu=0,l=0,m=0}(\boldsymbol{x}) = \varphi_{n_1=0}(x_1) \cdot \varphi_{n_2=0}(x_2) \cdot \varphi_{n_3=0}(x_3) .$$

Der erste angeregte Zustand trägt die Quantenzahlen $\nu = 0$, $l = 1$ und besitzt nur die übliche Entartung in der Projektion des Drehimpulses $m = 0, \pm 1$ aufgrund der Rotationssymmetrie des isotropen Oszillators. Seine normierten Wellenfunktionen lauten:

$$\varphi_{\nu=0,l=1,m}(\boldsymbol{x}) = \sqrt{\frac{8}{3}} \frac{1}{\pi^{1/4} r_0^{3/2}} \frac{r}{r_0} \exp\left[-\frac{1}{2}\left(\frac{r}{r_0}\right)^2\right] Y_{lm}(\vartheta, \varphi) , \qquad m = 0, \pm 1 .$$

Unter Berücksichtigung der expliziten Form der Kugelfunktionen

$$\begin{aligned} rY_{10}(\vartheta, \varphi) &= \sqrt{\frac{3}{4\pi}} x_3 , \\ \frac{r}{\sqrt{2}}(Y_{1,-1}(\vartheta, \varphi) - Y_{1,1}(\vartheta, \varphi)) &= \sqrt{\frac{3}{4\pi}} x_1 , \\ \frac{r}{\sqrt{2}}(Y_{1,-1}(\vartheta, \varphi) + Y_{1,1}(\vartheta, \varphi)) &= -i\sqrt{\frac{3}{4\pi}} x_2 \end{aligned}$$

und des ersten Hermit-Polynoms

$$H_1(x) = 2x$$

findet man den folgenden Zusammenhang zwischen den Eigenfunktionen in der sphärischen und kartesischen Basis (12.69):

$$\varphi_{\nu=0,l=1,m=0}(\boldsymbol{x}) = \varphi_{n_1=0}(x_1) \cdot \varphi_{n_2=0}(x_2) \cdot \varphi_{n_3=1}(x_3) ,$$

$$\frac{1}{\sqrt{2}}[\varphi_{\nu=0,l=1,m=-1}(\boldsymbol{x}) - \varphi_{\nu=0,l=1,m=1}(\boldsymbol{x})] = \varphi_{n_1=1}(x_1)\cdot\varphi_{n_2=0}(x_2)\cdot\varphi_{n_3=0}(x_3)\,,$$

$$\frac{i}{\sqrt{2}}[\varphi_{\nu=0,l=1,m=-1}(\boldsymbol{x}) + \varphi_{\nu=0,l=1,m=1}(\boldsymbol{x})] = \varphi_{n_1=0}(x_1)\cdot\varphi_{n_2=1}(x_2)\cdot\varphi_{n_3=0}(x_3)\,.$$

Auf ähnliche Weise lassen sich die Zusammenhänge zwischen den Wellenfunktionen in der sphärischen und kartesischen Basis für die höheren Hauptquantenzahlen angeben. Abschließend geben wir die exakte Wellenfunktion für die Hauptquantenzahl $n = 2$ an, zu der die Zustände mit den Quantenzahlen

$$\nu = 1\,, \quad l = 0\,,$$
$$\nu = 0\,, \quad l = 2$$

beitragen. Hier tritt zum ersten Mal die zufällige Entartung bezüglich der Drehimpulsquantenzahl auf. Die zugehörigen Wellenfunktionen lauten:

$$\varphi_{\nu=1,l=0,m=0}(\boldsymbol{x}) = \sqrt{\frac{3}{2}}\frac{1}{\pi^{3/4}r_0^{3/2}}\left(1-\frac{2}{3}\left(\frac{r}{r_0}\right)^2\right)\exp\left[-\frac{1}{2}\left(\frac{r}{r_0}\right)^2\right],$$

$$\varphi_{\nu=0,l=2,m}(\boldsymbol{x}) = \sqrt{\frac{16}{15}}\frac{1}{\pi^{3/4}r_0^{3/2}}\left(\frac{r}{r_0}\right)^2\exp\left[-\frac{1}{2}\left(\frac{r}{r_0}\right)^2\right]Y_{2m}(\vartheta,\varphi)\,, \qquad m = 0, \pm1, \pm2\,.$$

18 Das Wasserstoff-Atom

Einer der Haupterfolge der Quantenmechanik war die Erklärung der Atomspektren. Im Folgenden wollen wir das einfachste Atom, das Wasserstoff-Atom, behandeln. Bekanntlich besteht das Wasserstoff-Atom aus einem Proton, dem einfachsten Atomkern, und einem Elektron, die über das *Coulomb-Potential*

$$V(|\boldsymbol{x}_1 - \boldsymbol{x}_2|) = \frac{q_1 q_2}{4\pi|\boldsymbol{x}_1 - \boldsymbol{x}_2|} \tag{18.1}$$

miteinander wechselwirken. Hierbei bezeichnen q_1, q_2 und $\boldsymbol{x}_1$, $\boldsymbol{x}_2$ die Ladungen und Koordinaten von Elektron bzw. Proton. Da das Proton ungefähr 2000-mal schwerer als das Elektron ist,

$$m_e c^2 \simeq 0{,}5\,\text{MeV}\,, \quad m_p c^2 \simeq 10^3\,\text{MeV}\,,$$

können wir das Proton in guter Näherung als ruhend annehmen. Klassisch bewegt sich das Elektron dann im Coulomb-Feld des Protons wie die Planeten im Gravitationsfeld der Sonne. Die Elektronenbahnen sind dann Kepler-Ellipsen, in deren Brennpunkt das Proton liegt. Auf den Kepler-Bahnen erfährt das Elektron eine Beschleunigung (hauptsächlich Radialbeschleunigung). Nach den Gesetzen der klassischen Elektrodynamik müsste daher das Elektron elektromagnetische Wellen abstrahlen. Durch diese Wellenabstrahlung verlöre es kinetische Energie, es würde also abgebremst und müsste schließlich ins Kraftzentrum, d. h. auf das Proton, fallen. Experimentell beobachtet man jedoch eine endliche Ausdehnung der Atome, die etwa 10000-mal größer als die Ausdehnung der Atomkerne ist. Die Elektronen müssen sich deshalb in stationären Zuständen strahlungsfrei um den Atomkern bewegen (Abb. 18.1), wie dies im Rahmen der Quantenmechanik möglich ist. Die Erklärung des Atombaues, sowie der damit zusammenhängenden chemischen Bindung war einer der großen Erfolge der Quantenmechanik.

Das Wasserstoff-Atom stellt ein typisches quantenmechanisches Zweiteilchenproblem dar, das wir im Folgenden von einem etwas allgemeineren Standpunkt aus betrachten wollen.

18.1 Das Zweikörperproblem: Separation in Schwerpunkts- und Relativbewegung

In vielen praktischen Anwendungen der stationären Schrödinger-Gleichung haben wir es nicht mit der Bewegung eines punktförmigen Teilchens in einem äußeren raumfesten Potential zu tun, sondern mit der Wechselwirkung von verschiedenen Teilchen. Im einfachsten Fall besteht das physikalische System aus zwei wechselwirkenden Teilchen.

https://doi.org/10.1515/9783111268255-018

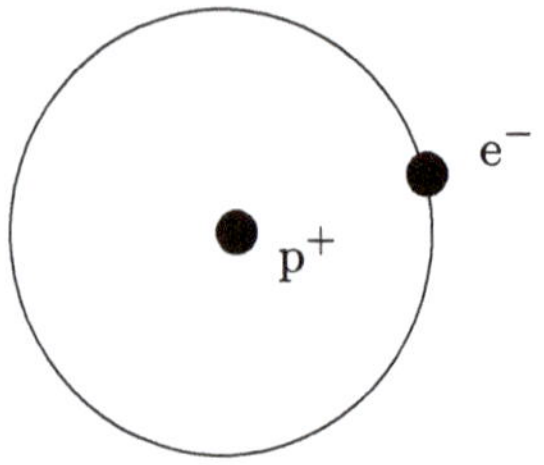

Abb. 18.1: Das Wasserstoff-Atom.

Beispiele hierfür sind das Wasserstoff-Atom oder das Deuteron, ein Atomkern bestehend aus einem Proton und einem Neutron.

Die Wechselwirkung zwischen den Teilchen lässt sich i. A. durch ein Wechselwirkungspotential $V(\boldsymbol{x}_1, \boldsymbol{x}_2)$ beschreiben. Wegen der Homogenität des Raumes kann dieses Potential nur von dem Abstand der beiden wechselwirkenden Teilchen abhängen:

$$V(\boldsymbol{x}_1, \boldsymbol{x}_2) = V(\boldsymbol{x}_1 - \boldsymbol{x}_2)\,.$$

Ein solches Potential ist translationsinvariant. Wir wollen im Folgenden das Zweiteilchensystem in allgemeiner Form betrachten. Wir nehmen an, dass zwei Teilchen mit Masse m_1 und m_2 und Koordinaten $\boldsymbol{x}_1$ und $\boldsymbol{x}_2$ über ein translationsinvariantes Potential wechselwirken. Der Hamiltonian des Systems ist dann durch

$$H_{12}(\boldsymbol{x}_1, \boldsymbol{x}_2) = \frac{\boldsymbol{p}_1^2}{2m_1} + \frac{\boldsymbol{p}_2^2}{2m_2} + V(\boldsymbol{x}_1 - \boldsymbol{x}_2)\,, \quad \boldsymbol{p}_1 = \frac{\hbar}{i}\nabla_{\boldsymbol{x}_1}\,, \quad \boldsymbol{p}_2 = \frac{\hbar}{i}\nabla_{\boldsymbol{x}_2}$$

gegeben. Da das Potential nur von der Koordinatendifferenz der beiden Teilchen abhängt, empfiehlt es sich, wie in der klassischen Mechanik *Schwerpunkts-* und *Relativkoordinaten* $\boldsymbol{X}$ und $\boldsymbol{x}$ einzuführen (Abb. 18.2):

$$\boxed{\boldsymbol{X} = \frac{m_1\boldsymbol{x}_1 + m_2\boldsymbol{x}_2}{m_1 + m_2}\,, \qquad \boldsymbol{x} = \boldsymbol{x}_1 - \boldsymbol{x}_2\,.} \tag{18.2}$$

Analog zur klassischen Mechanik führen wir auch Gesamtimpuls (Schwerpunktsimpuls) $\boldsymbol{P}$ und Impuls der Relativbewegung $\boldsymbol{p}$ ein:

$$\boxed{\boldsymbol{P} = \boldsymbol{p}_1 + \boldsymbol{p}_2\,, \quad \boldsymbol{p} = \frac{m_2\boldsymbol{p}_1 - m_1\boldsymbol{p}_2}{m_1 + m_2}\,.}$$

Elementare Differentialrechnung zeigt, dass die Impulsoperatoren von Schwerpunkts- und Relativbewegung durch die Ableitungen nach der Schwerpunktskoordinate bzw. der Relativkoordinate gegeben sind:

$$\boldsymbol{P} = \frac{\hbar}{i}\nabla_{\boldsymbol{X}}\,, \quad \boldsymbol{p} = \frac{\hbar}{i}\nabla_{\boldsymbol{x}}\,.$$

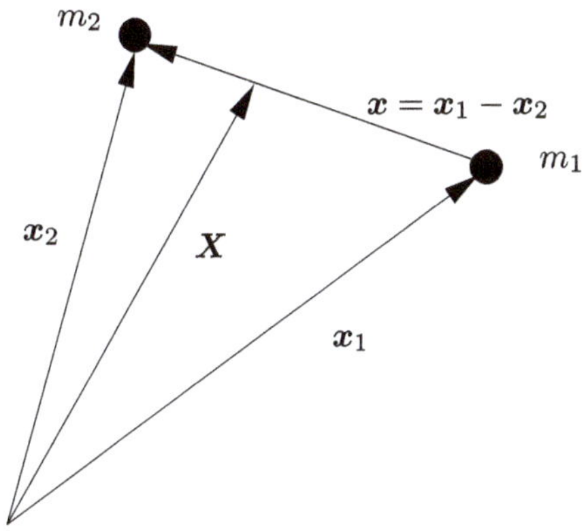

Abb. 18.2: Definition von Relativ- und Schwerpunktskoordinaten für das Zweiteilchensystem.

Da die einzelnen Komponenten des Impulsoperators miteinander kommutieren, liefert die Transformation der kinetischen Energie in Schwerpunkts- und Relativimpulse dasselbe Ergebnis wie in der klassischen Mechanik:

$$\boxed{\frac{\boldsymbol{p}_1^2}{2m_1} + \frac{\boldsymbol{p}_2^2}{2m_2} = \frac{\boldsymbol{P}^2}{2M} + \frac{\boldsymbol{p}^2}{2m}\,,}$$

wobei M und m die *Gesamtmasse* und die *reduzierte Masse* sind:

$$\boxed{M = m_1 + m_2\,, \qquad \frac{1}{m} = \frac{1}{m_1} + \frac{1}{m_2}\,, \qquad m = \frac{m_1 m_2}{m_1 + m_2}\,.}$$

Der Hamilton-Operator des wechselwirkenden Zweiteilchensystems nimmt dann die Gestalt

$$H_{12}(\boldsymbol{x}_1, \boldsymbol{x}_2) \equiv \bar{H}_{12}(\boldsymbol{X}, \boldsymbol{x}) = \frac{\boldsymbol{P}^2}{2M} + \frac{\boldsymbol{p}^2}{2m} + V(\boldsymbol{x}) =: \frac{\boldsymbol{P}^2}{2M} + H(\boldsymbol{x})$$

an. Damit haben wir eine Entkopplung der Bewegung des Schwerpunktes von der Relativbewegung erreicht und die Schrödinger-Gleichung

$$\bar{H}_{12}(\boldsymbol{X}, \boldsymbol{x})\bar{\varphi}(\boldsymbol{X}, \boldsymbol{x}) = E_{12}\bar{\varphi}(\boldsymbol{X}, \boldsymbol{x}) \tag{18.3}$$

lässt sich durch den Separationsansatz lösen. Da das Potential nicht von $\boldsymbol{X}$ abhängt, führt der Schwerpunkt eine freie Bewegung aus, die bekanntlich durch eine ebene Welle beschrieben wird. Die Wellenfunktion hat deshalb die Gestalt

$$\bar{\varphi}(\boldsymbol{X}, \boldsymbol{x}) = e^{i\boldsymbol{K}\cdot\boldsymbol{X}}\varphi(\boldsymbol{x}).$$

Mit diesem Separationsansatz reduziert sich die Schrödinger-Gleichung des wechselwirkenden Zweiteilchensystems (18.3) auf die (Einteilchen-)Schrödinger-Gleichung für die reduzierte Bewegung:

$$H(\boldsymbol{x})\varphi(\boldsymbol{x}) \equiv \left(\frac{\boldsymbol{p}^2}{2m} + V(\boldsymbol{x})\right)\varphi(\boldsymbol{x}) = E\varphi(\boldsymbol{x})\,. \tag{18.4}$$

Hierin ist

$$E = E_{12} - \frac{\hbar^2\boldsymbol{K}^2}{2M}$$

die Energie der Relativbewegung. Damit haben wir das Zweikörperproblem auf ein Einteilchenproblem für die reduzierte Bewegung zurückgeführt. Dies ist offenbar immer möglich, wenn das Wechselwirkungspotential nur vom Abstand der beiden wechselwirkenden Teilchen abhängt.

Nach Auffinden der Eigenwerte E des reduzierten Hamilton-Operators $H(x)$ (18.4) erhalten wir die Gesamtenergie des Systems:

$$E_{12} = E + \frac{\hbar^2\boldsymbol{K}^2}{2M}\,.$$

In vielen praktischen Anwendungen ist eines der beiden Teilchen sehr viel schwerer als das andere, wie z. B. beim Wasserstoff-Atom. Ist z. B. m_1 sehr klein gegenüber m_2, so liegt der Schwerpunkt sehr dicht bei $\boldsymbol{x}_2$ und das zweite Teilchen stellt in guter Näherung den Massenschwerpunkt dar, während die Relativbewegung durch die Bewegung des leichten Teilchens gegeben ist. Wir haben dann:

$$M \simeq m_2\,, \quad m \simeq m_1\,,$$

bzw.

$$\boldsymbol{X} \simeq \boldsymbol{x}_2\,, \quad \boldsymbol{x} \simeq \boldsymbol{x}_1\,.$$

Diese Näherung vernachlässigt den Einfluss der Bewegung des leichten Teilchens auf die Bewegung des schweren Teilchens, d. h. den Rückstoß, den das schwere Teilchen durch das leichte erfährt. Das schwere Teilchen wird als *ruhend* betrachtet, was nur für ein unendlich schweres Teilchen korrekt ist, wie in Abschnitt 12.10 gezeigt wurde. Wie wir dort gesehen hatten, werden im Limes $m_2 \to \infty$ die Freiheitsgrade des schweren Teilchens eingefroren (die Wellenfunktion wird Eigenzustand des Ortes). Die Relativbewegung reduziert sich dann auf die Bewegung des leichten Teilchens im Potential, dessen Kraftzentrum am Ort des schweren Teilchens liegt.

18.2 Qualitative Beschreibung

Wie in Abschnitt 18.1 beschrieben, können wir das Wasserstoff-Problem durch Einführung von Schwerpunkts- und Relativkoordinaten (18.2) auf ein (Einteilchen-)Potentialproblem reduzieren. Da die Masse des Protons etwa 2000-mal größer als die Masse des Elektrons ist, wird der Schwerpunkt des Atoms sehr nahe am Proton liegen und die reduzierte Masse fällt praktisch mit der Elektronenmasse zusammen.

Elektron und Proton wechselwirken über das Coulomb-Potential (18.1). Setzen wir für q_1 und q_2 die Elektron- und Protonladungen ein, $q_p = e$, $q_e = -e$, wobei $e = 1{,}602 \cdot 10^{-19} C$ die *Elementarladung* ist, so lautet der Hamilton-Operator für die Relativbewegung:

$$H = \frac{\boldsymbol{p}^2}{2m} - \frac{e^2}{4\pi|\boldsymbol{x}|}, \qquad \frac{1}{m} = \frac{1}{m_e} + \frac{1}{m_p}.$$

Eine grobe Abschätzung der Ausdehnung des Atoms bzw. der Bindungsenergie des Elektrons lässt sich bereits ohne explizites Lösen der Schrödinger-Gleichung allein aufgrund der Unschärferelation angeben. Da die Bewegung des Elektrons innerhalb des Atoms erfolgt, muss die Unschärfe im Ort von der Größenordnung des Atomradius r_0 sein:

$$\Delta x \simeq r_0 .$$

Aus der Unschärferelation (11.12) folgt dann für die Impulsunschärfe:

$$\Delta p \simeq \frac{\hbar}{\Delta x} = \frac{\hbar}{r_0} .$$

Legen wir den Atomkern in den Koordinatenursprung, so müssen aufgrund der Symmetrie die Erwartungswerte von Ort und Impuls verschwinden:

$$\langle \boldsymbol{x} \rangle = \boldsymbol{0}, \quad \langle \boldsymbol{p} \rangle = \boldsymbol{0} .$$

Die Schwankungsquadrate von Ort und Impuls sind damit identisch mit den Erwartungswerten von $\boldsymbol{x}^2$ und $\boldsymbol{p}^2$:

$$(\Delta x)^2 = \langle \boldsymbol{x}^2 \rangle, \quad (\Delta p)^2 = \langle \boldsymbol{p}^2 \rangle .$$

Den Erwartungswert der Energie können wir dann grob abschätzen durch:

$$\begin{aligned} \langle H \rangle &\simeq \frac{\langle \boldsymbol{p}^2 \rangle}{2m} - \frac{e^2}{4\pi\sqrt{\langle \boldsymbol{x}^2 \rangle}} \\ &= \frac{\hbar^2}{2mr_0^2} - \frac{e^2}{4\pi r_0} = E(r_0) . \end{aligned} \tag{18.5}$$

Im Grundzustand muss diese Energie minimal werden. Differentiation der Energie $E(r_0)$ nach dem Radius r_0 liefert die Extremalbedingung

$$\frac{\hbar^2}{mr_0^3} = \frac{e^2}{4\pi r_0^2} \,. \tag{18.6}$$

Die Lösung dieser Gleichung $r_0 = a$ definiert den *Bohr'schen Atomradius*

$$\boxed{a = \frac{4\pi\hbar^2}{me^2} \simeq 0{,}5 \cdot 10^{-10}\,\text{m} = 0{,}5\,\text{Å}\,,} \tag{18.7}$$

der die charakteristische Längeneinheit im atomaren Bereich darstellt. Die Energie bei diesem Radius liefert eine grobe Abschätzung für die Bindungsenergie des Elektrons im Wasserstoff-Atom. Für die Energie (18.5) am stationären Punkt $r_0 = a$ erhalten wir mit (18.6):

$$E(a) = -\frac{\hbar^2}{2ma^2} = -\frac{1}{2}\frac{e^2}{4\pi a} \,.$$

Setzen wir hier für den Bohr'schen Atomradius den Ausdruck (18.7) ein, so finden wir

$$E(a) = -\frac{1}{2}mc^2\left(\frac{e^2}{4\pi\hbar c}\right)^2 =: -R \,. \tag{18.8}$$

Die Größe R ist die *Rydberg-Konstante*:

$$R = \frac{1}{2}mc^2\alpha^2 \simeq 13{,}6\,\text{eV} \,. \tag{18.9}$$

Hierin bezeichnet mc^2 die Ruheenergie des Elektrons und

$$\boxed{\alpha = \frac{e^2}{4\pi\hbar c} \simeq \frac{1}{137}}$$

ist die *Sommerfeld'sche Feinstrukturkonstante*. Der hier gewonnene Ausdruck (18.8) für die Energie des Elektrons stimmt mit der exakten Energie des Elektrons im Grundzustand überein, wie wir später sehen werden.

Die quantenmechanische Behandlung der Bewegung eines geladenen Teilchens im Coulomb-Potential ist jedoch nicht nur für das Wasserstoff-Atom relevant. Es gibt darüber hinaus eine ganze Reihe von Wasserstoff-ähnlichen Problemen. Hierzu gehören Atome, die bis auf ein einziges Elektron ionisiert sind, z. B. He^+, Li^{++}, Be^{+++} usw. Der einzige Unterschied zum Wasserstoff-Atom besteht darin, dass die Ladung des Protons e durch die Ladung des entsprechenden Atomkerns Ze ersetzt ist, wobei Z die Protonenzahl bezeichnet. Auch die Atome der Alkalimetalle lassen sich in erster Näherung auf ein dem Wasserstoff-Atom ähnliches Problem reduzieren. Diese Atome besitzen nur ein einziges Elektron in der äußersten Elektronenschale. Dieses sogenannte *Valenzorbital*[1] hat einen sehr viel größeren effektiven Radius als die inneren abgeschlossenen Elektronenschalen. Wir können deshalb in erster Ordnung die Ausdehnung des Atomrumpfes, der durch den Atomkern und die abgesättigten Elektronenschalen gegeben ist (und damit einfach positiv geladen ist), vernachlässigen und diesen als eine Punktladung, d. h. wie ein sehr schweres Proton, betrachten. Die Berechnung der Alkali-Atome reduziert sich dann auf das Wasserstoff-Problem. In der Tat werden die chemischen Eigenschaften der Alkalimetalle nahezu ausschließlich von dem Valenzelektron bestimmt. Bei der Erklärung der chemischen Eigenschaften können wir deshalb von den Elektronen auf den abgeschlossenen Schalen abstrahieren.

18.3 Lösung der Schrödinger-Gleichung

Nach den qualitativen Vorbetrachtungen zum Wasserstoff-Atom wollen wir jetzt die relevante Schrödinger-Gleichung für ein geladenes Teilchen im Coulomb-Potential explizit lösen. Für eine Punktmasse m mit Ladung $q_1 = -e$, die sich im Coulomb-Potential (18.1) befindet, welches durch eine zweite, am Koordinatenursprung ruhende Punktladung $q_2 = Ze$ erzeugt wird, lautet die Schrödinger-Gleichung:

$$\boxed{\left(\frac{\boldsymbol{p}^2}{2m} - \frac{Ze^2}{4\pi|\boldsymbol{x}|}\right)\varphi(x) = E\varphi(x)\,.} \tag{18.10}$$

Da das Coulomb-Potential nur vom Radius abhängt, können wir die Ergebnisse der in Abschnitt 17.2 durchgeführten allgemeinen Betrachtungen der Schrödinger-Gleichung im Zentralpotential übernehmen. Die Wellenfunktionen sind damit Eigenfunktionen zum Drehimpulsoperator und besitzen die Produktform (17.12). Die Radialgleichung (17.13) lautet für das Coulomb-Potential:

$$\left[-\frac{\hbar^2}{2m}\frac{d^2}{dr^2} + \frac{\hbar^2 l(l+1)}{2mr^2} - \frac{Ze^2}{4\pi r}\right]u_l(r) = E_l u_l(r)\,. \tag{18.11}$$

Zur Lösung dieser Gleichung ist es zweckmäßig, sie durch die Energie zu dividieren und Letztere dabei durch die (für positive Energien imaginäre) Wellenzahl κ

$$-E_l = \frac{\hbar^2\kappa^2}{2m} \tag{18.12}$$

auszudrücken. (Für gebundene Zustände ist die Energie negativ und κ folglich reell.) Dies liefert

1 Unter *Orbital* versteht man prinzipiell den quantenmechanischen Zustand des Elektrons im Atom, hat dabei aber immer die räumliche Ausdehnung der dazugehörigen Wahrscheinlichkeitsdichte im Bewusstsein.

$$\left[-\frac{1}{\kappa^2}\frac{d^2}{dr^2}+\frac{l(l+1)}{\kappa^2 r^2}-\frac{1}{\kappa^2}\frac{Ze^2}{4\pi r}\frac{2m}{\hbar^2}+1\right]u_l(r)=0\,.$$

Diese Form suggeriert, die dimensionslose Variable

$$\rho=\kappa r$$

einzuführen, in der die Radialgleichung die Gestalt

$$\left[\frac{d^2}{d\rho^2}-\frac{l(l+1)}{\rho^2}+\frac{\beta}{\rho}-1\right]\chi_l(\rho)=0 \qquad (18.13)$$

annimmt, wobei wir

$$u_l(r)=:\chi_l(\kappa r)\equiv\chi_l(\rho)$$

gesetzt haben und die Abkürzung

$$\beta=\frac{1}{\kappa}\frac{2m}{\hbar^2}\frac{Ze^2}{4\pi} \qquad (18.14)$$

eingeführt haben. Mit der Definition des Bohr'schen Atomradius (18.7) finden wir

$$\beta=2Z\frac{1}{\kappa a}\,. \qquad (18.15)$$

Diese Größe ist offenbar dimensionslos, hängt aber über κ von der Energie E_l (18.12) ab.

In Abschnitt 17.3 haben wir bereits allgemein für Zentralpotentiale, die für $r\to 0$ nicht stärker als $\sim 1/r^2$ divergieren und für $r\to\infty$ gegen eine Konstante streben, die asymptotische Form der Radialfunktion für $r\to 0$, Gl. (17.19), und $r\to\infty$, Gl. (17.20), gefunden:

$$\chi_l(\rho)\sim\rho^{l+1}\,,\quad \rho\to 0\,,$$
$$\chi_l(\rho)\sim e^{-\rho}\,,\quad \rho\to\infty\,.$$

Unter Berücksichtigung dieses asymptotischen Verhaltens suchen wir die allgemeine Lösung in der Form

$$\chi_l(\rho)=\rho^{l+1}e^{-\rho}L(\rho)\,, \qquad (18.16)$$

wobei $L(\rho)$ eine noch zu bestimmende Funktion ist, die jedoch einfacher als $\chi_l(\rho)$ sein sollte. Setzen wir diesen Ansatz in die Differentialgleichung (18.13) ein, so nimmt diese folgende Gestalt an:[2]

$$\left[\rho\frac{d^2}{d\rho^2} + 2(l+1-\rho)\frac{d}{d\rho} + \beta - 2(l+1)\right]L(\rho) = 0\,.$$

Die verbleibende Differentialgleichung lässt sich durch einen Potenzreihenansatz

$$L(\rho) = \sum_{k=0}^{\infty} c_k \rho^k \tag{18.18}$$

lösen, womit diese sich auf die Gleichung

$$\sum_{k=2}^{\infty} k(k-1)c_k\rho^{k-1} + 2(l+1-\rho)\sum_{k=1}^{\infty} kc_k\rho^{k-1} + [\beta - 2(l+1)]\sum_{k=0}^{\infty} c_k\rho^k = 0$$

reduziert. Zweckmäßigerweise verschieben wir die Summationsindizes so, dass die unabhängige Variable ρ in allen Termen in derselben Potenz auftritt. Dies liefert:

$$\sum_{k=1}^{\infty} k(k+1)c_{k+1}\rho^k + 2(l+1)\sum_{k=0}^{\infty}(k+1)c_{k+1}\rho^k - 2\sum_{k=1}^{\infty} kc_k\rho^k + [\beta - 2(l+1)]\sum_{k=0}^{\infty} c_k\rho^k = 0\,. \tag{18.19}$$

Da die einzelnen Potenzen von ρ linear unabhängig sind, müssen die Koeffizienten jeder einzelnen Potenz getrennt verschwinden. Für $k \geq 1$ liefert der Koeffizientenvergleich:

---

2 Hierbei ist es zweckmäßig, die Ableitung von (18.16) in der Form

$$\chi_l'(\rho) = \left(\frac{l+1}{\rho} - 1 + \frac{L'(\rho)}{L(\rho)}\right)\chi_l(\rho) \tag{18.17}$$

zu schreiben. Differentiation von (18.17) liefert

$$\chi_l''(\rho) = \left(-\frac{l+1}{\rho^2} + \frac{L''(\rho)}{L(\rho)} - \left(\frac{L'(\rho)}{L(\rho)}\right)^2\right)\chi_l(\rho) + \left(\frac{l+1}{\rho} - 1 + \frac{L'(\rho)}{L(\rho)}\right)\chi_l'(\rho)\,.$$

Benutzen wir hier für $\chi_l'(\rho)$ den Ausdruck (18.17), so erhalten wir

$$\chi_l''(\rho) = \left[-\frac{l+1}{\rho^2} + \frac{L''(\rho)}{L(\rho)} - \left(\frac{L'(\rho)}{L(\rho)}\right)^2 + \left(\frac{l+1}{\rho} - 1 + \frac{L'(\rho)}{L(\rho)}\right)^2\right]\chi_l(\rho)\,.$$

Elementare Algebra liefert schließlich

$$\chi_l''(\rho) = \left[\frac{l(l+1)}{\rho^2} + 1 + \frac{L''(\rho)}{L(\rho)} + 2\frac{l+1-\rho}{\rho}\frac{L'(\rho)}{L(\rho)} - 2\frac{l+1}{\rho}\right]\chi_l(\rho)\,.$$

Beim Einsetzen dieses Ausdruckes in (18.13) heben sich die ersten beiden Terme in der eckigen Klammer weg. Diese beiden Terme dominieren aber in der Differentialgleichung (18.13) für $\rho \to 0$ bzw. $\rho \to \infty$. Das Herausfallen dieser Terme ist eine Folge des Ansatzes (18.16).

$$k(k+1)c_{k+1} + 2(l+2)(k+1)c_{k+1} - 2kc_k + [\beta - 2(l+1)]c_k = 0\,,$$

was auf die die Rekursionsbeziehung

$$\frac{c_{k+1}}{c_k} = \frac{2(k+l+1)-\beta}{(k+1)(k+2l+2)} \tag{18.20}$$

führt. Man überzeugt sich leicht, dass diese Beziehung auch für $k = 0$ gilt. (Für $k = 0$ verschwinden die Summanden der ersten und dritten Summe in (18.19), sodass wir die Summation auch von $k = 0$ beginnen können.) Damit gilt diese Beziehung für alle k.

Für $k \to \infty$ reduziert sich die Rekursionsbeziehung (18.20) auf:

$$\frac{c_{k+1}}{c_k} \sim \frac{2}{k+1}\,, \qquad k \to \infty\,.$$

Damit haben die Entwicklungskoeffizienten c_k für große k die asymptotische Form

$$c_k \sim \frac{2^k}{k!}\,, \qquad k \to \infty\,.$$

Für $\rho \to \infty$ sind nur die Entwicklungskoeffizienten c_k mit $k \to \infty$ relevant, siehe Gl. (18.18). Die Funktion $L(\rho)$ (18.18) hat deshalb für große ρ die asymptotische Form

$$L(\rho) = \sum_{k=0}^{\infty} c_k \rho^k \sim \sum_{k=0}^{\infty} \frac{2^k}{k!}\rho^k = e^{2\rho}\,, \qquad \rho \to \infty\,.$$

Dies impliziert, dass die Radialfunktion $\chi_l(\rho)$ (18.16) für große ρ exponentiell anwächst:

$$\chi(\rho) = \rho^{l+1} e^{-\rho} L(\rho) \sim \rho^{l+1} e^{\rho} \to \infty\,, \qquad \rho \to \infty\,.$$

Dies würde jedoch zu keiner normierbaren Wellenfunktion und damit zu keinem gebundenen Zustand führen. Um eine normierbare Wellenfunktion zu erhalten, muss deshalb die Potenzreihenentwicklung (18.18) bei einem bestimmten maximalen $k = k_{\text{max}}$ abbrechen, d. h. es muss $c_{k_{\text{max}}+1} = 0$ gelten. Aus der Rekursionsbeziehung (18.20) folgt, dass dies genau dann der Fall ist, wenn

$$\beta \overset{!}{=} 2(k_{\text{max}} + l + 1) =: 2n \tag{18.21}$$

gilt. Dazu muss die energieabhängige Größe β (18.15) gleich dem Doppelten einer natürlichen Zahl n sein, die als *Hauptquantenzahl* bezeichnet wird. Diese muss wegen $k_{\text{max}} \geq 0$ offenbar die Bedingung

$$\boxed{n \geq l+1} \tag{18.22}$$

erfüllen.

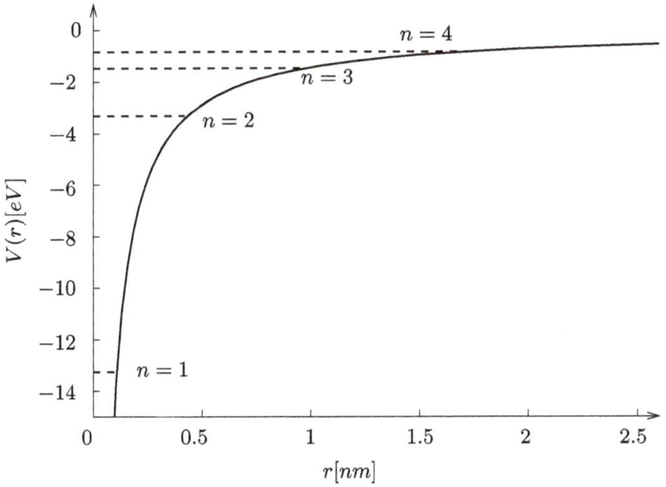

Abb. 18.3: Die untersten Bindungszustände im Coulomb-Potential des Wasserstoff-Kerns.

18.4 Spektrum des Wasserstoff-Atoms

Die Abbruchbedingung (18.21) stellt eine *Quantisierungsbedingung* an die energieabhängige Größe β (18.15) und damit an die Energie dar,

$$\beta(E = E_n) = 2n\,,$$

die nur für diskrete Energien E_n erfüllt wird. Setzen wir für β den expliziten Ausdruck (18.14), (18.12) ein, so finden wir, dass die diskreten Energien, die zu normierbaren Wellenfunktionen gehören, durch

$$\boxed{E_n = -\frac{m}{2}\left(\frac{Ze^2}{4\pi\hbar}\right)^2\frac{1}{n^2} = -\frac{1}{2}mc^2\alpha^2\frac{Z^2}{n^2} = -R\frac{Z^2}{n^2}} \tag{18.23}$$

gegeben sind, siehe Abb. 18.3. Hierbei haben wir wieder die Definition der Rydberg-Konstanten (18.9) benutzt. Bemerkenswert ist, dass die Energie nicht von der Drehimpulsquantenzahl l, sondern nur von der Hauptquantenzahl n abhängt. Dies ist eine Besonderheit des Coulomb-Potentials und wird als *zufällige Entartung* bezeichnet, deren Ursache in Abschnitt 18.6 geklärt wird. Im Allgemeinen hängen die Energieeigenwerte eines zentralsymmetrischen Potentials auch von der Drehimpulsquantenzahl l ab. Darüber hinaus besitzt jeder Zustand mit festem n und l noch die für rotationssymmetrische Potentiale allgemein gültige $(2l + 1)$-fache Entartung in der magnetischen Quantenzahl $m = -l, -l + 1, \dots, l$. Damit ist der Gesamtentartungsgrad eines Energieniveaus durch

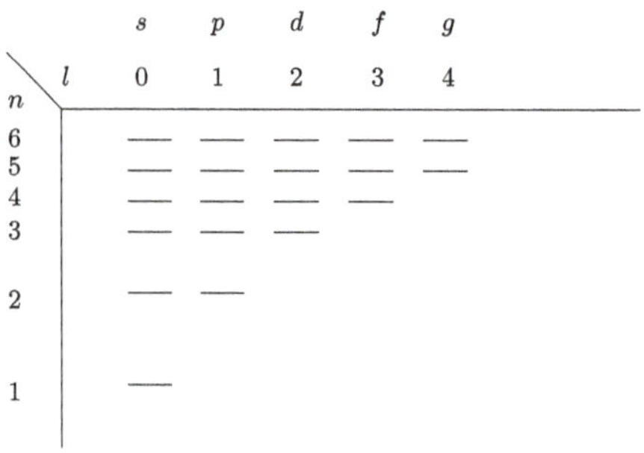

Abb. 18.4: Schematische Darstellung des Elektronenspektrums des Wasserstoff-Atoms. Die Zustände mit den Drehimpulsquantenzahlen $l = 0, 1, 2, 3, 4, \ldots$ wurden historisch mit den Buchstaben $s, p, d, f, g, \ldots$ bezeichnet.

$$\boxed{\sum_{l=0}^{n-1}(2l+1) = n^2}$$

gegeben. Schließt man noch den Spin $s = 1/2$ der Elektronen ein, der in $2s + 1 = 2$ verschiedenen Zuständen vorliegen kann, so beträgt die Gesamtentartung $2n^2$. Für das Wasserstoff-Atom $Z = 1$ ist das Spektrum der niedrigsten gebundenen Zustände schematisch in Abb. 18.4 dargestellt.

Für $n \to \infty$ nähert sich die Energie (18.23) der gebundenen Zustände der Ionisationsschwelle $E = 0$. Für $E > 0$ sind die Elektronen nicht mehr gebunden und die Eigenfunktionen sind durch (Kugel-)Wellen bzw. Wellenpakete gegeben.

Durch äußere elektromagnetische Felder können die Elektronen der Atome auf höhere Bahnen angeregt werden. Die angeregten Elektronen regen sich anschließend wieder durch Abgabe von elektromagnetischer Strahlung ab. Beim Übergang von einem Zustand E_{n_2} in einen Zustand mit der Energie $E_{n_1} < E_{n_2}$ beträgt die abgestrahlte Energie

$$\Delta E = E_{n_2} - E_{n_1} = Z^2 R\left(\frac{1}{n_1^2} - \frac{1}{n_2^2}\right).$$

Diese abgestrahlte Energie ist dann gleich der Energie $\hbar\omega$ des bei dem Übergang abgestrahlten Photons, siehe Abb. 18.5.

Die Übergänge der Elektronen in bestimmte gebundene Zustände werden zu Serien zusammengefasst. Die Übergänge in den Grundzustand $n_1 = 1$ werden als *Lyman-Serie*, die in den ersten angeregten Zustand $n_1 = 2$ als *Balmer-Serie* und die in den zweiten angeregten Zustand $n_1 = 3$ als *Paschen-Serie* bezeichnet, siehe Abb. 18.6.

Die Energie, die benötigt wird, um das Elektron aus dem Grundzustand ($n = 1$) zur Energie $E = 0$ anzuregen, wird als *Ionisationsarbeit* bezeichnet:

$$E_I = (E = 0 - E_{n=1}) = R \simeq 13{,}6\,\text{eV}\,.$$

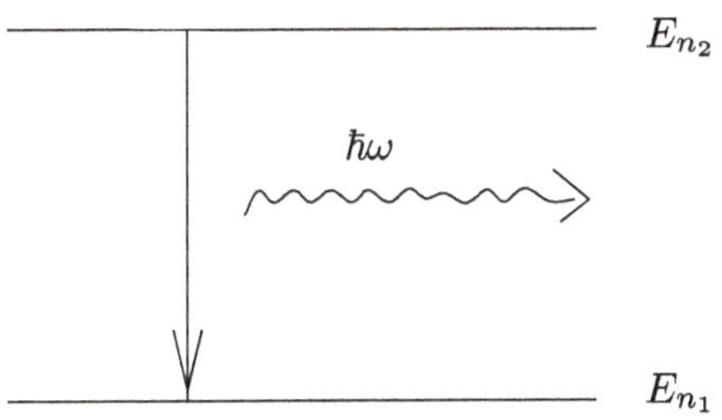

Abb. 18.5: Abregung des Atoms unter Emission eines Photons.

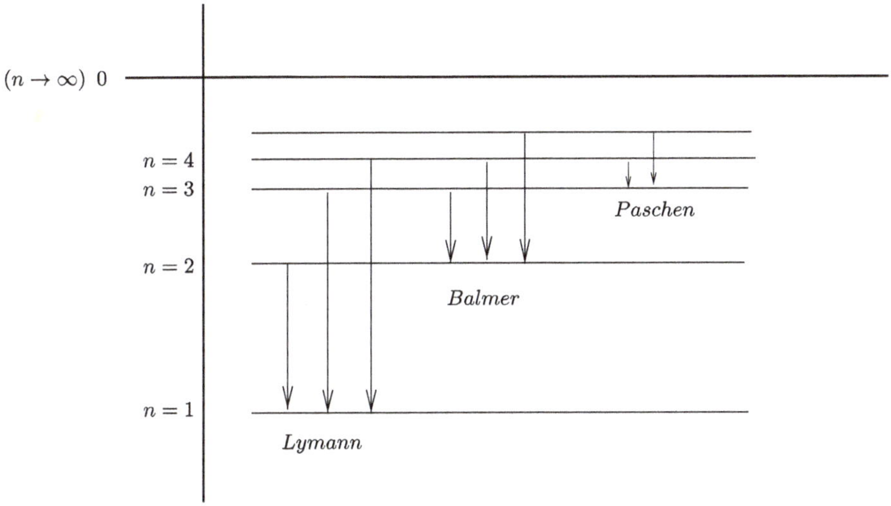

Abb. 18.6: Spektralserien des Wasserstoff-Spektrums.

Da bei der Anregung bzw. Abregung die Elektronen von einem Drehimpulseigenzustand in einen anderen Drehimpulseigenzustand springen, muss die dabei absorbierte bzw. emittierte Strahlung ebenfalls einen wohldefinierten Drehimpuls besitzen. Es zeigt sich, dass Übergänge mit $\Delta l = \pm 1$ bevorzugt sind, da die zugehörige Strahlung eine Dipolstrahlung ist, die, wie wir aus der Elektrodynamik wissen, bei der Multipolentwicklung als dominante Strahlung auftritt.

18.5 Die Wellenfunktionen

Wir haben oben die Radialfunktionen für die gebundenen Zustände in Form einer endlichen Potenzreihe gefunden. Der Entwicklungskoeffizient c_0 ist durch die Normierungsbedingung festgelegt. Alle weiteren Entwicklungskoeffizienten $c_{k>0}$ können dann aus der Rekursionsbeziehung (18.20) bestimmt werden. Die damit erhaltenen Radialfunktionen lassen sich durch die sogenannten zugeordneten *Laguerre-Funktionen* ausdrücken. Wir wollen das Ergebnis ohne Beweis angeben.

Die (einfachen) *Laguerre-Polynome* lassen sich mittels der *Rodrigues-Formel*

$$L_p(\xi) = e^{\xi} \frac{d^p}{d\xi^p} (e^{-\xi} \xi^p)$$

darstellen. $L_p(\xi)$ ist offensichtlich ein Polynom p-ten Grades. Die Laguerre-Polynome unterster Ordnung lauten:

$$\begin{aligned}
L_0(x) &= 1\,, \\
L_1(x) &= -x + 1\,, \\
L_2(x) &= x^2 - 4x + 2\,, \\
L_3(x) &= -x^3 + 9x^2 - 18x + 6\,, \\
L_4(x) &= x^4 - 16x^3 + 72x^2 - 96x + 24\,.
\end{aligned}$$

Offenbar gilt $L_k(x = 0) = k!$ und $L_k(x \to \infty) = (-1)^k x^k$.

Die *zugeordneten Laguerre-Polynome*, auch *Laguerre-Funktionen* genannt, sind durch die Gleichung[3]

$$L_p^q(\xi) = \frac{d^q}{d\xi^q} L_p(\xi)$$

definiert. Sie stellen Polynome vom Grad $p - q$ dar und repräsentieren eine spezielle *konfluente hypergeometrische Reihe*. Sie genügen der Orthogonalitätsbedingung:

$$\int_0^\infty dx\, x^{q+1} e^{-x} L_p^q(x) L_{p'}^{q'}(x) = \frac{(2p - q + 1)(p!)^3}{(p - q)!} \delta_{pp'} \delta_{qq'}\,. \tag{18.24}$$

Für die Radialfunktionen im Coulomb-Potential erhalten wir dann:

$$\boxed{R_{nl}(r) = \frac{u_{nl}(r)}{r} = \left[\frac{(n - l - 1)!(2\kappa)^3}{2n((n + l)!)^3} \right]^{1/2} (2\kappa r)^l e^{-\kappa r} L_{n+l}^{2l+1}(2\kappa r)\,.} \tag{18.25}$$

3 Wir benutzen hier die in der Quantenmechanik übliche Definition der (zugeordneten) Laguerre-Polynome, die sich leicht von der in der mathematischen Literatur verwendeten

$$L_n(x) = \frac{e^x}{n!} \frac{d^n}{dx^n} (e^{-x} x^n)\,, \quad L_n^k(x) = (-1)^k \frac{d^k}{dx^k} L_{n+k}(x)$$

unterscheidet.

Mit der oben angegebenen Orthogonalitätsbeziehung (18.24) zeigt man leicht, dass diese Radialfunktionen in der Tat die korrekte Normierung besitzen. Die Gesamtwellenfunktion der Elektronen im Coulomb-Potential ist dann durch

$$\varphi_{nlm}(\boldsymbol{x}) = R_{nl}(r) Y_{lm}(\hat{\boldsymbol{x}})$$

gegeben.

Im Folgenden wollen wir die Wellenfunktionen der Zustände mit maximalem Drehimpuls $l = n - 1$ bei gegebener Hauptquantenzahl n etwas genauer betrachten. Für diese Zustände gilt nach (18.21) offenbar $k_{\text{max}} = 0$. Die Polynome $L(\rho)$ sind dann durch eine Konstante gegeben. Die Radialfunktionen nehmen deshalb für diese Quantenzahlen eine sehr einfache Gestalt an. Drücken wir die Radialfunktion durch den ursprünglichen Radius r aus, so nimmt diese die Form

$$R_{n,l=n-1}(r) = C_{nl} r^l e^{-\kappa r} \tag{18.26}$$

an. Diese Funktionen sind qualitativ für die ersten Hauptquantenzahlen $n = 1, 2, 3$ in Abb. 18.7 dargestellt. Für den Grundzustand $n = 1$ gibt es nur den Zustand mit (maximalem) Drehimpuls $l = 0$. Für diesen Zustand ist die Radialfunktion durch eine exponentiell abklingende Funktion gegeben. Entsprechend hält sich das Teilchen dominant in der Nähe des Koordinatenursprungs auf. Mit steigender Hauptquantenzahl sind die Zustände mit maximalem Drehimpuls $l = n - 1$ mehr und mehr lokalisiert, wobei der Ort der Lokalisierung zu immer größerem r wandert, wie wir am Ende dieses Abschnittes noch explizit sehen werden.

Mit der üblichen Normierung

$$\int_0^\infty dr\, r^2 |R_{nl}(r)|^2 = 1$$

und unter Benutzung der Beziehung (B.1)

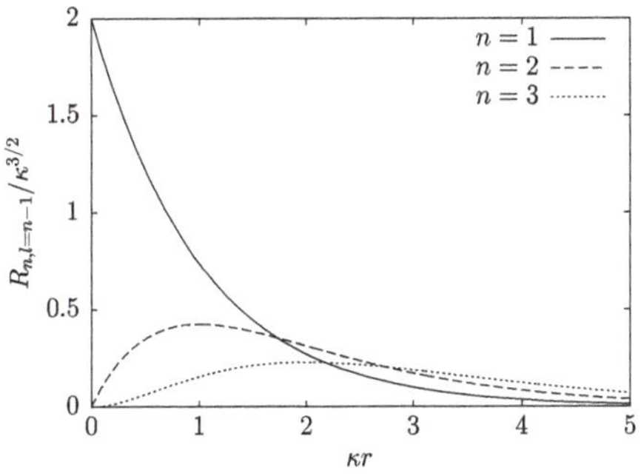

Abb. 18.7: Die Radialfunktionen $R_{nl}(r)$ der Eigenzustände mit maximalem Drehimpuls $l = n - 1$ für gegebene Hauptquantenzahl $n = 1, 2, 3$.

$$\int_0^\infty dx\, x^n e^{-x} = n!$$

finden wir für den Normierungskoeffizienten in der Radialfunktion (18.26):

$$C_{nl} = \sqrt{\frac{(2\kappa)^{2l+3}}{(2l+2)!}} .$$

Abschließend betrachten wir noch einmal die Wellenfunktion des Grundzustandes ($n = 1, l = 0$). Für diesen Zustand reduziert sich der oben angegebene Ausdruck für die Radialfunktion auf:

$$R_{10}(r) = \sqrt{4\kappa^3} e^{-\kappa r} .$$

Beachten wir außerdem, dass die Kugelfunktion Y_{lm} für verschwindenden Drehimpuls durch die Konstante

$$Y_{00}(\hat{\boldsymbol{x}}) = \frac{1}{\sqrt{4\pi}} = \text{const}$$

gegeben ist, so lautet die normierte Wellenfunktion des Grundzustandes:

$$\varphi_{n=1,l=0,m=0}(\boldsymbol{x}) = \sqrt{\frac{\kappa^3}{\pi}} e^{-\kappa r} .$$

Für die Energie des Grundzustandes erhalten wir aus (18.23)

$$E_1 = -Z^2 R .$$

Mit dem Ausdruck (18.8) für R reduziert sich die zugehörige Wellenzahl (18.12) κ auf

$$\kappa(E_1) = \frac{Z}{a} ,$$

wobei a der Bohr'sche Atomradius (18.7) ist. Dieses Ergebnis zeigt, dass für die gebundenen Zustände die zugehörige Wellenlänge $\lambda \sim 1/\kappa$ durch den Bohr'schen Atomradius gegeben ist. Ferner zeigt dieser Ausdruck auch, dass mit wachsender Kernladungszahl Z diese Wellenlänge und damit die effektive Ausdehnung des Atoms immer kleiner wird. Dies ist verständlich, da mit wachsendem Z das Elektron mehr und mehr an den Atomkern gebunden wird.

Führen wir den reduzierten Bohr'schen Atomradius ein,

$$\bar{a} = \frac{a}{Z} ,$$

so nimmt die Wellenfunktion des Grundzustandes schließlich die Gestalt

$$\boxed{\varphi_{100}(r) = \sqrt{\frac{1}{\pi\bar{a}^3}}e^{-r/\bar{a}}} \tag{18.27}$$

an. Diese Darstellung zeigt explizit, dass $\bar{a}$ die Ausdehnung des Grundzustandes ist.

Die oben bereits anhand der Wellenfunktion festgestellte zunehmende Lokalisierung der Zustände mit maximalem Drehimpuls $l = n - 1$ bei wachsendem n zeigt sich auch an der Ortsunschärfe. Für beliebige Quantenzahlen lässt sich aus (18.25) unter Ausnutzung der Differentialgleichung der Laguerre-Polynome nach längerer Rechnung folgende Rekursionsbeziehung für die Erwartungswerte

$$\langle r^k \rangle_{nl} = \langle nlm|r^k|nlm\rangle = \int_0^\infty dr r^{2+k}(R_{nl}(r))^2$$

ableiten:

$$\frac{k+1}{n^2}\langle r^k\rangle_{nl} - (2k+1)\,\bar{a}\,\langle r^{k-1}\rangle_{nl} + \frac{k}{4}[(2l+1)^2 - k^2]\bar{a}^2\langle r^{k-2}\rangle_{nl} = 0\,,$$

wobei $k + 2l + 1 > 0$. Setzt man hier nacheinander $k = 0, 1, 2$, so erhält man

$$\begin{aligned}\langle r^{-1}\rangle_{nl} &= \frac{1}{\bar{a}n^2}\,,\\ \langle r\rangle_{nl} &= \frac{1}{2}\bar{a}(3n^2 - l(l+1))\,,\\ \langle r^2\rangle_{nl} &= \frac{n^2}{2}\bar{a}^2[5n^2 - 3l(l+1) + 1]\,.\end{aligned}$$

Speziell für die Eigenzustände mit maximalen Drehimpuls $l = n-1$ reduzieren sich diese Ausdrücke auf:

$$\begin{aligned}\langle r\rangle_{n,l=n-1} &= \bar{a}n\left(n + \frac{1}{2}\right),\\ \langle r^2\rangle_{n,l=n-1} &= \bar{a}^2n^2(n+1)\left(n + \frac{1}{2}\right).\end{aligned}$$

Hieraus finden wir für die radiale Unschärfe:

$$\Delta r_{n,n-1} = \sqrt{\langle r^2\rangle_{n,n-1} - (\langle r\rangle_{n,n-1})^2} = \bar{a}n\sqrt{\frac{1}{2}\left(n + \frac{1}{2}\right)}\,.$$

Für die relative radiale Schwankung erhalten wir damit:

$$\left.\frac{\Delta r}{\langle r\rangle}\right|_{n,l=n-1} = \frac{1}{\sqrt{2n+1}}\,.$$

Im Limes $n \to \infty$ geht die radiale Schwankung gegen null und die Elektronenorbitale werden gut lokalisierte Objekte, für die das Konzept einer klassischen Bahn einen Sinn ergibt. Dieses Resultat ist in Übereinstimmung mit unseren Betrachtungen zur semiklassischen Näherung bzw. mit dem klassischen Korrespondenzprinzip.

18.6 Algebraische Bestimmung des Wasserstoff-Spektrums

Bei der Lösung der stationären Schrödinger-Gleichung für das Coulomb-Potential haben wir eine zusätzliche Entartung der Energieeigenzustände festgestellt. Obwohl das effektive Potential drehimpulsabhängig ist, sind die resultierenden Energieeigenwerte unabhängig vom Drehimpuls. Diese zufällige Entartung des Wasserstoff-Spektrums ist eine Konsequenz einer verborgenen Symmetrie des Wasserstoff-Hamiltonians. Zur Auffindung dieser Symmetrie betrachten wir zunächst die klassische Bewegung eines geladenen Teilchens im Coulomb-Feld.

18.6.1 Der Runge-Lenz-Vektor

Für ein beliebiges Zentralpotential liegen wegen der Drehimpulserhaltung die klassischen Trajektorien in einer Ebene. Sie bilden jedoch i. A. keine geschlossene Trajektorie, sondern die Bahnen lassen sich als nicht-geschlossene, sich „drehende Ellipsen" charakterisieren, die eine sogenannte Rosettenbahn bilden. Das Coulomb-Potential bildet wie das Gravitationspotential eine Ausnahme: Die klassischen Teilchenbahnen sind hier geschlossene Ellipsen, in deren einem Brennpunkt das Kraftzentrum liegt (siehe Abb. 18.8) und deren Hauptachsen fest im Raum stehen. Dies ist eine Folge der Erhaltung des sogenannten *Runge-Lenz-Vektors*

$$\boldsymbol{M} = \frac{1}{m}\boldsymbol{p} \times \boldsymbol{L} - \bar{\alpha}\hat{\boldsymbol{x}}\,, \tag{18.28}$$

wobei wir die Abkürzung

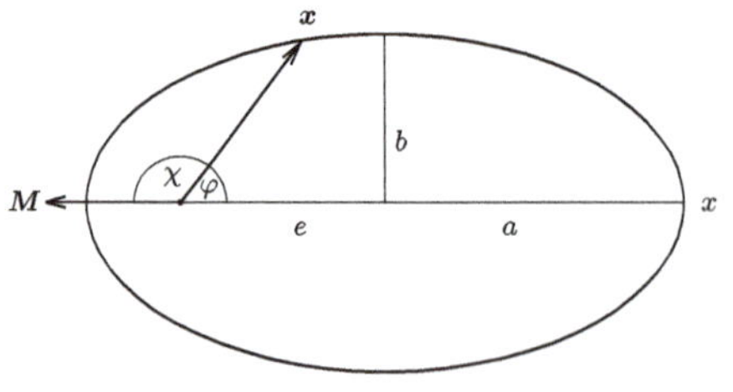

Abb. 18.8: Klassische Bahn (Kepler-Ellipse) einer Punktladung im Coulomb-Feld und Runge-Lenz-Vektor $\boldsymbol{M}$. Die Exzentrizität ist durch $\varepsilon = e/a$ gegeben, wobei a die Länge der großen Halbachse und e der Abstand des Brennpunktes vom Mittelpunkt der Ellipse ist.

$$\bar{a} = \frac{Ze^2}{4\pi} = \hbar c Z a$$

verwendet haben. Aus der Definition dieses Vektors ist zunächst klar, dass er senkrecht auf dem Drehimpuls $\boldsymbol{L} = \boldsymbol{x} \times \boldsymbol{p}$ steht:

$$\boldsymbol{L} \cdot \boldsymbol{M} = 0\,. \tag{18.29}$$

Durch elementare Rechnungen lässt sich leicht zeigen, dass für die Bewegung im Coulomb-Potential

$$V(r) = -\frac{Ze^2}{4\pi r} = -\frac{\bar{a}}{r} \tag{18.30}$$

der Vektor $\boldsymbol{M}$ erhalten bleibt: Da $\dot{\boldsymbol{L}} = 0$ haben wir

$$\dot{\boldsymbol{M}} = \frac{1}{m}\dot{\boldsymbol{p}} \times \boldsymbol{L} - \bar{a}\dot{\hat{\boldsymbol{x}}}\,. \tag{18.31}$$

Aus der klassischen Bewegungsgleichung

$$\dot{\boldsymbol{p}} = -\nabla V(r)$$

erhalten wir mit

$$\nabla\frac{1}{r} = -\frac{1}{r^2}\hat{\boldsymbol{x}} \tag{18.32}$$

für das Coulomb-Potential (18.30)

$$\dot{\boldsymbol{p}} = -\frac{Ze^2}{4\pi r^2}\hat{\boldsymbol{x}} = -\frac{\bar{a}}{r^2}\hat{\boldsymbol{x}}$$

und somit

$$\dot{\boldsymbol{M}} = -\bar{a}\left(\frac{1}{mr^2}\hat{\boldsymbol{x}} \times \boldsymbol{L} + \dot{\hat{\boldsymbol{x}}}\right).$$

Beachten wir, dass

$$\begin{aligned}\hat{\boldsymbol{x}} \times \boldsymbol{L} &= \hat{\boldsymbol{x}} \times (\boldsymbol{x} \times \boldsymbol{p}) = m\hat{\boldsymbol{x}} \times (\boldsymbol{x} \times \dot{\boldsymbol{x}}) \\ &= mr\hat{\boldsymbol{x}} \times (\hat{\boldsymbol{x}} \times \dot{\boldsymbol{x}})\end{aligned}$$

und

$$\dot{\boldsymbol{x}} = \frac{d}{dt}(r\hat{\boldsymbol{x}}) = \dot{r}\hat{\boldsymbol{x}} + r\dot{\hat{\boldsymbol{x}}}\,,$$

so folgt

$$\hat{\boldsymbol{x}} \times \boldsymbol{L} = mr^2 \hat{\boldsymbol{x}} \times (\hat{\boldsymbol{x}} \times \dot{\hat{\boldsymbol{x}}}) = -mr^2 \dot{\hat{\boldsymbol{x}}}\,, \tag{18.33}$$

wobei wir im letzten Schritt

$$\hat{\boldsymbol{x}}^2 = 1\,, \quad \hat{\boldsymbol{x}} \cdot \dot{\hat{\boldsymbol{x}}} = 0$$

benutzt haben. (Die zweite dieser beiden Beziehungen folgt durch Ableitung der ersten.) Einsetzen von (18.33) in (18.31) liefert $\dot{\boldsymbol{M}} = 0$.

Wegen (18.29) liegt $\boldsymbol{M}$ in der Bewegungsebene der klassischen Ladung. Um seine genaue Lage zu erkennen, multiplizieren wir $\boldsymbol{M}$ skalar mit dem Ortsvektor

$$\begin{aligned} \boldsymbol{x} \cdot \boldsymbol{M} &= \frac{1}{m} \boldsymbol{x} \cdot (\boldsymbol{p} \times \boldsymbol{L}) - \bar{a} \boldsymbol{x} \cdot \hat{\boldsymbol{x}} \\ &= \frac{1}{m} (\boldsymbol{x} \times \boldsymbol{p}) \cdot \boldsymbol{L} - \bar{a} r = \frac{1}{m} \boldsymbol{L}^2 - \bar{a} r\,. \end{aligned} \tag{18.34}$$

Bezeichnen wir den Winkel zwischen $\boldsymbol{x}$ und $\boldsymbol{M}$ mit χ

$$\boldsymbol{x} \cdot \boldsymbol{M} = r|\boldsymbol{M}| \cos\chi\,,$$

so folgt

$$r\left(1 + \frac{|\boldsymbol{M}|}{\bar{a}} \cos\chi\right) = \frac{\boldsymbol{L}^2}{m\bar{a}}\,,$$

wobei die rechte Seite aufgrund der Drehimpulserhaltung eine Konstante ist. Setzen wir hier

$$\chi = \pi - \varphi\,,$$

so erhalten wir die Gleichung einer Ellipse

$$r(1 - \varepsilon \cos\varphi) = \frac{\boldsymbol{L}^2}{m\bar{a}} = \text{const.}$$

mit Exzentrizität

$$\varepsilon = \frac{|\boldsymbol{M}|}{\bar{a}}\,.$$

Diese Ellipse ist die Bahnkurve der klassischen Punktladung im Coulomb-Feld bei gegebenem Drehimpuls $\boldsymbol{L}$, wenn wir φ mit dem gewöhnlichen Azimutwinkel des Ortsvektors $\boldsymbol{x}$ identifizieren, siehe Abb. 18.8. Damit ist die Lage des Runge-Lenz-Vektors bekannt: Er liegt auf der negativen großen Halbachse, siehe Abb. 18.8. (Man beachte, dass das Kraftzentrum, das sich in einem der Brennpunkte der Ellipse befindet, als Koordinatenursprung gewählt wurde.) Unter Benutzung von (18.34) erhalten wir durch elementare Rechnung für das Quadrat dieses Vektors $\boldsymbol{M}$ (18.28):

$$M^2 = \frac{2\mathcal{H}}{m} L^2 + \bar{\alpha}^2 , \tag{18.35}$$

wobei $\mathcal{H}$ die klassische Hamilton-Funktion

$$\mathcal{H} = \frac{p^2}{2m} + V(r) = \frac{p^2}{2m} - \frac{\bar{\alpha}}{r}$$

ist. Aus dieser Darstellung ist bereits explizit ersichtlich, dass M^2 erhalten sein muss, da im Coulomb-Potential sowohl der Drehimpuls L als auch die Energie $\mathcal{H}$ erhalten sind.

Die klassischen Betrachtungen legen nahe, dass auch in der Quantenmechanik der oben eingeführte Runge-Lenz-Vektor erhalten bleibt. Hierzu ist jedoch zunächst zu bemerken, dass aufgrund der Tatsache, dass $\boldsymbol{p} \times \boldsymbol{L} \neq -\boldsymbol{L} \times \boldsymbol{p}$ ist, das direkte Analogon des Runge-Lenz Vektors keinen hermiteschen Operator bilden würde. Einen hermiteschen Operator erhält man, wenn man die antisymmetrische Kombination

$$\boxed{\boldsymbol{M} = \frac{1}{2m}(\boldsymbol{p} \times \boldsymbol{L} - \boldsymbol{L} \times \boldsymbol{p}) - \bar{\alpha}\hat{\boldsymbol{x}}} \tag{18.36}$$

wählt. Wie in der klassischen Mechanik ist dieser Operator orthogonal zum Drehimpulsoperator

$$\boldsymbol{L} \cdot \boldsymbol{M} = \boldsymbol{M} \cdot \boldsymbol{L} = \hat{0} . \tag{18.37}$$

Dies ist offensichtlich für den letzten Term in Gl. (18.36), da $\boldsymbol{L}$ senkrecht auf dem Ortsoperator $\boldsymbol{x}$ steht, siehe Gln. (15.14), (15.13). Dass $\boldsymbol{L}$ auch senkrecht auf dem Ausdruck in der Klammer steht, lässt sich leicht unter Ausnutzung der Kommutationsbeziehung (15.10), (15.12) zeigen:

$$\begin{aligned}
\boldsymbol{L} \cdot (\boldsymbol{p} \times \boldsymbol{L} - \boldsymbol{L} \times \boldsymbol{p}) &= \varepsilon_{klm} L_k (p_l L_m - L_l p_m) \\
&= \varepsilon_{klm} L_k (p_l L_m + L_m p_l) \\
&= \varepsilon_{klm} L_k ([p_l, L_m] + 2 L_m p_l) \\
&= \varepsilon_{klm} (L_k i\hbar \varepsilon_{lmn} p_n + [L_k, L_m] p_l) \\
&= 2i\hbar \boldsymbol{L} \cdot \boldsymbol{p} + i\hbar \varepsilon_{klm} \varepsilon_{kmn} L_n p_l \\
&= 2i\hbar (\boldsymbol{L} \cdot \boldsymbol{p} - \boldsymbol{L} \cdot \boldsymbol{p}) = 0 .
\end{aligned}$$

Man zeigt auch leicht durch explizites Ausrechnen, dass der Operator $\boldsymbol{M}$ mit dem Hamilton-Operator eines Teilchens im Coulomb-Potential

$$H = \frac{p^2}{2m} - \frac{\bar{\alpha}}{r} \tag{18.38}$$

kommutiert:

$$[\boldsymbol{M}, H] = \hat{\boldsymbol{0}} . \tag{18.39}$$

Dazu stellen wir den Runge-Lenz-Operator zunächst in der alternativen Form

$$\boldsymbol{M} = \frac{i}{2m\hbar}[\boldsymbol{p}, \boldsymbol{L}^2] - \bar{\alpha}\hat{\boldsymbol{x}} \tag{18.40}$$

dar, die sich unter Benutzung der Kommutationsbeziehung (15.12) unmittelbar auf den Ausdruck (18.36) reduziert. Beachten wir, dass für ein Zentralpotential $[\boldsymbol{L}^2, H] = 0$, so haben wir

$$\begin{aligned}
[\boldsymbol{M}, H] &= \frac{i}{2m\hbar}[[\boldsymbol{p}, \boldsymbol{L}^2], H] - \bar{\alpha}[\hat{\boldsymbol{x}}, H] \\
&= \frac{i}{2m\hbar}[\boldsymbol{p}\boldsymbol{L}^2 - \boldsymbol{L}^2\boldsymbol{p}, H] - \bar{\alpha}[\hat{\boldsymbol{x}}, H] \\
&= \frac{i}{2m\hbar}([\boldsymbol{p}, H]\boldsymbol{L}^2 - \boldsymbol{L}^2[\boldsymbol{p}, H]) - \bar{\alpha}[\hat{\boldsymbol{x}}, H] \\
&= -\frac{\bar{\alpha}}{2m}\left(\left[\left(\nabla\frac{1}{r}\right), \boldsymbol{L}^2\right] + [\hat{\boldsymbol{x}}, \boldsymbol{p}^2]\right).
\end{aligned}$$

Mit (18.32) erhalten wir schließlich

$$\begin{aligned}
[\boldsymbol{M}, H] &= -\frac{\bar{\alpha}}{2m}\left[\hat{\boldsymbol{x}}, \boldsymbol{p}^2 - \frac{\boldsymbol{L}^2}{r^2}\right] \\
&= -\frac{\bar{\alpha}}{2m}[\hat{\boldsymbol{x}}, p_r^2] = 0\,,
\end{aligned}$$

wobei wir Gl. (17.6) benutzt haben. Der letzte Kommutator verschwindet, da $\hat{\boldsymbol{x}}$ nur von den Winkeln, p_r (17.5) aber nur vom Radius abhängt.

Da $\boldsymbol{M}$ nicht explizit von der Zeit abhängt, drückt Gleichung (18.39) die quantenmechanische Erhaltung des Runge-Lenz-Operators im Coulomb-Potential aus. Für das Quadrat dieses Vektors erhalten wir hier:

$$\boldsymbol{M}^2 = \frac{2H}{m}(\boldsymbol{L}^2 + \hbar^2) + \bar{\alpha}^2\,. \tag{18.41}$$

Dieser Ausdruck unterscheidet sich von dem entsprechenden klassischen Ausdruck (18.35) durch einen zusätzlichen Term der Ordnung $\hbar^2$, der offensichtlich mit dem Nichtkommutieren von $\boldsymbol{p}$ und $\boldsymbol{L}$ zusammenhängt. Gleichung (18.41) zeigt, dass ein Eigenzustand des Hamilton-Operators H, der hier wegen des Zentralpotentials auch gleichzeitig Eigenfunktion zum Drehimpuls $\boldsymbol{L}^2$ ist, ebenfalls Eigenfunktion von $\boldsymbol{M}^2$ ist.

18.6.2 Verallgemeinerte Drehimpulsalgebra und Energieeigenwerte

Wie jeder vektorielle Operator besitzt der Runge-Lenz-Vektor mit dem Drehimpulsoperator die Kommutationsbeziehung (15.15)

$$[L_i, M_j] = i\hbar\epsilon_{ijk}M_k\,. \tag{18.42}$$

Diese Beziehung lässt sich natürlich auch direkt beweisen, ohne auf Gl. (15.15) zurückzugreifen. Da sie linear in M ist, genügt es, die Kommutatoren der einzelnen Terme in $\boldsymbol{M}$ (18.36) mit L_k zu berechnen. Wir begnügen uns hier mit dem expliziten Beweis der Beziehung

$$\left[L_k, (\boldsymbol{p} \times \boldsymbol{L})_l\right] = i\hbar\epsilon_{klm}(\boldsymbol{p} \times \boldsymbol{L})_m ,$$

die natürlich auch ein Spezialfall von Gl. (15.15) ist. Elementare Rechnungen liefern

$$\begin{aligned}\left[L_k, (\boldsymbol{p} \times \boldsymbol{L})_l\right] &= \epsilon_{lmn}\left[L_k, p_m L_n\right] \\ &= \epsilon_{lmn}\big(p_m[L_k, L_n] + [L_k, p_m]L_n\big) \\ &= \epsilon_{lmn}(p_m i\hbar\epsilon_{knr}L_r + i\hbar\epsilon_{kmr}p_r L_n) ,\end{aligned}$$

wobei wir im letzten Schritt Gln. (15.10) und (15.12) benutzt haben. Unter Ausnutzung der Eigenschaften des ε-Tensors, $\varepsilon_{klr}\varepsilon_{mnr} = \delta_{km}\delta_{ln} - \delta_{kn}\delta_{lm}$, finden wir schließlich

$$\begin{aligned}\left[L_k, (\boldsymbol{p} \times \boldsymbol{L})_l\right] &= i\hbar(-\underline{\delta_{lk}\delta_{mr}} + \delta_{lr}\delta_{mk})p_m L_r + i\hbar(\underline{\delta_{lk}\delta_{nr}} - \delta_{lr}\delta_{nk})p_r L_n \\ &= i\hbar\epsilon_{kls}\epsilon_{mrs}p_m L_r \\ &= i\hbar\varepsilon_{kls}(\boldsymbol{p} \times \boldsymbol{L})_s ,\end{aligned}$$

wobei sich die unterstrichenen Terme weggehoben haben.

Ähnlich wie beim Drehimpulsoperator L_k sind auch nicht alle Komponenten des Runge-Lenz-Vektors M_k gleichzeitig scharf messbar. Dies folgt aus der Kommutationsbeziehung

$$[M_i, M_j] = i\hbar\epsilon_{ijk}\left(-\frac{2H}{m}\right)L_k, \tag{18.43}$$

die sich unmittelbar aus der Definition von $\boldsymbol{M}$ (18.36) oder (18.40) ergibt. Hierbei ist H der quantenmechanische Hamilton-Operator (18.38) mit dem Coulomb-Potential.

Da M_i und L_i mit dem Hamilton-Operator kommutieren, führen sie einen Eigenzustand von H in einen Eigenzustand zur selben Energie über, d. h. M_i und L_i bilden den Unterraum der Eigenzustände von H zum Eigenwert E auf sich ab. (Mit anderen Worten: Falls $|\varphi\rangle$ Eigenfunktion von H zum Eigenwert E ist, so sind auch $M_i|\varphi\rangle$ und $L_i|\varphi\rangle$ Eigenfunktion von H zum selben Eigenwert E.) Wir können uns deshalb im Folgenden auf den Hilbert-Raum beschränken, der zu einem festen Eigenwert E von H gehört. In diesem Hilbert-Raum können wir H auf der rechten Seite von Gl. (18.43) durch diesen Energieeigenwert E ersetzen. Die sechs Operatoren L_i, M_i ($i = 1, 2, 3$) bilden dann eine geschlossene Algebra, die durch die Gln. (18.43), (18.42) und (15.10) definiert ist. Diese Algebra lässt sich in die Standardform bringen, wenn wir die umskalierten Generatoren

$$\boldsymbol{M}' = \boldsymbol{M}\sqrt{-\frac{m}{2E}}$$

verwenden. (Man beachte, dass für gebundene Zustände $E < 0$ gilt!) Zusammen mit dem Drehimpulsoperator erfüllen diese dann die Kommutationsbeziehungen

$$[M'_i, M'_j] = i\hbar\epsilon_{ijk}L_k\,, \tag{18.44}$$

$$[L_i, M'_j] = i\hbar\epsilon_{ijk}M'_k\,, \tag{18.45}$$

$$[L_i, L_j] = i\hbar\epsilon_{ijk}L_k\,. \tag{18.46}$$

Diese Kommutationsbeziehungen definieren die *Lie-Algebra der Gruppe O(4)* bzw. SO(4). Diese Algebra lässt sich noch vereinfachen, wenn wir anstatt der Operatoren L_i und M'_i ihre Summe bzw. Differenz

$$\boldsymbol{I} = \frac{1}{2}(\boldsymbol{L} + \boldsymbol{M}')\,, \quad \boldsymbol{K} = \frac{1}{2}(\boldsymbol{L} - \boldsymbol{M}') \tag{18.47}$$

einführen. Es ist klar, dass auch diese so definierten Operatoren $\boldsymbol{I}$ und $\boldsymbol{K}$ eine geschlossene Algebra bilden. In der Tat finden wir:

$$[I_i, I_j] = i\hbar\epsilon_{ijk}I_k\,,$$
$$[K_i, K_j] = i\hbar\epsilon_{ijk}K_k\,,$$
$$[I_i, K_j] = \hat{0}\,.$$

Die Operatoren I_i und K_i besitzen dieselben Kommutationsbeziehungen wie die Komponenten des Drehimpulsoperators. Da außerdem die I_i mit den K_j kommutieren, bilden sie zwei unabhängige Drehimpulsalgebren. Auf diese Weise haben wir die Lie-Algebra der SO(4)-Gruppe in zwei unabhängige SO(3)- bzw. SU(2)-Algebren zurückgeführt.[4] Die Drehimpulsoperatoren generieren die diagonale SO(3)-Untergruppe der SO(4)-Gruppe, die wir als $\mathrm{SO(3)_{diagonal}}$ bezeichnen. Die Operatoren M'_i hingegen erzeugen keine abgeschlossene Gruppe, was an ihren Kommutationsbeziehungen (18.44) ersichtlich ist.[5] Was sich hinter diesen gruppentheoretischen Aussagen verbirgt, werden wir im Detail noch erfahren.

Da $\boldsymbol{M}$ und $\boldsymbol{L}$ mit H kommutieren, ist klar, dass die so eingeführten Operatoren (18.47) $\boldsymbol{I}$ und $\boldsymbol{K}$ ebenfalls mit dem Hamilton-Operator kommutieren müssen. Demzufolge liefern das Quadrat dieser Operatoren und eine Projektion gute Quantenzahlen. Da diese

---

4 Dies ist Ausdruck der Tatsache, dass die SO(4)-Gruppe in einem direkten Produkt von zwei SU(2)-Gruppen enthalten ist. Es gilt der Zusammenhang

$$\mathrm{SO}(4) \simeq \big(\mathrm{SU}(2) \times \mathrm{SU}(2)\big)/Z(2)\,, \tag{18.48}$$

wobei $Z(2)$ die diskrete Gruppe aus den beiden Elementen $\{\hat{1}, -1\}$ ist.

5 Sie erzeugen den sogenannten *Coset* $\mathrm{SO(4)/SO(3)_{diagonal}}$.

Operatoren die Drehimpulsalgebra erfüllen, kennen wir bereits ihre Eigenwerte: Wir erinnern hier daran, dass die Eigenwerte des Drehimpulses allein Konsequenz der Drehimpulsvertauschungsrelationen (18.46), d. h. der SU(2)-Algebra, waren. Für die Eigenwerte der Operatoren $\boldsymbol{I}^2$ und $\boldsymbol{K}^2$ haben wir deshalb:

$$\boxed{\begin{array}{lll} \boldsymbol{I}^2: & \hbar^2 i(i+1)\,, & i = 0, \frac{1}{2}, 1, \ldots\,, \\ \boldsymbol{K}^2: & \hbar^2 k(k+1)\,, & k = 0, \frac{1}{2}, 1, \ldots\,. \end{array}}$$

Diese Größen bleiben offensichtlich bei der Bewegung im Coulomb-Potential erhalten. Wir bezeichnen deshalb diese Operatoren als *verallgemeinerte Drehimpulsoperatoren.* Wenn die Quadrate von $\boldsymbol{I}$ und $\boldsymbol{K}$,

$$\boldsymbol{I}^2 = \frac{1}{4}(\boldsymbol{L} + \boldsymbol{M}')^2\,, \quad \boldsymbol{K}^2 = \frac{1}{4}(\boldsymbol{L} - \boldsymbol{M}')^2\,,$$

erhalten bleiben, dann müssen auch deren Summe bzw. Differenz,

$$\begin{aligned} C &= \boldsymbol{I}^2 + \boldsymbol{K}^2 = \frac{1}{2}(\boldsymbol{L}^2 + \boldsymbol{M}'^2)\,, \\ C' &= \boldsymbol{I}^2 - \boldsymbol{K}^2 = \boldsymbol{L} \cdot \boldsymbol{M}'\,, \end{aligned} \tag{18.49}$$

unabhängig erhalten sein, die als *Casimir-Operatoren* bezeichnet werden. (Man beachte, dass wegen (18.45) $\boldsymbol{L} \cdot \boldsymbol{M}' = \boldsymbol{M}' \cdot \boldsymbol{L}$ gilt.) Wie wir oben gesehen hatten (siehe Gl. (18.37)), steht der Runge-Lenz-Vektor $\boldsymbol{M}$ stets senkrecht auf dem Drehimpulsvektor $\boldsymbol{L}$. Damit gilt auch:

$$\boldsymbol{L} \cdot \boldsymbol{M}' = \hat{0}$$

und der Casimir-Operator C' verschwindet identisch im Coulomb-Potential. Die Bewegung im Coulomb-Potential erfasst deshalb nur den Teil der SO(4)-Gruppe, für den

$$\boldsymbol{I}^2 = \boldsymbol{K}^2 \tag{18.50}$$

gilt. In diesem Teil der SO(4)-Gruppe hat der Casimir-Operator C (18.49) dann wegen $i = k$ die Eigenwerte

$$C: \quad 2\hbar^2 k(k+1)\,. \tag{18.51}$$

Setzen wir in den Ausdruck für C (18.49) den Ausdruck für das Quadrat des Runge-Lenz-Vektors (18.41) ein, so erhalten wir:

$$C = \frac{1}{2}(\boldsymbol{L}^2 + \boldsymbol{M}'^2) = \frac{1}{2}\left(\boldsymbol{L}^2 - \frac{m}{2E}\boldsymbol{M}^2\right)$$

$$= \frac{1}{2}\left(\boldsymbol{L}^2 - \boldsymbol{L}^2 - \hbar^2 - \frac{m}{2E}\bar{\alpha}^2\right) = -\frac{\hbar^2}{2} - \frac{m}{4E}\bar{\alpha}^2 . \qquad (18.52)$$

Identifizieren wir diesen Ausdruck mit dem Eigenwert des Casimir-Operators (18.51),

$$-\frac{m}{4E}\bar{\alpha}^2 = C + \frac{\hbar^2}{2} = 2\hbar^2 k(k+1) + \frac{\hbar^2}{2} = \hbar^2\left(2k^2 + 2k + \frac{1}{2}\right)$$
$$= \frac{\hbar^2}{2}(2k+1)^2 ,$$

so erhalten wir für die Energie des gebundenen Zustandes den Ausdruck

$$E = -\frac{m}{4}\bar{\alpha}^2 \frac{1}{\frac{\hbar^2}{2}(2k+1)^2} .$$

Dieser Ausdruck lässt sich in die Form

$$E = -\frac{1}{2}mc^2 \frac{\alpha^2 Z^2}{(2k+1)^2} \overset{(18.9)}{=} -\frac{Z^2 R}{(2k+1)^2}$$

bringen, welche mit dem früher gewonnenen Ergebnis (18.23) übereinstimmt, falls wir setzen:

$$n = 2k + 1 . \qquad (18.53)$$

In der Tat liefert diese Beziehung bei gegebenen (verallgemeinerten) Drehimpulsquantenzahlen $k = 0, 1/2, 1, 3/2, \ldots$ die korrekten Hauptquantenzahlen $n = 1, 2, 3, 4, \ldots$. Man überzeugt sich leicht, dass auch die gewöhnlichen Drehimpulsquantenzahlen richtig reproduziert werden. Dazu bemerken wir, dass sich nach den obigen algebraischen Beziehungen (18.47) der Drehimpulsoperator $\boldsymbol{L}$ durch die verallgemeinerten Drehimpulse $\boldsymbol{I}$ und $\boldsymbol{K}$ ausdrücken lässt:

$$\boxed{\boldsymbol{L} = \boldsymbol{I} + \boldsymbol{K} .}$$

Diese Gleichung stellt die vektorielle Addition zweier (verallgemeinerter) Drehimpulse zum Gesamtbahndrehimpuls $\boldsymbol{L}$ dar. Nach den Gesetzen der Vektoraddition muss die Quantenzahl l des Gesamtdrehimpulses $\boldsymbol{L}$ der Dreiecksrelation (15.79)

$$|i - k| \leq l \leq i + k$$

genügen. Für $i = k$ (siehe Gl. (18.50)) reduziert diese sich auf:

$$0 \leq l \leq 2k .$$

Mit dem Wertebereich für die Quantenzahl k eines Drehimpulses, der auch halbzahlige Werte annehmen kann, finden wir für die Drehimpulsquantenzahl l die korrekten (ganzzahligen) Werte. Drücken wir in der letzten Beziehung die verallgemeinerte Drehimpulsquantenzahl k mittels der Beziehung (18.53) durch die Hauptquantenzahl n aus, so finden wir für l den Wertebereich

$$0 \leq l \leq n - 1\,,$$

was mit dem früheren Ergebnis (18.22) übereinstimmt. Damit ist es uns auf rein algebraische Art gelungen, das Wasserstoff-Spektrum zu bestimmen. Dieser Weg wurde ursprünglich von W. Pauli beschritten, der unabhängig von E. Schrödinger auf diese Art die Eigenzustände und Eigenwerte des Wasserstoff-Atoms bestimmt hat.

Bei der obigen Bestimmung der Energieeigenwerte haben wir außerdem gesehen, dass bei der Berechnung des relevanten Casimir-Operators C der Drehimpulsoperator $\boldsymbol{L}^2$ herausfällt, siehe Gl. (18.52), was dann zu der zusätzlichen Entartung der Energieeigenwerte in der Drehimpulsquantenzahl führt.

18.7 Warum das Coulomb-Problem exakt lösbar ist: Äquivalenz zum vierdimensionalen harmonischen Oszillator

Der aufmerksame Leser wird sich fragen, wieso die Schrödinger-Gleichung für das Coulomb-Potential exakt lösbar ist. Denn wie wir in Kapitel 7 gesehen haben, ist das Lösen der Schrödinger-Gleichung äquivalent zur Berechnung des Funktionalintegrals für die Übergangsamplitude. Es lassen sich jedoch nur Gauß'sche Funktionalintegrale exakt (analytisch) berechnen. Für exakt lösbare Probleme ist das Potential deshalb höchstens ein quadratisches Polynom der Koordinaten. Durch geeignete Koordinatentransformationen lässt sich das Coulomb-Problem auf das eines vierdimensionalen harmonischen Oszillators überführen, wie wir nachfolgend anhand der Schrödinger-Gleichung zeigen werden.

18.7.1 Einbettung des $\mathbb{R}^3$ in den vierdimensionalen Raum

Um die Äquivalenz des Coulomb-Problems in $\mathbb{R}^3$ mit einem vierdimensionalen harmonischen Oszillator zu zeigen, stellen wir zunächst die kartesischen Koordinaten $x_{i=1,2,3}$ in der Form

$$\boxed{x_i = z^\dagger \sigma_i z} \tag{18.54}$$

dar, wobei $\sigma_{i=1,2,3}$ die Pauli-Matrizen (15.44) und

$$\boxed{z = \begin{pmatrix} z_1 \\ z_2 \end{pmatrix}\,, \qquad z^\dagger = (z_1^*, z_2^*)}$$

zweikomponentige komplexe Spinoren sind, deren Komponenten wir durch vier reelle Variablen $u_{\mu=1,2,3,4}$ parametrisieren

$$z_1 = u_1 + iu_2 , \quad z_2 = u_3 + iu_4 .$$

Die vier reellen Koordinaten $-\infty < u_\mu < \infty$ spannen offenbar einen vierdimensionalen Raum auf, der wegen der Beziehung (18.54) unseren gewöhnlichen $\mathbb{R}^3$ als Unterraum enthält. Benutzt man die Vollständigkeit der Pauli-Matrizen (15.45)

$$\sum_{i=1}^{3} (\sigma_i)_{ab}(\sigma_i)_{cd} = 2\delta_{ad}\delta_{bc} - \delta_{ab}\delta_{cd} ,$$

so findet man aus (18.54) durch Berechnung von $r^2 = \boldsymbol{x}^2$ für den Radius

$$\boxed{r = z^\dagger z = \sum_{\mu=1}^{4} (u_\mu)^2 =: u^2 .} \tag{18.55}$$

---

i *Mit der Parametrisierung*

$$\begin{aligned} z_1 &= \sqrt{r}\cos(\theta/2)e^{-i\varphi/2}e^{i\alpha} , \\ z_2 &= \sqrt{r}\sin(\theta/2)e^{i\varphi/2}e^{i\alpha} \end{aligned} \tag{18.56}$$

liefert Gl. (18.54) die Darstellung der kartesischen Koordinate x_i in den üblichen sphärischen Koordinaten (r, θ, φ)

$$\begin{aligned} x_1 &= r\sin\theta\cos\varphi , \\ x_2 &= \sin\theta\sin\varphi , \\ x_3 &= r\cos\theta . \end{aligned}$$

Der Winkel $\alpha \in [0, 2\pi]$ fällt offensichtlich heraus.

Mit der expliziten Form der Pauli-Matrizen (15.44) finden wir aus (18.54)

$$\begin{aligned} x_1 &= 2(u_1u_3 + u_2u_4) , \\ x_2 &= 2(u_1u_4 - u_2u_3) , \\ x_3 &= u_1^2 + u_2^2 - u_3^2 - u_4^2 . \end{aligned}$$

Bilden wir das Differential

$$dx_i = \sum_\mu \frac{\partial x_i}{\partial u_\mu} du_\mu , \tag{18.57}$$

so erhalten wir hieraus

$$\begin{pmatrix} dx_1 \\ dx_2 \\ dx_3 \end{pmatrix} = 2 \begin{pmatrix} u_3 & u_4 & u_1 & u_2 \\ u_4 & -u_3 & -u_2 & u_1 \\ u_1 & u_2 & -u_3 & -u_4 \end{pmatrix} \begin{pmatrix} du_1 \\ du_2 \\ du_3 \\ du_4 \end{pmatrix} . \tag{18.58}$$

Die Abbildung $u_\mu \to x_i(u)$ ist nicht umkehrbar, da ein Punkt $\boldsymbol{x} \in \mathbb{R}^3$ eine ganze Kurve im vierdimensionalen Parameterraum repräsentiert, der durch die Koordinaten $\{u_\mu\}$ aufgespannt wird. Um den Laplace-Operator $\Delta = \sum_{i=1}^{3} \partial^2/\partial x_i^2$ durch Ableitungen nach den neuen Koordinaten u_μ auszudrücken, benötigen wir jedoch die Invertierung der Gleichung (18.57). Um die Transformation $u_\mu \to x_i(u)$ invertierbar zu machen, führen wir eine fiktive vierte Dimension ein, deren kartesische Koordinate wir mit x_4 bezeichnen. Wir wählen diese Koordinate bzw. ihr Differential so, dass die auf vier Dimensionen erweiterte Gleichung (18.57) invertierbar ist, d. h. wir fordern eine Beziehung

$$dx_i = \sum_\mu \frac{\partial x_i}{\partial u_\mu} du_\mu \overset{!}{=} 2 \sum_\mu Q_{i\mu} du_\mu \,, \quad i = 1, 2, 3, 4 \,, \tag{18.59}$$

sodass die 4×4-Matrix $Q_{i\mu}$ invertierbar ist. Der Faktor 2 wurde in Analogie zu Gl. (18.58) gewählt. Die ersten drei Zeilen dieser Matrix sind bereits in Gl. (18.58) definiert. Die vierte Zeile, die zu der fiktiven Dimension gehört, ergänzen wir so, dass diese orthogonal zu den drei bereits vorhandenen Zeilenvektoren ist. Dies führt auf[6]

$$Q_{i\mu} = \begin{pmatrix} u_3 & u_4 & u_1 & u_2 \\ u_4 & -u_3 & -u_2 & u_1 \\ u_1 & u_2 & -u_3 & -u_4 \\ u_2 & -u_1 & u_4 & -u_3 \end{pmatrix} \tag{18.60}$$

und garantiert, dass diese Matrix für $u^2 \neq 0$ nicht singulär ist. In der Tat findet man durch Matrixmultiplikation die Beziehung

$$Q^T Q = u^2 \hat{1} \,,$$

wobei $\hat{1}$ die vierdimensionale Einheitsmatrix ist. Hieraus erhalten wir

$$Q^T = u^2 Q^{-1} \equiv r Q^{-1} \tag{18.61}$$

und damit für ihre Determinante

6 Man beachte, dass in jeder Spalte und jeder Zeile von $Q_{i\mu}$ jede Koordinate u_1, u_2, u_3, u_4 genau einmal auftritt. Dies legt die Verteilung der u_μ in der vierten Zeile bereits fest. Die Vorzeichen der u_μ in der vierten Zeile ergeben sich dann aus der Orthogonalität zur dritten Zeile. Die Transformation $x_i \to \sum_\mu Q_{i\mu} u_\mu$ mit $Q_{i\mu}$ (18.60) stammt ursprünglich aus der Astronomie und wird dort als *Kustaanheimo-Stiefel-Transformation* bezeichnet.

$$\det Q = \sqrt{\det Q \det Q^T} = \sqrt{\det QQ^T} = (u^2)^2 = r^2 .$$

(Gl. (18.61) zeigt, dass die Matrix $Q/\sqrt{u^2}$ orthogonal ist.)

In dem fiktiven vierdimensionalen euklidischen Raum können wir Gl. (18.59) invertieren und erhalten

$$du_\mu = \frac{1}{2}\sum_i (Q^{-1})_{\mu i} dx_i$$

beziehungsweise

$$\frac{\partial u_\mu}{\partial x_i} = \frac{1}{2}(Q^{-1})_{\mu i} = \frac{1}{2u^2}(Q^T)_{\mu i} = \frac{1}{2u^2} Q_{i\mu} , \tag{18.62}$$

wobei wir Gl. (18.61) benutzt haben. Damit können wir die Ableitungen nach den kartesischen Koordinaten x_i durch die nach den Parametern u_μ ausdrücken. Wegen

$$\frac{\partial}{\partial x_i} = \sum_\mu \frac{\partial u_\mu}{\partial x_i}\frac{\partial}{\partial u_\mu} \tag{18.63}$$

erhalten wir mit (18.62)

$$\frac{\partial}{\partial x_i} = \frac{1}{2u^2}\sum_\mu Q_{i\mu}\frac{\partial}{\partial u_\mu} . \tag{18.64}$$

Hieraus finden wir für den vierdimensionalen Laplace-Operator

$$\Delta^{(4)} = \sum_{i=1}^{4} \frac{\partial}{\partial x_i}\frac{\partial}{\partial x_i} \tag{18.65}$$

die Darstellung

$$\begin{aligned}\Delta^{(4)} &= \sum_{i=1}^{4} \frac{1}{2u^2}\sum_\mu Q_{i\mu}\frac{\partial}{\partial u_\mu}\frac{1}{2u^2}\sum_\nu Q_{i\nu}\frac{\partial}{\partial u_\nu}\\ &= \frac{1}{4u^2}\sum_i\sum_\mu Q_{i\mu}\frac{\partial}{\partial u_\mu}(Q^{-1})_{\nu i}\frac{\partial}{\partial u_\nu} ,\end{aligned} \tag{18.66}$$

wobei wir im letzten Schritt $Q_{i\nu} = (Q^T)_{\nu i} = u^2(Q^{-1})_{\nu i}$ benutzt haben, siehe Gl. (18.61). Man beachte, dass die Matrix Q (18.60) von den u_μ abhängt und wir deshalb den Ableitungsoperator $\partial/\partial u_\mu$ a priori nicht an Q^{-1} vorbeiziehen können; vielmehr gilt

$$\frac{\partial}{\partial u_\mu}(Q^{-1})_{\nu i}\frac{\partial}{\partial u_\nu} = \left[\frac{\partial}{\partial u_\mu}(Q^{-1})_{\nu i}\right]\frac{\partial}{\partial u_\nu} + (Q^{-1})_{\nu i}\frac{\partial}{\partial u_\nu}\frac{\partial}{\partial u_\nu} , \tag{18.67}$$

wobei im ersten Term auf der rechten Seite $\partial/\partial u_\mu$ nur noch auf Q^{-1} wirkt. Einsetzen von (18.67) in (18.66) liefert

$$\begin{aligned}\Delta^{(4)} &= \frac{1}{4u^2}\sum_{\mu,\nu}\sum_{i=1}^{4}\left[\frac{\partial}{\partial u_\mu}(Q^{-1})_{\nu i}\right]Q_{i\mu}\frac{\partial}{\partial u_\nu} + \frac{1}{4u^2}\sum_{\mu,\nu}\underbrace{\sum_{i=1}^{4}(Q^{-1})_{\nu i}Q_{i\mu}}_{\delta_{\nu\mu}}\frac{\partial}{\partial u_\mu}\frac{\partial}{\partial u_\nu}\\ &= -\frac{1}{4u^2}\sum_{\nu}\sum_{i=1}^{4}(Q^{-1})_{\nu i}\sum_{\mu}\left[\frac{\partial}{\partial u_\mu}Q_{i\mu}\right]\frac{\partial}{\partial u_\nu} + \frac{1}{4u^2}\sum_{\mu}\frac{\partial}{\partial u_\mu}\frac{\partial}{\partial u_\mu}\,,\end{aligned}$$

wobei wir im ersten Term $(\partial Q^{-1})Q = -Q^{-1}\partial Q$ benutzt haben. Aus der expliziten Form der Matrix Q (18.60) findet man unmittelbar

$$\sum_{\mu}\frac{\partial}{\partial u_\mu}Q_{i\mu} = 0\,.$$

Damit erhalten wir schließlich

$$\Delta^{(4)} = \frac{1}{4u^2}\sum_{\mu}\frac{\partial^2}{\partial u_\mu^2}\,. \tag{18.68}$$

18.7.2 Transformation der Schrödinger-Gleichung

Wir schreiben die Schrödinger-Gleichung (18.10) des Coulomb-Problems in der Form

$$\left(-\frac{\hbar^2}{2m}\Delta - E\right)\varphi(\boldsymbol{x}) = \frac{Ze^2}{4\pi r}\varphi(\boldsymbol{x})\,. \tag{18.69}$$

Wir können hier den dreidimensionalen Laplace-Operator $\Delta = \sum_{i=1}^{3}\partial^2/\partial x_i^2$ durch den vierdimensionalen Operator $\Delta^{(4)}$ (18.65) ersetzen, wenn wir uns auf solche Wellenfunktionen beschränken, die nicht von der fiktiven kartesischen Koordinate x_4 abhängen, d. h. der Randbedingung

$$\frac{\partial}{\partial x_4}\varphi(x_1, x_2, x_3, x_4) = 0 \tag{18.70}$$

genügen. Einsetzen des Ausdruckes (18.68) für Δ in die Schrödinger-Gleichung (18.69) liefert nach Multiplikation von links mit $r = u^2$ (18.55)

$$\left(-\frac{\hbar^2}{8m}\sum_{\mu=1}^{4}\frac{\partial^2}{\partial u_\mu^2} - Eu^2\right)\phi(u) = \frac{Ze^2}{4\pi}\phi(u)\,, \tag{18.71}$$

wobei wir $\phi(u) \equiv \phi(u_1, u_2, u_3, u_4) = \varphi(\boldsymbol{x}(u), x_4(u))$ gesetzt haben. Mit (18.63) bzw. (18.64) lautet dann die Randbedingung (18.70)

$$\sum_\mu \frac{\partial u_\mu}{\partial x_4} \frac{\partial}{u_\mu} \phi(u) = 0$$

bzw.

$$\sum_\mu Q_{4\mu} \frac{\partial}{\partial u_\mu} \phi(u)=0 \tag{18.72}$$

oder mit der expliziten Form der Matrix Q (18.60)

$$\left(u_2 \frac{\partial}{\partial u_1} - u_1 \frac{\partial}{\partial u_2} + u_4 \frac{\partial}{\partial u_3} - u_3 \frac{\partial}{\partial u_4} \right) \phi(u) = 0 \,. \tag{18.73}$$

Nach Einführung der verallgemeinerten Drehimpulsoperatoren

$$L_{\mu\nu} = u_\mu p_\nu - u_\nu p_\mu \,, \quad p_\mu = \frac{\hbar}{i} \frac{\partial}{\partial u_\mu} \tag{18.74}$$

können wir die Nebenbedingung (18.73) in der Form

$$L\phi(u) = 0 \tag{18.75}$$

schreiben mit

$$L = L_{12} + L_{34} \,. \tag{18.76}$$

1. *Im dreidimensionalen Unterraum $u_{\mu=1,2,3}$ sind die verallgemeinerten Drehimpulse $L_{\mu\nu}$ (18.74) mit den gewöhnlichen Drehimpulsen L_μ über $L_{\mu\nu} = \varepsilon_{\mu\nu\lambda} L_\lambda$ verknüpft. Dieser Zusammenhang gilt jedoch nur in drei Dimensionen, wo sich jeder Ebene eindeutig eine Koordinatenachse zuordnen lässt. Allgemein (in beliebigen Dimensionen) ist eine Drehung nicht mit einer Koordinatenachse, sondern mit einer Bewegung in einer Ebene verknüpft und muss folglich durch zwei Koordinatenachsen charakterisiert werden. Es existieren deshalb so viele unabhängige Drehungen, wie es Koordinatenpaare gibt.*
2. *In der Parametrisierung (18.56) findet man für den Drehimpuls L (18.76) die Darstellung*

$$L = \frac{\hbar}{i} \frac{\partial}{\partial \alpha}$$

und somit aus (18.64)

$$\frac{\partial}{\partial x_4} = -\frac{1}{2r} \frac{\partial}{\partial \alpha} \,.$$

Mit den Substitutionen

$$M = 4m \,, \quad -E = \frac{1}{2} M\omega^2 \,, \quad \mathcal{E} = \frac{Ze^2}{4\pi} \tag{18.77}$$

geht Gleichung (18.71) in die Schrödinger-Gleichung des vierdimensionalen harmonischen Oszillators in den Variablen u_μ über

$$\left(-\frac{\hbar^2}{2M} \sum_{\mu=1}^{4} \frac{\partial^2}{\partial u_\mu^2} + \frac{1}{2} M\omega^2 u^2 \right) \phi(u) = \mathcal{E} \phi(u) . \tag{18.78}$$

Die quantisierten (pseudo-)Energien des vierdimensionalen harmonischen Oszillators (18.78) sind durch

$$\mathcal{E}_N = \hbar\omega(N + 2) \tag{18.79}$$

gegeben, wobei

$$N = \sum_{\mu=1}^{4} n_\mu \tag{18.80}$$

und n_μ die Quantenzahlen der vier unabhängigen eindimensionalen harmonischen Oszillatoren in den μ-Richtungen des u_μ-Parameterraumes sind und $2\hbar\omega = 4\hbar\omega/2$ ihre Grundzustandsenergie ist.

Die Gleichung (18.78) ist äquivalent zur Schrödinger-Gleichung des ursprünglichen Coulomb-Problems (18.69), wenn man sich auf solche Oszillatorwellenfunktionen beschränkt, die nicht von der fiktiven kartesischen Koordinate $x_4 = x_4(u_1, u_2, u_3, u_4)$ abhängen, d. h. auf solche Wellenfunktionen, die der Nebenbedingung (18.72) bzw. (18.75) genügen.

Der Hamilton-Operator in (18.78) beschreibt vier unabhängige harmonische Oszillatoren, die zu den vier kartesischen Koordinaten $u_{\mu=1,2,3,4}$ gehören. Durch die Randbedingung (18.75) an die Wellenfunktion sind die Oszillatoren 1, 2 an die Oszillatoren 3, 4 gekoppelt. Um diese Randbedingung aufzulösen, führen wir zunächst die für den harmonischen Oszillator üblichen Erzeugungs- und Vernichtungsoperatoren (12.39) durch

$$a_\mu = \frac{1}{\sqrt{2}} \left(\frac{u_\mu}{u_0} + i u_0 \frac{p_\mu}{\hbar} \right)$$

ein, wobei

$$u_0 = \sqrt{\frac{\hbar}{M\omega}}$$

die Oszillatorlänge ist. Der Hamilton-Operator in (18.78)

$$H = -\frac{\hbar^2}{2M} \sum_\mu \frac{\partial^2}{\partial u_\mu^2} + \frac{1}{2} M\omega^2 u^2$$

erlangt dann die bereits (aus einer Dimension) bekannte Form (vgl. (12.41))

$$H = \hbar\omega\left(\sum_{\mu=1}^{4} a_\mu^\dagger a_\mu + 2\right). \tag{18.81}$$

Seine Eigenfunktionen

$$|n\rangle \equiv |n_1, n_2, n_3, n_4\rangle$$

sind die der Besetzungszahloperatoren

$$\hat{n}_\mu = a_\mu^\dagger a_\mu\,, \quad \hat{n}_\mu|n\rangle = n_\mu|n\rangle\,, \quad n_\mu = 0, 1, 2, \dots\,,$$

deren Ortsdarstellung die oben eingeführten Wellenfunktionen

$$\phi(u) = \langle u|n\rangle\,, \quad \langle u| \equiv \langle u_1, u_2, u_3, u_4|$$

sind.

Um die Bedingung (18.75) an die Wellenfunktionen aufzulösen, empfiehlt es sich, in eine Basis zu gehen, in der die Drehimpulsoperatoren L_{12}, L_{34} diagonal sind. Wie in Abschnitt 16.5.1 für einen zweidimensionalen harmonischen Oszillator gezeigt wurde, gelingt dies durch Einführung der Operatoren (16.29)

$$b_\pm = \frac{1}{\sqrt{2}}(a_1 \mp i a_2)\,.$$

In dieser Basis nimmt der Drehimpulsoperator L_{12} die Gestalt (16.31)

$$L_{12} = \hbar(\hat{n}_+ - \hat{n}_-) \tag{18.82}$$

an, wobei

$$\hat{n}_\pm = b_\pm^\dagger b_\pm$$

die zugehörigen Besetzungszahloperatoren sind. Führen wir analoge Operatoren für die Oszillatoren in der 3- und 4-Richtung ein

$$B_\pm = \frac{1}{\sqrt{2}}(a_3 \mp i a_4)\,,$$

so gilt analog zu (18.82)

$$L_{34} = \hbar(\hat{N}_+ - \hat{N}_-) \tag{18.83}$$

mit

$$\hat{N}_\pm = B_\pm^\dagger B_\pm\,.$$

Der Oszillator-Hamilton-Operator (18.81) lautet in der neuen Basis

$$H = \hbar\omega(\hat{n}_+ + \hat{n}_- + \hat{N}_+ + \hat{N}_- + 2)\,.$$

Seine Eigenfunktion können wir offensichtlich in der durch

$$\hat{n}_\pm|n_+, n_-, N_+, N_-\rangle = n_\pm|n_+, n_-, N_+, N_-\rangle\,,$$
$$\hat{N}_\pm|n_+, n_-, N_+, N_-\rangle = N_\pm|n_+, n_-, N_+, N_-\rangle$$

definierten Besetzungszahldarstellung (vgl. Gl. (12.43)) wählen. Für die Gesamtoszillatorquantenzahl N (18.80) finden wir dann

$$N = n_+ + n_- + N_+ + N_-\,, \tag{18.84}$$

während sich die Bedingung (18.75) an die Wellenfunktion, $L|n_+, n_-, N_+, N_-\rangle = 0$, mit (18.82) und (18.83) auf

$$n_+ - n_- + N_+ - N_- = 0$$

reduziert. Damit sind nur drei der vier Oszillatoren unabhängig. Mit dieser Beziehung ergibt sich die Gesamtoszillatorquantenzahl (18.84) zu

$$N = 2(n_+ + N_+)\,,$$

womit diese geradzahlig ist. Setzen wir deshalb

$$N = 2(n-1)\,, \qquad n = 1, 2, 3, \ldots\,, \tag{18.85}$$

so erhalten wir für die quantisierten Energien (18.79)

$$\mathcal{E}_n = 2\hbar\omega n\,. \tag{18.86}$$

Nach Gl. (18.77) müssen die den Coulomb-Wellenfunktionen entsprechenden Oszillatormoden n sämtlich die Pseudoenergie

$$\mathcal{E}_n = \frac{Ze^2}{4\pi}$$

besitzen. Da der Ausdruck auf der rechten Seite konstant ist, verlangt dies zusammen mit Gl. (18.86), dass die durch Gl. (18.77) definierte Oszillatorfrequenz ω für jede Mode n verschieden ist,[7] d. h. $\omega = \omega_n$, und die diskreten Werte

7 Dies ist nicht verwunderlich, da ω^2 (bis auf einen konstanten Faktor) als Energieeigenwert $(-E)$ der Ladung definiert ist, siehe Gl. (18.77).

$$\omega_n = \frac{1}{2n\hbar}\frac{Ze^2}{4\pi}$$

annimmt. Einsetzen in Gl. (18.77) liefert für die quantisierten Energien des Coulomb-Problems

$$\begin{aligned} E_n &= -2m\omega_n^2 \\ &= -2m\left(\frac{Ze^2}{4\pi}\right)^2\left(\frac{1}{2n\hbar}\right)^2 \\ &= -\frac{1}{2}mc^2\left(\frac{e^2}{4\pi c}\right)^2\frac{Z^2}{n^2} \\ &= -R\frac{Z^2}{n^2}, \end{aligned}$$

wobei R die Rydberg-Konstante (18.8) und n (18.85) die Hauptquantenzahl ist. Dies sind die exakten Eigenenergien (18.23) des Coulomb-Problems.

Auch die klassische Wirkung für eine Punktladung im Coulomb-Potential nimmt in den Variablen u_μ die Form des vierdimensionalen harmonischen Oszillators an und das zugehörige Funktionalintegral kann exakt ausgeführt werden.

19 Störungstheorie

Nur die wenigsten realistischen quantenmechanischen Probleme sind exakt lösbar, wie z. B. der harmonische Oszillator oder das Wasserstoff-Atom. In den meisten Fällen, wo eine strenge Lösung nicht möglich ist, ist man auf Näherungsverfahren angewiesen.

Mit der fortschreitenden Entwicklung der Computertechnik gewinnen *numerische Lösungen* immer mehr an Bedeutung. Auch wenn es gelingt, ein Problem numerisch mit sehr hoher Genauigkeit zu lösen, ist die erhaltene Lösung oft physikalisch wenig transparent und ein analytisches Verständnis des Problems, sei es auch nur näherungsweise, wäre oft der numerischen Lösung vorzuziehen.

In einigen Fällen, wo die Bewegung annähernd klassisch verläuft, ist eine *semiklassische* – und damit vereinfachte – *Beschreibung* möglich. Die semiklassische Beschreibung ist vor allem dann angebracht, wenn die Wellenlänge des betrachteten Teilchens klein im Verhältnis zur charakteristischen Längenskala der Trajektorie ist. (Für Wellenlängen, die klein sind im Verhältnis zur Ausdehnung der Trajektorie, sind die Quantenzustände gut lokalisiert und das Konzept einer klassischen Trajektorie ist sinnvoll.) Die semiklassische Beschreibung ist deshalb vor allem für große Quantenzahlen sinnvoll. Aber auch selbst die semiklassische Beschreibung lässt sich in den meisten realistischen Fällen, wo eine dreidimensionale Bewegung vorliegt, nicht streng durchführen, d. h. die zugrunde liegenden klassischen Bewegungsgleichungen sind nicht analytisch integrabel.

Oftmals lässt sich ein gegebenes Problem jedoch durch *starke Vereinfachung* auf ein *exakt lösbares* Problem zurückführen und die Lösung des vereinfachten Problems liefert bereits qualitative Aussagen über das kompliziertere Problem. Leider kann jedoch eine solche Vereinfachung des Problems auch wesentliche Eigenschaften eliminieren, selbst wenn die vernachlässigten Terme im Hamilton-Operator klein gegenüber dem vereinfachten Hamilton-Operator H_0 sind. Die vernachlässigten Terme des Hamilton-Operators werden als *Störung* bezeichnet. Diese können allerdings, wenn sie z. B. eine Symmetrie des ungestörten Hamilton-Operators H_0 brechen, sehr drastische Konsequenzen für das Eigenwertspektrum besitzen. In solchen Fällen ist es wünschenswert, den Effekt dieser Störung zumindest genähert zu berücksichtigen, da sie auf qualitativ neue Phänomene führen kann. Im Folgenden wollen wir eine allgemeine Methode entwickeln, die es erlaubt, systematisch (die durch die Störung hervorgerufenen) Korrekturen zum ungestörten Problem zu berechnen. Diese Methode wird als *Störungstheorie* bezeichnet.

Zur Entwicklung der Störungstheorie setzen wir voraus, dass sich der Hamilton-Operator des zu untersuchenden Systems in ein *exakt lösbares Problem*, was durch einen Hamilton-Operator H_0 beschrieben wird, und eine „kleine" Störung H_1 aufspalten lässt:

$$H = H_0 + H_1 ,$$

https://doi.org/10.1515/9783111268255-019

wobei wir später sehen werden, was in diesem Kontext „klein" bedeutet. Im Folgenden wollen wir uns zunächst auf die stationäre Störungstheorie beschränken, deren Ziel es ist, die stationären Zustände eines gestörten Systems zu bestimmen. In vielen Fällen bezeichnet H_0 den Hamilton-Operator eines abgeschlossenen Systems, dessen Lösung bekannt ist, und H_1 eine von außen angelegte Störung. Durch die von außen angelegte Störung, z. B. in Form eines äußeren elektromagnetischen Feldes, kann das durch H_0 beschriebene System Übergänge zwischen einzelnen stationären Zuständen von H_0 ausführen, deren Wahrscheinlichkeit sich berechnen lässt, sofern die exakte Wellenfunktion des Systems bekannt ist. In den meisten Fällen ist jedoch das von außen angelegte Feld klein gegenüber dem Hamilton-Operator des geschlossenen Systems und die Übergangswahrscheinlichkeit lässt sich sehr vorteilhaft mithilfe der Störungstheorie berechnen. Dies ist insbesondere bei Problemen wie den elektromagnetischen Übergängen in einem Atomkern der Fall. Die Energieniveaus des Atomkerns werden durch die starke Wechselwirkung bestimmt, während die Übergänge zwischen ihnen durch ein elektromagnetisches Feld induziert werden, das sehr viel schwächer ist als die starke Wechselwirkung.

19.1 Stationäre Störungstheorie

Zur Berechnung der stationären Zustände eines Systems setzen wir in der Störungstheorie voraus, dass die Lösungen des ungestörten Problems bekannt sind:

$$H_0|n\rangle = E_n^{(0)}|n\rangle\,. \tag{19.1}$$

Aus didaktischen Gründen ziehen wir aus der Störung explizit einen kleinen Parameter λ heraus und schreiben diese als:

$$H_1 = \lambda V\,,$$

also

$$\boxed{H(\lambda) = H_0 + \lambda V\,.}$$

Man beachte, dass der Störoperator V nicht notwendigerweise ein Potential sein muss.

Gesucht sind die stationären Zustände des gestörten Problems

$$H(\lambda)|\varphi_n(\lambda)\rangle = E_n(\lambda)|\varphi_n(\lambda)\rangle\,.$$

Für $\lambda \longrightarrow 0$ gehen die gestörten Eigenwerte und Eigenfunktionen offenbar in die ungestörten über:

$$E_n(\lambda = 0) = E_n^{(0)}\,,$$

$$|\varphi_n(\lambda = 0)\rangle = |\varphi_n^{(0)}\rangle := |n\rangle .$$

Die störungstheoretische Berechnung der Energieeigenzustände ist vor allem für den diskreten Teil des Spektrums (d. h. für gebundene Zustände) relevant, da die einzelnen Zustände des kontinuierlichen Teils des Spektrums ohnehin experimentell nicht aufgelöst werden können.[1] Aus diesem Grunde beschränken wir uns im Folgenden auf Zustände des diskreten Spektrums, welches der Einfachheit halber zunächst *nicht entartet* sein soll. Den Fall der Entartung werden wir in Abschnitt 19.2 separat behandeln.

Für kleine Störungen können wir die Lösung des Eigenwertproblems sicherlich in Form einer Entwicklung nach Potenzen der Störung suchen:

$$\boxed{\begin{aligned} E_n(\lambda) &= E_n^{(0)} + \lambda E_n^{(1)} + \lambda^2 E_n^{(2)} + \lambda^3 E_n^{(3)} + \cdots , \\ |\varphi_n(\lambda)\rangle &= |\varphi_n^{(0)}\rangle + \lambda|\varphi_n^{(1)}\rangle + \lambda^2|\varphi_n^{(2)}\rangle + \lambda^3|\varphi_n^{(3)}\rangle + \cdots . \end{aligned}} \tag{19.2}$$

Wenn wir nur endlich viele Terme dieser Reihenentwicklung einschließen, erhalten wir offenbar Näherungsausdrücke, die umso besser sind, je schneller die Störreihe konvergiert. Das Ziel der Störungstheorie ist die Bestimmung der Entwicklungskoeffizienten in der Störreihe. Dazu setzen wir die Störentwicklungen für Energieeigenwert und -eigenfunktion in die Schrödinger-Gleichung ein. Dies liefert:

$$\begin{aligned} &(H_0 + \lambda V)(|\varphi_n^{(0)}\rangle + \lambda|\varphi_n^{(1)}\rangle + \lambda^2|\varphi_n^{(2)}\rangle + \lambda^3|\varphi_n^{(3)}\rangle + \cdots) \\ &\quad = (E_n^{(0)} + \lambda E_n^{(1)} + \lambda^2 E_n^{(2)} + \lambda^3 E_n^{(3)} + \cdots)(|\varphi_n^{(0)}\rangle + \lambda|\varphi_n^{(1)}\rangle + \lambda^2|\varphi_n^{(2)}\rangle + \lambda^3|\varphi_n^{(3)}\rangle + \cdots) . \end{aligned}$$

Da die verschiedenen Potenzen λ^n linear unabhängige Funktionen sind, kann die obige Gleichung nur richtig sein, wenn sie für jede einzelne Potenz von λ unabhängig erfüllt ist. Vergleichen wir die Koeffizienten der einzelnen Potenzen von λ, so finden wir für die ersten Terme:

$$\begin{aligned} \lambda^0 &: \quad (H_0 - E_n^{(0)})|\varphi_n^{(0)}\rangle = o , \\ \lambda^1 &: \quad (H_0 - E_n^{(0)})|\varphi_n^{(1)}\rangle = (E_n^{(1)} - V)|\varphi_n^{(0)}\rangle , \\ \lambda^2 &: \quad (H_0 - E_n^{(0)})|\varphi_n^{(2)}\rangle = (E_n^{(1)} - V)|\varphi_n^{(1)}\rangle + E_n^{(2)}|\varphi_n^{(0)}\rangle , \\ \lambda^3 &: \quad (H_0 - E_n^{(0)})|\varphi_n^{(3)}\rangle = (E_n^{(1)} - V)|\varphi_n^{(2)}\rangle + E_n^{(2)}|\varphi_n^{(1)}\rangle + E_n^{(3)}|\varphi_n^{(0)}\rangle . \end{aligned} \tag{19.3}$$

Die Terme der Ordnung λ^0 reproduzieren natürlich das ungestörte Problem.

Aus den obigen Gleichungen lassen sich unmittelbar zwei allgemeine Aussagen gewinnen:

---

1 Für solche Streuzustände sind andere Größen, wie z. B. die *Zustandsdichte* relevant.

1. Zu jedem der $|\varphi_n^{(k)}\rangle$ auf den linken Seiten der obigen Gleichungen können wir ein beliebiges Vielfaches der ungestörten Wellenfunktion $|\varphi_n^{(0)}\rangle$ addieren, ohne den Wert der linken Seite zu verändern. Dies bedeutet, dass durch die obigen Gleichungen (19.3) die Zustände $|\varphi_n^{(k)}\rangle$ nur bis auf ein Vielfaches der ungestörten Wellenfunktion $|\varphi_n^{(0)}\rangle$ bestimmt sind. Diese Freiheit können wir ausnutzen, um die $|\varphi_n^{(k>0)}\rangle$ orthogonal zu den $|\varphi_n^{(0)}\rangle = |n\rangle$ zu wählen:[2]

$$\langle n|\varphi_n^{(k)}\rangle = 0\,, \quad k > 0\,. \tag{19.4}$$

Es ist zweckmäßig, die ungestörte Wellenfunktion als normiert vorauszusetzen:

$$\langle n|n\rangle = 1\,. \tag{19.5}$$

Die ungestörten Wellenfunktionen $|n\rangle$ als Eigenfunktionen des hermiteschen Operators H_0 bilden mit dieser Normierung ein vollständiges Orthonormalsystem:

$$\sum_n |n\rangle\langle n| = \hat{1}\,, \quad \langle n|m\rangle = \delta_{nm}\,.$$

Falls die Störreihe konvergiert, ist die gestörte Wellenfunktion $\varphi_n(\lambda)$ sicherlich nicht orthogonal zur ungestörten $|n\rangle$, da die gestörte für $\lambda \to 0$ stetig in die ungestörte übergeht, d. h. i. A. wird deshalb $\langle n|\varphi_n(\lambda)\rangle \neq 0$ gelten. In der Tat finden wir durch Multiplikation von (19.2) mit $\langle n|$ unter Beachtung von (19.4) und (19.5) für die gestörte Wellenfunktion

$$\langle n|\varphi_n(\lambda)\rangle = 1\,.$$

Für die diskreten Eigenwerte kann die aus der Störreihe gewonnene Wellenfunktion $|\varphi_n(\lambda)\rangle$ im Nachhinein auf 1 normiert werden.

2. Das Skalarprodukt der linken Seite der Gln. (19.3) mit der ungestörten Eigenfunktion $\langle\varphi_n^{(0)}| = \langle n|$ verschwindet wegen (19.1). Folglich muss auch das Skalarprodukt der rechten Seite mit $\langle n|$ verschwinden. Hieraus erhalten wir mit (19.4) und (19.5):

$$E_n^{(k)} = \langle n|V|\varphi_n^{(k-1)}\rangle\,. \tag{19.6}$$

Damit verlangt die Berechnung der Energie zu einer Ordnung $k > 0$ nur die Berechnung der Wellenfunktion zur nächstniedrigeren Ordnung $k-1$.
Da die ungestörten Zustände $|m\rangle$ ein vollständiges Orthonormalsystem bilden, können wir die Korrekturen der Wellenfunktion $|\varphi_n^{(k)}\rangle$ nach den $|\varphi_m^{(0)}\rangle = |m\rangle$ entwickeln:

$$|\varphi_n^{(k)}\rangle = \sum_{m\neq n} |m\rangle\langle m|\varphi_n^{(k)}\rangle\,. \tag{19.7}$$

Der Zustand $|m = n\rangle$ tritt wegen der Bedingung (19.4) in dieser Entwicklung nicht auf.

Im Folgenden berechnen wir die führenden Korrekturen zur Energie und Wellenfunktion. Aus Gl. (19.6) folgt unmittelbar für $k = 1$

2 Dies ist sofort einzusehen, denn falls $\langle n|\varphi_n^{(k)}\rangle \neq 0$, so erfüllt der Zustand

$$|\bar{\varphi}_n^{(k)}\rangle = |\varphi_n^{(k)}\rangle + \alpha|n\rangle$$

die Bedingung $\langle n|\bar{\varphi}_n^{(k)}\rangle = 0$, wenn $\alpha = -\langle n|\varphi_n^{(k)}\rangle/\langle n|n\rangle$ gewählt wird.

$$\boxed{E_n^{(1)} = \langle n|V|n\rangle\,.} \tag{19.8}$$

In der Störungstheorie erster Ordnung ist damit die Korrektur zur Energie durch den Erwartungswert der Störung in den ungestörten Zuständen gegeben. Von diesem einfachen Resultat wird sehr oft Gebrauch gemacht.

Zur Bestimmung der Korrekturen erster Ordnung zur Wellenfunktion projizieren wir die Gleichung der Ordnung λ^1 auf die ungestörten Zustände $|m\rangle$, d. h. wir multiplizieren von links mit $\langle\varphi_m^{(0)}| = \langle m|$:

$$(E_m^{(0)} - E_n^{(0)})\langle m|\varphi_n^{(1)}\rangle = E_n^{(1)}\langle m|n\rangle - \langle m|V|n\rangle\,. \tag{19.9}$$

Wählen wir hier $m = n$, so erhalten wir wieder das bereits oben gefundene Ergebnis (19.8). Wählen wir in (19.9) $m \neq n$, so erhalten wir wegen $\langle m|n\rangle = 0$:

$$\langle m|\varphi_n^{(1)}\rangle = \frac{\langle m|V|n\rangle}{E_n^{(0)} - E_m^{(0)}}\,.$$

Damit finden wir aus (19.7) für die Korrektur der Wellenfunktion in der Störungstheorie erster Ordnung

$$\boxed{|\varphi_n^{(1)}\rangle = \sum_{m\neq n} |m\rangle \frac{\langle m|V|n\rangle}{E_n^{(0)} - E_m^{(0)}}\,.} \tag{19.10}$$

Analog lassen sich die Korrekturen höherer Ordnung sukzessiv bestimmen. Die Korrektur zweiter Ordnung zur Energie ist nach (19.6) durch

$$E_n^{(2)} = \langle n|V|\varphi_n^{(1)}\rangle$$

gegeben. Setzen wir für die $|\varphi_n^{(1)}\rangle$ den oben gefundenen Wert (19.10) ein, so erhalten wir schließlich für die Energiekorrekturen zweiter Ordnung:

$$\boxed{E_n^{(2)} = \sum_{m\neq n} \frac{|\langle n|V|m\rangle|^2}{E_n^{(0)} - E_m^{(0)}}\,.} \tag{19.11}$$

Für den Grundzustand $|n = 0\rangle$ ist die Korrektur zweiter Ordnung stets negativ. Bei vergleichbaren Matrixelementen der Störung liefern benachbarte Energieniveaus wegen der Kleinheit der Energienenner offenbar die dominanten Beiträge zur Summe (19.11). Die Energiekorrektur zweiter Ordnung wird sehr groß, wenn zwei dicht benachbarte ungestörte Energieniveaus vorliegen. Dies signalisiert den Zusammenbruch der obigen Störungstheorie bei Entartung.

Den Parameter λ hatten wir oben formal nur eingeführt, um in der Störreihe die Ordnung der einzelnen Terme bezüglich der Störung leichter identifizieren zu können. Im Folgenden werden wir wieder $\lambda = 1$ setzen. Die oben dargelegte Störentwicklung wird als *Rayleigh-Schrödinger-Störungstheorie* bezeichnet.

19.2 Störungstheorie für zwei dicht benachbarte Niveaus

Wie aus dem Ausdruck (19.11) für die Korrektur der Energie in zweiter Ordnung bereits ersichtlich ist, bricht die Störreihe zusammen, wenn zwei oder mehrere ungestörte Niveaus sehr dicht beieinanderliegen, also insbesondere bei Entartung. Im Folgenden wollen wir exemplarisch den Fall zweier dicht benachbarter Niveaus behandeln, die auch streng entartet sein dürfen.

Den Hamilton-Operator zerlegen wir wieder in einen einfach behandelbaren Operator H_0 und in eine Störung

$$H = H_0 + V .$$

Wir bezeichnen die beiden dicht benachbarten Eigenzustände von H_0 mit $|\varphi_1^{(0)}\rangle$ und $|\varphi_2^{(0)}\rangle$. Die zugehörigen Energien seien $E_1^{(0)}$ und $E_2^{(0)}$. Die übrigen Eigenwerte $E_{n\neq 1,2}^{(0)}$ sollen weit genug von diesen entfernt liegen, sodass sie nicht zu kleinen Energienennern führen können. Des Weiteren nehmen wir an, dass das Matrixelement der Störung zwischen den beiden dicht benachbarten Zuständen

$$\Delta := \langle\varphi_1^{(0)}|V|\varphi_2^{(0)}\rangle$$

nicht verschwindet, $\Delta \neq 0$.

---

i Falls $\langle\varphi_1^{(0)}|V|\varphi_2^{(0)}\rangle = 0$, so treten die „gefährlichen" Terme mit dem kleinen Energienenner $E_1^{(0)} - E_2^{(0)}$ in der Störreihe (siehe z. B. (19.11)) nicht auf und die gewöhnliche Störungstheorie ist anwendbar. Man sagt in diesem Fall auch, dass die beiden dicht benachbarten Zustände durch die Störung nicht *gemischt* werden. Im Fall der Entartung wird diese dann durch die Störung nicht aufgehoben. Im allgemeinen Fall, d. h. $\Delta \neq 0$, wird jedoch die Störung die (Nahezu-)Entartung aufheben. Dabei kann es auch zu Überschneidungen verschiedener Energieniveaus kommen (siehe Abb. 19.1).

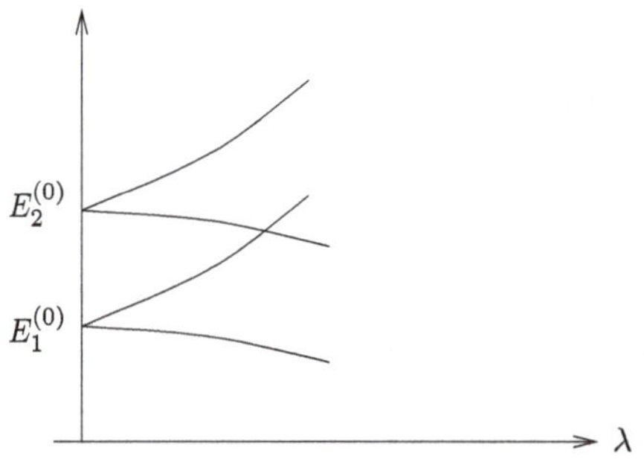

Abb. 19.1: Aufspaltung der ungestörten Energieniveaus durch die Störung.

Wir interessieren uns für das Schicksal der beiden dicht benachbarten, ungestörten Zustände, wenn die Störung eingeschaltet wird. Da zum einen die übrigen weit entfernten Niveaus (wegen ihrer großen Energienenner, siehe Gln. (19.10), (19.11)) keinen großen Einfluss ausüben können, zum anderen aber die Störungstheorie für die beiden dicht benachbarten Niveaus versagt, werden wir die Störung im Unterraum der beiden dicht benachbarten Zustände exakt diagonalisieren. Für die gestörte Wellenfunktion wählen wir deshalb den Ansatz

$$|\varphi\rangle = a|\varphi_1^{(0)}\rangle + b|\varphi_2^{(0)}\rangle .$$

Setzen wir diesen Ansatz in die stationäre Schrödinger-Gleichung

$$H|\varphi\rangle = E|\varphi\rangle$$

ein und multiplizieren die Gleichung von links nacheinander mit den beiden ungestörten Bra-Eigenvektoren $\langle\varphi_1^{(0)}|$, $\langle\varphi_2^{(0)}|$, so reduziert sich die stationäre Schrödinger-Gleichung auf das folgende zweidimensionale Eigenwertproblem

$$\begin{pmatrix} H_{11} - E & H_{12} \\ H_{21} & H_{22} - E \end{pmatrix} \begin{pmatrix} a \\ b \end{pmatrix} = \begin{pmatrix} 0 \\ 0 \end{pmatrix} . \tag{19.12}$$

Hierbei haben wir die Orthonormiertheit der $|\varphi_{i=1,2}^{(0)}\rangle$ benutzt und die Matrixelemente des Hamilton-Operators als

$$H_{ij} := \langle\varphi_i^{(0)}|H|\varphi_j^{(0)}\rangle = \langle i|H|j\rangle = \begin{cases} E_i^{(0)} + V_{ii}, & i = j , \\ V_{ij}, & i \neq j \end{cases}$$

mit

$$V_{ij} = \langle i|V|j\rangle$$

geschrieben. Mit den Abkürzungen

$$\epsilon_i = H_{ii} , \quad \Delta = V_{12} = V_{21}^*$$

führt die Lösbarkeitsbedingung des homogenen Gleichungssystems (19.12) auf die *Säkulargleichung*

$$\begin{vmatrix} \epsilon_1 - E & \Delta \\ \Delta^* & \epsilon_2 - E \end{vmatrix} = 0 ,$$

welche eine quadratische Gleichung für die Energieeigenwerte ist, deren beide Lösungen durch

$$\boxed{E_\pm = \frac{\epsilon_1 + \epsilon_2}{2} \pm \sqrt{\left(\frac{\epsilon_1 - \epsilon_2}{2}\right)^2 + |\Delta|^2}} \tag{19.13}$$

gegeben sind.

Die oben durch Diagonalisierung gewonnenen Ausdrücke für die Energie sind auch im Falle dicht benachbarter Niveaus bzw. im Falle der Entartung gültig, wenn die gewöhnliche Störungstheorie versagt.

In Abb. 19.2 sind die exakten (gestörten) Energieniveaus $E_\pm$ und die Erwartungswerte des vollen Hamilton-Operators H in den ungestörten Zuständen, $\epsilon_{1/2}$, als Funktion von $\delta = \epsilon_1 - \epsilon_2$ aufgetragen. Man beachte den Zusammenhang

$$E_\pm(\Delta = 0) = \frac{\epsilon_1 + \epsilon_2}{2} \pm \frac{\delta}{2} = \epsilon_{1/2}\,.$$

Während sich die Energien $\epsilon_{1/2}$ im Entartungspunkt $\delta = 0$ kreuzen, besteht zwischen den gestörten Energieniveaus $E_\pm$ eine endliche Energielücke. Man spricht in diesem Zusammenhang von einer *Niveauabstoßung* der gestörten Zustände.

Der oben behandelte Fall zweier dicht benachbarter Niveaus lässt sich direkt auf den Fall mehrerer dicht benachbarter Niveaus verallgemeinern. Im Falle mehrerer sol-

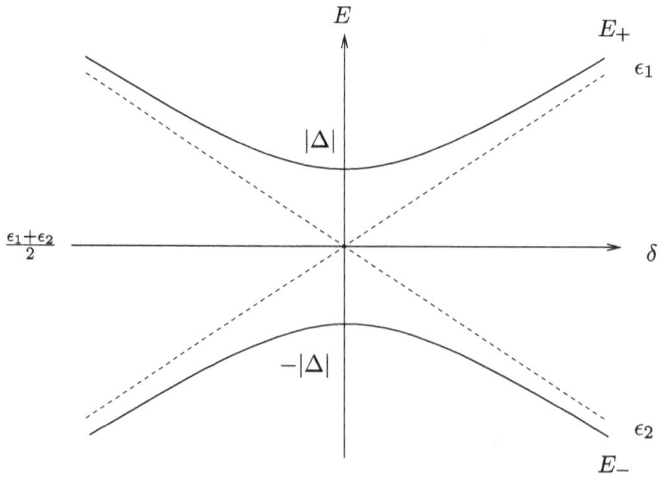

Abb. 19.2: Aufspaltung der dicht benachbarten Niveaus durch die Störung. Die durchgezogenen Kurven sind die exakten Energieniveaus $E_\pm$, die gestrichelten Linien zeigen die Erwartungswerte $\epsilon_{1/2}$ des vollen Hamilton-Operators H in den ungestörten Zuständen. (Die $\epsilon_{i=1,2}$ sind gerade die Energien in der Störungstheorie erster Ordnung.)

cher Niveaus muss der Hamilton-Operator in dem Hilbert-Raum, der von diesen Zuständen aufgespannt wird, diagonalisiert werden.

In praktischen Anwendungen der Störungstheorie bei Entartung empfiehlt es sich, die Diagonalelemente der Störung mit in den ungestörten Hamilton-Operator einzubeziehen, d. h. der Hamilton-Operator $H = H_0 + V$ wird umgeordnet zu:

$$H = H_0' + V' ,$$

wobei

$$\begin{aligned} H_0' &= H_0 + \sum_k |k\rangle\langle k|V|k\rangle\langle k| , \\ V' &= V - \sum_k |k\rangle\langle k|V|k\rangle\langle k| . \end{aligned}$$

In der Tat gilt dann:

$$\langle k|V'|k\rangle = 0$$

und die Eigenwerte von H_0' sind durch

$$E_n' = E_n^{(0)} + \langle n|V|n\rangle$$

mit den Eigenwerten $E_i^{(0)}$ von H_0 verknüpft.

Abschließend zeigen wir noch, wie aus der oben angegebenen exakten Behandlung zweier benachbarter Niveaus die im vorigen Abschnitt besprochene gewöhnliche Störentwicklung (Rayleigh-Schrödinger-Störungstheorie) hervorgeht, wenn die Energiedifferenz der beiden benachbarten Zustände groß im Vergleich zum Matrixelement der Störung zwischen diesen beiden Zuständen ist:

$$\frac{\epsilon_1 - \epsilon_2}{2} \gg |\Delta| .$$

In der Tat, entwickeln wir das oben erhaltene Ergebnis (19.13) für die beiden Energieeigenwerte nach Potenzen von $\Delta/(\epsilon_1 - \epsilon_2)$, so erhalten wir in unterster nicht-trivialer Ordnung:

$$\begin{aligned} E_\pm &= \frac{\epsilon_1 + \epsilon_2}{2} \pm \frac{\epsilon_1 - \epsilon_2}{2}\left[1 + \frac{1}{2}\left(\frac{2}{\epsilon_1 - \epsilon_2}\right)^2 |\Delta|^2 + \cdots\right] \\ &= \epsilon_{1/2} \pm \frac{|\Delta|^2}{\epsilon_1 - \epsilon_2} . \end{aligned}$$

Setzen wir hier die explizite Form der Diagonalelemente $\epsilon_{1/2}$ des Hamilton-Operators ein, so nehmen die gestörten Energieeigenwerte folgende Gestalt an:

$$E_+ = E_1^{(0)} + \langle \varphi_1^{(0)} | V | \varphi_1^{(0)} \rangle + \frac{|V_{12}|^2}{E_1^{(0)} + V_{11} - (E_2^{(0)} + V_{22})} ,$$
$$E_- = E_2^{(0)} + \langle \varphi_2^{(0)} | V | \varphi_2^{(0)} \rangle + \frac{|V_{21}|^2}{E_2^{(0)} + V_{22} - (E_1^{(0)} + V_{11})} .$$

Beschränken wir uns auf Terme bis einschließlich zweiter Ordnung in der Störung V, so können wir in den Energienennern die Störung gegenüber den ungestörten Energien vernachlässigen, und die obigen Ausdrücke gehen in das Resultat der Störungstheorie zweiter Ordnung über, siehe Gln. (19.8), (19.11).

19.3 Anwendung der Störungstheorie: Grundzustandsenergie des Helium-Atoms

Als illustratives Anwendungsbeispiel der stationären Störungstheorie wollen wir im Folgenden die Grundzustandsenergie des Helium-Atoms oder allgemein von $(Z-2)$-fach ionisierten Atomen berechnen. Solche Atome bestehen aus einem Z-fach positiv geladenen Atomkern und zwei negativ geladenen Elektronen (Abb. 19.3).

Da die Wechselwirkung zwischen Elektronen und Atomkern anziehend, die zwischen den beiden Elektronen jedoch abstoßend ist, halten sich die Elektronen näher am Atomkern als beieinander auf. Da außerdem die elektrische Ladung des Atomkerns $eZ \geq 2e$ (betragsmäßig) größer als die eines Elektrons ist, sollte die Wechselwirkung zwischen den beiden Elektronen wesentlich kleiner sein als die zwischen Elektronen und Atomkern. Folglich sollte die Elektron-Elektron-Wechselwirkung mithilfe der Störungstheorie behandelbar sein.

Da der Atomkern sehr viel schwerer als die Elektronen ist, können wir den Atomkern als unendlich schwer, d. h. als ruhend, annehmen und damit seine kinetische Energie vernachlässigen. Legen wir den Atomkern in den Koordinatenursprung und bezeichnen die Koordinaten der beiden Elektronen mit $\boldsymbol{x}_1$ und $\boldsymbol{x}_2$, so ist der Hamilton-Operator der Helium-ähnlichen Ionen durch

$$H(\boldsymbol{x}_1, \boldsymbol{x}_2) = H_0(\boldsymbol{x}_1) + H_0(\boldsymbol{x}_2) + V_c(\boldsymbol{x}_1, \boldsymbol{x}_2) \tag{19.14}$$

gegeben. Hierbei bezeichnet

$$H_0(\boldsymbol{x}) = \frac{\boldsymbol{p}^2}{2m} - \frac{Ze^2}{4\pi|\boldsymbol{x}|} \tag{19.15}$$

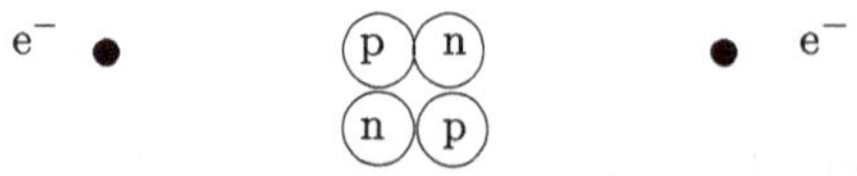

Abb. 19.3: Schematische Darstellung des He-Atoms.

den Hamilton-Operator für die Bewegung eines einzelnen Elektrons im Feld des (unendlich schweren) Atomkerns, dessen Spektrum wir im Zusammenhang mit der Behandlung des Wasserstoff-Atoms exakt berechnet haben. Ferner ist

$$V_c(\boldsymbol{x}_1, \boldsymbol{x}_2) = \frac{e^2}{4\pi|\boldsymbol{x}_1 - \boldsymbol{x}_2|}$$

die Coulomb-Wechselwirkung zwischen den beiden Elektronen. Ohne diese Wechselwirkung hätten wir ein exakt lösbares Problem zweier unabhängiger Teilchen. Wir wählen deshalb den ungestörten Hamilton-Operator als

$$H_0(\boldsymbol{x}_1, \boldsymbol{x}_2) = H_0(\boldsymbol{x}_1) + H_0(\boldsymbol{x}_2) \tag{19.16}$$

und die Coulomb-Wechselwirkung zwischen den Elektronen als Störung:

$$H_1(\boldsymbol{x}_1, \boldsymbol{x}_2) = V_c(\boldsymbol{x}_1, \boldsymbol{x}_2)\,.$$

Das ungestörte Zweiteilchenproblem

$$H_0(\boldsymbol{x}_1, \boldsymbol{x}_2)\varphi^{(0)}_{n_1 n_2}(\boldsymbol{x}_1, \boldsymbol{x}_2) = E^{(0)}_{n_1 n_2}\varphi^{(0)}_{n_1 n_2}(\boldsymbol{x}_1, \boldsymbol{x}_2)$$

lässt sich durch den Separationsansatz

$$\varphi^{(0)}_{n_1 n_2}(\boldsymbol{x}_1, \boldsymbol{x}_2) = \varphi_{n_1}(\boldsymbol{x}_1)\varphi_{n_2}(\boldsymbol{x}_2) \tag{19.17}$$

exakt lösen, was auf die Energieeigenwerte

$$E^{(0)}_{n_1 n_2} = E_{n_1} + E_{n_2}$$

führt. Hierbei sind $\varphi_n(\boldsymbol{x})$ und E_n die Wellenfunktion bzw. der Energieeigenwert des ungestörten Einteilchenproblems, d. h. die des Wasserstoff-Atoms, jedoch mit $Z > 1$:

$$H_0(\boldsymbol{x})\varphi_n(\boldsymbol{x}) = E_n\varphi_n(\boldsymbol{x})\,.$$

Im Folgenden interessieren wir uns für die Grundzustandsenergie des Helium-ähnlichen Atoms. Wir nehmen dazu an, dass die ungestörten Elektronen die beiden im Spin entarteten Zustände niedrigster Energie besetzen, für die $n = 1$ und $l = n - 1 = 0$ gilt.[3] Die Grundzustandswellenfunktion des Wasserstoff-ähnlichen Atoms ist durch (18.27)

---

3 Die Spin-Entartung wird allerdings durch die Störung aufgehoben, wie im Band 2 im Rahmen der Vielteilchentheorie noch genauer untersucht wird. Dort wird gezeigt, dass der Produktansatz (19.17) in der Tat den Grundzustand (*Parahelium*) liefert.

$$\varphi_{n=1,l=0,m=0}(\boldsymbol{x}) = \frac{1}{\sqrt{\pi \bar{a}^3}} \exp\left(-\frac{r}{\bar{a}}\right), \quad \bar{a} = \frac{a}{Z}$$

gegeben, wobei a der Bohr'sche Atomradius (18.7) ist. Die zugehörige Energie lautet (siehe Gl. (18.23)):

$$E_{n=1} = -Z^2 R\,.$$

Hierbei bezeichnet R die Rydberg-Konstante (18.9). Für die ungestörte Energie des Zweiteilchensystems erhalten wir damit:

$$E^{(0)}_{n_1=1,n_2=1} = 2E_{n=1} = -2Z^2 R$$

und die ungestörte Wellenfunktion nimmt die explizite Gestalt

$$\varphi^{(0)}(\boldsymbol{x}_1, \boldsymbol{x}_2) = \varphi_{100}(\boldsymbol{x}_1)\varphi_{100}(\boldsymbol{x}_2) = \frac{1}{\pi \bar{a}^3} \exp\left(-\frac{r_1 + r_2}{\bar{a}}\right) \tag{19.18}$$

an. Setzen wir diese Wellenfunktion in den Ausdruck für die Korrektur zur Energie in der Störungstheorie erster Ordnung (19.8) ein, so erhalten wir:

$$E^{(1)} = \langle \varphi^{(0)} | H_1 | \varphi^{(0)} \rangle = \int d^3x_1 \int d^3x_2 \, \frac{\rho(\boldsymbol{x}_1)\rho(\boldsymbol{x}_2)}{4\pi |\boldsymbol{x}_1 - \boldsymbol{x}_2|} = \int d^3x_1 \, \rho(\boldsymbol{x}_1) U(\boldsymbol{x}_1)\,, \tag{19.19}$$

wobei

$$\rho(\boldsymbol{x}) = -e|\varphi_{100}(\boldsymbol{x})|^2 = -\frac{e}{\pi \bar{a}^3} \exp\left(-\frac{2r}{\bar{a}}\right) = \rho(r)$$

die quantenmechanische Ladungsverteilung eines Elektrons im Grundzustand des Wasserstoff-ähnlichen Atoms und $U(\boldsymbol{x})$ das mittlere Feld ist, dass eines der beiden Elektronen für das andere (aufgrund ihrer Coulomb-Wechselwirkung) erzeugt.

Da die Ladungsdichte $\rho(r)$ nur vom Radius abhängt, empfiehlt es sich, zur Berechnung der Integrale in (19.19) sphärische Koordinaten zu benutzen. Wir erhalten dann:

$$E^{(1)} = \int_0^\infty dr_1 \, r_1^2 \rho(r_1) \int_0^\infty dr_2 \, r_2^2 \rho(r_2) \int_{S^2} d\Omega_1 \int_{S^2} d\Omega_2 \, \frac{1}{4\pi |\boldsymbol{x}_1 - \boldsymbol{x}_2|}\,.$$

Zur Berechnung der beiden Integrale über die Raumwinkel Ω_1 und Ω_2 verwenden wir die aus der klassischen Elektrodynamik bekannte Multipolentwicklung

$$\frac{1}{|\boldsymbol{x}_1 - \boldsymbol{x}_2|} = \sum_{l=0}^{\infty} \frac{r_<^l}{r_>^{l+1}} P_l(\cos\theta)\,, \quad P_l(\cos\theta) = \frac{4\pi}{2l+1} \sum_{m=-l}^{l} Y^*_{lm}(\Omega_1) Y_{lm}(\Omega_2)\,,$$

wobei $r_< = \min\{r_1, r_2\}$ und $r_> = \max\{r_1, r_2\}$. Benutzen wir ($Y_{00}(\Omega) = 1/\sqrt{4\pi}$):

$$\int_{S^2} d\Omega\, Y_{lm}(\Omega) = \sqrt{4\pi} \int_{S^2} d\Omega\, Y_{00}^*(\Omega) Y_{lm}(\Omega) = \delta_{l0}\delta_{m0}\sqrt{4\pi}\,,$$

so erhalten wir für das Integral über die Raumwinkel:

$$\int_{S^2} d\Omega_1 \int_{S^2} d\Omega_2 \frac{1}{4\pi|\boldsymbol{x}_1 - \boldsymbol{x}_2|} = \frac{4\pi}{r_>}\,.$$

Die verbleibenden Radialintegrale lassen sich elementar auswerten und wir erhalten für die Korrektur zur Grundzustandsenergie:

$$E^{(1)} \equiv \left\langle \varphi^{(0)} \middle| \frac{e^2}{4\pi|\boldsymbol{x}_1 - \boldsymbol{x}_2|} \middle| \varphi^{(0)} \right\rangle = \frac{5}{4} ZR\,. \tag{19.20}$$

Die Gesamtenergie des Grundzustandes beträgt damit in der Störungstheorie erster Ordnung:

$$E = E^{(0)} + E^{(1)} = -\left(2Z^2 - \frac{5}{4}Z\right)R\,.$$

In Tabelle 19.1 sind die aus der Störungstheorie gewonnenen numerischen Werte für die Grundzustandsenergie der $(Z-2)$-fach ionisierten Atome zusammen mit den experimentellen Energien für die Kernladungszahlen $Z = 2, 3, 4$ angegeben. Man erkennt, dass die Störungstheorie mit wachsendem Z immer besser wird

$$\frac{|E^{(1)}|}{|E^{(0)}|} = \frac{5}{8Z} \leq 0{,}3, \qquad Z \geq 2\,.$$

Dies entspricht unseren einleitenden qualitativen Betrachtungen, wonach mit wachsendem Z die Wechselwirkung der Elektronen mit dem Atomkern immer mehr die Wechselwirkung der Elektronen untereinander dominiert.

Tab. 19.1: Die Grundzustandsenergien der ersten $(Z-2)$-fach ionisierten Atome in erster Ordnung Störungstheorie. Sämtliche Energien sind in eV angegeben.

	Z	$E^{(0)}$	$E^{(1)}$	$E^{(0)} + E^{(1)}$	E_{exp}
He	2	−108	34	−74,8	−78,98
Li^+	3	−243,5	50,5	−193	−197,1
Be^{++}	4	−433	67,5	−365,5	−370,0

20 Das Ritz'sche Variationsverfahren

Die im vorangegangenen Kapitel erörterte Störungstheorie verlangt die Aufspaltung des betrachteten Systems in ein einfach zu behandelndes Modellsystem, dessen Lösung bekannt sein muss, und eine Störung, die gewöhnlich zu einer Mischung der Eigenzustände des Modellsystems führt. In vielen Fällen ist es jedoch nicht offensichtlich bzw. nicht leicht, ein einfaches Modellsystem zu finden, das eine gute Anfangsnäherung zum betrachteten System darstellt. Wir wollen deshalb im Folgenden eine alternative Methode angeben, die es erlaubt, genähert Eigenenergien und Eigenfunktionen des Hamilton-Operators eines beliebigen Systems zu berechnen.

20.1 Variationsverfahren zur Berechnung der Energieeigenzustände

Wir setzen voraus, dass *das Spektrum des Hamilton-Operators diskret und nach unten beschränkt ist.* Dann existiert ein minimaler endlicher Eigenwert E_0 von H, die Grundzustandsenergie, und der Grundzustand ist energetisch stabil. Sei ψ eine beliebige Wellenfunktion, d. h. eine beliebige Funktion des Hilbert-Raumes von H (nicht notwendigerweise eine Eigenfunktion von H), die wir der Einfachheit halber auf 1 normiert voraussetzen:

$$\langle\psi|\psi\rangle = 1 .$$

Dann gilt die folgende Beziehung:

$$\boxed{E_0 \leq \langle\psi|H|\psi\rangle ,} \tag{20.1}$$

die sich sehr einfach beweisen lässt. Zum Beweis beachten wir, dass die Eigenfunktionen $|\varphi_n\rangle$ des (hermiteschen) Hamilton-Operators,

$$H|\varphi_n\rangle = E_n|\varphi_n\rangle , \tag{20.2}$$

bei geeigneter Normierung ein vollständiges Orthonormalsystem

$$\langle\varphi_n|\varphi_m\rangle = \delta_{nm}$$

bilden. Wir können deshalb ψ nach diesen Eigenzuständen entwickeln,

$$|\psi\rangle = \sum_n c_n|\varphi_n\rangle , \tag{20.3}$$

wobei die Entwicklungskoeffizienten c_n aufgrund der Normierung von ψ der Bedingung

https://doi.org/10.1515/9783111268255-020

$$\langle\psi|\psi\rangle = \sum_n |c_n|^2 = 1 \tag{20.4}$$

genügen. Unter Benutzung der Gln. (20.2) bis (20.4) erhalten wir für den Erwartungswert des Hamilton-Operators im Zustand ψ:

$$\begin{aligned}\langle\psi|H|\psi\rangle &= \sum_{n,m} c_n^* c_m \langle\varphi_n|H|\varphi_m\rangle \\ &= \sum_{n,m} c_n^* c_m E_m \langle\varphi_n|\varphi_m\rangle \\ &= \sum_n |c_n|^2 E_n \geq E_0 \sum_n |c_n|^2 = E_0 \,.\end{aligned}$$

Das Gleichheitszeichen gilt offenbar nur dann, wenn $|\psi\rangle = |\varphi_0\rangle$, sodass von der Entwicklung (20.3) nur der Term mit $n = 0$ überlebt. Damit haben wir gezeigt, dass sich die Grundzustandsenergie als Minimum von $\langle\psi|H|\psi\rangle$ bei Variation der normierten Wellenfunktion ψ ergibt:

$$\boxed{E_0 = \min\langle\psi|H|\psi\rangle\,, \quad \langle\psi|\psi\rangle = 1\,.} \tag{20.5}$$

Diese Gleichung lässt sich zur genäherten Berechnung der Grundzustandsenergie benutzen. Dazu wählt man eine Testfunktion $\psi(\alpha, \beta, \ldots)$, die üblicherweise von einigen Parametern $\alpha, \beta, \ldots$ abhängt, und berechnet mit ihr den Erwartungswert des Hamilton-Operators

$$\langle\psi(\alpha, \beta, \ldots)|H|\psi(\alpha, \beta, \ldots)\rangle =: E(\alpha, \beta, \ldots)\,.$$

Die so definierte Energie $E(\alpha, \beta, \ldots)$ wird minimal für

$$\frac{\partial E}{\partial \alpha} = 0\,, \quad \frac{\partial E}{\partial \beta} = 0\,, \quad \ldots .$$

Die Lösung dieser Gleichungen, die wir mit $\alpha_0, \beta_0, \ldots$ bezeichnen, liefert uns aus der Klasse der Testfunktionen $\psi(\alpha, \beta, \ldots)$ die beste Näherung $\psi(\alpha_0, \beta_0, \ldots)$ zur exakten Wellenfunktion des Grundzustandes. Die minimale Energie $E(\alpha_0, \beta_0, \ldots)$ liefert nach (20.1) eine obere Schranke für die Energie des Grundzustandes.

Das oben beschriebene Verfahren zur genäherten Berechnung der Grundzustandsenergie wird als *Ritz'sches Variationsverfahren* bezeichnet. Es besitzt eine sehr große praktische Bedeutung für die genäherte Bestimmung der Grundzustandsenergie komplexer quantenmechanischer Systeme. Der Vorteil dieser Methode besteht darin, dass man zunächst mit einfachen Wellenfunktionen beginnen kann und anschließend die Klasse der Testfunktionen erweitert, indem z. B. zusätzliche Parameter eingebaut oder Linearkombination von mehreren Testfunktionen

$$\psi = \sum_i a_i \psi_i(\alpha_i, \beta_i, \ldots)$$

benutzt werden, wobei die Entwicklungskoeffizienten a_i ebenfalls als Variationsparameter betrachtet werden. Verkleinert sich die Energie durch Erweiterung der Testfunktionen, so wurde eine bessere Näherungslösung gefunden. Durch Erweiterung der Testfunktionen kann sich die Energie nur verkleinern und somit die erhaltene Näherungslösung nur verbessert werden und damit die obere Schranke der Energie nur verringert werden. Es gibt kein allgemeines Verfahren, geeignete Testwellenfunktion zu finden, sondern die Wahl der Testfunktion erfolgt in der Praxis nach eingehender qualitativer Analyse des vorliegenden Hamilton-Operators unter Beachtung seiner Symmetrien.

Je größer der Raum der Testfunktionen gewählt wird, desto besser ist die erhaltene Näherung, desto aufwendiger ist allerdings auch das Variationsverfahren. Wird der gesamte Hilbert-Raum bei der Variation zugelassen (siehe Abschnitt 20.3), so liefert das Variationsprinzip die exakte Wellenfunktion. Das Variationsprinzip lässt sich deshalb auch zur exakten Lösung der Schrödinger-Gleichung benutzen. Der Hilbert-Raum eines quantenmechanischen Systems ist i. A. bekannt, z. B. der Raum der über $\mathbb{R}$ quadratisch integrierbaren Funktionen. Wir wählen eine beliebige vollständige orthonormierte Basis in diesem Hilbert-Raum $\{\phi_n\}$, $\langle\phi_n|\phi_m\rangle = \delta_{nm}$, und entwickeln die Wellenfunktion nach dieser Basis:

$$|\psi\rangle = \sum_n c_n|\phi_n\rangle \,. \tag{20.6}$$

Die Variation der Energie

$$\langle\psi|H|\psi\rangle = \sum_{n,m} c_n^* c_m \langle\phi_n|H|\phi_m\rangle$$

nach den Entwicklungskoeffizienten c_n unter der Nebenbedingung

$$\langle\psi|\psi\rangle = \sum |c_n|^2 = 1$$

liefert wegen der Vollständigkeit der Basis $\{\phi_n\}$ das absolute Minimum der Energie und damit die exakte Wellenfunktion und Energie des Grundzustandes. Dieses Verfahren kann zur numerischen Lösung der Schrödinger-Gleichung benutzt werden, wobei die Summe in (20.6) natürlich auf eine endliche Anzahl von Termen eingeschränkt werden muss. Diese kann jedoch sukzessiv vergrößert werden, um die Genauigkeit der numerischen Lösung zu erhöhen.

Das Ritz'sche Variationsverfahren kann auch zur Bestimmung der angeregten Zustände benutzt werden. Sei ψ_0 die (exakte oder über das Variationsprinzip bestimmte genäherte) Grundzustandswellenfunktion. Die Energie E_1 des ersten angeregten Zustandes lässt sich dann aus dem Variationsproblem

$$E_1 = \min\langle\psi_1|H|\psi_1\rangle$$

mit den Nebenbedingungen

$$\langle\psi_1|\psi_1\rangle = 1\,,\quad \langle\psi_1|\psi_0\rangle = 0$$

bestimmen. Der Beweis erfolgt völlig analog zum Beweis des Variationsprinzipes für die Grundzustandsenergie. Wir werden später den Beweis in allgemeiner Form für beliebige Eigenzustände des Hamilton-Operators erbringen. In analoger Weise lässt sich der zweite angeregte Zustand aus dem Variationsprinzip

$$E_2 = \min\langle\psi_2|H|\psi_2\rangle$$

mit den Nebenbedingungen

$$\langle\psi_2|\psi_2\rangle = 1\,,\quad \langle\psi_2|\psi_0\rangle = 0\,,\quad \langle\psi_2|\psi_1\rangle = 0$$

bestimmen.

Obwohl sich das hier beschriebene Verfahren prinzipiell zu höheren angeregten Zuständen fortsetzen lässt, ist in der Praxis das Variationsverfahren auf die Berechnung des Grundzustandes und der untersten angeregten Zustände begrenzt, da der Fehler in der n-ten Wellenfunktion sich über die Orthogonalitätsbedingungen auf die $(n+1)$-te Wellenfunktion überträgt und somit die Fehler mit wachsendem n größer werden.

20.2 Beispiele zum Ritz'schen Variationsverfahren

Im Folgenden soll das Ritz'sche Variationsverfahren anhand einiger Beispiele illustriert werden.

20.2.1 Der harmonische Oszillator

Grundzustand und erster angeregter Zustand des harmonischen Oszillators sollen über das Variationsprinzip bestimmt werden. Der Hamilton-Operator des harmonischen Oszillators (12.27) lautet:

$$H = -\frac{\hbar^2}{2m}\frac{d^2}{dx^2} + \frac{1}{2}m\omega^2 x^2\,. \tag{20.7}$$

Wegen der Normierbarkeit müssen die Wellenfunktionen für $x \to \pm\infty$ verschwinden. Ferner wissen wir, dass die Wellenfunktion des Grundzustandes keine Knoten besitzt (siehe Abschnitt 8.3). Wir wählen deshalb als Testfunktion für den Grundzustand den folgenden Ansatz

$$\psi_0(x;\alpha) = A\exp\left(-\frac{\alpha}{2}x^2\right). \tag{20.8}$$

Hierbei ist α der Variationsparameter, während die Amplitude A durch die Normierung (bis auf eine irrelevante komplexe Phase) auf

$$A = \left(\frac{\alpha}{\pi}\right)^{1/4}$$

festgelegt ist, siehe Gl. (12.66). Berechnung des Erwartungswertes des Hamilton-Operators (20.7) für die Testwellenfunktion (20.8) liefert:

$$E_0(\alpha) = \langle\psi_0(\alpha)|H|\psi_0(\alpha)\rangle = \frac{1}{4}\left(\frac{\hbar^2\alpha}{m} + \frac{m\omega^2}{\alpha}\right). \tag{20.9}$$

Diese Energie wird minimal, $E_0'(\alpha_0) = 0$, für $\alpha_0 = m\omega/\hbar$. Man beachte, dass $x_0 = \alpha_0^{-1/2}$ gerade die Oszillatorlänge (12.29) ist. Mit diesem Wert des Variationsparameters erhalten wir aus (20.9) die exakte Grundzustandsenergie (12.54)

$$E_0(\alpha_0) = \frac{1}{2}\hbar\omega$$

und aus (20.8) die exakte Grundzustandswellenfunktion (12.65)

$$\psi_0(x;\alpha_0) = \left(\frac{m\omega}{\pi\hbar}\right)^{1/4} \exp\left(-\frac{1}{2}\frac{m\omega}{\hbar}x^2\right).$$

Das exakte Ergebnis wurde hier erhalten, da die Klasse unserer Testfunktionen (20.8) die exakte Wellenfunktion mit enthält. Das Variationsprinzip (20.5) hat den Variationsparameter α so festgelegt, dass die Testfunktion (20.8) zur exakten Wellenfunktion wird.

Als Nächstes wollen wir den ersten angeregten Zustand des harmonischen Oszillators über das Ritz'sche Variationsprinzip bestimmen. Bei der Wahl der Testfunktionen beachten wir, dass der erste angeregte Zustand orthogonal zum Grundzustand (20.8) sein muss. Wegen der Symmetrie des Potentials muss dieser Zustand außerdem eine ungerade Funktion von x sein. Die einfachste Testfunktion, die diese Eigenschaft besitzt, lautet

$$\psi_1(x;\beta) = Bx\exp\left(-\frac{\beta}{2}x^2\right).$$

Hierbei ist β der Variationsparameter, während B durch die Normierung (bis auf eine irrelevante komplexe Phase) auf

$$B = \left(\frac{4\beta^3}{\pi}\right)^{1/4}$$

festgelegt ist. Der Erwartungswert des Hamilton-Operators in diesem Zustand ist durch

$$E_1(\beta) = \langle\psi_1(\beta)|H|\psi_1(\beta)\rangle = \frac{3}{4}\left(\frac{\hbar^2\beta}{m} + \frac{m\omega^2}{\beta}\right)$$

gegeben. Minimierung der Energie bezüglich des Variationsparameters, $E_1'(\beta_0) = 0$, liefert $\beta_0 = m\omega/\hbar$, womit wir wieder die exakte Energie des ersten angeregten Zustandes

$$E_1(\beta_0) = \frac{3}{2}\hbar\omega$$

und dessen Wellenfunktion

$$\psi_1(x;\beta_0) = \left(\frac{2}{\sqrt{\pi}}\right)^{1/2}\left(\frac{m\omega}{\hbar}\right)^{3/4} x\exp\left(-\frac{1}{2}\frac{m\omega}{\hbar}x^2\right)$$

erhalten.

Das Variationsprinzip hat hier die exakten Wellenfunktionen geliefert, da diese in den Ansätzen für die Testwellenfunktionen enthalten sind. Für komplexere Systeme wird man i. A. keinen praktikablen Variationsansatz finden, der die exakte Wellenfunktion mit enthält. Es ist sehr illustrativ, die Variationsrechnung mit einer Klasse von Testfunktionen durchzuführen, welche die exakte Wellenfunktion *nicht* enthält:

Als Variationsansatz wählen wir die Funktion

$$\psi_0(x;\alpha) = \frac{A}{\sqrt{\cosh(\alpha x)}}\,.$$

Sie besitzt die geforderten Eigenschaften einer Grundzustandswellenfunktion in einem symmetrischen Potential, d. h. sie ist symmetrisch, $\psi_0(-x;\alpha) = \psi_0(x;\alpha)$, und besitzt keinen Knoten. Mit

$$\int_0^\infty \frac{dy}{\cosh y} = \arctan(\sinh y)\Big|_0^\infty = \frac{\pi}{2}$$

erhalten wir für die Normierungskonstante:

$$|A|^2 = \frac{\alpha}{\pi}\,.$$

Für die Ableitung der Wellenfunktion finden wir:

$$\psi_0'(x;\alpha) = -\frac{\alpha}{2}A\frac{\sinh(\alpha x)}{\cosh^{3/2}(\alpha x)}\,.$$

Unter Benutzung von

$$\int_0^\infty dy\,\frac{\sinh^2 y}{\cosh^3 y} = \left[-\frac{\sinh y}{2\cosh^2 y} + \frac{1}{2}\arctan(\sinh y)\right]_0^\infty = \frac{\pi}{4}$$

finden wir für die kinetische Energie durch partielle Integration:

$$\langle\psi_0(\alpha)|T|\psi_0(\alpha)\rangle = \frac{\hbar^2}{2m}\int_{-\infty}^{\infty} dx(\psi_0'(x;\alpha))^2 = \frac{\hbar^2}{2m}\frac{\alpha^2}{8}\,.$$

Mit

$$\int_0^{\infty} dy\,\frac{y^2}{\cosh y} = \frac{\pi^3}{8}$$

erhalten wir für die potentielle Energie:

$$\langle\psi_0(\alpha)|V|\psi_0(\alpha)\rangle = \frac{m}{2}\omega^2\frac{\pi^2}{4\alpha^2}\,.$$

Für die Gesamtenergie ergibt sich dann:

$$\begin{aligned} E_0(\alpha) = \langle\psi_0(\alpha)|H|\psi_0(\alpha)\rangle &= \frac{\hbar\omega}{2}\left(\frac{\hbar}{m\omega}\frac{\alpha^2}{8} + \frac{m\omega}{\hbar}\frac{\pi^2}{4\alpha^2}\right) \\ &= \frac{\hbar\omega}{2}\left(x_0^2\frac{\alpha^2}{8} + \frac{\pi^2}{4x_0^2\alpha^2}\right), \end{aligned}$$

wobei wir die Definition der Oszillatorlänge x_0 (12.29) benutzt haben. Das Minimum der Energie, $E_0'(\alpha_0) = 0$, wird für

$$\alpha_0^2 = \frac{\pi\sqrt{2}}{x_0^2}$$

angenommen und die minimale Energie beträgt:

$$E_0(\alpha_0) = \frac{1}{2}\hbar\omega\frac{\pi}{4}\sqrt{2}\,.$$

Die relative Abweichung von der exakten Grundzustandsenergie (12.54) $E_0 = \hbar\omega/2$ beträgt etwa 11 %,

$$\frac{\Delta E}{E} = \frac{\pi}{4}\sqrt{2} - 1 \simeq 0{,}11\,,$$

was in Anbetracht der Tatsache, dass unsere Wellenfunkton die falsche Asymptotik ($e^{-\alpha x/2}$ statt $e^{-\alpha x^2}$) und nur einen einzigen Variationsparameter besitzt, sehr erstaunlich ist.

20.2.2 Der Grundzustand des Wasserstoff-Atoms

Als nächstes Beispiel betrachten wir den Grundzustand des Wasserstoff-Atoms. In einem kugelsymmetrischen Potential besitzen die Eigenfunktionen des Hamilton-Operators einen *guten* Drehimpuls.[1] Im Grundzustand verschwindet der Drehimpuls und die Grundzustandswellenfunktion darf folglich nicht von den Winkelvariablen, d. h. nur vom Radius abhängen. Ferner muss die Wellenfunktion für $r \to \infty$ wegen der Normierbarkeit verschwinden. Da die Wellenfunktion des Grundzustandes keinen Knoten besitzt, ist es naheliegend, die Testfunktion in der Form

$$\psi_0(r; r_0) = Ae^{-r/r_0}, \quad r = |\mathbf{x}| \tag{20.10}$$

zu wählen, wobei r_0 wieder der Variationsparameter ist, der die Dimension einer Länge besitzt und offenbar die Ausdehnung des Atoms charakterisiert. Die Amplitude A ist durch die Normierung auf

$$|A|^2 = \frac{1}{\pi r_0^3}$$

festgelegt. Mit

$$\psi_0'(r; r_0) = -\frac{1}{r_0}\psi(r; r_0)$$

finden wir für die kinetische Energie nach partieller Integration:[2]

$$\begin{aligned}\langle\psi_0(r_0)|T|\psi_0(r_0)\rangle &= \frac{\hbar^2}{2m}\int d^3x\,|\nabla\psi_0(r; r_0)|^2 = \frac{\hbar^2}{2m}\int d^3x\,|\psi_0'(r; r_0)|^2 \\ &= \frac{\hbar^2}{2m}\left(\frac{1}{r_0}\right)^2\int d^3x\,|\psi_0(r; r_0)|^2 = \frac{\hbar^2}{2mr_0^2}\,.\end{aligned}$$

Ähnlich einfach ist die Berechnung der potentiellen Energie (mit einer Substitution $s = r/r_0$):

$$\begin{aligned}\langle\psi_0(r_0)|V|\psi_0(r_0)\rangle &= -\frac{e^2}{4\pi}\int d^3x\,\frac{1}{|\mathbf{x}|}|\psi_0(r; r_0)|^2 \\ &= -\frac{e^2}{4\pi}4\pi\int_0^\infty dr\,r|\psi_0(r; r_0)|^2 \\ &= -\frac{e^2}{4\pi}4\pi|A|^2r_0^2\int_0^\infty ds\,se^{-2s}\end{aligned}$$

1 Im in der Fachwelt üblichen Sprachgebrauch besitzt eine Wellenfunktion einen *guten Drehimpuls*, falls sie Eigenfunktion zum Drehimpulsoperator ist.

2 Der dabei auftretende Oberflächenterm verschwindet wieder wegen der Normierbarkeit der Wellenfunktion.

$$= -\frac{e^2}{4\pi r_0}\,.$$

Damit erhalten wir für die Energie im Zustand (20.10):

$$E_0(r_0) = \langle\psi_0(r_0)|H|\psi_0(r_0)\rangle = \frac{\hbar^2}{2mr_0^2} - \frac{e^2}{4\pi r_0}\,. \tag{20.11}$$

Dies ist genau der Ausdruck, den wir im Abschnitt 18.2 durch Abschätzung der Energie mittels der Unschärferelation erhalten hatten, wobei $r_0 \simeq \Delta x$ die Ortsunschärfe repräsentierte. Wie dort gezeigt, liefert Minimierung der Energie (20.11) für den Variationsparameter r_0 den Bohr'schen Atomradius a (18.7), für welchen $E_0(r_0 = a)$ die exakte Energie und (20.10) die exakte Wellenfunktion des Grundzustandes ist. Auch hier wurde der exakte Grundzustand erhalten, da dessen Wellenfunktion im Variationsansatz (20.10) enthalten ist.

20.2.3 Variationsabschätzung der Helium-Grundzustandsenergie

Die in Abschnitt 19.3 durchgeführte Berechnung der Grundzustandsenergie des Helium-Atoms in der Störungstheorie erster Ordnung liefert den Erwartungswert des Gesamt-Hamilton-Operators in der ungestörten Wellenfunktion. Eine bessere Abschätzung kann man erhalten, wenn man die Größe Z in der ungestörten Wellenfunktion (jedoch nicht im Hamilton-Operator H!) als Variationsparameter betrachtet, den wir als $\tilde{Z}$ bezeichnen wollen. Dadurch vergrößern wir effektiv den Raum unserer Testfunktionen und wie in Abschnitt 20.1 diskutiert liefert das Variationsprinzip dann i. A. eine bessere (niemals aber schlechtere) Abschätzung der Grundzustandsenergie. Aus physikalischer Sicht können wir durch Variation von $\tilde{Z}$ die Abschirmung des Coulomb-Potentials des Atomkerns berücksichtigen: Ein Elektron sieht ein Potential mit einer effektiven Kernladungszahl $\tilde{Z} < Z$ wegen der Abschirmung des Kernpotentials durch die negativ geladene Wolke der übrigen Elektronen der Hülle. Wir erwarten deshalb, dass sich aus der Variationsrechnung für Helium ein Wert $\tilde{Z} < 2$ ergibt.

Wir führen die Rechnung zunächst wieder allgemein für $(Z-2)$-fach ionisierte Atome durch.

Ersetzen wir in (19.18) Z durch $\tilde{Z}$, so lautet unsere Variationsfunktion:

$$\langle \boldsymbol{x}_1, \boldsymbol{x}_2|\varphi_0(\tilde{Z})\rangle = \tilde{\varphi}_{100}(\boldsymbol{x}_1)\tilde{\varphi}_{100}(\boldsymbol{x}_2)\,, \tag{20.12}$$

wobei

$$\tilde{\varphi}_{100}(\boldsymbol{x}) = \frac{1}{\sqrt{\pi\tilde{a}^3}}\exp\left(-\frac{r}{\tilde{a}}\right), \quad \tilde{a} = \frac{a}{\tilde{Z}}$$

die Grundzustandswellenfunktion des Wasserstoff-Atoms mit der Ersetzung $a \to \tilde{a}$ ist. Man beachte, dass $|\tilde{\varphi}_{100}\rangle$ für $\tilde{Z} \neq Z$ keine Eigenfunktion zu H_0 (19.15)

$$H_0(\boldsymbol{x}) = \frac{\boldsymbol{p}^2}{2m} - \frac{Ze^2}{4\pi|\boldsymbol{x}|}, \tag{20.13}$$

wohl aber zu

$$\tilde{H}_0(\boldsymbol{x}) = \frac{\boldsymbol{p}^2}{2m} - \frac{\tilde{Z}e^2}{4\pi|\boldsymbol{x}|}$$

ist:

$$\tilde{H}_0|\tilde{\varphi}_{100}\rangle = \tilde{E}_1|\tilde{\varphi}_{100}\rangle, \quad \tilde{E}_1 = -R\tilde{Z}^2, \tag{20.14}$$

wobei wir Gl. (18.23) benutzt haben. Wir schreiben deshalb den gegebenen Hamilton-Operator H_0 (20.13) in der Form

$$H_0(\boldsymbol{x}) = \tilde{H}_0(\boldsymbol{x}) - (Z - \tilde{Z})\frac{e^2}{4\pi|\boldsymbol{x}|}$$

und erhalten:

$$\langle\tilde{\varphi}_{100}|H_0|\tilde{\varphi}_{100}\rangle = \tilde{E}_1 - (Z - \tilde{Z})\left\langle \tilde{\varphi}_{100}\middle|\frac{e^2}{4\pi|\boldsymbol{x}|}\middle|\tilde{\varphi}_{100}\right\rangle. \tag{20.15}$$

Elementare Rechnung liefert:

$$\left\langle \tilde{\varphi}_{100}\middle|\frac{1}{|\boldsymbol{x}|}\middle|\tilde{\varphi}_{100}\right\rangle = \frac{1}{\tilde{a}} = \frac{\tilde{Z}}{a},$$

bzw.

$$\left\langle \tilde{\varphi}_{100}\middle|\frac{e^2}{4\pi|\boldsymbol{x}|}\middle|\tilde{\varphi}_{100}\right\rangle = \tilde{Z}\frac{e^2}{4\pi a} = 2\tilde{Z}R, \tag{20.16}$$

wobei die Beziehungen (18.6), (18.8)

$$\frac{e^2}{4\pi a} = \frac{\hbar^2}{ma^2} = 2R$$

Anwendung gefunden haben. Einsetzen von (20.14) und (20.16) in (20.15) liefert

$$\langle\tilde{\varphi}_{100}|H_0|\tilde{\varphi}_{100}\rangle = (\tilde{Z}^2 - 2Z\tilde{Z})R. \tag{20.17}$$

Aus (20.16) können wir schließen, dass der erste und zweite Term in (20.17) von der kinetischen Energie bzw. dem Potential stammen, d. h. es gilt:

$$\left\langle \tilde{\varphi}_{100} \left| \frac{\boldsymbol{p}^2}{2m} \right| \tilde{\varphi}_{100} \right\rangle = \tilde{Z}^2 R \,.$$

Die Produktwellenfunktion (20.12) liefert für jedes der Teilchen denselben Beitrag zum ungestörten Hamilton-Operator $H_0(\boldsymbol{x}_1, \boldsymbol{x}_2)$ (19.16):

$$\langle \varphi_0(\tilde{Z}) | (H_0(\boldsymbol{x}_1) + H_0(\boldsymbol{x}_2)) | \varphi_0(\tilde{Z}) \rangle = 2(\tilde{Z}^2 - 2Z\tilde{Z})R \,.$$

Das Matrixelement der Zweiteilchen-Wechselwirkung (die unabhängig von Z ist) wurde bereits in Gl. (19.20) berechnet und liefert:

$$\left\langle \varphi_0(\tilde{Z}) \left| \frac{e^2}{4\pi |\boldsymbol{x}_1 - \boldsymbol{x}_2|} \right| \varphi_0(\tilde{Z}) \right\rangle = \frac{5}{4} \tilde{Z} R \,.$$

Damit erhalten wir für die Gesamtenergie (19.14) im Zustand (20.12):

$$E_0(\tilde{Z}) = \langle \varphi_0(\tilde{Z}) | H | \varphi_0(\tilde{Z}) \rangle = \left(2\tilde{Z}^2 - 4Z\tilde{Z} + \frac{5}{4}\tilde{Z} \right) R \,. \tag{20.18}$$

Minimierung dieser Energie bezüglich $\tilde{Z}$, $\partial E_0(\tilde{Z})/\partial \tilde{Z} = 0$, liefert:

$$\tilde{Z} = Z - \frac{5}{16} \,.$$

In der Tat finden wir – wie aufgrund der teilweisen Abschirmung des Atomkerns durch das jeweilige andere Elektron erwartet – einen kleineren Wert für die effektive Kernladungszahl $\tilde{Z}$ als die eigentliche Kernladungszahl Z. Für die Energie des Grundzustandes des $(Z-2)$-fach ionisierten Atoms finden wir dann aus (20.18):

$$E_0(\tilde{Z}) = \frac{\tilde{Z}^2 - 2Z\tilde{Z} + \frac{5}{8}\tilde{Z}}{Z^2 - 2Z^2 + \frac{5}{8}Z} E_0(Z) \,,$$

wobei $E_0(Z)$ der in Gl. (20.18) definierte Ausdruck für $\tilde{Z} = Z$ ist. Setzen wir hier die Werte $Z = 2$ und $\tilde{Z} = 27/16$ für das Helium-Atom ein und benutzen $E_0(Z = 2) = -74{,}8$ eV aus Tabelle 19.1, so erhalten wir für dessen Grundzustandsenergie:

$$E_0(\tilde{Z}) \simeq -77{,}5 \text{ eV} \,.$$

Dieser Wert liegt wesentlich dichter an der experimentellen Energie von $-78{,}98$ eV als der in Abschnitt 19.3 gefundene störungstheoretische Wert von $E_0 \simeq -74{,}8$ eV.

20.3 Allgemeines Variationsprinzip

Wir wollen jetzt die Variationsmethode von einem allgemeineren Standpunkt aus betrachten. Im Folgenden werden wir zeigen, dass jeder Zustand ψ, für den der Erwartungswert $\langle\psi|A|\psi\rangle$ eines hermiteschen Operators A extremal[3] wird, Eigenzustand von A ist. Mit anderen Worten, das Variationsprinzip

$$\langle\psi|A|\psi\rangle \rightarrow \text{extr} \tag{20.19}$$

mit der Nebenbedingung

$$\langle\psi|\psi\rangle = 1 \tag{20.20}$$

liefert bei uneingeschränkter Variation der Funktion ψ eine Eigenfunktion des hermiteschen Operators A. Uneingeschränkte Variation bedeutet hier, dass die Variation des Zustandes ψ über den gesamten Hilbert-Raum des betrachteten Systems mit der Observable A erfolgt.

Von der Nebenbedingung (20.20) können wir uns befreien, wenn wir den Erwartungswert als

$$\langle A\rangle_\psi = \frac{\langle\psi|A|\psi\rangle}{\langle\psi|\psi\rangle} \tag{20.21}$$

schreiben. Der Erwartungswert $\langle A\rangle_\psi$ ist ein Funktional der Wellenfunktion ψ und wird extremal für solche ψ, für welche die erste Variation verschwindet:

$$\delta\langle A\rangle_\psi = 0\,.$$

Analog zu den Regeln der Differentiation von Funktionen erhalten wir für die erste Variation (siehe Anhang D):

$$\begin{aligned}
\delta\langle A\rangle_\psi &= \frac{1}{\langle\psi|\psi\rangle}\delta\langle\psi|A|\psi\rangle - \langle\psi|A|\psi\rangle\frac{\delta\langle\psi|\psi\rangle}{(\langle\psi|\psi\rangle)^2}\\
&= \frac{1}{\langle\psi|\psi\rangle}\left[\delta\langle\psi|A|\psi\rangle - \langle A\rangle_\psi\delta\langle\psi|\psi\rangle\right]\\
&= \frac{1}{\langle\psi|\psi\rangle}\left[\langle\delta\psi|(A-\langle A\rangle_\psi)|\psi\rangle + \langle\psi|(A-\langle A\rangle_\psi)|\delta\psi\rangle\right].
\end{aligned}$$

Dieser Ausdruck verschwindet nur dann, wenn

$$\langle\delta\psi|(A-\langle A\rangle_\psi)|\psi\rangle + \langle\psi|(A-\langle A\rangle_\psi)|\delta\psi\rangle = 0\,. \tag{20.22}$$

Diese Gleichung muss für beliebige $|\delta\psi\rangle$ und $\langle\delta\psi|$ erfüllt sein, damit $\langle A\rangle_\psi$ extremal wird. Ähnlich wie bei komplexen Zahlen $z = x + iy$ statt Real- und Imaginärteil, x und y, auch z und z^* als unabhängige Variablen betrachtet werden können, können wir hier auch

3 Die in diesem Abschnitt betrachteten Extrema sind i. A. nur *lokale* Extrema.

$|\delta\psi\rangle$ und $\langle\delta\psi|$ als unabhängige Variationen betrachten. Gl. (20.22) ist folglich nur dann erfüllt, wenn sowohl

$$(A - \langle A\rangle_\psi)|\psi\rangle = 0 \tag{20.23}$$

als auch

$$\langle\psi|(A - \langle A\rangle_\psi) = 0 \tag{20.24}$$

gilt. Da A als Observable ein hermitescher Operator ist und folglich seine Erwartungswerte reell sind, ist die zweite Gleichung (20.24) lediglich das Adjungierte der ersten Gleichung (20.23). Diese ist aber nichts anderes als die Eigenwertgleichung des Operators A. Damit erhalten wir das wichtige Ergebnis:

Jeder Zustand $|\psi\rangle$, der den Erwartungswert $\langle A\rangle_\psi$ (20.21) eines hermiteschen Operators A extremiert,

$$\delta\langle A\rangle_\psi = 0\,,$$

ist Eigenzustand von A. Die Eigenwerte von A sind die Extremalwerte von $\langle A\rangle_\psi$.

Wählen wir hier A als Hamilton-Operator H, so folgt aus dem obigen Ergebnis, dass die uneingeschränkte Variation der quantenmechanischen Energie

$$\langle H\rangle_\psi \to \text{extr}$$

die stationäre Schrödinger-Gleichung

$$H|\psi\rangle = E|\psi\rangle$$

liefert und die Energieeigenwerte E durch die Extrema des Funktionals $\langle H\rangle_\psi$ gegeben sind. Damit haben wir gezeigt, dass das Variationsprinzip auch zur Bestimmung der angeregten Zustände benutzt werden kann.

Die obige Ableitung zeigt auch, dass wir bei der Variation der Energie keine zusätzlichen Bedingungen (außer Normierbarkeit) an die Wellenfunktionen der angeregten Zustände stellen müssen, um diese aus dem Variationsprinzip $\langle H\rangle_\psi \to$ extr zu erhalten. Die Nebenbedingungen, welche wir in Abschnitt 20.1 an die angeregten Zustände gestellt haben (Orthogonalität zu den energetisch niedrigeren Zuständen), vereinfachen aber die praktische Durchführung des Variationsprinzips. Ohne diese Nebenbedingungen sind die angeregten Zustände lediglich Extrema von $\langle H\rangle_\psi$. Durch diese Nebenbedingungen wird der Variationsraum (Hilbert-Raum) so eingeschränkt, dass die ursprünglichen Extrema zu absoluten Minima werden. Absolute Minima lassen sich numerisch aber viel leichter bestimmen als Extremstellen.

Zur Illustration dieses Sachverhaltes betrachten wir die Funktion

$$f(x,y) = \frac{1}{2}\left(x^2 - y^2\right),$$

die wegen

$$\frac{\partial f}{\partial x} = x\,, \quad \frac{\partial f}{\partial y} = -y$$

bei $x = y = 0$ ein Extremum besitzt, welches wegen

$$\frac{\partial^2 f}{\partial x^2} = 1\,, \quad \frac{\partial^2 f}{\partial x \partial y} = 0\,, \quad \frac{\partial^2 f}{\partial y^2} = -1$$

ein Sattelpunkt ist. Schränken wir den Definitionsbereich dieser Funktion, d. h. die xy-Ebene, durch die Nebenbedingung

$$y = 0$$

auf die x-Achse ein,

$$f(x, y = 0) = \frac{1}{2}x^2\,,$$

so wird aus dem Sattel ein absolutes Minimum.

Die Nebenbedingung $\langle\psi|\psi\rangle = 1$ lässt sich bei der Variation (20.19) auch mithilfe eines sogenannten Lagrange-Multiplikators berücksichtigen. Bezeichnen wir diesen mit a, so ist das durch Gl. (20.19) und (20.20) definierte Variationsproblem äquivalent zu

$$\langle\psi|A|\psi\rangle - a\langle\psi|\psi\rangle \rightarrow \text{extr}\,.$$

Uneingeschränkte Variationen der Wellenfunktionen liefert jetzt sofort die Eigenwertgleichung

$$A|\psi\rangle = a|\psi\rangle$$

(und ihr Adjungiertes) und der Lagrange-Multiplikator a wird zum Eigenwert des Operators A.

Abschließend wollen wir zeigen, dass in der Tat $|\delta\psi\rangle$ und $\langle\delta\psi|$ als unabhängige Variationen betrachtet werden können. Dazu beachten wir, dass Gl. (20.22) für beliebige infinitesimale Variationen (Änderungen) $\delta\psi$ gelten muss. Gl. (20.22) muss deshalb auch gelten, wenn wir $\delta\psi$ durch

$$\alpha\delta\psi = \delta(\alpha\psi)$$

ersetzen, was für $\alpha \in \mathbb{C}$ mit $|\alpha| < \infty$ ebenfalls eine infinitesimale Variation ist. Wählen wir $\alpha = i$, so liefert die Ersetzung

$$|\delta\psi\rangle \rightarrow |\delta(i\psi)\rangle\,, \quad \langle\delta\psi| \rightarrow \langle\delta(i\psi)|$$

in (20.22) die Bedingung

$$\langle\delta(i\psi)|(A - \langle A\rangle_\psi)|\psi\rangle + \langle\psi|(A - \langle A\rangle_\psi)|\delta(i\psi)\rangle = 0\,.$$

Beachten wir, dass

$$|\delta(i\psi)\rangle = i|\delta\psi\rangle\,, \quad \langle\delta(i\psi)| = -i\langle\delta\psi|\,,$$

so folgt schließlich:

$$-i\langle\delta\psi|(A - \langle A\rangle_\psi)|\psi\rangle + i\langle\psi|(A - \langle A\rangle_\psi)|\delta\psi\rangle = 0\,.$$

Multiplizieren wir diese Gleichung mit i und addieren bzw. subtrahieren das Ergebnis von Gl. (20.22), so erhalten wir

$$\langle\delta\psi|(A - \langle A\rangle_\psi)|\psi\rangle = 0$$

bzw.

$$\langle\psi|(A - \langle A\rangle_\psi)|\delta\psi\rangle = 0\,,$$

was gerade die beiden Gleichungen (20.23) und (20.24) liefert. Dies zeigt, dass in der Tat $|\delta\psi\rangle$ und $\langle\delta\psi|$ als unabhängige Variationen zu betrachten sind.

A Die Dirac'sche δ-Funktion

A.1 Definition und Realisierungen

Die Dirac'sche δ-Funktion $\delta(x)$ einer reellen Variable x ist eine sogenannte „verallgemeinerte Funktion" (*Distribution*), die überall außer bei $x = 0$ verschwindet, wo sie singulär ist:

$$\delta(x) = \begin{cases} 0, & x \neq 0\,, \\ \infty, & x = 0\,. \end{cases}$$

Sie ist über folgende Beziehung definiert:

$$\int_{-\infty}^{\infty} dx\, f(x)\delta(x) = f(0)\,. \tag{A.1}$$

Hierbei ist $f(x)$ eine bei $x = 0$ stetige Funktion, die in diesem Zusammenhang als *Testfunktion* bezeichnet wird.[1] Für $f(x) = 1$ ergibt sich aus (A.1):

$$\int_{-\infty}^{\infty} dx\, \delta(x) = 1\,.$$

Diese Beziehung zeigt, dass die δ-Funktion $\delta(x)$ die Dimension von x^{-1} besitzt. Da die δ-Funktion nur bei $x = 0$ von null verschieden ist, kann der Integrationsbereich in den obigen Integralen auf ein kleines endliches Intervall der Umgebung des Nullpunktes $[-a, a]$ beschränkt werden:

$$\int_{-a}^{a} dx\, f(x)\delta(x) = f(0)\,.$$

Ersetzen wir in (A.1) die Funktion $f(x)$ durch die Funktion $F(x) = f(x + x')$ und verschieben die Integrationsvariable, so erhalten wir die Beziehung

$$\boxed{\int_{-\infty}^{\infty} dx\, f(x)\delta(x - x') = f(x')\,.} \tag{A.2}$$

1 Im Folgenden werden wir stets stillschweigend voraussetzen, dass die Testfunktion $f(x)$ entsprechende Eigenschaften besitzen, sodass die auftretenden Integrale existieren. Dies schließt oftmals neben Stetigkeit auch Differenzierbarkeit sowie genügend schnelles Verschwinden für $|x| \to \infty$ ein.

https://doi.org/10.1515/9783111268255-023

Die δ-Funktion $\delta(x - x')$ ist damit das Analogon des Kronecker-Symbols $\delta_{x,x'}$ für kontinuierliche Variablen x. Das diskrete Analogon von (A.2) lautet:

$$\sum_x f_x \delta_{x,x'} = f_{x'} . \tag{A.3}$$

In der Quantenmechanik, wo oft ein Wechsel von diskreten zu kontinuierlichen Variablen vorgenommen wird, ist es zweckmäßig, eine einheitliche Notation für diskrete und kontinuierliche Variablen zu benutzen. Wir werden deshalb vereinbaren, dass $\delta(x, x')$ für eine diskrete Variable x das Kronecker-Symbol $\delta_{x,x'}$ und für eine kontinuierliche Variable die δ-Funktion $\delta(x - x')$ bezeichnet:

$$\delta(x, x') := \begin{cases} \delta_{x,x'}, & x \text{ diskret}, \\ \delta(x - x'), & x \text{ kontinuierlich}. \end{cases} \tag{A.4}$$

Ferner vereinbaren wir, dass das bereits früher in Gl. (10.49) eingeführte Symbol

$$\sum\!\!\!\!\!\!\int_x$$

für eine diskrete Variable x die Summation $\sum_x$ und für eine kontinuierliche Variable die Integration $\int dx$ repräsentiert. Die beiden Gleichungen (A.2) und (A.3) lassen sich dann zusammenfassen zu:

$$\sum\!\!\!\!\!\!\int_x f(x)\delta(x, x') = f(x') .$$

Die δ-Funktion $\delta(x)$ lässt sich als Limes von regulären Funktionen $\delta_\varepsilon(x)$ realisieren:

$$\delta(x) = \lim_{\varepsilon \to 0} \delta_\varepsilon(x) . \tag{A.5}$$

Dieser Limes ist jedoch nicht punktweise, sondern im Sinne der Distributionen zu verstehen, d. h.

$$\lim_{\varepsilon \to 0} \left[\int_{-\infty}^{\infty} dx f(x) \delta_\varepsilon(x - x') \right] = f(x')$$

für jede Testfunktion $f(x)$. Explizite Darstellungen der regulären Funktion $\delta_\varepsilon(x)$ sind (siehe Abb. A.1): die Lorentz-Kurve

$$\boxed{\delta_\varepsilon(x) = \frac{1}{\pi} \frac{\varepsilon}{x^2 + \varepsilon^2} ,} \tag{A.6}$$

die Gauß-Kurve

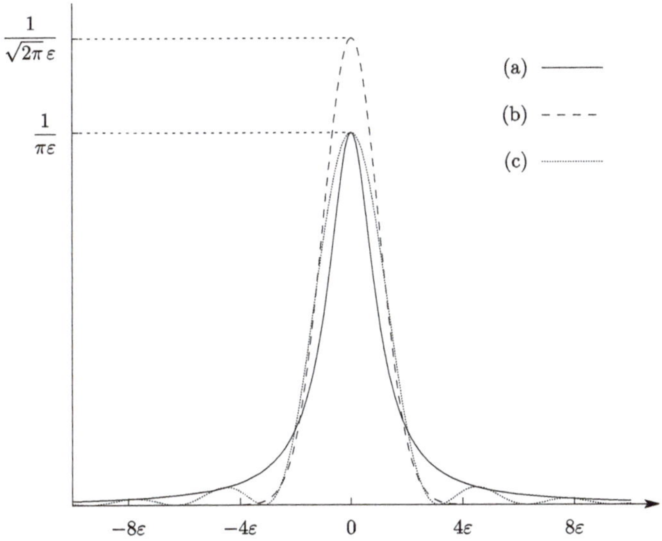

Abb. A.1: Realisierungen der δ-Funktion durch a) die Lorentz-Funktion (A.6), b) die Gauß-Funktion (A.7) und c) die Bessel-Funktion (A.8).

$$\boxed{\delta_\varepsilon(x) = \frac{1}{\varepsilon\sqrt{2\pi}} \exp\left(-\frac{1}{2}\frac{x^2}{\varepsilon^2}\right)}, \tag{A.7}$$

das Quadrat der sphärischen Bessel-Funktion nullter Ordnung

$$\boxed{\delta_\varepsilon(x) = \frac{1}{\pi\varepsilon}\left(\frac{\sin(x/\varepsilon)}{x/\varepsilon}\right)^2} \tag{A.8}$$

oder die Rechteckfunktion

$$\delta_\varepsilon(x) = \begin{cases} 1/\varepsilon, & |x| < \varepsilon/2\,, \\ 0, & |x| > \varepsilon/2\,, \end{cases} \tag{A.9}$$

Schließlich sei auch die in Abschnitt 5.2 bewiesene komplexe Darstellung der δ-Funktion

$$\boxed{\delta_\varepsilon(x) = \sqrt{\frac{1}{2\pi i\varepsilon}}\, e^{ix^2/2\varepsilon}}$$

erwähnt.

A.2 Eigenschaften

Ersetzen wir in der Definitionsgleichung (A.1) die Funktion $f(x)$ durch das Produkt zweier Funktionen $g(x)f(x)$, so erhalten wir:

$$\int_{-\infty}^{\infty} dx\, g(x)f(x)\delta(x) = g(0)f(0) = g(0)\int_{-\infty}^{\infty} dx\, f(x)\delta(x)\,.$$

Hieraus lesen wir die Beziehung

$$\boxed{g(x)\delta(x) = g(0)\delta(x)}$$

ab. Für $g(x) = x$ ergibt sich:

$$\boxed{x\delta(x) = 0\,.}$$

Wir betrachten das Integral ($a \neq 0$)

$$\begin{aligned}\int_{-\infty}^{\infty} dx\, f(x)\delta(ax) &= \frac{1}{a}\int_{-a\infty}^{a\infty} dy\, f\left(\frac{y}{a}\right)\delta(y) = \frac{1}{|a|}\int_{-|a|\infty}^{|a|\infty} dy\, f\left(\frac{y}{a}\right)\delta(y)\\ &= \frac{1}{|a|}\int_{-\infty}^{\infty} dy\, f\left(\frac{y}{a}\right)\delta(y) = \frac{1}{|a|}f(0)\,.\end{aligned} \tag{A.10}$$

Hierbei haben wir eine Umskalierung der Integrationsvariable vorgenommen und die Definition der δ-Funktion (A.1) benutzt. Der Vergleich mit (A.1) liefert die Beziehung

$$\boxed{\delta(ax) = \frac{1}{|a|}\delta(x)\,.} \tag{A.11}$$

Setzen wir in (A.11) $a = -1$, so zeigt sich, dass $\delta(x)$ eine gerade Funktion ist:

$$\boxed{\delta(-x) = \delta(x)\,,}$$

was auch aus den expliziten Darstellungen (A.6)–(A.9) ersichtlich ist.

Betrachten wir die δ-Funktion einer stetigen Funktion $g(x)$. Wir setzen voraus, dass $g(x)$ nur einfache Nullstellen besitzt:

$$g(x_k) = 0\,, \quad g'(x_k) \neq 0\,.$$

Zum Integral

$$I = \int_{-\infty}^{\infty} dx\, f(x)\delta(g(x)) \tag{A.12}$$

tragen offenbar nur infinitesimal kleine Intervalle in der Umgebung der Nullstellen x_k von $g(x)$ bei. In diesen Intervallen können wir die Funktion $g(x)$ in eine Taylor-Reihe um die Nullstelle entwickeln und die Entwicklung nach der ersten Ordnung abbrechen,

$$g(x) = g'(x_k)(x - x_k) + \cdots , \qquad x \in [x_k - \varepsilon, x_k + \varepsilon] ,$$

und erhalten für das Integral (A.12):

$$I = \sum_k \int_{x_k-\varepsilon}^{x_k+\varepsilon} dx\, f(x) \delta(g'(x_k)(x - x_k)) .$$

Unter Verwendung von (A.11) ergibt sich:

$$I = \sum_k \frac{1}{|g'(x_k)|} f(x_k) .$$

Der Vergleich mit (A.12) liefert folglich die Beziehung

$$\boxed{\delta(g(x)) = \sum_k \frac{1}{|g'(x_k)|} \delta(x - x_k) .} \tag{A.13}$$

Ein häufig auftretender Spezialfall von Gl. (A.13) ist:

$$\delta(x^2 - a^2) = \delta((x - a)(x + a)) = \frac{1}{2|a|} [\delta(x - a) + \delta(x + a)] . \tag{A.14}$$

Die Fourier-Zerlegung einer Funktion $f(x)$ ist durch

$$\boxed{f(x) = \int_{-\infty}^{\infty} \frac{dk}{2\pi}\, e^{ikx} \tilde{f}(k)} \tag{A.15}$$

definiert, wobei ihre Fourier-Transformierte $\tilde{f}(k)$ durch

$$\boxed{\tilde{f}(k) = \int_{-\infty}^{\infty} dx'\, e^{-ikx'} f(x')} \tag{A.16}$$

gegeben ist. Setzen wir (A.16) in (A.15) ein, so erhalten wir die Beziehung

$$f(x) = \int_{-\infty}^{\infty} dx'\, f(x') \int_{-\infty}^{\infty} \frac{dk}{2\pi}\, e^{ik(x-x')} .$$

Der Vergleich mit Gl. (A.2) liefert die Fourier-Darstellung der δ-Funktion:

$$\boxed{\delta(x-x') = \int_{-\infty}^{\infty} \frac{dk}{2\pi}\, e^{ik(x-x')}\,.} \tag{A.17}$$

Diese Darstellung ergibt sich auch unmittelbar durch Fourier-Zerlegung der regulären Funktion $\delta_\varepsilon(x)$ (A.7),

$$\delta_\varepsilon(x) = \int_{-\infty}^{\infty} \frac{dk}{2\pi}\, e^{ikx} \exp\left(-\frac{\varepsilon^2}{2}k^2\right),$$

und anschließender Bildung des Grenzwertes $\varepsilon \to 0$. Der Konvergenz erzeugende Faktor $e^{-\varepsilon^2 k^2/2}$ unterdrückt bzw. „dämpft" die Oszillation mit großer Wellenzahl k und wird deshalb oft als *Dämpfungsglied* bezeichnet. (Man beachte in diesem Zusammenhang die Bemerkung nach Gl. (A.5).)

Zerlegen wir in (A.17) den Integrand in Real- und Imaginärteil, so erhalten wir wegen

$$\int_{-\infty}^{\infty} \frac{dk}{2\pi}\, \sin(kx) := \lim_{L\to\infty} \int_{-L}^{L} \frac{dk}{2\pi}\, \sin(kx) = 0$$

die Darstellung

$$\delta(x) = \int_{-\infty}^{\infty} \frac{dk}{2\pi}\, \cos(kx) := \lim_{L\to\infty} \int_{-L}^{L} \frac{dk}{2\pi}\, \cos(kx)\,,$$

die explizit zeigt, dass $\delta(x)$ eine gerade Funktion ist.

Die Fourier-Darstellung ist analog zur Zerlegung nach einem vollständigen Satz von orthonormierten Funktionen:

$$\begin{aligned} \varphi_k(x) &= \langle x|k\rangle\,, \quad \langle k|k'\rangle = \delta(k,k')\,, \\ f(x) &= \langle x|f\rangle = \sum\!\!\!\!\!\!\int_k \langle x|k\rangle\langle k|f\rangle = \sum\!\!\!\!\!\!\int_k \varphi_k(x) f_k\,, \end{aligned} \tag{A.18}$$

wobei die Entwicklungskoeffizienten f_k mit der ursprünglichen Funktionen über die inverse Transformation

$$f_k = \langle k|f\rangle = \int_{-\infty}^{\infty} dx\, \langle k|x\rangle\langle x|f\rangle = \int_{-\infty}^{\infty} dx\, \varphi_k^*(x) f(x) \tag{A.19}$$

zusammenhängen. Einsetzen von (A.19) in (A.18) und Vergleich mit (A.2) liefert die Spektraldarstellung der δ-Funktion:

$$\boxed{\delta(x-x') = \sum_k \!\!\!\!\!\!\int \langle x|k\rangle\langle k|x'\rangle = \sum_k \!\!\!\!\!\!\int \varphi_k(x)\varphi_k^*(x')\,.} \tag{A.20}$$

Unter Benutzung der Spektraldarstellung des Einheitsoperators

$$\hat{1} = \sum_k \!\!\!\!\!\!\int |k\rangle\langle k|$$

erhalten wir hieraus:

$$\boxed{\delta(x-x') \equiv \delta(x,x') = \langle x|\hat{1}|x'\rangle = \langle x|x'\rangle\,.}$$

Die δ-Funktion kann somit als Matrixelement des Einheitsoperators betrachtet werden, was wieder die Analogie zum Kronecker-Symbol zeigt.

A.3 Ableitung, Stammfunktion und Hauptwert

Für die Ableitung der δ-Funktion $\delta'(x)$ erhalten wir nach partieller Integration

$$\begin{aligned}\int_{-\infty}^{\infty} dx\, f(x)\delta'(x-x_0) &= [f(x)\delta(x-x_0)]_{x=-\infty}^{x=\infty} - \int_{-\infty}^{\infty} dx\, f'(x)\delta(x-x_0)\\ &= -f'(x_0)\,.\end{aligned}$$

Der Randterm verschwindet hier, da die δ-Funktion an den Integrationsgrenzen verschwindet. Für die n-te Ableitung der δ-Funktion $\delta^{(n)}(x)$ zeigt man durch n-malige partielle Integration:

$$\boxed{\int_{-\infty}^{\infty} dx\, f(x)\delta^{(n)}(x-x_0) = (-1)^n f^{(n)}(x_0)\,.} \tag{A.21}$$

Die Stammfunktion der δ-Funktion

$$\boxed{\Theta(x) = \int_{-\infty}^{x} dy\, \delta(y)} \tag{A.22}$$

verschwindet offenbar für $x < 0$ und ist wegen

$$\lim_{\varepsilon\to 0} \int_{-\varepsilon}^{\varepsilon} dx\, \delta(x) = 1$$

gleich 1 für $x > 0$. Sie ist damit durch die *Heavyside-Funktion*

$$\boxed{\Theta(x) := \begin{cases} 1, & x > 0\,, \\ 0, & x < 0 \end{cases}}$$

gegeben. Differentiation von (A.22) liefert die Relation

$$\boxed{\Theta'(x) = \delta(x)\,,}$$

womit sich das folgende Integral berechnen lässt:

$$\begin{aligned} \int_{-\varepsilon}^{\varepsilon} dx\, \delta(x)\Theta(x) &= \int_{-\varepsilon}^{\varepsilon} dx\, \Theta'(x)\Theta(x) \\ &= \frac{1}{2}\int_{-\varepsilon}^{\varepsilon} dx\, \frac{d}{dx}[\Theta(x)]^2 = \frac{1}{2}[\Theta^2(\varepsilon) - \Theta^2(-\varepsilon)] = \frac{1}{2}\,. \end{aligned}$$

Die Θ-Funktion besitzt die Fourier-Darstellung

$$\boxed{\Theta(\pm x) = \pm \lim_{\varepsilon\to 0} \int_{-\infty}^{\infty} \frac{dk}{2\pi i}\, \frac{e^{ikx}}{k \mp i\varepsilon}\,,} \tag{A.23}$$

die sich direkt mittels der Residuentheorie beweisen lässt.

Es genügt, diese Beziehung für das obere Vorzeichen zu beweisen. (Die Beziehung für das untere Vorzeichen ergibt sich aus der für das obere durch Umbenennung der Integrationsvariable $k \to (-k)$.) Für $x > 0$ können wir den Integrationsweg in der oberen komplexen k-Halbebene schließen,

$$\int_{-\infty}^{\infty} dk \equiv \int_{\longrightarrow} dk \;\longrightarrow\; \oint_{\frown} dk\,,$$

da in diesem Fall der Zähler in (A.23) exponentiell gedämpft ist und somit der Integrand auf dem Halbkreis mit Radius $|k| \to \infty$ verschwindet. Der Pol bei $k = i\varepsilon$ wird dann vom Integrationsweg $\frown$ eingeschlossen und der Residuensatz liefert:

$$\begin{aligned} \Theta(x > 0) &= \lim_{\varepsilon\to 0} \oint_{\frown} \frac{dk}{2\pi i}\, \frac{e^{ikx}}{k - i\varepsilon} \\ &= \lim_{\varepsilon\to 0}\left(e^{ikx}\big|_{k=i\varepsilon}\right) = \lim_{\varepsilon\to 0} e^{-\varepsilon x} = 1\,. \end{aligned}$$

Für $x < 0$ können wir den Integrationsweg in der unteren Halbebene schließen:

$$\int_{-\infty}^{\infty} dk \quad \longrightarrow \quad \oint dk\,.$$

Der Pol bei $k = i\varepsilon$ wird jetzt nicht vom Integrationsweg eingeschlossen und der Residuensatz liefert:

$$\Theta(x < 0) = 0\,.$$

Damit ist die Fourier-Darstellung (A.23) bewiesen.

Wir betrachten eine Funktion $f(x)$, die über einem Intervall (a, b) definiert ist und außer im Punkte $x = c \in (a, b)$ stetig ist, für $x \to c$ jedoch nicht beschränkt bleibt. Falls die Integrale

$$\int_a^{c-\varepsilon} dx\, f(x)\,, \qquad \int_{c+\varepsilon}^{b} dx\, f(x)$$

für $\varepsilon \to 0$ nicht einzeln existieren, ihre Summe aber gegen einen endlichen Grenzwert strebt, so bezeichnet man diesen als den *Hauptwert* des Integrals, der durch P gekennzeichnet wird:

$$\boxed{\mathrm{P}\int_a^b dx\, f(x) \equiv \int_a^b dx\, \mathrm{P}f(x) := \lim_{\varepsilon\to 0}\left[\int_a^{c-\varepsilon} dx\, f(x) + \int_{c+\varepsilon}^{b} dx\, f(x)\right].}$$

Beim Hauptwert des Integrals wird also das Integral über ein infinitesimales Intervall, in dessen Mitte sich die Singularität befindet,

$$\lim_{\varepsilon\to 0}\int_{c-\varepsilon}^{c+\varepsilon} dx f(x)$$

ausgeschlossen.

Wir betrachten nun eine Funktion der Gestalt $f(x) = g(x)/x$, wobei $g(x)$ eine im gesamten Integrationsgebiet stetige Funktion sein soll. Der Hauptwert bezieht sich dann nur auf die singuläre Funktion $1/x$. Da

$$\lim_{\varepsilon\to 0}\int_{-a}^{a} dx\, g(x)\frac{x}{x^2+\varepsilon^2} = g(0)\lim_{\varepsilon\to 0}\int_{-a}^{a} dx\, \frac{1}{2}\frac{d}{dx}\ln(x^2+\varepsilon^2) = 0 \tag{A.24}$$

für beliebiges a und insbesondere für $a = \varepsilon$, können wir den Hauptwert von $1/x$ durch

$$\boxed{\mathrm{P}\frac{1}{x} = \lim_{\varepsilon\to 0}\frac{x}{x^2+\varepsilon^2}} \tag{A.25}$$

definieren. Partialbruchzerlegung des Ausdruckes auf der rechten Seite liefert die alternative Darstellung

$$\mathrm{P}\frac{1}{x} = \lim_{\varepsilon\to 0}\frac{1}{2}\left[\frac{1}{x+i\varepsilon} + \frac{1}{x-i\varepsilon}\right]. \tag{A.26}$$

Wegen

$$\frac{1}{x \pm i\varepsilon} = \frac{x}{x^2+\varepsilon^2} \mp i\frac{\varepsilon}{x^2+\varepsilon^2}$$

und unter Benutzung der Definition der δ-Funktion als Grenzwert von (A.6) finden wir hieraus die Beziehung

$$\boxed{\lim_{\varepsilon\to 0}\frac{1}{x\pm i\varepsilon} = \mathrm{P}\frac{1}{x} \mp i\pi\delta(x)\,.} \tag{A.27}$$

Nach Gln. (A.25) und (A.24) gilt für beliebig reelles a:

$$\mathrm{P}\int_{-a}^{a}\frac{dx}{x} \equiv \int_{-a}^{a} dx\,\mathrm{P}\frac{1}{x} = 0\,.$$

Aus Gleichung (A.26) und (A.23) finden wir die Beziehung

$$\int_{-\infty}^{\infty}\frac{dk}{2\pi i}e^{ikx}P\frac{1}{k} = \frac{1}{2}[\Theta(x) - \Theta(-x)]\,.$$

A.4 Mehrdimensionale δ-Funktion

Die δ-Funktion von Vektoren in mehrdimensionalen Räumen ist durch das Produkt der δ-Funktionen in den einzelnen kartesischen Koordinaten definiert. Für die δ-Funktion von Vektoren $\boldsymbol{x} = (x_1, x_2, x_3)$ im gewöhnlichen dreidimensionalen Ortsraum haben wir:

$$\delta(\boldsymbol{x} - \boldsymbol{x}') = \prod_{i=1}^{3}\delta(x_i - x_i')\,.$$

Durch Koordinatentransformation des Ausdruckes auf der rechten Seite und unter Berücksichtigung der oben angegebenen Eigenschaften der eindimensionalen δ-Funktion lässt sich die dreidimensionale δ-Funktion auch in anderen Koordinaten angeben. In Kugelkoordinaten $\boldsymbol{x} = (r, \vartheta, \varphi)$ findet man (17.55):

$$\boxed{\delta(\boldsymbol{x} - \boldsymbol{x}') = \frac{\delta(r - r')}{r^2}\delta(\cos\vartheta - \cos\vartheta')\delta(\varphi - \varphi')\,,}$$

wobei nach Gl. (A.13)

$$\delta(\cos\vartheta - \cos\vartheta') = \frac{1}{|\sin\vartheta|}\delta(\vartheta - \vartheta')$$

gilt. Wegen $0 \le \vartheta \le \pi$ gilt hier außerdem $|\sin\vartheta| = \sin\vartheta$.

Wir untersuchen jetzt das Verhalten einer mehrdimensionalen δ-Funktion im n-dimensionalen Vektorraum $\mathbb{R}^n$,

$$\delta(\boldsymbol{x}) = \prod_{k=1}^{n} \delta(x_k), \tag{A.28}$$

unter linearen Koordinatentransformationen

$$\boldsymbol{x} = M\boldsymbol{y}, \tag{A.29}$$

wobei M eine reguläre, d. h. invertierbare, n-dimensionale quadratische Matrix ist. Das Transformationsverhalten der δ-Funktion läßt sich am einfachsten aus ihrer Fourier-Darstellung gewinnen

$$\delta(\boldsymbol{x}) = \int_{-\infty}^{\infty} \frac{d^n p}{(2\pi)^n} e^{i\boldsymbol{p}\cdot\boldsymbol{x}}. \tag{A.30}$$

Setzen wir hier die Koordinatentransformation (A.29) ein und tranformieren die Integrationsvariablen

$$q_l = p_k M_{kl} = M^T_{lk} p_k, \tag{A.31}$$

so finden wir mit

$$d^n q = |\mathrm{Det}\, M^T| d^n p$$

und $\mathrm{Det}\, M^T = \mathrm{Det}\, M$ die Beziehung

$$\delta(M\boldsymbol{y}) = |\,\mathrm{Det}\, M|^{-1}\delta(\boldsymbol{y}). \tag{A.32}$$

Dies ist die Verallgemeinerung von Gl. (A.11) auf mehrdimensionale δ-Funktionen.

Die mehrdimensionale δ-Funktion (A.28) und die Beziehung (A.32) lassen sich unmittelbar auf unendlich dimensionale Vektorräume und damit auch auf Funktionenräume verallgemeinern: Es sei $f(x)$ eine Funktion einer reellen Variable x, für die wir das δ-Funktional

$$\delta[f] := \prod_{x} \delta(f(x)) \tag{A.33}$$

definieren. Das Produkt über den kontinuierlichen *Index* x erstreckt sich über den gesamten Definitionsbereich der Funktion $f(x)$ und ist über die Diskretisierung der Variable x wie bei der Riemann-Summe eines Integrals über die Funktion $f(x)$ definiert.

Ferner sei $M(x,y)$ ein im Definitionsgebiet von $f(x)$ invertierbarer Integralkern mit Inversem $M^{-1}(x,y)$:

$$\int dz\, M^{-1}(x,z)M(z,y) = \int dz\, M(x,z)M^{-1}(z,y) = \delta(x,y). \tag{A.34}$$

Dann gilt für

$$(Mf)(x) := \int dy\, M(x,y)f(y) \tag{A.35}$$

die zu Gl. (A.32) analoge Beziehung

$$\delta[Mf] = |\mathcal{D}et M|^{-1}\delta[f] \tag{A.36}$$

wobei $\mathcal{D}et M$ die *Funktionaldeterminante* des Integralkerns $M(x,y)$ ist. Der Beweis erfolgt wieder durch Diskretisierung der kontinuierlichen Variable x, womit sich das δ-Funktional (A.33) auf die mehrdimensionale δ-Funktion (A.28) (mit $n \to \infty$), der Integralkern $M(x,y)$ auf eine unendlichdimensionale quadratische Matrix und die Beziehung (A.36) auf Gl. (A.32) reduzieren.

---

i Die *Funktionaldeterminante* eines Integralkerns $A(x,y)$ ist analog zur Determinante einer Matrix, durch das Produkt seiner Eigenwerte

$$\int dy\, A(x,y)\varphi_k(y) = a_k\varphi_k(x)$$

definiert:

$$\mathcal{D}et A = \prod_k a_k. \tag{A.37}$$

Zum Beispiel der triviale Integralkern des Einheitsoperators

$$A(x,y) = \langle x|\hat{1}|y\rangle = \delta(x,y) \tag{A.38}$$

besitzt wegen

$$\int dy \delta(x,y)\varphi_k(y) = \varphi_k(x)$$

nur den Eigenwert $a_k = 1$, der jedoch unendlichfach entartet ist, da zu jeder linear unabhängigen Funktion $\varphi_k(x)$ ein Eigenwert $a_k = 1$ gehört. Die Funktionaldeterminante des Einheitskerns $\delta(x,y)$ ist dann offensichtlich durch

$$\mathcal{D}et\, \delta = \prod_k a_k = \prod_k 1 = 1$$

gegeben.

B Gauß-Integrale

Unter Gauß-Integralen versteht man allgemein Integrale, bei denen der Integrand durch eine Exponentialfunktion gegeben ist und die Integrationsvariable höchstens quadratisch im Exponenten auftritt.

B.1 Gauß-Integrale über reelle Variablen

Gauß-Integrale mit ungeraden Potenzen (n-ganzzahlig, $n \geq 0$)

$$\int_0^\infty dx x^{2n+1} e^{-\lambda x^2} = \frac{1}{2}\frac{n!}{\lambda^{n+1}}$$

lassen sich durch Variablensubstitution $x^2 \to x$ auf die elementaren Integrale

$$\int_0^\infty dx x^n e^{-\lambda x} = \frac{n!}{\lambda^{n+1}} \tag{B.1}$$

zurückführen.[1] Dieser Trick führt jedoch nicht zum Erfolg bei Integralen von Gauß-Funktionen multipliziert mit geraden Potenzen der Integrationsvariable. Der Prototyp eines solchen Gauß-Integrals ist

$$I = \int_{-\infty}^{\infty} dx\, e^{-\frac{a}{2}x^2} .$$

Da das Integral offenbar positiv ist, verlieren wir keine Informationen, wenn wir das Quadrat dieses Integrals betrachten

$$\begin{aligned} I^2 &= \int_{-\infty}^{\infty} dx\, e^{-\frac{a}{2}x^2} \int_{-\infty}^{\infty} dy\, e^{-\frac{a}{2}y^2} \\ &= \int_{-\infty}^{\infty} dx \int_{-\infty}^{\infty} dy\, e^{-\frac{a}{2}(x^2+y^2)} = \int_{\mathbb{R}^2} dx\, dy\, e^{-\frac{a}{2}(x^2+y^2)} . \end{aligned} \tag{B.2}$$

Dieser Ausdruck lässt sich sehr leicht durch Einführung von Polarkoordinaten

$$x = r\cos\varphi , \quad y = r\sin\varphi$$

1 Die Integrale mit $n > 0$ lassen sich durch n-malige Differentiation nach λ aus dem Integral mit $n = 0$ gewinnen.

https://doi.org/10.1515/9783111268255-024

berechnen. Beachten wir, dass $x^2 + y^2 = r^2$ und dass das Flächenelement in Polarkoordinaten durch

$$dxdy = rdrd\varphi$$

gegeben ist, so erhalten wir aus (B.2)

$$I^2 = \int_0^\infty drr \int_0^{2\pi} d\varphi \, e^{-\frac{a}{2}r^2} .$$

Das Integral über den Winkel φ ist trivial, da der Integrand von diesem nicht abhängt und liefert den Faktor 2π. Das verbleibende Integral über den Radius r lässt sich durch die Substitution $z = \frac{1}{2}r^2$ elementar berechnen

$$I^2 = 2\pi \int_0^\infty dz \, e^{-az} = \frac{2\pi}{a} . \tag{B.3}$$

Nehmen wir aus dieser Gleichung die positive Wurzel, so erhalten wir die Beziehung

$$\boxed{\int_{-\infty}^{\infty} \frac{dx}{\sqrt{2\pi}} e^{-\frac{a}{2}x^2} = \frac{1}{\sqrt{a}} .} \tag{B.4}$$

Gauß-Integrale, bei denen im Exponenten die Integrationsvariable auch linear auftritt

$$\int_{-\infty}^{\infty} \frac{dx}{\sqrt{2\pi}} e^{-\frac{a}{2}x^2+bx} , \tag{B.5}$$

lassen sich durch quadratische Ergänzung im Exponenten

$$\frac{a}{2}x^2 - bx = \frac{a}{2}\left(x - \frac{b}{a}\right)^2 - \frac{b^2}{2a}$$

und anschließender Verschiebung der Integrationsvariable

$$x - \frac{b}{a} = x' \to x$$

auf das ursprüngliche Gauß-Integral (B.4) zurückführen. Man erhält dann:

$$\boxed{\int_{-\infty}^{\infty} \frac{dx}{\sqrt{2\pi}} e^{-\frac{a}{2}x^2+bx} = \frac{1}{\sqrt{a}} e^{\frac{b^2}{2a}} .} \tag{B.6}$$

Durch Differentiation dieser Beziehung nach b lassen sich die Ausdrücke für die Integrale über Gauß-Funktionen multipliziert mit beliebigen ganzzahligen positiven Potenzen gewinnen. Differentiation von (B.6) nach b liefert

$$\int_{-\infty}^{\infty} \frac{dx}{\sqrt{2\pi}}\, x\, e^{-\frac{a}{2}x^2+bx} = \frac{b}{a^{3/2}}\, e^{\frac{b^2}{2a}} \,. \tag{B.7}$$

Setzen wir hier $b = 0$, so folgt

$$\int_{-\infty}^{\infty} \frac{dx}{\sqrt{2\pi}}\, x\, e^{-\frac{a}{2}x^2} = 0 \,, \tag{B.8}$$

was aus Symmetriegründen sofort einsichtig ist, da der Integrand eine ungerade Funktion ist. Ableiten von (B.7) nach b liefert

$$\int_{-\infty}^{\infty} \frac{dx}{\sqrt{2\pi}}\, x^2\, e^{-\frac{a}{2}x^2+bx} = \frac{1}{a^{3/2}}\left(1 + \frac{b^2}{a}\right) e^{\frac{b^2}{2a}} \,. \tag{B.9}$$

Durch analytische Fortsetzung

$$a \to -ia = \frac{a}{i}\,, \qquad b \to ib \tag{B.10}$$

erhalten wir aus (B.6) das *Fresnel-Integral* (siehe auch Gl. (5.4))

$$\boxed{\int_{-\infty}^{\infty} \frac{dx}{\sqrt{2\pi i}}\, e^{i\frac{a}{2}x^2+ibx} = \frac{1}{\sqrt{a}}\, e^{-i\frac{b^2}{2a}} \,.} \tag{B.11}$$

Die analytische Fortsetzung (B.10) lässt sich analog in den Gleichungen (B.8) und (B.9) durchführen. Dies liefert

$$\int_{-\infty}^{\infty} \frac{dx}{\sqrt{2\pi}}\, x\, e^{i\frac{a}{2}x^2} = 0 \,,$$

$$\int_{-\infty}^{\infty} \frac{dx}{\sqrt{2\pi}}\, x^2\, e^{i\frac{a}{2}x^2+ibx} = \frac{1}{(-ia)^{3/2}}\left(1 - i\frac{b^2}{a}\right) e^{-i\frac{b^2}{2a}} \,.$$

Die eindimensionalen Gauß- bzw. Fresnel-Integrale, (B.3) bzw. (B.11), lassen sich unmittelbar auf mehrdimensionale Integrale (d. h. auf Integrale über mehrdimensionale Räume) verallgemeinern. Für ein Gauß-Integral über den Raum $\mathbb{R}^n$, dessen (reelle) kartesische Koordinaten x_k, $k = 1, 2, \ldots, n$ sind, gilt

$$\int \prod_{m=1}^{n} \frac{dx_m}{\sqrt{2\pi}} \exp\left[-\frac{1}{2} \sum_{k,l=1}^{n} x_k A_{kl} x_l + \sum_{k=1}^{n} b_k x_k \right]$$
$$= (\operatorname{Det} A)^{-1/2} \exp\left[\frac{1}{2} \sum_{k,l=1}^{n} b_k (A^{-1})_{kl} b_l \right], \qquad \text{(B.12)}$$

wobei $A_{kl} = A_{lk}$ eine symmetrische Matrix ist, deren Eigenwerte positiven Realteil besitzen. Ferner bezeichnet A^{-1} das Inverse und $\operatorname{Det} A$ die Determinante dieser Matrix. Der Beweis der Beziehung (B.12) erfolgt durch Diagonalisierung der symmetrischen Matrix A_{kl}, wobei (B.12) sich auf n Integrale der Form (B.6) reduziert.

Die mehrdimensionalen Gauß-Integrale lassen sich unmittelbar auf Funktionalintegrale über Funktionen $x(t)$ erweitern:

$$\int \mathcal{D}x(t) \exp\left[-\frac{1}{2} \int dt \int dt' x(t) A(t,t') x(t') + \int dt\, b(t) x(t) \right]$$
$$= (\mathcal{D}et A)^{-1/2} \exp\left[\frac{1}{2} \int dt \int dt' b(t) A^{-1}(t,t') b(t') \right]. \qquad \text{(B.13)}$$

Hierbei ist $A(t,t')$ ein symmetrischer, invertierbarer Integralkern

$$A(t,t') = A(t',t), \qquad \int dt'' A^{-1}(t,t'') A(t'',t') = \delta(t,t') \qquad \text{(B.14)}$$

und $\mathcal{D}et A$ seine Funktionaldeterminante, siehe Gl. (A.37) . Der Beweis erfolgt durch Diskretisierung der Variable t:

$$t \to t_k = k\varepsilon, \quad \varepsilon \to 0. \qquad \text{(B.15)}$$

und Ersetzung der Integrale in den Exponenten durch ihre Riemann-Summen. Das Funktionalintegral (B.13) geht dabei in das Mehrfachintegral (B.12) über die Variablen $x_k = x(t_k)$ über, wobei das Funktionalintegrationsmaß durch

$$\int \mathcal{D}x(t) = \int \prod_k \frac{dx_k}{\sqrt{2\pi}}. \qquad \text{(B.16)}$$

definiert ist. Die explizite Berechnung eines Gauß'schen Funktionalintegrals ist in Abschnitt 12.1 durchgeführt.

B.2 Gauß-Integrale über komplexe Variablen

Die oben betrachteten Gauß-Integrale lassen sich unmittelbar auf komplexe Variablen $z = x + iy$ verallgemeinern

$$I = \int \frac{dz^* dz}{2\pi i} \exp[-az^* z + \zeta^* z + z^* \zeta] , \tag{B.17}$$

wobei $\mathrm{Re}(a) > 0$ und $\zeta = \alpha + i\beta$ ebenfalls eine komplexe Zahl ist. Die Integration erstreckt sich hier über Real- und Imaginärteil. Mit der Jacobi-Determinante zur Variablentransformation $(x, y) \to (z^*, z)$,

$$\left| \frac{\partial(z^*, z)}{\partial(x, y)} \right| = \begin{vmatrix} 1 & 1 \\ -i & i \end{vmatrix} = 2i$$

finden wir

$$dz^* dz = \left| \frac{\partial(z^*, z)}{\partial(x, y)} \right| dxdy = 2idxdy . \tag{B.18}$$

Drücken wir in (B.17) die komplexen Variablen durch ihre Real- und Imaginärteile aus, erhalten wir unter Verwendung von (B.18)

$$\begin{aligned} I &= \int_{-\infty}^{\infty} \frac{dx}{\sqrt{\pi}} \int_{-\infty}^{\infty} \frac{dy}{\sqrt{\pi}} \exp[-a(x^2 + y^2) + 2\alpha x + 2\beta y] \\ &= \int_{-\infty}^{\infty} \frac{dx}{\sqrt{\pi}} e^{-ax^2 + 2\alpha x} \int_{-\infty}^{\infty} \frac{dy}{\sqrt{\pi}} e^{-ay^2 + 2\beta y} . \end{aligned}$$

Dies sind zwei gewöhnliche reelle Gauß-Integrale über den Real- bzw. Imaginärteil, die sich mittels Gl. (B.6) berechnen lassen. Drücken wir das Resultat wieder durch die komplexe Variable $\zeta = \alpha + i\beta$ aus, finden wir

$$\boxed{\int \frac{dz^* dz}{2\pi i} \exp[-az^* z + \zeta^* z + z^* \zeta] = \frac{1}{a} \exp\left[\frac{1}{a} \zeta^* \zeta\right] .} \tag{B.19}$$

Das komplexe Gauss-Integral (B.19) lässt sich unmittelbar auf mehrdimensionale komplexe Gauß-Integrale verallgemeinern. Für die Integration über den Raum $\mathbb{C}^n$ mit komplexen Koordinaten $z_k = x_k + iy_k$, $k = 1, 2, \ldots, n$ findet man

$$\boxed{\begin{aligned} &\int \prod_{m=1}^{n} \frac{dz_k^* dz_k}{2\pi i} \exp\left[- \sum_{k,l=1}^{n} z_k^* A_{kl} z_l + \sum_{k=1}^{n} (\eta_k^* z_k + z_k^* \zeta_k) \right] \\ &\quad = (\mathrm{Det}\, A)^{-1} \exp\left[\sum_{k,l=1}^{n} \eta_k^* (A^{-1})_{kl} \zeta_l \right] . \end{aligned}} \tag{B.20}$$

Hierbei ist A eine positiv definite hermitesche Matrix (d. h. mit positiven reellen Eigenwerten) und die ζ_k und η_k^* sind komplexe Variablen. Durch Diagonalisierung von A lässt sich dieses Integral auf ein Produkt von n eindimensionalen komplexen Gauß-Integralen (B.19) zurückführen. Die Details sind in Anhang H, Band 3 gegeben.

Auch das mehrdimensionale Gauß-Integral (B.20) läßt sich wieder analog zu Gl. (B.13) unmittelbar auf komplexe Funktionalintegrale erweitern:

$$\int \mathcal{D}z^*(t)\mathcal{D}z(t)\exp\left[-\int dt\int dt' z^*(t)A(t,t')z(t') + \int dt\left[z^*(t)\zeta(t) + \eta^*(t)z(t)\right]\right]$$
$$= (\mathcal{D}etA)^{-1}\exp\left[\int dt\int dt'\eta^*(t)A^{-1}(t,t')\zeta(t')\right], \tag{B.21}$$

wobei $A(t,t')$ jetzt ein positiv definiter hermitescher, invertierbarer Integralkern ist

$$A^\dagger(t,t') \equiv A^*(t',t) = A(t,t'), \qquad \int dt'' A^{-1}(t,t'')A(t'',t') = \delta(t,t') \tag{B.22}$$

und das funktionale Integrationsmaß nach Diskretisierung der Variable $t \to t_k = k\varepsilon$, $z_k = z(t_k)$ durch

$$\int \mathcal{D}z^*(t)\mathcal{D}z(t) = \int \prod_k \frac{dz_k^* dz_k}{2\pi i}. \tag{B.23}$$

gegeben ist.

C Funktionen von Operatoren

C.1 Definition

Funktionen von Operatoren können wir prinzipiell durch ihre Taylor-Reihen

$$\boxed{f(A) = \sum_{n=0}^{\infty} \frac{1}{n!} f^{(n)}(0) A^n = f(0) + f'(0) A + \frac{1}{2} f''(0) A^2 + \cdots} \tag{C.1}$$

definieren. Die hierbei auftretenden Potenzen eines Operators A sind durch wiederholte Anwendung des Operators wohldefiniert, vorausgesetzt, der Wertebereich von A ist im Definitionsbereich von A enthalten. Dies ist offenbar in trivialer Weise erfüllt, wenn A auf dem gesamten Hilbert-Raum definiert ist, was jedoch nicht notwendig ist. Damit sind sämtliche Operationen einer Funktion von Operatoren auf die entsprechenden Operationen der Operatoren selbst zurückgeführt. Hat die Reihenentwicklung der betrachteten Funktion $f(x)$ einen Konvergenzradius $r < \infty$, so ist die Konvergenz von (C.1) für alle beschränkten Operatoren A mit $\|A\| < r$ gesichert.

Für hermitesche Operatoren $A^\dagger = A$ lässt sich die Taylor-Reihe (C.1) explizit aufsummieren. Dazu beachten wir, dass ihre Eigenfunktionen

$$A|n\rangle = a_n |n\rangle \tag{C.2}$$

eine vollständige orthogonale Basis des entsprechenden Hilbert-Raumes und deshalb, bei geeigneter Normierung, ein Orthonormalsystem

$$\langle n|m\rangle = \delta(n, m) \tag{C.3}$$

bilden. Es gilt dann die Spektraldarstellung des Operators (10.48):

$$A = \sum\!\!\!\!\!\!\int_n |n\rangle a_n \langle n| \, .$$

Setzen wir diese für die Potenzen von A in der Taylor-Entwicklung (C.1) ein, so erhalten wir unter Benutzung der Orthonormalität (C.3) nach Aufsummation der Taylor-Reihe

$$\boxed{f(A) = \sum\!\!\!\!\!\!\int_n |n\rangle f(a_n) \langle n| \, .}$$

Damit lässt sich jede Funktion eines hermiteschen Operators durch die entsprechende Funktion seiner Eigenwerte ausdrücken.

Falls zwei Operatoren A und B miteinander kommutieren, $[A, B] = \hat{0}$, so gilt dies auch für Funktionen dieser Operatoren $f(A)$ und $g(B)$:

https://doi.org/10.1515/9783111268255-025

$$[f(A), g(B)] = \hat{0} . \tag{C.4}$$

Der Beweis folgt unmittelbar aus der Taylor-Entwicklung der Operatorfunktionen. Des Weiteren folgt aus (C.4) für hermitesche Operatoren A, B mit $[A, B] = 0$, dass $f(A)$ und $g(B)$ gemeinsame Eigenfunktionen besitzen, selbst dann, wenn $f(A)$ oder $g(B)$ oder beide keine hermiteschen Operatoren sind. Der Beweis ergibt sich aus den in Abschnitt 10.5 angegebenen Eigenschaften von hermiteschen Operatoren und Taylor-Entwicklung der Operatorfunktionen.

C.2 Variation

Wir interessieren uns für die Variation oder Ableitung einer Operatorfunktion $f(A)$. Im Allgemeinen wird die Variation eines Operators δA nicht mit dem Operator kommutieren:

$$[\delta A, A] \neq 0 .$$

In diesen Fällen ist zu beachten, dass

$$\delta f(A) \neq f'(A)\, \delta A \neq \delta A\, f'(A) .$$

Um die Variation einer Funktion solcher Operatoren zu finden, müssen wir dann auf ihre Taylor-Entwicklung (C.1) zurückgreifen. Wir betrachten die Variation oder das Differential einer Operatorfunktion. Aus ihrer Taylor-Entwicklung folgt durch Anwendung der Produktregel

$$\delta f(A) = f'(0)\, \delta A + \frac{1}{2} f''(0)(A\, \delta A + \delta A\, A) + \cdots .$$

Für beliebige Operatorfunktionen $f(A)$ lässt sich die entstehende Reihe i. A. nicht wieder geschlossen aufsummieren. In einigen Fällen ist dies jedoch möglich bzw. lassen sich die Variationen $\delta f(A)$ durch Parameterintegrale in geschlossener Form ausdrücken. Wichtige Beispiele hierfür sind:

1. *Die Exponentialfunktion $f(x) = e^x$:*

$$\boxed{\delta(e^A) = \int_0^1 d\lambda\, e^{\lambda A}\, \delta A\, e^{(1-\lambda)A} .} \tag{C.5}$$

   Diese Beziehung lässt sich unmittelbar durch Taylor-Entwicklung der Exponenten auf beiden Seiten der Gleichungen beweisen. Falls $[\delta A, A] = \hat{0}$, vereinfacht sich die Beziehung (C.5) zu:

$$\delta(e^A) = \delta A\, e^A = e^A\, \delta A .$$

2. *Der Logarithmus* $f(x) = \ln x$:

$$\boxed{\delta(\ln A) = \int_0^\infty d\lambda(\lambda + A)^{-1}\,\delta A(\lambda + A)^{-1}.} \tag{C.6}$$

Zum Beweis dieser Beziehung betrachten wir zunächst das Integral

$$\int_0^\Lambda \frac{d\lambda}{\lambda + A} = \ln(\lambda + A)|_0^\Lambda = \ln(\Lambda + A) - \ln A\,,$$

wobei λ eine reelle Variable ist. Im Limes $\Lambda \to \infty$ geht der erste Term gegen eine vom Operator A unabhängige divergente Konstante, die jedoch bei der Differentiation wegfällt. Deshalb gilt die folgende Beziehung

$$\delta(\ln A) = -\delta \int_0^\infty \frac{d\lambda}{\lambda + A}\,. \tag{C.7}$$

Den Integranden in Gl. (C.7) entwickeln wir in eine Taylor-Reihe

$$\frac{1}{\lambda + A} = \frac{1}{\lambda}\frac{1}{1 + A/\lambda} = \frac{1}{\lambda}\left[1 - \frac{A}{\lambda} + \left(\frac{A}{\lambda}\right)^2 + \cdots\right].$$

Anwendung der Produktregel liefert

$$\begin{aligned}
\delta\frac{1}{\lambda + A}
&= -\frac{1}{\lambda^2}\left[\delta A - \left(\delta A\frac{A}{\lambda} + \frac{A}{\lambda}\delta A\right) + \left(\delta A\left(\frac{A}{\lambda}\right)^2 + \frac{A}{\lambda}\delta A\frac{A}{\lambda} + \left(\frac{A}{\lambda}\right)^2\delta A\right) - \cdots\right]\\
&= -\frac{1}{\lambda^2}\left[1 - \frac{A}{\lambda} + \left(\frac{A}{\lambda}\right)^2 - \cdots\right]\delta A\left[1 - \frac{A}{\lambda} + \left(\frac{A}{\lambda}\right)^2 - \cdots\right]\\
&= -\frac{1}{\lambda^2}\left(1 + \frac{A}{\lambda}\right)^{-1}\delta A\left(1 + \frac{A}{\lambda}\right)^{-1}\\
&= -(\lambda + A)^{-1}\,\delta A\,(\lambda + A)^{-1}.
\end{aligned}$$

Einsetzen dieses Ergebnisses in Gl. (C.7) liefert die gewünschte Beziehung (C.6).

Die obigen Beziehungen (C.5) und (C.6) basieren nur auf der Produktregel und bleiben deshalb auch richtig, wenn wir statt der Variation δA das Differential dA oder die Ableitung nach einer Variablen bilden, von denen der Operator A abhängt. Wenn wir annehmen, der Operator A hänge parametrisch von einer Variablen x ab, $A = A(x)$, erhalten wir nach „Division" von Gl. (C.5) und (C.6) durch dx die Beziehungen

$$\frac{d}{dx} e^{A(x)} = \int_0^1 d\lambda \, e^{\lambda A(x)} \frac{dA(x)}{dx} e^{(1-\lambda)A(x)} , \tag{C.8}$$

$$\frac{d}{dx} \ln A(x) = \int_0^\infty d\lambda \, (\lambda + A(x))^{-1} \frac{dA(x)}{dx} (\lambda + A(x))^{-1} . \tag{C.9}$$

Man beachte: Bei den obigen Beziehungen (C.5) und (C.6) bzw. (C.8) und (C.9) haben wir lediglich von der Produktregel (Leibniz-Regel) Gebrauch gemacht. Diese Regel gilt auch für Kommutatoren. Deshalb bleiben die obigen Beziehungen auch richtig, wenn wir statt des Differentials den Kommutator mit einem zweiten Operator B bilden

$$[B, e^A] = \int_0^1 d\lambda \, e^{\lambda A} [B, A] e^{(1-\lambda)A} , \tag{C.10}$$

$$[B, \ln A] = \int_0^\infty d\lambda \, (\lambda + A)^{-1} [B, A] (\lambda + A)^{-1} .$$

Durch Variablensubstitution $(1 - \lambda) \to \lambda$ lassen sich die zu Gln. (C.8) und (C.10) äquivalenten Beziehungen

$$\frac{d}{dx} e^{A(x)} = \int_0^1 d\lambda \, e^{(1-\lambda)A(x)} \frac{dA(x)}{dx} e^{\lambda A(x)} ,$$

$$[B, e^A] = \int_0^1 d\lambda \, e^{(1-\lambda)A} [B, A] e^{\lambda A} \tag{C.11}$$

gewinnen, bei denen im Exponenten die Positionen von λ und $(1 - \lambda)$ vertauscht sind.

C.3 Nützliche Operatoridentitäten

Häufig treten Funktionen von Summen von zwei oder mehr Operatoren,

$$f(A + B + \cdots) , \tag{C.12}$$

auf, die nicht miteinander kommutieren. Gesucht ist die Wirkung des Ausdruckes (C.12) auf die Eigenfunktionen eines der Operatoren, z. B. A. Ohne Beschränkung der Allgemeinheit genügt es, Funktionen von zwei nicht-kommutierenden Operatoren zu betrachten. Ferner können wir voraussetzen, dass diese Funktionen eine Fourier- bzw. Laplace-Darstellung

$$f(A+B) = \int d\tau\, e^{\tau(A+B)} \tilde{f}(\tau)$$

besitzen, wobei τ reell für die Laplace- bzw. rein imaginär für die Fourier-Transformation ist. Es genügt damit, Exponentialfunktionen

$$E(\tau) = e^{\tau(A+B)} \tag{C.13}$$

zu betrachten. Für die Anwendung dieses Ausdruckes auf Eigenfunktionen von A ist es zweckmäßig, diese Operatorfunktion in der Form

$$E(\tau) = e^{\tau B} K(\tau) e^{\tau A} \tag{C.14}$$

zu schreiben, wobei $K(\tau)$ den gesamten Effekt der Nicht-Kommutativität von A und B enthält. Falls die beiden Operatoren miteinander kommutieren, $[A, B] = \hat{0}$, folgt offensichtlich $K(\tau) = \hat{1}$.

Zur Bestimmung von $K(\tau)$ leiten wir zunächst eine Differentialgleichung für diese Größe ab. Differentiation von Gl. (C.13) und (C.14) nach τ liefert:

$$(A+B)E(\tau) = BE(\tau) + e^{\tau B} K'(\tau) e^{\tau A} + E(\tau) A\,,$$

wobei sich der Term $BE(\tau)$ weghebt. Multiplikation dieser Gleichung von links mit $e^{-\tau B}$ und von rechts mit $e^{-\tau A}$ liefert die gesuchte Differentialgleichung

$$K'(\tau) = e^{-\tau B} A e^{\tau B} K(\tau) - K(\tau) A\,. \tag{C.15}$$

Aus Gl. (C.13) und (C.14) folgt ferner, dass $K(\tau)$ der Anfangsbedingung

$$K(\tau = 0) = \hat{1} \tag{C.16}$$

genügt. Durch Taylor-Entwicklung finden wir:

$$\boxed{e^{-\tau B} A e^{\tau B} = \sum_{n=0}^{\infty} \frac{(-\tau)^n}{n!} \underbrace{[B, [B, \ldots, [B, A] \ldots]]}_{n}\,.} \tag{C.17}$$

Dieser Ausdruck ist vollständig durch die Kommutatoren von B und A gegeben. Sobald für ein n der Vielfachkommutator eine c-Zahl ist, verschwinden sämtliche höhere Kommutatoren, was eine explizite Lösung der Differentialgleichung (C.15) gestattet. Falls z. B. der Kommutator $[A, B]$ bereits eine c-Zahl ist, vereinfacht sich der Ausdruck (C.17) zu:

$$e^{-\tau B} A e^{\tau B} = A - \tau [B, A]$$

und die Differentialgleichung (C.15) reduziert sich auf:

$$K'(\tau) = [A, K(\tau)] - \tau [B, A] K(\tau)\,. \tag{C.18}$$

Da die Größe $K(\tau)$ eine Funktion allein des Kommutators $[A, B]$ ist, dieser aber wie hier angenommen eine c-Zahl ist, muss $K(\tau)$ selbst eine c-Zahl sein und somit verschwindet der erste Ausdruck auf der rechten Seite der Gl. (C.18). Damit vereinfacht sich die Differentialgleichung zu

$$K'(\tau) = -\tau[B, A]K(\tau)\,,$$

deren Lösung mit der Anfangsbedingung (C.16) durch

$$K(\tau) = e^{-\frac{1}{2}\tau^2[B,A]}$$

gegeben ist. Einsetzen dieses Ausdruckes in (C.14) liefert die *Glauber-Formel*

$$\boxed{e^{\tau(A+B)} = e^{\tau B}e^{-\frac{1}{2}\tau^2[B,A]}e^{\tau A}\,,} \tag{C.19}$$

die oftmals auch als *Baker-Campbell-Hausdorff-Formel* bezeichnet wird. Durch zweimalige Anwendung dieser Formel folgt:

$$\boxed{e^{\tau A}e^{\tau B} = e^{\tau B}e^{\tau A}e^{-\tau^2[B,A]}\,.} \tag{C.20}$$

Analog lässt sich folgende Beziehung für beliebige Operatoren A, B beweisen

$$\boxed{e^{\tau A}e^{\tau B} = \exp\left\{\tau(A+B) + \frac{\tau^2}{2!}[A,B] + \frac{\tau^3}{3!}\left(\frac{1}{2}[[A,B],B] + \frac{1}{2}[A,[A,B]]\right) + \cdots\right\},} \tag{C.21}$$

die sich auf (C.19) reduziert, falls $[A, B]$ eine c-Zahl ist.

C.4 Die Green'sche Funktion des Laplace-Operators im $\mathbb{R}^n$

Bei vielen theoretischen Überlegungen in der Quantenmechanik und auch in der Elektrodynamik benötigt man die Green'sche Funktion des Laplace-Operators Δ. Ihre Berechnung liefert gleichzeitig ein Beispiel für die Benutzung von Funktionen von Operatoren.

Bezeichnen wir die kartesischen Koordinaten des $\mathbb{R}^n$ mit x_i, $i = 1, 2, \ldots, n$, so lautet der Laplace-Operator

$$\Delta = \sum_{i=1}^{n} \frac{\partial^2}{\partial x_i^2}\,.$$

Da $-\Delta$ ein positiv-semidefiniter Operator ist, definiert man die Green'sche Funktion des Laplace-Operators durch

$$\boxed{(-\Delta)G(\boldsymbol{x},\boldsymbol{x}') = \delta(\boldsymbol{x},\boldsymbol{x}')\,.} \tag{C.22}$$

Hierbei bezeichnet $\boldsymbol{x} = x_i\boldsymbol{e}_i$ einen Vektor des $\mathbb{R}^n$. Formal können wir die Green'sche Funktion durch Multiplikation von Gleichung (C.22) mit dem inversen Operator $(-\Delta)^{-1}$ erhalten

$$\boxed{G(\boldsymbol{x},\boldsymbol{x}') = (-\Delta)^{-1}\delta(\boldsymbol{x},\boldsymbol{x}')\,,} \tag{C.23}$$

bzw. in der Dirac'schen *Bra-Ket*-Notation

$$\boxed{G(\boldsymbol{x},\boldsymbol{x}') = \langle \boldsymbol{x}|(-\Delta)^{-1}|\boldsymbol{x}'\rangle\,.} \tag{C.24}$$

Die Äquivalenz von Gln. (C.24) und (C.23) zeigt man leicht, indem man im Matrixelement auf der rechten Seite von Gl. (C.24) vor dem inversen Laplace-Operator die Vollständigkeitsrelation der Impulseigenzustände

$$\hat{1} = \int \frac{d^n k}{(2\pi)^3}|\boldsymbol{k}\rangle\langle\boldsymbol{k}|\,, \qquad \langle \boldsymbol{x}|\boldsymbol{k}\rangle = e^{i\boldsymbol{k}\boldsymbol{x}}$$

einsetzt und die Fourier-Darstellung der δ-Funktion benutzt

$$\begin{aligned} G(\boldsymbol{x},\boldsymbol{x}') &= \int \frac{d^n k}{(2\pi)^3}\langle \boldsymbol{x}|(-\Delta)^{-1}|\boldsymbol{k}\rangle\langle\boldsymbol{k}|\boldsymbol{x}'\rangle \\ &= \int \frac{d^n k}{(2\pi)^3}\frac{1}{k^2}\langle \boldsymbol{x}|\boldsymbol{k}\rangle\langle\boldsymbol{k}|\boldsymbol{x}'\rangle \\ &= \int \frac{d^n k}{(2\pi)^3}\frac{1}{k^2}e^{i\boldsymbol{k}(\boldsymbol{x}-\boldsymbol{x})} = (-\Delta)^{-1}\delta(\boldsymbol{x},\boldsymbol{x}')\,. \end{aligned}$$

Benutzen wir die Operatoridentität

$$A^{-1} = \int_0^\infty d\tau e^{-\tau A}$$

für den Laplace-Operator, so erhalten wir für seine Green'sche Funktion (C.24)

$$G(\boldsymbol{x},\boldsymbol{x}') = \int_0^\infty d\tau\langle \boldsymbol{x}|e^{-\tau(-\Delta)}|\boldsymbol{x}'\rangle\,. \tag{C.25}$$

Der Integrand wird als *Wärmekern* bezeichnet, da er als Lösung der Diffusionsgleichung in der Thermodynamik auftritt. Diese Größe lässt sich sehr einfach durch Fourier-Transformation berechnen

$$
\boxed{\begin{aligned}
\langle \boldsymbol{x}|e^{-\tau(-\Delta)}|\boldsymbol{x}'\rangle &= \int \frac{d^n k}{(2\pi)^n} \langle \boldsymbol{x}|e^{-\tau(-\Delta)}|\boldsymbol{k}\rangle\langle \boldsymbol{k}|\boldsymbol{x}'\rangle \\
&= \int \frac{d^n k}{(2\pi)^n} e^{-\tau \boldsymbol{k}^2} e^{i\boldsymbol{k}\cdot(\boldsymbol{x}-\boldsymbol{x}')} \\
&= \left(\frac{1}{4\pi\tau}\right)^{n/2} \exp\left(-\frac{(\boldsymbol{x}-\boldsymbol{x}')^2}{4\tau}\right).
\end{aligned}}
$$

Einsetzen dieses Ergebnisses in (C.25) liefert

$$
G(\boldsymbol{x},\boldsymbol{x}') = \left(\frac{1}{4\pi}\right)^{n/2} \int_0^\infty d\tau \tau^{-n/2} \exp\left(-\frac{(\boldsymbol{x}-\boldsymbol{x}')^2}{4\tau}\right).
$$

Um den Exponenten zu vereinfachen, führen wir die Variablensubstitution

$$
s = \frac{1}{\tau}, \quad d\tau = -\frac{ds}{s^2}
$$

durch, was

$$
G(\boldsymbol{x},\boldsymbol{x}') = \left(\frac{1}{4\pi}\right)^{n/2} \int_0^\infty ds s^{n/2-2} e^{-s\frac{1}{4}(\boldsymbol{x}-\boldsymbol{x}')^2}
$$

liefert. Der Integrand ist divergent an der unteren Integrationsgrenze. Diese Divergenz ist jedoch integrabel für $n > 2$. Um den Fall $n = 2$ mit behandeln zu können, schneiden wir das Integral an der unteren Integrationsgrenze mittels eines kleinen Abschneideparameters μ ab und erhalten die regularisierte Green'sche Funktion

$$
G_\mu(\boldsymbol{x},\boldsymbol{x}') = \left(\frac{1}{4\pi}\right)^{n/2} \int_\mu^\infty ds s^{n/2-2} e^{-\frac{s}{4}(\boldsymbol{x}-\boldsymbol{x})^2} .
$$

Es empfiehlt sich, zur dimensionslosen Integrationsvariablen

$$
z = \frac{1}{4} s (\boldsymbol{x}-\boldsymbol{x}')^2
$$

überzugehen. Dies liefert

$$
G_\mu(\boldsymbol{x},\boldsymbol{x}') = \left(\frac{1}{4\pi}\right)^{n/2} \left[\frac{4}{(\boldsymbol{x}-\boldsymbol{x}')^2}\right]^{n/2-1} \int_{\frac{\mu}{4}(\boldsymbol{x}-\boldsymbol{x}')^2}^\infty dz z^{n/2-2} e^{-z} . \tag{C.26}
$$

Das verbleibende Integral lässt sich durch die unvollständige Γ-Funktion

$$\boxed{\Gamma(\alpha, x) = \int_x^\infty dz z^{\alpha-1} e^{-z}} \tag{C.27}$$

ausdrücken, die für $\alpha > 0$ im Limes $x \to 0$ in die normale Γ-Funktion (16.52) übergeht

$$\Gamma(\alpha, x = 0) = \Gamma(\alpha), \quad \alpha > 0 .$$

Mit (C.27) erhalten wir aus (C.26)

$$G_\mu(\mathbf{x}, \mathbf{x}') = \frac{1}{4\pi^{n/2}} \left[\frac{1}{(\mathbf{x} - \mathbf{x}')^2} \right]^{n/2-1} \Gamma\left(\frac{n}{2} - 1, \frac{\mu}{4} (\mathbf{x} - \mathbf{x}')^2 \right). \tag{C.28}$$

Für $n = 3$ können wir den Limes $\mu \to 0$ nehmen und erhalten mit

$$\Gamma\left(\frac{1}{2}\right) = \sqrt{\pi}$$

das bekannte Resultat

$$\boxed{G(\mathbf{x}, \mathbf{x}') = \frac{1}{4\pi |\mathbf{x} - \mathbf{x}|} .} \tag{C.29}$$

Für $n = 2$ müssen wir μ als Regulator behalten, den wir jedoch beliebig klein wählen können. Für $x \to 0$ und $\alpha = 0$ besitzt die unvollständige Γ-Funktion $\Gamma(\alpha, x)$ (C.27) die asymptotische Form

$$\Gamma(0, x) = -\ln x + \gamma, \quad x \to 0 ,$$

wobei $\gamma = 0{,}57721\ldots$ die Euler'sche Konstante ist. Unter Benutzung dieses Ergebnisses finden wir aus (C.28) für die Green'sche Funktion in $n = 2$ Dimensionen

$$\begin{aligned} G(\mathbf{x}, \mathbf{x}') &= -\frac{1}{4\pi} \ln \frac{\mu}{4} (\mathbf{x} - \mathbf{x}')^2 + \gamma \\ &= -\frac{1}{2\pi} \ln |\mathbf{x} - \mathbf{x}'| + \text{const.} \end{aligned}$$

Bei der Differentiation fällt die Konstante heraus und wir finden daher in $n = 2$ Dimensionen die Beziehung

$$\boxed{\Delta \ln |\mathbf{x} - \mathbf{x}'| = 2\pi \delta(\mathbf{x} - \mathbf{x}') .}$$

Diese Beziehung zeigt, dass in zwei Dimensionen bei Abwesenheit von singulären Potentialen vom Typ der δ-Funktion die Wellenfunktion in der Nähe des Koordinatenursprunges kein logarithmisches Verhalten besitzen kann.

D Basiselemente der Variationsrechnung

D.1 Definition von Funktionalen und ihren Variationsableitungen

Eine reelle *Funktion* $f(x)$ einer reellen Variablen x ist eine Abbildung von $\mathbb{R}$ nach $\mathbb{R}$:

$$f : \mathbb{R} \to \mathbb{R}\,, \quad x \mapsto f(x)\,.$$

Eine reelle Funktion mehrerer reeller Variablen $x_1, x_2, \ldots, x_N$

$$f(x) \equiv f(x_1, x_2, \ldots x_N)$$

ist eine Abbildung

$$f : \mathbb{R}^N \to \mathbb{R}\,.$$

Ein *Funktional* ist eine Verallgemeinerung der Funktion auf unendlich viele (kontinuierliche) Variablen. *Unter einem Funktional versteht man eine Abbildung eines Funktionenraumes in die Menge der reellen oder komplexen Zahlen.*

Sei $\mathbb{M}$ ein Funktionenraum, z. B. ein Hilbert-Raum, und die Funktion $\varphi(x)$ ein Element dieses Raumes. Ein *reelles Funktional* $F[\varphi]$ auf diesem Raum definiert die Abbildung[1]

$$F : \mathbb{M} \to \mathbb{R}\,, \quad \varphi \mapsto F[\varphi]\,.$$

Die erste Variation (*das Differential*) einer Funktion mehrerer Variablen,

$$df(x) = f(x + dx) - f(x) = \sum_i \frac{\partial f(x)}{\partial x_i}\, dx_i\,,$$

lässt sich in der Form

$$df(x) = \left[\frac{df(x + \varepsilon dx)}{d\epsilon}\right]_{\varepsilon=0}$$

darstellen, was sich unmittelbar durch Benutzung der Kettenregel zeigen lässt. Dieser Ausdruck lässt sich direkt auf die Variation von Funktionalen verallgemeinern. Die *erste Variation* $\delta F[\varphi]$ eines Funktionals $F[\varphi]$ wird definiert durch:

$$\boxed{\delta F[\varphi] = \left[\frac{\partial}{\partial \varepsilon} F[\varphi + \varepsilon\, \delta\varphi]\right]_{\varepsilon=0}\,.} \tag{D.1}$$

1 Wir werden den Begriff des Funktionals im verallgemeinerten Sinn verwenden und zusätzlich noch Abhängigkeiten von diskreten und kontinuierlichen Variablen zulassen. Damit können wir eine Funktion selbst als Funktional betrachten, z. B. $F[\varphi](x) = \varphi(x)$.

https://doi.org/10.1515/9783111268255-026

Aus dieser Definition ist ersichtlich, dass die erste Variation $\delta F[\varphi]$ linear in den Änderungen $\delta\varphi(x)$ der Funktion ist,[2] d. h. es gilt:

$$\delta F[\varphi] = \int dx\, F'[\varphi](x)\, \delta\varphi(x)\,,$$

wobei $F'[\varphi](x)$ ein Funktional von $\varphi(x)$ ist, welches jedoch unabhängig von $\delta\varphi(x)$ ist. Dieses Funktional wird als *erste Variationsableitung*[3] von $F[\varphi]$ nach $\varphi(x)$ bezeichnet und in der Form

$$F'[\varphi](x) \equiv \frac{\delta F[\varphi]}{\delta\varphi(x)}$$

geschrieben. Damit ist die erste Variationsableitung $\delta F[\varphi]/\delta\varphi(x)$ durch die Beziehung

$$\boxed{\delta F[\varphi] = \left[\frac{\partial}{\partial\varepsilon} F[\varphi + \varepsilon\, \delta\varphi]\right]_{\varepsilon=0} = \int dx\, \frac{\delta F[\varphi]}{\delta\varphi(x)}\, \delta\varphi(x)} \tag{D.2}$$

definiert. Da $\delta\varphi(x)$ beliebig ist, wird die Variationsableitung durch die obige Beziehung *eindeutig* definiert.

In analoger Weise sind die höheren Variationsableitungen definiert. So ist z. B. die zweite Variation über

$$\boxed{\delta^2 F[\varphi] = \left[\frac{\partial^2}{\partial\varepsilon^2} F[\varphi + \varepsilon\, \delta\varphi]\right]_{\epsilon=0} = \int dx\, dx'\, \frac{\delta^2 F[\varphi]}{\delta\varphi(x)\, \delta\varphi(x')}\, \delta\varphi(x)\, \delta\varphi(x')} \tag{D.3}$$

definiert.

Zur Illustration betrachten wir das einfache Funktional

$$F[\varphi] = \frac{1}{2}\int dx\, \left(\varphi(x)\right)^2 . \tag{D.4}$$

Aus der Definition (D.2) erhalten wir für die erste Variation dieses Funktionals:

$$\begin{aligned}\delta F[\varphi] &= \left[\frac{1}{2}\frac{\partial}{\partial\varepsilon}\int dx\, \left[\varphi(x) + \varepsilon\, \delta\varphi(x)\right]^2\right]_{\varepsilon=0} \\ &= \left[\int dx\, \left[\varphi(x) + \varepsilon\, \delta\varphi(x)\right]\delta\varphi(x)\right]_{\varepsilon=0} \\ &= \int dx\, \varphi(x)\, \delta\varphi(x) \overset{!}{=} \int dx\, \frac{\delta F[\varphi]}{\delta\varphi(x)}\, \delta\varphi(x)\end{aligned}$$

und somit für seine erste Variationsableitung

---

2 Dies erkennt man sofort, wenn man $F[\varphi + \varepsilon\,\delta\varphi] \equiv f(\varepsilon)$ in eine Taylor-Reihe nach Potenzen von ε entwickelt, diese nach ε differenziert und anschließend $\varepsilon = 0$ setzt.

3 Die Variationsableitung wird oftmals auch als *Funktionalableitung* bezeichnet.

$$\frac{\delta F[\varphi]}{\delta\varphi(x)} = \varphi(x)\,.$$

Eine stetige Funktion $\varphi(x)$ lässt sich selbst als Funktional betrachten,

$$F[\varphi](x) = \varphi(x)\,, \tag{D.5}$$

das von einer Variablen x abhängt. Berechnen wir für dieses Funktional die erste Variationsableitung nach der Definition (D.2), so erhalten wir:

$$\delta F[\varphi](x) = \left[\frac{\partial}{\partial\varepsilon}\big(\varphi(x) + \varepsilon\,\delta\varphi(x)\big)\right]_{\varepsilon=0} = \delta\varphi(x)\,. \tag{D.6}$$

Nach Gl. (D.2) lässt sich die erste Variation dieses Funktionals (D.5) ausdrücken als:

$$\delta F[\varphi](x) = \int dx'\,\frac{\delta F[\varphi](x)}{\delta\varphi(x')}\,\delta\varphi(x') = \int dx'\,\frac{\delta\varphi(x)}{\delta\varphi(x')}\delta\varphi(x')\,. \tag{D.7}$$

Der Vergleich der letzten beiden Beziehungen (D.6) und (D.7) zeigt:

$$\boxed{\frac{\delta\varphi(x)}{\delta\varphi(x')} = \delta(x - x')\,.} \tag{D.8}$$

Dies ist die Verallgemeinerung der Beziehung

$$\frac{\partial x_i}{\partial x_k} = \delta_{ik}$$

für kartesische Koordinaten, wenn man beachtet, dass die δ-Funktion das Analogon des Kronecker-Deltas für kontinuierliche „Indizes" (Variablen) ist.

Neben den stetigen Funktionen lassen sich natürlich auch die Ableitungen der stetig differenzierbaren Funktionen als Funktionale betrachten. Z. B. für die erste Ableitung

$$F[\varphi] = \frac{d\varphi(x)}{dx} = \varphi'(x)$$

finden wir mithilfe von (D.8)

$$\boxed{\frac{\delta\varphi'(x)}{\delta\varphi(x')} = \frac{d}{dx}\frac{\delta\varphi(x)}{\delta\varphi(x')} = \frac{d}{dx}\delta(x - x')\,.} \tag{D.9}$$

Es sei $f(\varphi)$ eine differenzierbare Funktion von φ. Für die Variationsableitung des Funktionals

$$F[\varphi] = f\big(\varphi(x)\big)$$

erhalten wir aus der Definition (D.2) analog zur gewöhnlichen Differentialrechnung die *Kettenregel*

$$\boxed{\frac{\delta f(\varphi(x))}{\delta\varphi(x')} = \frac{df}{d\varphi}\frac{\delta\varphi(x)}{\delta\varphi(x')} = \frac{df}{d\varphi}\delta(x - x')\,.} \tag{D.10}$$

Hieraus finden wir für die Variationsableitung von

$$F[\varphi] = \int dx f\big(\varphi(x)\big)$$

unmittelbar

$$\frac{\delta F[\varphi]}{\delta\varphi(x')} = \int dx \frac{\delta f(\varphi(x))}{\delta\varphi(x')} = \int dx \frac{df}{d\varphi}\delta\big(x - x'\big) = \left.\frac{df}{d\varphi}\right|_{\varphi=\varphi(x')},$$

vorausgesetzt x' liegt im Integrationsgebiet.

Für ein Funktional F von zwei Funktionen $\psi(x)$ und $\varphi(x)$,

$$F = F[\varphi, \psi],$$

ist die erste Variation nach Gl. (D.1) durch

$$\delta F[\varphi, \psi] = \left[\frac{\partial}{\partial\varepsilon} F[\varphi + \varepsilon\,\delta\varphi, \psi + \varepsilon\,\delta\psi]\right]_{\varepsilon=0}. \tag{D.11}$$

gegeben. Nach den Regeln der Differentiation gilt:

$$\begin{aligned}&\left[\frac{\partial}{\partial\varepsilon} F[\varphi + \varepsilon\,\delta\varphi, \psi + \varepsilon\,\delta\psi]\right]_{\varepsilon=0} \\ &\quad = \left[\left[\frac{\partial}{\partial\varepsilon} F[\varphi + \varepsilon\,\delta\varphi, \psi]\right]_{\varepsilon=0} + \frac{\partial}{\partial\varepsilon} F[\varphi, \psi + \varepsilon\,\delta\psi]\right]_{\varepsilon=0}.\end{aligned}$$

Nach Gl. (D.2) gilt für festgehaltenes $\varphi(x)$:

$$\left[\frac{\partial}{\partial\varepsilon} F[\varphi, \psi + \varepsilon\,\delta\psi]\right]_{\varepsilon=0} = \int dx\, \frac{\delta F[\varphi, \psi]}{\delta\psi(x)}\,\delta\psi(x),$$

und analog für festgehaltenes $\psi(x)$:

$$\left[\frac{\partial}{\partial\varepsilon} F[\varphi + \varepsilon\,\delta\varphi, \psi]\right]_{\varepsilon=0} = \int dx\, \frac{\delta F[\varphi, \psi]}{\delta\varphi(x)}\,\delta\varphi(x).$$

Deshalb finden wir schließlich:

$$\delta F[\varphi, \psi] = \int dx \left(\frac{\delta F[\varphi, \psi]}{\delta\varphi(x)}\,\delta\varphi(x) + \frac{\delta F[\varphi, \psi]}{\delta\psi(x)}\,\delta\psi(x)\right).$$

Als Beispiel hierzu betrachten wir das Funktional

$$F[\varphi, \psi] = \int dx\, \varphi(x)\psi(x),$$

für welches nach (D.8) offenbar

$$\frac{\delta F[\varphi, \psi]}{\delta\varphi(x)} = \psi(x), \qquad \frac{\delta F[\varphi, \psi]}{\delta\psi(x)} = \varphi(x)$$

und somit

$$\delta F[\varphi, \psi] = \int dx\, \big[\psi(x)\,\delta\varphi(x) + \varphi(x)\,\delta\psi(x)\big]$$

gilt. Dasselbe Ergebnis erhalten wir auch unmittelbar aus der Definition (D.11):

$$\delta F[\varphi, \psi] = \left[\frac{\partial}{\partial\varepsilon}\int dx\, \big[\varphi(x) + \varepsilon\,\delta\varphi(x)\big]\big[\psi(x) + \varepsilon\,\delta\psi(x)\big]\right]_{\varepsilon=0}$$

$$= \left[\int dx \left[\delta\varphi(x)\, \psi(x) + \varphi(x)\, \delta\psi(x) + 2\varepsilon\, \delta\varphi(x)\, \delta\psi(x) \right] \right]_{\varepsilon=0}$$
$$= \int dx \left[\psi(x)\, \delta\varphi(x) + \varphi(x)\, \delta\psi(x) \right].$$

Wir setzen jetzt in den obigen Betrachtungen $\psi(x) = \varphi'(x)$. Für die Variationsableitung des Funktionals

$$F[\varphi] = f\big(\varphi(x), \varphi'(x)\big)$$

erhalten wir dann mit (D.10) und (D.9)

$$\frac{\delta f(\varphi(x), \varphi'(x))}{\delta\varphi(x')} = \frac{\partial f}{\partial \varphi} \frac{\delta\varphi(x)}{\delta\varphi(x')} + \frac{\partial f}{\partial \varphi'} \frac{\delta\varphi'(x)}{\delta\varphi(x')}$$
$$= \frac{\partial f}{\partial \varphi} \delta\big(x - x'\big) + \frac{\partial f}{\partial \varphi'} \frac{d}{dx} \delta\big(x - x'\big).$$

Hieraus finden wir für das Funktional

$$F[\varphi] = \int dx f\big(\varphi(x), \varphi'(x)\big) \tag{D.12}$$

die Variationsableitung

$$\frac{\delta F[\varphi]}{\delta\varphi(x')} = \int dx \left(\frac{\partial f}{\partial \varphi} \delta\big(x - x'\big) + \frac{\partial f}{\partial \varphi'} \frac{d}{dx} \delta\big(x - x'\big) \right)$$
$$= \frac{\partial f}{\partial \varphi}\big(x'\big) - \frac{d}{dx'} \frac{\partial f}{\partial \varphi'}\big(x'\big). \tag{D.13}$$

Die klassische Wirkung (3.10) ist ein Funktional der Form (D.12) und das Verschwinden ihrer ersten Variationsableitung (D.13) liefert die Euler-Lagrange-Gleichung (3.12).

D.2 Regeln der Variationsableitung

Aus den Definitionen der Variationsableitungen der Funktionale als Differentiation (nach ε, siehe Gln. (D.2), (D.3)) folgt, dass sie lineare Operationen sind, für die analoge Regeln wie für die Differentiation gelten:

1. *Produktregel:*

$$\frac{\delta}{\delta\varphi(x)} \big(F[\varphi] G[\varphi]\big) = \frac{\delta F[\varphi]}{\delta\varphi(x)} G[\varphi] + F[\varphi] \frac{\delta G}{\delta\varphi(x)}. \tag{D.14}$$

2. *Kettenregel für Funktionale:*

$$\frac{\delta F[\psi[\varphi]]}{\delta\varphi(x)} = \int dy \, \frac{\delta F[\psi[\varphi]]}{\delta\psi[\varphi](y)} \frac{\delta\psi[\varphi](y)}{\delta\varphi(x)}.$$

3. *Kettenregel für Funktionen von Funktionalen $f(F[\varphi])$:*

$$\frac{\delta f(F[\varphi])}{\delta\varphi(x)} = \frac{df(F)}{dF}\bigg|_{F=F[\varphi]} \frac{\delta F[\varphi]}{\delta\varphi(x)}. \tag{D.15}$$

4. *Quotientenregel* (die unmittelbar aus Gl. (D.14) und (D.15) folgt):

$$\frac{\delta}{\delta\varphi(x)}\left(\frac{F[\varphi]}{G[\varphi]}\right) = \frac{\delta F[\varphi]}{\delta\varphi(x)}\frac{1}{G[\varphi]} - F[\varphi]\frac{\delta G[\varphi]}{\delta\varphi(x)}\left(\frac{1}{G[\varphi]}\right)^2 .$$

5. *Schwarz'scher Vertauschungssatz:*

$$\frac{\delta}{\delta\varphi(x)}\frac{\delta}{\delta\varphi(x')}F[\varphi] = \frac{\delta}{\delta\varphi(x')}\frac{\delta}{\delta\varphi(x)}F[\varphi] .$$

Die oben angegebenen Regeln wollen wir nun anhand einiger Beispiele illustrieren. Als erstes Beispiel betrachten wir das Funktional

$$F[\varphi] = \left(\varphi(x)\right)^n .$$

Unter Benutzung der Kettenregel (D.15) finden wir für dieses Funktional unmittelbar:

$$\frac{\delta F[\varphi](x)}{\delta\varphi(x')} = \frac{\delta(\varphi(x))^n}{\delta\varphi(x')} = n\left(\varphi(x)\right)^{n-1}\frac{\delta\varphi(x)}{\delta\varphi(x')} = n\left(\varphi(x)\right)^{n-1}\delta\left(x-x'\right).$$

Für die zweite Variationsableitung des elementaren Funktionals (D.5) erhalten wir:

$$\frac{\delta^2\varphi(x)}{\delta\varphi(x')\,\delta\varphi(x'')} = \frac{\delta}{\delta\varphi(x')}\delta\left(x-x''\right) = 0 .$$

In analoger Weise findet man unter Benutzung der Kettenregel:

$$\frac{\delta^2(\varphi(x))^2}{\delta\varphi(x')\,\delta\varphi(x'')} = 2\frac{\delta}{\delta\varphi(x')}\left[\varphi(x)\,\delta\left(x-x''\right)\right] = 2\delta\left(x-x'\right)\delta\left(x-x''\right).$$

Als abschließendes Beispiel betrachten wir das häufig in der Feldtheorie auftretende Funktional

$$F[\varphi] = \int dx\,\varphi^n(x) ,$$

dessen erste Variationsableitung durch

$$\frac{\delta F[\varphi]}{\delta\varphi(x)} = n\left(\varphi(x)\right)^{n-1}$$

gegeben ist.

D.3 Funktional über einen Hilbert-Raum

Ist der Funktionenraum $\mathbb{M}$ ein Hilbert-Raum $\mathbb{H}$, so lässt sich auf einfache Art die Beziehung der Variationsableitung zu den gewöhnlichen partiellen Ableitungen herstellen. In einem Hilbert-Raum existiert ein vollständiges orthonormales Funktionensystem

$$\psi_i(x) \equiv \langle x|i\rangle , \quad \psi_i^*(x) = \langle i|x\rangle \tag{D.16}$$

mit der Orthonormalitätsbeziehung

$$\int dx\, \psi_i^*(x)\psi_k(x) = \int dx\, \langle i|x\rangle\langle x|k\rangle = \delta_{ik} \tag{D.17}$$

und der Vollständigkeitsrelation

$$\sum_i \langle x|i\rangle\langle i|x'\rangle = \sum_i \psi_i(x)\psi_i^*(x') = \delta(x - x')\,, \tag{D.18}$$

bzw. in koordinatenfreier Darstellung:

$$\sum_i |i\rangle\langle i| = \hat{1}\,.$$

Daher können wir eine beliebige Funktion $\varphi(x)$ entwickeln gemäß:

$$\varphi(x) = \langle x|\varphi\rangle = \sum_i \langle x|i\rangle\langle i|\varphi\rangle = \sum_i \psi_i(x)\varphi_i\,, \tag{D.19}$$

wobei die Koeffizienten

$$\varphi_i = \langle i|\varphi\rangle = \int dx\, \langle i|x\rangle\langle x|\varphi\rangle = \int dx\, \psi_i^*(x)\varphi(x)$$

die *Koordinaten* der Funktion $\varphi(x)$ in der *Basis* (D.16) sind. Die Variation der Funktion $\varphi(x)$ lässt sich jetzt aufgrund von Gl. (D.19) unmittelbar durch die Variation der „Koordinaten" $\delta\varphi_i$ ausdrücken:

$$\delta\varphi(x) = \sum_i \psi_i(x)\delta\varphi_i\,.$$

Aus der Orthonormalitätsbedingung (D.17) folgt:

$$\delta\varphi_i = \int dx\, \psi_i^*(x)\delta\varphi(x)\,. \tag{D.20}$$

Benutzen wir die Zerlegung der Funktion $\varphi(x)$ des Hilbert-Raumes nach den (fest gewählten) Basisfunktionen $\psi_i(x)$ (siehe Gl. (D.19)), so wird aus dem Funktional $F[\varphi]$ eine Funktion der abzählbar unendlich vielen Variablen (Koordinaten) φ_i. Damit gelingt es, Funktionale von Funktionen, die über einem Hilbert-Raum definiert sind, in gewöhnliche Funktionen von (abzählbar unendlich vielen) Variablen zurückzuführen und das Variationskalkül kann durch das Kalkül der gewöhnlichen partiellen Ableitungen ausgedrückt werden. So erhalten wir für die erste Variation

$$\begin{aligned}
\delta F[\varphi] = \delta F(\varphi_i) &= \sum_i \frac{\partial F}{\partial \varphi_i}\,\delta\varphi_i \\
&= \sum_i \frac{\partial F}{\partial \varphi_i} \int dx\, \psi_i^*(x)\,\delta\varphi(x) \\
&\overset{!}{=} \int dx\, \frac{\delta F[\varphi]}{\delta\varphi(x)}\,\delta\varphi(x)\,,
\end{aligned}$$

woraus wir die Beziehung

$$\frac{\delta F[\varphi]}{\delta\varphi(x)} = \sum_i \frac{\partial F(\varphi_k)}{\partial\varphi_i}\psi_i^*(x) \tag{D.21}$$

gewinnen. Damit ist die erste Variationsableitung auf die gewöhnlichen partiellen Ableitungen zurückgeführt. In ähnlicher Weise lassen sich die höheren Variationsableitungen durch die partiellen Ableitungen ausdrücken, z. B. erhalten wir für die zweite Variationsableitung in analoger Weise:

$$\frac{\delta^2 F[\varphi]}{\delta\varphi(x)\,\delta\varphi(x')} = \sum_{i,j} \frac{\partial^2 F}{\partial\varphi_i\,\partial\varphi_j}\psi_i^*(x)\psi_j^*(x)\,. \tag{D.22}$$

Aus der Äquivalenz von Variationsableitung und partiellen Ableitungen nach den „Koordinaten" φ_i, können wir auch die funktionale Taylor-Entwicklung gewinnen:

$$\begin{aligned} F[\varphi + \delta\varphi] &= F(\varphi_k + \delta\varphi_k) \\ &= F(\varphi_k) + \sum_i \frac{\partial F}{\partial\varphi_i}\,\delta\varphi_i + \frac{1}{2}\sum_{i,j}\frac{\partial^2 F}{\partial\varphi_i\,\partial\varphi_j}\delta\varphi_i\,\delta\varphi_i + \cdots\,. \end{aligned} \tag{D.23}$$

Setzen wir hier für die Variationen der Koordinaten $\delta\varphi_i$ Gl. (D.20) ein und benutzen die Definition der Variationsableitungen (D.21) und (D.22), so lässt sich die Taylor-Entwicklung (D.23) des Funktionals $F[\varphi]$ in der Form

$$\boxed{F[\varphi + \delta\varphi] = F[\varphi] + \int dx\,\frac{\delta F[\varphi]}{\delta\varphi(x)}\,\delta\varphi(x) + \frac{1}{2}\int dx\,dx'\,\frac{\delta^2 F[\varphi]}{\delta\varphi(x)\,\delta\varphi(x')}\delta\varphi(x)\,\delta\varphi(x') + \cdots} \tag{D.24}$$

schreiben. Für infinitesimale $\delta\varphi(x)$ können wir die Taylor-Entwicklung nach dem linearen Term abbrechen und erhalten für die Variation von $F[\varphi]$:

$$\delta F[\varphi] = F[\varphi + \delta\varphi] - F[\varphi] = \int dx\,\frac{\delta F[\varphi]}{\delta\varphi(x)}\,\delta\varphi(x)$$

in Übereinstimmung mit Gl. (D.2).

Abschließend wollen wir mittels der obigen Hilbert-Raum-Formulierung erneut die elementare Beziehung (D.8) ableiten, d. h. wir betrachten das Funktional (D.5). Aus Gl. (D.21) erhalten wir:

$$\begin{aligned} \frac{\delta\varphi(x)}{\delta\varphi(x')} &= \sum_i \frac{\partial}{\partial\varphi_i}\Big(\sum_k \psi_k(x)\varphi_k\Big)\psi_i^*(x') \\ &= \sum_i\sum_k \psi_k(x)\delta_{ik}\psi_i^*(x') \end{aligned}$$

$$= \sum_i \psi_i(x)\psi_i^*(x') = \delta(x - x'),$$

wobei wir die Zerlegung (D.19) und die Vollständigkeitsrelation (D.18) benutzt haben.

Stichwortverzeichnis

https://doi.org/10.1515/9783111268255-027

www.ingramcontent.com/pod-product-compliance
Lightning Source LLC
Chambersburg PA
CBHW060954210326
41598CB00031B/4818

* 9 7 8 3 1 1 1 2 6 6 7 7 0 *